Rolf Unbehauen

Elektrische Netzwerke

Eine Einführung in die Analyse

Dritte, neubearbeitete und erweiterte Auflage
Berichtigter Nachdruck

Mit 316 Abbildungen

Springer-Verlag
Berlin Heidelberg New York
London Paris Tokyo Hong Kong 1990

Dr.-Ing. ROLF UNBEHAUEN
Universitätsprofessor
Lehrstuhl für Allgemeine und Theoretische Elektrotechnik
der Universität Erlangen-Nürnberg

1. Auflage 1972 und 2. Auflage 1981 erschienen unter gleichem Titel als *Hochschultext*.

ISBN 3-540-16988-1 3. Aufl. Springer-Verlag Berlin Heidelberg NewYork
ISBN 0-387-16988-1 3rd ed. Springer-Verlag NewYork Berlin Heidelberg

ISBN 3-540-10543-3 2. Aufl. Springer-Verlag Berlin Heidelberg NewYork
ISBN 0-387-10543-3 2nd ed. Springer-Verlag NewYork Heidelberg Berlin

CIP-Titelaufnahme der Deutschen Bibliothek
Unbehauen, Rolf:
Elektrische Netzwerke; eine Einführung in die Analyse /
Rolf Unbehauen – 3., neubearbeitete und erweiterte Auflage, Berichtigter Nachdruck
Berlin; Heidelberg; NewYork; London; Paris; Tokyo; HongKong: Springer, 1990
ISBN 3-540-16988-1 (Berlin...)
ISBN 0-387-16988-1 (NewYork...)

Dieses Werk ist urheberrechtlich geschützt. Die dadurch begründeten Rechte, insbesondere die der Übersetzung, des Nachdrucks, des Vortrags, der Entnahme von Abbildungen und Tabellen, der Funksendung, der Mikroverfilmung oder der Vervielfältigung auf anderen Wegen und der Speicherung in Datenverarbeitungsanlagen, bleiben, auch bei nur auszugsweiser Verwertung, vorbehalten. Eine Vervielfältigung dieses Werkes oder von Teilen dieses Werkes ist auch im Einzelfall nur in den Grenzen der gesetzlichen Bestimmungen des Urheberrechtsgesetzes der Bundesrepublik Deutschland vom 9. September 1965 in der Fassung vom 24. Juni 1985 zulässig. Sie ist grundsätzlich vergütungspflichtig. Zuwiderhandlungen unterliegen den Strafbestimmungen des Urheberrechtsgesetzes.

© Springer-Verlag Berlin, Heidelberg 1972, 1981, 1987, and 1990
Printed in Germany

Die Wiedergabe von Gebrauchsnamen, Handelsnamen, Warenbezeichnungen usw. in diesem Werk berechtigt auch ohne besondere Kennzeichnung nicht zu der Annahme, daß solche Namen im Sinne der Warenzeichen- und Markenschutz-Gesetzgebung als frei zu betrachten wären und daher von jedermann benutzt werden dürften.

Sollte in diesem Werk direkt oder indirekt auf Gesetze, Vorschriften oder Richtlinien (z.B. DIN, VDI, VDE) Bezug genommen oder aus ihnen zitiert worden sein, so kann der Verlag keine Gewähr für Richtigkeit, Vollständigkeit oder Aktualität übernehmen. Es empfiehlt sich, gegebenenfalls für die eigenen Arbeiten die vollständigen Vorschriften oder Richtlinien in der jeweils gültigen Fassung hinzuzuziehen.

Druck: Color-Druck Dorfi GmbH, Berlin; Bindearbeiten: Lüderitz & Bauer, Berlin
2362/3020-543210 – Gedruckt auf säurefreiem Papier

Vorwort zur dritten Auflage

Hiermit wird die dritte Auflage von „Elektrische Netzwerke" in komfortablerer äußerer Form und nach gründlicher inhaltlicher Überarbeitung und Erweiterung vorgestellt. Es wurde die Gelegenheit genutzt, neue Erfahrungen aus den Vorlesungen an der Universität Erlangen-Nürnberg und Anregungen von Lesern einzubringen. Von den Erweiterungen seien besonders hervorgehoben ein Abschnitt über die Beschreibung von Zweitoren mittels Streumatrizen, die Darstellung eines systematischen Verfahrens zur Lösung von Systemen gekoppelter linearer Differentialgleichungen mit konstanten Koeffizienten zur Analyse des Einschwingverhaltens von Netzwerken im Zeitbereich einschließlich umfangreicher Beispiele sowie ein kurzer Ausblick auf die rechnerunterstützte Netzwerkanalyse sowie auf Digital- und SC-Filter.

Allen Mitarbeiterinnen und Mitarbeitern, die mir bei der Anfertigung dieser Neuauflage geholfen haben, möchte ich auch an dieser Stelle herzlich danken. Stellvertretend für alle sei Herr Akad. Oberrat Dipl.-Phys. R. Kröger genannt, der mich in besonderer Weise unterstützte.

Erlangen, im März 1987 R. Unbehauen

Die unverändert große Nachfrage nach diesem Buch hat einen Nachdruck erforderlich gemacht, in dem einige kleinere Korrekturen ausgeführt werden konnten und das Literaturverzeichnis auf den neuesten Stand gebracht worden ist.

Erlangen, im Dezember 1989 R. Unbehauen

Vorwort zur zweiten Auflage

Das Buch, das nunmehr in zweiter, überarbeiteter und erweiterter Auflage vorliegt, stellt den Inhalt einer Vorlesung dar, die vom Verfasser seit dem Jahre 1965 an der Technischen Fakultät der Universität Erlangen-Nürnberg im Rahmen der Grundausbildung für Studenten der Elektrotechnik und der Informatik gehalten wird. Das Ziel ist eine Einführung in die Analyse elektrischer Netzwerke, wobei eine Auswahl aus der Fülle des Stoffes vorgenommen werden mußte. Ein besonderes Anliegen war es – und hier besteht ein wesentlicher Unterschied zu anderen vergleichbaren Darstellungen –, die Netzwerkelemente und die Kirchhoffschen Gesetze nicht rein formal einzuführen, sondern sie von der Physik her zu motivieren. Daher wurden die physikalischen Grundlagen verhältnismäßig ausführlich dargestellt. Darüber hinaus wurde angestrebt, alle Ergebnisse sauber und möglichst erschöpfend zu begründen. Damit soll dem Erfordernis einer modernen Universitätsausbildung, nämlich in erster Linie die wissenschaftliche Methode des Faches zu lehren, Rechnung getragen werden. Zur Begründung der Ergebnisse ist zu bemerken, daß ihr Sinn vor allem darin zu sehen ist, einen Einblick in die Aussagen und Zusammenhänge zu geben, die Reichweite der Erkenntnisse aufzuzeigen und in gewissem Sinne schon den Studenten auf die spätere wissenschaftliche Arbeit vorzubereiten. Die Erfahrung hat gezeigt, daß der Studierende sehr wohl schon in den ersten Studienjahren in der Lage ist, sich die Netzwerkanalyse in der vorliegenden vergleichsweise anspruchsvollen Form zu erarbeiten und sich an einen Arbeitsstil zu gewöhnen, der häufig erst im späteren Verlauf des Studiums, vielleicht zu spät, eingeführt wird. Eine erfolgreiche Einarbeitung in die Netzwerkanalyse erfordert eine aktive Mitarbeit des Studenten. Zur Intensivierung dieser Mitarbeit erscheint gleichzeitig ein weiterer Band, der Aufgaben mit ausführlichen Lösungen zum Stoff des Buches enthält.

Das Buch ist in 7 Kapitel gegliedert. Im Kapitel 1 wird durch die Behandlung der physikalischen Grundlagen, durch die Einführung der Netzwerkelemente und die Formulierung der beiden Kirchhoffschen Gesetze sowie durch die Diskussion weiterer einleitender Themen eine Basis zur Behandlung netzwerktheoretischer Probleme geschaffen. Für den wichtigen Fall, daß in einem harmonisch erregten Netzwerk der stationäre Zustand ermittelt werden soll, wird im Kapitel 2 die komplexe Wechselstromrechnung eingeführt und an Beispielen erläutert. Im Kapitel 3 werden Methoden entwickelt, die beliebige Netzwerke der zugelassenen Art auf systematischem Wege zu analysieren erlauben. Damit sind die wichtigsten Grundlagen für eine Theorie der Analyse elektrischer Netzwerke geschaffen. Bei der Herleitung des – keinesfalls auf ebene Netzwerke beschränkten – Maschenstrom- und Knotenpotentialverfahrens wird bewußt zunächst auf eine Matrizen-Darstellung verzichtet, um dem Anfänger durch Verwendung eines zwar eleganten, jedoch ungewohnten mathematischen Kalküls das Verständnis nicht zusätzlich zu erschweren. In der zweiten Auflage ist dieses Kapitel durch eine solche Matrizen-Darstellung erweitert, darüber hinaus aber vor allem durch das Verfahren der Analyse von Netzwerken mit Hilfe von Zustandsvariablen. In den Kapiteln 4 und 5 werden die Analysemethoden im Hinblick auf ihre praktischen Anwendungen ergänzt. Es werden insbesondere allgemeine Aussagen (Theoreme) über Netzwerke gewonnen, welche die Untersuchung in der Praxis auftretender Netzwerke wesentlich vereinfachen. Daneben findet der Leser eine kurze Einführung in die Vierpoltheorie, einen Abriß von Methoden zur netzwerktheoretischen Behandlung von Drehstromsystemen, eine Diskussion der Ortskurventheorie und die Untersuchung des stationären Verhaltens von Netzwerken unter dem Einfluß einer nicht-harmonischen periodischen Erregung. Das Kapitel 6 befaßt sich mit Möglichkeiten zum Studium des Einschwingverhaltens elektrischer Netzwerke. Es stützt sich auf die in den ersten Kapiteln geschaffenen netzwerktheoretischen Grundlagen und auf die mathematischen Methoden zur Behandlung von linearen Differentialgleichungen. Im abschließenden Kapitel 7 wird ein kurzer Ausblick auf Netzwerke mit Elementen gegeben, deren Strom-Spannungsbeziehungen allgemeinere Verknüpfungen aufweisen als bisher, und es wird die Aufgabe der Netzwerksynthese umrissen. Neu aufgenommen in das Kapitel 7 ist neben einer Klassifizierung der Netzwerkelemente ein Einblick in die Leitungstheorie, um die Grenzen der Theorie der Netzwerke mit konzentrierten Elementen aufzuzeigen und Möglichkeiten zur Behandlung von Netzwerken mit verteilten Elementen anzudeuten. In diesem Zusammenhang wird der physikalischen Begründung wieder ein verhältnismäßig breiter Raum geschenkt, wodurch zusammen mit den physikalischen Grundlagen aus Kapitel 1 gleichzeitig ein kurzer Ausblick auf die Feldtheorie gegeben ist.

Bezüglich der Bezeichnungen sei bemerkt, daß zeitabhängige Größen in der Regel durch Kleinbuchstaben und komplexe Größen, die von einem reellwertigen Parameter wie der Kreisfrequenz ω abhängen, sowie Zeigergrößen durch unterstrichene Buchstaben bezeichnet werden. Zur Bezeichnung von Matrizen und Vektoren werden halbfette Buchstaben verwendet. Größen, die von einer allgemeinen komplexen Variablen wie der komplexen Frequenz $p = \sigma + j\omega$ ($j = \sqrt{-1}$) abhängen, werden gewöhnlich durch nichtunterstrichene Buchstaben gekennzeichnet. Im übrigen werden die in der Elektrotechnik, Mathematik und Physik üblichen Symbole verwendet.

Es ist mir eine angenehme Pflicht, allen meinen Mitarbeitern herzlichen Dank auszusprechen, die mich bei der Abfassung der zweiten Auflage des Buches unterstützten. Zu ihnen zählen namentlich die Herren Dr.-Ing. U. Forster, Dipl.-Ing. H. Kicherer und Dipl.-Phys. R. Kröger, die durch konstruktive Kritik und eigene Vorschläge einen wertvollen Beitrag leisteten.

Erlangen, im Februar 1981   R. Unbehauen

Inhaltsverzeichnis

1.	**Grundlagen**...	1
1.1	Vorbemerkungen..	1
1.2	Physikalische Grundlagen	1
1.2.1	Das elektrische Feld	1
1.2.2	Leiter, Halbleiter, Nichtleiter...	6
1.2.2.1	Vorbemerkungen..	6
1.2.2.2	Metallische Leiter	7
1.2.2.3	Halbleiter...	10
1.2.2.4	Leitungsmechanismus in Halbleitern	11
1.2.2.5	Stromloser pn-Übergang...	13
1.2.2.6	Stromführender pn-Übergang...	15
1.2.3	Das magnetische Feld	17
1.2.4	Das Induktionsgesetz und das Durchflutungsgesetz	20
1.2.5	Die Einheiten für die eingeführten Größen..............................	23
1.3	Netzwerkelemente	24
1.3.1	Der ohmsche Widerstand...	24
1.3.2	Die Induktivität	25
1.3.3	Die Kapazität...	27
1.3.4	Starre Quellen..	28
1.3.5	Gesteuerte Quellen	33
1.3.6	Der Übertrager	34
1.3.7	Der Gyrator...	40
1.4	Die Kirchhoffschen Gesetze	41
1.5	Aufstellung der Netzwerkgleichungen.....................................	45
1.6	Zweipolige Netzwerke..	47
1.7	Netzwerktheoretische Darstellung von realen Schaltelementen..	50
1.7.1	Widerstände	51
1.7.2	Spulen..	51
1.7.3	Kondensatoren...	51
1.7.4	Technische Quellen..	52
1.7.5	Transformatoren..	52
1.7.6	Dioden	54
1.7.7	Transistoren...	55
1.7.7.1	Wirkungsweise	55
1.7.7.2	Netzwerktheoretische Beschreibung..	57

1.8	Energie und Leistung	59
1.8.1	Allgemeines	59
1.8.2	Anwendung auf die Netzwerkelemente	63
2.	**Die komplexe Wechselstromrechnung**	**65**
2.1	Einfache Beispiele	65
2.2	Das allgemeine Verfahren	72
2.2.1	Knotenregel, Maschenregel und Strom-Spannungs-Beziehungen für die Netzwerkelemente	72
2.2.2	Impedanz und Admittanz eines Zweipols	75
2.3	Leistung und Energie bei Wechselstrom, Bedeutung der Effektivwerte	77
2.3.1	Wirkleistung, Blindleistung, Scheinleistung und komplexe Leistung	77
2.3.2	Erläuterungen	79
2.3.3	Effektivwerte	81
2.4	Weitere Beispiele	81
2.4.1	Der Schwingkreis	81
2.4.2	Ein Netzwerk zur Umwandlung einer Urspannung in einen Urstrom	88
3.	**Allgemeine Verfahren zur Analyse von Netzwerken**	**91**
3.1	Maschenstromanalyse	91
3.1.1	Vorbemerkungen	91
3.1.2	Topologische Begriffe, Auswahl unabhängiger Zweigströme	92
3.1.3	Maschenströme	94
3.1.4	Anwendung der Maschenregel	98
3.1.5	Die Maschenstromanalyse für den Fall ebener Netzwerke	101
3.1.6	Berücksichtigung von Stromquellen, gesteuerten Quellen und Übertragern	102
3.1.7	Ein Beispiel	107
3.2	Das Knotenpotentialverfahren	108
3.2.1	Vorbemerkungen	108
3.2.2	Die Wahl unabhängiger Spannungen	108
3.2.3	Anwendung der Knotenregel	111
3.2.4	Berücksichtigung von Spannungsquellen, gesteuerten Quellen und Übertragern	115
3.2.5	Zwei Beispiele	118
3.2.6	Die Trennmengenregel	121
3.2.7	Die Inzidenzmatrix	122
3.3	Die Analyseverfahren in Matrizendarstellung	124
3.3.1	Die Matrizenform des Maschenstromverfahrens	124
3.3.2	Die Matrizenform des Trennmengenverfahrens	128
3.4	Das Verfahren des Zustandsraumes	131
3.4.1	Topologische Grundlagen	131
3.4.2	Strom-Spannungs-Beziehungen	134
3.4.3	Zustandsraumdarstellung	136
3.4.4	Beispiel	138
3.4.5	Ergänzungen, Berücksichtigung von Übertragern und gesteuerten Quellen	141
3.5	Zusammenfassung	146

4.	**Netzwerk-Theoreme**	148
4.1	Der Überlagerungssatz	148
4.1.1	Allgemeine Aussage	148
4.1.2	Beispiele	152
4.1.2.1	Ein einfaches ohmsches Netzwerk	152
4.1.2.2	Gleichzeitige fehlerfreie Messung von Spannung und Strom mit energieverbrauchenden Geräten	153
4.2	Die Ersatzquellen-Sätze	155
4.2.1	Der Satz von der Ersatzspannungsquelle (Helmholtz- oder Thevenin-Theorem)	155
4.2.2	Der Satz von der Ersatzstromquelle (Mayerscher Satz, Norton-Theorem)	157
4.2.3	Beispiele	158
4.2.3.1	Ein einfaches ohmsches Netzwerk	158
4.2.3.2	Die Wechselstrombrücke	159
4.2.3.3	Kapazitive Spannungswandlung	163
4.2.3.4	Eine Wechselstromschaltung mit zwei Quellen	164
4.3	Das Kompensationstheorem	166
4.3.1	Einfache Netzwerkumwandlungen	166
4.3.2	Die Kompensation	168
4.3.3	Eine Anwendung	169
4.4	Das Tellegen-Theorem	170
4.4.1	Die Aussage	170
4.4.2	Der Umkehrungssatz	172
4.5	Der Satz von der maximalen Leistungsübertragung	175
5.	**Mehrpolige Netzwerke**	177
5.1	Verknüpfung der äußeren Spannungen und Ströme eines mehrpoligen Netzwerks	177
5.1.1	Allgemeine Aussagen	177
5.1.2	Ein Beispiel	180
5.2	n-Tore	182
5.2.1	Der allgemeine Fall	182
5.2.2	Zweitore (Vierpole)	183
5.2.2.1	Beschreibung durch Impedanzmatrix oder Admittanzmatrix	183
5.2.2.2	Beschreibung durch Kettenmatrix	189
5.2.2.3	Beschreibung durch die Hybridmatrix	195
5.2.2.4	Symmetrische Zweitore	196
5.2.2.5	Beschreibung durch die Streumatrix	200
5.3	Anwendungen	206
5.3.1	Die Stern-Dreieck-Transformation	206
5.3.2	Erregung von Dreipolen durch Drehstrom	210
5.3.2.1	Der Drehstrom	210
5.3.2.2	Übliche Belastungsfälle	211
5.3.2.3	Ergänzungen	214
5.4	Beschreibung von Netzwerkfunktionen durch Ortskurven	219
5.4.1	Vorbemerkungen	219

5.4.2	Die gebrochen lineare Abbildung	221
5.4.3	Beispiele	224
5.4.4	Ergänzungen	231
5.5	Nicht-harmonische periodische Erregungen	235
5.5.1	Beschreibung periodischer Funktionen durch Fourier-Reihen	235
5.5.2	Stationäre Reaktion auf periodische Erregung	238
5.5.3	Beispiele	242
5.5.4	Leistung und Effektivwert	245
6.	**Einschwingvorgänge in Netzwerken**	**247**
6.1	Vorbemerkungen	247
6.2	Einschwingvorgänge in einfachen Netzwerken	250
6.2.1	Der Einschwingvorgang in einem RL-Zweipol	250
6.2.2	Ergänzungen zum Einschwingverhalten eines RL-Zweipols	256
6.2.3	Der Einschwingvorgang in einem RC-Zweipol	260
6.2.4	Der Einschwingvorgang im Schwingkreis	263
6.2.5	Elementar-anschauliche Bestimmung des Einschwingvorgangs bei sprungförmiger Erregung	270
6.2.6	Erregung durch mehrere Quellen, Methode der Superposition	275
6.2.6.1	Erregung vom Ruhezustand aus	275
6.2.6.2	Erregung bei beliebigem Anfangszustand	278
6.2.7	Stationäres Verhalten einfacher Netzwerke bei periodischer Erregung	281
6.3	Einschwingvorgänge in allgemeinen Netzwerken	283
6.3.1	Grundsätzliches	284
6.3.2	Lösung des homogenen Gleichungssystems	286
6.3.3	Lösung des inhomogenen Gleichungssystems	292
6.3.4	Beispiele	297
6.4	Das Konzept der komplexen Frequenz	301
6.4.1	Die Übertragungsfunktion	301
6.4.2	Übertragungsfunktion und Eigenwerte, Pol-Nullstellen-Darstellung	307
6.5	Stabilität von Netzwerken	311
6.5.1	Das Hurwitzsche Stabilitätskriterium	311
6.5.2	Beispiele	313
6.6	Anwendung der Laplace-Transformation zur Bestimmung des Einschwingverhaltens von Netzwerken	317
6.6.1	Die Laplace-Transformation	317
6.6.2	Beispiele zur Laplace-Transformation, allgemeine Eigenschaften	320
6.6.3	Lösung des Gleichungssystems (6.59)	324
6.6.4	Übertragungsfunktion und Einschwingvorgang	328
6.6.5	Einschwingverhalten eines Übertragernetzwerks, Überlagerungssatz	332
6.6.6	Lösung der Grundgleichungen des Maschenstrom- und des Schnittmengenverfahrens mit Hilfe der Laplace-Transformation	336
6.6.7	Lösung der Zustandsgleichungen mit Hilfe der Laplace-Transformation	339
6.6.8	Degenerierte Netzwerke	340

7.	**Erweiterung und Ausblick**	343
7.1	Erweiterung	343
7.1.1	Lineare zeitvariante Netzwerke und nichtlineare Netzwerke	343
7.1.1.1	Der Schwingkreis mit zeitvarianter Kapazität	344
7.1.1.2	Der Schwingkreis mit nichtlinearer Induktivität	346
7.1.1.3	Klassifizierung der Netzwerkelemente	353
7.1.2	Netzwerktheoretische Behandlung der homogenen Doppelleitung	358
7.1.2.1	Die Anwendbarkeitsgrenzen der gewöhnlichen Netzwerktheorie	359
7.1.2.2	Kapazitäts- und Induktivitätsbelag eines Koaxialkabels	361
7.1.2.3	Strom- und Spannungswellen längs einer Koaxialleitung	364
7.1.2.4	Ersatznetzwerke mit infinitesimalen Elementen	368
7.1.2.5	Stationäre Lösungen	369
7.1.2.6	Abschluß der Leitung mit einem Zweipol	374
7.1.2.7	Schaltvorgänge	377
7.2	Ausblick	379
7.2.1	Rechnerunterstützte Netzwerkanalyse	379
7.2.2	Digital- und SC-Netzwerke	382
7.2.3	Netzwerksynthese	384
	Anhang	387
	Literaturverzeichnis	388
	Namen- und Sachverzeichnis	390

1. GRUNDLAGEN

1.1 Vorbemerkungen

Die *Netzwerkanalyse* ist ein Teilgebiet der Elektrotechnik. Ihre Aufgabe ist es, Methoden bereitzustellen, welche die Untersuchung der Eigenschaften und des Verhaltens von elektrischen Schaltungen vereinfachen. Es wäre recht umständlich, wollte man bei der Untersuchung derartiger Schaltungen in jedem Einzelfall die Überlegungen mit den einschlägigen Grundgesetzen der Physik, in diesem Fall mit den Maxwellschen Gleichungen, beginnen.

Das wesentliche Merkmal der Netzwerkanalyse ist die Einführung weniger idealisierter Netzwerkelemente und der zwei Kirchhoffschen Gesetze. Durch eine Zusammenschaltung von Netzwerkelementen erhält man ein Netzwerk, das die Bedeutung eines mathematischen Modells für eine reale Schaltung hat. Derartige Modelle (Netzwerke) sind das Objekt der netzwerktheoretischen Untersuchungen. Die meisten der in der Praxis vorkommenden Schaltungen lassen sich auf diese Weise mit ausreichender Genauigkeit mathematisch beschreiben, sofern man voraussetzt, daß die in den Schaltungen vorkommenden Größen (Spannungen, Stromstärken) dem Betrage nach nicht allzu große Werte annehmen und sich zeitlich nur verhältnismäßig langsam ändern[1].

Zur Beschreibung von Netzwerken benötigt man die Begriffe *Spannung* und *Stromstärke*. Sie werden durch Funktionen der Zeit t beschrieben. Für beide Funktionen werden *Bezugsrichtungen* eingeführt, so daß Spannung und Stromstärke als vorzeichenbehaftete Größen auftreten, die also positiv oder negativ sein können.

Im folgenden Abschnitt werden zunächst die physikalischen Grundlagen, auf denen die netzwerktheoretischen Begriffe basieren, in einer kurzen Darstellung behandelt. Dabei sollen die Begriffe Spannung und Stromstärke erklärt werden. Weiterhin werden Vorbereitungen getroffen, um die Einführung der Netzwerkelemente physikalisch motivieren und die Kirchhoffschen Gesetze begründen zu können.

1.2 Physikalische Grundlagen

1.2.1 *Das elektrische Feld*

Zur Beschreibung elektrischer Erscheinungen benötigt man als erstes den Begriff der *elektrischen Ladung*. Damit bezeichnet man diejenige Eigenschaft der Materie, von der

---

[1] Dies bedeutet, daß die auftretenden Frequenzen nicht größer als ungefähr 10 bis 100 MHz sein dürfen.

die elektrischen Anziehungs- bzw. Abstoßungskräfte herrühren, die man an geeignet behandelten, etwa geriebenen Körpern beobachtet. Ladungen wirken nicht unmittelbar aufeinander, sondern, falls sie in Ruhe sind, durch „Vermittlung" des elektrischen Feldes, welches im folgenden eingeführt wird. (Bewegen sich die Ladungen, so trägt auch das magnetische Feld zur Wechselwirkung zwischen ihnen bei.)

Es wird ein Körper im Vakuum betrachtet, der die elektrische Ladung Q, trägt (Bild 1.1). Im umgebenden Raum bildet sich ein elektrisches Feld aus, das auf die folgende Weise wahrgenommen werden kann. Bringt man eine „punktförmige" elektrische Prüfladung q von sehr kleinem Betrag[2] an eine beliebige Stelle des Feldes, so übt dieses auf die Prüfladung eine Kraft F aus, welche im allgemeinen von Ort zu Ort ihren Betrag und ihre Richtung ändert. Die auf die Ladung q bezogene Kraft F, d.h. die vektorielle (gerichtete) Größe

$$E = \frac{F}{q}$$

wird als *elektrische Feldstärke* im betreffenden Raumpunkt bezeichnet. Die elektrische Feldstärke E ist eine Funktion des Ortes, und man bezeichnet die Gesamtheit aller dieser Vektoren im Raum als elektrisches Feld. Diejenigen Kurven im elektrischen Feld, deren Tangentenrichtung in jedem Punkt mit der Richtung des dortigen Feldstärkevektors übereinstimmt, werden elektrische Feldlinien genannt. Im Bild 1.1 ist eine derartige Feldlinie dargestellt.

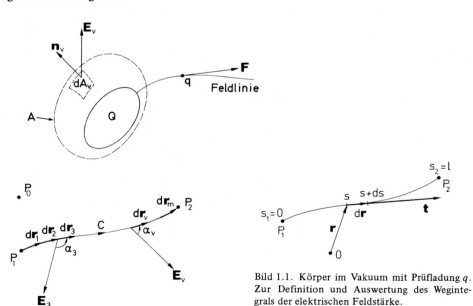

Bild 1.1. Körper im Vakuum mit Prüfladung q. Zur Definition und Auswertung des Wegintegrals der elektrischen Feldstärke.

---

[2] Das Adjektiv „punktförmig" bedeutet hier, daß die Abmessungen des Körpers, auf den die Ladung aufgebracht ist, gegenüber denen der übrigen Anordnung klein sind. Die zusätzliche Voraussetzung, daß der Betrag der Prüfladung q sehr klein sein soll, ist noch erforderlich, um den Einfluß der Prüfladung auf die felderzeugende Ladungsverteilung möglichst klein zu halten.

Hat man die elektrische Feldstärke E mittels einer Prüfladung bereits ermittelt, dann ist durch $F = qE$ die Kraft auf jede andere Prüfladung q gegeben. Man beachte, daß E hier stets die Feldstärke bedeutet, die am Ort der Punktladung q von den *anderen* Ladungen hervorgerufen wird. Das Eigenfeld von q ist in E also nicht enthalten. Dieses Eigenfeld von q kann sich allerdings indirekt auswirken, indem es eventuell die umgebenden Ladungen aus ihren ursprünglichen Positionen verschiebt. Dann ist die Punktladung q zwar keine Prüfladung mehr (vergl. Fußn.2), die Beziehung $F = qE$ gilt aber weiterhin, wobei E jetzt die Feldstärke ist, die von den verschobenen Ladungen am Ort von q hervorgerufen wird. Auch in diesem Fall ist das Eigenfeld von q nicht explizit in E enthalten.

Unter der *Spannung* u_{12} zwischen zwei beliebigen Punkten P_1 und P_2 des elektrischen Feldes versteht man das Linienintegral

$$u_{12} = \int_{P_1}^{P_2} E \cdot dr \tag{1.1}$$

längs eines Weges C (Bild 1.1), der im allgemeinen quer zu den Feldlinien verläuft. Im vorliegenden Fall, in dem sich die felderzeugenden Ladungen in Ruhe befinden, ist dieses Linienintegral nur von den Punkten P_1, P_2 und nicht vom Integrationsweg abhängig. Dieser Weg darf daher beliebig gewählt werden.

Das in Gl.(1.1) auftretende Linienintegral läßt sich in der folgenden Weise erklären: Der Weg C wird gemäß Bild 1.1 durch m vektorielle Wegelemente $dr_\nu (\nu = 1, 2, ..., m)$ überdeckt. Bezeichnet man mit E_ν die Feldstärke an der Stelle des Wegelements dr_ν und mit α_ν den Winkel zwischen dr_ν und E_ν, so lassen sich die Skalarprodukte $|E_\nu||dr_\nu|\cos\alpha_\nu$ für $\nu = 1, 2, ..., m$ bilden. Die Summe aller dieser Produkte liefert das Linienintegral Gl.(1.1), wenn man $m \to \infty$ und gleichzeitig $|dr_\nu| \to 0$ ($\nu = 1, 2, ..., m$) streben läßt:

$$\lim_{m \to \infty} \sum_{\nu=1}^{m} |E_\nu||dr_\nu|\cos\alpha_\nu = \int_{P_1}^{P_2} E \cdot dr \quad . \tag{1.2}$$

Die infinitesimale Größe dr bedeutet das (laufende) vektorielle Wegelement in tangentialer Richtung von C. Nach Bild 1.1 kann $dr = t\,ds$ geschrieben werden. Dabei ist t der zum laufenden Kurvenpunkt r gehörende Tangenteneinheitsvektor in Durchlaufungsrichtung und s die vom Anfangspunkt P_1 aus gemessene Bogenlänge. Offenbar gilt $ds = |dr|$. Definiert man noch durch $E_t = E \cdot t$ die Komponente von E in Richtung von t, so kann das Wegintegral der Gl.(1.1) gemäß

$$\int_{P_1}^{P_2} E \cdot dr = \int_0^\ell E_t(s)\,ds$$

auf ein gewöhnliches Integral zurückgeführt werden.

Zwei Sonderfälle sollen noch betrachtet werden. Im ersten Fall verlaufe der Integrationsweg C überall senkrecht zum elektrischen Feld. Dann ist in jedem Kurvenpunkt $E \cdot dr = 0$, und das Wegintegral verschwindet. Im zweiten Fall verlaufe der Integrationsweg C längs einer Feldlinie. Dann ist in jedem Kurvenpunkt $E_t = \pm|E|$, und es gilt

$$\int_{P_1}^{P_2} E \cdot dr = \pm \int_0^\ell |E(s)|\,ds \quad .$$

Das Minuszeichen ist zu nehmen, wenn C gegen die Feldrichtung durchlaufen wird ($E_t = E \cdot t = -|E|$). Ist hier insbesondere $|E|$ unabhängig von s, wie z.B. im homogenen Feld, dann folgt einfach $u_{12} = \pm \ell |E|$.

Solange die felderzeugenden Ladungen voraussetzungsgemäß ruhen, kann zur Berechnung von u_{12} nach Gl.(1.1) der Weg zwischen P_1 und P_2 beliebig gewählt werden. Legt man ihn teilweise senkrecht und teilweise parallel zu den Feldlinien, so hat man das Integrationsproblem auf die gerade besprochenen Sonderfälle reduziert.

Zwischen zwei Punkten gibt es immer zwei Spannungen, zum einen die durch Gl.(1.1) definierte, zum anderen vollkommen gleichberechtigt die Spannung

$$u_{21} = \int_{P_2}^{P_1} E \cdot dr .$$

Zur Berechnung dieses Integrals müssen im Bild 1.1 alle Wegelemente dr_ν umgedreht werden mit der Konsequenz, daß alle Faktoren $\cos\alpha_\nu$ in Gl.(1.2) das Vorzeichen ändern. Somit gilt

$$\int_{P_2}^{P_1} E \cdot dr = - \int_{P_1}^{P_2} E \cdot dr$$

und folglich auch

$$u_{21} = - u_{12} .$$

Welche der beiden Spannungen jeweils gemeint ist, geht aus der Reihenfolge der Indizes hervor. Oft wird statt der Doppelindizes ein Zählpfeil oder Bezugspfeil (Bild 1.2) angegeben, der die Integrationsrichtung definiert. Die Wahl einer der beiden möglichen Bezugsrichtungen für die Spannung zwischen zwei Punkten kann willkürlich geschehen. In Bild 1.2 hätte man den Pfeil auch von P_2 nach P_1 richten können, was eine Entscheidung für $u = u_{21}$ gewesen wäre. Die Zählrichtung einer Spannung ist grundsätzlich unabhängig von der Richtung des elektrischen Feldes.

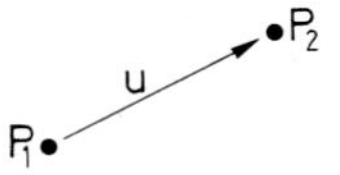

Bild 1.2. Zählpfeil für die Spannung u. Seine Richtung besagt, daß hier $u = u_{12}$ sein soll.

Eng verwandt mit dem Begriff der Spannung ist der Begriff des *Potentials* φ. Man geht von einem im elektrischen Feld beliebig wählbaren „Bezugspunkt" P_0 aus. Unter dem Potential $\varphi(P)$ irgendeines Feldpunktes P versteht man dann die Größe

$$\varphi(P) = - \int_{P_0}^{P} E \cdot dr .$$

1.2 Physikalische Grundlagen

Damit folgt aus Gl.(1.1)[3]

$$u_{12} = -\int_{P_0}^{P_1} E \cdot dr + \int_{P_0}^{P_2} E \cdot dr = \varphi(P_1) - \varphi(P_2) \ .$$

Wie man unmittelbar sieht, ist das Potential des Bezugspunktes gleich null.

Eine punktförmige Ladung von sehr kleinem Betrag[2] bewege sich von P_1 auf der Kurve C nach P_2 (Bild 1.1). Dabei wird längs des Wegelements dr_ν von der Feldkraft qE_ν die Arbeit

$$dW = q|E_\nu||dr_\nu|\cos\alpha_\nu$$

geleistet[4], längs des gesamten Weges also die Arbeit

$$\Delta W = q \lim_{m \to \infty} \sum_{\nu=1}^{m} |E_\nu||dr_\nu|\cos\alpha_\nu \ .$$

Aufgrund der Gl.(1.2) und der Gl.(1.1) gilt dann

$$\Delta W = q \int_{P_1}^{P_2} E \cdot dr = qu_{12} \ .$$

Hieraus folgt die wichtige Aussage: *Die Spannung u_{12} ist gleich der auf die Ladung q bezogenen Arbeit ΔW, die bei der Bewegung der Prüfladung q vom Punkt P_1 zum Punkt P_2 von der Feldkraft geleistet wird*[4].

Zwischen der Ladung Q, die auf dem Körper im Bild 1.1 aufgebracht ist, und dem elektrischen Feld E besteht eine wichtige Beziehung. Sie lautet erfahrungsgemäß

$$Q = \epsilon_0 \oiint_A E \cdot dA \ . \tag{1.3}$$

Auf der rechten Seite dieser Gleichung steht ein sogenanntes Oberflächenintegral, das über eine beliebige Hüllfläche A zu erstrecken ist, welche den die Ladung Q tragenden Körper vollständig umschließt. Die in der Gl.(1.3) auftretende Größe ϵ_0 ist eine Naturkonstante und heißt elektrische Feldkonstante (vergl. Abschn. 1.2.5.). Ist der

---

[3] Man beachte die folgende Additionseigenschaft der Linienintegrale:

$$\int_A^B E \cdot dr = \int_A^C E \cdot dr + \int_C^B E \cdot dr \ .$$

Sie folgt unmittelbar aus Gl.(1.2).

[4] Was mit der dabei übertragenen Energie geschieht, bleibt offen. In einem ohmschen Widerstand wird sie beispielsweise in Form von Joulescher Wärme abgegeben. Bewegt sich die Punktladung frei, dann ist dW gleich der Änderung ihrer kinetischen Energie. Man beachte, daß dW bzw. ΔW auch negativ sein kann.

Raum außerhalb des die Ladung Q tragenden Körpers im Bild 1.1 mit irgendeinem nichtleitenden Stoff ausgefüllt, so kann oft in Gl.(1.3) die Konstante ϵ_0 durch eine für den betreffenden Stoff charakteristische Konstante ϵ, die sogenannte Dielektrizitätskonstante, ersetzt werden.

Das in der Gl.(1.3) auftretende Oberflächenintegral läßt sich auf die folgende Weise erklären: Man überdeckt die im Bild 1.1 dargestellte Hüllfläche A vollständig mit m Flächenelementen, welche die Flächeninhalte dA_ν ($\nu = 1, 2, ..., m$) besitzen. Im Mittelpunkt eines jeden Flächenelements tritt ein Feldstärkevektor E_ν auf, dessen Komponente in Richtung der nach außen gerichteten Flächennormale n_ν mit $E_{n\nu} = n_\nu \cdot E_\nu$ bezeichnet wird. Die Summe aller Produkte $E_{n\nu} dA_\nu$ liefert das Oberflächenintegral der Gl.(1.3), wenn man $m \to \infty$ streben läßt:

$$\lim_{m \to \infty} \sum_{\nu=1}^{m} E_{n\nu} dA_\nu = \oiint_A E \cdot dA \ .$$

Bei dem hier auftretenden Grenzübergang sollen sich mit $m \to \infty$ alle Flächenelemente auf Punkte zusammenziehen. Die infinitesimale Größe dA bedeutet das (laufende) vektorielle Flächenelement. Es ist durch $dA = n dA$ definiert mit dem Normaleneinheitsvektor n und dem Inhalt dA eines infinitesimalen Flächenstücks um den Fußpunkt von n. Es gilt also $E \cdot dA = E \cdot n dA = E_n dA$, wobei E_n die Komponente von E in Richtung von n ist. Durch geeignete Darstellung von dA läßt sich das Oberflächenintegral in ein gewöhnliches zweidimensionales Integral überführen.

Man beachte, daß die Erklärung des Oberflächenintegrals unabhängig davon ist, ob A geschlossen (d.h. eine Hüllfläche) oder offen (d.h. eine berandete Fläche) ist. Darüber hinaus geht aus der Definition des Integrals hervor, daß durch Zerlegung der Fläche A das Oberflächenintegral als eine Summe von Oberflächenintegralen dargestellt werden kann. In diesem Zusammenhang sollen zwei wichtige Fälle erwähnt werden. Ist ein Oberflächenintegral über eine Fläche A auszuführen, in der E überall tangential zu A verläuft, also $E \cdot dA = 0$ gilt, dann verschwindet das Integral. Steht dagegen E überall senkrecht auf A, ist also entweder $E \uparrow\uparrow n$ oder $E \uparrow\downarrow n$, so gilt $E_n = \pm |E|$. Falls E_n auf der Fläche konstant ist, ergibt sich das Integral einfach als Produkt aus E_n mit dem Flächeninhalt von A.

Man kann die Grundgleichung (1.3) beispielsweise dazu verwenden, das elektrische Feld E einer im Vakuum ruhenden Punktladung zu berechnen. Aus Symmetriegründen kann $|E|$ nur vom Abstand r zwischen Beobachtungspunkt und Ort der Ladung abhängen. Ebenfalls aus Symmetriegründen kann E nur eine Komponente $E_r(r)$ in Richtung der Verbindungsgerade von Punktladung und Beobachtungspunkt aufweisen. Wählt man nun als Hüllfläche eine Kugel mit Radius r um die Punktladung, so liefert die Gl.(1.3) die Beziehung $q = \epsilon_0 \cdot 4\pi r^2 E_r(r)$, aus der mit dem bezüglich der Punktladung radialen Einheitsvektor e_r das elektrische Feld der ruhenden Punktladung

$$E = \frac{q}{4\pi\epsilon_0 r^2} e_r$$

folgt. Das elektrische Gesamtfeld mehrerer Punktladungen erhält man durch Superposition (vektorielle Addition) ihrer nach dieser Formel zu berechnenden Einzelfelder.

1.2.2 *Leiter, Halbleiter, Nichtleiter*

1.2.2.1 *Vorbemerkungen.* Am Ende des letzten Abschnitts wurde davon gesprochen, daß der Raum um den im Bild 1.1 dargestellten Körper mit einem Stoff erfüllt sei, der nicht in der Lage ist, elektrische Ladungen zu leiten. Im Gegensatz zu diesen Stoffen, den sogenannten *Nichtleitern* oder Isolatoren gibt es Stoffe, die mehr oder weniger gut elektrische Ladungen zu leiten imstande sind. Zu diesen Stoffen gehören die *metallischen Leiter* und die *Halbleiter*. Auf den Unterschied zwischen diesen Stoffarten wird im folgenden eingegangen. Dabei soll eine einfache Modellvorstellung über den Atomaufbau verwendet werden. Danach besteht jedes Atom aus einem positiv geladenen Atomkern, um den negativ geladene Elektronen kreisen.

Die gesamte Ladung des Atomkerns hat den gleichen Betrag wie die Gesamtladung der Elektronen, so daß das Atom nach außen neutral erscheint. Die Elektronen werden als Teilchen betrachtet, und ihr Wellencharakter wird durch die Vorstellung ausgedrückt, daß sie gruppenweise in verschiedenen Schalen um den Atomkern angeordnet sind. Die Elektronen der äußersten Schale werden als *Außenelektronen* bezeichnet. Sie sind für die chemischen Bindungen verantwortlich. Die restlichen Elektronen eines Atoms heißen Innenelektronen.

In Festkörpern gibt es verschiedene Bindungsmechanismen, die bei den Metallen und Halbleitern dazu führen, daß zumindest ein Teil der Außenelektronen „frei beweglich" ist, während der Atomkern und die restlichen Elektronen fest an ihren Platz gebunden sind. Die freien Elektronen können Träger eines elektrischen Stromes werden. Man bezeichnet daher die freien Elektronen als Leitungselektronen.

1.2.2.2 *Metallische Leiter.* Metalle lassen sich grob dadurch charakterisieren, daß praktisch unabhängig von der Temperatur sehr viele Leitungselektronen vorhanden sind. Herrscht in einem Metallkristall kein elektrisches Feld, dann wandern die Leitungselektronen aufgrund ihrer thermischen Bewegung in regelloser Weise umher, so daß im Mittel kein elektrischer Strom entsteht. Anders liegen die Verhältnisse, wenn im betrachteten Metall ein elektrisches Feld vorhanden ist. Dann bildet sich eine elektrische Strömung aus, weil auf jedes geladene Teilchen eine vom Feld ausgeübte Kraft wirkt, der die Leitungselektronen zu folgen vermögen. Sie tragen die Ladung $-e < 0$ (e Elementarladung) und erfahren infolgedessen die elektrische Kraft $F_{el} = -eE$, die der Feldstärke entgegengerichtet ist. Diese Kraft wirkt zunächst beschleunigend, bis ihr eine der Elektronengeschwindigkeit v entgegengesetzte „Reibungskraft" $F_R = -kv$ ($k = $ const > 0) das Gleichgewicht hält. Die Leitungselektronen können sich nämlich nicht völlig frei wie im Vakuum bewegen, sondern stoßen dauernd mit Gitterbausteinen zusammen, was „bremsend" wirkt. Aus der Gleichgewichtsbeziehung $F_{el} + F_R = 0$ folgt unmittelbar mit der Abkürzung $b = e/k$ ($b > 0$) die Beziehung

$$v = -bE \ . \tag{1.4a}$$

Der Faktor b heißt Beweglichkeit und ist eine Materialkonstante.

Es interessiert aber nicht nur, wie schnell sich die Leitungselektronen bewegen, sondern auch wie groß die transportierte Ladung ΔQ_v im Volumen ΔV, d.h. die transportierte Ladungsdichte

$$\rho_v = \frac{\Delta Q_v}{\Delta V}$$

ist. (Der Index „v" besagt „mit v bewegt".) Man erhält sie gemäß

$$\rho_v = -en \tag{1.4b}$$

aus der Anzahldichte oder Konzentration

$$n = \frac{\Delta N}{\Delta V}$$

der Leitungselektronen, wobei ΔN deren Zahl im Volumen ΔV ist. Auch n ist eine charakteristische Konstante des Leitermaterials.

Die durch

$$J = \rho_v v \tag{1.4c}$$

definierte Vektorgröße heißt Stromdichte. Sie ist im allgemeinen von Punkt zu Punkt verschieden. Die Gesamtheit aller Stromdichtevektoren bildet das Strömungsfeld, das man durch Stromlinien veranschaulicht. Dies sind die Feldlinien des J-Feldes, die man genau so wie die E-Linien konstruiert. Bild 1.3 zeigt schematisch das J-Feld in einem Metall, wobei zu beachten ist, daß J und v entgegengesetzte Richtung haben, weil in einem Metall die Dichte ρ_v der bewegten Ladungsträger negativ ist. Der Zusammenhang zwischen J und E folgt aus den Gln.(1.4a-c), nämlich

$$J = enbE$$

oder

$$J = \kappa E \tag{1.5a}$$

mit der sogenannten Leitfähigkeit

$$\kappa = enb \ . \tag{1.5b}$$

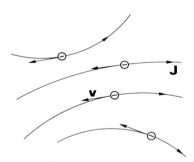

Bild 1.3. Schematische Darstellung des Strömungsfeldes in einem Metall.

Die Gl.(1.5a) stellt das *Ohmsche Gesetz* in seiner feldtheoretischen Form dar. Vor der Herleitung der gewohnten Form mit Spannung und Stromstärke muß letztere erst definiert werden. Dazu wird im Bild 1.4 der Ausschnitt eines stromdurchflossenen Drahtes betrachtet, wobei die genaue Richtung (nach rechts oder links) der als homogen angenommenen Stromdichte J absichtlich offen bleibt. Sie hat keinen Einfluß auf die sogleich erfolgende Definition der Stromstärke. Der Einheitsvektor n ist parallel zu den Stromlinien und senkrecht zur Querschnittsfläche A. Seine Richtung nach rechts wurde

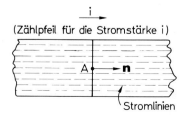

Bild 1.4. Ausschnitt eines stromdurchflossenen Drahtes mit dem Querschnitt A.

1.2 Physikalische Grundlagen

willkürlich der völlig gleichberechtigten Richtung nach links vorgezogen. Durch

$$i = (\boldsymbol{J} \cdot \boldsymbol{n})A \tag{1.6a}$$

wird dann die *Stromstärke durch den Querschnitt A in der durch $\boldsymbol{n}$ gegebenen Bezugsrichtung (Zählrichtung)* definiert. Die Bezugsrichtung wird in aller Regel durch einen Zählpfeil angezeigt (Bild 1.4). Zu jeder Querschnittsfläche gibt es somit zwei Stromstärken gleichen Betrages, die sich durch die beiden möglichen Zählpfeilrichtungen (Richtungen von $\boldsymbol{n}$), d. h. wegen Gl.(1.6a) durch das Vorzeichen des Skalarproduktes $\boldsymbol{J} \cdot \boldsymbol{n}$ voneinander unterscheiden. Der Zusammenhang mit der üblichen Stromstärkedefinition wird im folgenden hergestellt.

Bild 1.5 zeigt nochmals das stromdurchflossene Drahtstück für den Fall, daß die Leitungselektronen von links nach rechts fließen. Hier ist, das sei nur zu Übungszwecken erwähnt, die Stromstärke aufgrund der gewählten Zählrichtung negativ. Die Leitungselektronen legen in der Zeit Δt eine Strecke der Länge Δs zurück. Also wird in der Zeit Δt eine Ladung vom Betrag

$$|\Delta Q_v| = |\rho_v|\Delta V = |\rho_v|\Delta s A = |\rho_v||v|\Delta t A \tag{1.6b}$$

durch den Querschnitt transportiert. Andererseits gilt nach den Gln.(1.6a) und (1.4c)

$$|i| = |\boldsymbol{J}|A = |\rho_v||v|A \;,$$

so daß mit Gl.(1.6b)

$$|i| = \frac{|\Delta Q_v|}{\Delta t}$$

folgt. Das ist die übliche, auf das Vorzeichen keine Rücksicht nehmende und somit unvollständige Definition der Stromstärke.

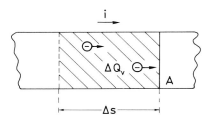

Bild 1.5. Stromdurchflossenes Drahtstück.

Die Gl.(1.6a) setzt zweierlei voraus: homogenes Strömungsfeld und senkrechte Ausrichtung der Fläche A zu den Stromlinien. Im allgemeinen Fall eines Strömungsfeldes in ausgedehnten Leitern ist beides nicht erfüllt. Dann muß Gl.(1.6a) gemäß

$$i = \iint_A \boldsymbol{J} \cdot \mathrm{d}\boldsymbol{A}$$

verallgemeinert werden, wobei sich das Integral über eine nicht notwendig geschlossene Fläche erstreckt und wie im Abschnitt 1.2.1 definiert ist. Von diesem Integral wird künftig kein Gebrauch gemacht. Jetzt kann an Hand des Bildes 1.6 die gewohnte Form des Ohmschen Gesetzes abgeleitet werden. Voraussetzung ist dabei homogene, d.h. im betrachteten Drahtabschnitt konstante Leitfähigkeit κ. Dann repräsentieren auch J und E homogene Felder parallel zur Drahtachse, und es gilt

$$u = \int_{(1)}^{(2)} E \cdot dr = \frac{1}{\kappa} \int_{(1)}^{(2)} J \cdot dr = \frac{1}{\kappa} \int_{(1)}^{(2)} J \cdot n \, ds = \frac{i}{\kappa A} \int_{(1)}^{(2)} ds = \frac{\Delta s}{\kappa A} i \; .$$

Dabei wurden unter anderem die Gln.(1.5a) und (1.6a) verwendet. Definiert man durch

$$R = \frac{\Delta s}{\kappa A} \tag{1.7a}$$

den ohmschen Widerstand des Drahtstückes zwischen 1 und 2, dann folgt schließlich

$$u = Ri \; , \tag{1.7b}$$

die allbekannte Form des Ohmschen Gesetzes.

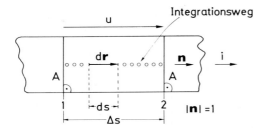

Bild 1.6. Drahtabschnitt zur Herleitung der üblichen Form des Ohmschen Gesetzes.

1.2.2.3 *Halbleiter.* Während in einem metallischen Leiter die Zahl der Leitungselektronen nahezu unabhängig von der Temperatur ist, trifft dies für Halbleiter nicht zu. Kennzeichnend für Halbleiter ist gerade die starke Abhängigkeit der Zahl der Leitungselektronen von der Temperatur. Dies soll im folgenden am Beispiel der für die Halbleitertechnik besonders wichtigen Halbleiter Germanium und Silizium (chemisches Symbol Ge bzw. Si) erläutert werden. Jedes Atom dieser Substanzen besitzt vier Außenelektronen. Diese Außenelektronen bewirken die gegenseitige Bindung der Atome in einem Germanium- bzw. Siliziumkristall. Dabei besteht jede Bindung zwischen zwei benachbarten Atomen aus zwei Außenelektronen, wobei jeder der beiden Bindungspartner ein solches Elektron beisteuert. Da jedes der genannten Atome vier Außenelektronen hat, ist jedes Atom mit vier Nachbaratomen verbunden.

Im Bild 1.7 ist ein flächenhaftes Modell für einen Germaniumkristall dargestellt. Die Kreise bedeuten Germanium-Atomkerne mit den Innenelektronen, die Punkte bedeuten Außenelektronen. Diese Außenelektronen bezeichnet man als Valenzelektronen.

Die Valenzelektronen sind zunächst fest an ihre Plätze gebunden. Sie stehen für den Ladungstransport erst dann zur Verfügung, wenn sie aus ihren Bindungen herausgerissen werden. Dazu bedarf es der Zufuhr von Energie, der sogenannten Anregungsenergie. Einigen Valenzelektronen wird die Anregungsenergie durch thermische Schwingungen des Atomgitters zugeführt. Nach dem Herauslösen aus der Bindung sind die Valenzelektronen frei beweglich und stehen als Leitungselektronen zur Verfügung. Mit steigender Temperatur nimmt die Zahl der Leitungselektronen zu. Der betreffende Halbleiter leitet also um so besser den Strom, je höher die Temperatur ist. Die Nichtleiter unterscheiden sich von den Halbleitern durch die größere Anregungsenergie. Man muß also einen Nichtleiter auf verhältnismäßig hohe Temperatur bringen, damit viele Valenzelektronen zu Leitungselektronen werden und so eine merkliche Leitfähigkeit hervorrufen. Eine scharfe begriffliche Trennung zwischen Halbleitern und Nichtleitern ist nicht möglich.

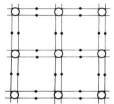

Bild 1.7. Modell eines Germaniumkristalls.

1.2.2.4 *Leitungsmechanismus in Halbleitern.* Wie in Metallen bewegen sich auch in Halbleitern die Leitungselektronen unter dem Einfluß eines elektrischen Feldes. Dieser Elektronenfluß ist *ein* Strombeitrag im Halbleiter, jedoch nicht der einzige. Hierauf soll im folgenden eingegangen werden. Bei der Erzeugung eines Leitungselektrons entsteht an dessen ursprünglichem Platz eine Leerstelle, die man Defektelektron oder Loch nennt. Es ist nun möglich, daß ein benachbartes Valenzelektron diese Leerstelle einnimmt, wobei es an seinem ursprünglichen Platz seinerseits ein Loch hinterläßt. Das Loch ist dann einen Schritt weiter gewandert, und zwar in der zur Elektronenbewegung entgegengesetzten Richtung. Geschieht dies unter dem Einfluß eines elektrischen Feldes, dann ist die Bewegung der Valenzelektronen im Mittel dem Feld entgegengerichtet und folglich die Bewegung des Loches im Mittel dem Feld gleichgerichtet. Das Loch verhält sich wie ein positiv geladenes Teilchen. Der Gesamtstrom setzt sich aus den von der Bewegung der Leitungselektronen und der Löcher herrührenden Teilen zusammen.

Die Leitfähigkeit in chemisch reinen Halbleitern entsteht somit durch paarweise Erzeugung (Paarerzeugung) je eines Leitungselektrons und eines Loches (Vorgang der Generation) infolge Wärmeeinwirkung. Diese Art der Leitfähigkeit heißt *Eigenleitfähigkeit.* Sie steigt stark mit der Temperatur an. Ein Leitungselektron und ein Loch können auch gleichzeitig verschwinden, wenn ein Leitungselektron unter Abgabe der Anregungsenergie „in ein Loch fällt" (Vorgang der Rekombination). Generation und Rekombination halten sich bei konstanter Temperatur das Gleichgewicht. Es wird also eine zeitlich konstante Konzentration n von Leitungselektronen und eine zeitlich konstante Konzentration p von Löchern aufrechterhalten, wobei $p = n = n_i$ (Eigenleitungskonzentration oder Intrinsicdichte) gilt. Diese Konzentration nimmt sehr stark mit der Temperatur zu. Bei Metallen ist die Konzentration der freien Ladungsträger nahezu temperaturunabhängig, und die Leitfähigkeit dieser Stoffe fällt schwach mit zunehmender Temperatur, da die Beweglichkeit der freien Ladungsträger durch die stärkeren thermischen Schwingungen des Kristalls vermindert wird. Bei Halbleitern tritt die Verminderung der Elektronenbeweglichkeit gegenüber der starken Zunahme der Teilchenkonzentration bei steigender Temperatur in den Hintergrund. Deshalb erhöht sich die Leitfähigkeit von Halbleitern mit der Temperatur.

Im vorstehenden wurde die Eigenleitfähigkeit von Halbleitern beschrieben. Es gibt nun noch eine andere Art von Leitfähigkeitserzeugung. Das Prinzip hierfür ist, daß dem Kristall Leitungselektronen oder Löcher geliefert werden, indem geeignete Fremdatome eingebaut werden. So kann man z.B. gemäß Bild 1.8 ein Arsenatom in einen Germaniumkristall am Platz eines Germaniumatoms einbauen. Arsen (chemisches Zeichen As) hat nicht vier Außenelektronen wie Germanium, sondern fünf. Eines der Außenelektronen des Arsenatoms wird also zur Bindung nicht benötigt. Es kann mit einer im Vergleich zur Anregungsenergie der Valenzelektronen geringen Energie von seinem Arsenatom getrennt werden. Damit ist es zum Leitungselektron geworden. Bereits bei normaler Temperatur sind infolgedessen in einem Germaniumkristall, in dem Arsenatome eingebaut sind, praktisch alle zur Bindung nicht erforderlichen Außenelektronen Leitungselektronen. Am Platz des Arsenatoms verbleibt jetzt kein bewegliches Loch, sondern ein ortsfester, positiv ionisierter Atomrumpf. Fremdatome, die in einem Halbleiterkristall freie Elektronen abgeben, bezeichnet man als Donatoren. Der Einbau von Donatoren in einen Halbleiterkristall (man spricht von der Dotierung des Kristalls mit Donatoren) hat zur Folge, daß im Kristall eine höhere Konzentration n von Leitungselektronen (Majoritätsträgern) vorhanden ist, als dies bei Eigenleitung der Fall wäre. Man spricht in diesem Fall von Überschußleitung oder n-Leitung. Bei hinreichend starker Dotierung mit Donatoren und bei normalen Temperaturen übertrifft die n-Leitfähigkeit die Eigenleitfähigkeit beträchtlich, so daß ein zahlenmäßiges Überwiegen der Leitungselektronen über die Löcher (Minoritätsträger) besteht, deren Konzentration p häufig gegenüber n vernachlässigbar ist. Als Donatoren verwendet man beispielsweise Phosphor, Arsen oder Antimon.

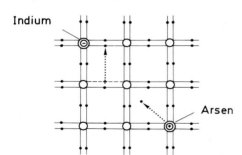

Bild 1.8. Einbau von Fremdatomen in einen Germaniumkristall.

Neben der eben besprochenen n-Dotierung von Halbleiterkristallen gibt es die p-Dotierung, um Leitfähigkeit zu erzeugen. Man kann nämlich in einen Germaniumkristall statt Donatoren Atome mit nur drei Außenelektronen, beispielsweise Indiumatome (chemisches Zeichen In) einbauen (Bild 1.8). Dann fehlt in einer der vier Bindungen zu den nächsten Germanium-Nachbaratomen ein Elektron. An seiner Stelle bleibt also ein Loch. Dieses Loch kann, ebenso wie das überschüssige Elektron des Arsenatoms bei n-Dotierung, durch Zuführung einer im Vergleich zur Anregungsenergie der Valenzelektronen geringen Energie von seinem Indiumatom getrennt werden, indem an den Platz des Loches ein Valenzelektron von einem benachbarten Germaniumatom rückt.

Durch die Erzeugung des beweglichen Loches entsteht ein ortsfester, negativ ionisierter Indium-Atomrumpf. Die Fremdatome in einem Halbleiter, die leicht Elektronen aufnehmen oder, wie man sagt, Löcher abgeben, werden Akzeptoren genannt. Bereits bei normaler Temperatur sind nahezu alle Indium-Atome ionisiert. Der Kristall ist dann, wie man sagt, p-leitend oder mangelleitend (wegen des Mangels an freien Elektronen). Als Akzeptoren verwendet man beispielsweise Bor, Aluminium, Gallium oder Indium. Hier ist bei hinreichend starker Dotierung die Konzentration n der Leitungselektronen (Minoritätsträger) gegenüber der Konzentration p der Löcher (Majoritätsträger) häufig vernachlässigbar.

Die durch Dotierung in einem Halbleiterkristall erzeugte elektrische Leitfähigkeit heißt Störleitfähigkeit, da die durch die Dotierung eingebauten Fremdatome sogenannte Störstellen des Kristalls sind. Durch die Stärke der Dotierung kann in einem Halbleiterkristall eine bestimmte Stärke der Leitfähigkeit hervorgerufen werden. Man dotiert in der Regel Halbleiter derart, daß bei normaler Temperatur die Störleitfähigkeit die Eigenleitfähigkeit um Zehnerpotenzen übertrifft.

Zum elektrischen Strom in einem Halbleiter tragen also grundsätzlich zwei Ladungsträgersorten bei: Die Leitungselektronen mit der Ladung $-e < 0$ und der Konzentration n sowie die Löcher mit der Ladung $e > 0$ und der Konzentration p. Das führt zu einer Leitfähigkeit

$$\kappa = e(nb_n + pb_p) \; ,$$

wobei die Elektronenbeweglichkeit b_n durch die Gl.(1.4a) definiert ist und die Löcherbeweglichkeit b_p ebenfalls durch diese Gleichung, wenn man dort das Minuszeichen streicht. Es gilt dann $b_p > 0$, da die Löcher wie positive Teilchen in Feldrichtung wandern.

1.2.2.5 *Stromloser pn-Übergang.* Wie bereits im Abschnitt 1.2.2.2 erläutert wurde, fließt in einem Metall ein elektrischer Strom dann, wenn im Innern des Metalls ein elektrisches Feld herrscht. In Halbleitern gibt es noch eine weitere Ursache für das Auftreten eines elektrischen Stromes. Im Gegensatz zu einem Metall ist es dort nämlich möglich, daß im stationären Zustand die Konzentration der Ladungsträger von Ort zu Ort verschieden ist. Die Folge eines derartigen Konzentrationsunterschieds ist es, daß Ladungsträger aus Gebieten hoher Konzentration in Gebiete niedrigerer Konzentration diffundieren, so wie die Moleküle in einem Gas sich räumlich gleichmäßig verteilen, wenn sie daran nicht gehindert werden. Dieser durch Diffusion hervorgerufene Ladungstransport stellt natürlich einen elektrischen Strom dar, den man als *Diffusionsstrom* zu bezeichnen pflegt. Im Gegensatz hierzu nennt man einen in einem Halbleiter durch ein elektrisches Feld hervorgerufenen Strom einen *Feldstrom.*

Man spricht von einem *pn*-Übergang, wenn im gleichen Halbleiterkristall ein p-leitendes Gebiet an ein n-leitendes Gebiet grenzt. Bild 1.9 zeigt schematisch einen solchen *pn*-Übergang, wobei im Teilbild a noch kein Austausch beweglicher Ladungsträger stattgefunden haben soll. Das n-Gebiet ist durch eine hohe Konzentration von Leitungselektronen ausgezeichnet, das p-Gebiet durch eine hohe Konzentration von Löchern. Im n-leitenden Gebiet ist die Konzentration der Löcher sehr gering, im p-leitenden Gebiet die Konzentration der Leitungselektronen. Infolge dieser Konzentrationsunterschiede in den beiden Gebieten des Kristalls treten Diffusionsströme auf:

Aus dem n-Gebiet diffundieren Leitungselektronen in das p-Gebiet, wo sie mit Löchern rekombinieren, die dort in großer Anzahl vorhanden sind. Ebenso diffundieren Löcher aus dem p-Gebiet in das n-Gebiet, wo sie mit Leitungselektronen rekombinieren. So entsteht im Übergangsbereich eine an beweglichen Ladungsträgern verarmte Zone hohen Widerstands (Bild 1.9b). Die in dieser Zone liegenden ionisierten Störstellen werden ladungsmäßig nicht mehr kompensiert, da die beweglichen „Gegenladungen" wegdiffundiert sind. So entsteht auf der p-Seite eine ortsfeste Raumladung negativ ionisierter Akzeptoren und auf der n-Seite eine ortsfeste Raumladung positiv ionisierter Donatoren. Die Folge ist ein elektrisches Feld E, das von der n-Seite zur p-Seite gerichtet ist (Bild 1.9b) und so der Diffusion entgegenwirkt. Im stationären Gleichgewicht ist die Summe aus Diffusionsstromdichte und Feldstromdichte gleich null.

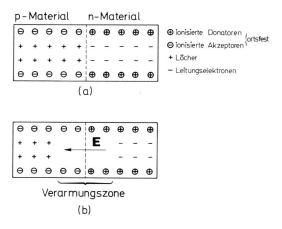

Bild 1.9. Darstellung eines pn-Übergangs. (a) Gedachter Ausgangszustand vor der ersten Diffusion beweglicher Ladungsträger ins Nachbargebiet; die wenigen Leitungselektronen und Löcher im p- bzw. n-Gebiet sind nicht dargestellt. (b) Stationärer Endzustand; der Übergangsbereich ist arm an beweglichen Ladungsträgern; das elektrische Feld der ladungsmäßig unkompensierten Donator- und Akzeptorionen hält der Diffusion die Waage.

Die am pn-Übergang durch das elektrische Feld entstehende Spannung nennt man Diffusionsspannung. Sie läßt sich allerdings nicht durch Anbringung von metallischen Meßdrähten messen, da an den Übergängen von den p-leitenden und n-leitenden Gebieten zu den Metallanschlüssen Kontaktspannungen entstehen, welche die Diffusionsspannung kompensieren (vorausgesetzt wird, daß alle Kontaktstellen gleiche Temperatur haben, damit keine Thermospannung entsteht). Im Bild 1.10 ist die Situation in der elektrischen Doppelschicht des pn-Übergangs genauer dargestellt als im Bild 1.9. Zu den Konzentrationsverläufen der Löcher und Leitungselektronen ist folgendes zu bemerken: Vorausgesetzt, daß die Konzentrationen p und n nicht zu groß sind, gilt für sie im stationären Zustand die dem Massenwirkungsgesetz analoge Beziehung

$$pn = n_i^2 (= \text{const}) \ .$$

Dabei bedeutet n_i die Eigenleitungskonzentration. Das ist diejenige Konzentration von Leitungselektronen, die bei gleicher Temperatur im undotierten Halbleitermaterial vorliegen würde. Da voraussetzungsgemäß auf beiden Seiten des *pn*-Übergangs das gleiche Grundmaterial vorliegt, hat n_i im ganzen Halbleiter den gleichen Wert. Angesichts dieser Tatsache müssen bei logarithmischer Auftragung die beiden Konzentrationsverläufe spiegelbildlich zueinander sein, und zwar bezüglich der Geraden mit dem Wert n_i. Bei der Darstellung im Bild 1.10 wurde ein *pn*-Übergang zugrundegelegt, bei welchem die *n*-Seite schwächer dotiert ist als die *p*-Seite. Die im Bild 1.10 dargestellte Raumladungsdichte ρ berücksichtigt alle Arten von Ladungsträgern. Ihr von null verschiedener Wert im Bereich des *pn*-Übergangs rührt im wesentlichen von den beiderseitigen, ortsfesten, ionisierten Störstellen her.

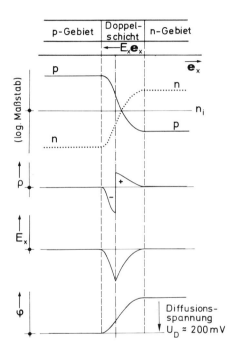

Bild 1.10. Verlauf der *p*-Konzentration, der *n*-Konzentration, der Raumladungsdichte ρ, der elektrischen Feldstärke E_x und des Potentials φ am *pn*-Übergang.

1.2.2.6 *Stromführender pn-Übergang.* Bei den vorausgegangenen Überlegungen am *pn*-Übergang wurde stillschweigend vorausgesetzt, daß zwischen *p*-leitendem und *n*-leitendem Gebiet des Halbleiterkristalls keine äußere Spannungsquelle anliegt. Es soll nun an einen solchen Halbleiterkristall gemäß Bild 1.11 über zwei Metallkontakte eine äußere Spannungsquelle angeschlossen werden. Diese Spannungsquelle ruft im Halbleiterkristall ein elektrisches Feld hervor, das sich dem elektrischen Feld überlagert, welches auf die im letzten Abschnitt beschriebene Weise entstanden ist (Bild 1.10). Ist die Spannung u der im Bild 1.11 dargestellten Quelle positiv, so werden Löcher aus dem *p*-Gebiet und Leitungselektronen aus dem *n*-Gebiet auf die Verarmungszone zugetrieben und setzen deren Widerstand herab. Ist dagegen die Spannung u im Bild 1.11 (bei unveränderter Zählrichtung) negativ, so werden die Löcher des *p*-Gebietes und die Leitungselektronen des *n*-Gebietes von der Verarmungszone weggezogen. Diese verbreitert sich unter Erhöhung ihres Widerstandes und wirkt als „Sperrschicht" für den elektrischen Strom. Der *pn*-Übergang ist also je nach Polarität der anliegenden Spannung mehr oder weniger gut leitend. An seiner Strom-Spannungs-Kennlinie (Bild 1.12) ist deutlich ein Durchlaß- und ein Sperrbereich zu erkennen (Gleichrichterwirkung). Auf den Durchbruchbereich der Kennlinie wird im folgenden eingegangen.

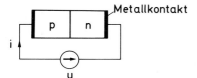

Bild 1.11. Anschluß einer Spannungsquelle an einen Halbleiterkristall mit *pn*-Übergang.

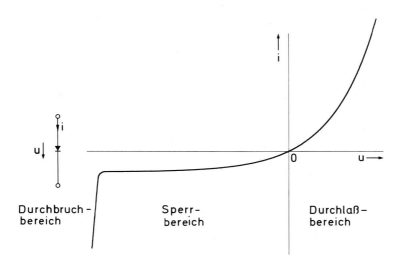

Bild 1.12. Kennlinie eines *pn*-Übergangs und zugehöriges Schaltungssymbol.

Die durch thermische Generation entstandenen Elektronen und Löcher bewegen sich unter dem Einfluß der Sperrspannung nicht ungestört, vielmehr stoßen sie gelegentlich gegen Atome des Kristalls. Dabei verlieren sie einen Teil ihrer Energie. Bei hinreichend großer Sperrspannung kann es vorkommen, daß ein Elektron oder ein Loch zwischen zwei Zusammenstößen eine so große Energie erhalten hat, daß es beim nächsten Zusammenstoß ein Valenzelektron aus einer Bindung herausreißt. Dadurch entsteht ein zusätzliches Elektron-Loch-Paar, das zum Sperrstrom beiträgt. Diese Teilchen werden ebenfalls beschleunigt und können ihrerseits durch Stöße neue Ladungsträger freimachen. Von einer „kritischen Feldstärke" an steigt also der Sperrstrom durch eine Kettenreaktion lawinenartig an. Man spricht vom *Lawinen-Durchbruch* (Avalanche-Durchbruch). Bei stark dotierten *pn*-Übergängen ist die Raumladungszone schmal, so daß in ihr keine aufeinanderfolgenden Stoßvorgänge stattfinden können. Es kann jedoch bei hinreichend hoher Feldstärke in der Raumladungszone vorkommen, daß allein durch diese hohe Feldstärke Valenzelektronen aus ihrer Bindung gerissen werden. Auf diese Weise entstehen von einer kritischen Feldstärke an zusätzliche Elektron-Loch-Paare, die zu einem schlagartigen Anstieg des Sperrstroms führen. Dieser Effekt heißt *Zener-Durchbruch*.

1.2.3 *Das magnetische Feld*

Wie im Abschnitt 1.2.1 besprochen wurde, wird von ruhenden Ladungen ein elektrisches Feld erzeugt. Bewegen sich die felderzeugenden Ladungen, so entsteht zusätzlich ein magnetisches Feld. Infolgedessen sind mit elektrischen Strömen magnetische Felder verbunden. Es soll zunächst ein sehr langer, von einem Gleichstrom der Stärke i durchflossener, geradliniger Draht im Vakuum betrachtet werden (Bild 1.13). Eine kleine frei um ihren Schwerpunkt drehbare Magnetnadel besitzt erfahrungsgemäß eine stabile Ruhelage (Bild 1.13), bei der sie tangential zum Kreis um den Leiter liegt (die Wirkung des Magnetfeldes der Erde ist dabei entweder zu kompensieren oder vernachlässigbar klein zu halten). Die Richtung vom Süd- zum Nordpol der Magnetnadel definiert (nicht nur im betrachteten Spezialfall) die Richtung der *magnetischen Induktion* B. Für $i > 0$ ist dies die Richtung des im Bild 1.13 eingetragenen Einheitsvektors t ($|t| = 1$). Für $i < 0$ ist B hier gegensinnig parallel zu t. Lenkt man die Magnetnadel aus der Ruhelage (B-Richtung) aus, dann tritt ein rücktreibendes Drehmoment auf. Dessen Betrag kann bei festem Auslenkungswinkel als Maß für $|B|$ genommen werden. Speziell bei der im Bild 1.13 betrachteten Situation findet man so, daß $|B|$ umgekehrt proportional zum Abstand r der Nadel von der Achse des Leiters ist. Auf diese Weise erhält man als magnetische Induktion B den ortsabhängigen Vektor

$$B = \frac{\mu_0 i}{2\pi r} t \; .$$

Dabei ist $(\mu_0/2\pi)$ eine noch festzulegende Proportionalitätskonstante (siehe Abschnitt 1.2.5); μ_0 heißt magnetische Feldkonstante. Liegt statt des einfachen Leiterstroms nach Bild 1.13 irgendeine andere elektrische Strömung im Raum vor, so erhält man ebenfalls für jeden Raumpunkt eine bestimmte magnetische Induktion, die in entsprechender Weise mittels einer kleinen Magnetnadel definiert werden kann, die sich aber im allgemeinen formelmäßig nicht so einfach ausdrücken läßt wie im Fall der Situation nach Bild 1.13. Man bezeichnet die Gesamtheit der Vektoren der magnetischen Induktion im Raum als *magnetisches Feld*. Wie im Fall des elektrischen Feldes werden auch hier Feldlinien zur bildlichen Darstellung verwendet.

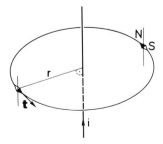

Bild 1.13. Geradliniger Draht mit konstantem Strom i. Die Kurve stellt eine magnetische Feldlinie dar. Die Stellung der Magnetnadeln gilt für $i > 0$.

Es soll hier noch kurz auf die Frage eingegangen werden, wie die Gesamtinduktion B zu ermitteln ist, die von n geradlinigen Drähten mit jeweils konstanter Stromstärke $i_\nu (\nu = 1, 2, ..., n)$ hervorgerufen wird. Man braucht nur die magnetischen Induktionen $B_\nu = (\mu_0 i_\nu / 2\pi r_\nu) t_\nu$, die aus obiger Formel für die Einzelströme resultieren, zu überlagern, d.h. die Summe $B = B_1 + B_2 + ... + B_n$ zu bilden. Dabei sind allerdings neben den verschiedenen Stromstärken i_ν die unterschiedlichen Abstände r_ν des Beobachtungspunktes zu den Leiterachsen ($\nu = 1, 2, ..., n$) und die unterschiedlichen Richtungen t_ν der Vektoren B_ν zu beachten.

Befindet sich der im Bild 1.13 dargestellte stromdurchflossene Leiter nicht im Vakuum, so kann bei der Darstellung der magnetischen Induktion häufig μ_0 durch eine für den betreffenden Stoff charakteristische Konstante μ, die sogenannte Permeabilität, ersetzt werden.

Wird ein ebenes Flächenstück mit dem Flächeninhalt A und der durch den Einheitsvektor $n (|n| = 1)$ gegebenen Senkrechten von einem homogenen magnetischen Feld durchsetzt (Bild 1.14), so ist der die genannte Fläche durchdringende *magnetische Fluß* als

$$\Phi = A B_n$$

definiert. Dabei bedeutet $B_n = n \cdot B$ die Komponente der magnetischen Induktion in Richtung n. Somit ist auch der magnetische Fluß eine Größe mit Bezugsrichtung. Sie wird durch n gegeben. Soll der magnetische Fluß eines inhomogenen Feldes durch eine bestimmte Fläche ermittelt werden, dann unterteilt man zweckmäßigerweise diese Fläche in hinreichend kleine Teile, so daß für die Berechnung der Flüsse durch die Teilflächen das Feld jeweils als näherungsweise homogen betrachtet und damit wie im Fall von Bild 1.14 verfahren werden kann. Den Gesamtfluß erhält man durch Addition aller Teilflüsse. Exakt läßt sich der Gesamtfluß durch das Oberflächenintegral

$$\Phi = \iint_A B \cdot dA \tag{1.8}$$

ausdrücken, das entsprechend wie das Integral in Gl.(1.3) erklärt wird und auszuwerten ist. Im Gegensatz zum elektrischen Feld ist hier jedoch jedes über eine Hüllfläche erstreckte Integral gleich null, da es keine mit den elektrischen Ladungen vergleichbaren magnetischen Ladungen gibt. Formelmäßig läßt sich dies durch die Gleichung

$$\oiint_A B \cdot dA = 0 \tag{1.9}$$

ausdrücken. Eine Folge hiervon ist unter anderem, daß die Normalkomponente von B an Grenzflächen verschiedener Materialien stetig ist.

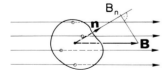

Bild 1.14. Ebenes Flächenstück im homogenen magnetischen Feld.

Aus Abschnitt 1.2.1 ist bekannt, daß ein punktförmiger Körper mit der Ladung q in einem rein elektrischen Feld der Stärke E die Kraft $F = qE$ erfährt. Sie ist unab-

1.2 Physikalische Grundlagen

hängig von der Geschwindigkeit des Ladungsträgers. Jetzt befinde sich die Punktladung q in einem rein magnetischen Feld der Induktion B. Solange die Ladung q in Ruhe bleibt, wirkt keine Kraft auf den Ladungsträger. Sobald er sich aber mit der Geschwindigkeit v bewegt, erfährt er eine Kraft F. Ihr Betrag gehorcht der Gesetzmäßigkeit

$$|F| = |q||v||B||\sin\beta| \; ,$$

wobei β der Winkel zwischen v und B am Ort von q ist. Ihre Richtung ist stets senkrecht zu v und B, wobei die Vektoren qv, B und F in dieser Reihenfolge ein rechtshändiges Dreibein bilden. Dabei ist zu beachten, daß qv bei negativem q gegensinnig parallel zu v ist (Bild 1.15). Man kann alle diese Erkenntnisse in der Gleichung

$$F = q(v \times B)$$

zusammenfassen. Diese vom magnetischen Feld auf bewegte Punktladungen ausgeübte Kraft wird häufig Lorentz-Kraft genannt. Dieser Name wird aber gelegentlich auch für die elektromagnetische Gesamtkraft

$$F = q(E + v \times B)$$

auf ein geladenes Teilchen benützt.

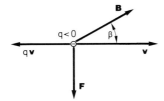

Bild 1.15. Magnetische Kraft auf eine bewegte negative Punktladung (B zeigt "schräg nach hinten"; alle anderen Vektoren liegen in der Zeichenebene).

Das Bild 1.16 zeigt ein Stück geraden stromdurchflossenen Drahtes mit dem Querschnitt A und der Länge ℓ in einem homogenen B-Feld, wobei das Eigenfeld des Stromes nicht berücksichtigt ist. Die Leitungselektronen (Ladung $-e$, Dichte n), die sich mit der Driftgeschwindigkeit v parallel zur Drahtachse bewegen, erfahren die Lorentz-Kraft $-e(v \times B)$, so daß

$$F = -\ell A n e (v \times B)$$

die gesamte magnetische Kraft auf das betrachtete Drahtstück ist. Mit den Gln.(1.4b,c) folgt

$$F = \ell A (J \times B) \; ,$$

woraus man mit

$$J = \frac{i}{A} n$$

(n ist ein Einheitsvektor) schließlich die Darstellung

$$F = i \ell (n \times B)$$

erhält. Sie gibt also die magnetische Kraft an, die ein stromdurchflossener gerader Draht der Länge ℓ in einem homogenen B-Feld erfährt. Jeder Elektromotor wird von solchen Kräften angetrieben.

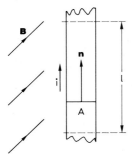

Bild 1.16. Stromdurchflossener Draht im Magnetfeld. Der Einheitsvektor n steht senkrecht auf der Querschnittsfläche A und zeigt in Zählrichtung von i.

1.2.4 Das Induktionsgesetz und das Durchflutungsgesetz

Induktionsgesetz. In einem zeitlich sich ändernden magnetischen Feld befinde sich eine Schleife aus hochleitendem Draht. Die Schleife bestehe aus w dicht beieinander liegenden Windungen. Bild 1.17 zeigt eine solche Schleife für $w = 2$. Mit Φ wird der magnetische Fluß bezeichnet, der nach Bild 1.17 die Schleife durchsetzt. Liegt die Schleife in einer Ebene und ist das Feld homogen, dann gilt für den magnetischen Fluß $\Phi = AB_n$. Dabei ist B_n die Komponente der magnetischen Induktion senkrecht zur Ebene in der im Bild 1.17 angegebenen Bezugsrichtung von Φ, und A ist gleich dem Inhalt der von der Schleife umschlossenen ebenen Fläche. Ändert sich der magnetische Fluß Φ mit der Zeit, dann tritt erfahrungsgemäß an den Endpunkten 1 und 2 der Schleife die Spannung

$$u_{12} = w \frac{d\Phi}{dt} \tag{1.10}$$

auf. Es wird dabei vorausgesetzt, daß außerhalb der Schleife kein zeitveränderliches Magnetfeld vorhanden ist oder dieses zumindest vernachlässigt werden kann, damit die zeitliche Änderung ausschließlich des Spulenflusses Φ zu u_{12} beiträgt. Man beachte die Bezugsrichtungen der Größen im Bild 1.17. Durch die Gl.(1.10) wird das sogenannte *Induktionsgesetz* für die betrachtete Situation zum Ausdruck gebracht. Falls das magnetische Feld nicht homogen und die Schleife nicht eben ist, gilt Gl.(1.10) ebenfalls. Dabei ist Φ durch Gl.(1.8) gegeben.

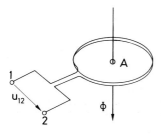

Bild 1.17. Drahtschleife im magnetischen Feld; u_{12} ist die induzierte Spannung.

1.2 Physikalische Grundlagen

Zwischen den Enden eines Leiters kann auch dadurch eine Spannung induziert werden, daß man diesen in einem magnetischen Feld bewegt, das sich nicht mit der Zeit zu ändern braucht. Diese Erscheinung bildet die physikalische Grundlage für die Spannungs- bzw. Stromerzeugung in elektrischen Maschinen. Als spezielle Situation soll gemäß Bild 1.18 ein geradliniger Draht der Länge ℓ betrachtet werden, der mit der Geschwindigkeit v in einem homogenen magnetischen Feld B in translatorischer Weise bewegt wird. Dabei wird vorausgesetzt, daß die durch den Einheitsvektor n gegebene Orientierung des Drahtes sich nicht ändert und stets einen rechten Winkel mit den magnetischen Feldlinien einschließt. Die Leitungselektronen erfahren aufgrund ihrer Mitbewegung eine magnetische Kraft $-e\,(v \times B)$. Diese bewirkt anfangs eine Ladungsverschiebung zu den Leiterenden, die infolgedessen ungleichnamig geladen werden. Das führt wiederum zu einem ladungserzeugten E-Feld, das im stationären Endzustand die Leitungselektronen an einer weiteren Verschiebung hindert. Es kompensieren sich dann die magnetischen und elektrischen Kräfte auf jedes Leitungselektron, so daß im Leiter $E = -v \times B$ gilt. Das Linienintegral dieser Feldstärke ergibt die zwischen den Leiterenden 1 und 2 (man vergleiche Bild 1.18) auftretende Spannung

$$u_{12} = \int_{(1)}^{(2)} E \cdot dr = \int_{(1)}^{(2)} (B \times v) \cdot n\,d\ell \;,$$

also

$$u_{12} = \ell\,[(B \times v) \cdot n] = |v||B|\ell \sin\beta \;. \tag{1.11}$$

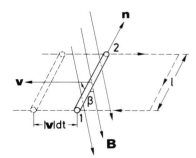

Bild 1.18. Induktion einer Spannung durch Bewegung eines Leiters im magnetischen Feld.

Hier bedeutet β den Winkel, der bei einer Drehung des Vektors B in den Vektor v überstrichen würde. Die Drehung soll dabei im Sinne einer Rechtsschraube bezüglich n erfolgen.– Trotz der andersartigen Entstehung läßt sich u_{12} wie in Gl.(1.10) mit der zeitlichen Flußänderung verknüpfen: Durch die Bewegung des Leiters ändert sich in einem kleinen Zeitintervall dt der magnetische Fluß Φ, welcher von einem den Leiter enthaltenden geschlossenen Wege rechtshändig umfaßt[5] wird, um den Wert

$$d\Phi = \ell |v|\,dt\,|B|\sin\beta \;.$$

---

[5] „Rechtshändig umfaßt" heißt, daß die Zählrichtung von Φ zusammen mit dem Umlaufsinn des geschlossenen Weges eine Rechtsschraube bildet.

Damit erhält man aufgrund von Gl.(1.11)

$$u_{12} = \frac{d\Phi}{dt} \ . \tag{1.12}$$

Durch die Gl.(1.11) bzw. Gl.(1.12) wird das Induktionsgesetz für die zweite betrachtete Situation zum Ausdruck gebracht.

Durchflutungsgesetz. Im Bild 1.19 ist ein räumlicher Bereich mit dem geschlossenen Weg C dargestellt. Dieser umschließe eine elektrische Strömung der Stärke Θ, welche gewöhnlich durch eine bestimmte Anzahl von Leiterströmen i_ν entsteht:

$$\Theta = \sum_\nu (\pm i_\nu) \ .$$

Hierbei ist die Bezugsrichtung für Θ derart festgelegt, daß sie mit der angegebenen Orientierung der Kurve C eine Rechtsschraube bildet, und in der Summe erhalten diejenigen Ströme das Pluszeichen $(+i_\nu)$, die in Richtung von Θ gepfeilt sind, alle übrigen das Minuszeichen $(-i_\nu)$. Durch die Ströme i_ν wird ein magnetisches Feld mit der Induktion B hervorgerufen. Ein zeitlich sich änderndes elektrisches Feld sei nicht vorhanden. Dann gilt erfahrungsgemäß für das Linienintegral längs des geschlossenen Weges C

$$\oint_C \frac{B}{\mu} \cdot dr = \Theta \ . \tag{1.13}$$

Dieses Linienintegral ist wie das Integral in Gl.(1.1) erklärt und entsprechend auszuwerten. Die Aussage der Gl.(1.13) ist das sogenannte *Durchflutungsgesetz*.

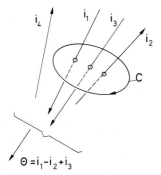

Bild 1.19. Weg C, der den Gesamtstrom Θ umschließt. Ströme, die von C nicht umfaßt werden, tragen nicht zu Θ bei.

Man kann das Durchflutungsgesetz zusammen mit der Grundgleichung (1.9) dazu benützen, um die im Abschnitt 1.2.3 angegebene Formel für die magnetische Induktion B eines konstanten Linienstromes (Bild 1.13) im Vakuum herzuleiten. Wenn man davon ausgeht, daß B in jedem Punkt P außerhalb des Drahtes keine Komponente in Stromrichtung (z-Richtung) hat, so läßt sich B vollständig durch zwei Komponenten beschreiben, nämlich durch eine Radialkomponente B_r (in Richtung des von der z-Achse senkrecht abgehenden Strahls durch P) und durch eine Tangentialkomponente B_α (in Richtung der Senkrechten zur z- und r-Richtung durch P). Aus Symmetriegründen sind B_r,

1.2 Physikalische Grundlagen

B_α nur vom Abstand r des Punktes P vom Linienstrom (z-Achse) abhängig. Betrachtet man nun als Hüllfläche A durch P einen zur z-Achse konzentrischen Kreiszylinder mit Radius r und Höhe h und wendet die Gl.(1.9) an, so erhält man $2\pi rhB_r(r) = 0$, woraus $B_r(r) = 0$ für beliebiges r folgt. Wählt man weiterhin als Kurve C in einer Ebene senkrecht zur z-Achse durch P einen Kreis mit Mittelpunkt auf der z-Achse und Radius r, so liefert die Anwendung der Gl.(1.13) $2\pi rB_\alpha = \mu_0 i$ ($\Theta = i$), woraus $B_\alpha = (\mu_0 i)/(2\pi r)$ und $\boldsymbol{B} = B_\alpha \boldsymbol{t}$ folgt.

1.2.5 Die Einheiten für die eingeführten Größen

In den vorausgegangenen Abschnitten wurde eine Reihe physikalischer Größen eingeführt. Jede dieser Größen setzt sich wie alle Größen der Physik aus einem mit der betreffenden *Einheit* multiplizierten Zahlenwert zusammen. Im folgenden sollen die Einheiten der genannten Größen eingeführt werden. Dabei wird von den mechanischen MKS-Einheiten ausgegangen. Es handelt sich dabei um das Meter (m), das Kilogramm (kg) und die Sekunde (s) als Grundeinheiten für die Grundgrößen Länge, Masse bzw. Zeit. Als zusätzliche Grundeinheit wird das Ampere (A) als Einheit für die neue Grundgröße Strom eingeführt. Alle übrigen einzuführenden Einheiten sind abgeleitete Einheiten.

Zur Festlegung der Einheit Ampere betrachtet man gemäß Bild 1.20 zwei ruhende unendlich lange, parallele und dünne Drähte, welche konstante Ströme i_1 bzw. i_2 führen. Der Abstand der Drähte sei mit r bezeichnet. Auf ein Stück der Länge ℓ jedes einzelnen Drahtes wird eine Kraft vom Betrag F ausgeübt. Es läßt sich für die Anordnung die Gesetzmäßigkeit

$$\frac{F}{\ell} = k_0 \frac{|i_1 i_2|}{r} \tag{1.14}$$

feststellen. Sie folgt aus dem zu Bild 1.13 gehörenden $\boldsymbol{B}$-Feld und der am Ende des Abschnitts 1.2.3 angegebenen Kraft. Dabei ist k_0 eine Proportionalitätskonstante. Die Einheit der Kraft ist das Newton (N). Es gilt $1\,\text{N} = 1\,\text{kgm/s}^2$. Nun setzt man

$$k_0 = \frac{\mu_0}{2\pi}$$

mit der magnetischen Feldkonstante μ_0. Sie wird zu

$$\mu_0 = 4\pi \cdot 10^{-7} \frac{\text{N}}{\text{A}^2}$$

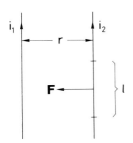

Bild 1.20. Zwei stromdurchflossene geradlinige Drähte zur Definition der Einheit der Stromstärke. Die Richtung von $\boldsymbol{F}$ gilt für $i_1 i_2 > 0$.

festgelegt. Damit ist aufgrund der Gl.(1.14) die Einheit A für den Strom fixiert. Sorgt man dafür, daß durch beide Drähte im Bild 1.20 der gleiche Strom i fließt und der Abstand der Drähte $r = 1\,\text{m}$ beträgt, so erhält man gemäß Gl.(1.14) den Strom $i = 1\,\text{A}$ dann, wenn auf der Länge $\ell = 1\,\text{m}$ die Kraft $F = 2 \cdot 10^{-7}\,\text{N}$ auftritt. Aufgrund der im Abschnitt 1.2.2.2 eingeführten Größe Stromstärke ergibt sich als Einheit für die Ladung die Amperesekunde (As). Sie wird auch Coulomb (C) genannt. Weiterhin erhält man aufgrund der Tatsachen aus Abschnitt 1.2.1 als Einheit für die elektrische Feldstärke N/C und als Einheit für die Spannung Nm/C, die man Volt (V) zu nennen pflegt. Damit ergibt sich die für die elektrische Feldstärke übliche Einheit V/m. Nach dieser Festlegung folgt aus Gl.(1.3) auf experimentellem Wege

$$\epsilon_0 = 0{,}885419 \cdot 10^{-11} \frac{\text{As}}{\text{Vm}} \ .$$

Gemäß den Abschnitten 1.2.3 und 1.2.4 ist die Einheit für den magnetischen Fluß Vs = Weber (Wb) und für die magnetische Induktion Vs/m^2 = Tesla (T).

1.3 Netzwerkelemente

Zur Beschreibung von Bausteinen realer elektrischer Schaltungen werden sogenannte Netzwerkelemente eingeführt; das sind idealisierte Modelle, die einfachen mathematischen Beziehungen zwischen den auftretenden physikalischen Größen (Spannungen, Strömen, magnetischen Flüssen) gehorchen. Ändern sich die elektromagnetischen Feldgrößen zeitlich hinreichend langsam, so wird die Ortsvariable zur mathematischen Beschreibung nicht benötigt. Man spricht in solchen Fällen von *konzentrierten* Netzwerkelementen. Schaltungen, bei deren Bausteinen die genannte Bedingung nicht erfüllt ist, werden durch „Netzwerke mit verteilten Parametern" beschrieben. Dieser Fall, der bei höheren Frequenzen von Bedeutung ist, wird hier ausgeschlossen. Im Abschnitt 7.2 wird ein kurzer Ausblick auf die Behandlung von Netzwerken mit verteilten Parametern gegeben.

Im folgenden werden die verschiedenen Netzwerkelemente eingeführt. Dabei werden bei den sogenannten zweipoligen Elementen die im Bild 1.21 vereinbarten Bezugsrichtungen für die Spannung $u(t)$ und den Strom $i(t)$ gewählt. Die punktförmigen Anschlußstellen im Bild 1.21 heißen *Klemmen* des Elements. Sie markieren die Anschlußstellen zu anderen Elementen eines Netzwerks.

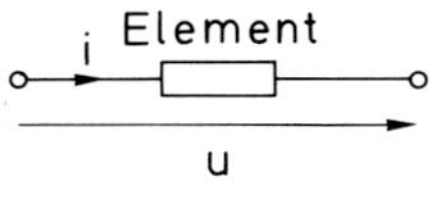

Bild 1.21. Zweipoliges Netzwerkelement mit Strom i und Klemmenspannung u.

1.3.1 *Der ohmsche Widerstand*

Das Symbol des ohmschen Widerstandes und die Bezugsrichtungen der elektrischen Größen sind im Bild 1.22 dargestellt. Die den ohmschen Widerstand definierende Beziehung zwischen Strom und Spannung lautet

$$u(t) = Ri(t) \ . \tag{1.15a}$$

1.3 Netzwerkelemente

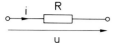

Bild 1.22. Symbol des ohmschen Widerstands und Bezugsrichtungen der elektrischen Größen.

Dabei ist R eine (nichtnegative) Konstante, der sogenannte (ohmsche) Widerstand (Wirkwiderstand, Resistanz) des Elements[6]. Die Einheit von R ist, wie der Gl.(1.15a) zu entnehmen ist, V/A; sie wird Ohm (abgekürzt Ω) genannt. Statt der Gl.(1.15a) benützt man (für $R \neq 0$) auch die Beziehung

$$i(t) = Gu(t) \qquad (1.15b)$$

mit $G = 1/R$. Die konstante Größe G ist der sogenannte ohmsche Leitwert des Elements. Die Einheit von G ist A/V = Ω^{-1}; sie wird Siemens (abgekürzt S) genannt.

Physikalische Interpretation. Die Gl.(1.15a) entspricht dem Ohmschen Gesetz, das in Form von Gl.(1.7b) als Beziehung zwischen Strom und Spannung bei Metallen abgeleitet wurde. Man beachte jedoch, daß die Gl.(1.7b) ein physikalisches Gesetz ausdrückt und infolgedessen nur einen begrenzten Gültigkeitsbereich hat, während die Gl.(1.15a) als die Beziehung, die das Netzwerkelement „ohmscher Widerstand" *definiert*, keinerlei Einschränkungen unterliegt.

1.3.2 *Die Induktivität*

Das Symbol der Induktivität und die Bezugsrichtungen der elektrischen Größen sind im Bild 1.23 dargestellt. Die die Induktivität definierende Beziehung zwischen Strom und Spannung lautet

$$u(t) = L \frac{di(t)}{dt} \,. \qquad (1.16a)$$

Dabei ist L eine (nichtnegative) Konstante, die sogenannte Induktivität des Elements[7]. Die Einheit von L ist, wie der Gl.(1.16a) zu entnehmen ist, Vs/A; sie wird Henry (H) genannt. Statt der Gl.(1.16a) benützt man (für $L \neq 0$) auch die Relation

$$i(t) = i(t_0) + \frac{1}{L} \int_{t_0}^{t} u(\tau) d\tau \,. \qquad (1.16b)$$

Bild 1.23. Symbol der Induktivität und Bezugsrichtungen der elektrischen Größen.

---

[6] Kehrt man eine der beiden Orientierungen im Bild 1.22 um, so muß man in Gl. (1.15a) auf einer der beiden Seiten ein Minuszeichen anbringen.

[7] Der Einfachheit halber wird hier und im folgenden sowohl das Netzwerkelement als auch der dieses charakterisierende Parameter L mit „Induktivität" bezeichnet. Eine entsprechende Vereinbarung trifft man beim „Widerstand" und der „Kapazität". Im Rahmen der Netzwerktheorie können dadurch keine Mißverständnisse entstehen.

Diese Gleichung folgt unmittelbar aus Gl.(1.16a) durch Integration.

Physikalische Interpretation. Zur physikalischen Motivierung der Definitionsgleichung (1.16a) wird die im Bild 1.24 dargestellte Ringspule betrachtet, die mit einer Wicklung versehen ist und deren Ringkern aus elektrisch nichtleitendem, magnetischem Material hergestellt sei. Die Wicklung bestehe aus w Windungen und führe den Strom i. Der Ringkern besitze den mittleren Radius R und die Querschnittsfläche A. Der Strom i ruft im Ringkern ein magnetisches Feld mit dem Fluß Φ hervor. Es wird nun eine mittlere magnetische Induktion $B = B t$ mit $B = \Phi/A$ ($=$ const) und dem Tangenteneinheitsvektor t längs der in das Bild 1.24 eingetragenen mittleren Feldlinie eingeführt. Die Länge der mittleren Feldlinie ist $\ell = 2\pi R$. Aufgrund des Induktionsgesetzes gemäß Gl.(1.10) erhält man

$$u = wA \frac{dB}{dt} \, . \tag{1.17}$$

Wendet man das Durchflutungsgesetz gemäß Gl.(1.13) bezüglich der eingeführten mittleren Feldlinie an (wobei der Einfluß des sich zeitlich ändernden elektrischen Feldes vernachlässigbar ist), so ergibt sich

$$\ell \frac{B}{\mu} = wi \, . \tag{1.18}$$

Dabei ist μ die Permeabilität des magnetischen Kernmaterials. Man beachte, daß die mittlere Feldlinie den Gesamtstrom $\Theta = wi$ umschließt. Durch Elimination der Größe B erhält man aus den Gln.(1.17) und (1.18) die Beziehung

$$u(t) = \frac{w^2 A \mu}{\ell} \frac{di(t)}{dt} \, . \tag{1.19}$$

Sie hat die Form der Gl.(1.16a) mit der Induktivität $L = w^2 A \mu / \ell$ der Ringspule.

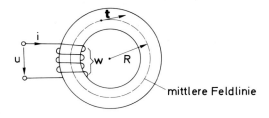

Bild 1.24. Ringspule zur physikalischen Begründung der Induktivität. Das magnetische Feld durchsetzt den Ringkern in achsialer Richtung. Das Streufeld im Außenraum wird nicht berücksichtigt, da es den grundsätzlichen Zusammenhang zwischen u und i nicht beeinflußt.

Ist der Kern der Ringspule nicht vollständig mit magnetischem Material ausgefüllt, existiert vielmehr ein Luftspalt der mittleren Länge ℓ_1 ($\ell_1 \ll \ell$), so ist die Länge der mittleren Feldlinie im magnetischen Material $\ell_2 = \ell - \ell_1$. Anstelle der Gl.(1.18) erhält man aufgrund des Durchflutungsgesetzes und der Stetigkeit von B an den Grenz-

1.3 Netzwerkelemente

flächen zwischen Kernmaterial und Luft[8]

$$\ell_1 \frac{B}{\mu_0} + \ell_2 \frac{B}{\mu} = wi$$

oder

$$\ell \frac{B}{\mu_e} = wi \qquad (1.20)$$

mit der „effektiven Permeabilität" $\mu_e = \ell \mu_0 \mu / (\ell_1 \mu + \ell_2 \mu_0)$. Es ist zu beachten, daß der Luftspalt vom gleichen Fluß durchsetzt wird wie das magnetische Kernmaterial. Das Induktionsgesetz läßt sich auch hier in der Form von Gl.(1.17) ausdrücken. Somit folgt aus den Gln.(1.17) und (1.20) die Relation (1.16a) mit $L = w^2 A \mu_e / \ell$.

Man beachte auch hier den begrifflichen Unterschied zwischen dem durch die Gl.(1.19) ausgedrückten physikalischen Sachverhalt und der die Induktivität *definierenden* Gl.(1.16a).

1.3.3 Die Kapazität

Das Symbol der Kapazität und die Bezugsrichtungen der elektrischen Größen sind im Bild 1.25 dargestellt. Die Kapazität wird durch folgende Beziehung zwischen Strom und Spannung definiert:

$$i(t) = C \frac{du(t)}{dt} \; . \qquad (1.21a)$$

Dabei ist C eine (nichtnegative) Konstante, die sogenannte Kapazität des Elements[7].

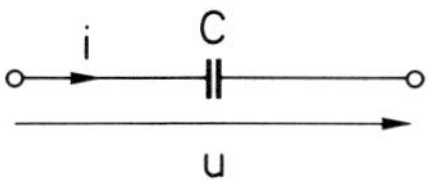

Bild 1.25. Symbol der Kapazität und Bezugsrichtungen der elektrischen Größen.

Die Einheit von C ist, wie der Gl.(1.21a) zu entnehmen ist, As/V; sie wird Farad (F) genannt. Statt der Gl.(1.21a) benützt man (für $C \neq 0$) auch die Relation

$$u(t) = u(t_0) + \frac{1}{C} \int_{t_0}^{t} i(\tau) d\tau \; . \qquad (1.21b)$$

Diese Gleichung folgt unmittelbar aus Gl.(1.21a) durch Integration.

Physikalische Interpretation. Zur physikalischen Motivierung der Definitionsgleichung (1.21a) wird der im Bild 1.26 dargestellte Plattenkondensator betrachtet, der aus zwei ebenen, parallel angeordneten Metallplatten besteht. Der Abstand d dieser Platten, von denen die eine die Ladung Q und die andere die Ladung $-Q$ trage, sei klein im

---

[8] Allgemein gilt, daß die Normalkomponente von B an Grenzflächen verschiedener Materialien stetig ist. Hierauf wurde am Ende von Abschnitt 1.2.3 bereits hingewiesen.

Vergleich zu ihrem Radius. Dadurch entsteht im Raum zwischen den Platten, der von einem Nichtleiter mit der Dielektrizitätskonstante ϵ erfüllt sei, ein homogenes elektrisches Feld. Randverzerrungen des Feldes sollen unberücksichtigt bleiben. Dann erhält man mit $\boldsymbol{E} = E_n \boldsymbol{n}$ ($\boldsymbol{n}$ Einheitsvektor senkrecht zu den Kondensatorplatten) gemäß Gl.(1.1) für die zwischen den Platten auftretende Spannung

$$u = E_n d \tag{1.22}$$

und gemäß Gl.(1.3) als Zusammenhang zwischen der Ladung Q und der Feldkomponente E_n

$$Q = \epsilon A E_n \ . \tag{1.23}$$

Hierbei ist A der Flächeninhalt einer Plattenseite. Durch Elimination der Größe E_n ergibt sich aus den Gln.(1.22) und (1.23) die Beziehung

$$Q(t) = \frac{\epsilon A}{d} u(t) \ .$$

Differenziert man beide Seiten dieser Gleichung nach t, so erhält man wegen des Zusammenhangs $\mathrm{d}Q(t)/\mathrm{d}t = i(t)$ eine Relation der Form von Gl.(1.21a) mit der Kapazität $C = \epsilon A/d$ der Anordnung. Man beachte, daß diese Relation unter den Voraussetzungen homogenen Feldes und absolut isolierenden Dielektrikums hergeleitet wurde. Da diese Voraussetzungen bei einem realen Kondensator nur näherungsweise zu erfüllen sind, gilt die genannte Relation auch nur mit Einschränkungen. Die die Kapazität *definierende* Gl.(1.21a) ist dagegen keinerlei Einschränkungen unterworfen.

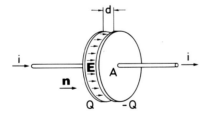

Bild 1.26. Plattenkondensator zur physikalischen Begründung der Kapazität.

1.3.4 *Starre Quellen*

Im Gegensatz zu den bisher eingeführten Netzwerkelementen, die ohne äußere Erregung in Form von Strömen oder Spannungen keine Effekte aufweisen und daher passiv genannt werden, sollen im folgenden aktive Elemente eingeführt werden, durch die in einem Netzwerk „elektrische Erscheinungen" hervorgerufen werden.

Das Symbol der *Spannungsquelle* und die Bezugsrichtungen der elektrischen Größen sind im Bild 1.27 dargestellt. Eine Spannungsquelle ruft an ihren Klemmen eine „eingeprägte" oder „starre", d.h. vom Strom $i(t)$ unabhängige Spannung $u_g(t)$ hervor. Man nennt $u_g(t)$ auch Urspannung. Der Fall $u_g(t) \equiv 0$ bedeutet einen „Kurzschluß".

1.3 Netzwerkelemente

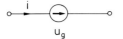

Bild 1.27. Symbol der Spannungsquelle und Bezugsrichtungen der elektrischen Größen.

Das Symbol der *Stromquelle* und die Bezugsrichtungen der elektrischen Größen sind im Bild 1.28 dargestellt. Eine Stromquelle ruft einen eingeprägten oder starren, d.h. von der Spannung $u(t)$ unabhängigen Strom $i_g(t)$ hervor. Man nennt $i_g(t)$ auch Urstrom. Der Fall $i_g(t) \equiv 0$ bedeutet einen „Leerlauf".

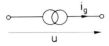

Bild 1.28. Symbol der Stromquelle und Bezugsrichtungen der elektrischen Größen.

Die eingeführten Quellen dienen zur Beschreibung realer elektrischer Quellen, insbesondere solcher, mit deren Hilfe elektrische Ströme und Spannungen auf chemischem oder mechanischem Wege erzeugt werden.

Physikalische Interpretation. Die Erzeugung elektrischer Ströme und Spannungen erfolgt oft mit Hilfe elektrischer Maschinen, auf deren prinzipielle Wirkungsweise kurz eingegangen wird. Rotiert nach Bild 1.29a eine Leiterschleife (der „Anker") mit konstanter Winkelgeschwindigkeit $\omega = 2\pi/T$ (T bedeutet die Dauer einer Umdrehung) in einem homogenen, zeitlich konstanten magnetischen Feld B, so wird gemäß Gl.(1.11) in einem Leiterstück der Länge ℓ die Spannung $u_{AB} = r\omega B\ell \sin(\pi - \alpha)$ und im anderen Leiterstück der Länge ℓ die Spannung $u_{DC} = r\omega B\ell \sin(2\pi - \alpha)$ induziert. Es entsteht also mit $\alpha = \omega t$ (dem Zeitnullpunkt soll der Winkel $\alpha = 0$ entsprechen) nach Bild 1.29a die Ankerspannung[9] $u = u_{AB} - u_{DC}$, also

$$u = 2r\omega B\ell \sin(\omega t) \ .$$

Zwischen den sogenannten Schleifringen der Anordnung tritt damit eine harmonische Wechselspannung auf, deren zeitlicher Verlauf dem Bild 1.29b zu entnehmen ist.

Ersetzt man die beiden Schleifringe in der Anordnung nach Bild 1.29a durch einen unterteilten Schleifring („Kommutator"), so entsteht eine gleichgerichtete Wechselspannung (Bild 1.30a,b). Die Unterbrechung auf dem Schleifring muß so angebracht sein, daß die Schleife bei den Winkelwerten $\alpha = \nu\pi$ ($\nu = 1, 2, ...$) umgepolt wird.

Um eine Gleichspannung zu erzeugen, muß die gleichgerichtete Wechselspannung geglättet werden. Dies läßt sich dadurch erreichen, daß man die Ankerwicklung aus mehreren Leiterstücken zusammensetzt, die an der Oberfläche des kreiszylindrischen Ankers angebracht und in geeigneter Weise zusammengeschaltet werden. Außerdem muß eine geeignete Kommutierung durchgeführt werden, so daß die Ankerspannung in Abhängigkeit von der Zeit möglichst konstant wird. Im Bild 1.31a ist das Prinzip einer Ankerwicklung der genannten Art mit vier Schleifen dargestellt. Bei Rotation des An-

---

[9] Man beachte, daß in den Drahtstücken zwischen den Punkten B und C sowie A und D keine Spannungen induziert werden. Dies liegt daran, daß die von diesen Drahtstücken bei der Rotation des Ankers überstrichenen Flächen parallel zum magnetischen Feld liegen und infolgedessen keine Flußänderungen auftreten.

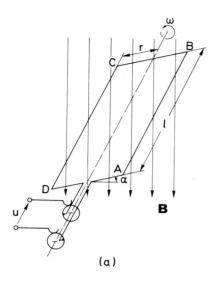

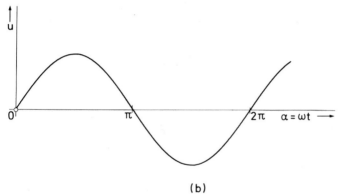

Bild 1.29. Rotation einer Leiterschleife in einem homogenen, zeitlich konstanten magnetischen Feld. An den Schleifringen tritt die harmonische Wechselspannung u auf.

kers mit der konstanten Winkelgeschwindigkeit ω entsteht zwischen den Punkten 1 und 3, wenn man $\alpha = \omega t$ wählt, die Spannung $u_{13} = u_{AB} - u_{DC} + u_{EF} - u_{HG}$, also

$$u_{13} = \omega r B \ell \left\{ \sin(\pi - \omega t) - \sin(2\pi - \omega t) + \sin\left[\pi - \left(\omega t + \frac{\pi}{2}\right)\right] - \sin\left[2\pi - \left(\omega t + \frac{\pi}{2}\right)\right]\right\} \quad . \tag{1.24}$$

Dabei ist r der Radius und ℓ die Länge des Ankers. Die Teilspannungen u_{AB}, u_{DC}, u_{EF} und u_{HG} ergeben sich aufgrund von Gl.(1.11). Die Darstellung der Spannung u_{13} nach Gl.(1.24) entstand durch Addition der Spannungen, die in den vier im Bild 1.31a ausgezogen dargestellten Leiterstücken induziert werden, welche stets senkrecht

1.3 Netzwerkelemente

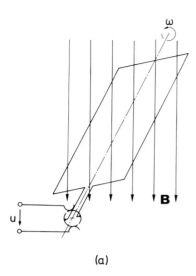

(a)

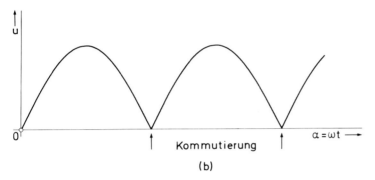

Kommutierung

(b)

Bild 1.30. Erzeugung einer gleichgerichteten Wechselspannung durch Kommutierung.

auf den magnetischen Feldlinien stehen. Man beachte, daß sich die gleiche Spannung u_{13} ergibt, wenn man die vier Teilspannungen u_{EF}, $-u_{HG}$, u_{AB} und $-u_{DC}$ addiert, die in den gestrichelt dargestellten Leiterstücken induziert werden. Durch elementare Umformung folgt aus Gl.(1.24) mit der Abkürzung $2\sqrt{2}\,\omega rB\ell = U_0$

$$u_{13} = U_0 \sin\left(\omega t + \frac{\pi}{4}\right) \;.$$

In entsprechender Weise läßt sich die Spannung zwischen den Punkten 2 und 4 in der Form

$$u_{24} = U_0 \sin\left(\omega t + \frac{3\pi}{4}\right)$$

ausdrücken. Im Bild 1.31b sind die zeitlichen Verläufe der Spannungen u_{13}, u_{24}, $u_{31} = -u_{13}$, $u_{42} = -u_{24}$ dargestellt. Verwendet man den im Bild 1.31a dargestellten Kom-

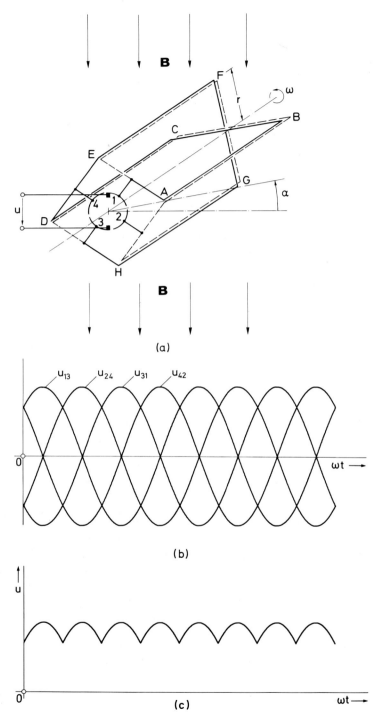

Bild 1.31. Prinzip der Erzeugung einer Gleichspannung durch Rotation eines Ankers im magnetischen Feld bei geeigneter Kommutierung; u ist die Bürstenspannung.

mutator, so erhält man an den sogenannten Bürsten die Spannung u, deren Wert in jedem Zeitpunkt

$$u = \text{Max}\,(u_{13}, u_{24}, u_{31}, u_{42})$$

ist. Der Verlauf dieser Spannung ist dem Bild 1.31c zu entnehmen. In der Praxis verwendet man Ankerwicklungen mit mehr als vier Schleifen, damit die Generatorspannung u weiter geglättet wird und nicht mehr merklich von einer Gleichspannung abweicht. Bei realen Generatoren ist das magnetische Feld auf den sogenannten Polbogen beschränkt, so daß sich die Drähte des Ankers bei ihrer Rotation nicht immer im Feld befinden und dadurch die im Bild 1.31b abgebildeten Spannungen, durch welche die Generatorspannung mittels Kommutierung entsteht, von der Sinusform abweichen. Da diese Abweichung im wesentlichen nur dann auftritt, wenn die betreffende Spannung über die Bürsten nicht abgegriffen wird, spielt sie praktisch keine Rolle. Das magnetische Feld selbst wird im Generator durch Spulen (die Erregerwicklung) erzeugt, welche von einem Gleichstrom durchflossen werden. Dieser sogenannte Erregerstrom kann aus einem getrennten Generator oder aus dem Anker bezogen werden. Auf die Diskussion weiterer Einzelheiten soll hier verzichtet werden. Ein wesentliches Problem besteht beispielsweise noch darin, das durch den Ankerstrom entstehende magnetische Feld zu kompensieren.

Den vorausgegangenen Betrachtungen ist zu entnehmen, daß die mechanische Erzeugung einer harmonischen Wechselspannung einfacher ist als die einer Gleichspannung, da der Kommutator entfällt. Damit hierbei eine praktisch ausreichende Sinusform der Spannung erreicht wird, sind besondere Maßnahmen bezüglich der Wicklungsanordnung erforderlich, um ein möglichst homogenes Magnetfeld zu erzeugen. Eine wichtige Rolle spielen insbesondere Generatoren zur Erzeugung von symmetrischem Dreiphasen-Wechselstrom (kurz Drehstrom genannt). Hierauf wird im Abschnitt 5.3.2 kurz eingegangen.

1.3.5 *Gesteuerte Quellen*

Zur netzwerktheoretischen Beschreibung bestimmter Halbleiterbauelemente werden *gesteuerte* Quellen eingeführt. Es gibt die vier im Bild 1.32 dargestellten Möglichkeiten, nämlich die spannungs- bzw. stromgesteuerte Spannungsquelle (Bild 1.32a bzw. 1.32b), bei der die Spannung $u_2(t)$ nur von $u_1(t)$ bzw. $i_1(t)$ und nicht von dem durch die Quelle fließenden Strom abhängt, und die spannungs- bzw. stromgesteuerte Stromquelle (Bild 1.32c bzw. 1.32d), bei welcher der Strom $i_2(t)$ nur von $u_1(t)$ bzw. $i_1(t)$ und nicht von der an der Quelle herrschenden Spannung abhängt. Die Größen m, n, g und r sind konstant.

Der Begriff des Netzwerkelements wird im folgenden erweitert, indem Elemente mit *zwei* Klemmenpaaren eingeführt werden. Man spricht daher von *zweitorigen* (oder vierpoligen) Elementen. Die Definition der verschiedenen Arten von Elementen erfolgt dadurch, daß mathematische Zusammenhänge zwischen den Klemmenspannungen und Klemmenströmen vereinbart werden.

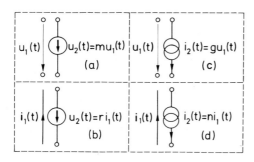

Bild 1.32. Die vier Arten gesteuerter Quellen.

1.3.6 Der Übertrager

Das Symbol des Übertragers und die Bezugsrichtungen der elektrischen Größen sind im Bild 1.33 dargestellt. Die den Übertrager definierenden Beziehungen zwischen Strömen und Spannungen lauten

$$u_1(t) = L_1 \frac{di_1(t)}{dt} + M \frac{di_2(t)}{dt}, \quad (1.25a)$$

$$u_2(t) = M \frac{di_1(t)}{dt} + L_2 \frac{di_2(t)}{dt}. \quad (1.25b)$$

Dabei sind L_1, L_2, M Konstanten, und es gilt $L_1 > 0$, $L_2 > 0$ sowie $M \gtreqless 0$ mit der Einschränkung $L_1 L_2 \geq M^2$.

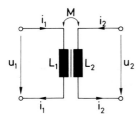

Bild 1.33. Symbol des Übertragers und Bezugsrichtungen der elektrischen Größen.

Der Übertrager ist ein Modell für zwei magnetisch miteinander gekoppelte Spulen. Die Kopplung wird durch die mit dem Faktor M versehenen Terme in den Gln. (1.25a,b) ausgedrückt. Ist beispielsweise $i_1 \equiv 0$ (primärer Leerlauf), so stellt $M di_2/dt$ gemäß Gl.(1.25a) die Primärspannung u_1 dar, die durch den Sekundärstrom i_2 hervorgerufen wird. Entsprechend läßt sich der Term $M di_1/dt$ in Gl.(1.25b) deuten. Der Summand $L_1 di_1/dt$ auf der rechten Seite von Gl.(1.25a) ist gleich der Primärspannung bei sekundärem Leerlauf ($i_2 \equiv 0$). Analoges gilt für den Summanden $L_2 di_2/dt$ auf der rechten Seite von Gl.(1.25). Die Konstanten L_1 und L_2 heißen primäre bzw. sekundäre Gesamtinduktivitäten, M bezeichnet man als Gegeninduktivität des Übertragers.

Physikalische Interpretation. Zur physikalischen Motivierung der Definitionsgleichungen (1.25a,b) wird der im Bild 1.34 dargestellte Transformator betrachtet, der aus zwei

1.3 Netzwerkelemente

auf einem magnetischen Ringkern aufgebrachten Wicklungen mit w_1 bzw. w_2 Windungen besteht. Die beiden in den Wicklungen fließenden Ströme i_1 und i_2 rufen im Ringkern ein magnetisches Feld hervor. Es läßt sich näherungsweise durch den Hauptfluß Φ_h, der beide Wicklungen durchsetzt, und die beiden Streuflüsse Φ_{s1} und Φ_{s2} darstellen, die jeweils nur eine der beiden Wicklungen durchsetzen. Durch die ohmschen Widerstände R_1 und R_2 werden die ohmschen Verluste der beiden Wicklungen dargestellt. Wird der Wicklungssinn einer Wicklung im Bild 1.34 umgekehrt, so muß in den folgenden Gleichungen aufgrund des Induktionsgesetzes das Vorzeichen der entsprechenden Windungszahl w_1 bzw. w_2 negativ gewählt werden. Dies gilt auch für alle folgenden Abschnitte.

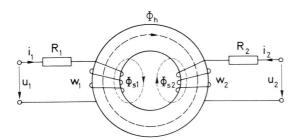

Bild 1.34. Transformator mit zwei Wicklungen und einem magnetischen Ringkern zur physikalischen Begründung des Übertragers.

Zur weiteren Diskussion des Transformators werden die realen Verhältnisse durch das im Bild 1.35 dargestellte Modell vereinfachend beschrieben. Hierbei ist wesentlich die Einführung eines sogenannten Streupfades. Dieser Streupfad stellt den von den Streufeldern außerhalb des Ringkernes im Bild 1.34 durchsetzten Raum dar. Im weiteren werden also die Streuflüsse so behandelt, als ob sie nur im Ringkern und im Streupfad verlaufen. Der Raum außerhalb des Ringkernes und des Streupfades wird als feldfrei betrachtet. Die Permeabilität des Streupfades sei μ_0. Mit μ wird die Permeabilität des magnetischen Kerns bezeichnet. Der durch die Primärwicklung fließende Gesamtfluß wird mit Φ_1 bezeichnet, der Gesamtfluß durch die Sekundärwicklung mit Φ_2 und der gesamte Streufluß mit Φ_s. Es gelten also die Beziehungen

$$\Phi_1 = \Phi_h + \Phi_{s1} \, , \qquad (1.26a)$$

$$\Phi_2 = \Phi_h + \Phi_{s2} \qquad (1.26b)$$

und

$$\Phi_s = \Phi_{s1} - \Phi_{s2} \, . \qquad (1.26c)$$

Das Minuszeichen in Gl.(1.26c) kommt daher, daß die Bezugsrichtungen von Φ_s und Φ_{s2} einander entgegengesetzt sind.

Zur Anwendung des Durchflutungsgesetzes werden mittlere Feldlinien der Längen ℓ_1, ℓ_2 bzw. ℓ_s (Bild 1.35) betrachtet. Diesen Feldlinien werden die mittleren magnetischen Induktionen

$$B_1 = \frac{\Phi_1}{A} \, , \quad B_2 = \frac{\Phi_2}{A} \quad \text{bzw.} \quad B_s = \frac{\Phi_s}{A_s} \qquad (1.27)$$

zugeordnet. Dabei bedeutet A den Flächeninhalt des Ringkernquerschnitts und A_s den des Streupfades. Unter Verwendung des geschlossenen Weges, der sich aus der mittleren Feldlinie der Länge ℓ_1 und der mittleren Feldlinie der Länge ℓ_s zusammensetzt, erhält man bei einer Durchlaufung dieses Weges im Uhrzeigersinn aufgrund des Durchflutungsgesetzes

$$\frac{B_1}{\mu}\ell_1 + \frac{B_s}{\mu_0}\ell_s = w_1 i_1$$

oder mit den Gln.(1.27)

$$\frac{\ell_1}{\mu A}\Phi_1 + \frac{\ell_s}{\mu_0 A_s}\Phi_s = w_1 i_1 \quad . \tag{1.28a}$$

Entsprechend ergibt sich unter Verwendung des geschlossenen Weges, der sich aus der mittleren Feldlinie der Länge ℓ_2 und der mittleren Feldlinie der Länge ℓ_s zusammensetzt, bei einer Durchlaufung dieses Weges im Uhrzeigersinn

$$\frac{\ell_2}{\mu A}\Phi_2 - \frac{\ell_s}{\mu_0 A_s}\Phi_s = w_2 i_2 \quad . \tag{1.28b}$$

Das Minuszeichen auf der linken Seite der Gl.(1.28b) rührt daher, daß der Durchlaufungssinn des zweiten geschlossenen Weges und die Bezugsrichtung von Φ_s einander entgegengesetzt sind.

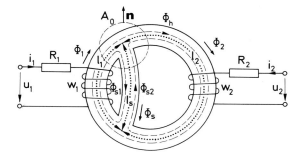

Bild 1.35. Modell für den Transformator. Das magnetische Feld außerhalb des Ringkerns wird durch den Streupfad berücksichtigt.

Zur Berechnung der Größen Φ_1, Φ_2 und Φ_s wird neben den Gln. (1.28a,b) noch eine dritte Beziehung benötigt. Eine solche erhält man durch Anwendung der Gl.(1.9) unter Verwendung der im Bild 1.35 dargestellten Hüllfläche A_0. Dabei gilt bei Beachtung der dort angegebenen Bezugsrichtungen von A_0, Φ_1, Φ_2 und Φ_s

$$\oiint_{A_0} \mathbf{B} \cdot d\mathbf{A} = -\Phi_1 + \Phi_2 + \Phi_s \quad .$$

1.3 Netzwerkelemente

Hieraus folgt mit Gl.(1.9)

$$-\Phi_1 + \Phi_2 + \Phi_s = 0 \; . \tag{1.28c}$$

Vor der endgültigen Berechnung der Flüsse werden zur Vereinfachung die folgenden Abkürzungen eingeführt:

$$R_{m1} = \frac{\ell_1}{\mu A}, \quad R_{m2} = \frac{\ell_2}{\mu A}, \quad R_{ms} = \frac{\ell_s}{\mu_0 A_s} \; . \tag{1.29a-c}$$

In formaler Analogie zum ohmschen Widerstand Gl.(1.7a) nennt man diese Größen die „magnetischen Widerstände" der betreffenden Flußpfade. Als weitere Abkürzung wird

$$D = R_{m1} R_{m2} + R_{m2} R_{ms} + R_{ms} R_{m1} \tag{1.29d}$$

verwendet.

Durch Auflösung der Gln.(1.28a-c) nach den Flüssen erhält man unter Berücksichtigung der Gln.(1.29a-d)

$$\Phi_1 = \frac{(R_{m2} + R_{ms}) w_1 i_1 + R_{ms} w_2 i_2}{D} \; , \tag{1.30a}$$

$$\Phi_2 = \frac{R_{ms} w_1 i_1 + (R_{m1} + R_{ms}) w_2 i_2}{D} \tag{1.30b}$$

und

$$\Phi_s = \frac{R_{m2} w_1 i_1 - R_{m1} w_2 i_2}{D} \; . \tag{1.30c}$$

Da die Gln.(1.26a-c), deren linke Seiten durch die Gln.(1.30a-c) jetzt bekannt sind, nicht nach den Flüssen Φ_h, Φ_{s1} und Φ_{s2} auflösbar sind, werden folgende Überlegungen zu deren Bestimmung angestellt. Ist $i_2 = 0$, dann besteht der gesamte Streufluß Φ_s nur aus dem primären Streufluß Φ_{s1}, der sich folglich aus Gl.(1.30c) zu

$$\Phi_{s1} = \frac{R_{m2} w_1 i_1}{D} \tag{1.31a}$$

ergibt. Ist dagegen $i_1 = 0$, so gilt $\Phi_{s2} = -\Phi_s$, da Φ_{s2} und Φ_s zueinander entgegengesetzt gezählt werden. Also ergibt sich mit Gl.(1.30c)

$$\Phi_{s2} = \frac{R_{m1} w_2 i_2}{D} \; . \tag{1.31b}$$

Den Hauptfluß Φ_h erhält man entweder aus den Gln.(1.26a), (1.30a), (1.31a) oder aus den Gln.(1.26b), (1.30b), (1.31b):

$$\Phi_h = \frac{R_{ms}(w_1 i_1 + w_2 i_2)}{D} \; . \tag{1.31c}$$

Mit den Abkürzungen

$$k_1 = R_{m2}/D, \quad k_2 = R_{m1}/D \quad \text{und} \quad k = R_{ms}/D \qquad (1.32\text{a-c})$$

entstehen schließlich aus den Gln.(1.31a-c) die Beziehungen

$$\Phi_{s1} = k_1 w_1 i_1, \quad \Phi_{s2} = k_2 w_2 i_2 \quad \text{und} \quad \Phi_h = k(w_1 i_1 + w_2 i_2). \qquad (1.33\text{a-c})$$

Man beachte, daß k_1, k_2 und k positive Konstanten sind. Bei dem später zu besprechenden „festgekoppelten" Übertrager ist R_{ms} sehr viel größer als R_{m1} und R_{m2}, so daß man dort $k_1 = k_2 = 0$ setzt.

Es lassen sich nun die an den beiden Seiten des Transformators (Bild 1.35) auftretenden Spannungen u_1 und u_2 angeben, indem man jeweils der von den ohmschen Verlusten herrührenden Teilspannung $R_1 i_1$ bzw. $R_2 i_2$ die aus dem Induktionsgesetz gemäß Gl.(1.10) folgende induzierte Spannung additiv hinzufügt. Auf diese Weise entstehen die Beziehungen

$$u_1 = R_1 i_1 + w_1 \frac{\mathrm{d}(\Phi_h + \Phi_{s1})}{\mathrm{d}t} \qquad (1.34\text{a})$$

und

$$u_2 = R_2 i_2 + w_2 \frac{\mathrm{d}(\Phi_h + \Phi_{s2})}{\mathrm{d}t}. \qquad (1.34\text{b})$$

Man beachte, daß sowohl Φ_h als auch Φ_{s1} einen Beitrag zur Primärspannung u_1 liefern. Entsprechendes gilt für die Sekundärspannung u_2. Führt man die Gln.(1.33a-c) in die Gln.(1.34a,b) ein, so erhält man

$$u_1 = R_1 i_1 + (k + k_1) w_1^2 \frac{\mathrm{d}i_1}{\mathrm{d}t} + k w_1 w_2 \frac{\mathrm{d}i_2}{\mathrm{d}t} \qquad (1.35\text{a})$$

und

$$u_2 = R_2 i_2 + k w_1 w_2 \frac{\mathrm{d}i_1}{\mathrm{d}t} + (k + k_2) w_2^2 \frac{\mathrm{d}i_2}{\mathrm{d}t}. \qquad (1.35\text{b})$$

Sieht man in diesen Gleichungen von den Verlustwiderständen R_1 und R_2 ab und setzt zur Abkürzung

$$L_1 = (k + k_1) w_1^2, \quad L_2 = (k + k_2) w_2^2 \quad \text{und} \quad M = k w_1 w_2, \qquad (1.36\text{a-c})$$

so wird man auf die Gln.(1.25a,b) geführt. Aus den eingeführten Abkürzungen folgt $L_1, L_2 > 0$ und $L_1 L_2 - M^2 = [k_1 k_2 + k(k_1 + k_2)] w_1^2 w_2^2 \geq 0$, also $L_1 L_2 \geq M^2$.

Wählt man in Gl.(1.25b) $u_2 \equiv 0$, betrachtet man also den Fall sekundären Kurzschlusses, so erhält man die Beziehung

$$\frac{\mathrm{d}i_2}{\mathrm{d}t} = -\frac{M}{L_2} \frac{\mathrm{d}i_1}{\mathrm{d}t}.$$

1.3 Netzwerkelemente

Führt man diese Gleichung in die Gl.(1.25a) ein, dann folgt

$$u_1\bigg|_{u_2\equiv 0} = L_1\left(1 - \frac{M^2}{L_1 L_2}\right)\frac{di_1}{dt} = L_1\sigma\frac{di_1}{dt} \; .$$

In entsprechender Weise erhält man bei primärem Kurzschluß

$$u_2\bigg|_{u_1\equiv 0} = L_2\left(1 - \frac{M^2}{L_1 L_2}\right)\frac{di_2}{dt} = L_2\sigma\frac{di_2}{dt} \; .$$

Man bezeichnet die Größe

$$\sigma = 1 - \frac{M^2}{L_1 L_2}$$

als *Streufaktor*. Aus dieser Definitionsgleichung folgt bei Verwendung der Gln.(1.36a-c) nach kurzer Zwischenrechnung

$$\sigma = \frac{\frac{k_1}{k} + \frac{k_2}{k} + \left(\frac{k_1}{k}\right)\left(\frac{k_2}{k}\right)}{1 + \frac{k_1}{k} + \frac{k_2}{k} + \left(\frac{k_1}{k}\right)\left(\frac{k_2}{k}\right)} \; .$$

Unter der Voraussetzung k_1/k, $k_2/k \ll 1$ wird damit

$$\sigma \approx \frac{k_1 + k_2}{k} \; .$$

Hieraus ist zu erkennen, daß der Streufaktor σ ein Maß ist für das Verhältnis des Streuflusses Φ_{s1} und des Streuflusses Φ_{s2} zum Hauptfluß Φ_h. Insbesondere geht σ für verschwindende Streuflüsse gegen Null, da dann k_1 und k_2 gegen Null streben, während k einen von Null verschiedenen Wert behält. Dies kann man anhand des Modells nach Bild 1.35 leicht einsehen, wenn man dort den magnetischen Widerstand des Streupfades R_{ms} gegen Unendlich gehen läßt. Aus den Gln.(1.32a,b) folgt nämlich für diesen Fall $k_1 = k_2 = 0$, woraus sich nach den Gln.(1.33a,b) $\Phi_{s1} = \Phi_{s2} = 0$ ergibt. Aus Gl.(1.32c) erhält man $k = 1/(R_{m1} + R_{m2})$.

Sonderfall des festgekoppelten Übertragers. Von besonderem Interesse ist der Fall $\Phi_{s1} = \Phi_{s2} = 0$ ($k_1 = k_2 = 0$, d.h. $\sigma = 0$). In diesem Fall werden beide Transformatorwicklungen nur vom Hauptfluß Φ_h durchsetzt, weshalb man von *fester Kopplung* spricht. Es gilt hier $L_1 = kw_1^2$, $L_2 = kw_2^2$ und $L_1 L_2 - M^2 = k^2 w_1^2 w_2^2 - k^2 w_1^2 w_2^2 = 0$, d.h. $M^2 = L_1 L_2$.

Der *festgekoppelte Übertrager* wird daher durch die Gln.(1.25a,b) unter der Bedingung $M = \pm\sqrt{L_1 L_2}$ definiert. Das negative Vorzeichen gilt genau dann, wenn w_1 und w_2 verschiedene Vorzeichen haben. Berücksichtigt man diese Besonderheit in den Gln.(1.25a,b), so erhält man

$$u_1 = \sqrt{L_1}\frac{d}{dt}[\sqrt{L_1}\,i_1 \pm \sqrt{L_2}\,i_2]$$

und
$$u_2 = \sqrt{L_2}\frac{d}{dt}[\pm\sqrt{L_1}i_1 + \sqrt{L_2}i_2],$$

also
$$u_1 = \pm\sqrt{\frac{L_1}{L_2}}u_2.$$

Schließlich folgt hieraus bei Beachtung der Gln.(1.36a,b) ($k_1 = k_2 = 0$)

$$u_1 = \frac{w_1}{w_2}u_2. \qquad (1.37)$$

In diesem Sonderfall werden im Symbol (Bild 1.33) statt eines Striches zwischen L_1 und L_2 zwei Striche verwendet.

Sonderfall des idealen Übertragers. Verlangt man zusätzlich zur festen Kopplung des Übertragers, daß $k \to \infty$ strebt, so muß bei endlichem Hauptfluß der Klammerausdruck auf der rechten Seite der Gl.(1.33c) gegen null gehen. Es ergibt sich dann

$$i_1 = -\frac{w_2}{w_1}i_2. \qquad (1.38)$$

Physikalisch kann der Grenzübergang $k \to \infty$ derart gedeutet werden, daß die Permeabilität μ des Kernmaterials über alle Grenzen wächst, wie aus den Gln.(1.32c) und (1.29) direkt zu erkennen ist.

Der *ideale Übertrager* wird durch die Gln.(1.37) und (1.38) definiert. Er darf also als ein festgekoppelter Übertrager mit verschwindendem „Magnetisierungsstrom" $i_m = w_1 i_1 + w_2 i_2$ aufgefaßt werden. Unter dem Magnetisierungsstrom versteht man jenen fiktiven Strom, der in einer einzigen Windung fließend denselben magnetischen Hauptfluß hervorruft wie die Ströme i_1 und i_2 zusammen, wenn diese in w_1 bzw. w_2 Windungen fließen. Das Symbol und die Bezugsrichtungen der elektrischen Größen des idealen Übertragers sind im Bild 1.36 dargestellt.

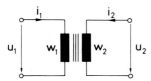

Bild 1.36. Symbol und Bezugsrichtungen der elektrischen Größen des idealen Übertragers.

1.3.7 Der Gyrator

Das Symbol des Gyrators und die Bezugsrichtungen der elektrischen Größen sind im Bild 1.37 dargestellt. Die den Gyrator definierenden Beziehungen zwischen Strömen und Spannungen lauten

$$i_1 = gu_2 \qquad (1.39a)$$

1.4 Die Kirchhoffschen Gesetze

und
$$i_2 = -gu_1 \quad . \tag{1.39b}$$

Dabei ist g eine positive Konstante (Gyrator-Leitwert). Mit Hilfe gesteuerter Stromquellen läßt sich der Gyrator gemäß Bild 1.38 darstellen. Es ist unmittelbar zu erkennen, daß das Netzwerk in diesem Bild 1.38 die Gln.(1.39a,b) erfüllt.

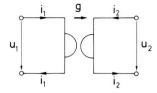

Bild 1.37. Symbol und Bezugsrichtungen der elektrischen Größen des Gyrators.

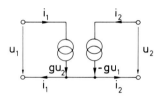

Bild 1.38. Darstellung eines Gyrators mit Hilfe gesteuerter Stromquellen.

1.4 Die Kirchhoffschen Gesetze

Unter einem Netzwerk versteht man irgendeine Zusammenschaltung von Elementen der eingeführten Art. Die Zusammenschaltung erfolgt über deren Klemmen. Die Verbindungsstellen werden *Knoten* des Netzwerks genannt. Bild 1.39 zeigt ein Beispiel für ein Netzwerk.

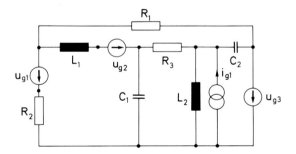

Bild 1.39. Beispiel für ein Netzwerk.

Nun wird irgendein Knoten eines Netzwerks betrachtet, etwa der von Bild 1.40 mit den Strömen i_1 bis i_6. Die eingetragenen Pfeile geben deren willkürlich gewählte Zählrichtungen an, die danach nicht mehr geändert werden. Wäre beispielsweise nur der Strom i_1 vorhanden, so würde sich am Knoten Ladung ansammeln gemäß der Beziehung $i_1 = dQ_1/dt$. Das besagt, daß bei positivem (negativem) i_1 die Ladung Q_1 zeitlich zunimmt (abnimmt). Wäre andererseits nur der Strom i_3 vorhanden, so würde sich am Knoten Ladung gemäß der Beziehung $i_3 = -dQ_3/dt$ ansammeln. Das Minuszeichen muß hier stehen, da i_3 vom Knoten weg gezählt wird, so daß ein positiver (negativer) Wert von i_3 eine zeitliche Abnahme (Zunahme) der Ladung Q_3 am Knoten zur Folge hätte. Bei Anwesenheit aller sechs Ströme ergibt sich also am Knoten eine zeitliche Anhäufung von Ladung Q gemäß

$$\frac{dQ}{dt} = \frac{dQ_1}{dt} + \frac{dQ_2}{dt} + \frac{dQ_3}{dt} + \frac{dQ_4}{dt} + \frac{dQ_5}{dt} + \frac{dQ_6}{dt}$$

$$= i_1 + i_2 - i_3 + i_4 + i_5 - i_6 \ .$$

Im folgenden werden nur solche Netzwerke betrachtet, bei denen an jedem Knoten $dQ/dt \equiv 0$ gilt. Unter dieser Voraussetzung gilt also für den Knoten von Bild 1.40 die Beziehung

$$i_1 + i_2 - i_3 + i_4 + i_5 - i_6 = 0 \ .$$

Sie beinhaltet für den betrachteten Knoten die Aussage der sogenannten Knotenregel, die jetzt allgemein formuliert wird und künftig axiomatische Gültigkeit hat:

Knotenregel (1. *Kirchhoffsches Gesetz*)

In einem beliebigen Knoten mit den Strömen $i_1, i_2, i_3, ..., i_m$ gilt für jeden Zeitpunkt

$$\sum_{\mu=1}^{m} (\pm i_\mu) = 0 \ .$$

Dabei ist in der Klammer das Pluszeichen zu wählen, falls der betreffende Strom auf den Knoten hingezählt wird, andernfalls das Minuszeichen.

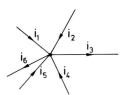

Bild 1.40. Knoten mit 6 Strömen.

Aus der Knotenregel läßt sich die Folgerung ziehen, daß die Summe aller Ströme $i_1, i_2, ..., i_n$, die nach Bild 1.41 von n Klemmen auf ein Netzwerk hingezählt werden, gleich null ist. Zum Nachweis dieser Behauptung wendet man die Knotenregel auf alle q inneren Knoten des Netzwerks an. Addiert man diese q Gleichungen, so verbleibt auf der linken Seite der resultierenden Gleichung die Summe der Ströme $i_1, i_2, ..., i_n$, die gleich null sein muß (alle inneren Ströme heben sich auf, da sie stets mit zwei Knoten verknüpft sind, wobei sie auf einen zu- und vom anderen weggezählt werden, in den Knotengleichungen also einmal mit dem Pluszeichen und einmal mit dem Minuszeichen auftreten).

1.4 Die Kirchhoffschen Gesetze

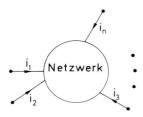

Bild 1.41. Netzwerk mit n von außen zufließenden Strömen.

Weiterhin kann aus der Knotenregel folgendes geschlossen werden: Besitzt ein Netzwerk genau k Knoten, so braucht die Knotenregel nur auf $k-1$ Knoten angewendet zu werden. Addiert man nämlich die Knotengleichungen für die genannten $k-1$ Knoten, so steht auf der linken Seite der resultierenden Gleichung die Strombilanz (linke Seite der Knotenregel) für den k-ten Knoten, da sich alle übrigen im Netzwerk vorkommenden Ströme bei der Addition wegheben. Damit ist die Knotenregel zwangsläufig auch für den k-ten Knoten erfüllt.

Ein geschlossener Weg in einem Netzwerk heißt *Masche*. Eine solche Masche möge nun betrachtet werden. Zwischen zwei aufeinanderfolgenden Knoten dieser Masche treten Spannungen auf, die mit $u_1, u_2, ..., u_m$ bezeichnet werden sollen. Bild 1.42 zeigt ein Beispiel für $m = 5$. Die dort eingetragenen Pfeile definieren die Zählrichtungen der Spannungen, die zunächst willkürlich gewählt werden können, dann aber festgehalten werden müssen. Für die Spannung u_{ab} gilt nach Gl.(1.1)

$$u_{ab} = \int_a^b \boldsymbol{E} \cdot \mathrm{d}\boldsymbol{r} \; .$$

Hier werden nur solche Netzwerke betrachtet, bei denen alle Linienintegrale der elektrischen Feldstärke zwischen zwei beliebigen Knoten nicht vom verbindenden Weg abhängen, solange dieser das zeitveränderliche Magnetfeld der induktiven Netzwerkelemente nicht umfaßt (eine Begründung hierfür ergibt sich aus Abschnitt 7.1.2.1). Also gilt einerseits

$$u_{ab} = \int_a^c \boldsymbol{E} \cdot \mathrm{d}\boldsymbol{r} + \int_c^b \boldsymbol{E} \cdot \mathrm{d}\boldsymbol{r} = -\int_c^a \boldsymbol{E} \cdot \mathrm{d}\boldsymbol{r} + \int_c^b \boldsymbol{E} \cdot \mathrm{d}\boldsymbol{r} = -u_5 + u_4$$

und andererseits

$$u_{ab} = u_1 - u_2 + u_3 \; .$$

Für die Zweigspannungen folgt somit die Beziehung

$$u_1 - u_2 + u_3 - u_4 + u_5 = 0 \; . \tag{1.40}$$

Sie beinhaltet für die betrachtete Masche die Aussage der sogenannten Maschenregel, die jetzt allgemein formuliert wird und künftig axiomatische Gültigkeit hat.

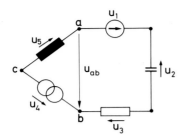

Bild 1.42. Eine Masche mit 5 Knoten.

Maschenregel (2. *Kirchhoffsches Gesetz*)

In einer beliebigen Masche mit den Spannungen $u_1, u_2, u_3, ..., u_m$ gilt für jeden Zeitpunkt

$$\sum_{\mu=1}^{m} (\pm u_\mu) = 0 \; .$$

Dabei ist in der Klammer das Pluszeichen zu wählen, falls die Zählrichtung der betreffenden Spannung mit dem Uhrzeigersinn[10] übereinstimmt, andernfalls das Minuszeichen.

Unter einem *ebenen* Netzwerk versteht man ein Netzwerk, das kreuzungsfrei auf einer Ebene dargestellt werden kann. So ist das Netzwerk von Bild 1.43 (vollständiges Viereck) eben, während ein vollständiges Fünfeck, das längs sämtlicher Seiten durch Elemente besetzt ist, ein nichtebenes Netzwerk darstellt. Wird die Maschenregel für die Maschen I, II und III, die sogenannten Elementarmaschen[11] des Netzwerks, im Bild 1.43 aufgestellt, so ist die Regel zwangsläufig für jeden geschlossenen Weg in diesem Netzwerk erfüllt. Die Maschengleichung für einen solchen Weg erhält man nämlich durch die Addition der Gleichungen für diejenigen Elementarmaschen, die innerhalb des betrachteten Weges liegen. Allgemein werden in einem beliebigen ebenen Netzwerk solche Maschen als *Elementarmaschen* bezeichnet, die keine Netzwerkelemente umschließen. Wird die Maschenregel für sämtliche Elementarmaschen aufgestellt, so kann man entsprechend den Überlegungen am obigen Beispiel erkennen, daß die Regel zwangsläufig für jede beliebige Masche im Netzwerk erfüllt ist.

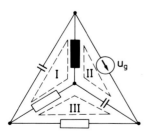

Bild 1.43. Beispiel für ein ebenes Netzwerk.

---

[10] Dabei denke man sich die Masche kreuzungsfrei auf einer Ebene ausgebreitet.

[11] Die Gesamtheit der Elementarmaschen ist von der Ausbreitung des ebenen Netzwerks in der Ebene abhängig.

1.5 Aufstellung der Netzwerkgleichungen

Aufgrund der im letzten Abschnitt angegebenen Kirchhoffschen Gesetze und der im Abschnitt 1.3 festgelegten Strom-Spannungs-Relationen für die verschiedenen Netzwerkelemente lassen sich Gleichungen zur Bestimmung sämtlicher im Netzwerk auftretenden Ströme und Spannungen angeben. Nach Abschnitt 1.4 genügt es, die Knotenregel auf alle Knoten außer einem und die Maschenregel im Fall eines ebenen Netzwerks auf alle Elementarmaschen anzuwenden, da jede weitere durch Anwendung der Knotenregel bzw. Maschenregel gewonnene Gleichung von den schon aufgestellten linear abhängig ist. Auch in einem nichtebenen Netzwerk braucht die Maschenregel aus dem gleichen Grund nur für einen Teil der Maschen aufgestellt zu werden. Hierauf wird im Kapitel 3 näher eingegangen.

Obwohl später zweckmäßigere Verfahren zur Untersuchung von Netzwerken entwickelt werden, soll die beschriebene Methode anhand des im Bild 1.44 dargestellten Netzwerks erläutert werden. Die Knoten des Netzwerks sind mit a, b, ..., f, die Elementarmaschen mit I, II, ..., V bezeichnet. Sämtliche Ströme und Spannungen für die Netzwerkelemente sind im Bild 1.44 gekennzeichnet. Die Knotenregel liefert die folgenden Gleichungen:

$$0 = i_1 - i_2 + i_7 \qquad \text{(Knoten a)}, \qquad (1.41\text{a})$$

$$0 = i_2 - i_8 \qquad \text{(Knoten b)}, \qquad (1.41\text{b})$$

$$0 = i_8 - i_9 - i_{g3} - i_{g4} - i_{10} \qquad \text{(Knoten c)}, \qquad (1.41\text{c})$$

$$0 = i_{10} - i_5 - i_1 \qquad \text{(Knoten d)}, \qquad (1.41\text{d})$$

$$0 = i_{g4} + i_5 - i_6 \qquad \text{(Knoten e)}. \qquad (1.41\text{e})$$

Der Knoten f bringt keine neue Gleichung, da diese durch Addition der Gln.(1.41a-e) entsteht. Die Maschenregel liefert die Gleichungen:

$$0 = u_5 + u_6 + u_7 - u_{g1} \qquad \text{(Masche I)}, \qquad (1.42\text{a})$$

$$0 = -u_7 - u_9 - u_8 - u_{g2} \qquad \text{(Masche II)}, \qquad (1.42\text{b})$$

$$0 = u_9 - u_3 \qquad \text{(Masche III)}, \qquad (1.42\text{c})$$

$$0 = u_3 - u_6 - u_4 \qquad \text{(Masche IV)}, \qquad (1.42\text{d})$$

$$0 = u_4 - u_5 - u_{10} \qquad \text{(Masche V)}. \qquad (1.42\text{e})$$

Die Netzwerkelemente müssen den folgenden Beziehungen genügen:

$$u_5 = i_5 R_5, \qquad (1.43\text{a})$$

$$u_6 = i_6 R_6, \qquad (1.43\text{b})$$

$$u_7 = i_7 R_7, \qquad (1.43\text{c})$$

$$u_8 = i_8 R_8, \qquad (1.43\text{d})$$

$$u_9 = i_9 R_9, \qquad (1.43\text{e})$$

$$u_{10} = i_{10} R_{10}. \qquad (1.43\text{f})$$

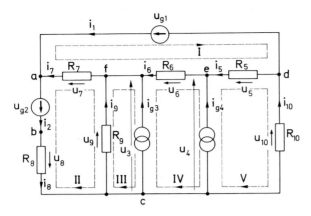

Bild 1.44. Netzwerk zur Erläuterung der elementaren Analyse.

Damit sind 16 Beziehungen, nämlich die Gln.(1.41a-e), (1.42a-e), (1.43a-f) für 16 Unbekannte, d.h. für die 8 Ströme $i_1, i_2, i_5, \ldots, i_{10}$ und die 8 Spannungen $u_3, u_4, \ldots, u_{10}$, gefunden. Das Problem ist praktisch gelöst[12].

Allgemein empfiehlt es sich, bei Anwendung der im vorstehenden geschilderten Methode möglichst wenige Variablen zu verwenden. Liegen mehrere zweipolige Elemente in Reihe, so genügt es, nur *einen* Strom für die Elemente einzuführen (Bild 1.45).

Bild 1.45. Reihenschaltung von zweipoligen Elementen.

Bei Parallelschaltung von mehreren Elementen kommt man mit *einer* Spannung an deren gemeinsamen Klemmen aus (Bild 1.46). Auch aufgrund der Strom-Spannungs-Beziehungen für die Netzwerkelemente lassen sich Variablen einsparen. So braucht man bei einem ohmschen Widerstand nur *eine* Variable einzuführen (Bild 1.47a,b), da die Spannung durch den Strom oder umgekehrt der Strom durch die Spannung ausgedrückt werden kann. Fließen in einem Knoten mehr als 2 Ströme zusammen, so kann man einen dieser Ströme mit Hilfe der Knotenregel durch die übrigen ausdrücken. Für den Fall von 3 Strömen ist dies im Bild 1.48 dargestellt. Bilden mehr als 2 Elemente eine Masche, so läßt sich die Spannung an einem der Elemente mit Hilfe der Maschenregel durch die Spannungen an den übrigen Elementen ausdrücken. Dies ist für eine Masche mit 3 Elementen im Bild 1.49 dargestellt. Enthält ein Netzwerk Stromquellen, dann läßt sich die Zahl der Maschengleichungen dadurch reduzieren, daß man die Stromquellen entfernt und ihre Wirkung durch Ein- bzw. Ausströmungen in den Knoten ersetzt, an denen die Klemmen der Quellen mit dem Netzwerk verbunden waren.

---

[12] Es müßte noch die eindeutige Lösbarkeit dieses Gleichungssystems gezeigt werden.

1.6 Zweipolige Netzwerke

Bild 1.46. Parallelschaltung von zweipoligen Elementen.

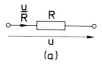

(a)

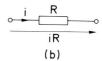

(b)

Bild 1.47. Einsparung einer Netzwerkgröße beim ohmschen Widerstand.

Bild 1.48. Darstellung eines Stromes in einem Knoten mit Hilfe der übrigen Ströme unter Verwendung der Knotenregel.

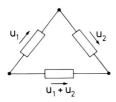

Bild 1.49. Darstellung einer Spannung in einer Masche mit Hilfe der übrigen Spannungen unter Verwendung der Maschenregel.

1.6 Zweipolige Netzwerke

Von besonderer Bedeutung sind Netzwerke, die ausschließlich über *ein* Klemmenpaar von außen betrieben werden können (Bild 1.50). Derartige Netzwerke heißen *Zweipole*. Die am genannten Klemmenpaar (1,2) herrschende Spannung wird mit u bezeichnet, der über die Klemme 1 in den Zweipol fließende Strom mit i. Nach Abschnitt 1.4 verläßt dann der Strom i den Zweipol über die Klemme 2. Zwischen den Variablen u und i existiert in der Regel ein komplizierterer Zusammenhang als zwischen Strom und Spannung bei den zweipoligen Netzwerkelementen (man vergleiche Abschnitt 1.3). Dieser Zusammenhang stellt eine wichtige Charakterisierungsmöglichkeit für den Zweipol dar. Die Verknüpfung zwischen u und i kann man beispielsweise dadurch herleiten, daß man den Zweipol über das Klemmenpaar (1,2) mit einer Spannungsquelle der Spannung u betreibt und auf dieses Netzwerk die Überlegungen des Abschnitts 1.5 anwendet. Auf diese Weise ergibt sich ein System von Gleichungen, aus dem der Zusammenhang zwischen den Größen u und i am Eingang des Zweipols angegeben werden kann.

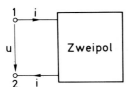

Bild 1.50. Zweipol mit den Eingangsgrößen u und i.

Der im Bild 1.51 dargestellte Zweipol soll zur Erläuterung dienen. Durch die Wahl der Ströme ist die Knotenregel für alle Knoten erfüllt. Als Variablen im Innern des Netzwerks treten nur i und i_2 auf, da sämtliche Spannungen durch Ströme ausgedrückt wurden. Aufgrund der Maschenregel erhält man zunächst die Gleichungen

$$u = iR_1 + i_2 R_2 , \qquad (1.44a)$$
$$0 = -i_2 R_2 + (i - i_2) R_3 . \qquad (1.44b)$$

Hieraus folgt der Zusammenhang zwischen u und i, wenn man aus Gl.(1.44b) den Strom i_2 bestimmt und in Gl.(1.44a) einsetzt. Es ergibt sich die Beziehung

$$u = i \left(R_1 + \frac{R_2 R_3}{R_2 + R_3} \right) . \qquad (1.45)$$

Der Zweipol verhält sich also am Eingang wie ein ohmscher Widerstand der Größe

$$R = R_1 + \frac{R_2 R_3}{R_2 + R_3} .$$

Die zur Herleitung von Gl.(1.45) verwendete Beziehung

$$i_2 = \frac{R_3}{R_2 + R_3} i , \qquad (1.46a)$$

die unmittelbar aus Gl.(1.44b) folgt, wird bei der Untersuchung von Netzwerken häufig gebraucht. Sie heißt *Stromteilungsgleichung*.

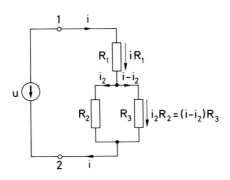

Bild 1.51. Beispiel eines Zweipols in Form einer Reihen-Parallel-Anordnung von drei ohmschen Widerständen.

1.6 Zweipolige Netzwerke

Aus den Gln.(1.46a) und (1.45) erhält man die weitere oft nützliche Formel

$$i_2 = \frac{uR_3}{R_1R_2 + R_2R_3 + R_3R_1} \, . \tag{1.46b}$$

Sie erlaubt es, in dem häufig vorkommenden Netzwerk nach Bild 1.51 den Strom im Widerstand R_2 und analog dazu den Strom in R_3 direkt anzugeben. Nach dem Vorbild der vorausgegangenen Überlegungen kann man zeigen, daß ein Zweipol, der nach Bild 1.52 aus einer Reihenanordnung der Widerstände $R_1, R_2, ..., R_m$ besteht, am Eingang wie ein ohmscher Widerstand der Größe

$$R = R_1 + R_2 + ... + R_m$$

wirkt.

Die Parallelanordnung der Widerstände $R_1, R_2, ..., R_m$ (Bild 1.53) verhält sich am Eingang wie ein Widerstand R, dessen Kehrwert durch

$$\frac{1}{R} = \frac{1}{R_1} + \frac{1}{R_2} + ... + \frac{1}{R_m}$$

gegeben ist. Ähnliche Aussagen lassen sich bei Zweipolen machen, die in gleicher Weise nur aus Induktivitäten oder nur aus Kapazitäten aufgebaut sind.

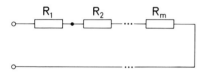

Bild 1.52. Reihenanordnung von Widerständen.

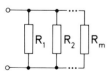

Bild 1.53. Parallelanordnung von Widerständen.

Schließlich seien noch in der Reihenschaltung von zwei ohmschen Widerständen die auftretenden Spannungen berechnet. Nach Bild 1.54 gilt für die Spannung am Widerstand R_2

$$u_2 = u - iR_1$$

oder mit

$$i = \frac{u}{R_1 + R_2}$$

die Darstellung

$$u_2 = u \frac{R_2}{R_1 + R_2} \, . \tag{1.47}$$

Diese Beziehung heißt *Spannungsteilungsgleichung*. Für die Spannung am Widerstand R_1 gilt eine der Gl.(1.47) analoge Darstellung.

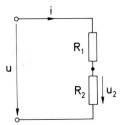

Bild 1.54. Teilung einer Spannung durch zwei Widerstände.

Es sei fernerhin noch der „Eingangswiderstand" eines mit einem Widerstand R abgeschlossenen idealen Übertragers (Bild 1.55) bestimmt. Wie man dem Bild 1.55 entnimmt, gilt

$$\frac{w_2}{w_1} u = R i \frac{w_1}{w_2} ,$$

also

$$u = i \left(\frac{w_1}{w_2}\right)^2 R .$$

Der Eingangswiderstand ist also gleich dem mit $(w_1/w_2)^2$ multiplizierten Abschlußwiderstand R.

Der Leser zeige übungshalber, daß der Eingangswiderstand eines Gyrators, der mit dem Widerstand R abgeschlossen ist, proportional zu $1/R$ ist.

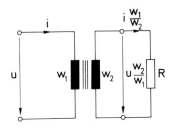

Bild 1.55. Ein mit einem ohmschen Widerstand abgeschlossener idealer Übertrager.

1.7 Netzwerktheoretische Darstellung von realen Schaltelementen

Die im Abschnitt 1.3 eingeführten Netzwerkelemente stellen mathematische Modelle dar, welche die in realen Schaltungen vorkommenden Bauelemente in der Regel nur in unvollkommener Weise beschreiben. Es ist jedoch möglich, derartige Bauelemente durch Kombination verschiedener Netzwerkelemente approximativ darzustellen. Hierauf soll im folgenden eingegangen werden.

1.7 Netzwerktheoretische Darstellung von realen Schaltelementen

1.7.1 *Widerstände*

Die in Schaltungen verwendeten Widerstände werden durch ohmsche Widerstände gewöhnlich gut beschrieben. Man muß jedoch beachten, daß sich vor allem Widerstände, die aus Drahtwicklungen bestehen, (bei hohen Frequenzen) geringfügig induktiv verhalten. Einem derartigen Verhalten kann dadurch Rechnung getragen werden, daß man dem ohmschen Widerstand noch eine kleine Induktivität in Reihe hinzufügt. Außerdem können sich Widerstände (bei hohen Frequenzen) etwas kapazitiv verhalten. Dieses Verhalten kann durch eine zum ohmschen Widerstand parallel liegende Kapazität berücksichtigt werden. Weiterhin muß beachtet werden, daß der Wert eines Widerstands nicht völlig konstant ist. Infolge des (bei schnellen Änderungen der elektrischen Größen auftretenden) Skin-Effekts wird der effektive Leiterquerschnitt kleiner, so daß (bei hohen Frequenzen) der Wert des Widerstands zunimmt. Da die genannten Erscheinungen geringfügig sind, kann auf die entsprechenden Korrekturen meist verzichtet werden.

1.7.2 *Spulen*

Die in Schaltungen verwendeten Spulen lassen sich durch Induktivitäten häufig nur in unzureichender Weise darstellen. Meistens ist nämlich der Widerstand der Spulenwicklung nicht vernachlässigbar. Weiterhin müssen unter Umständen die Kapazitäten zwischen den einzelnen Windungen sowie die im magnetischen Kern auftretenden Wirbelströme berücksichtigt werden. Den genannten Effekten kann durch die Anordnung nach Bild 1.56 (Ersatznetzwerk) weitgehend Rechnung getragen werden. Die Induktivität L repräsentiert dabei die eigentliche induktive Wirkung der Spule, der Widerstand R_1 den Widerstand der Wicklung, der Widerstand R_2 die durch Wirbelströme entstehenden Verluste und schließlich die Kapazität C die zwischen den einzelnen Windungen auftretenden kapazitiven Erscheinungen. Meist ist das auf diese Weise entstandene Modell für die netzwerktheoretische Beschreibung einer Spule zu kompliziert, weshalb man häufig neben der Induktivität L nur noch den in Reihe liegenden Widerstand R_1 verwendet und die Elemente R_2 und C wegläßt. Die durch magnetische Hysterese-Erscheinungen bedingten Effekte bei Spulen werden durch die Anordnung nach Bild 1.56 nicht erfaßt.

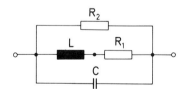

Bild 1.56. Netzwerktheoretische Darstellung einer Spule.

1.7.3 *Kondensatoren*

Die in Schaltungen verwendeten Kondensatoren lassen sich weitgehend durch Kapazitäten darstellen. Die zwischen den Elektroden eines Kondensators im Dielektrikum auftretenden Ströme können durch einen Widerstand berücksichtigt werden, der parallel zur Kapazität gelegt wird. Auf diese Weise erhält man für einen Kondensator das Ersatznetzwerk nach Bild 1.57.

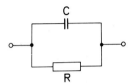

Bild 1.57. Netzwerktheoretische Darstellung eines Kondensators.

1.7.4 Technische Quellen

Technische Spannungsquellen besitzen die Eigenschaft, daß ihre Spannung mit Zunahme des entnommenen Stroms kleiner wird. Dieser Erscheinung kann man durch die Anordnung nach Bild 1.58 Rechnung tragen, wobei R_g als Innenwiderstand der Quelle bezeichnet wird. In entsprechender Weise läßt sich eine technische Stromquelle durch die Anordnung nach Bild 1.59 beschreiben. Bei dem im Abschnitt 1.3.4 kurz besprochenen Generator setzt sich der Innenwiderstand im wesentlichen aus dem Widerstand der Ankerwicklung zusammen.

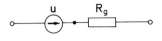

Bild 1.58. Netzwerktheoretische Darstellung einer technischen Spannungsquelle.

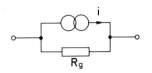

Bild 1.59. Netzwerktheoretische Darstellung einer technischen Stromquelle.

1.7.5 Transformatoren

Die Strom-Spannungs-Beziehungen der in der Praxis vorkommenden Transformatoren werden durch die Gln.(1.35a,b) meist in ausreichender Weise dargestellt. Diese Gleichungen können folgendermaßen umgeschrieben werden:

$$u_1 = R_1 i_1 + k w_1^2 \frac{\mathrm{d}}{\mathrm{d}t}\left(i_1 + \frac{w_2}{w_1} i_2\right) + k_1 w_1^2 \frac{\mathrm{d}i_1}{\mathrm{d}t}, \qquad (1.48\mathrm{a})$$

$$u_2 = R_2 i_2 + k w_1 w_2 \frac{\mathrm{d}}{\mathrm{d}t}\left(i_1 + \frac{w_2}{w_1} i_2\right) + k_2 w_2^2 \frac{\mathrm{d}i_2}{\mathrm{d}t}. \qquad (1.48\mathrm{b})$$

Mit den Abkürzungen

$$L_{11} = k w_1^2, \quad L_{s1} = k_1 w_1^2, \quad M = k w_1 w_2, \quad L_{s2} = k_2 w_2^2 \qquad (1.49\mathrm{a})$$

läßt sich aus den Gln.(1.48a,b) für einen Transformator das im Bild 1.60 dargestellte Netzwerk herleiten. Für die auf der Sekundärseite des idealen Übertragers auftretende Spannung gilt nämlich

$$u_h = \frac{w_2}{w_1} L_{11} \frac{\mathrm{d}\left(i_1 + \frac{w_2}{w_1} i_2\right)}{\mathrm{d}t} = k w_1 w_2 \frac{\mathrm{d}\left(i_1 + \frac{w_2}{w_1} i_2\right)}{\mathrm{d}t}.$$

1.7 Netzwerktheoretische Darstellung von realen Schaltelementen

Damit ist unmittelbar ersichtlich, daß das Netzwerk nach Bild 1.60 die Strom-Spannungs-Beziehungen gemäß den Gln.(1.48a,b) besitzt. Schreibt man die Gln.(1.48a,b) in der Form

$$u_1 = R_1 i_1 + k_1 w_1^2 \frac{di_1}{dt} + kw_1 w_2 \frac{d}{dt}\left(\frac{w_1}{w_2} i_1 + i_2\right),$$

$$u_2 = R_2 i_2 + k_2 w_2^2 \frac{di_2}{dt} + kw_2^2 \frac{d}{dt}\left(\frac{w_1}{w_2} i_1 + i_2\right),$$

dann erhält man mit den Abkürzungen gemäß den Gln.(1.49a) und mit

$$L_{22} = kw_2^2 \tag{1.49b}$$

ein weiteres Netzwerk zur Beschreibung eines Transformators (Bild 1.61).

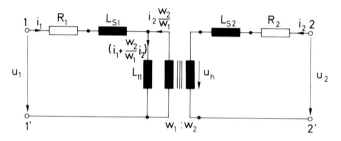

Bild 1.60. Darstellung eines Transformators aufgrund der Gleichungen (1.48a,b).

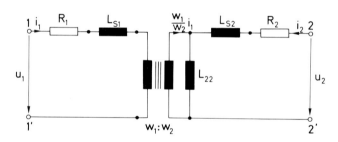

Bild 1.61. Weiteres Ersatznetzwerk für einen Transformator.

Es sollen noch die in den Gln.(1.49a,b) eingeführten Größen L_{11}, L_{22}, L_{s1} und L_{s2} gedeutet werden. Mit den Gln.(1.33a-c) lassen sich die Streuflüsse Φ_{s1}, Φ_{s2} und der Hauptfluß Φ_h folgendermaßen schreiben:

$$\Phi_{s1} = L_{s1} i_1 / w_1, \quad \Phi_{s2} = L_{s2} i_2 / w_2, \quad \Phi_h = L_{11} i_1 / w_1 + L_{22} i_2 / w_2.$$

Wie man hieraus sieht, ist L_{11} die für den Fall $i_2 = 0$ vom Hauptfluß herrührende primäre (Selbst-) Induktivität. Dagegen ist L_{s1} die vom primären Streufluß herrührende Induktivität. Man bezeichnet daher L_{11} als primäre Hauptinduktivität und L_{s1} als primäre Streuinduktivität. Entsprechend lassen sich die sekundäre Hauptinduktivität L_{22} und die sekundäre Streuinduktivität L_{s2} deuten.

In gewissen Anwendungsfällen müssen die Verluste des Transformators im Eisenkern und die Eigenkapazitäten der beiden Wicklungen sowie die Kapazität zwischen den Wicklungen berücksichtigt werden. Dies läßt sich dadurch erreichen, daß man in den Netzwerken der Bilder 1.60 und 1.61 parallel zur primären bzw. sekundären Hauptinduktivität einen ohmschen Widerstand und zwischen den Klemmenpaaren $(1,1')$, $(2,2')$ und $(1,2)$ jeweils eine Kapazität einfügt.

1.7.6 Dioden

Neben den bisher betrachteten Bausteinen für elektrotechnische Schaltungen spielen Halbleiterbauelemente eine wichtige Rolle. Von diesen seien im folgenden zunächst die (Halbleiter-) Dioden kurz behandelt. Hierunter versteht man Halbleiteranordnungen, bei denen ein p-leitendes Gebiet an ein n-leitendes Gebiet grenzt (Bild 1.11). Das Symbol und die zugehörige Strom-Spannungs-Kennlinie sind im Bild 1.12 dargestellt (man vergleiche Abschnitt 1.2.2.6).

Man kann das äußere Verhalten einer Diode näherungsweise mit Hilfe einer „idealen" Diode beschreiben, deren Symbol und Strom-Spannungs-Kennlinie im Bild 1.62 dargestellt sind. Durch dieses Modell, bei dem ein beliebig positiver Strom möglich ist, ohne daß ein Spannungsabfall auftritt und eine beliebig negative Spannung vorhanden sein kann, ohne daß ein Strom fließt, wird das Durchlaß-und Sperrverhalten der Diode nur recht ungenau wiedergegeben; das Verhalten im Durchbruchbereich wird nicht einmal näherungsweise geliefert. Eine wesentlich bessere Approximation der Strom-Spannungs-Kennlinie der Diode erhält man bei Verwendung des im Bild 1.63 dargestellten Netzwerks. Dabei bedeuten r_F, r_L und r_Z Widerstände, U_S und $U_Z > U_S > 0$ konstante Spannungsquellen. Wie dem Netzwerk unmittelbar zu entnehmen ist, gilt

$$i = \begin{cases} u/r_L + (u - U_S)/r_F & \text{für} \quad U_S < u \ , \\ u/r_L & \text{für} \quad -U_Z \leq u \leq U_S \ , \\ u/r_L + (u + U_Z)/r_Z & \text{für} \quad u < -U_Z \ . \end{cases}$$

Die Verwendung des Netzwerks von Bild 1.63 als Modell einer Diode hat also zur Folge, daß die Strom-Spannungs-Kennlinie abschnittsweise durch drei Geradenstücke approximiert wird. Durch geeignete Wahl der Größen r_F, U_S, r_L, r_Z, U_Z kann erreicht werden, daß die Geradenstücke die Kennlinie einer realen Diode in bestimmten Punkten tangieren.

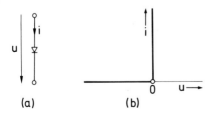

Bild 1.62. Symbol und Strom-Spannungs-Kennlinie einer idealen Diode.

1.7 Netzwerktheoretische Darstellung von realen Schaltelementen

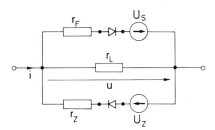

Bild 1.63. Approximative Darstellung einer realen Diode.

Das Netzwerk von Bild 1.63 läßt sich vereinfachen, wenn sichergestellt ist, daß die Diode nur außerhalb des Durchbruchgebiets arbeitet, d.h. $u \geqslant -U_Z$ gilt. Eine entsprechende Vereinfachung ist möglich, wenn die Diode (wie im Fall von Zenerdioden) ausschließlich im Durchbruchgebiet betrieben wird, d.h. $u < -U_Z$ gilt. In vielen Fällen ist der Widerstand r_L so groß, daß er durch einen Leerlauf ersetzt werden kann.

Abschließend sei noch erwähnt, daß das Dioden-Ersatznetzwerk gemäß Bild 1.63 nur sinnvoll verwendbar ist, solange der Ladungstransport im Halbleiter als trägheitslos betrachtet werden kann, d.h. bei relativ niedrigen Frequenzen.

1.7.7 Transistoren

Ein weiteres für die Praxis wichtiges Halbleiterbauelement ist der Transistor. Im folgenden soll zunächst die Wirkungsweise dieses Bauelements kurz erläutert werden. Danach wird auf zwei Möglichkeiten hingewiesen, den Transistor netzwerktheoretisch zu beschreiben.

1.7.7.1 Wirkungsweise.
Der Transistor besteht im wesentlichen aus drei Halbleiterzonen mit *p*- oder *n*-Leitfähigkeit, und zwar bei einem *pnp*-Transistor in der Reihenfolge *p-n-p*, bei einem *npn*-Transistor in der Reihenfolge *n-p-n*. Die drei Zonen heißen Emitter (E), Basis (B) und Kollektor (C). Vom Emitter wandern Ladungsträger in die Basis, der Kollektor nimmt Ladungsträger aus der Basis auf. Jede der drei Zonen hat als Anschluß eine Elektrode. Der Transistor besteht also aus zwei gegeneinander geschalteten *pn*-Übergängen, d.h. aus der Emitterdiode und der Kollektordiode.

Im normalen (aktiven) Betrieb ist an einem *npn*-Transistor eine Spannung derart angelegt, daß der Pluspol am Kollektor und der Minuspol am Emitter liegt. Dabei ist gemäß Bild 1.64 die Basis mit der Spannungsquelle so verbunden, daß eine kleine Teilspannung zwischen Basis und Emitter und eine vielfach größere zwischen Kollektor und Basis auftritt. Damit wird die Emitterdiode in Durchlaßrichtung, die Kollektordiode in Sperrichtung betrieben. Wie bei einem einfachen *pn*-Übergang diffundieren

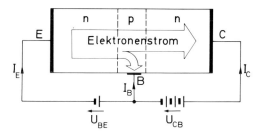

Bild 1.64. Transistor und äußere Beschaltung.

Elektronen aus dem Emittergebiet in die Basisschicht. Diesen Vorgang nennt man Injektion. Da die Basis sehr dünn und außerdem schwach dotiert ist, was eine verminderte Rekombination zur Folge hat, gelangen die meisten Elektronen bis zur Kollektorsperrschicht. Dort werden sie durch das starke elektrische Feld erfaßt und auf die Kollektorseite transportiert. Die Basis-Emitterspannung U_{BE} fällt praktisch ganz an der Emitterdoppelschicht ab, da dort durch die Ladungsträgerverarmung eine wesentlich geringere Leitfähigkeit als in der Basiszone und in der Emitterzone herrscht. Infolgedessen ist die Basis nahezu feldfrei und die Bewegung der Elektronen ist dort nur auf Diffusion zurückzuführen. Ein kleiner Teil der Elektronen rekombiniert in der Basisschicht mit Löchern, die über den Basiskontakt dauernd nachgeliefert werden. Die Stärke des injizierten Emitterstroms I_E läßt sich durch geeignete Wahl der Spannung U_{BE} einstellen. Dieser Strom geht fast unabhängig vom Wert der Spannung U_{CB} ohne nennenswerte Einbuße in den Kollektorstrom I_C über. Die hierdurch gegebene Steuerungsmöglichkeit ist die für technische Anwendungen wichtige Eigenschaft des Transistors. In der Praxis ist man bestrebt, die Transistoren so auszuführen, daß ein möglichst großer Teil des Emitterstroms über den Kollektor und nur ein kleiner Teil über die Basis abfließt. Das Symbol des *npn*-Transistors ist im Bild 1.65 dargestellt.

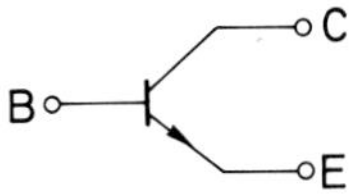

Bild 1.65. Symbol des *npn*-Transistors.

Die prinzipielle Wirkungsweise des *pnp*-Transistors läßt sich in entsprechender Weise wie die des *npn*-Transistors erklären. Es wird lediglich die Versorgungsspannung mit umgekehrter Polarität im Vergleich zum *npn*-Transistor angelegt. Das Symbol des *pnp*-Transistors unterscheidet sich von dem des *npn*-Transistors (Bild 1.65) nur dadurch, daß der Pfeil zur Basis weist.

Der Transistor wird häufig als Zweitor betrieben, wobei eine der drei Transistorelektroden dem Eingang *und* dem Ausgang des Zweitors gemeinsam angehört. Je nachdem, um welche Elektrode es sich handelt, spricht man von der Emitter-, Basis-, oder Kollektorschaltung. Das Bild 1.66 zeigt einen *npn*-Transistor in Emitterschaltung mit der Eingangsspannung U_{BE}, der Ausgangsspannung U_{CE} sowie dem Eingangsstrom I_B und dem Ausgangsstrom I_C. Die Zweitor-Eigenschaften eines Transistors hängen wesentlich von der betreffenden Grundschaltung ab. Sie lassen sich durch den Zusammenhang zwischen den äußeren Größen ausdrücken, der in Form von Kennlinien graphisch dargestellt werden kann. Im Fall der Emitterschaltung wird der Zusammenhang zwischen den Größen U_{BE}, U_{CE}, I_B, I_C durch Kennlinienfelder beschrieben, die aufgrund von Messungen ermittelt werden. Sie sind für einen bestimmten Transistor im Bild 1.67 dargestellt.

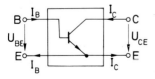

Bild 1.66. Emitterschaltung eines *npn*-Transistors.

1.7 Netzwerktheoretische Darstellung von realen Schaltelementen

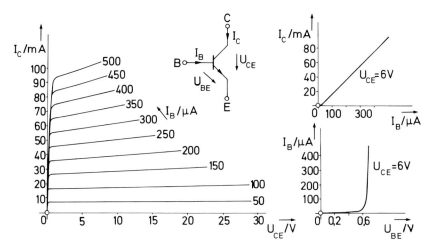

Bild 1.67. Kennlinien des Transistors BSY 54.

Die Gestalt der Kennlinien ergibt sich unmittelbar aus der Wirkungsweise des Transistors. Das I_C, U_{CE}-Kennlinienfeld bringt zum Ausdruck, daß der Kollektorstrom im wesentlichen durch die Injektion aus dem Emitter festlegt und kaum von der Spannung am Kollektorübergang abhängt. Die I_C, I_B-Kennlinien mit U_{CE} als Parameter besagen, daß der Anteil des Rekombinationsstroms in der Basis am Gesamtstrom durch den Transistor etwa konstant ist. Die I_B, U_{BE}-Kennlinien zeigen die Charakteristik einer Diode in Durchlaßrichtung. Die beiden letztgenannten Kennlinien sind von U_{CE} nur wenig abhängig. Daher sind sie im Bild 1.67 ausschließlich für einen Wert von U_{CE} angegeben.

1.7.7.2 *Netzwerktheoretische Beschreibung.* Es soll die Emitterschaltung eines Transistors betrachtet werden. Aufgrund der im Bild 1.67 für ein Beispiel dargestellten Kennlinienfelder ist zu erkennen, daß bei Vorgabe von zwei der äußeren Größen die beiden anderen Größen bekannt sind. Das läßt sich durch folgende Funktionen beschreiben:

$$I_B = f(U_{BE}, U_{CE}) \; , \tag{1.50a}$$

$$I_C = g(U_{BE}, U_{CE}) \; . \tag{1.50b}$$

Diese Gleichungen können, ausgehend von einem sogenannten Arbeitspunkt mit den Werten

$$U_{BE}^{(0)}, \; U_{CE}^{(0)}, \; I_B^{(0)}, \; I_C^{(0)} \; ,$$

bei betraglich kleinen Änderungen der Variablen durch folgende lineare Beziehungen approximiert werden (Linearisierung):

$$i_B = \left(\frac{\partial I_B}{\partial U_{BE}}\right)_0 u_{BE} + \left(\frac{\partial I_B}{\partial U_{CE}}\right)_0 u_{CE} \; , \tag{1.51a}$$

$$i_C = \left(\frac{\partial I_C}{\partial U_{BE}}\right)_0 u_{BE} + \left(\frac{\partial I_C}{\partial U_{CE}}\right)_0 u_{CE} \ . \tag{1.51b}$$

Dabei bedeuten die Größen u_{BE}, u_{CE}, i_B und i_C die als betraglich klein vorausgesetzten Änderungen der Variablen gegenüber ihren Werten im Arbeitspunkt, z.B. $u_{BE} = U_{BE} - U_{BE}^{(0)}$. Der bei den Klammern in den Gln.(1.51a,b) stehende Index Null bedeutet, daß die partiellen Ableitungen der durch die Gln.(1.50a,b) gegebenen Funktionen für den Arbeitspunkt zu nehmen sind. Diese partiellen Ableitungen können mit Hilfe der Kennlinienfelder (Bild 1.67) geometrisch gedeutet werden.

Mit den Abkürzungen

$$\left(\frac{\partial I_B}{\partial U_{BE}}\right)_0 = y_{11} \ , \quad \left(\frac{\partial I_B}{\partial U_{CE}}\right)_0 = y_{12} \ ,$$

$$\left(\frac{\partial I_C}{\partial U_{BE}}\right)_0 = y_{21} \ , \quad \left(\frac{\partial I_C}{\partial U_{CE}}\right)_0 = y_{22}$$

erhält man aus den Gln.(1.51a,b) die Darstellungen

$$i_B = y_{11} u_{BE} + y_{12} u_{CE} \ , \tag{1.52a}$$

$$i_C = y_{21} u_{BE} + y_{22} u_{CE} \ . \tag{1.52b}$$

Diese Gleichungen beschreiben das sogenannte *Kleinsignalverhalten* des Transistors in Emitterschaltung. Es soll versucht werden, die Gln.(1.52a,b) durch ein Netzwerk darzustellen. Dabei ist zu beachten, daß die Koeffizienten y_{rs} $(r,s = 1,2)$ konstante Größen sind. Man kann zeigen, daß ein derartiges Netzwerk aus ohmschen Widerständen und gesteuerten Quellen aufgebaut werden kann.

Von den verschiedenen Netzwerken, die durch die Gln.(1.52a,b) beschrieben werden, sei zunächst das im Bild 1.68 angegebene Zweitor erwähnt. Wie man sieht, gelten für dieses Netzwerk die Gln.(1.52a,b). Die Größe y_{11} heißt Kurzschluß-Eingangsleitwert, da sie gleich dem ohmschen Leitwert ist, der am Eingang des ausgangsseitig kurzgeschlossenen Zweitors nach Bild 1.68 gemessen wird. Entsprechend nennt man y_{22} den Kurzschluß-Ausgangsleitwert. Bei y_{12} und y_{21} spricht man von Rückwärtssteilheit bzw. Vorwärtssteilheit.

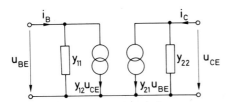

Bild 1.68. Ersatznetzwerk des Transistors aufgrund der Gln.(1.52a,b). Die Größen y_{11} und y_{22} bedeuten Leitwerte.

Ein weiteres wichtiges Netzwerk zur Beschreibung des Kleinsignalverhaltens von Transistoren gewinnt man, indem man zunächst die Gl.(1.52a) nach u_{BE} auflöst. Sodann wird die hierdurch gegebene Darstellung von u_{BE} in die Gl.(1.52b) eingesetzt.

1.8 Energie und Leistung

Auf diese Weise erhält man die Darstellung

$$u_{BE} = h_{11} i_B + h_{12} u_{CE} , \qquad (1.53a)$$

$$i_C = h_{21} i_B + h_{22} u_{CE} . \qquad (1.53b)$$

Diese Beschreibung heißt *Hybriddarstellung,* die Koeffizienten h_{rs} ($r, s = 1, 2$) heißen *h*-Parameter des Transistors. Aus den Gln.(1.53a,b) folgt unmittelbar das Netzwerk nach Bild 1.69. Hieraus ist zu entnehmen, daß h_{11} gleich dem Eingangswiderstand bei kurzgeschlossenem Ausgang ist; h_{22} ist gleich dem Ausgangsleitwert bei leerlaufendem Eingang. Die Größe h_{12} bedeutet die Spannungsrückwirkung bei leerlaufendem Eingang, und die Größe h_{21} hat die Bedeutung der Stromverstärkung bei kurzgeschlossenem Ausgang.

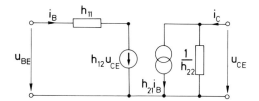

Bild 1.69. Ersatznetzwerk des Transistors aufgrund der Gln.(1.53a,b). Die Größen h_{11} und $1/h_{22}$ bedeuten Widerstände.

Man beachte, daß sich die bei der Interpretation der *y*- und *h*-Parameter benützten Ausdrücke (wie kurzgeschlossen, leerlaufend, Leitwert usw.) auf die Größen u_{BE}, u_{CE}, i_B, i_C und nicht auf die Größen U_{BE}, U_{CE}, I_B, I_C beziehen[13].

Die Anwendbarkeit der gewonnenen (und weiterer in ähnlicher Weise auffindbarer) Ersatznetzwerke zur Beschreibung des elektrischen Verhaltens von Transistoren ist begrenzt. Abgesehen von der notwendigen Voraussetzung, daß die Spannungen u_{BE}, u_{CE} und die Ströme i_B, i_C dem Betrage nach klein sein müssen, dürfen sich diese Größen nicht allzu schnell ändern, damit die kapazitive Wirkung der Raumladungen und die endliche Laufzeit der Ladungsträger durch die Basiszone vernachlässigt werden können. Andernfalls sind die Netzwerke durch weitere Elemente zu ergänzen, insbesondere durch Kapazitäten (Schaltkapazitäten, Diffusionskapazitäten, Sperrkapazitäten).

Abschließend sei noch bemerkt, daß auch für Elektronenröhren und Feldeffekttransistoren in ähnlicher Weise wie für (die vorstehend betrachteten „bipolaren") Transistoren Ersatznetzwerke angegeben werden können.

1.8 Energie und Leistung

1.8.1 *Allgemeines*

Es wird nach Bild 1.70 ein Zweipol mit der Eingangsspannung u und dem Eingangsstrom i betrachtet. Unter der momentanen, in den Zweipol fließenden *elektrischen*

---

[13] Wie hier nicht näher ausgeführt werden soll, kann man $u_{CE} \approx 0$ dadurch erreichen, daß man zwischen Kollektor und Emitter einen Kondensator schaltet („wechselstrommäßiger Kurzschluß").

Leistung $p(t)$ versteht man die Größe

$$p(t) = u(t)\,i(t) \; . \tag{1.54}$$

Für die *elektrische Energie* $W(t)$, die vom Zeitpunkt t_0 bis zum Zeitpunkt t dem Zweipol zugeführt wird, ergibt sich dann

$$W(t) = \int_{t_0}^{t} u(\tau)\,i(\tau)\,\mathrm{d}\tau \; , \tag{1.55a}$$

da zwischen Energie und Leistung bekanntlich der Zusammenhang

$$p(t) = \frac{\mathrm{d}W(t)}{\mathrm{d}t} \tag{1.55b}$$

besteht.

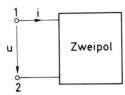

Bild 1.70. Zweipol mit Eingangsspannung u und Eingangsstrom i.

Um die Gl.(1.54) physikalisch zu begründen, betrachtet man den im Bild 1.71 dargestellten Ausschnitt aus einem vom Strom der Stärke i durchflossenen metallischen Leiter. Dort seien im Abstand ℓ voneinander zwei Querschnittsflächen A_1 und A_2 gekennzeichnet, zwischen denen die Spannung u liege. Die zum Zeitpunkt t zwischen diesen Flächen eingeschlossene Ladung Q (schraffiert gezeichnet) hat sich bis zum Zeitpunkt $t + \Delta t$ (für diesen Zeitpunkt gilt die Zeichnung) um das Stück $\Delta\ell$ verschoben, so daß im Intervall Δt durch A_2 die Ladung ΔQ hindurchgetreten ist (wegen der Kontinuität der Strömung gilt dies natürlich auch für A_1). Aus der Definition der Stromstärke folgt

$$\Delta Q = i\,\Delta t \; . \tag{1.56}$$

Setzt man gleichmäßige Ladungsverteilung voraus, so gilt ferner

$$\Delta Q = Q\,\frac{\Delta\ell}{\ell} \; . \tag{1.57}$$

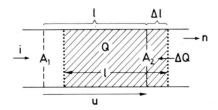

Bild 1.71. Ausschnitt aus einem vom Strom i durchflossenen metallischen Leiter.

1.8 Energie und Leistung

Auf die Ladung Q wirkt, wenn $\boldsymbol{E} = E_n \boldsymbol{n}\,(E_n > 0)$ die als homogen angenommene Feldstärke ist, die Kraft $QE_n \boldsymbol{n}$. Das bedeutet, daß bei der Verschiebung um $\Delta\ell$ die Arbeit

$$\Delta W = QE_n \Delta\ell \qquad (1.58)$$

an der Ladung Q verrichtet wird. Die hierbei übertragene Energie wird durch Zusammenstöße der strömenden Ladung mit dem Kristallgitter an den Leiter abgegeben, damit also in thermische Bewegung der Gitteratome umgesetzt. Bei homogener Feldstärke $\boldsymbol{E} = E_n \boldsymbol{n}$ gilt gemäß Gl.(1.1)

$$E_n = \frac{u}{\ell}\,.$$

Zusammen mit Gl.(1.58) folgt hieraus

$$\Delta W = Qu\frac{\Delta\ell}{\ell}\,.$$

Berücksichtigt man noch Gl.(1.57), dann erhält man

$$\Delta W = u\Delta Q\,.$$

Die an das zwischen A_1 und A_2 eingeschlossene Volumen des Leiters abgegebene Leistung $p = \Delta W/\Delta t$ ist also

$$p = u\frac{\Delta Q}{\Delta t}$$

oder mit Gl.(1.56)

$$p = ui\,.$$

Bisher wurde gezeigt, daß die einem ohmschen Widerstand zugeführte elektrische Leistung nach Gl.(1.54) berechnet werden kann. Es ist nun keineswegs selbstverständlich, daß dies auch bei einem beliebigen Zweipol möglich ist. Tatsächlich versagt die für einen Widerstand gegebene Ableitung z.B. bei einem Kondensator. Mit Hilfe des Energiesatzes läßt sich jedoch die Gültigkeit von Gl.(1.54) für allgemeine Zweipole zeigen.

Hierzu betrachtet man das im Bild 1.72a dargestellte, aus zwei Zweipolen $Z1$ und $Z2$ bestehende Netzwerk. Es sei für einen bestimmten Zeitpunkt entweder $i_1 u < 0$ oder $i_2 u < 0$. Ohne Einschränkung der Allgemeinheit sei ersteres der Fall. Man denke sich nun den Zweipol $Z2$ durch einen ohmschen Widerstand R so ersetzt, daß $u = Ri_2$ gilt[14]. So gelangt man zu der Anordnung nach Bild 1.72b.

Es sei p_R die dem ohmschen Widerstand R zugeführte augenblickliche elektrische Leistung und p_{Z1} die dem Zweipol $Z1$ zugeführte elektrische Leistung. Wenn man voraussetzt, daß dem aus ohmschem Widerstand und Zweipol $Z1$ bestehenden System

---

[14] Man muß den Zweipol mit positiver elektrischer Leistung wählen, weil am ohmschen Ersatzwiderstand die Leistung nur positiv sein kann.

von außen keine Energie zugeführt wird, muß

$$p_R + p_{Z1} = 0 \qquad (1.59)$$

erfüllt sein. Aufgrund der vorausgehenden Ausführungen gilt

$$p_R = u i_R \ .$$

Mit Gl.(1.59) folgt hieraus

$$p_{Z1} = -u i_R$$

und wegen $i_R = -i_1$ schließlich

$$p_{Z1} = u i_1 \ .$$

Mit p_{Z2} werde die dem Zweipol $Z2$ zugeführte Augenblicksleistung bezeichnet. Dann gilt wieder aus Gründen der Energieerhaltung

$$p_{Z2} + p_{Z1} = 0 \ .$$

Hieraus folgt

$$p_{Z2} = -p_{Z1} = -u i_1 = u i_2 \ .$$

Da p_{Z1} negativ ist, ist p_{Z2} positiv. Es ist also gezeigt, daß Gl.(1.54) für beide Vorzeichen von ui die dem betreffenden Zweipol zugeführte Augenblicksleistung darstellt, wenn man die Zählrichtungen für u und i gemäß Bild 1.70 wählt.

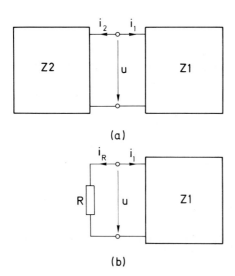

Bild 1.72. Netzwerk aus zwei Zweipolen, von denen einer momentan durch den Widerstand R ersetzt wird.

1.8 Energie und Leistung

1.8.2 Anwendung auf die Netzwerkelemente

Ist der Zweipol nach Bild 1.70 ein *ohmscher Widerstand*, dann gilt $u = iR$, und man erhält

$$W(t) = R \int_{t_0}^{t} i^2(\tau) d\tau = \frac{1}{R} \int_{t_0}^{t} u^2(\tau) d\tau \qquad (1.60a)$$

und

$$p(t) = Ri^2(t) = u^2(t)/R \ .$$

Für eine *Induktivität* ergibt sich mit $u = L\,di/dt$

$$W(t) = L \int_{i(t_0)}^{i(t)} i\,di = \frac{1}{2} L [i^2(t) - i^2(t_0)] \qquad (1.60b)$$

und

$$p(t) = Li(t) \frac{di(t)}{dt} \ .$$

Für eine *Kapazität* erhält man mit $i = C\,du/dt$

$$W(t) = C \int_{u(t_0)}^{u(t)} u\,du = \frac{1}{2} C [u^2(t) - u^2(t_0)] \qquad (1.60c)$$

und

$$p(t) = Cu(t) \frac{du(t)}{dt} \ .$$

Es ist bemerkenswert, daß beim ohmschen Widerstand die Leistung $p(t)$ nicht negativ wird, weshalb man einem ohmschen Widerstand nur Energie zuführen kann; die zugeführte Energie kann nicht mehr zurückfließen. Dies entspricht der Erfahrung, daß in ohmschen Widerständen die Energie in thermische Energie umgesetzt wird. Anders liegen die Verhältnisse bei der Induktivität und der Kapazität. Hier kann die Leistung $p(t)$ auch negativ werden, d.h. diese Elemente können gespeicherte Energie abgeben.

Wird der Anfangspunkt t_0 so festgelegt, daß der in einer Induktivität fließende Strom $i(t)$ für $t = t_0$ verschwindet, so ist die bis zu einem beliebigen Zeitpunkt t_1 der Induktivität zugeführte Energie $Li^2(t_1)/2$. Dies ist nach Gl.(1.60b) die bis zum Zeitpunkt t_1 maximal zuführbare Energie. Wählt man einen weiteren Zeitpunkt $t = t_2 > t_1$, so lautet die im Intervall von t_1 bis t_2 abgegebene Energie $Li^2(t_1)/2 - Li^2(t_2)/2$. Der Maximalwert ist erreicht, wenn für t_2 der Strom $i(t)$ gleich null ist. Dann hat die Induktivität die im Intervall von t_0 bis t_1 aufgenommene Energie vollständig abgegeben. Die Induktivität ist also ein die Energie nur speicherndes Element[15]. In ähnlicher

---

[15] Die einer verlustfreien Spule zugeführte Energie ist im Magnetfeld gespeichert.

Weise kann gezeigt werden, daß eine Kapazität Energie speichern und diese vollständig abgeben kann [16].

Aus den vorausgegangenen Überlegungen geht hervor, daß in einer Induktivität L, durch die der Strom $i(t)$ fließt, die Energie $Li^2(t)/2$ gespeichert ist. Ebenso bedeutet nach Gl.(1.60c) $Cu^2(t)/2$ die in der Kapazität C gespeicherte Energie, wenn an dieser die Spannung $u(t)$ herrscht.

Für einen *Übertrager* kann nach den Gln.(1.25a,b) mit Gl.(1.54) die insgesamt von außen zugeführte Leistung angegeben werden:

$$p(t) = u_1(t)i_1(t) + u_2(t)i_2(t)$$

$$= L_1 i_1(t)\frac{di_1(t)}{dt} + L_2 i_2(t)\frac{di_2(t)}{dt} + M\left[i_1(t)\frac{di_2(t)}{dt} + i_2(t)\frac{di_1(t)}{dt}\right].$$

Mit Hilfe einfacher Grundregeln der Differentialrechnung erhält man hieraus

$$p(t) = \frac{d}{dt}\left[\frac{1}{2}L_1 i_1^2(t) + \frac{1}{2}L_2 i_2^2(t) + M i_1(t) i_2(t)\right].$$

Integriert man diese Darstellung der Leistung von einem Zeitpunkt t_0 an, für den i_1 und i_2 verschwinden, so erhält man für die dem Übertrager zugeführte Energie

$$W(t) = \frac{1}{2}\left[L_1 i_1^2(t) + L_2 i_2^2(t) + 2M i_1(t) i_2(t)\right].$$

Man kann nachweisen, daß $W(t)$ wegen der Gültigkeit der Ungleichung $M^2 \leq L_1 L_2$ und wegen $L_1, L_2 > 0$ beständig nicht-negativ ist [17].

Mit den Gln.(1.37) und (1.38) sieht man direkt, daß die einem idealen Übertrager zugeführte Leistung beständig null ist. Entsprechend ist aus den Gln.(1.39a,b) zu erkennen, daß die einem Gyrator zugeführte Leistung identisch null ist. Der ideale Übertrager und der Gyrator nehmen also keine Energie auf.

Aufgrund der Definition von Spannungs- und Stromquelle (Abschnitt 1.3.4) folgt, daß diese Quellen imstande sind, beliebige Energiebeträge aufzunehmen oder abzugeben.

---

[16] Die einem verlustfreien Kondensator zugeführte Energie ist im elektrischen Feld gespeichert.

[17] Die einem verlustfreien Transformator zugeführte Energie ist im Magnetfeld gespeichert.

2. DIE KOMPLEXE WECHSELSTROMRECHNUNG

In diesem Kapitel soll gezeigt werden, wie man mit Hilfe der Arithmetik komplexer Zahlen das Verhalten elektrischer Netzwerke im sogenannten stationären Zustand ermitteln kann. Dabei wird angenommen, daß die vorhandenen Quellen das Netzwerk rein sinusförmig (mit gleicher Kreisfrequenz) erregen. Unter dem stationären Zustand versteht man das Netzwerkverhalten für hinreichend große Zeiten, d.h. für Zeitpunkte, in denen der beim Einschalten der Quellen stattfindende Einschwingvorgang bereits abgeklungen ist. Die Bedeutung des stationären Verhaltens eines Netzwerks unter dem Einfluß sinusförmiger Erregung liegt zum einen darin, daß viele in der Praxis auftretende Quellen sinusförmige Ströme bzw. Spannungen erzeugen. Andererseits läßt sich zeigen, daß bei Kenntnis des genannten stationären Zustandes das Netzwerkverhalten auch bei beliebigen Erregungen bestimmt werden kann. Hierauf wird erst später eingegangen.

Zunächst soll die Methode zur Ermittlung des stationären Zustandes eines Netzwerks bei sinusförmiger Erregung an Hand einfacher Beispiele erklärt werden.

2.1 Einfache Beispiele

Ein RL-Netzwerk. Es wird nach Bild 2.1 die Reihenanordnung eines ohmschen Widerstandes R mit einer Induktivität L unter dem Einfluß der Spannung

$$u(t) = U_0 \cos(\omega t + \alpha) \tag{2.1a}$$

betrachtet ($U_0 > 0$). Die Spannung $u(t)$ ist also eine harmonische Schwingung mit der Kreisfrequenz $\omega = 2\pi/T$ und der Nullphase α. Dabei bedeutet T die Periodendauer der Schwingung, und man nennt U_0 die Amplitude der Schwingung.

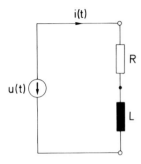

Bild 2.1. Reihenanordnung eines ohmschen Widerstands und einer Induktivität, die durch eine Spannungsquelle erregt werden.

.Nach der Maschenregel erhält man für das Netzwerk von Bild 2.1 aufgrund der Gln.(1.15a) und (1.16a) die Beziehung

$$Ri(t) + L\frac{di(t)}{dt} = u(t) \ . \tag{2.2}$$

Der erste Summand auf der linken Seite der Gl.(2.2) stellt die Spannung am ohmschen Widerstand dar, der zweite Summand die Spannung an der Induktivität. Der Strom $i(t)$ ist die Unbekannte. Es soll im folgenden jene Lösung der Gl.(2.2) ermittelt werden, welche sich für $t \to \infty$ einstellt (stationäre Lösung). Beziehungen der Art von Gl.(2.2) heißen Differentialgleichungen, da die Unbekannte $i(t)$ auch durch Differentialquotienten (hier nur der Ordnung Eins) vertreten ist. Die vorliegende Beziehung gehört zur Klasse der linearen Differentialgleichungen mit konstanten Koeffizienten[18]. Jener Teil der Differentialgleichung, der die zu bestimmende Funktion – hier $i(t)$ – nicht enthält, heißt „Zwangskraft". Im vorliegenden Fall ist die Funktion $u(t)$ die Zwangskraft. Aus der Theorie der Differentialgleichungen ist bekannt, daß die stationäre Lösung einer linearen Differentialgleichung mit konstanten Koeffizienten im Fall harmonischer Zwangskraft eine harmonische Schwingung ist, sofern eine stationäre Lösung überhaupt existiert. Die Kreisfrequenz der Lösung muß mit jener der Zwangskraft übereinstimmen. Die Lösung der Gl.(2.2) hat also die Form

$$i(t) = I_0 \cos(\omega t + \beta) \ . \tag{2.3a}$$

Die Aufgabe besteht jetzt darin, die Amplitude I_0 und die Nullphase β zu ermitteln (Bild 2.2). Hierzu könnte man Gl.(2.1a) und Gl.(2.3a) in die Gl.(2.2) einsetzen und dann aufgrund eines geeigneten Koeffizientenvergleichs die gesuchten Größen bestimmen.

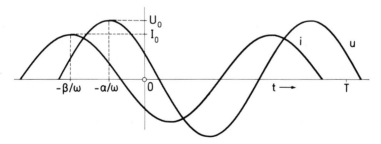

Bild 2.2. Darstellung der harmonischen Spannung $u(t)$ Gl.(2.1a) und des harmonischen Stroms $i(t)$ Gl.(2.3a).

Im folgenden sollen jedoch zunächst die Gln.(2.1a) und (2.3a) anders dargestellt werden. Unter Beachtung der Eulerschen Beziehung

$$e^{jx} = \cos x + j \sin x \ ,$$

---

[18] Eine derartige Differentialgleichung ist dadurch gekennzeichnet, daß die gesuchte Funktion und ihre Ableitungen nur durch Additionen miteinander verknüpft sind. Die einzelnen Summanden dürfen hierbei noch mit konstanten Faktoren versehen sein.

2.1 Einfache Beispiele

dabei gilt für die imaginäre Einheit j die Gleichung $j^2 = -1$, läßt sich

$$u(t) = \frac{1}{2}\left[U_0 e^{j(\omega t+\alpha)} + U_0 e^{-j(\omega t+\alpha)}\right]$$

oder

$$u(t) = \frac{1}{2}\left[\underline{U}_0 e^{j\omega t} + \underline{U}_0^* e^{-j\omega t}\right] \quad (2.1b)$$

schreiben[19], wenn man zur Abkürzung

$$\underline{U}_0 = U_0 e^{j\alpha} \quad (2.1c)$$

einführt. Entsprechend kann man den Strom $i(t)$ Gl.(2.3a) in der Form

$$i(t) = \frac{1}{2}\left[\underline{I}_0 e^{j\omega t} + \underline{I}_0^* e^{-j\omega t}\right] \quad (2.3b)$$

mit

$$\underline{I}_0 = I_0 e^{j\beta} \quad (2.3c)$$

ausdrücken.

Die Darstellung der Spannung $u(t)$ nach Gl.(2.1b) läßt sich anhand des Bildes 2.3 geometrisch veranschaulichen. Die gerichtete Strecke, welche $\underline{U}_0$ repräsentiert, rotiert mit der Zeit gleichförmig (mit der Winkelgeschwindigkeit ω) im Gegenuhrzeigersinn um den Ursprung der komplexen Zahlenebene, während sich die gerichtete Strecke, die $\underline{U}_0^*$ repräsentiert, im Uhrzeigersinn gleichförmig (mit der Winkelgeschwindigkeit $-\omega$) dreht. In jedem Augenblick $t = t_0$ liefert die halbe Vektorsumme dieser beiden rotierenden Strecken oder die senkrechte Projektion einer dieser Strecken auf die reelle Achse die Spannung $u(t_0)$. Auf diese Weise entsteht dann über der Zeitachse der harmonische Kurvenverlauf von $u(t)$. Ebenso kann die Gl.(2.3b) interpretiert werden.

Nun werden die Gln.(2.1b) und (2.3b) in die Gl.(2.2) eingesetzt und anschließend sind alle mit dem Faktor $e^{j\omega t}$ behafteten Terme und alle mit $e^{-j\omega t}$ versehenen Glieder zusammenzufassen. Auf diese Weise findet man die Beziehung

$$[\underline{I}_0 R + \underline{I}_0 j\omega L - \underline{U}_0]e^{j\omega t} + [\underline{I}_0^* R - \underline{I}_0^* j\omega L - \underline{U}_0^*]e^{-j\omega t} = 0 .$$

Diese Gleichung hat die Form

$$\underline{V} e^{j\omega t} + \underline{V}^* e^{-j\omega t} = 0 , \quad (2.4)$$

wobei der Ausdruck

$$\underline{V} = \underline{I}_0 R + \underline{I}_0 j\omega L - \underline{U}_0 \quad (2.5)$$

von der Zeit nicht abhängt.

---

[19] Der Stern (*) bezeichnet die konjugiert komplexe Zahl.

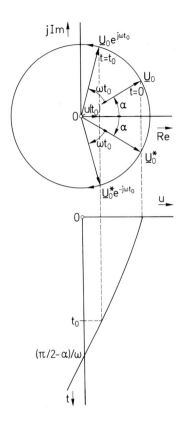

Bild 2.3. Geometrische Veranschaulichung der Darstellung von $u(t)$ nach Gl.(2.1b). Der gezeichnete Kreis hat den Radius U_0.

Es ist nun zu beachten, daß die Gl.(2.4) für alle t-Werte gültig sein muß. Da die beiden in dieser Gleichung auftretenden Funktionen $e^{j\omega t}$ und $e^{-j\omega t}$ voneinander linear unabhängig sind, kann die Gl.(2.4) dann und nur dann befriedigt werden, wenn die durch Gl.(2.5) definierte zeitunabhängige Größe $\underline{V}$ verschwindet[20]. Dann ist natürlich auch $\underline{V}^*$ gleich null. Es muß also

$$\underline{I}_0 R + \underline{I}_0 j\omega L - \underline{U}_0 = 0 \tag{2.6}$$

gelten. Diese Gleichung bildet eine Bestimmungsgleichung für die Unbekannte $\underline{I}_0$ Gl.(2.3c). Man erhält aus Gl.(2.6)

$$\underline{I}_0 = \frac{\underline{U}_0}{R + j\omega L} \; . \tag{2.7}$$

Da nach Gl.(2.3c) der Betrag der komplexen Zahl $\underline{I}_0$ die Unbekannte I_0 und der Phasenwinkel von $\underline{I}_0$ die Unbekannte β darstellt, erhält man unter Beachtung der

---

[20] Aus Gl.(2.4) folgt nämlich nach Multiplikation mit $e^{-j\omega t}$ die Identität $\underline{V} + \underline{V}^* e^{-j2\omega t} \equiv 0$ oder $\underline{V} + \underline{V}^*(\cos 2\omega t - j \sin 2\omega t) \equiv 0$. Integriert man beide Seiten dieser Beziehung von $t=0$ bis $t=\pi/\omega$, so verschwinden die Teilintegrale über die trigonometrischen Funktionen, und man erhält unmittelbar $\underline{V} = 0$, was behauptet wurde.

Gl.(2.1c) nach den Regeln der Arithmetik der komplexen Zahlen aus Gl.(2.7)

$$I_0 = \frac{U_0}{\sqrt{R^2 + \omega^2 L^2}} \, , \tag{2.8a}$$

$$\beta = \alpha - \arctan\left(\frac{\omega L}{R}\right) \, . \tag{2.8b}$$

Damit ist der Strom $i(t)$ Gl.(2.3a) aufgrund der Gln.(2.8a,b) vollständig bestimmt.

Die vorstehenden Betrachtungen sollen jedoch noch nicht abgeschlossen werden. Man kann nämlich das Ergebnis nach Gl.(2.7) in interessanter Weise deuten. Dazu ordnet man der Spannung $u(t)$ die „komplexe Spannung" $\underline{U}_0$ gemäß Gl.(2.1c) und dem Strom $i(t)$ den „komplexen Strom" $\underline{I}_0$ zu. Diese komplexen Größen trägt man in Analogie zu den entsprechenden Größen $u(t)$ und $i(t)$ in das Netzwerk ein (Bild 2.4). Ordnet man der am Widerstand R herrschenden Teilspannung die Größe $\underline{U}_{0R} = \underline{I}_0 R$ und der an der Induktivität L auftretenden Teilspannung die Größe $\underline{U}_{0L} = \underline{I}_0 j\omega L$ zu, so wird die Gl.(2.6) befriedigt, wenn man auf die Spannungen im Bild 2.4 die Maschenregel formal anwendet:

$$\underline{U}_{0R} + \underline{U}_{0L} = \underline{U}_0 \, .$$

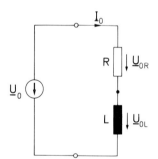

Bild 2.4. Einführung der komplexen Größen im Netzwerk von Bild 2.1.

Besonders hervorzuheben ist noch, daß die komplexe Teilspannung $\underline{U}_{0L}$ aus $\underline{I}_0$ durch Multiplikation mit dem „komplexen Widerstand" $j\omega L$ der Induktivität entsteht. Das heißt: Bei Verwendung der komplexen Größen gilt nicht nur für den Widerstand R, sondern auch für die Induktivität L das Ohmsche Gesetz als Beziehung zwischen komplexem Strom und komplexer Spannung, sofern der Induktivität L der komplexe Widerstand (die Impedanz) $j\omega L$ zugeordnet wird.

Die in den vorausgegangenen Untersuchungen gewonnenen Ergebnisse werden zusammengefaßt: Zur Ermittlung des harmonischen Wechselstromes $i(t)$ im Netzwerk nach Bild 2.1 wird der harmonischen Spannung $u(t)$ Gl.(2.1a) die komplexe Spannung $\underline{U}_0$ Gl.(2.1c) und dem gesuchten Strom $i(t)$ der komplexe Strom $\underline{I}_0$ Gl.(2.3c) zugeordnet. Den auftretenden Netzwerkelementen werden die komplexen Widerstände (Impedanzen) R (ohmscher Widerstand) und $j\omega L$ (Induktivität) zugewiesen, über die Strom und Spannung am betreffenden Element nach dem Ohmschen Gesetz verknüpft sind. Bei Anwendung der Maschenregel läßt sich $\underline{I}_0$ nach Gl.(2.7) bestimmen, womit nach Gl.(2.3b) $i(t)$ bekannt ist.

In der Elektrotechnik verwendet man statt der Amplituden U_0 und I_0 meistens die *Effektivwerte* $U = U_0/\sqrt{2}$ und $I = I_0/\sqrt{2}$, auf deren Bedeutung an späterer Stelle eingegangen wird. Mit diesen Effektivwerten werden die komplexen Größen $\underline{U} = Ue^{j\alpha}$, $\underline{I} = Ie^{j\beta}$ und $\underline{U}_R = R\underline{I}$, $\underline{U}_L = j\omega L\underline{I}$ definiert, die durch Multiplikation mit $\sqrt{2}$ in die entsprechenden Größen mit dem Index Null übergehen. Es ist sofort einzusehen, daß dann die Gln.(2.7) und (2.8a) auch ohne die Indizes Null Gültigkeit haben und daß die Beziehung $\underline{U} = \underline{U}_R + \underline{U}_L$ besteht. Im Bild 2.5 sind die Ergebnisse graphisch in der komplexen Ebene dargestellt. Die auftretenden komplexen Größen heißen *Zeiger*, die Darstellung im Bild 2.5 wird Zeigerdiagramm genannt. Man beachte, daß infolge der Beziehung $\underline{U}_L = j\omega L\underline{I}$ der Zeiger $\underline{U}_L$ um den Winkel $+\pi/2$ gegenüber dem Zeiger $\underline{I}$ gedreht ist und die Länge $I\omega L$ hat.

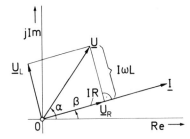

Bild 2.5. Diagramm zur Darstellung der komplexen Netzwerkgrößen für das Netzwerk von Bild 2.1.

Läßt man in den Gln.(2.1b) und (2.3b) den Index Null weg, dann müssen die rechten Seiten mit $\sqrt{2}$ multipliziert werden.

Ein RC-Netzwerk. Ersetzt man im Netzwerk nach Bild 2.1 die Induktivität L durch eine Kapazität C, so lautet die Differentialgleichung des Netzwerks (Bild 2.6):

$$RC\frac{du_C(t)}{dt} + u_C(t) = u(t) \ . \tag{2.9}$$

Hierbei ist zu beachten, daß der Strom $i(t)$ aufgrund der Gl.(1.21a) mit der Spannung $u_C(t)$ an der Kapazität verknüpft ist.

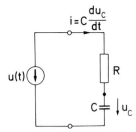

Bild 2.6. Reihenanordnung eines ohmschen Widerstands und einer Kapazität, die durch eine Spannungsquelle erregt werden.

Zur Bestimmung des stationären Teils der Kapazitätsspannung $u_C(t)$ wird

$$u_C(t) = \frac{1}{2}\left[\sqrt{2}\,\underline{U}_C e^{j\omega t} + \sqrt{2}\,\underline{U}_C^* e^{-j\omega t}\right] \tag{2.10}$$

2.1 Einfache Beispiele

mit

$$\underline{U}_C = U_C e^{j\gamma}$$

geschrieben. Setzt man Gl.(2.10) und Gl.(2.1b) mit $\underline{U}_0 = \sqrt{2}\,\underline{U}$ in die Gl.(2.9) ein, so erhält man

$$[(Rj\omega C + 1)\underline{U}_C - \underline{U}]e^{j\omega t} + [(Rj\omega C + 1)\underline{U}_C - \underline{U}]^* e^{-j\omega t} = 0 \;.$$

Damit diese Darstellung für alle *t*-Werte gültig ist, muß der Ausdruck in eckigen Klammern verschwinden. Hieraus erhält man $\underline{U}_C$, und zwar ist die folgende Darstellung möglich:

$$\underline{U}_C = \frac{\dfrac{1}{j\omega C}}{R + \dfrac{1}{j\omega C}} \underline{U} \;. \tag{2.11}$$

Der Strom im Netzwerk kann als

$$i(t) = \frac{1}{2}\left[\sqrt{2}\,\underline{I} e^{j\omega t} + \sqrt{2}\,\underline{I}^* e^{-j\omega t}\right]$$

mit

$$\underline{I} = I e^{j\beta}$$

geschrieben werden. Aufgrund der Beziehung $i(t) - C\,du_C(t)/dt = 0$ muß somit

$$[\underline{I} - j\omega C\,\underline{U}_C]e^{j\omega t} + [\underline{I} - j\omega C\,\underline{U}_C]^* e^{-j\omega t} = 0 \;,$$

also

$$\underline{U}_C = \frac{1}{j\omega C}\underline{I} \tag{2.12}$$

gelten. Aus den Gln.(2.11) und (2.12) gewinnt man

$$\underline{I} = \frac{\underline{U}}{R + \dfrac{1}{j\omega C}} \;. \tag{2.13}$$

Die gefundenen Ergebnisse lassen sich in ähnlicher Weise deuten wie im Fall des Netzwerks nach Bild 2.4. Entsprechend der Gl.(2.12) ordnet man der Kapazität den komplexen Widerstand (die Impedanz) $1/(j\omega C)$ zu. Dann kann durch Anwendung der Maschenregel der komplexe Strom $\underline{I}$ ermittelt werden:

$$\underline{U} = R\underline{I} + \frac{1}{j\omega C}\underline{I} \;.$$

Die Auflösung dieser Beziehung nach $\underline{I}$ führt auf die Gl.(2.13). Die Darstellung der Spannung $\underline{U}_C$ nach Gl.(2.11) kann als Spannungsteilung interpretiert werden.

2.2 Das allgemeine Verfahren

2.2.1 Knotenregel, Maschenregel und Strom-Spannungs-Beziehungen für die Netzwerkelemente

Es soll im folgenden ein beliebiges Netzwerk betrachtet werden, das nur durch harmonische Quellen derselben Kreisfrequenz erregt werde. Zur Bestimmung der im Netzwerk vorkommenden Spannungen und Ströme kann man nach Abschnitt 1.5 Differentialgleichungen aufstellen, die linear sind und konstante Koeffizienten sowie harmonische Zwangskräfte haben. Man kann auch in diesem allgemeinen Fall mit Hilfe der Theorie der Differentialgleichungen zeigen, daß die stationären Ströme und Spannungen harmonische Schwingungen sind, deren Kreisfrequenz mit der Kreisfrequenz der Quellen übereinstimmt[21]. Zur Ermittlung des stationären Verhaltens des betrachteten Netzwerks genügt es also, die Effektivwerte und Nullphasen der Spannungen und Ströme zu bestimmen. Nach dem Vorbild der im Abschnitt 2.1 durchgeführten Überlegungen kann man diese Spannungen und Ströme durch Exponentialfunktionen darstellen, wobei die genannten Amplituden und Nullphasen zu zeitunabhängigen komplexen Zahlen (Zeigergrößen) zusammengefaßt werden. Diese komplexen Größen sind dann die eigentlichen Unbekannten und können folgendermaßen bestimmt werden: Die gesuchten Spannungen und Ströme werden wie bei den Beispielen im Abschnitt 2.1 in komplexer Darstellung in die Differentialgleichungen eingesetzt, woraus sich für die Zeigergrößen lineare algebraische Gleichungen ergeben, die aufzulösen sind.

Von besonderer Bedeutung ist, daß die Aufstellung der algebraischen Bestimmungsgleichungen für die komplexen Größen, welche die gesuchten Spannungen und Ströme repräsentieren, direkt anhand des Netzwerks ohne Angabe der Differentialgleichungen für die Spannungen und Ströme möglich ist. Hierzu sei zunächst daran erinnert, daß die zwei Kirchhoffschen Gesetze einen der Ausgangspunkte für die Analyse eines jeden Netzwerks bilden. Für jeden Knoten im Netzwerk gilt nach der Knotenregel

$$\sum_{\mu=1}^{m} i_\mu(t) = 0 \, , \qquad (2.14)$$

falls alle m Ströme entweder zum Knoten hin oder vom Knoten weg gezählt werden. Die Ströme seien, wie gesagt, in der Form

$$i_\mu(t) = \frac{1}{2}\left[\sqrt{2}\,\underline{I}_\mu\,e^{j\omega t} + \sqrt{2}\,\underline{I}_\mu^*\,e^{-j\omega t}\right] = \sqrt{2}\,\text{Re}\left[\underline{I}_\mu\,e^{j\omega t}\right] \qquad (2.15)$$

---

[21] Es wird vorausgesetzt, daß diese Kreisfrequenz nicht mit einer möglichen Resonanzkreisfrequenz des Netzwerks übereinstimmt. Das Netzwerk selbst soll stabil sein. Hierauf wird noch an späterer Stelle eingegangen.

2.2 Das allgemeine Verfahren

dargestellt. Setzt man die Gl.(2.15) in die Gl.(2.14) ein, so erhält man die Beziehung

$$e^{j\omega t}\sum_{\mu=1}^{m}\underline{I}_{\mu} + e^{-j\omega t}\sum_{\mu=1}^{m}\underline{I}_{\mu}^{*} = 0 \;.$$

Da sie für alle Werte t bestehen muß, folgt hieraus die Forderung

$$\sum_{\mu=1}^{m}\underline{I}_{\mu} = 0 \;. \tag{2.16a}$$

Die Knotenregel muß also für jeden Knoten nicht nur von den Augenblickswerten der Ströme, sondern nach Gl.(2.16a) auch von den entsprechenden Zeigergrößen erfüllt werden.

In gleicher Weise kann gezeigt werden, daß für jede Masche die Maschenregel nicht nur von den Spannungen selbst, sondern auch von den entsprechenden Zeigergrößen befriedigt werden muß:

$$\sum_{\nu=1}^{n}\underline{U}_{\nu,\nu+1} = 0 \;.^{22} \tag{2.16b}$$

Hierbei bedeutet $\underline{U}_{n,n+1} = \underline{U}_{n,1}$.

Bei Anwendung der Gln.(2.16a,b) auf die Knoten und Maschen eines Netzwerks gelten nach wie vor die im Abschnitt 1.4 gewonnenen Folgerungen der Kirchhoffschen Gesetze, wonach es z.B. bei einem Netzwerk mit insgesamt k Knoten genügt, die Knotenregel nur auf $k-1$ Knoten anzuwenden.

Es kann jetzt noch der Zusammenhang zwischen Strom und Spannung für die einzelnen Netzwerkelemente in der Form der entsprechenden Zeigergrößen ausgedrückt werden. Dazu werden Spannung und Strom als

$$u(t) = \frac{1}{2}\left[\sqrt{2}\,\underline{U}e^{j\omega t} + \sqrt{2}\,\underline{U}^{*}e^{-j\omega t}\right] \tag{2.17a}$$

und

$$i(t) = \frac{1}{2}\left[\sqrt{2}\,\underline{I}e^{j\omega t} + \sqrt{2}\,\underline{I}^{*}e^{-j\omega t}\right] \tag{2.17b}$$

geschrieben. Substituiert man die Gln.(2.17a,b) in die Strom-Spannungs-Beziehungen der Netzwerkelemente (Abschnitt 1.3) und stellt man die Beziehungen in gewohnter Weise dar, so erhält man die folgenden Beziehungen zwischen den Zeigergrößen.

---

[22] Durch die beiden Indizes ν und $\nu+1$ wird ausgedrückt, daß es sich bei $\underline{U}_{\nu,\nu+1}$ um die Spannung zwischen den Knoten ν und $\nu+1$ handelt. Durch die Reihenfolge der Indizes wird die Zählrichtung definiert (vergl. Abschn. 1.2.1).

a) Ohmscher Widerstand: $\underline{U} = R\underline{I}$. (2.18a)

b) Induktivität: $\underline{U} = j\omega L\underline{I}$. (2.18b)

c) Kapazität: $\underline{U} = \dfrac{1}{j\omega C}\underline{I}$. (2.18c)

Die Strom- und Spannungsquellen werden ebenfalls durch Zeigergrößen beschrieben. Erzeugt z.B. eine Spannungsquelle eine Spannung

$$u_g(t) = \sqrt{2}\, U_g \cos(\omega t + \alpha) \;,$$

so wird diese Quelle durch die Zeigergröße

$$\underline{U}_g = U_g e^{j\alpha}$$

charakterisiert.

Der Übertrager wird bei harmonischer Erregung im stationären Zustand durch ein den Gln.(1.25a,b) entsprechendes Gleichungspaar beschrieben, wobei die Zeitfunktionen $u_1(t), u_2(t), i_1(t), i_2(t)$ durch ihre Zeigergrößen $\underline{U}_1, \underline{U}_2, \underline{I}_1, \underline{I}_2$ und der „Operator" d/dt durch $j\omega$ ersetzt wird:

$$\underline{U}_1 = j\omega L_1 \underline{I}_1 + j\omega M \underline{I}_2 \;,$$

$$\underline{U}_2 = j\omega M \underline{I}_1 + j\omega L_2 \underline{I}_2 \;.$$

Beim idealen Übertrager gilt $\underline{U}_1/\underline{U}_2 = w_1/w_2$ und $\underline{I}_1/\underline{I}_2 = -w_2/w_1$. Entsprechendes gilt beim Gyrator.

Zur Bestimmung des stationären Verhaltens eines Netzwerks, das durch harmonische Quellen derselben Kreisfrequenz erregt wird, kann man jetzt folgendermaßen vorgehen: Alle auftretenden Ströme und Spannungen werden durch ihre Zeigergrößen beschrieben. Als Bindungen zwischen den Strom-Zeigergrößen (komplexe Ströme oder kurz Ströme genannt) bzw. den Spannungs-Zeigergrößen (komplexe Spannungen oder kurz Spannungen genannt) werden die Knoten- bzw. die Maschenregel gemäß den Gln. (2.16a,b) angewendet. Weiterhin werden die Beziehungen zwischen den komplexen Strömen und Spannungen bei den einzelnen Netzwerkelementen berücksichtigt, beispielsweise für Widerstände, Induktivitäten und Kapazitäten die Gln.(2.18a-c). Auf diese Weise erhält man ein System von linearen algebraischen Gleichungen zur Bestimmung der komplexen Ströme und Spannungen. Gemäß den Gln.(2.17a,b) lassen sich aus den Zeigergrößen die Zeitfunktionen gewinnen. Allgemein besteht zwischen einem harmonischen Signal und dessen Zeigergröße stets die Korrespondenz

$$\sqrt{2}\, X\cos(\omega t + \varphi) \leftrightarrow X e^{j\varphi} \;.$$

Wie aus den vorausgegangenen Überlegungen hervorgeht, kann das stationäre Wechselstromverhalten von Netzwerken wie das Verhalten von solchen Netzwerken untersucht werden, die nur aus ohmschen Widerständen bestehen. An die Stelle von Zeitfunktionen treten zeitunabhängige Zeigergrößen; den im Netzwerk auftretenden Widerständen, Induktivitäten und Kapazitäten sind die komplexen Widerstände (Impe-

2.2 Das allgemeine Verfahren   75

danzen, Verhältnis von $\underline{U}$ zu $\underline{I}$) R, $j\omega L$ bzw. $1/(j\omega C)$ nach den Gln.(2.18a-c) zuzuordnen.

2.2.2 Impedanz und Admittanz eines Zweipols

Ein Zweipol (Bild 1.70), der keine Urquellen enthält, wird am Eingang mit einer Spannung $\underline{U}$ oder mit einem Strom $\underline{I}$ betrieben. Als Reaktion auf $\underline{U}$ bzw. $\underline{I}$ erhält man einen Strom $\underline{I}$ bzw. eine Spannung $\underline{U}$ am Eingang. Unter dem komplexen Widerstand oder der *Impedanz* des Zweipols versteht man dann den Quotienten

$$\underline{Z} = \frac{\underline{U}}{\underline{I}} \,. \tag{2.19a}$$

Der reziproke Wert

$$\underline{Y} = \frac{\underline{I}}{\underline{U}} \tag{2.19b}$$

heißt komplexer Leitwert oder *Admittanz* des Zweipols. Die Größen $\underline{Z}$ und $\underline{Y}$ sind im allgemeinen komplexwertig, und sie hängen von der Kreisfrequenz ω der Erregung ab. Im einfachsten Fall, daß der Zweipol allein aus einem Widerstand, einer Induktivität oder einer Kapazität besteht, ist $\underline{Z} = R$, $\underline{Z} = j\omega L$ bzw. $\underline{Z} = 1/(j\omega C)$ und $\underline{Y} = 1/R$, $\underline{Y} = 1/(j\omega L)$ bzw. $\underline{Y} = j\omega C$.

Allgemein schreibt man

$$\underline{Z} = \operatorname{Re}\underline{Z} + j\operatorname{Im}\underline{Z} = R + jX$$

oder

$$\underline{Z} = |\underline{Z}|e^{j\Phi}$$

und

$$\underline{Y} = \operatorname{Re}\underline{Y} + j\operatorname{Im}\underline{Y} = G + jB = |\underline{Y}|e^{j\Psi} \,.$$

Dabei sind R und G die Realteile, X und B die Imaginärteile, während $|\underline{Z}|$ und $|\underline{Y}|$ die Beträge, Φ und Ψ die Phasen der Impedanz bzw. Admittanz bedeuten. Aus Gl.(2.19a) ist ersichtlich, daß der Betrag $|\underline{Z}|$ der Impedanz den Faktor angibt, mit dem der Effektivwert des Stromes multipliziert werden muß, um den Effektivwert der Spannung $U = |\underline{Z}|I$ zu erhalten. Die Phase Φ der Impedanz gibt nach Gl.(2.19a) den Winkel an, um den die Spannung dem Strom vorauseilt (Bild 2.7). Es gilt offensichtlich $|\underline{Y}| = 1/|\underline{Z}|$ und $\Phi = -\Psi$.

Aus Gl.(2.18a) folgt, daß für den ohmschen Widerstand $\Phi = 0$ ist. Man sagt daher, daß Strom und Spannung am ohmschen Widerstand „in Phase" sind. Bei der Induktivität ist nach Gl.(2.18b) $\Phi = \pi/2$, d.h. die Induktivitätsspannung eilt dem Induktivitätsstrom um $\pi/2$ *voraus*. Bei der Kapazität eilt die Spannung dem Strom um $\pi/2$ *nach*, da nach Gl.(2.18c) $\Phi = -\pi/2$ gilt.

Bildet man durch *Reihenanordnung* von Zweipolen mit den Impedanzen $\underline{Z}_1$, $\underline{Z}_2$, ..., $\underline{Z}_m$ einen Zweipol nach Bild 2.8, so ist die Impedanz des Gesamtzweipols

$$\underline{Z} = \underline{Z}_1 + \underline{Z}_2 + \ldots + \underline{Z}_m \,. \tag{2.20}$$

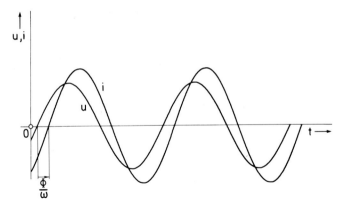

Bild 2.7. Harmonische Spannung und harmonischer Strom mit Phasenverschiebung.

Zum Beweis dieser Behauptung wird zunächst mit $\underline{I}$ der Eingangsstrom des Zweipols im Bild 2.8 bezeichnet. Da dieser Strom durch alle Teilzweipole fließt, erhält man die Teilspannungen $\underline{I}\underline{Z}_1, \underline{I}\underline{Z}_2, ..., \underline{I}\underline{Z}_m$ an den Teilzweipolen, deren Summe nach der Maschenregel die Eingangsspannung

$$\underline{U} = \underline{I}(\underline{Z}_1 + \underline{Z}_2 + ... + \underline{Z}_m)$$

liefert. Hieraus erkennt man mit Gl.(2.19a) die Gültigkeit von Gl.(2.20).

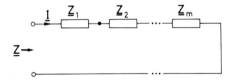

Bild 2.8. Reihenanordnung von Zweipolen.

In analoger Weise kann man zeigen, daß sich die Admittanz $\underline{Y}$ eines Zweipols, der nach Bild 2.9 aus der *Parallelanordnung* von m Teilzweipolen mit den Admittanzen $\underline{Y}_1, \underline{Y}_2, ..., \underline{Y}_m$ zusammengesetzt ist, zu

$$\underline{Y} = \underline{Y}_1 + \underline{Y}_2 + ... + \underline{Y}_m \qquad (2.21)$$

ergibt.

Die Stromteilungsgleichung (1.46a) gilt auch für komplexe Widerstände, ebenso die Spannungsteilungsgleichung (1.47). Man braucht in den genannten Gleichungen (und in den Bildern 1.51 und 1.54) nur die ohmschen Widerstände durch Impedanzen sowie die Ströme und Spannungen durch ihre Zeigergrößen zu ersetzen.

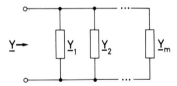

Bild 2.9. Parallelanordnung von Zweipolen.

2.3 Leistung und Energie bei Wechselstrom, Bedeutung der Effektivwerte

2.3.1 *Wirkleistung, Blindleistung, Scheinleistung und komplexe Leistung*

Es wird ein Zweipol betrachtet (Bild 1.70), an dessen Eingang die Wechselspannung

$$u(t) = \sqrt{2}\, U\cos(\omega t + \alpha) \tag{2.22a}$$

liegt. Durch den Zweipol fließe der Wechselstrom

$$i(t) = \sqrt{2}\, I\cos(\omega t + \beta)\,. \tag{2.22b}$$

Nach Gl.(1.54) wird also dem Zweipol die Augenblicksleistung

$$p(t) = 2UI\cos(\omega t + \alpha)\cos(\omega t + \beta)$$

zugeführt. Mit der bekannten Formel $\cos x \cos y = (1/2)\,[\cos(x-y) + \cos(x+y)]$ läßt sich diese Beziehung auch in der Form

$$p(t) = UI\cos(\alpha - \beta) + UI\cos(2\omega t + \alpha + \beta) \tag{2.23}$$

darstellen. Wie man aus Gl.(2.23) ersieht, setzt sich die Augenblicksleistung $p(t)$ aus dem konstanten Anteil

$$P_w = UI\cos\Phi \tag{2.24}$$

mit $\Phi = \alpha - \beta$ und einem harmonischen Anteil zusammen, der sich mit dem Doppelten der Kreisfrequenz ω von Strom und Spannung in Abhängigkeit von der Zeit ändert (Bild 2.10).

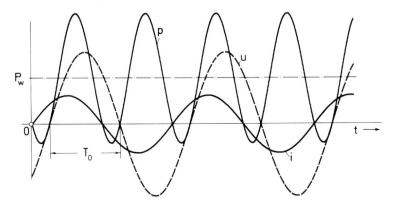

Bild 2.10. Darstellung der harmonischen Eingangsgrößen $u(t)$ und $i(t)$ eines Zweipols sowie der zugehörigen Augenblicksleistung $p(t)$.

Man kann P_w als Mittelwert der Augenblicksleistung über ein ganzzahliges Vielfaches $m\,(=\pm 1, \pm 2,...)$ der Periodendauer $T_0 = \pi/\omega$ deuten, nämlich als

$$P_w = \frac{1}{mT_0} \int_{t_0}^{t_0 + mT_0} p(t)\,\mathrm{d}t\,, \tag{2.25}$$

da der zeitlich sich ändernde Anteil in Gl.(2.23) den Mittelwert null hat. Die Größe P_w heißt *Wirkleistung* und stellt ein Maß für die im Zweipol „verbrauchte" Leistung dar. Im folgenden sei $P_w \geq 0$ (passiver Zweipol).

Wie aus Bild 2.10 hervorgeht, kann die Augenblicksleistung $p(t)$ auch negativ werden. Während der Zeitabschnitte, in denen $p(t)$ negativ ist, fließt Energie aus dem Zweipol heraus. Dieser Energieanteil entspricht dem negativen Teil der Fläche zwischen der t-Achse und der Kurve $p(t)$. Falls ein derartiger Energieanteil vorhanden ist, erfolgt ein ständiger Energieaustausch zwischen dem Zweipol und der speisenden Quelle. Obwohl dieser Energieanteil nicht verlorengeht, muß er von der Quelle zur Verfügung gestellt werden. Ein Maß für das zeitliche Mittel des negativen Anteils von $p(t)$ (herausfließende Leistung) ist die *Blindleistung*

$$P_b = UI \sin \Phi \ . \tag{2.26}$$

Ist $\Phi = 0$, so besteht kein Phasenunterschied zwischen Strom und Spannung. In diesem Fall ist $p(t) \geq 0$, der Zweipol nimmt beständig Energie auf, und die Blindleistung P_b ist null. Es erfolgt dann kein Energieaustausch. Ist $\Phi = \pi/2$, so sind Strom und Spannung um $\pi/2$ phasenverschoben. In diesem Fall ist $p(t)$ während einer halben Periode positiv und während der anschließenden halben Periode negativ. Es findet dann nur ein Energieaustausch und kein Energieverbrauch statt. Es gilt nach Gl.(2.24) $P_w = 0$, und nach Gl.(2.26) erreicht die Blindleistung P_b bezüglich Φ ihr Maximum, nämlich UI. Damit ist zu erkennen, daß P_b ein sinnvolles Maß für den mittleren Energieaustausch darstellt. Der in Gl.(2.24) auftretende Faktor $\cos \Phi$ wird oft als Leistungsfaktor bezeichnet.

Stellt man die durch Gl.(2.22a) gegebene Spannung und den durch Gl.(2.22b) gegebenen Strom mit Hilfe der Zeigergrößen $\underline{U} = Ue^{j\alpha}$ bzw. $\underline{I} = Ie^{j\beta}$ dar, so ist es sinnvoll, die *komplexe Leistung*

$$\underline{P} = \underline{U} \underline{I}^* \tag{2.27}$$

einzuführen[23]. Mit $\Phi = \alpha - \beta$ erhält man aus Gl.(2.27)

$$\underline{P} = UI \cos \Phi + j UI \sin \Phi$$

oder mit den Gln.(2.24) und (2.26)

$$\underline{P} = P_w + jP_b \ . \tag{2.28}$$

Der Realteil der komplexen Leistung liefert also die Wirkleistung, der Imaginärteil die Blindleistung.

Bezeichnet man mit $\underline{Z} = |\underline{Z}|e^{j\Phi}$ die Impedanz des betrachteten Zweipols, dann wird $\underline{U} = \underline{I}\underline{Z} = \underline{I}|\underline{Z}|e^{j\Phi}$ und mit Gl.(2.27)

$$\underline{P} = \underline{I}^*\underline{I}|\underline{Z}|e^{j\Phi} \ .$$

---

[23] Die Augenblicksleistung $p(t)$ und die komplexe Leistung $\underline{P}$ entsprechen sich keinesfalls im Sinne der eingeführten Korrespondenz zwischen Zeitgrößen und Zeigergrößen, vielmehr ist die Gl. (2.27) die Definitionsgleichung der komplexen Leistung.

2.3 Leistung und Energie bei Wechselstrom, Bedeutung der Effektivwerte

Vergleicht man diese Beziehung mit Gl.(2.28) und beachtet man die Relation $\underline{I}^*\underline{I} = I^2$, so erhält man

$$P_w = I^2 |\underline{Z}| \cos\Phi , \quad P_b = I^2 |\underline{Z}| \sin\Phi$$

oder mit $|\underline{Z}|\cos\Phi = \operatorname{Re}\underline{Z}$ und $|\underline{Z}|\sin\Phi = \operatorname{Im}\underline{Z}$

$$P_w = I^2 \operatorname{Re}\underline{Z} , \quad P_b = I^2 \operatorname{Im}\underline{Z} . \qquad (2.29)$$

Unter Verwendung der Admittanz $\underline{Y} = |\underline{Y}|e^{j\Psi}$ lassen sich in entsprechender Weise die Darstellungen

$$P_w = U^2 \operatorname{Re}\underline{Y} , \quad P_b = -U^2 \operatorname{Im}\underline{Y} \qquad (2.30)$$

gewinnen. Schließlich erhält man noch aus den Gln.(2.29) und (2.30) mit der Gl.(2.28) für die komplexe Leistung die zwei Darstellungen:

$$\underline{P} = I^2 \underline{Z} , \quad \underline{P} = U^2 \underline{Y}^* . \qquad (2.31)$$

Hieraus sieht man auch, daß $|\underline{P}| = \sqrt{\underline{P}\underline{P}^*} = UI$ gilt, da $\underline{Z}\,\underline{Y} = 1$ ist. Die Größe $P_s = UI = |\underline{P}|$ heißt *Scheinleistung*.

2.3.2 Erläuterungen

Als einfaches *Beispiel* sei der im Bild 2.11 dargestellte Zweipol betrachtet, wobei $u(t)$ und $i(t)$ durch die Gln.(2.22a,b) gegeben sein mögen. Der Nullpunkt des Zeitmaßstabes sei so gewählt, daß β verschwindet. Es gilt dann mit $\alpha = \Phi$ ($0 < \Phi < \pi/2$)

$$\begin{aligned} u(t) &= \sqrt{2}\, U \cos(\omega t + \Phi) \\ &= \sqrt{2}\, U \cos\Phi \cos\omega t + (-\sqrt{2}\, U \sin\Phi \sin\omega t) \end{aligned} \qquad (2.32a)$$

und

$$i(t) = \sqrt{2}\, I \cos\omega t . \qquad (2.32b)$$

Der erste Summand auf der rechten Seite von Gl.(2.32a) ist gegenüber dem Strom $i(t)$ nicht phasenverschoben und stellt die Teilspannung am Widerstand R dar. Der zweite Summand auf der rechten Seite von Gl.(2.32a) eilt der Stromstärke $i(t)$ um $\pi/2$ voraus und bildet daher die an der Induktivität L herrschende Teilspannung. Mit den

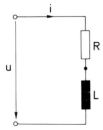

Bild 2.11. Beispiel eines Zweipols zur Berechnung der Augenblicksleistung.

Gln.(2.32a,b) erhält man unter Beachtung der Beziehungen $2\sin x \cos x = \sin 2x$ und $2\cos^2 x = \cos 2x + 1$ sowie der Gln.(2.24) und (2.26) als Augenblicksleistung

$$p(t) = P_w (1 + \cos 2\omega t) + (-P_b \sin 2\omega t) \ . \tag{2.33}$$

Der erste Summand auf der rechten Seite der Gl.(2.33) bedeutet den in den Widerstand hineinfließenden Leistungsanteil, der zweite Summand die in die Induktivität hineinfließende Leistung. Die Gl.(2.33) kann für einen *beliebigen* Zweipol mit der Impedanz $\underline{Z} = R + jX$ hergeleitet werden und in entsprechender Weise gedeutet werden. So bedeutet allgemein der erste Summand auf der rechten Seite von Gl.(2.33) die in den *Wirkwiderstand* $R = \text{Re}\underline{Z}$ hineinfließende Leistung, der zweite Summand die Leistung im *Blindwiderstand* $X = \text{Im}\underline{Z}$. Nun lassen sich P_w und P_b nach Gl.(2.33) interpretieren: Der Betrag der Wirkleistung ist gleich dem Maximum des schwingenden Teils der Leistung im Wirkwiderstand, der Betrag der Blindleistung stimmt mit dem Maximum der schwingenden Leistung im Blindwiderstand überein. In der Gl.(2.23) kann die Scheinleistung $P_s = UI$ als Maximum des schwingenden Teils der Gesamtleistung $p(t)$ gedeutet werden.

Für das *Beispiel* von Bild 2.11 gilt mit Gl.(2.20) $\underline{Z} = R + j\omega L$ und $\underline{Y} = 1/\underline{Z} = (R - j\omega L)/(R^2 + \omega^2 L^2)$. Dann wird mit den Gln.(2.31)

$$\underline{P} = I^2 R + jI^2 \omega L$$

und

$$\underline{P} = \frac{U^2 R}{R^2 + \omega^2 L^2} + j \frac{U^2 \omega L}{R^2 + \omega^2 L^2} \ .$$

Hieraus lassen sich gemäß Gl.(2.28) jeweils zwei Darstellungen für P_w und P_b ablesen.

Die Impedanz einer Induktivität oder einer Kapazität ist rein imaginär. Nach den Gln.(2.29) nehmen somit beide Elemente keine Wirkleistung auf; es liegt also nur Blindleistung vor.

Der Nullpunkt des Zeitmaßstabes soll jetzt derart gewählt werden, daß im stationären Zustand durch die Induktivität L der Strom

$$i(t) = \sqrt{2} \, I \cos \omega t$$

fließt. Dann beträgt die in der Induktivität gespeicherte Energie nach Abschnitt 1.8

$$W_L = \frac{1}{2} L i^2 = \frac{1}{2} L I^2 (1 + \cos 2\omega t) \ . \tag{2.34}$$

Wie man sieht, ist der Mittelwert der gespeicherten Energie $LI^2/2$.

Betrachtet man

$$u(t) = \sqrt{2} \, U \cos \omega t$$

als Spannung an der Kapazität C, dann beträgt die in der Kapazität gespeicherte Energie nach Abschnitt 1.8

$$W_C = \frac{1}{2} C u^2 = \frac{1}{2} C U^2 (1 + \cos 2\omega t) \ . \tag{2.35}$$

Im Mittel wird also $CU^2/2$ an Energie in der Kapazität gespeichert.

Durch Differentiation der Energiefunktionen W_L und W_C Gln.(2.34) und (2.35) nach der Zeit gewinnt man die Augenblicksleistungen $p(t)$ der beiden Elemente.

2.3.3 *Effektivwerte*

Ein Widerstand R nimmt nur Wirkleistung auf, da die momentane Leistung $p(t) = i^2(t)R = u^2(t)/R$ nie negativ wird. Dann wird $P_w = I^2R = U^2/R$. Man kann also den Effektivwert U einer sinusförmigen Wechselspannung $u(t)$ auch als die Gleichspannung interpretieren, die in einem Widerstand dieselbe Wirkleistung wie die Wechselspannung hervorbringt. Entsprechend läßt sich der Effektivwert eines sinusförmigen Wechselstroms deuten[24]. Setzt man die einander entsprechenden Ausdrücke $p(t) = i^2(t)R$ und $P_w = I^2R$ bzw. $p(t) = u^2(t)/R$ und $P_w = U^2/R$ in die Gl.(2.25) für $m = 1$ und $t_0 = 0$ ein, so erhält man die Aussage, daß die Effektivwerte mit den quadratischen Mittelwerten übereinstimmen. Es gilt nämlich:

$$I^2 = \frac{1}{T_0} \int_0^{T_0} i^2(t)\,dt \;;\qquad U^2 = \frac{1}{T_0} \int_0^{T_0} u^2(t)\,dt \;.$$

Hiernach lassen sich die Effektivwerte auch für beliebige Ströme und Spannungen definieren, sofern sie sich periodisch ändern.

2.4 Weitere Beispiele

2.4.1 *Der Schwingkreis*

Es wird der im Bild 2.12 dargestellte Reihenschwingkreis betrachtet. Die Impedanz dieses Zweipols ergibt sich zu

$$\underline{Z} = \frac{\underline{U}}{\underline{I}} = R + j\omega L + \frac{1}{j\omega C} \;. \tag{2.36a}$$

Wählt man die harmonische Eingangsspannung bei konstant gehaltenem $\underline{U}$, jedoch variabler Kreisfrequenz ω als Ursache, so ist wegen der Konstanz von $\underline{U}$ die Wirkung $\underline{I}$ als Funktion von ω im wesentlichen durch die Admittanz $\underline{Y} = \underline{I}/\underline{U} = 1/\underline{Z}$ des Schwingkreises gegeben:

$$\underline{Y} = \frac{1}{R + j\left(\omega L - \dfrac{1}{\omega C}\right)} \;. \tag{2.36b}$$

---

[24] Betrachtet man nur die Zahlenwerte der in Volt, Ampere bzw. Watt ausgedrückten Größen, so können der Effektivwert U einer sinusförmigen Spannung und der Effektivwert I eines sinusförmigen Stromes nach den obigen Überlegungen auch als Wurzel aus der Wirkleistung P_w gedeutet werden, wenn die sinusförmige Spannung bzw. der sinusförmige Strom am Widerstand $R = 1\Omega$ wirkt.

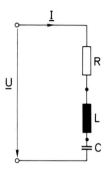

Bild 2.12. Gedämpfter Reihenschwingkreis.

Der Betrag von $\underline{Y}$ lautet

$$Y = \left[R^2 + \left(\omega L - \frac{1}{\omega C} \right)^2 \right]^{-1/2}. \tag{2.37}$$

Wie man sieht, erreicht Y als Funktion von ω genau dann sein Maximum, wenn

$$\omega L - \frac{1}{\omega C} = 0$$

gilt. Hieraus folgt die Kreisfrequenz

$$\omega_0 = \frac{1}{\sqrt{LC}}, \tag{2.38}$$

für die Y maximal wird.

Wie die Gln.(2.36a,b) erkennen lassen, sind $\underline{Z}$ und $\underline{Y}$ für $\omega = \omega_0$ rein reell, nämlich gleich R bzw. $1/R$, d.h. $\underline{U}$ und $\underline{I}$ sind für $\omega = \omega_0$ in Phase. Man sagt, der Zweipol befindet sich für die Kreisfrequenz ω_0 in Resonanz; ω_0 heißt Resonanzkreisfrequenz. Ist $\omega > \omega_0$, so ist der Imaginärteil von $\underline{Z}$ positiv (induktives Verhalten), für $\omega < \omega_0$ dagegen negativ (kapazitives Verhalten). Man vergleiche Bild 2.13.

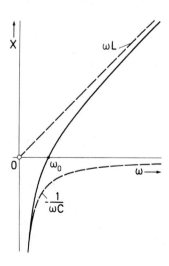

Bild 2.13. Verlauf des Imaginärteils der Impedanz des Reihenschwingkreises.

2.4 Weitere Beispiele

Im folgenden soll die Admittanz Gl.(2.36b) auf den Maximalwert $1/R$ von Y und gleichzeitig die variable Kreisfrequenz ω auf die Resonanzkreisfrequenz ω_0 bezogen werden. Dazu schreibt man die Gl.(2.36b) zunächst in der Form

$$\underline{Y} = \frac{1}{R\left[1 + j\frac{1}{R}\left(\frac{\omega}{\omega_0}\omega_0 L - \frac{\omega_0}{\omega}\frac{1}{\omega_0 C}\right)\right]} \tag{2.39}$$

und weiterhin mit $\omega_0 L = 1/\omega_0 C$ nach Gl.(2.38) und der Abkürzung

$$Q = \frac{\omega_0 L}{R} = \frac{1}{\omega_0 CR} = \frac{1}{R}\sqrt{\frac{L}{C}} \tag{2.40}$$

als

$$\underline{y} := R\,\underline{Y} = \frac{1}{1 + jQ\left(\dfrac{\omega}{\omega_0} - \dfrac{\omega_0}{\omega}\right)}\ . \tag{2.41a}$$

Diese Gleichung kann auch in der Form

$$\underline{y} = \left[1 + Q^2\left(\frac{\omega}{\omega_0} - \frac{\omega_0}{\omega}\right)^2\right]^{-1/2} e^{j\Psi} \tag{2.41b}$$

mit

$$\tan\Psi = -Q\left(\frac{\omega}{\omega_0} - \frac{\omega_0}{\omega}\right) \tag{2.41c}$$

ausgedrückt werden. Mit Hilfe der Gln.(2.41b,c) läßt sich nun die Admittanz graphisch darstellen. Bild 2.14a zeigt das Verhalten des auf sein Maximum $1/R$ bezogenen Betrags von $\underline{Y}$ in Abhängigkeit von ω/ω_0, wobei Q als Parameter auftritt. Im Bild 2.14b ist das entsprechende Phasenverhalten dargestellt. Wie man aus Gl.(2.41b) ersieht, stimmen die Werte der Funktion $|\underline{y}| = RY$ für die Kreisfrequenz ω_1 und $\omega_2 = \omega_0^2/\omega_1$ überein. Man spricht von geometrischer Symmetrie der Funktion $|\underline{y}(\omega)|$ bezüglich $\omega = \omega_0$. Aus Bild 2.14a folgt, daß der Betrag des Stromes $\underline{I}$ bei festen Werten Q, ω_0 und R in der unmittelbaren Umgebung der Kreisfrequenz ω_0 verhältnismäßig groß ist, während $|\underline{I}|$ für kleine positive ω-Werte und sehr große ω-Werte beliebig klein wird. Man sagt: Schwingungen mit Frequenzen in der Nähe von ω_0 werden durchgelassen, während Schwingungen von niederen und hohen Frequenzen gedämpft werden. Der Reihenschwingkreis weist also *Bandpaßverhalten* auf.

Als Maß für die Breite des Schwingungen durchlassenden Frequenzbereichs führt man die *Resonanzbreite* $\omega_2 - \omega_1$ ein, wobei ω_1 und ω_2 jene Kreisfrequenzen bedeuten, für welche $|\underline{y}|$ mit $1/\sqrt{2}$ übereinstimmt (Bild 2.15)[25]. Mit Gl.(2.41b) erhält man für ω_1 und ω_2 die Bestimmungsgleichung

$$1 + Q^2\left(\frac{\omega}{\omega_0} - \frac{\omega_0}{\omega}\right)^2 = 2$$

---

[25] Man kann zeigen, daß im Schwingkreis für die Kreisfrequenzen ω_1 und ω_2 gerade die Hälfte der Leistung bei Resonanz ($\omega = \omega_0$) verbraucht wird.

und hieraus

$$\left(\frac{\omega}{\omega_0}\right)^2 \pm \frac{1}{Q}\left(\frac{\omega}{\omega_0}\right) - 1 = 0 \;.$$

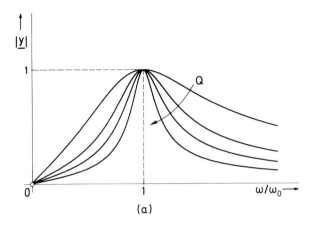

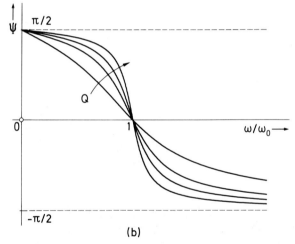

Bild 2.14. Betragsverhalten und Phasenverhalten der normierten Admittanz des Reihenschwingkreises.

Als Lösungen dieser Gleichung findet man

$$\frac{\omega_1}{\omega_0} = -\frac{1}{2Q} + \left(\frac{1}{4Q^2} + 1\right)^{1/2} \tag{2.42a}$$

und

$$\frac{\omega_2}{\omega_0} = \frac{1}{2Q} + \left(\frac{1}{4Q^2} + 1\right)^{1/2}, \tag{2.42b}$$

2.4 Weitere Beispiele

wobei jeweils die negativen Lösungen ausgeschieden wurden. Aus den Gln.(2.42a,b) gewinnt man für die Resonanzbreite den Ausdruck

$$\omega_2 - \omega_1 = \omega_0/Q \ . \tag{2.43}$$

Aus Gl.(2.41c) ergeben sich die zu ω_1 und ω_2 gehörenden Phasenwerte zu

$$\Psi_1 = -\arctan\left[Q\left(\frac{\omega_1}{\omega_0} - \frac{\omega_0}{\omega_1}\right)\right] \ ,$$

$$\Psi_2 = -\arctan\left[Q\left(\frac{\omega_2}{\omega_0} - \frac{\omega_0}{\omega_2}\right)\right]$$

und bei der Berücksichtigung der Eigenschaft $\omega_1\omega_2 = \omega_0^2$ sowie der Gl.(2.43)

$$\Psi_1 = -\arctan\left[Q\left(\frac{\omega_1}{\omega_0} - \frac{\omega_2}{\omega_0}\right)\right] = \frac{\pi}{4} \ ,$$

$$\Psi_2 = -\frac{\pi}{4} \ .$$

Am unteren Rand des Durchlaßbereichs erreicht also die Phase den Wert $\pi/4$, am oberen Rand den Wert $-\pi/4$.

Es soll noch darauf hingewiesen werden, daß bei der vorausgegangenen Untersuchung des Frequenzverhaltens des Schwingkreises zwar der Wert R des Widerstandes, nicht aber die Werte L und C als Parameter verwendet wurden. Es hat sich als zweckmäßig erwiesen, dafür die Resonanzkreisfrequenz ω_0 und die Größe Q, deren reziproker Wert nach Gl.(2.43) gleich der auf ω_0 bezogenen Resonanzbreite ist, als kennzeichnende Parameter zu wählen. Die Größe Q ist ein Maß für die Schlankheit der Resonanzkurve nach Bild 2.15 und kennzeichnet damit die Güte des Bandpaßverhaltens.

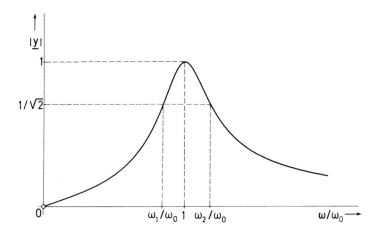

Bild 2.15. Definition der Resonanzbreite eines Reihenschwingkreises.

Man kann jetzt beispielsweise bei gegebenem Effektivwert U das Maximum I_0 des Effektivwertes I, die Resonanzkreisfrequenz $\omega_0 = 2\pi f_0$ sowie die Resonanzbreite $\omega_2 - \omega_1 = 2\pi \Delta f$ vorschreiben und nach den Elementen des entsprechenden Reihenschwingkreises fragen. Wegen $\underline{U}/\underline{I} = U/I_0 = R$ für $\omega = \omega_0$ erhält man sofort $R = U/I_0$. Weiterhin liefert Gl.(2.43) den Wert $Q = \omega_0/2\pi \Delta f$, so daß mit Gl.(2.40) $L = QR/\omega_0$ und $C = 1/Q\omega_0 R$ folgt.

Es sei noch bemerkt, daß nach der Untersuchung der Admittanz $\underline{Y}$ Gl.(2.36b) auch die Eigenschaften der Impedanz $\underline{Z}$ Gl.(2.36a) in Abhängigkeit von der Frequenz bekannt sind.

Von Interesse sind neben dem Frequenzverhalten des Stromes $\underline{I}$, wie es durch die vorausgegangene Untersuchung von $\underline{Y}$ ermittelt wurde, auch das entsprechende Verhalten der Spannungen an den Elementen des Schwingkreises nach Bild 2.12. Die Spannung $\underline{U}_R$ am Widerstand R ist proportional zu $\underline{I}$ und bedarf daher keiner weiteren Untersuchung. Die Spannung $\underline{U}_L$ an der Induktivität L erhält man aufgrund der Spannungsteilungsbeziehung als $\underline{U}_L = \underline{U} j\omega L/\underline{Z} = \underline{U} j\omega L \underline{Y}$, also mit $j\omega L = j(\omega/\omega_0)QR$ — man vergleiche die Gl.(2.40) — und Gl.(2.41a)

$$\underline{U}_L = \frac{j(\omega/\omega_0)Q}{1 + jQ\left(\dfrac{\omega}{\omega_0} - \dfrac{\omega_0}{\omega}\right)} \underline{U} \; . \tag{2.44}$$

Entsprechend ergibt sich $\underline{U}_C$ zu $\underline{U}\,\underline{Y}/j\omega C$, also unter Verwendung der Gln.(2.40) und (2.41a)

$$\underline{U}_C = \frac{-j(\omega_0/\omega)Q}{1 + jQ\left(\dfrac{\omega}{\omega_0} - \dfrac{\omega_0}{\omega}\right)} \underline{U} \; . \tag{2.45}$$

Wie die Gln.(2.44) und (2.45) zeigen, wird im Resonanzfall, d. h. für $\omega = \omega_0$

$$\underline{U}_L = jQ\underline{U} \tag{2.46a}$$

und

$$\underline{U}_C = -jQ\underline{U} \; . \tag{2.46b}$$

Hieraus sieht man, daß im Resonanzfall bei hinreichend großem Q die Effektivwerte der Spannungen an der Induktivität und an der Kapazität wesentlich größer sind als der Effektivwert der Eingangsspannung $\underline{U}$. Weiterhin ist aus den Gln.(2.46a,b) zu erkennen, daß im Resonanzfall die Induktivitätsspannung um $\pi/2$ vorauseilt und daß die Kapazitätsspannung der Eingangsspannung um $\pi/2$ nacheilt.

Im folgenden soll die komplexe Leistung $\underline{P} = \underline{U}\underline{I}^*$ des Reihenschwingkreises bestimmt werden. Aus Gl.(2.31) erhält man mit Gl.(2.36a) wegen $\underline{I}\underline{I}^* = I^2$

$$\underline{P} = RI^2 + j(\omega L I^2 - I^2/\omega C)$$

oder mit $I = \omega C U_C$

$$\underline{P} = RI^2 + j\omega(LI^2 - CU_C^2) \; . \tag{2.47a}$$

2.4 Weitere Beispiele

Unter Verwendung der im Mittel in der Induktivität gespeicherten Energie $\overline{W}_L = LI^2/2$ und der im Mittel in der Kapazität gespeicherten Energie $\overline{W}_C = CU_C^2/2$ — man vergleiche die Gln.(2.34) und (2.35) — erhält man aus Gl.(2.47a)

$$\underline{P} = RI^2 + j2\omega(\overline{W}_L - \overline{W}_C) \ . \tag{2.47b}$$

Die Wirkleistung $P_w = RI^2$ kann mit $I = \omega C U_C$ und mit $R = 1/\omega_0 C Q$ nach Gl.(2.40) als

$$P_w(\omega) = \frac{1}{\omega_0 CQ} \omega^2 C^2 U_C^2 = \frac{\omega_0 C}{Q}\left(\frac{\omega}{\omega_0}\right)^2 U_C^2$$

geschrieben werden. Hieraus folgt für $\omega = \omega_0$

$$Q = \frac{\omega_0 C U_C^2}{P_w(\omega_0)} \ . \tag{2.48a}$$

Da für $\omega = \omega_0$ die komplexe Leistung rein reell sein muß, gilt nach Gl.(2.47b) $\overline{W}_L = \overline{W}_C = CU_C^2/2$. Die in der Induktivität und in der Kapazität bei Resonanz im Mittel gespeicherte Gesamtenergie ist also $\overline{W}_L + \overline{W}_C = CU_C^2$. Da der Schwingkreis bei Resonanz nur Energie verbraucht, also kein Energieaustausch zwischen der speisenden Quelle und dem Schwingkreis stattfindet, stellt $\overline{W}_L + \overline{W}_C = CU_C^2$ schlechthin die bei Resonanz in der Induktivität und in der Kapazität gespeicherte Gesamtenergie $W_{LC}(\omega_0)$ dar. Damit erhält man aus Gl.(2.48a)

$$Q = \omega_0 \frac{W_{LC}(\omega_0)}{P_w(\omega_0)} \ . \tag{2.48b}$$

Die Größe Q läßt sich aufgrund der Gl.(2.48b) und bei Beachtung der Beziehung $\omega_0 = 2\pi/T_0$ (T_0 ist die Periodendauer) folgendermaßen deuten: Der Parameter Q ist gleich dem mit 2π multiplizierten Verhältnis der bei Resonanz in der Induktivität und in der Kapazität gespeicherten Energie zu der bei Resonanz während einer Periode T_0 (im ohmschen Widerstand) verbrauchten Energie:

$$Q = 2\pi \frac{\text{gespeicherte Energie}}{\text{pro Periode verbrauchte Energie}}\bigg|_{\omega = \omega_0} \ .$$

Die Größe Q gibt also an, in welchem Maße im Schwingkreis Energie gespeichert werden kann, verglichen mit der im Schwingkreis verbrauchten Energie. Daher heißt Q die *Güte* („Qualität") des Schwingkreises. Unter Verwendung der Gln.(2.40) und (2.43) läßt sich die Güte noch auf weitere Arten deuten.

Man kann allgemein für ein Netzwerk als Güte das mit 2π multiplizierte Verhältnis der maximal gespeicherten Energie zu der während einer Periode verbrauchten Energie definieren. Dann ist die Güte eine Funktion von ω. Das oben eingeführte Q des Schwingkreises ist damit die Güte bei Resonanz $\omega = \omega_0$.

Nach dem Vorbild der vorausgegangenen Betrachtungen kann man auch den Parallelschwingkreis (Bild 2.16) untersuchen. Die Überlegungen verlaufen völlig dual, wobei

Strom $\underline{I}$ und Spannung $\underline{U}$, Impedanz $\underline{Z}$ und Admittanz $\underline{Y}$, R und $1/R$ sowie ωL und ωC ihre Rollen vertauschen. Die Ausarbeitung der Einzelheiten sei dem Leser als Übung empfohlen.

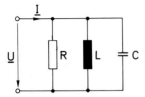

Bild 2.16. Gedämpfter Parallelschwingkreis.

2.4.2 Ein Netzwerk zur Umwandlung einer Urspannung in einen Urstrom

Zur weiteren Erläuterung der im Abschnitt 2.2 dargestellten Methode wird das Netzwerk von Bild 2.17 mit der eingeprägten Spannung $\underline{U}$ untersucht. Dabei soll insbesondere der Strom $\underline{I}_2$ im Widerstand R_2 berechnet werden.

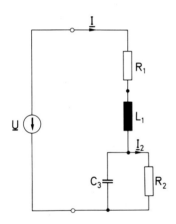

Bild 2.17. Netzwerk mit eingeprägter Wechselspannung, zwei ohmschen Widerständen, einer Induktivität und einer Kapazität.

Betrachtet man die Reihenanordnung des Widerstands R_1 und der Induktivität L_1 als einen Zweipol mit der Impedanz $\underline{Z}_1 = R_1 + j\omega L_1$, den Widerstand R_2 als Zweipol mit $\underline{Z}_2 = R_2$ und die Kapazität C_3 als Zweipol mit der Impedanz $\underline{Z}_3 = 1/j\omega C_3$, dann kann man aufgrund von Bild 1.51 und Gl.(1.46b) den Strom $\underline{I}_2$ als

$$\underline{I}_2 = \underline{U} \frac{\underline{Z}_3}{\underline{Z}_1\underline{Z}_2 + \underline{Z}_2\underline{Z}_3 + \underline{Z}_3\underline{Z}_1} ,$$

d.h.

$$\underline{I}_2 = \underline{U} \frac{1/j\omega C_3}{(R_1 + j\omega L_1) R_2 + \dfrac{R_2}{j\omega C_3} + \dfrac{R_1 + j\omega L_1}{j\omega C_3}}$$

2.4 Weitere Beispiele

oder

$$\underline{I}_2 = \frac{\underline{U}}{R_1 + R_2 - \omega^2 R_2 L_1 C_3 + j\omega(L_1 + R_1 R_2 C_3)} \quad (2.49)$$

schreiben. Hieraus lassen sich Betrag und Phase von $\underline{I}_2$ unmittelbar entnehmen. Es soll jetzt untersucht werden, unter welchen Bedingungen der Strom $\underline{I}_2$ vom Widerstand R_2 nicht abhängt. Dazu muß der Nennerausdruck in Gl.(2.49) von R_2 unabhängig werden. Dies ist genau dann der Fall, wenn die Summe der Koeffizienten aller mit R_2 ($\neq 0, \infty$) behafteten Glieder verschwindet, also

$$1 - \omega^2 L_1 C_3 + j\omega R_1 C_3 = 0$$

gilt, woraus die Forderungen $R_1 = 0$ und $\omega^2 = 1/L_1 C_3$ folgen. Unter diesen Bedingungen lautet die Gl.(2.49)

$$\underline{I}_2 = \underline{U}/j\omega L_1 \; . \quad (2.50)$$

Dieses Ergebnis besagt, daß eine Urspannung der festen Kreisfrequenz ω in einen Urstrom umgesetzt wird. Die Bedingung $R_1 = 0$ ist allerdings insofern etwas unrealistisch, als sie verlangt, daß die zur Verwirklichung der Induktivität erforderliche Spule verlustfrei ist. Das Ergebnis Gl.(2.50) besagt weiterhin, daß der Strom $\underline{I}_2$ der Spannung $\underline{U}$ um $\pi/2$ nacheilt. Bild 2.18 zeigt das endgültige Netzwerk und das entsprechende Zeigerdiagramm.

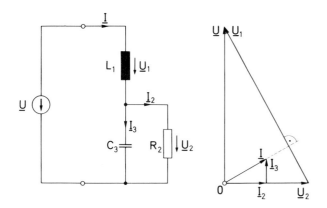

Bild 2.18. Netzwerk zur Umwandlung einer Urspannung in einen Urstrom und zugehöriges Zeigerdiagramm.

Man kann das Zeigerdiagramm auf die folgende Weise konstruieren. Ausgehend vom Nullpunkt 0 wird in das Diagramm zunächst der Spannungszeiger $\underline{U}$ eingetragen, dessen Länge gleich dem Effektivwert der eingeprägten Spannung ist. Als Richtung des Zeigers $\underline{U}$ wurde hier willkürlich die Senkrechte gewählt. Aufgrund der Gl.(2.50) hat der Stromzeiger $\underline{I}_2$ einen um $\pi/2$ kleineren Winkel als der Spannungszeiger $\underline{U}$; die Länge des Zeigers $\underline{I}_2$ ist gleich dem Effektivwert $I_2 = U/\omega L_1$. Damit liegt der Zeiger $\underline{I}_2$ im Diagramm fest. Da die Spannung $\underline{U}_2$ am Widerstand R_2 mit dem Strom $\underline{I}_2$

durch diesen Widerstand in Phase ist und der Effektivwert $U_2 = R_2 I_2$ lautet, liegt auch der Zeiger $\underline{U}_2$ fest. Aufgrund der Maschenregel gilt $\underline{U} = \underline{U}_1 + \underline{U}_2$. Somit kann jetzt der Zeiger $\underline{U}_1$ in das Diagramm eingetragen werden. Er hat einen um $\pi/2$ größeren Winkel als der Stromzeiger $\underline{I}$, da $\underline{U}_1$ die Spannung an der Induktivität L_1 und $\underline{I}$ der zugehörige Strom ist. Die Richtung des Zeigers $\underline{I}$ liegt damit fest, ebenso die Richtung des Stromzeigers $\underline{I}_3$, da $\underline{I}_3$ als Strom durch die Kapazität C_3 einen um $\pi/2$ größeren Winkel hat als die Kapazitätsspannung $\underline{U}_2$. Aufgrund der durch die Knotenregel gegebenen Beziehung $\underline{I} = \underline{I}_2 + \underline{I}_3$ lassen sich schließlich die Stromzeiger $\underline{I}$ und $\underline{I}_3$ konstruieren.

3. ALLGEMEINE VERFAHREN ZUR ANALYSE VON NETZWERKEN

Bislang wurden Ströme und Spannungen in *einfachen* Netzwerken auf *elementare* Weise berechnet (vergl. die einführenden Bemerkungen zum Abschnitt 1.5). Im folgenden sollen systematische Verfahren entwickelt werden, die dazu geeignet sind, auch kompliziertere Netzwerke in rationeller Weise zu analysieren und allgemeine Aussagen zu machen. Unter einem Netzwerk wird im Sinne von Abschnitt 1.4 irgendeine Zusammenschaltung von Elementen verstanden, wobei die Verbindungsstellen als *Knoten* und die Teile zwischen jeweils zwei Knoten als *Zweige* bezeichnet werden sollen. Die Verfahren werden allgemein für solche Netzwerke entwickelt, die neben starren Quellen nur ohmsche Widerstände, Induktivitäten und Kapazitäten enthalten. Erweiterungen auf allgemeinere Netzwerke werden in den Abschnitten 3.1.6, 3.2.4 und 3.4.5 beschrieben. Grundsätzlich sollen separierbare Netzwerke ausgeschlossen werden. Man nennt ein Netzwerk separierbar, wenn es in zwei Teilnetzwerke zerlegt werden kann, die nicht oder nur über einen Knoten miteinander verbunden sind. Weiterhin sei vorausgesetzt, daß die Elemente in einem Netzwerk so zusammengeschaltet sind, daß keine Widersprüche zu den Strom-Spannungs-Beziehungen der Netzwerkelemente entstehen. Beispielsweise sei nicht zugelassen, daß eine Spannungsquelle allein eine Masche in einem Netzwerk bildet und daß eine Stromquelle als einziges Element an einem Knoten angreift.

3.1 Maschenstromanalyse

3.1.1 *Vorbemerkungen*

Zunächst wird vorausgesetzt, daß das zu untersuchende Netzwerk keine Stromquellen enthält. Die Berücksichtigung derartiger Quellen erfolgt im Abschnitt 3.1.6. Würden die Kirchhoffschen Gesetze und die Strom-Spannungs-Beziehungen für die Elemente nicht gefordert, so wären alle zu bestimmenden Größen im Netzwerk frei wählbar, insbesondere also sämtliche Zweigströme. Zur Herleitung der Maschenstromanalyse fordert man nun zunächst nur die Knotenregel für die Knoten des Netzwerks. Es zeigt sich, daß dann nur noch einem Teil der Zweigströme willkürliche Werte zugewiesen werden können, während die übrigen Zweigströme durch die frei wählbaren Ströme dargestellt werden. Durch die anschließende Anwendung der Maschenregel auf ein in geeigneter Weise gewähltes System von Maschen und durch die Berücksichtigung der Strom-Spannungs-Beziehungen für die Netzwerkelemente lassen sich schließlich die zunächst frei wählbaren Zweigströme bestimmen, womit alle Größen im Netzwerk ermittelt sind. Wesentlich ist noch, daß die zunächst frei wählbaren Zweigströme durch eine gleiche Zahl sogenannter Maschenströme ersetzt werden, die fiktive Ströme in bestimmten Maschen bedeuten. Durch diese Maschenströme wird zwangsläufig die Knotenregel im gesamten Netzwerk erfüllt, und bei geeigneter Wahl der Maschenströme ist es möglich, alle Zweigströme unmittelbar darzustellen.

Für die Auswahl der bei alleiniger Beachtung der Knotenregel frei wählbaren Zweigströme und damit der äquivalenten Maschenströme ist der Begriff der linearen Unabhängigkeit fundamental. Eine Veränderliche y wird genau dann *linear abhängig* von den Variablen $x_1, x_2, ..., x_m$ genannt, wenn die Darstellung

$$y = \sum_{\mu=1}^{m} a_\mu x_\mu \tag{3.1}$$

für alle möglichen Variablenwerte besteht, wobei die a_μ Konstanten sind. Ist eine Darstellung nach Gl.(3.1) nicht möglich, so spricht man von *linearer Unabhängigkeit* der Veränderlichen y von den Variablen $x_1, x_2, ..., x_m$.

Es sei bekannt, daß eine Veränderliche y mit den Variablen x_μ ($\mu = 1, 2, ..., m$) in Form von Gl.(3.1) verknüpft ist, falls überhaupt ein Zusammenhang zwischen y und den x_μ besteht. Unter dieser Voraussetzung läßt sich die lineare Abhängigkeit zwischen y und den x_μ folgendermaßen prüfen: Man setzt alle x_μ beständig gleich null und stellt fest, ob dann zwangsläufig $y = 0$ gilt. Trifft dies zu, dann besteht eine lineare Abhängigkeit. Andernfalls ist y von den x_μ linear unabhängig.

Mit Hilfe dieses Kriteriums läßt sich in Netzwerken die lineare Abhängigkeit von Strömen bzw. Spannungen prüfen. Die Form der Kirchhoffschen Gesetze hat nämlich zur Folge, daß eine Abhängigkeit der Ströme voneinander und ebenso eine Abhängigkeit der Spannungen voneinander immer die Gestalt von Gl.(3.1) haben, sofern eine Abhängigkeit überhaupt besteht.

Schließlich sei noch darauf hingewiesen, daß man die Variablen $x_1, x_2, ..., x_m$ genau dann als ein *System linear unabhängiger Veränderlicher* bezeichnet, wenn jede der Variablen x_μ von den restlichen x_μ linear unabhängig ist.

3.1.2 Topologische Begriffe, Auswahl unabhängiger Zweigströme

Für die folgenden Netzwerkuntersuchungen ist es zunächst unwichtig, welche Elemente sich in den einzelnen Zweigen befinden. Wesentlich ist nur, zwischen welchen Knoten Zweige liegen. Man denke sich daher die Zweige des zu untersuchenden Netzwerks durch Linien dargestellt. Auf diese Weise entsteht aus dem Netzwerk der entsprechende *Graph*. Bild 3.1 zeigt als Beispiel den zu einem Netzwerk gehörenden Graphen. Der Graph hat hier vier Knoten und sechs Zweige.

Aus einem Graphen läßt sich ein sogenannter (vollständiger) *Baum* bilden. Hierunter wird ein solcher Teil des betrachteten Graphen verstanden, der alle Knoten miteinander verbindet, ohne daß ein geschlossener Weg entsteht. Bild 3.2 zeigt zwei mögliche Bäume des Graphen aus Bild 3.1.

Allgemein kann man einen Baum folgendermaßen konstruieren: Zuerst wird im Graphen ein beliebiger Zweig ausgesucht, der zwei Knoten verbindet. Danach wird ein zweiter, dritter Zweig usw. hinzugenommen, der jeweils von einem Knoten ausgeht, welcher bereits zu einem Zweig des zu konstruierenden Baumes gehört, und einen weiteren noch nicht erreichten Knoten einbezieht. Auf diese Weise wird bei jedem Schritt ein weiterer Knoten erreicht, bis schließlich alle Knoten des Graphen zum Baum gehören, ohne daß bei der Konstruktion des Baumes ein geschlossener Weg entsteht. Bezeichnet k die Zahl der Knoten des Graphen, so enthält der Baum genau $k-1$ Zweige, wie aus der Konstruktion des Baumes hervorgeht.

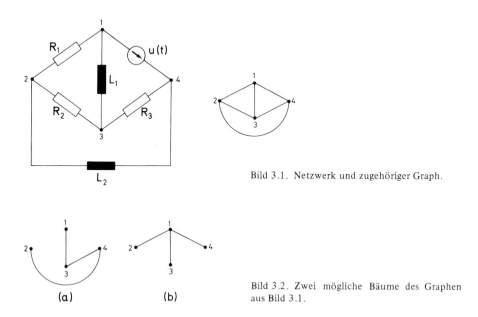

Bild 3.1. Netzwerk und zugehöriger Graph.

Bild 3.2. Zwei mögliche Bäume des Graphen aus Bild 3.1.

Diejenigen Zweige des Graphen, die nicht zum betreffenden Baum gehören, bilden das sogenannte *Baumkomplement* (Cobaum): Es umfaßt $m = \ell - (k-1)$ Zweige, wenn ℓ die Gesamtzahl der Zweige bedeutet. Bild 3.3 zeigt die zu den (vollständigen) Bäumen aus Bild 3.2 gehörenden Baumkomplemente.

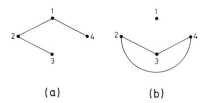

Bild 3.3. Die den Bäumen aus Bild 3.2 entsprechenden Baumkomplemente.

Im Graphen, der dem zu untersuchenden Netzwerk entspricht, sei ein Baum und das zugehörige Baumkomplement gewählt. Es sollen nun sämtliche Zweigströme in dem Teil des Netzwerks, der dem Baumkomplement entspricht, beständig null gesetzt werden[26]. Dies bedeutet im Graphen die Entfernung des Baumkomplements, so daß

---

[26] Das beständige Verschwinden eines Zweigstromes wird dadurch erzwungen, daß man den betreffenden Zweig aus dem Netzwerk entfernt. Entsprechend kann man die Spannungen zwischen zwei Knoten beständig null machen, indem man die beiden Knoten durch einen Kurzschluß verbindet.

nur noch der Baum verbleibt. Da der Baum keinen geschlossenen Weg enthält, müssen nach dem Nullsetzen der Zweigströme in dem Teil des Netzwerks, der dem Baumkomplement entspricht, auch in den restlichen Zweigen die Ströme verschwinden. Nach Abschnitt 3.1.1 sind daher die Zweigströme im Baum aufgrund der Knotenregel von den Zweigströmen im Baumkomplement linear abhängig. Ergänzt man den Baum nur durch einen willkürlich ausgewählten Zweig des Baumkomplements, so entsteht ein geschlossener Weg, und der Strom in diesem Zweig ist willkürlich wählbar und daher nicht notwendigerweise beständig null. Jeder Strom in einem Zweig, der zum Baumkomplement gehört, ist also aufgrund der Überlegungen von Abschnitt 3.1.1 linear unabhängig von den restlichen Strömen im Baumkomplement.

Es ist damit das Ergebnis gewonnen worden, daß die $m = \ell - (k-1)$ Zweigströme in dem Teil des Netzwerks, der dem Baumkomplement entspricht, aufgrund der Knotenregel ein System unabhängiger Variablen darstellen, mit deren Hilfe sämtliche Zweigströme des Netzwerks (als Linearkombination) dargestellt werden können.

Im Beispiel nach Bild 3.1 kann man bei ausschließlicher Berücksichtigung der Knotenregel als System von Zweigströmen, die zur Darstellung sämtlicher Netzwerkströme ausreichen, etwa die Zweigströme i_{12}, i_{23}, i_{41} oder i_{43}, i_{23}, i_{24} wählen, da die entsprechenden drei Zweige nach Bild 3.3 jeweils ein Baumkomplement bilden. Die Anzahl dieser Zweigströme ist $m = 3 (= \ell - k + 1$ mit $\ell = 6, k = 4)$.

3.1.3 Maschenströme

Berücksichtigt man zunächst nur die Knotenregel, so läßt sich die Beschreibung der Stromverteilung in einem Netzwerk durch Einführung sogenannter Maschenströme vereinfachen. Es handelt sich hierbei um fiktive Ströme, die längs geschlossener Wege (Maschen) im Netzwerk zu denken sind. Die Maschen sind derart auszuwählen, daß jeder Zweigstrom durch Überlagerung der Maschenströme dargestellt werden kann. Durch die Einführung der Maschenströme erfüllen die Zweigströme zwangsläufig die Knotenregel, da ein Maschenstrom jeden Knoten verläßt, in den er fließt (Bild 3.4).

Bild 3.4. Durch Einführung der Maschenströme wird die Knotenregel zwangsläufig erfüllt.

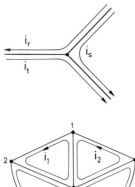

Bild 3.5. Wahl von Maschenströmen für das im Bild 3.1 dargestellte Netzwerk.

Für das Beispiel nach Bild 3.1 stellen die im Bild 3.5 eingeführten Ströme i_1, i_2, i_3 Maschenströme dar. Offensichtlich kann jeder Zweigstrom des Netzwerks durch Überlagerung der Maschenströme ausgedrückt werden. Es gilt der folgende Zusammenhang:

3.1 Maschenstromanalyse

$$\begin{array}{c|ccc} & i_1 & i_2 & i_3 \\ \hline i_{12} & 1 & 0 & 0 \\ i_{23} & 1 & 0 & -1 \\ i_{34} & 0 & 1 & -1 \\ i_{41} & 0 & 1 & 0 \\ i_{13} & -1 & 1 & 0 \\ i_{24} & 0 & 0 & 1 \end{array} \quad (3.2)$$

Das Schema (3.2) ist als Gleichungssystem zwischen den in der linken Spalte stehenden Zweigströmen $i_{12}, i_{23}, ..., i_{24}$ und den in der Kopfzeile aufgeführten Maschenströmen i_1, i_2, i_3 zu verstehen. Die erste Gleichung lautet

$$i_{12} = 1 \cdot i_1 + 0 \cdot i_2 + 0 \cdot i_3,$$

die weiteren entsprechend. Die bei i_1, i_2, i_3 in den einzelnen Gleichungen stehenden Koeffizienten sind als Matrix im Schema (3.2) zusammengefaßt. Die Zweigströme sind durch Doppelindizes gekennzeichnet, wobei die Reihenfolge der Indizes die Bezugsrichtung des betreffenden Stromes angibt.

Allgemein lautet der Zusammenhang zwischen den Zweig- und Maschenströmen

$$\begin{array}{c|cccc} & i_1 & i_2 & \cdots & i_m \\ \hline i_{12} & a_{11} & a_{12} & \cdots & a_{1m} \\ i_{23} & a_{21} & a_{22} & \cdots & a_{2m} \\ \cdot & \cdot & \cdot & & \cdot \\ \cdot & \cdot & \cdot & & \cdot \\ \cdot & \cdot & \cdot & & \cdot \\ i_{rs} & a_{\ell 1} & a_{\ell 2} & \cdots & a_{\ell m} \end{array} \quad (3.3)$$

In der linken Spalte des Gleichungssystems (3.3) treten sämtliche Zweigströme des Netzwerks auf. Die hier gewählten Indizes haben nur beispielhaften Charakter. Der Koeffizient $a_{\mu\nu}$ ($\mu = 1, 2, ..., \ell; \nu = 1, 2, ..., m$) ist $1, -1$ oder 0, je nachdem ob der Zweig des in der gleichen Zeile (Zeile μ) aufgeführten Zweigstroms von dem Maschenstrom i_ν in positiver Bezugsrichtung, in negativer Bezugsrichtung oder gar nicht durchflossen wird.

Es wird nun gezeigt, daß allgemein $m = \ell - (k - 1)$ Maschenströme zur vollständigen Beschreibung der Stromverteilung erforderlich sind und wie sich ein System von Maschenströmen wählen läßt. Da mit Hilfe der Maschenströme die Stromverteilung vollständig beschrieben werden soll, müssen die Zweigströme eines gewählten Baumkomplements über ihren gesamten Wertevorrat in eindeutiger Weise durch die Maschenströme darstellbar sein, d.h. für beliebige Werte der Zweigströme des Baumkomplements müssen Werte der Maschenströme eindeutig angegeben werden können, so daß die Maschenströme die Zweigströme darstellen. Da das Baumkomplement $m = \ell - k + 1$ Zweige hat, sind wenigstens m Maschenströme erforderlich. Es ist noch zu zeigen, daß es genügt, genau m Maschenströme zu wählen.

Im Beispiel nach Bild 3.1 sollen die im Bild 3.5 angegebenen Maschenströme gewählt und als Baumkomplement etwa der Graph nach Bild 3.3a betrachtet werden. Die Zweigströme i_{12}, i_{23}, i_{41} stellen dann die Ströme des Baumkomplements dar und bilden nach Abschnitt 3.1.2 ein System unabhängiger Ströme, die zur Beschreibung der Stromverteilung im gesamten Netzwerk verwendet werden können. Der Zusammenhang dieser Zweigströme mit den Maschenströmen i_1, i_2, i_3 (Bild 3.5) lautet nach den Gln.(3.2):

	i_1	i_2	i_3
i_{12}	1	0	0
i_{23}	1	0	-1
i_{41}	0	1	0

(3.4)

Beliebige Werte der Ströme i_{12}, i_{23}, i_{41} lassen sich aus den Maschenströmen i_1, i_2, i_3 nach den Regeln der Algebra genau dann darstellen, wenn die Koeffizientendeterminante des Gleichungssystems (3.4) von null verschieden ist. Diese Bedingung ist tatsächlich erfüllt, da

$$\begin{vmatrix} 1 & 0 & 0 \\ 1 & 0 & -1 \\ 0 & 1 & 0 \end{vmatrix} = 1$$

gilt, die Determinante also von null verschieden ist.

Im allgemeinen Fall wählt man $m = \ell - k + 1$ Maschenströme zur Darstellung der Zweigströme. Danach wird geprüft, ob die Koeffizientendeterminante des linearen Gleichungssystems, das den Zusammenhang zwischen den Maschenströmen und den Zweigströmen irgendeines zu wählenden Baumkomplements angibt, von null verschieden ist. Trifft dies zu, so ist das System von Maschenströmen zulässig. Das genannte Gleichungssystem ist in den Gln.(3.3) enthalten. Da, wie gesagt, die Koeffizientendeterminante dieses Gleichungssystems bei Zulässigkeit der Maschenströme $i_1, ..., i_m$ von null verschieden ist, müssen nach den Regeln der linearen Algebra die Spalten in der Koeffizientenmatrix in den Gln.(3.3) voneinander linear unabhängig sein. Umgekehrt bilden die Maschenströme ein System unabhängiger Ströme, die zur Beschreibung der Stromverteilung im Netzwerk vollständig ausreichen, wenn die Spalten der Koeffizientenmatrix der Gln.(3.3) voneinander linear unabhängig sind. In diesem Fall können

3.1 Maschenstromanalyse

nämlich nach den Regeln der Algebra aus der Koeffizientenmatrix der Gln.(3.3) m Zeilen derart ausgewählt werden, daß die zugehörige Determinante von null verschieden ist. Die diesen ausgewählten Zeilen entsprechenden Zweigströme bilden offensichtlich ein System von m unabhängigen Strömen eines Baumkomplements. Denn durch Linearkombination der auf diese Weise ausgewählten Zweigströme läßt sich jeder der übrigen Zweigströme darstellen. Führt man neben dem System unabhängiger Maschenströme $i_1, i_2, ..., i_m$ irgendeinen zusätzlichen Maschenstrom i_{m+1} ein, so erhält man neben den ersten m Spalten in der Koeffizientenmatrix der Gln.(3.3) eine weitere, dem Maschenstrom i_{m+1} entsprechende Spalte, die aber von den ersten m Spalten abhängig ist. Wäre dies nämlich nicht der Fall, so müßten nach den Regeln der Algebra in der erweiterten Koeffizientenmatrix der Gln.(3.3) $m+1$ Zeilen so ausgewählt werden können, daß die Determinante von null verschieden ist. Die entsprechenden $m+1$ Zweigströme wären dann unabhängig voneinander, was aber im Widerspruch zu früheren Ergebnissen steht.

Es gibt Verfahren zur systematischen Wahl von Maschenströmen, so daß zwangsläufig die gewählten Maschenströme zulässig sind und die verschiedentlich genannte Koeffizientendeterminante nicht auf null geprüft zu werden braucht. Das folgende Vorgehen ist naheliegend: Man wählt die Maschenströme derart, daß jeder Maschenstrom nur durch einen Zweig eines Baumkomplements fließt und über den entsprechenden Baum geschlossen wird. Derartig gewählte Maschen werden *fundamental* genannt. Die Wahl von Fundamentalmaschen ist wegen der Eigenschaften des Baums und des Baumkomplements stets möglich. Sie hat bei geeignet gewählter Orientierung der Maschenströme zur Folge, daß jeder Zweigstrom des Baumkomplements mit einem Maschenstrom identisch ist und daß somit die maßgebende Koeffizientendeterminante zwangsweise von null verschieden ist. Denn die Koeffizientenmatrix des Gleichungssystems, das die Maschenströme mit den Zweigströmen des Baumkomplements verknüpft, ist bei geeigneter Anordnung der Zeilen gleich der Einheitsmatrix. Bei dem im amerikanischen Schrifttum als „loop analysis" bezeichneten Verfahren werden ausschließlich fundamentale Maschen verwendet.

Im Beispiel nach Bild 3.1 wird man demzufolge als Maschenströme bei Zugrundelegung des Baumkomplements nach Bild 3.3a die im Bild 3.6 angegebenen Ströme i_1, i_2, i_3 (Zweigströme des Baumkomplements) wählen. Es gilt dann der folgende Zusammenhang zwischen Maschen- und Zweigströmen des Baumkomplements:

	i_1	i_2	i_3
i_{12}	1	0	0
i_{23}	0	1	0
i_{41}	0	0	1

.

Die hierbei auftretende Koeffizientenmatrix ist gleich der dreireihigen Einheitsmatrix. Im Abschnitt 3.1.5 wird auf eine weitere besonders einfache Möglichkeit der Wahl von Maschenströmen für den Fall ebener Netzwerke hingewiesen.

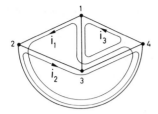

Bild 3.6. Wahl von Maschenströmen für das im Bild 3.1 dargestellte Netzwerk bei Zugrundelegung des Baumkomplements nach Bild 3.3a.

3.1.4 Anwendung der Maschenregel

Als weitere Bindung zwischen den Netzwerkvariablen muß neben der Knotenregel jetzt noch die Maschenregel herangezogen werden. Hierbei wählt man gewöhnlich als Maschen die durch die Maschenströme festgelegten geschlossenen Wege, und es empfiehlt sich, als Maschenorientierung die Bezugsrichtung der Maschenströme zu verwenden. So ergibt sich ein lineares Gleichungssystem für die Zweigspannungen:

$$
\begin{array}{cccc|c}
u_{12} & u_{23} & u_{34} & \cdots & u_{rs} \\
\hline
b_{11} & b_{12} & b_{13} & \cdots & b_{1\ell} & 0 \\
b_{21} & b_{22} & b_{23} & \cdots & b_{2\ell} & 0 \\
\vdots & & & & \vdots & \vdots \\
b_{m1} & b_{m2} & \cdots & & b_{m\ell} & 0
\end{array}
\tag{3.5}
$$

Diese Gleichungen sind ähnlich zu lesen wie das Gleichungssystem (3.3), z.B. die erste Gleichung als $b_{11}u_{12} + b_{12}u_{23} + \ldots + b_{1\ell}u_{rs} = 0$. Sie drücken unmittelbar das Spannungsgleichgewicht in den einzelnen Maschen aus. Für die Bezeichnung der Zweigspannungen im Gleichungssystem (3.5) gilt das gleiche wie für die Bezeichnung der Zweigströme im Gleichungssystem (3.3). Die Koeffizienten $b_{\mu\nu}$ ($\mu = 1, 2, \ldots, m$; $\nu = 1, 2, \ldots, \ell$) sind gleich ± 1 oder 0, je nachdem ob die entsprechende Zweigspannung in der betreffenden Masche auftritt oder nicht. Es gilt das Pluszeichen, falls die Zählrichtung der Zweigspannung mit der Maschenorientierung übereinstimmt, andernfalls das Minuszeichen. Für das Beispiel nach Bild 3.1 lautet das Gleichungssystem (3.5) bei Wahl der Maschenströme nach Bild 3.5:

$$
\begin{array}{ccccccc|c}
u_{12} & u_{23} & u_{34} & u_{41} & u_{13} & u_{24} & \\
\hline
1 & 1 & 0 & 0 & -1 & 0 & 0 \\
0 & 0 & 1 & 1 & 1 & 0 & 0 \\
0 & -1 & -1 & 0 & 0 & 1 & 0
\end{array}
\tag{3.6}
$$

3.1 Maschenstromanalyse

Wird die Reihenfolge der Spannungen $u_{12}, u_{23}, u_{34}, ..., u_{rs}$ in den Gln.(3.5) in Übereinstimmung mit der Reihenfolge der entsprechenden Ströme $i_{12}, i_{23}, i_{34}, ..., i_{rs}$ in den Gln.(3.3) gewählt, so stimmt die ν-te Zeile ($\nu = 1, 2, ..., m$) der Koeffizientenmatrix in den Gln.(3.5) mit der ν-ten Spalte der Koeffizientenmatrix der Gln.(3.3) überein. Dies rührt daher, daß der ν-te Maschenstrom i_ν an der Darstellung der Zweigströme in der gleichen Weise beteiligt ist, wie die Zweigspannungen in der ν-ten Masche zum Spannungsgleichgewicht beitragen. Im Bild 3.5 ist der Maschenstrom i_1 an den Zweigströmen $i_{12}, i_{23}, i_{34}, i_{41}, i_{13}, i_{24}$ mit den Faktoren $1, 1, 0, 0, -1, 0$ beteiligt, während in der ersten Masche die Zweigspannungen $u_{12}, u_{23}, u_{34}, u_{41}, u_{13}, u_{24}$ mit den Faktoren $1, 1, 0, 0, -1, 0$ zum Spannungsgleichgewicht beitragen.

Diesen Sachverhalt kann man dadurch ausdrücken, daß man sagt, die Koeffizientenmatrix $[b_{\mu\nu}]$ in den Gln.(3.5) ist gleich der Transponierten der Koeffizientenmatrix $[a_{\mu\nu}]$ in den Gln.(3.3):

$$[b_{\mu\nu}] = [a_{\mu\nu}]^T .$$

Damit ist zu erkennen, daß die Gln.(3.5) ein System linear unabhängiger Beziehungen bilden und daß die Anschrift irgendeines weiteren Spannungsgleichgewichts in einer zusätzlichen Masche (Maschengleichung) nur eine Gleichung liefert, die von den bereits vorhandenen Gleichungen linear abhängig ist. Einer Gleichung dieser Art entspräche nämlich in den Gln.(3.3) eine weitere Spalte. Diese aber würde nach den Überlegungen von Abschnitt 3.1.3 von den in den Gln.(3.3) bereits vorhandenen Spalten linear abhängen. Das Gleichungssystem (3.5) reicht also aus, um für jede beliebige Masche des Netzwerks das Spannungsgleichgewicht sicherzustellen. Zur Formulierung des Spannungsgleichgewichts kann man eine gleiche Zahl anderer Maschen heranziehen, sofern diese gemäß den Gln.(3.5) voneinander linear unabhängige Beziehungen liefern.

Mittels der Strom-Spannungs-Beziehungen für die Netzwerkelemente lassen sich jetzt alle Zweigspannungen durch die Zweigströme ausdrücken. Ersetzt man dann mit Hilfe der Gln.(3.3) die Zweigströme durch die m Maschenströme, so erhält man aufgrund der Gln.(3.5) ein System von m Integro-Differentialgleichungen zur Bestimmung der m Maschenströme. Methoden zur Lösung derartiger Gleichungen (bei Vorgabe von Anfangsbedingungen) werden später behandelt. Hat man schließlich die Maschenströme bestimmt, so sind über die Gln.(3.3) alle Zweigströme und damit auch alle Zweigspannungen bekannt.

Für das Beispiel nach Bild 3.1 erhält man mit den Maschenströmen nach Bild 3.5 die folgenden Gleichungen:

i_1	i_2	i_3		
$R_1 + R_2 + L_1 \dfrac{d}{dt}$	$-L_1 \dfrac{d}{dt}$	$-R_2$	0	
$-L_1 \dfrac{d}{dt}$	$R_3 + L_1 \dfrac{d}{dt}$	$-R_3$	$u(t)$	(3.7)
$-R_2$	$-R_3$	$R_2 + R_3 + L_2 \dfrac{d}{dt}$	0	.

Diese Gleichungen können aus dem Netzwerk nach Bild 3.1 unmittelbar abgelesen werden, wenn man noch die Maschenströme aus Bild 3.5 einträgt. Im allgemeinen Fall entstehen m Gleichungen für die Maschenströme $i_1, i_2, ..., i_m$:

$$
\begin{array}{cccc|c}
i_1 & i_2 & \cdots & i_m & \\
\hline
Z_{11} & Z_{12} & \cdots & Z_{1m} & E_1(t) \\
Z_{21} & Z_{22} & \cdots & Z_{2m} & E_2(t) \\
\vdots & & & \vdots & \vdots \\
Z_{m1} & Z_{m2} & \cdots & Z_{mm} & E_m(t)
\end{array}
\qquad (3.8)
$$

Für die folgende Interpretation der Koeffizienten $Z_{\mu\nu}$ im Gleichungssystem (3.8) sei vorausgesetzt, daß zur Formulierung des durch die ν-te Zeile der Gln.(3.8) gegebenen Spannungsgleichgewichts und zur Auswahl des Maschenstromes i_ν dieselbe Masche und der gleiche Orientierungssinn verwendet werden.

Man erhält im Gleichungssystem (3.8) den ν-ten Koeffizienten $Z_{\nu\nu}$ in der Hauptdiagonale dadurch, daß man die ν-te für die Formulierung des Spannungsgleichgewichts benützte und zum ν-ten Maschenstrom gehörende Masche des Netzwerks heraustrennt, an einem Knoten auftrennt und für den auf diese Weise entstehenden Zweipol den Zusammenhang $u(t) = Z_{\nu\nu} i(t)$ zwischen Spannung und Strom als „Operator"-Beziehung ermittelt, wobei mögliche Spannungsquellen durch Kurzschlüsse ersetzt werden. So entsteht im Gleichungssystem (3.7) der zweite Hauptdiagonal-Koeffizient $Z_{22} = R_3 +$ $+ L_1 \mathrm{d}/\mathrm{d}t$ dadurch, daß man im Netzwerk nach Bild 3.1 die Masche 1,3,4 herausgreift, die Spannungsquelle $u(t)$ durch einen Kurzschluß ersetzt und z.B. beim Knoten 4 auftrennt. Auf diese Weise ergibt sich der Zweipol nach Bild 3.7 und der Zusammenhang $u = (R_3 + L_1 \mathrm{d}/\mathrm{d}t) i \equiv Z_{22} i$. Hier ist also $Z_{22} \equiv R_3 + L_1 \mathrm{d}/\mathrm{d}t$.

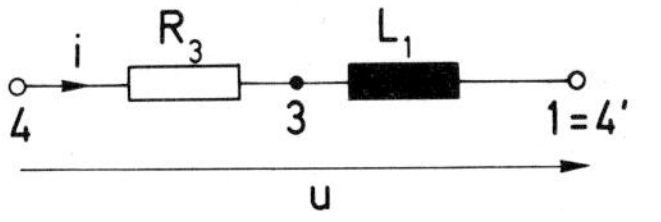

Bild 3.7. Zur Entstehung von Z_{22} im Gleichungssystem (3.7).

Die Entstehung eines Koeffizienten $Z_{\mu\nu}$ außerhalb der Hauptdiagonale der Koeffizientenmatrix im Gleichungssystem für die Maschenströme läßt sich folgendermaßen erklären: Es wird jener Teil des Netzwerks herausgegriffen, welcher zur μ-ten *und* zur ν-ten Masche gemeinsam gehört. Dies ist ein Zweipol (Bild 3.8), für den nach Beseitigung eventueller Spannungsquellen der Zusammenhang zwischen u und i als Operator-Beziehung angegeben werden kann:

$$u = \bar{Z}_{\mu\nu} i \ .$$

Es gilt dann $Z_{\mu\nu} = \bar{Z}_{\mu\nu}$ oder $Z_{\mu\nu} = -\bar{Z}_{\mu\nu}$, je nachdem ob die Maschen μ und ν im gemeinsamen Zweipol gleich (Bild 3.8a) oder entgegengesetzt (Bild 3.8b) orientiert sind. Es ist einleuchtend, daß $Z_{\mu\nu} = Z_{\nu\mu}$ (Symmetrie der Matrix) gilt. Beispielsweise gewinnt man den Koeffizienten $Z_{13} = -R_2$ in den Gln.(3.7) nach den vorausgegange-

3.1 Maschenstromanalyse

nen Überlegungen dadurch, daß man im Netzwerk nach Bild 3.1 den Zweig 2, 3 herausgreift (Bild 3.9). Dieser Zweipol besteht nur aus dem Widerstand R_2. Es gilt zwischen Strom und Spannung die Relation $u = R_2 i$. Da Masche 3 und Masche 1 im Zweig 2, 3 entgegengesetzt orientiert sind, gilt $Z_{13} = -R_2$.

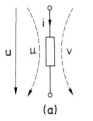 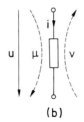

Bild 3.8. Zur Entstehung eines Koeffizienten $Z_{\mu\nu}$ außerhalb der Hauptdiagonale im Gleichungssystem (3.8).

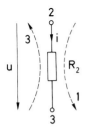

Bild 3.9. Zur Bestimmung des Koeffizienten Z_{13} im Gleichungssystem (3.7).

Die rechten Seiten $E_\mu(t)$ des Gleichungssystems (3.8) erhält man folgendermaßen: Man bildet als rechte Seite der μ-ten Gleichung die algebraische Summe aller eingeprägten Spannungen in der μ-ten Masche, die bei der Formulierung des Spannungsgleichgewichts verwendet wurde. Dabei ist die Masche entgegen ihrer Orientierungsrichtung zu durchlaufen. Dies ist für $\mu = 1, 2, ..., m$ durchzuführen. In diesem Sinne erhält man die rechte Seite $u(t)$ der zweiten der Gln.(3.7), indem man die Summe aller Spannungen in der Masche 1, 3, 4 (zweite Masche) des Netzwerks nach Bild 3.1 bildet, wobei jedoch die Masche in der Gegenrichtung 1, 4, 3 durchlaufen wird.

3.1.5 Die Maschenstromanalyse für den Fall ebener Netzwerke

Bei den in praktischen Fällen vorkommenden Netzwerken handelt es sich häufig um *ebene* Netzwerke, d.h. um solche, die sich kreuzungsfrei auf einer Ebene ausbreiten lassen. Bild 3.10 zeigt als Beispiel den Graphen eines ebenen Netzwerks. Es sei nach wie vor ℓ die Zahl der Zweige und k die Zahl der Knoten des betrachteten Graphen. Als

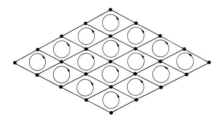

Bild 3.10. Graph eines ebenen Netzwerks.

Maschen werden alle diejenigen geschlossenen Wege im Graphen gewählt, in deren Innerem sich keine Zweige befinden. Diese *Elementarmaschen* sind für das Beispiel von Bild 3.10 durch Kreise angedeutet. Die Zahl m dieser Maschen läßt sich folgendermaßen aus ℓ und k ermitteln. Es sei ℓ' die Zahl der inneren Zweige, d.h. jener Zweige, nach deren vollständiger Entfernung der Graph nur noch aus einem einzigen geschlossenen Weg, seiner äußeren Begrenzung, besteht. Die Zahl der Zweige, die in diesem verbleibenden Teil des Graphen vorhanden sind, sei ℓ'', die Zahl der Knoten sei k''. Mit k' wird die Zahl der inneren Knoten bezeichnet, so daß $k = k' + k''$ gilt. Außerdem gilt $\ell = \ell' + \ell''$. Die Zahl m der gewählten Maschen reduziert sich nach Entfernung der inneren Zweige um $\ell' - k'$, wie man auf die folgende Weise sofort einsieht: Man entfernt zunächst nur *einen* inneren Knoten samt allen von ihm ausgehenden Zweigen, deren Zahl ℓ'_1 sei; dabei reduziert sich offensichtlich die Maschenzahl um $\ell'_1 - 1$. Entfernt man dann sukzessive alle weiteren inneren Knoten, so reduziert sich insgesamt die Maschenzahl um $\ell' - k'$. Es muß daher die Relation $m - (\ell' - k') = 1$ bestehen. Außerdem gilt die Beziehung $\ell'' = k''$. Aus diesen beiden Gleichungen folgt $m = 1 + \ell - k$. Im Beispiel nach Bild 3.10 ist $\ell = 40, k = 25$, also $m = 1 + 40 - 25 = 16$, wie es sein muß. Man beachte, daß das System der Elementarmaschen eines ebenen Netzwerks von der geometrischen Darstellung des Graphen abhängt. Der Leser möge sich diesen Sachverhalt am Beispiel eines Graphen verdeutlichen, welcher ein vollständiges Viereck repräsentiert und auf verschiedene Weise eben dargestellt werden kann.

Mit der Anwendung der Maschenregel bezüglich sämtlicher Elementarmaschen wird gesichert, daß für jeden geschlossenen Weg im betreffenden Netzwerk Spannungsgleichgewicht besteht. Hierauf wurde im Abschnitt 1.4 eingegangen. Gemäß Abschnitt 3.1.4 entstehen nun bei der Wahl von $m = \ell - k + 1$ Maschen, die nach Anwendung der Maschenregel das Spannungsgleichgewicht im gesamten Netzwerk sichern, für die Zweigspannungen m linear unabhängige Gleichungen. Die entsprechenden m Maschenströme bilden daher gemäß Abschnitt 3.1.4 ein System von Strömen zur vollständigen Beschreibung der Stromverteilung im Netzwerk unter Berücksichtigung der Knotenregel.

Im Falle eines ebenen Netzwerks können also die Maschenströme in den Elementarmaschen zur Anwendung des Maschenstromverfahrens gewählt werden (z.B. Bild 3.10). Die weitere Durchführung des Maschenstromverfahrens erfolgt wie im allgemeinen Fall. Dieser nur auf ebene Netzwerke anwendbare Spezialfall des Maschenstromverfahrens ist im amerikanischen Schrifttum als „mesh analysis" bekannt.

3.1.6 Berücksichtigung von Stromquellen, gesteuerten Quellen und Übertragern

(a) Es soll ein nach dem Maschenstromverfahren analysiertes Netzwerk zusätzlich über zwei Knoten r und s von einer *Stromquelle* gespeist werden (Bild 3.11). Der Einfluß des von der Stromquelle gelieferten Stromes i_0 auf das Netzwerk läßt sich einfach dadurch ermitteln, daß man zusätzlich zu den bisher gewählten Maschenströmen einen Maschenstrom i_0 einführt, der einer Masche entspricht, bestehend aus dem Stromquellenzweig und irgendeinem Teil des Netzwerks zwischen den Knoten r und s (Bild 3.11). Eine zusätzliche Gleichung für das Spannungsgleichgewicht in dieser Masche braucht nicht aufgestellt zu werden, da diese Gleichung nur insofern von Bedeutung ist, als dadurch die Spannung u_{rs} an der Stromquelle ausgedrückt werden kann. Der Maschenstrom i_0 hat zur Folge, daß in den Gln.(3.8) zusätzlich mit i_0 behaftete, ex-

3.1 Maschenstromanalyse   103

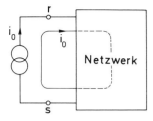

Bild 3.11. Stromquelle in einem Netzwerk.

plizit bekannte Terme auftreten, die jedoch auf die rechten Seiten dieser Gleichungen gebracht werden können.

Entsprechend verfährt man, wenn mehrere Stromquellen vorhanden sind. Die Einführung von Stromquellen hat also, wie aus vorstehenden Überlegungen hervorgeht, nur zur Folge, daß sich die rechten Seiten der Gln.(3.8) ändern. Es sei noch darauf hingewiesen, daß Netzwerkelemente in Reihe zu einer Stromquelle (im Beispiel von Bild 3.11 also Elemente zwischen der Stromquelle i_0 und dem Knoten r bzw. s) keinen Einfluß auf die Stromverteilung und die Werte der Spannungen im übrigen Netzwerk haben.

(b) Eine *gesteuerte Quelle* kann man sich zunächst als eine starre Quelle vorstellen. Die entsprechende eingeprägte Größe (Spannung oder Strom) tritt dann in den Gln.(3.8) ausschließlich auf der rechten Seite auf. Nun wird die durch die Steuerung bedingte Abhängigkeit der Quelle berücksichtigt, indem man die gesteuerte Größe durch die steuernde Größe (Spannung oder Strom) ausdrückt, die ihrerseits als Linearkombination der Maschenströme und deren Differentialquotienten und Integrale dargestellt werden kann. Auf diese Weise werden die rechten Seiten der Gln.(3.8) verändert und alle mit Maschenströmen (auch deren Differentialquotienten und Integralen) behafteten Terme auf die linke Seite gebracht. Damit wird ersichtlich, daß die Einführung gesteuerter Quellen im Gleichungssystem (3.8) eine Veränderung der Koeffizienten $Z_{\mu\nu}$ zur Folge hat.

(c) Wird ein Netzwerk nur durch harmonische Quellen mit einer einheitlichen Kreisfrequenz ω erregt[27], dann kann man zur Ermittlung des stationären Netzwerkverhaltens nach Kapitel 2 komplexe Ströme und Spannungen einführen. Man kann insbesondere komplexe Maschenströme verwenden, wobei die in den vorausgegangenen Untersuchungen gewonnenen Ergebnisse zur Anwendung des Maschenstromverfahrens sinngemäß ihre volle Gültigkeit behalten. Das Gleichungssystem (3.8) erhält die Form

$$\begin{array}{cccc|c}
\underline{I}_1 & \underline{I}_2 & \cdots & \underline{I}_m & \\
\hline
\underline{Z}_{11} & \underline{Z}_{12} & \cdots & \underline{Z}_{1m} & \underline{E}_1 \\
\cdot & \cdot & & \cdot & \cdot \\
\cdot & \cdot & & \cdot & \cdot \\
\cdot & \cdot & & \cdot & \cdot \\
\underline{Z}_{m1} & \underline{Z}_{m2} & \cdots & \underline{Z}_{mm} & \underline{E}_m
\end{array} \quad (3.9)$$

---

[27] Hierin ist auch der Fall enthalten, daß das Netzwerk nur durch zeitlich konstante Quellen erregt wird (Gleichstromfall).

Die $\underline{Z}_{\mu\nu}$ sind konstante Größen, in denen die Kreisfrequenz ω als Parameter vorkommen kann. Diese Größen können analog zu den Koeffizienten $Z_{\mu\nu}$ der Gln.(3.8) aus dem betreffenden Netzwerk abgelesen werden. Desgleichen lassen sich die $\underline{E}_\mu$ wie die $E_\mu(t)$ bestimmen. Die Gln.(3.9) stellen ein System linearer algebraischer Gleichungen zur Bestimmung der Maschenströme $\underline{I}_1, ..., \underline{I}_m$ dar. Nach der Cramerschen Regel gilt

$$\underline{I}_\nu = \frac{\underline{D}_\nu}{\underline{D}}$$

für $\nu = 1, ..., m$. Hierbei bedeutet $\underline{D}$ die Determinante der Koeffizientenmatrix $[\underline{Z}_{\mu\nu}]$ und $\underline{D}_\nu$ die Determinante jener Matrix, die man aus $[\underline{Z}_{\mu\nu}]$ erhält, wenn man die ν-te Spalte durch die rechte Seite $[\underline{E}_\mu]$ des Gleichungssystems (3.9) ersetzt.

Bild 3.12 zeigt den Ausschnitt eines harmonisch erregten Netzwerks mit vier der gewählten Maschenströme, nämlich $\underline{I}_s, \underline{I}_{s+1}, \underline{I}_{s+2}, \underline{I}_{s+3}$. Der in diesem Netzwerk vorkommende *Übertrager* wird durch die Größen L_1, L_2 und M (man vergleiche Abschnitt 1.3.6) gekennzeichnet. Zur Formulierung des Spannungsgleichgewichts werden die Maschen verwendet, welche auch zur Wahl der Maschenströme benützt wurden. Zwischen den Maschen $s, s+1, s+2, s+3$ sollen nur die im Bild 3.12 ersichtlichen Kopplungen bestehen. Die im Bild 3.12 vorkommenden Elemente treten in den Koeffizienten $\underline{Z}_{\mu\nu}$ folgendermaßen auf:

$$\underline{Z}_{ss} = ... + \frac{1}{j\omega C} + j\omega L + r + R + j\omega L_2 + ... ,$$

$$\underline{Z}_{s+1, s+1} = ... + R + ... ,$$

$$\underline{Z}_{s+2, s+2} = ... + r + j\omega L + ... ,$$

$$\underline{Z}_{s+3, s+3} = ... + j\omega L_1 + ... ,$$

$$\underline{Z}_{s, s+1} = \underline{Z}_{s+1, s} = R ,$$

$$\underline{Z}_{s, s+2} = \underline{Z}_{s+2, s} = -(r + j\omega L) ,$$

$$\underline{Z}_{s, s+3} = \underline{Z}_{s+3, s} = j\omega M .$$

Für ein weiteres harmonisch erregtes Netzwerk ist im Bild 3.13 ein Ausschnitt dargestellt. Es handelt sich um einen festgekoppelten Übertrager mit mehreren Anzapfungen. Mit w_0, w_1, w_2, w_3 ($w_0 = w_1 + w_2 + w_3$) werden die Windungszahlen, mit $\underline{\Phi}$ der Zeiger des (in Abhängigkeit von der Zeit harmonisch sich ändernden) magnetischen Flusses im Kern des Übertragers bezeichnet. Die Formulierung des Spannungsgleichgewichts soll für diejenigen Maschen erfolgen, die auch für die Maschenströme ausgewählt wurden. Nach dem Durchflutungsgesetz (man vergleiche Abschnitt 1.2.4) erhält man näherungsweise für den Zeiger des magnetischen Flusses

$$\underline{\Phi} = k(w_0 \underline{I}_s + w_1 \underline{I}_{s+1} + w_2 \underline{I}_{s+2} + w_3 \underline{I}_{s+3}) , \qquad (3.10)$$

3.1 Maschenstromanalyse

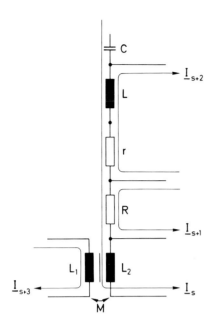

Bild 3.12. Ausschnitt eines harmonisch erregten Netzwerks.

wobei k eine von geometrischen und physikalischen Eigenschaften des Übertragers abhängige Konstante ist. Hieraus folgt nach dem Induktionsgesetz für die komplexen Spannungen an den Anzapfungen

$$\underline{U}_\nu = j\omega w_\nu \underline{\Phi} \qquad (\nu = 0, 1, 2, 3) \ . \qquad (3.11\text{a-d})$$

Man kann das Zustandekommen der Gl.(3.10) folgendermaßen erklären: Das im Kern (Bild 3.13) auftretende magnetische Feld mit dem Fluß $\Phi(t)$, das sich über den äußeren Luftraum schließt, wird näherungsweise durch eine mittlere Feldlinie beschrieben; längs dieser Feldlinie herrsche eine mittlere Induktion, welche die magnetische Induktion im Kern repräsentieren soll. Die Komponente der mittleren Induktion längs der (in Richtung von $\underline{\Phi}$, Bild 3.13, orientierten) mittleren Feldlinie wird ortsunabhängig zu $\Phi(t)/A_1$ gewählt. Entsprechend wird das magnetische Feld außerhalb des Kerns näherungsweise durch eine mittlere Feldlinie dargestellt, längs der eine mittlere Induk-

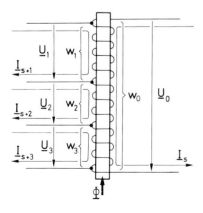

Bild 3.13. Festgekoppelter Übertrager mit mehreren Anzapfungen als Ausschnitt eines harmonisch erregten Netzwerks.

tion mit der ortsunabhängigen Komponente $\Phi(t)/A_2$ auftritt. Dabei bedeuten A_1 und A_2 die „Wirkungsquerschnitte" des magnetischen Feldes im Kern bzw. im Außenraum. Wendet man nun das Durchflutungsgesetz gemäß Gl.(1.13) bei Verwendung der geschlossenen mittleren Feldlinie als Integrationsweg an, dann erhält man die Beziehung[28]

$$\frac{\Phi(t)}{A_1\mu}\ell_1 + \frac{\Phi(t)}{A_2\mu_0}\ell_2 = w_0 i_s(t) + w_1 i_{s+1}(t) + w_2 i_{s+2}(t) + w_3 i_{s+3}(t) \ .$$

Dabei bedeuten ℓ_1 und ℓ_2 die Länge der mittleren Feldlinie innerhalb bzw. außerhalb des Kernes; $i_s(t)$, $i_{s+1}(t)$, $i_{s+2}(t)$ und $i_{s+3}(t)$ sind die Maschenströme als Zeitgrößen; μ ist die Permeabilität des Kernmaterials. Führt man die Darstellungen

$$\Phi(t) = \frac{1}{2}\left[\sqrt{2}\,\underline{\Phi}\,e^{j\omega t} + \sqrt{2}\,\underline{\Phi}^* e^{-j\omega t}\right] \ ,$$

$$i_s(t) = \frac{1}{2}\left[\sqrt{2}\,\underline{I}_s\,e^{j\omega t} + \sqrt{2}\,\underline{I}_s^* e^{-j\omega t}\right] \ ,$$

$$\vdots$$

$$i_{s+3}(t) = \frac{1}{2}\left[\sqrt{2}\,\underline{I}_{s+3}\,e^{j\omega t} + \sqrt{2}\,\underline{I}_{s+3}^* e^{-j\omega t}\right]$$

in obige Beziehung ein, so erhält man die Identität

$$[\underline{\Phi} - k(w_0\underline{I}_s + w_1\underline{I}_{s+1} + w_2\underline{I}_{s+2} + w_3\underline{I}_{s+3})]e^{j\omega t} + [\ldots]^* e^{-j\omega t} \equiv 0$$

mit $k = [\ell_1/(A_1\mu) + \ell_2/(A_2\mu_0)]^{-1}$. Da der Ausdruck in eckigen Klammern verschwinden muß (vgl. Seite 68, Fußnote 20), ergibt sich unmittelbar die Gl.(3.10).

Das Induktionsgesetz gemäß Gl.(1.10) liefert für den im Bild 3.13 dargestellten Übertrager die Spannung $u_0(t) = w_0\,d\Phi/dt$. Verwendet man jetzt obige Darstellung von $\Phi(t)$ und die Darstellung

$$u_0(t) = \frac{1}{2}\left[\sqrt{2}\,\underline{U}_0\,e^{j\omega t} + \sqrt{2}\,\underline{U}_0^* e^{-j\omega t}\right] \ ,$$

so erhält man die Identität

$$[\underline{U}_0 - j\omega w_0\underline{\Phi}]e^{j\omega t} + [\ldots]^* e^{-j\omega t} \equiv 0 \ .$$

Hieraus resultiert in bekannter Weise die Gl.(3.11a). In entsprechender Weise lassen sich die Gln.(3.11b-d) begründen.

Mit Hilfe der Gln.(3.10) und (3.11a-d) lassen sich die Spannungen $\underline{U}_0, \underline{U}_1, \underline{U}_2, \underline{U}_3$ durch die Maschenströme darstellen, so daß nunmehr der Einfluß des Übertragers

---

[28] Eine Folge der näherungsweisen Darstellung des magnetischen Feldes ist die Unstetigkeit der mittleren magnetischen Induktion an der Grenze von Kern und Außenraum, sofern A_1 und A_2 verschieden voneinander gewählt werden.

3.1 Maschenstromanalyse

in den Maschengleichungen bei Anwendung des Maschenstromverfahrens bekannt ist. Mit den Abkürzungen $L_{\mu\nu} = k w_\mu w_\nu$ ($\mu, \nu = 0, 1, 2, 3$) wird

$$\underline{Z}_{ss} = \ldots + j\omega L_{00} + \ldots ,$$

$$\underline{Z}_{s+1,s+1} = \ldots + j\omega L_{11} + \ldots ,$$

$$\underline{Z}_{s+2,s+2} = \ldots + j\omega L_{22} + \ldots ,$$

$$\underline{Z}_{s+3,s+3} = \ldots + j\omega L_{33} + \ldots ,$$

$$\underline{Z}_{s,s+1} = \underline{Z}_{s+1,s} = j\omega L_{01}, \quad \underline{Z}_{s+1,s+2} = \underline{Z}_{s+2,s+1} = j\omega L_{12} ,$$

$$\underline{Z}_{s,s+2} = \underline{Z}_{s+2,s} = j\omega L_{02}, \quad \underline{Z}_{s+1,s+3} = \underline{Z}_{s+3,s+1} = j\omega L_{13} ,$$

$$\underline{Z}_{s,s+3} = \underline{Z}_{s+3,s} = j\omega L_{03}, \quad \underline{Z}_{s+2,s+3} = \underline{Z}_{s+3,s+2} = j\omega L_{23} .$$

Auch hier sei vorausgesetzt, daß zwischen den Maschen $s, s+1, s+2, s+3$ nur die im Bild 3.13 angegebenen Kopplungen bestehen.

Im Fall des *idealen Übertragers* geht in Gl.(3.10) $k \to \infty$ bei endlichem $|\underline{\Phi}|$. Dies hat zur Folge, daß der Klammerausdruck auf der rechten Seite von Gl.(3.10), der sogenannte Magnetisierungsstrom, verschwindet:

$$w_0 \underline{I}_s + w_1 \underline{I}_{s+1} + w_2 \underline{I}_{s+2} + w_3 \underline{I}_{s+3} = 0 . \tag{3.12}$$

Man führt jetzt die Hilfsspannung $\underline{U}_H = j\omega \underline{\Phi}$ ein und erhält dann aus den Gln. (3.11a-d)

$$\underline{U}_\nu = w_\nu \underline{U}_H \qquad (\nu = 0, 1, 2, 3) . \tag{3.13a-d}$$

Bei der Anwendung der Maschenregel in den m Maschen der Maschenströme ersetzt man die Teilspannungen $\underline{U}_0, \underline{U}_1, \underline{U}_2, \underline{U}_3$ durch die entsprechenden rechten Seiten in den Gln.(3.13a-d). Dadurch ergibt sich neben den m Maschenströmen die zusätzliche Unbekannte $\underline{U}_H$. Da die Gl.(3.12) neben den m Bestimmungsgleichungen (3.9) eine zusätzliche Beziehung darstellt, sind jetzt $m+1$ lineare Bestimmungsgleichungen für $m+1$ Unbekannte verfügbar.

3.1.7 Ein Beispiel

Es soll das im Bild 3.14 dargestellte Netzwerk untersucht werden. Neben dem Maschenstrom i_0 werden die zu bestimmenden Maschenströme i_1 und i_2 eingeführt. Als Gleichungssystem zur Ermittlung der Maschenströme erhält man

i_1	i_2	
$r_1 + r_2$	$-r_2$	$u_2 - u_1 + r_1 i_0$
$-r_2$	$r_2 + r_3$	$u_3 - u_2$

.

Hieraus läßt sich z.B. der Maschenstrom i_2 berechnen:

$$i_2 = \frac{-r_2 u_1 - r_1 u_2 + (r_1 + r_2) u_3 + r_1 r_2 i_0}{r_1 r_2 + r_2 r_3 + r_3 r_1}. \qquad (3.14)$$

Ein entsprechender Ausdruck kann auch für i_1 angegeben werden.

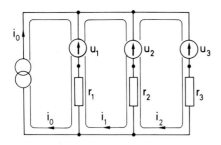

Bild 3.14. Einfaches Netzwerk zur Erläuterung der Maschenstromanalyse.

3.2 Das Knotenpotentialverfahren

3.2.1 *Vorbemerkungen*

Das Knotenpotentialverfahren stellt in gewissem Sinne ein zum Maschenstromverfahren duales Vorgehen der Netzwerkanalyse dar. Zur Vereinfachung der Herleitung sollen zunächst nur Netzwerke betrachtet werden, die keine Spannungsquellen enthalten. Wie sich solche Quellen berücksichtigen lassen, wird im Abschnitt 3.2.4 gezeigt. Solange man die Kirchhoffschen Gesetze und die Strom-Spannungs-Beziehungen für die Elemente nicht fordert, sind sämtliche im Netzwerk auftretenden Größen frei wählbar, insbesondere also alle Zweigspannungen. Zur Begründung des Knotenpotentialverfahrens fordert man zunächst nur, daß die Maschenregel für alle Maschen erfüllt ist. Es wird sich zeigen, daß dann nur noch einem Teil der Zweigspannungen willkürliche Werte zugewiesen werden können und daß sich alle übrigen Zweigspannungen durch die frei wählbaren Zweigspannungen ausdrücken lassen. Die spätere Anwendung der Knotenregel und der Strom-Spannungs-Beziehungen für die Netzwerkelemente erlaubt die Bestimmung der zunächst frei wählbaren Zweigspannungen. Damit sind alle Ströme und Spannungen im Netzwerk bekannt. Wesentlich ist nun, daß die zuerst frei wählbaren Zweigspannungen durch eine gleiche Zahl unabhängiger Spannungen ersetzt werden können, die jeweils zwischen zwei Knoten auftreten. Hierbei braucht zwischen diesen zwei Knoten im Netzwerk kein Zweig zu existieren. Eine spezielle Wahl von derartigen Spannungen ist für die Anwendung der Knotenregel besonders interessant, wie im einzelnen gezeigt wird.

Da die möglichen Verknüpfungen zwischen Zweigspannungen aufgrund der Maschenregel linear sind, kann die lineare Abhängigkeit und Unabhängigkeit von Zweigspannungen nach der im Abschnitt 3.1.1 diskutierten Methode entschieden werden.

3.2.2 *Die Wahl unabhängiger Spannungen*

Im Graphen, der dem zu untersuchenden Netzwerk entspricht, wird ein vollständiger Baum betrachtet. Berücksichtigt man zunächst nur die Maschenregel, dann kann man

3.2 Das Knotenpotentialverfahren

zeigen, daß die Zweigspannungen des Netzwerkteils, der dem Baum entspricht, ein System unabhängiger Spannungen darstellen, mit deren Hilfe sämtliche Zweigspannungen des Netzwerks ausgedrückt werden können. Zum Nachweis dieser Aussage werden gemäß den Überlegungen von Abschnitt 3.1.1 alle Zweigspannungen des Baumes identisch null gesetzt, also die entsprechenden Klemmenpaare kurzgeschlossen. Dann sind aber alle Knoten des Netzwerks miteinander verbunden, also alle Zweigspannungen null. Deshalb erlauben die Zweigspannungen im Baum die vollständige Beschreibung aller im Netzwerk auftretenden Spannungen. Schließt man mit Ausnahme eines willkürlichen Baumzweiges alle anderen Zweige des Baumes kurz, so verbleibt im Graphen mindestens ein geschlossener Weg, der über den nicht kurzgeschlossenen Zweig des Baumes führt. Deshalb kann diesem Zweig eine willkürliche Spannung zugeordnet werden. Hieraus ist zu erkennen, daß die Zweigspannungen des Baumes ein System unabhängiger Spannungen bilden. Die Zahl dieser Spannungen ist $k-1$, da jeder Baum entsprechend seiner Definition $k-1$ Zweige hat, wenn k die Zahl der Knoten bedeutet.

Man kann statt der $k-1$ Zweigspannungen eines Baumes ein anderes System mit gleich vielen unabhängigen Spannungen wählen. Diese treten jeweils zwischen Knoten auf und erlauben die vollständige Beschreibung der Spannungsverteilung unter Berücksichtigung der Maschenregel. Die Zulässigkeit eines solchen Systems von $k-1$ Spannungen könnte dadurch geprüft werden, daß man diese Spannungen unter Anwendung der Maschenregel[29] durch die Zweigspannungen des gewählten Baumes ausdrückt und feststellt, ob die hierbei auftretende Koeffizientendeterminante von null verschieden ist. Man kann jedoch ein System von $k-1$ Spannungen mit den erforderlichen Eigenschaften auch systematisch auf topologischem Weg bestimmen. Zu diesem Zweck betrachtet man nur die k Knoten des Netzwerks und konstruiert für sie in beliebiger Weise einen Baum. Dabei brauchen nicht alle Zweige dieses Baumes im Netzwerk besetzt zu sein. Der auf diese Weise entstehende Baum darf also fiktiv sein. Entsprechend den früheren Überlegungen können aufgrund der Maschenregel[29] mit Hilfe der Zweigspannungen des möglicherweise fiktiven Baumes sämtliche Zweigspannungen des Netzwerks dargestellt werden; weiterhin sind die Zweigspannungen des Baumes linear unabhängig. Hierbei ist zu beachten, daß jeder Zweig im Graphen, sofern er nicht zu dem konstruierten Baum gehört, über diesen zu einer Masche ergänzt werden kann. Deshalb ist jede Zweigspannung im Netzwerk aufgrund der Maschenregel als Linearkombination der Spannungen im Baum darstellbar. Als Beispiel wird das im Bild 3.15a dargestellte Netzwerk betrachtet. Hierfür ist im Bild 3.15b ein realer Baum, im Bild 3.15c ein fiktiver Baum angegeben.

Von besonderer Bedeutung für das Folgende ist ein (eventuell fiktiver) Baum, in dem einer der Knoten als Bezugsknoten insofern ausgezeichnet ist, als von diesem Bezugsknoten zu allen restlichen Knoten Verbindungen existieren, von denen möglicherweise im Netzwerk nicht alle besetzt sind. Der Bezugsknoten soll die Nummer k erhalten, die übrigen Knoten sollen von 1 bis $k-1$ durchnumeriert werden. Wählt man im Beispiel nach Bild 3.15 willkürlich den Knoten 4 als Bezugsknoten, so erhält man den im Bild 3.16 angegebenen Baum. In einem auf diese Weise gebildeten Baum werden die Spannungen von den Knoten $1, 2, ..., k-1$ nach dem Bezugsknoten k

---

[29] Dabei können Maschen auftreten, die „unbesetzte" Zweige enthalten.

eingeführt. Die auf diese Weise entstehenden Spannungen $u_{1k}, u_{2k}, ..., u_{k-1,k}$ sollen mit $\varphi_1, \varphi_2, ..., \varphi_{k-1}$ bezeichnet werden. Sie genügen zur vollständigen Beschreibung aller im Netzwerk auftretenden Spannungen.

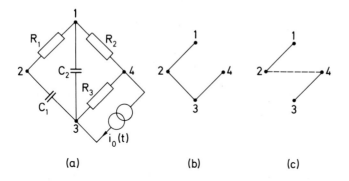

(a)   (b)   (c)

Bild 3.15. Ein realer und fiktiver Baum eines Netzwerks.

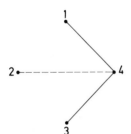

Bild 3.16. Ein Baum für das Netzwerk aus Bild 3.15 bei Wahl des Knotens 4 als Bezugsknoten.

Im Beispiel nach Bild 3.15 erhält man mit dem Knoten 4 als Bezugsknoten die Spannungen $\varphi_1 = u_{14}, \varphi_2 = u_{24}, \varphi_3 = u_{34}$ zur Beschreibung der Spannungen im Netzwerk. Wie man dem Netzwerk unmittelbar entnimmt (Bild 3.17), lautet diese Beschreibung folgendermaßen:

	φ_1	φ_2	φ_3
u_{12}	1	−1	0
u_{23}	0	1	−1
u_{34}	0	0	1
u_{41}	−1	0	0
u_{13}	1	0	−1

(3.15)

3.2 Das Knotenpotentialverfahren

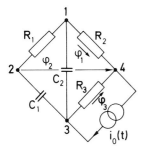

Bild 3.17. Zur Anwendung des Knotenpotentialverfahrens auf das Netzwerk aus Bild 3.15.

Im allgemeinen Fall erhält man den Zusammenhang

$$
\begin{array}{c|cccc}
 & \varphi_1 & \varphi_2 & \cdots & \varphi_{k-1} \\
\hline
u_{12} & c_{11} & c_{12} & \cdots & c_{1,k-1} \\
u_{23} & c_{21} & c_{22} & \cdots & c_{2,k-1} \\
\vdots & \vdots & \vdots & & \vdots \\
u_{rs} & c_{\ell 1} & c_{\ell 2} & \cdots & c_{\ell,k-1}
\end{array} \quad (3.16)
$$

In der linken Spalte des Gleichungssystems (3.16) treten sämtliche Zweigspannungen des Netzwerks auf. Die hier gewählten Indizes haben nur beispielhaften Charakter. Die Koeffizienten $c_{\mu\nu}$ sind $1, -1$ oder 0, je nachdem ob φ_ν an der Darstellung der μ-ten Zweigspannung im positiven Sinne, im negativen Sinne oder überhaupt nicht beteiligt ist. Wegen der linearen Unabhängigkeit der φ_ν müssen die Spalten der Koeffizientenmatrix des Gleichungssystems (3.16) linear unabhängig sein. Der Vorteil der Wahl der Spannungen $\varphi_1, \varphi_2, ..., \varphi_{k-1}$ liegt darin, daß jede Zweigspannung im Netzwerk als Differenz zweier der φ_ν oder direkt durch ein φ_ν ausgedrückt werden kann. Die Maschenregel ist dann zwangsläufig für jede Masche im Netzwerk erfüllt. Die Größen $\varphi_1, \varphi_2, ..., \varphi_{k-1}$ lassen sich als *Knotenpotentiale* auffassen, wenn dem Knoten k das Potential $\varphi_k = 0$ zugewiesen wird. Das resultierende Analyseverfahren nennt man daher *Knotenpotentialverfahren*.

3.2.3 Anwendung der Knotenregel

Zur Bestimmung der Knotenpotentiale φ_ν wird die Knotenregel auf die Knoten $1, 2, ..., k-1$ angewendet. Dabei soll jeweils die Summe der vom Knoten *weggezählten* Ströme gleich null gesetzt werden. Im Abschnitt 1.4 wurde gezeigt, daß es genügt, die Knotenregel auf $k-1$ Knoten anzuwenden.

Für das Beispiel von Bild 3.15 erhält man dann folgende Gleichungen:

i_{12}	i_{23}	i_{34}	i_{41}	i_{13}		
1	0	0	-1	1	0	(Knoten 1)
-1	1	0	0	0	0	(Knoten 2)
0	-1	1	0	-1	$i_0(t)$	(Knoten 3)

(3.17)

Wie ein Vergleich der Gln.(3.15) mit den Gln.(3.17) zeigt, stimmen die Spalten der Koeffizientenmatrix der Gln.(3.15) mit den Zeilen der Koeffizientenmatrix der Gln. (3.17) überein. Man beachte, daß unter i_{34} nur jener Teil des Stromes vom Knoten 3 zum Knoten 4 verstanden wird, welcher nicht durch die Stromquelle fließt. Aus diesem Grund erscheint $i_0(t)$ auf der rechten Seite des Gleichungssystems (3.17).

Ordnet man im allgemeinen Fall die Zweigströme in der Reihenfolge der entsprechenden Zweigspannungen aus den Gln.(3.16) an und setzt man nacheinander für den Knoten $1, 2, ..., k-1$ die Summe der vom Knoten weggezählten Ströme gleich null, dann erhält man das System der Knotengleichungen

i_{12}	i_{23}	$\ldots$	i_{rs}	
d_{11}	d_{12}	$\ldots$	$d_{1\ell}$	$i_1(t)$
d_{21}	d_{22}	$\ldots$	$d_{2\ell}$	$i_2(t)$
.	.		.	.
.	.		.	.
.	.		.	.
$d_{k-1,1}$	$d_{k-1,2}$	$\ldots$	$d_{k-1,\ell}$	$i_{k-1}(t)$

(3.18)

Es ist zu beachten, daß $i_{12}, i_{23}, \ldots$ die Ströme jeweils vom ersten zum zweiten der durch die Indizes bezeichneten Knoten ohne Berücksichtigung der eingeprägten Ströme bedeuten. Liegt zwischen zwei Knoten nur eine Stromquelle, so hat man sich parallel dazu einen Zweig mit dem entsprechenden Zweigstrom und dem Leitwert null zu denken. Die Größe $i_\nu(t)$ ($\nu = 1, 2, ..., k-1$) bedeutet die Summe der auf den ν-ten Knoten hingezählten eingeprägten Ströme. Es ist nun sofort zu erkennen, daß die ν-te Spalte der Koeffizientenmatrix im Gleichungssystem (3.16) mit der ν-ten Zeile der Koeffizientenmatrix im Gleichungssystem (3.18) übereinstimmt. Der im Gleichungssystem (3.16) vorkommende Koeffizient $c_{\mu\nu}$ ist nämlich $1, -1$ oder 0, je nachdem ob im Index der Zweigspannung, die im Gleichungssystem (3.16) auf der Zeile von $c_{\mu\nu}$ ganz links steht, die Zahl ν an erster, an zweiter Stelle oder gar nicht vorkommt. Der in den Gln.(3.18) vorkommende Koeffizient $d_{\nu\mu}$ ist gleich $1, -1$ oder 0, je nachdem ob die Zahl ν als erster, als zweiter Index oder überhaupt nicht als Index im Zweigstrom vorkommt, der in der Spalte von $d_{\nu\mu}$ in den Gln.(3.18) ganz oben steht. Hieraus folgt, daß $c_{\mu\nu} = d_{\nu\mu}$ gilt. Die Koeffizientenmatrix $[d_{rs}]$ des Gleichungssystems (3.18) ist

3.2 Das Knotenpotentialverfahren

also gleich der Transponierten der Koeffizientenmatrix $[c_{rs}]$ des Gleichungssystems (3.16):

$$[d_{rs}] = [c_{rs}]^T \ . \tag{3.19}$$

Da die Spalten der Matrix $[c_{rs}]$, wie bereits gesagt, linear unabhängig sind, müssen demnach auch die Zeilen der Matrix $[d_{rs}]$ linear unabhängig sein. Die Gln.(3.18) bilden also voneinander unabhängige Forderungen. In Analogie zu den entsprechenden Überlegungen beim Maschenstromverfahren kann man zeigen, daß neben den Gln.(3.18) keine weitere unabhängige Knotenbeziehung angegeben werden kann. Eine zusätzliche Knotengleichung ließe sich angeben, indem man irgendeinen Teil des Netzwerks durch eine Hülle abgrenzt. Die algebraische Summe aller durch diese Hülle vom Inneren ins Äußere fließenden Ströme ist dann gleich null zu setzen. Im Beispiel nach Bild 3.18 erhält man auf diese Weise

$$i_{26} + i_{35} + i_{14} = 0 \ .$$

Diese Gleichung läßt sich auch durch Linearkombination der Knotengleichungen für die Knoten 1, 2 und 3 gewinnen. Auf diese Weise könnte man das Gleichungssystem (3.18) durch ein System von $k-1$ äquivalenten voneinander unabhängigen Gleichungen ersetzen.

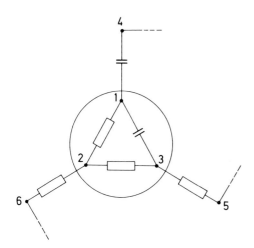

Bild 3.18. Begrenzung eines Netzwerkteiles durch eine Hülle.

Aufgrund der durch die Knotenpotentiale $\varphi_1, \varphi_2, ..., \varphi_{k-1}$ dargestellten Zweigspannungen [man vergleiche die Gln.(3.16)] kann man jetzt die Zweigströme unter Verwendung der Strom-Spannungs-Beziehungen für die Netzwerkelemente ausdrücken und in die Gln.(3.18) einführen. Auf diese Weise erhält man $k-1$ Gleichungen zur Bestimmung der Knotenpotentiale $\varphi_1, \varphi_2, ..., \varphi_{k-1}$. Für das Beispiel nach Bild 3.17 entstehen so die Beziehungen

$$\frac{\varphi_1 - \varphi_2}{R_1} + C_2 \frac{d(\varphi_1 - \varphi_3)}{dt} + \frac{\varphi_1}{R_2} = 0 \ ,$$

$$\frac{\varphi_2 - \varphi_1}{R_1} + C_1 \frac{d(\varphi_2 - \varphi_3)}{dt} = 0 ,$$

$$C_1 \frac{d(\varphi_3 - \varphi_2)}{dt} + C_2 \frac{d(\varphi_3 - \varphi_1)}{dt} + \frac{\varphi_3}{R_3} = i_0(t) .$$

Als Gleichungssystem für die Knotenpotentiale lauten diese Gleichungen

$$\begin{array}{ccc|c}
\varphi_1 & \varphi_2 & \varphi_3 & \\
\hline
\dfrac{1}{R_1} + C_2 \dfrac{d}{dt} + \dfrac{1}{R_2} & -\dfrac{1}{R_1} & -C_2 \dfrac{d}{dt} & 0 \\
-\dfrac{1}{R_1} & \dfrac{1}{R_1} + C_1 \dfrac{d}{dt} & -C_1 \dfrac{d}{dt} & 0 \\
-C_2 \dfrac{d}{dt} & -C_1 \dfrac{d}{dt} & \dfrac{1}{R_3} + C_1 \dfrac{d}{dt} + C_2 \dfrac{d}{dt} & i_0(t)
\end{array}$$

Allgemein erhält man das Gleichungssystem

$$\begin{array}{ccccc|c}
\varphi_1 & \varphi_2 & \varphi_3 & \cdots & \varphi_{k-1} & \\
\hline
Y_{11} & -Y_{12} & -Y_{13} & \cdots & -Y_{1,k-1} & i_1(t) \\
-Y_{21} & Y_{22} & -Y_{23} & \cdots & -Y_{2,k-1} & i_2(t) \\
\vdots & & & & \vdots & \vdots \\
-Y_{k-1,1} & -Y_{k-1,2} & & \cdots & Y_{k-1,k-1} & i_{k-1}(t)
\end{array} \quad (3.20)$$

Hierbei ist, wie man unmittelbar sieht, unter $Y_{\mu\nu}$ $(\mu \neq \nu)$ derjenige „Operator" zu verstehen, der die Zweigspannung $u_{\mu\nu}$ mit dem Zweigstrom $i_{\mu\nu}$ verknüpft[30]:

$$i_{\mu\nu} = Y_{\mu\nu} u_{\mu\nu} .$$

Weiterhin haben die Hauptdiagonalglieder $Y_{\mu\mu}$ die Bedeutung

$$Y_{\mu\mu} = \sum_{\substack{\nu=1 \\ (\nu \neq \mu)}}^{k} Y_{\mu\nu} \quad (\mu = 1, 2, \ldots, k-1) .$$

---

[30] Liegen zwischen den Knoten μ und ν mehrere Elemente parallel, dann bedeutet der Strom $i_{\mu\nu}$ den Gesamtstrom durch diese Parallelanordnung.

3.2 Das Knotenpotentialverfahren

Die Bedeutung der $i_\mu(t)$ ($\mu = 1, 2, ..., k-1$) wurde bereits angegeben. Nach Auflösung des Gleichungssystems (3.20) bei Beachtung der Anfangsbedingungen (hierauf wird später eingegangen) sind alle Größen im Netzwerk praktisch bekannt.

Wird ein Netzwerk nur durch harmonische Quellen mit einer einheitlichen Kreisfrequenz ω (oder durch zeitlich konstante Quellen) erregt, dann kann man zur Ermittlung des stationären Netzwerkverhaltens komplexe Ströme und Spannungen einführen, insbesondere auch komplexe Knotenpotentiale. Das Knotenpotentialverfahren läßt sich dann in der bisherigen Weise anwenden. Das Gleichungssystem (3.20) wird in diesem Fall ein System linearer algebraischer Gleichungen für die (komplexen) Knotenpotentiale.

3.2.4 Berücksichtigung von Spannungsquellen, gesteuerten Quellen und Übertragern

(a) Bei einem Netzwerk mit *Spannungsquellen* kann das Knotenpotentialverfahren in der bisher beschriebenen Weise angewendet werden, wenn man zunächst alle Spannungsquellen kurzschließt. Man erhält dann für die Knotenpotentiale das Gleichungssystem (3.20). Der Einfluß irgendeiner Spannungsquelle kann nun dadurch berücksichtigt werden, daß der betreffende Kurzschluß durch die Spannungsquelle ersetzt wird. Aus dem durch den Kurzschluß gebildeten Knoten gehen dabei zwei Knoten hervor (Bild 3.19). Für einen der beiden Knoten wird das Knotenpotential als Variable beibehalten. Das Potential für den zweiten Knoten erhält man unmittelbar aus dem des ersten und der Spannung der eingeführten Quelle. Deshalb erfordert die Einführung von Spannungsquellen keine zusätzlichen Veränderlichen, da die Potentiale der zusätzlich entstehenden Knoten mit Hilfe der bereits eingeführten Knotenpotentiale und der Quellspannungen ausgedrückt werden können. Nach Einführung einer Spannungsquelle wird die Knotenregel statt auf den ursprünglichen Knoten jetzt auf die (im Bild 3.19 gestrichelt dargestellte) Hülle angewendet, welche das Knotenpaar an den Klemmen der Quelle einschließt. Im Gleichungssystem (3.20) hat die Einführung von Spannungsquellen, wie aus vorstehendem hervorgeht, nur die Entstehung zusätzlicher Terme auf der rechten Seite zur Folge. Diese Terme enthalten die eingeprägten Spannungen.

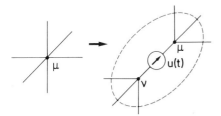

Bild 3.19. Zur Berücksichtigung einer Spannungsquelle bei Anwendung des Knotenpotentialverfahrens.

Im folgenden soll gezeigt werden, wie aufgrund der vorausgegangen Überlegungen beim Auftreten einer Spannungsquelle zwischen den Knoten μ und ν eines Netzwerks die Bestimmungsgleichungen für die Knotenpotentiale aufgestellt werden können. Zunächst werden die Knotenpotentiale $\varphi_1, \varphi_2, ..., \varphi_{k-1}$ sämtlicher Knoten des Netzwerks mit Ausnahme des Bezugsknotens k und des Knotens ν als Unbekannte eingeführt. Der Knoten ν hat das Potential $\varphi_\mu + u$. Bei Anwendung der Knotenregel auf einen Knoten ι ($\iota \neq \mu, \nu, k$) erhält man die Beziehungen

$$(\varphi_\iota - \varphi_1) Y_{\iota 1} + (\varphi_\iota - \varphi_2) Y_{\iota 2} + \ldots + (\varphi_\iota - \varphi_\mu) Y_{\iota\mu} +$$
$$+ (\varphi_\iota - \varphi_\mu - u) Y_{\iota\nu} + \ldots + (\varphi_\iota - \varphi_{k-1}) Y_{\iota, k-1} + \varphi_\iota Y_{\iota k} = i_\iota$$

oder

$$-\varphi_1 Y_{\iota 1} - \varphi_2 Y_{\iota 2} - \ldots + \varphi_\iota Y_{\iota\iota} - \ldots - \varphi_\mu (Y_{\iota\mu} + Y_{\iota\nu}) - \ldots - \varphi_{k-1} Y_{\iota, k-1} =$$
$$= i_\iota + u Y_{\iota\nu} \qquad (\iota = 1, 2, \ldots, k-1; \iota \neq \mu, \nu)$$

mit

$$Y_{\iota\iota} = \sum_{\substack{\kappa = 1 \\ (\kappa \neq \iota)}}^{k} Y_{\iota\kappa} \ .$$

Dabei wurde einfachheitshalber das Argument t bei allen auftretenden Potentialen, Spannungen und Strömen weggelassen.

Wendet man die Knotenregel auf die Hülle um die Knoten μ und ν (Bild 3.19) an, so entsteht zur Bestimmung der Knotenpotentiale die weitere Beziehung

$$(\varphi_\mu - \varphi_1) Y_{\mu 1} + (\varphi_\mu - \varphi_2) Y_{\mu 2} + \ldots + \varphi_\mu Y_{\mu k} + (u + \varphi_\mu - \varphi_1) Y_{\nu 1} +$$
$$+ (u + \varphi_\mu - \varphi_2) Y_{\nu 2} + \ldots + (u + \varphi_\mu) Y_{\nu k} = i_\mu + i_\nu$$

oder

$$-\varphi_1 (Y_{\mu 1} + Y_{\nu 1}) - \varphi_2 (Y_{\mu 2} + Y_{\nu 2}) - \ldots + \varphi_\mu (Y_{\mu\mu} + Y_{\nu\nu}) - \ldots - \varphi_{k-1} (Y_{\mu, k-1} + Y_{\nu, k-1}) =$$
$$= i_\mu + i_\nu - u \sum_{\substack{\kappa = 1 \\ (\kappa \neq \nu; \kappa \neq \mu)}}^{k} Y_{\nu\kappa}$$

mit

$$Y_{\mu\mu} = \sum_{\substack{\kappa = 1 \\ (\kappa \neq \mu; \kappa \neq \nu)}}^{k} Y_{\mu\kappa} \qquad \text{und} \qquad Y_{\nu\nu} = \sum_{\substack{\kappa = 1 \\ (\kappa \neq \nu; \kappa \neq \mu)}}^{k} Y_{\nu\kappa} \ .$$

Damit liegen hinreichend viele Bestimmungsgleichungen vor. Entsprechend verfährt man beim Auftreten mehrerer Spannungsquellen.

(b) Die Berücksichtigung *gesteuerter Quellen* erfolgt in ähnlicher Weise wie beim Maschenstromverfahren, indem man zunächst die gesteuerten Quellen als starre Quellen

3.2 Das Knotenpotentialverfahren

behandelt. Die entsprechenden Funktionen (Spannungen und Ströme) erscheinen auf der rechten Seite der Gln.(3.20). Nun werden diese Funktionen entsprechend der Steuerung durch Ströme oder Spannungen, die an irgendwelchen Stellen des Netzwerks auftreten können, mit Hilfe der Knotenpotentiale dargestellt. Diese Darstellungen werden auf den rechten Seiten der Gln.(3.20) eingeführt, und alle mit Knotenpotentialen (einschließlich deren Differentialquotienten und Integralen) behafteten Glieder müssen sodann auf die linken Seiten der Gln.(3.20) gebracht werden. Auf diese Weise ändern sich die Koeffizienten $Y_{\mu\nu}$.

(c) Auch *Übertrager* lassen sich ähnlich wie beim Maschenstromverfahren berücksichtigen. Dies soll am Beispiel eines Netzwerks gezeigt werden, das den im Bild 3.13 dargestellten Übertrager enthält. Das Netzwerk werde harmonisch erregt. Im Bild 3.20 sind die (komplexen) Knotenpotentiale $\underline{\varphi}_s, \underline{\varphi}_{s+1}, \underline{\varphi}_{s+2}, \underline{\varphi}_{s+3}$ angegeben, die am Übertrager auftreten. Als zusätzliche Variablen erscheinen die Ströme $\underline{I}_1, \underline{I}_2, \underline{I}_3$. Neben den aufgrund der Knotenregel entstehenden $k-1$ Gleichungen erhält man gemäß den Gln. (3.10), (3.11a-d) noch die Beziehungen

$$\underline{\varphi}_s - \underline{\varphi}_{s+1} = j\omega k w_1 [w_1 \underline{I}_1 + w_2 \underline{I}_2 + w_3 \underline{I}_3] \;, \tag{3.21a}$$

$$\underline{\varphi}_{s+1} - \underline{\varphi}_{s+2} = j\omega k w_2 [w_1 \underline{I}_1 + w_2 \underline{I}_2 + w_3 \underline{I}_3] \;, \tag{3.21b}$$

$$\underline{\varphi}_{s+2} - \underline{\varphi}_{s+3} = j\omega k w_3 [w_1 \underline{I}_1 + w_2 \underline{I}_2 + w_3 \underline{I}_3] \;, \tag{3.21c}$$

wobei die bekannten Koeffizienten $kw_\mu w_\nu$ durch $L_{\mu\nu}$ abgekürzt werden. Auf diese Weise ergeben sich drei zusätzliche Gleichungen, so daß die Gesamtzahl der Gleichungen mit der Gesamtzahl der Unbekannten übereinstimmt.

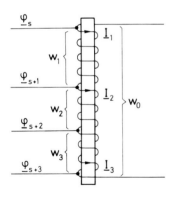

Bild 3.20. Festgekoppelter Übertrager mit Knotenpotentialen.

Im Falle des idealen Übertragers geht $k \to \infty$. Dies hat zur Folge, daß

$$w_1 \underline{I}_1 + w_2 \underline{I}_2 + w_3 \underline{I}_3 = 0 \tag{3.22}$$

wird. Mit der Abkürzung

$$\underline{U}_H = j\omega k [w_1 \underline{I}_1 + w_2 \underline{I}_2 + w_3 \underline{I}_3]$$

erhält man aus den Gln.(3.21a-c)

$$\underline{\varphi}_s - \underline{\varphi}_{s+1} = w_1 \underline{U}_H \;, \tag{3.23a}$$

$$\underline{\varphi}_{s+1} - \underline{\varphi}_{s+2} = w_2 \underline{U}_H \;, \tag{3.23b}$$

$$\underline{\varphi}_{s+2} - \underline{\varphi}_{s+3} = w_3 \underline{U}_H \;. \tag{3.23c}$$

Damit stehen die vier zusätzlichen Gln.(3.22), (3.23a-c) für die vier zusätzlichen Variablen $\underline{I}_1, \underline{I}_2, \underline{I}_3$ und $\underline{U}_H$ zur Verfügung.

3.2.5 Zwei Beispiele

(a) *Verstärkerschaltung*

Es soll das im Bild 3.21 dargestellte, von der Spannung $\underline{U}_0$ erregte Netzwerk mit Hilfe des Knotenpotentialverfahrens untersucht werden. Insbesondere ist die Ausgangsspannung $\underline{U}_2$ zu ermitteln. Der gestrichelt gekennzeichnete Teil des Netzwerks stellt eine idealisierte Verstärkerschaltung dar, die beiden vorkommenden Zweipole werden durch ihre Impedanzen $\underline{Z}_1$ und $\underline{Z}_2$ gekennzeichnet. Auf der linken Seite (Eingang) kann nur über den Knoten 2 ein Strom in den Verstärker fließen. Der Strom $\underline{I}$ fließt durch den Zweipol $\underline{Z}_1$ und über den Knoten 1 in den Zweipol $\underline{Z}_2$. Die reelle Größe V, welche den Grad der Steuerung der Quelle im Verstärker durch die Spannung $\underline{U}_1$ angibt, heißt Verstärkung.

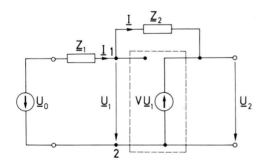

Bild 3.21. Verstärkernetzwerk.

Entsprechend den Überlegungen in den vorausgegangenen Abschnitten wird der Knoten 2 als Bezugsknoten gewählt. Es genügt, die Spannung $\underline{U}_1$ als einziges Knotenpotential zu verwenden. Wendet man auf den Knoten 1 die Knotenregel an, so erhält man die Beziehung

$$(\underline{U}_1 - \underline{U}_0)/\underline{Z}_1 + (\underline{U}_1 + V\underline{U}_1)/\underline{Z}_2 = 0 \;.$$

Hieraus ergibt sich unmittelbar

$$\underline{U}_1 = \frac{1}{1 + (1+V)\underline{Z}_1/\underline{Z}_2} \underline{U}_0 \;. \tag{3.24}$$

3.2 Das Knotenpotentialverfahren

Außerdem entnimmt man jener Beziehung für den Strom $\underline{I}$ die Darstellung

$$\underline{I} = (1 + V)\underline{U}_1/\underline{Z}_2 \ .$$

Für den Eingangswiderstand $\underline{Z}_E = \underline{U}_1/\underline{I}$ des Verstärkers gilt somit

$$\underline{Z}_E = \frac{\underline{Z}_2}{1 + V} \ .$$

Aus Gl.(3.24) läßt sich unmittelbar das Verhältnis von Ausgangsspannung $\underline{U}_2 = -V\underline{U}_1$ zur Eingangsspannung $\underline{U}_0$ entnehmen:

$$\frac{\underline{U}_2}{\underline{U}_0} = \frac{-V}{1 + (1+V)\underline{Z}_1/\underline{Z}_2} \ . \tag{3.25}$$

Von besonderem Interesse ist der Fall, daß V „sehr groß" ist ($V \gg 1$). Dann erhält man mit im allgemeinen ausreichender Genauigkeit aus Gl.(3.25)

$$\underline{U}_2 = -\frac{\underline{Z}_2}{\underline{Z}_1} \underline{U}_0 \ . \tag{3.26}$$

Die Ausgangsspannung $\underline{U}_2$ ist also in diesem Fall von der Verstärkung V unabhängig.

Von besonderer Bedeutung für Anwendungen sind die folgenden Möglichkeiten für die Wahl von $\underline{Z}_1$ und $\underline{Z}_2$:

1. $\underline{Z}_1 = R_1$; $\underline{Z}_2 = R_2$. Nach Gl.(3.26) ist dann $\underline{U}_2$ proportional $\underline{U}_0$ (*Proportionalglied*).

2. $\underline{Z}_1 = 1/j\omega C$; $\underline{Z}_2 = R$. Nach Gl.(3.26) gilt dann

$$\underline{U}_2 = -j\omega RC \underline{U}_0 \ .$$

Für die entsprechenden harmonischen Zeitfunktionen bedeutet dies, daß die Ausgangsspannung $u_2(t)$ aus der Eingangsspannung $u_0(t)$, abgesehen von einem Faktor, durch Differentiation hervorgeht. Wie aus den Betrachtungen im Abschnitt 6.6 noch deutlich wird (man vergleiche auch [40]), ist diese Aussage nicht auf harmonische Zeitfunktionen beschränkt. Das Netzwerk wird daher *Differentiator* genannt.

3. $\underline{Z}_1 = R$; $\underline{Z}_2 = 1/j\omega C$. Nach Gl.(3.26) wird

$$\underline{U}_2 = -\frac{1}{j\omega RC} \underline{U}_0 \ .$$

Dies bedeutet, daß die Ausgangsspannung aus der Eingangsspannung, abgesehen von einem Faktor, durch Integration hervorgeht. Das Netzwerk wird in diesem Fall *Integrator* genannt.

(b) *Allgemeines ohmsches Netzwerk*

Es wird ein Netzwerk mit k Knoten betrachtet. Zwischen je zweien dieser Knoten (μ und ν) befindet sich ein Widerstand mit dem Leitwert $g_{\mu\nu}$. Zu bestimmen ist der zwischen den Knoten 1 und k auftretende Gesamtwiderstand R_{1k}. Zur Lösung dieser Aufgabe führt man zwischen den Knoten 1 und k eine (Gleich-)Stromquelle I_1 ein (Bild 3.22). Mit dem Knoten k als Bezugsknoten werden die Spannungen $U_{1k} = \varphi_1$, $U_{2k} = \varphi_2$, ..., $U_{k-1,k} = \varphi_{k-1}$ als Knotenpotentiale gewählt. Dann gilt

$$R_{1k} = \frac{\varphi_1}{I_1}.$$

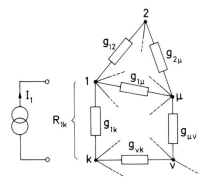

Bild 3.22. Allgemeines ohmsches Netzwerk.

Gemäß dem Gleichungssystem (3.20) erhält man die Gleichungen

$$
\begin{array}{cccc|c}
\varphi_1 & \varphi_2 & \cdots & \varphi_{k-1} & \\
\hline
g_{11} & -g_{12} & \cdots & -g_{1,k-1} & I_1 \\
-g_{21} & g_{22} & \cdots & -g_{2,k-1} & 0 \\
\vdots & \vdots & & \vdots & \vdots \\
-g_{k-1,1} & -g_{k-1,2} & \cdots & g_{k-1,k-1} & 0
\end{array}
\qquad (3.27)
$$

wobei $g_{\mu\mu} = g_{\mu 1} + g_{\mu 2} + ... + g_{\mu,\mu-1} + g_{\mu,\mu+1} + ... + g_{\mu,k}$ ($\mu = 1, 2, ..., k-1$) gilt. Aus dem Gleichungssystem (3.27) folgt mit Hilfe der Cramerschen Regel

$$\varphi_1 = \frac{D_{11}}{D} I_1$$

3.2 Das Knotenpotentialverfahren

oder

$$R_{1k} = \frac{D_{11}}{D} \equiv \frac{\begin{vmatrix} g_{22} & \cdots & -g_{2,k-1} \\ \cdots\cdots\cdots\cdots\cdots\cdots\cdots\cdots \\ -g_{k-1,2} & \cdots & g_{k-1,k-1} \end{vmatrix}}{\begin{vmatrix} g_{11} & \cdots & -g_{1,k-1} \\ \cdots\cdots\cdots\cdots\cdots\cdots\cdots\cdots \\ -g_{k-1,1} & \cdots & g_{k-1,k-1} \end{vmatrix}}.$$

3.2.6 *Die Trennmengenregel*

Im folgenden sollen die im Abschnitt 3.2.3 angestellten Überlegungen zur Aufstellung eines Gleichungssystems für die Zweigströme fortgeführt werden.

Nach der Knotenregel muß die Summe aller Ströme an einem Knoten gleich null sein (bei einheitlicher Zählrichtung in Bezug auf diesen Knoten). Wendet man diese Regel auf $k-1$ Knoten eines Netzwerks mit insgesamt k Knoten an, so erhält man ein System von $k-1$ linearen Gleichungen für die Zweigströme. Diese Knotengleichungen bilden, wie im Abschnitt 3.2.3 gezeigt wurde, voneinander unabhängige Forderungen. Umschließt man nach dem Vorbild des Beispiels aus Bild 3.18 einen Teil des betrachteten Netzwerks mit einer Hülle und verlangt in Erweiterung der Knotenregel, daß die Summe aller die Hülle durchstoßenden Ströme (bei einheitlicher Zählrichtung in Bezug auf diese Hülle) stets gleich null ist, so erhält man eine weitere Gleichung für die Zweigströme, die allerdings von den genannten $k-1$ Gleichungen linear abhängt. (Diese Gleichung ergibt sich als Summe der für die eingeschlossenen Knoten aufgestellten Knotengleichungen.) Die Menge aller Zweige, die durch eine Hülle der betrachteten Art durchschnitten werden, bilden eine sogenannte *Trennmenge* (auch Schnittmenge genannt) des Netzwerks. Eine Trennmenge ist also eine Menge von Zweigen, nach deren Wegnahme das Netzwerk in zwei Teile zerfällt, wobei das Netzwerk zusammenhängend bleibt, wenn auch nur ein Zweig der Schnittmenge nicht durchtrennt wird. Hierbei kann auch ein einzelner Knoten einen Teil des Netzwerks bilden. Man pflegt der Trennmenge eine bestimmte Orientierung zuzuordnen, etwa die vom Inneren zum Äußeren der Hülle weisende Richtung. Man kann auf jede derartige Trennmenge die erweiterte Knotenregel anwenden, und man spricht dann von der *Trennmengenregel*.

Wählt man $k-1$ verschiedene Trennmengen und wendet auf diese die Trennmengenregel an, so erhält man ein System von $k-1$ linearen Gleichungen für die Zweigströme in der Art von Gl.(3.18). Die rechte Seite $i_\nu(t)$ der ν-ten Trennmengengleichung ($\nu = 1, 2, ..., k-1$) bedeutet bei der oben genannten Orientierung der Trennmenge die Summe der in der ν-ten Trennmenge enthaltenen eingeprägten Ströme, sofern sie alle in diese Trennmenge hineingezählt werden. Das auf diese Weise entstehende Gleichungssystem ist mit jenem äquivalent, welches durch direkte Anwendung der Knotenregel auf $k-1$ Knoten entsteht, sofern die $k-1$ Zeilen der Koeffizientenmatrix voneinander linear unabhängig sind. Denn dann kann jedes der beiden Gleichungssysteme aus dem anderen hergeleitet werden. Die notwendige Voraussetzung, daß die $k-1$ Zeilen der Koeffizientenmatrix des Gleichungssystems für die Zweigströme voneinander linear unabhängig sind, ist sicher dann gegeben, wenn die $k-1$ Trennmengen auf die folgende Weise konstruiert werden: Zunächst ist im Graphen des Netzwerks ein beliebiger Baum zu wählen. Zu jedem Zweig dieses Baumes gehören bestimmte Zweige des Baumkomplements, so daß diese Zweige zusammen mit dem betrachteten Baumzweig eine Trennmenge bilden. Führt man diese Konstruktion für alle $k-1$ Zweige des Baumes durch, so erhält man $k-1$ Trennmengen, die sogenannten *Fundamentaltrennmengen* bezüglich des gewählten Baumes, mit der gewünschten Eigenschaft. Denn das auf diese Weise entstehende Gleichungssystem der Art von Gl.(3.18) besitzt eine Koeffizientenmatrix mit $k-1$ der ℓ Spalten, von denen jede neben Nullelementen genau eine 1 oder eine -1 in verschiedenen Zeilen aufweist, und damit müssen die $k-1$ Zeilen der Koeffizientenmatrix voneinander linear unabhängig sein.

Zur Erläuterung des Sachverhalts wird das Netzwerk aus Bild 3.15 betrachtet und der dort angegebene reale Baum $\{(1,2);(2,3);(3,4)\}$ gewählt. Zu diesem Baum gegören die drei Fundamentaltrennmengen $\{(1,2);(1,3);(1,4)\}$, $\{(2,3);(1,3);(1,4)\}$ und $\{(3,4);(1,4)\}$, mit deren Hilfe für die Zweigströme die folgenden Trennmengengleichungen angeschrieben werden können:

i_{12}	i_{23}	i_{34}	i_{41}	i_{13}	
1	0	0	-1	1	0
0	1	0	-1	1	0
0	0	1	-1	0	$i_0(t)$

Man beachte, daß entsprechend der oben getroffenen Vereinbarung i_{34} den vom Knoten 3 durch den ohmschen Widerstand R_3 zum Knoten 4 fließenden und in diese Richtung gezählten Strom bedeutet. Die gewonnenen Gleichungen sind voneinander linear unabhängig, da in den ersten drei Spalten der Koeffizientenmatrix neben den Nullelementen jeweils nur eine 1 in verschiedenen Zeilen auftritt.

Die Gln.(3.18), durch welche die Zweigströme aufgrund der Anwendung der Knotenregel auf $k-1$ der Knoten miteinander verknüpft werden, lassen sich auch mit Hilfe obiger Überlegungen aufstellen. Dazu hat man als Baum jenen Teil des Graphen zu wählen, dessen Zweige ausnahmslos vom Knoten k ausgehen. Dabei kann ein Zweig unbesetzt, der Baum also fiktiv sein. Die Anwendung der Trennmengenregel auf alle Fundamentaltrennmengen, die dem Baum zugeordnet sind, liefert die Gln.(3.18).

Die verschiedenen Möglichkeiten zur Aufstellung eines Gleichungssystems der Art nach Gln.(3.18) unter Verwendung der Trennmengenregel können dazu benützt werden, die Analyse eines Netzwerks nach dem Grundgedanken des Knotenpotentialverfahrens durchzuführen. Dies wird im Abschnitt 3.3.2 im einzelnen gezeigt. In dieser Erweiterung heißt die Analysemethode *Trennmengenverfahren*. Es kann in dieser allgemeinen Form als dual zum Maschenstromverfahren betrachtet werden.

3.2.7 Die Inzidenzmatrix

In diesem Abschnitt soll gezeigt werden, wie sich die Topologie eines Netzwerks mit Hilfe der sogenannten (Knoten-)*Inzidenzmatrix* beschreiben läßt. Diese Matrix eignet

3.2 Das Knotenpotentialverfahren

sich vor allem dazu, die Zusammenschaltung der Elemente in einem Netzwerk durch ein Rechnerprogramm darzustellen. Zur Aufstellung der Inzidenzmatrix ordnet man dem betreffenden Netzwerk zunächst seinen Graphen zu, dessen Knoten von 1 bis k und dessen Zweige von 1 bis ℓ durchnumeriert werden. Jeder Zweig wird in einer Richtung orientiert, so daß ein gerichteter Graph entsteht. Die Elemente der Inzidenzmatrix

$$A_a = \begin{bmatrix} a_{11} & a_{12} & \cdots & a_{1\ell} \\ a_{21} & a_{22} & \cdots & a_{2\ell} \\ \vdots & & & \vdots \\ a_{k1} & a_{k2} & \cdots & a_{k\ell} \end{bmatrix}$$

sind durch die Vereinbarung

$$a_{\mu\nu} = \begin{cases} 1, & \text{falls der Zweig } \nu \text{ den Knoten } \mu \text{ verläßt,} \\ -1, & \text{falls der Zweig } \nu \text{ den Knoten } \mu \text{ trifft,} \\ 0, & \text{falls der Zweig } \nu \text{ mit dem Knoten } \mu \text{ nicht verbunden ist,} \end{cases}$$

definiert ($\mu = 1, 2, ..., k$; $\nu = 1, 2, ..., \ell$). Da jeder Zweig ν nur einen Knoten μ verläßt und nur einen anderen Knoten trifft, enthält jede Spalte der Inzidenzmatrix genau eine Eins, eine Minus-Eins und sonst nur Nullen.

Beispielsweise lautet die Inzidenzmatrix des Graphen aus Bild 3.23

$$A_a = \begin{bmatrix} 1 & -1 & 1 & 0 & 0 & 1 \\ 0 & 0 & -1 & 1 & 0 & 0 \\ -1 & 1 & 0 & 0 & 1 & 0 \\ 0 & 0 & 0 & -1 & -1 & -1 \end{bmatrix}.$$

Andererseits kann man der Inzidenzmatrix

$$A_a = \begin{bmatrix} 1 & 1 & 0 & 0 & 0 & 0 \\ -1 & 0 & 1 & 0 & -1 & 0 \\ 0 & 0 & 0 & -1 & 1 & 0 \\ 0 & 0 & 0 & 1 & 0 & 1 \\ 0 & -1 & -1 & 0 & 0 & -1 \end{bmatrix}$$

direkt den im Bild 3.24 dargestellten gerichteten Graphen zuweisen. Wie man sich leicht überlegen kann, ist notwendig und hinreichend dafür, daß eine $k \times \ell$-Matrix A_a als Inzidenzmatrix eines Netzwerks mit k Knoten und ℓ Zweigen aufgefaßt werden kann, daß jedes ihrer Elemente a_{ij} den Wert 0, 1 oder -1 hat und daß in jeder Spalte genau ein Mal die 1 und genau ein Mal die -1 auftritt.

Ergänzt man das Gleichungssystem (3.18) durch eine k-te Gleichung, indem man auch für den Knoten k die Knotenregel anwendet, dann erhält man eine Koeffizientenmatrix $[d_{\mu\nu}]$ mit k Zeilen und ℓ Spalten. Sie ist offensichtlich gleich der Inzidenzmatrix des gerichteten Graphen, sofern die Numerierung und Orientierung der Zweige mit denen der Zweigströme korrespondiert.

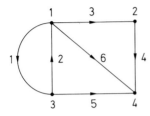

Bild 3.23. Beispiel zur Aufstellung der Inzidenzmatrix.

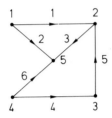

Bild 3.24. Beispiel zur Angabe des Graphen aus der Inzidenzmatrix.

3.3 Die Analyseverfahren in Matrizendarstellung

In diesem Abschnitt sollen die beiden in den vorausgegangenen Abschnitten besprochenen Verfahren zur Netzwerkanalyse mit Hilfe von Matrizen formuliert werden. Dadurch erhalten die grundlegenden Beziehungen eine komprimierte und übersichtliche Form, was sich im Zusammenhang mit numerischen Anwendungen vorteilhaft auswirken kann. Es wird die Gelegenheit benützt, das Knotenpotentialverfahren in der allgemeinen, zum Maschenstromverfahren dualen Form des Trennmengenverfahrens darzustellen. Den folgenden Ausführungen wird ein beliebiges Netzwerk zugrunde gelegt, dessen sämtliche Zweige die im Bild 3.25 angegebene allgemeine Form aufweisen sollen. Ein Netzwerkelement E (Widerstand, Induktivität oder Kapazität) sei in jedem Zweig vorhanden, während die Quellen nicht unbedingt in jedem Zweig auftreten müssen. Magnetische Kopplungen zwischen Induktivitäten verschiedener Zweige sind zugelassen. Bezüglich der Berücksichtigung gesteuerter Quellen sei auf die früheren Abschnitte 3.1.6 und 3.2.4 verwiesen.

3.3.1 Die Matrizenform des Maschenstromverfahrens

Es wird der Graph eines zusammenhängenden Netzwerks mit ℓ Zweigen und k Knoten betrachtet. Nach Abschnitt 3.1.3 wird ein vollständiges System von $m = \ell - (k-1)$ orientierten Maschen gewählt. Die Maschenströme seien $i_1, i_2, ..., i_m$. Die ℓ Zweige des Graphen werden von 1 bis ℓ durchnumeriert, und jeder dieser Zweige wird in einer Richtung orientiert (gerichtet). Die Ströme und Spannungen in den gerichteten Zweigen seien $i^{(1)}, i^{(2)}, ..., i^{(\ell)}$ bzw. $u^{(1)}, u^{(2)}, ..., u^{(\ell)}$. Alle Zählrichtungen sollen

3.3 Die Analyseverfahren in Matrizendarstellung

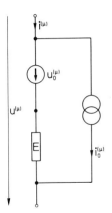

Bild 3.25. Allgemeine Form des Netzwerkzweiges für die Darstellung des Maschenstrom- und des Trennmengenverfahrens in Matrizenform. E bedeutet einen ohmschen Widerstand, eine Induktivität oder Kapazität.

mit der Zweigorientierung übereinstimmen. Es werden die Vektoren

$$i = \begin{bmatrix} i^{(1)} \\ i^{(2)} \\ \vdots \\ i^{(\ell)} \end{bmatrix}, \quad i_m = \begin{bmatrix} i_1 \\ i_2 \\ \vdots \\ i_m \end{bmatrix}, \quad u = \begin{bmatrix} u^{(1)} \\ u^{(2)} \\ \vdots \\ u^{(\ell)} \end{bmatrix} \quad (3.28\text{a-c})$$

eingeführt. Mit den in den Abschnitten 3.1.3 und 3.1.4 definierten Matrizen

$$A = \begin{bmatrix} a_{11} & a_{12} & \cdots & a_{1m} \\ a_{21} & a_{22} & \cdots & a_{2m} \\ \vdots & \vdots & & \vdots \\ a_{\ell 1} & a_{\ell 2} & \cdots & a_{\ell m} \end{bmatrix},$$

$$B = \begin{bmatrix} b_{11} & b_{12} & \cdots & b_{1\ell} \\ b_{21} & b_{22} & \cdots & b_{2\ell} \\ \vdots & \vdots & & \vdots \\ b_{m1} & b_{m2} & \cdots & b_{m\ell} \end{bmatrix}$$

läßt sich die Gl.(3.3) in der Form

$$A \cdot i_m = i \tag{3.29}$$

und die Gl.(3.5) in der Form

$$B \cdot u = 0 \tag{3.30}$$

ausdrücken. Die Matrix B heißt *Maschenmatrix*. Wie bereits früher gezeigt wurde, gilt $B = A^T$. Nun werde im gegebenen Graphen ein beliebiger Baum ausgewählt und durch entsprechende Zweignumerierung dafür gesorgt, daß die Zweige 1 bis $k-1$ mit denen des ausgewählten Baumes identisch sind. Werden dann die Maschenströme nach Abschnitt 3.1.3 so gewählt, daß $i_\mu = i^{(\mu)}$ ($\mu = 1, 2, ..., m$) gilt, so nennt man B die *fundamentale Maschenmatrix* bezüglich des gewählten Baumes, und es gilt

$$B = [E, F]$$

mit der Einheitsmatrix E der Ordnung m.

Bildet man das Produkt $i^T \cdot u$, so läßt sich i^T nach Gl.(3.29) durch $i_m^T \cdot A^T$ ersetzen, und damit ergibt sich, wenn man noch die Gl.(3.30) und $B = A^T$ beachtet, die Beziehung

$$i^T \cdot u = 0 \; , \tag{3.31}$$

die im Abschnitt 4.4 weiter diskutiert wird.

Aufgrund der Strom-Spannungs-Beziehungen für die Netzwerkelemente läßt sich der Vektor der Zweigspannungen in der Form

$$u = W \cdot i + u_0 - W \cdot i_0 \tag{3.32}$$

ausdrücken. Dabei ist W, sofern keine magnetischen Kopplungen auftreten, eine Diagonalmatrix mit Operatorausdrücken in Form der Gln.(1.15a), (1.16a) oder (1.21b) in der Hauptdiagonalen und u_0, i_0 sind Vektoren, durch welche die Erregungen $u_0^{(\mu)}$ bzw. $i_0^{(\mu)}$ ($\mu = 1, 2, ..., \ell$) zusammengefaßt werden. Sind die Spannungen an den Kapazitäten am Anfang des betrachteten Zeitintervalls von null verschieden, so werden sie durch einen zusätzlichen konstanten Vektor auf der rechten Seite von Gl.(3.32) berücksichtigt. Falls magnetische Kopplungen zwischen verschiedenen Netzwerkzweigen vorhanden sind, gilt die Gl.(3.32) nach wie vor, jedoch ist dann die Matrix W im allgemeinen keine Diagonalmatrix. Substituiert man in Gl.(3.30) den Spannungsvektor u mit Hilfe der Gl.(3.32) und sodann den Stromvektor i aufgrund von Gl.(3.29), so erhält man die Beziehung

$$BWA \cdot i_m + B \cdot u_0 - BW \cdot i_0 = 0 \; ,$$

welche die Form

$$Z \cdot i_m = E_0 \tag{3.33}$$

hat mit den Matrizen

$$Z = BWB^T \; , \qquad E_0 = B \cdot (W \cdot i_0 - u_0) \; . \tag{3.34a,b}$$

Man beachte dabei den Zusammenhang $A^T = B$. Die Gl.(3.33) ist die Basis zur Ermittlung des Vektors der Maschenströme i_m. Aufgrund der Gl.(3.29) ergibt sich dann der Stromvektor i und über die Gl.(3.32) schließlich der Spannungsvektor u.

Als Beispiel zur Aufstellung der Grundgleichungen für die Maschenstromanalyse sei das im Bild 3.26 gezeigte Netzwerk betrachtet. Die Numerierung und Orientierung der Zweige ist durch die Zweigströme festgelegt. Die Maschenströme sollen mit Hilfe

3.3 Die Analyseverfahren in Matrizendarstellung

des aus den Zweigen 5, 6, 7 und 8 gebildeten Baumkomplements eingeführt werden. Damit erhält man als Maschenmatrix

$$B = \begin{bmatrix} 0 & 1 & -1 & 0 & 1 & 0 & 0 & 0 \\ 1 & 1 & -1 & 0 & 0 & -1 & 0 & 0 \\ 1 & 1 & -1 & -1 & 0 & 0 & 1 & 0 \\ 0 & 0 & 1 & 1 & 0 & 0 & 0 & 1 \end{bmatrix}.$$

Man beachte, daß hierbei nicht die für die fundamentale Maschenmatrix vereinbarte Numerierung der Zweigströme gewählt wurde. Weiterhin entnimmt man dem Netzwerk die Diagonalmatrix

$$W = \begin{bmatrix} R_1 & & & & & & & 0 \\ & L_2 \frac{d}{dt} & & & & & & \\ & & R_3 & & & & & \\ & & & R_4 & & & & \\ & & & & R_5 & & & \\ & & & & & L_6 \frac{d}{dt} & & \\ & & & & & & R_7 & \\ 0 & & & & & & & R_8 \end{bmatrix}$$

und die Vektoren

$$u_0 = \begin{bmatrix} u_0^{(1)} \\ 0 \\ \vdots \\ 0 \end{bmatrix}, \quad i_0 = \begin{bmatrix} 0 \\ \vdots \\ 0 \\ i_0^{(8)} \end{bmatrix}.$$

Mit diesen Matrizen liefern die Gln. (3.34a,b)

$$Z = \begin{bmatrix} L_2\frac{d}{dt}+R_3+R_5 & L_2\frac{d}{dt}+R_3 & L_2\frac{d}{dt}+R_3 & -R_3 \\ L_2\frac{d}{dt}+R_3 & R_1+L_2\frac{d}{dt}+R_3+L_6\frac{d}{dt} & R_1+L_2\frac{d}{dt}+R_3 & -R_3 \\ L_2\frac{d}{dt}+R_3 & R_1+L_2\frac{d}{dt}+R_3 & R_1+L_2\frac{d}{dt}+R_3+R_4+R_7 & -R_3-R_4 \\ -R_3 & -R_3 & -R_3-R_4 & R_3+R_4+R_8 \end{bmatrix}$$

und

$$E_0 = \begin{bmatrix} 0 \\ -u_0^{(1)} \\ -u_0^{(1)} \\ R_8 i_0^{(8)} \end{bmatrix}.$$

Im weiteren seien sämtliche Quellen des zu untersuchenden Netzwerks harmonisch und die Kreisfrequenz sei bei allen Quellen gleich ω. Dann sind sämtliche Ströme und Spannungen im Netzwerk im eingeschwungenen Zustand ebenfalls harmonische Zeitgrößen mit der Kreisfrequenz ω. Sie lassen sich mit Hilfe von Zeigern beschreiben, insbesondere können die komplexen Zweigströme $\underline{I}^{(1)}, ..., \underline{I}^{(\ell)}$, Maschenströme $\underline{I}_1, ..., \underline{I}_m$, Zweigspannungen $\underline{U}^{(1)}, ..., \underline{U}^{(\ell)}$ sowie die komplexen Vektoren $\underline{I}, \underline{I}_m, \underline{I}_0, \underline{U}, \underline{U}_0$ und $\underline{E}_0$ eingeführt werden. Den Gln.(3.29), (3.30), (3.32), (3.33) und (3.34a,b) entsprechen die Beziehungen

$$A \cdot \underline{I}_m = \underline{I}, \quad B \cdot \underline{U} = 0,$$

$$\underline{U} = \underline{W} \cdot \underline{I} + \underline{U}_0 - \underline{W} \cdot \underline{I}_0,$$

$$\underline{Z} \cdot \underline{I}_m = \underline{E}_0,$$

$$\underline{Z} = B\underline{W}B^T, \quad \underline{E}_0 = B \cdot (\underline{W} \cdot \underline{I}_0 - \underline{U}_0).$$

Dabei treten in den Matrizen $\underline{W}$ und $\underline{Z}$ im Vergleich zu W bzw. Z anstelle der Differentiations- und Integrations-Operatoren die Faktoren $j\omega$ bzw. $1/j\omega$ auf. Sämtliche gewonnenen Gleichungen sind algebraischer Art, so daß die Berechnung von $\underline{I}_m$, $\underline{I}$ und $\underline{U}$ rein algebraisch erfolgen kann.

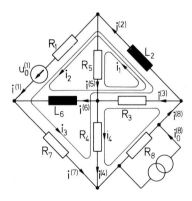

Bild 3.26. Beispiel zur Anwendung der Maschenstromanalyse.

3.3.2 Die Matrizenform des Trennmengenverfahrens

Im Graphen des zu untersuchenden Netzwerks, das ℓ Zweige und k Knoten besitzt, wird ein Baum gewählt, dessen Zweige von 1 bis $k-1$ durchnumeriert und gerichtet

3.3 Die Analyseverfahren in Matrizendarstellung

werden. Die Zweige des Baumkomplements erhalten die Nummern k bis ℓ und jeweils eine bestimmte Bezugsrichtung. Nach Abschnitt 3.2.6 können bezüglich des gewählten Baums $k-1$ Fundamentaltrennmengen gebildet werden. Ihre Orientierung und Numerierung sollen jeweils mit der Richtung bzw. Nummer des entsprechenden Baumzweiges übereinstimmen. Wie im Abschnitt 3.3.1 werden die Zweigströme und die Zweigspannungen bezeichnet und zu den Vektoren i Gl.(3.28a) bzw. u Gl.(3.28c) zusammengefaßt.

Durch Anwendung der Trennmengenregel bezüglich der gewählten $k-1$ Trennmengen in der Reihenfolge ihrer Numerierung erhält man das Gleichungssystem

$$A \cdot i = 0 \,. \tag{3.35}$$

Die Elemente der sogenannten *Fundamentaltrennmengenmatrix* A, die aufgrund der Überlegungen von Abschnitt 3.2.6 maximalen Rang $k-1$ hat, seien mit $a_{\mu\nu}$ ($\mu = 1, 2, ..., k-1; \nu = 1, 2, ..., \ell$) bezeichnet. Enthält die μ-te Trennmenge den ν-ten Zweig, so tritt in der entsprechenden Trennmengengleichung der Summand $i^{(\nu)}$ oder $-i^{(\nu)}$ auf, d.h. es gilt $a_{\mu\nu} = 1$ oder $a_{\mu\nu} = -1$, je nachdem ob die Trennmenge und der Zweig gleich oder entgegengesetzt zueinander gezählt sind. Andernfalls ist $a_{\mu\nu} = 0$.

Unter Verwendung der Spannungen in den Baumzweigen $u_1 = u^{(1)}$, $u_2 = u^{(2)}$, ..., $u_{k-1} = u^{(k-1)}$, die zum Vektor u_k zusammengefaßt seien, kann man aufgrund der Maschenregel das Gleichungssystem

$$B \cdot u_k = u \tag{3.36}$$

aufstellen. Die Elemente der Matrix B seien mit $b_{\mu\nu}$ ($\mu = 1, 2, ..., \ell; \nu = 1, 2, ..., k-1$) bezeichnet. Ist der μ-te Zweig in der ν-ten Trennmenge enthalten, dann tritt in der Darstellung von $u^{(\mu)}$ als Linearkombination der Baumspannungen der Summand u_ν oder $-u_\nu$ auf, d.h. es gilt $b_{\mu\nu} = 1$ oder $b_{\mu\nu} = -1$, je nachdem ob der Zweig und die Trennmenge gleich oder entgegengesetzt zueinander orientiert sind. Andernfalls ist $b_{\mu\nu} = 0$.

Aufgrund der Interpretation der Matrixelemente $a_{\mu\nu}$ und $b_{\mu\nu}$ ist zu erkennen, daß die Beziehung

$$B = A^T \tag{3.37}$$

besteht.

Bildet man das Produkt $i^T \cdot u$, so läßt sich u nach der Gl.(3.36) bei Verwendung der Gl.(3.37) durch $A^T \cdot u_k$ ersetzen. Berücksichtigt man nun die Gl.(3.35) in transponierter Form, dann ergibt sich erneut die Gl.(3.31).

Angesichts der Tatsache, daß die Netzwerkzweige allgemein die im Bild 3.25 angegebene Form haben, läßt sich der Vektor der Zweigströme in der Form

$$i = L \cdot u + i_0 - L \cdot u_0 \tag{3.38}$$

ausdrücken. Dabei ist L, sofern keine magnetischen Kopplungen auftreten, eine Diagonalmatrix mit Operatorausdrücken in der Hauptdiagonalen und u_0, i_0 sind Vektoren, durch welche die Erregungen $u_0^{(\mu)}$ bzw. $i_0^{(\mu)}$ ($\mu = 1, 2, ..., \ell$) zusammengefaßt werden. Sind die Ströme in den Induktivitäten am Anfang des betrachteten Zeitintervalls von null verschieden, so werden sie durch einen zusätzlichen konstanten Vektor auf der rechten Seite von Gl.(3.38) berücksichtigt. Falls magnetische Kopplungen zwischen verschiedenen Netzwerkzweigen vorhanden sind, besteht die Gl.(3.38) nach wie vor, jedoch ist dann die Matrix L im allgemeinen keine Diagonalmatrix.

Ersetzt man in der Gl.(3.35) den Stromvektor gemäß Gl.(3.38) und sodann den Spannungsvektor aufgrund der Gl.(3.36), so entsteht die Beziehung

$$Y \cdot u_k = J_0 \qquad (3.39)$$

mit

$$Y = ALA^T \text{ und } J_0 = AL \cdot u_0 - A \cdot i_0 \ . \qquad (3.40\text{a,b})$$

Die Gln.(3.39) und (3.40a,b) bilden die Basis für die Analyse eines Netzwerks mittels des Trennmengenverfahrens. Nach der Ermittlung von u_k erhält man u nach Gl. (3.36), und sodann liefert Gl.(3.38) den Vektor i.

Als Beispiel sei das Netzwerk nach Bild 3.17 betrachtet. Der Baum wird aus den Zweigen (2,1), (1,4) und (4,3) gebildet. Die weitere Reihenfolge der Zweige sei (2,3) und (1,3). Dann entnimmt man dem Netzwerk direkt die Fundamentaltrennmengenmatrix

$$A = \begin{bmatrix} 1 & 0 & 0 & 1 & 0 \\ 0 & 1 & 0 & 1 & 1 \\ 0 & 0 & 1 & 1 & 1 \end{bmatrix}$$

und die Matrizen

$$L = \begin{bmatrix} \frac{1}{R_1} & & & & 0 \\ & \frac{1}{R_2} & & & \\ & & \frac{1}{R_3} & & \\ & & & C_1 \frac{d}{dt} & \\ 0 & & & & C_2 \frac{d}{dt} \end{bmatrix}, \quad u_0 = 0, \quad i_0 = \begin{bmatrix} 0 \\ 0 \\ i_0 \\ 0 \\ 0 \end{bmatrix} .$$

Nach den Gln.(3.40a,b) ergeben sich hieraus die Matrizen

$$Y = \begin{bmatrix} \frac{1}{R_1} + C_1 \frac{d}{dt} & C_1 \frac{d}{dt} & C_1 \frac{d}{dt} \\ C_1 \frac{d}{dt} & \frac{1}{R_2} + C_1 \frac{d}{dt} + C_2 \frac{d}{dt} & C_1 \frac{d}{dt} + C_2 \frac{d}{dt} \\ C_1 \frac{d}{dt} & C_1 \frac{d}{dt} + C_2 \frac{d}{dt} & \frac{1}{R_3} + C_1 \frac{d}{dt} + C_2 \frac{d}{dt} \end{bmatrix}, \quad J_0 = \begin{bmatrix} 0 \\ 0 \\ -i_0 \end{bmatrix} .$$

3.4 Das Verfahren des Zustandsraumes

Falls in dem zu untersuchenden Netzwerk ausschließlich harmonische Quellen auftreten und deren Kreisfrequenzen den gleichen Wert ω besitzen, sind alle Ströme und Spannungen im Netzwerk im eingeschwungenen Zustand ebenfalls harmonische Zeitgrößen mit der gleichen Kreisfrequenz ω. Sie lassen sich mit Hilfe von Zeigern beschreiben. Damit können die komplexen Zweigspannungen $\underline{U}^{(1)}, ..., \underline{U}^{(\ell)}$, Baumspannungen $\underline{U}_1, ..., \underline{U}_{k-1}$, Zweigströme $\underline{I}^{(1)}, ..., \underline{I}^{(\ell)}$ sowie die komplexen Vektoren $\underline{U}$, $\underline{U}_k, \underline{U}_0, \underline{I}, \underline{I}_0$ und $\underline{J}_0$ eingeführt werden. Die Gln.(3.35), (3.36), (3.38), (3.39) und (3.40a,b) nehmen die Form

$$A \cdot \underline{I} = 0, \quad B \cdot \underline{U}_k = \underline{U}, \quad \underline{I} = \underline{L} \cdot \underline{U} + \underline{I}_0 - \underline{L} \cdot \underline{U}_0 ,$$

$$\underline{Y} \cdot \underline{U}_k = \underline{J}_0, \quad \underline{Y} = A\underline{L}A^{\mathrm{T}}, \quad \underline{J}_0 = A\underline{L} \cdot \underline{U}_0 - A \cdot \underline{I}_0$$

an. Die Gleichungen sind rein algebraischer Natur, da anstelle der Differentiations- und Integrations-Operatoren in den Matrizen die Faktoren $j\omega$ bzw. $1/j\omega$ auftreten. Deshalb lassen sich $\underline{U}_k$ und dann $\underline{U}, \underline{I}$ rein algebraisch berechnen.

Wählt man den dem Trennmengenverfahren zugrundeliegenden Baum so, daß die Komponenten des Vektors u_k mit den Knotenpotentialen bezüglich eines Knotens k als Bezugspunkt übereinstimmen, dann erhält man als spezielle Form das Knotenpotentialverfahren.

3.4 Das Verfahren des Zustandsraumes

In diesem Abschnitt soll noch ein weiteres Analyseverfahren, das sogenannte Zustandsraumverfahren, behandelt werden. Zunächst werden auch hier bestimmte Variablen als Netzwerkkoordinaten, die Zustandsvariablen, eingeführt. Sie zeichnen sich dadurch aus, daß die Gleichungen, mit denen schließlich das elektrische Verhalten des Netzwerks beschrieben wird, Differentialgleichungen erster Ordnung sind, die eine für rechentechnische Anwendungen günstige Form aufweisen. Die Zahl der Variablen ist hier von Anfang an im Gegensatz zu den früher besprochenen Analyseverfahren minimal. Die Bedeutung des Zustandsraumkonzepts liegt weiterhin darin, daß es im Vergleich zu den anderen Analyseverfahren verhältnismäßig bequem auf nichtlineare Netzwerke und auf Netzwerke mit zeitabhängigen Elementen erweitert werden kann und daß es möglich wird, Ergebnisse der Systemtheorie auf Netzwerke anzuwenden [40].

3.4.1 Topologische Grundlagen

Es wird ein beliebiges zusammenhängendes Netzwerk betrachtet, das ausschließlich aus ohmschen Widerständen, Induktivitäten, Kapazitäten und starren (voneinander unabhängigen) Quellen aufgebaut ist. In diesem Netzwerk wird ein Baum gewählt, der alle Spannungsquellen, keine Stromquellen, möglichst viele Kapazitäten und möglichst wenige Induktivitäten enthält. Ein solcher Baum heißt *Normalbaum.* Alle Zweige des Netzwerks werden zur Festlegung der Orientierung für die Ströme und Spannungen gerichtet, wobei die Richtung in den mit Quellen besetzten Zweigen durch deren Orientierung festgelegt sein soll. Jeder Zweig des Normalbaumkomplements läßt sich eindeutig durch Zweige des Normalbaums zu einer Fundamentalmasche ergänzen, deren Richtung durch die Orientierung des Normalbaumkomplement-Zweiges festgelegt sei.

Jedem Zweig des Normalbaumes ist eindeutig eine Fundamentaltrennmenge zugeordnet, deren Richtung durch die Orientierung des Baumzweiges gegeben sei. Um eine spätere Schwierigkeit auszuschließen, wird vorausgesetzt, daß das Netzwerk keine Trennmenge enthält, die eine Induktivität im Normalbaum und sonst nur Stromquellen umfaßt, und daß das Netzwerk auch keine Masche besitzt, die sich aus einer Kapazität im Normalbaumkomplement und sonst ausschließlich aus Spannungsquellen zusammensetzt. Außerdem sollen keine parallelgeschalteten Kapazitäten und in Reihe zueinander liegenden Induktivitäten vorhanden sein. Diese Voraussetzungen dürfen als realistisch betrachtet werden.

Die Kapazitätsspannungen des Normalbaumes werden zum Vektor u_c zusammengefaßt, die des Normalbaumkomplements zum Vektor u_C. Aus den Widerstandsspannungen des Normalbaumes wird der Vektor u_r gebildet, aus denjenigen des Normalbaumkomplements u_R. Entsprechend werden aus den Induktivitätsspannungen die Vektoren u_l und u_L gebildet. Aus den Zweigströmen des Netzwerks erhält man in analoger Weise die Vektoren $i_c, i_r, i_l, i_C, i_R, i_L$. Weiterhin werden im folgenden die Vektoren

$$u_B = \begin{bmatrix} u_c \\ u_r \\ u_l \end{bmatrix}, \quad u_K = \begin{bmatrix} u_C \\ u_R \\ u_L \end{bmatrix}, \quad (3.41\mathrm{a,b})$$

$$i_B = \begin{bmatrix} i_c \\ i_r \\ i_l \end{bmatrix}, \quad i_K = \begin{bmatrix} i_C \\ i_R \\ i_L \end{bmatrix} \quad (3.41\mathrm{c,d})$$

verwendet.

Die Fundamentalmasche einer jeden Kapazität C_K im Normalbaumkomplement kann nur Kapazitäten und Spannungsquellen enthalten. Andernfalls könnte nämlich der gewählte Baum derart abgeändert werden, daß er die Kapazität C_K zusätzlich zu den bereits vorhandenen Kapazitäten enthält. Diese Möglichkeit widerspricht aber der Definition des Normalbaumes.

Die Fundamentalschnittmenge einer jeden Induktivität L_B des Normalbaumes kann nur Induktivitäten und Stromquellen enthalten. Andernfalls könnte nämlich das Baumkomplement derart abgeändert werden, daß es die Induktivität L_B zusätzlich zu den bereits vorhandenen Induktivitäten enthält. Diese Möglichkeit widerspricht aber der Definition des Normalbaumes.

Entsprechend kann man sofort erkennen, daß die Fundamentalmasche eines jeden ohmschen Widerstandes im Normalbaumkomplement nur ohmsche Widerstände, Kapazitäten und Spannungsquellen enthalten kann. Schließlich ist leicht einzusehen, daß die Fundamentaltrennmenge eines jeden ohmschen Widerstandes im Normalbaum nur ohmsche Widerstände, Induktivitäten und Stromquellen enthalten kann.

Auf jede der eingeführten Fundamentalmaschen wird nun in der Reihenfolge der Komponenten von u_K die Maschenregel angewendet. Auf diese Weise ergeben sich

3.4 Das Verfahren des Zustandsraumes

$m = \ell - (k - 1)$ Beziehungen, die in der Matrizenform

$$u_K + F \cdot u_B = u_0 \tag{3.42}$$

geschrieben werden können. Dabei bedeutet k die Knotenzahl und ℓ die Zahl der Netzwerkzweige, wobei die Quellen nicht mitgezählt werden dürfen, d.h. die Spannungsquellen hat man sich für diese Bilanz durch Kurzschlüsse, die Stromquellen durch Leerläufe ersetzt zu denken. Die Elemente $f_{\mu\nu}$ ($\mu = 1, 2, ..., m$; $\nu = 1, 2, ..., k-1$) der Matrix F besitzen die Werte $1, -1$ oder 0, je nachdem ob die Fundamentalmasche des Normalbaumkomplement-Zweiges, dessen Spannung die μ-te Komponente von u_K ist, den Normalbaum-Zweig, dessen Spannung die ν-te Komponente von u_B ist, gleichsinnig, gegensinnig oder überhaupt nicht enthält. Der Vektor u_0 besitzt Komponenten, die mit der algebraischen Summe der eingeprägten Spannungen in den verschiedenen Fundamentalmaschen übereinstimmen, jeweils entgegen der Maschenorientierung gezählt. Nach früheren Überlegungen sind die m Beziehungen der Gl.(3.42) voneinander linear unabhängig.

Da, wie bereits gesagt, die Fundamentalmasche einer jeden Kapazität im Normalbaumkomplement außer Spannungsquellen nur Kapazitäten enthält, läßt sich ein erster Teil der Gl.(3.42) in der Form

$$u_C + F_{Cc} \cdot u_c = u_{0C} \tag{3.43a}$$

schreiben. Dabei ist der Vektor u_{0C} jener Teil von u_0, der zu den Fundamentalmaschen der Kapazitäten im Normalbaumkomplement gehört. Ein zweiter Teil der Gl.(3.42) kann in der Form

$$u_R + F_{Rc} \cdot u_c + F_{Rr} \cdot u_r = u_{0R} \tag{3.43b}$$

geschrieben werden, weil die Fundamentalmasche eines jeden ohmschen Widerstandes im Normalbaumkomplement außer Spannungen nur Kapazitäten und ohmsche Widerstände enthält. Der letzte Teil der Gl.(3.42) lautet

$$u_L + F_{Lc} \cdot u_c + F_{Lr} \cdot u_r + F_{Ll} \cdot u_l = u_{0L} \ . \tag{3.43c}$$

Die Bedeutung der Vektoren u_{0R} und u_{0L} als Teile von u_0 ist offenkundig. Ein Vergleich der Gl.(3.42) mit den Gln.(3.43a-c) lehrt, daß

$$F = \begin{bmatrix} F_{Cc} & 0 & 0 \\ F_{Rc} & F_{Rr} & 0 \\ F_{Lc} & F_{Lr} & F_{Ll} \end{bmatrix} \tag{3.44}$$

gilt.

Auf jede der eingeführten Fundamentalschnittmengen wird jetzt in der Reihenfolge der Komponenten von i_B die Trennmengenregel angewendet. Auf diese Weise ergeben sich $k - 1$ Beziehungen, die in der Matrizenform

$$i_B + V \cdot i_K = i_0 \tag{3.45}$$

entsteht

$$C_1 \cdot \frac{d\boldsymbol{u}_c}{dt} = \boldsymbol{i}_c - F_{Cc}^T \cdot \boldsymbol{i}_C + F_{Cc}^T C_0 \cdot \frac{d\boldsymbol{u}_{0C}}{dt} \qquad (3.53a)$$

mit der nichtsingulären Matrix

$$C_1 = F_{Cc}^T C_0 F_{Cc} + c_0 \ . \qquad (3.53b)$$

Weiterhin folgt aus den Gln.(3.48b) und (3.47c)

$$l_0 F_{Ll}^T \cdot \frac{d\boldsymbol{i}_L}{dt} = \boldsymbol{u}_l - l_0 \cdot \frac{d\boldsymbol{i}_{0l}}{dt} \ .$$

Multipliziert man diese Gleichung von links mit F_{Ll} und überlagert den ersten Teil der Gl.(3.48b), so erhält man

$$L_1 \cdot \frac{d\boldsymbol{i}_L}{dt} = \boldsymbol{u}_L + F_{Ll} \cdot \boldsymbol{u}_l - F_{Ll} l_0 \cdot \frac{d\boldsymbol{i}_{0l}}{dt} \qquad (3.54a)$$

mit der nichtsingulären Matrix

$$L_1 = F_{Ll} l_0 F_{Ll}^T + L_0 \ . \qquad (3.54b)$$

3.4.3 Zustandsraumdarstellung

Die Vektoren $\boldsymbol{u}_c$ und $\boldsymbol{i}_L$ werden zum sogenannten *Zustandsvektor*

$$\boldsymbol{z} = \begin{bmatrix} \boldsymbol{u}_c \\ \boldsymbol{i}_L \end{bmatrix} \qquad (3.55)$$

zusammengefaßt. Daneben wird noch der Vektor der Erregungen

$$\boldsymbol{x} = \begin{bmatrix} \boldsymbol{u}_0 \\ \boldsymbol{i}_0 \end{bmatrix} = [\ \boldsymbol{u}_{0C}^T, \boldsymbol{u}_{0R}^T, \boldsymbol{u}_{0L}^T, \boldsymbol{i}_{0c}^T, \boldsymbol{i}_{0r}^T, \boldsymbol{i}_{0l}^T\ ]^T \qquad (3.56)$$

eingeführt. Man beachte, daß $\boldsymbol{i}_R$ Gl.(3.49a), $\boldsymbol{u}_r$ Gl.(3.50a) und damit auch die rechten Seiten der Gln.(3.51) und (3.52) nur von den Vektoren $\boldsymbol{z}$ und $\boldsymbol{x}$ abhängen. Nun werden die Gln.(3.52) und (3.51) in die Gln.(3.53a) bzw. (3.54a) eingeführt und sodann $\boldsymbol{u}_r, \boldsymbol{i}_R$ nach den Gln.(3.50a) bzw. (3.49a) ersetzt. Auf diese Weise entsteht die Vektor-Differentialgleichung

$$\frac{d\boldsymbol{z}(t)}{dt} = A \cdot \boldsymbol{z}(t) + B \cdot \boldsymbol{x}(t) + B_1 \cdot \frac{d\boldsymbol{x}}{dt} \qquad (3.57)$$

3.4 Das Verfahren des Zustandsraumes

mit den Matrizen

$$A = \begin{bmatrix} C_1^{-1} & 0 \\ 0 & L_1^{-1} \end{bmatrix} \begin{bmatrix} -F_{Rc}^T R_1^{-1} F_{Rc} & F_{Lc}^T - F_{Rc}^T R_1^{-1} F_{Rr} g_0^{-1} F_{Lr}^T \\ -F_{Lc} + F_{Lr} G_1^{-1} F_{Rr}^T R_0^{-1} F_{Rc} & -F_{Lr} G_1^{-1} F_{Lr}^T \end{bmatrix},$$
(3.58a)

$$B = \begin{bmatrix} C_1^{-1} & 0 \\ 0 & L_1^{-1} \end{bmatrix} \begin{bmatrix} 0 & F_{Rc}^T R_1^{-1} & 0 & E & -F_{Rc}^T R_1^{-1} F_{Rr} g_0^{-1} & 0 \\ 0 & -F_{Lr} G_1^{-1} F_{Rr}^T R_0^{-1} & E & 0 & -F_{Lr} G_1^{-1} & 0 \end{bmatrix}$$
(3.58b)

und

$$B_1 = \begin{bmatrix} C_1^{-1} & 0 \\ 0 & L_1^{-1} \end{bmatrix} \begin{bmatrix} F_{Cc}^T C_0 & 0 & 0 & 0 & 0 & 0 \\ 0 & 0 & 0 & 0 & 0 & -F_{Ll} l_0 \end{bmatrix}.$$
(3.58c)

Durch Integration der *Zustandsgleichung* (3.57) erhält man den Zustandsvektor $z(t)$ Gl.(3.55). Damit lassen sich aufgrund der Gln.(3.49a,b) und (3.50a,b) auch die Vektoren $i_R, u_r,$ nach Gl.(3.48a) dann auch $u_R, i_r,$ nach den Gln.(3.43a) und (3.47c) u_C, i_l gewinnen. Ersetzt man auf der linken Seite der Gln.(3.57) den Differentialquotienten nach den Gln.(3.48b,c) durch den Vektor

$$\begin{bmatrix} c_0 & 0 \\ 0 & L_0 \end{bmatrix}^{-1} \begin{bmatrix} i_c \\ u_L \end{bmatrix},$$
(3.59)

so erhält man die Beziehung

$$\begin{bmatrix} c_0 & 0 \\ 0 & L_0 \end{bmatrix}^{-1} \begin{bmatrix} i_c \\ u_L \end{bmatrix} = A \cdot z + B \cdot x + B_1 \cdot \frac{dx}{dt}.$$
(3.60)

Mit dieser Gleichung lassen sich i_c und u_L unmittelbar bestimmen.

Schließlich lassen sich die Vektoren u_l und i_C aus den Gln.(3.43c) und (3.47a) bestimmen. Dabei hat man zu beachten, daß die Spalten der Matrix F_{Ll} voneinander linear unabhängig sind. Denn denkt man sich für einen Augenblick die Spannungen u_L, u_c, u_r, u_0 gleich null, so muß wegen der eingangs genannten Voraussetzungen zwangsläufig auch u_l verschwinden, da alle Knoten des Netzwerks gleiches Potential haben, und im Hinblick auf die Gl.(3.43c) hat dies zur Folge, daß F_{Ll} linear unabhängige Spalten besitzt. Daher ist $F_{Ll}^T F_{Ll}$ eine nichtsinguläre quadratische Matrix, so daß man die Gl.(3.43c) nach Linksmultiplikation mit F_{Ll}^T direkt nach u_l auflösen kann. Weiterhin kann man sich anhand der Gl.(3.47a) entsprechend überlegen, daß die Zeilen der Matrix F_{Cc} voneinander linear unabhängig sind, so daß $F_{Cc} F_{Cc}^T$ eine nichtsinguläre quadratische Matrix ist und die Gl.(3.47a) nach i_C auflösbar ist.

Zusammenfassend läßt sich der Vektor

$$y = [\, u_c^T, i_L^T, i_R^T, u_r^T, u_R^T, i_r^T, u_C^T, i_l^T, i_c^T, u_L^T, u_l^T, i_C^T\,]^T \,, \tag{3.61a}$$

der alle Ströme und Spannungen der passiven Netzwerkelemente umfaßt, in der Form

$$y = C \cdot z + D \cdot x + D_1 \cdot \frac{dx}{dt} \tag{3.61b}$$

ausdrücken. Damit sind auch die Spannungen an allen Stromquellen und die Ströme durch alle Spannungsquellen in der Form von Gl.(3.61b) darstellbar. Falls im Netzwerk keine Fundamentalmasche vorhanden ist, die neben Kapazitäten nur Spannungsquellen enthält, und keine Fundamentaltrennmenge existiert, die neben Induktivitäten nur Stromquellen enthält, gilt aufgrund der Gln.(3.43a) und (3.47c) $F_{Cc} = 0$ und $F_{Ll} = 0$. Dies hat zur Folge, daß $B_1 = 0$ wird, und damit muß auch D_1 verschwinden, da Gl.(3.61b) rein algebraisch aus Gl.(3.57) und den anderen Beziehungen entstanden ist. In diesem Fall, der bei realistischen Netzwerken gegeben ist, reduzieren sich die Zustandsgleichungen zu

$$\frac{dz}{dt} = A \cdot z + B \cdot x \,, \tag{3.62a}$$

$$y = C \cdot z + D \cdot x \,. \tag{3.62b}$$

Da in einem solchen Fall die Gl.(3.60) mit $B_1 = 0$ in jedem Zeitpunkt besteht, können die Elemente der Matrizen A und B dadurch bestimmt werden, daß man zu einem festen Zeitpunkt passende Werte für die Komponenten des Zustandsvektors z und des Vektors x wählt, wodurch die Komponenten des Vektors $[\, i_c^T\, u_L^T\,]^T$ jeweils aufgrund einer reinen Gleichstrombetrachtung angegeben werden können, und die resultierenden linearen Gleichungen nach den Elementen der genannten Matrizen auflöst [40]. Auf die gleiche Weise lassen sich auch die Matrizen C und D berechnen. In einfachen Fällen lassen sich die Zustandsgleichungen (3.62a,b) unmittelbar aufstellen, wenn man nach Wahl linear unabhängiger Kapazitätsspannungen z_μ und Induktivitätsströme z_ν berücksichtigt, daß $C_\mu (dz_\mu/dt)$ Zweigströme und $L_\nu (dz_\nu/dt)$ Zweigspannungen bedeuten, die durch die Anwendung der Knotenregel bzw. der Maschenregel in Abhängigkeit der Zustandsgrößen z_μ, z_ν und der Erregungen ausgedrückt werden können.

3.4.4 Beispiel

Um die Aufstellung der Zustandsgleichung (3.57) zu erläutern, soll das im Bild 3.27 dargestellte Netzwerk betrachtet werden. Der dick ausgezogene Teil wird als Normalbaum gewählt; die im Normalbaum enthaltenen Netzwerkelemente sind $c_1, c_2, r_1 = 1/g_1, r_2 = 1/g_2$ und l_1 sowie die Urspannungsquelle u. Das Normalbaumkomplement umfaßt die Netzwerkelemente $C_1, R_1 = 1/G_1, L_1, L_2$ sowie die Stromquelle i.

3.4 Das Verfahren des Zustandsraumes

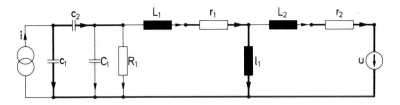

Bild 3.27. Netzwerk zur Erläuterung der Zustandsraummethode.

Damit liegen die Spannungsvektoren

$$\boldsymbol{u}_B = [\, u_{c_1} \;\; u_{c_2} \;\; u_{r_1} \;\; u_{r_2} \;\; u_{l_1} \,]^T \; ,$$

$$\boldsymbol{u}_K = [\, u_{C_1} \;\; u_{R_1} \;\; u_{L_1} \;\; u_{L_2} \,]^T$$

und die entsprechenden Stromvektoren $\boldsymbol{i}_B, \boldsymbol{i}_K$ mit den im Bild angegebenen Bezugsrichtungen fest. Das Gleichungssystem (3.42) läßt sich aus dem Netzwerk direkt ablesen. Es lautet ausführlich geschrieben

u_{C_1}	u_{R_1}	u_{L_1}	u_{L_2}	u_{c_1}	u_{c_2}	u_{r_1}	u_{r_2}	u_{l_1}	
1	0	0	0	−1	1	0	0	0	0
0	1	0	0	−1	1	0	0	0	0
0	0	1	0	−1	1	1	0	1	0
0	0	0	1	0	0	0	1	−1	$-u$

Hieraus entnimmt man die Matrizen

$$F_{Cc} = [\,-1 \quad 1\,] \; ,$$

$$F_{Rc} = [\,-1 \quad 1\,] \; , \qquad F_{Rr} = [\,0 \quad 0\,] \; ,$$

$$F_{Lc} = \begin{bmatrix} -1 & 1 \\ 0 & 0 \end{bmatrix} , \qquad F_{Lr} = \begin{bmatrix} 1 & 0 \\ 0 & 1 \end{bmatrix} , \qquad F_{Ll} = \begin{bmatrix} 1 \\ -1 \end{bmatrix}$$

und den Vektor

$$\boldsymbol{u}_0 = [\, 0 \;\vdots\; 0 \;\vdots\; 0 \;\; -u \,]^T \; .$$

Man kann dem Netzwerk weiterhin den Vektor

$$\boldsymbol{i}_0 = [\, i \;\; 0 \;\vdots\; 0 \;\; 0 \;\vdots\; 0 \,]^T$$

entnehmen.

Entsprechend den Gln.(3.48a-c) ergibt sich

$$R_0 = R_1, \quad g_0 = \begin{bmatrix} g_1 & 0 \\ 0 & g_2 \end{bmatrix}, \quad L_0 = \begin{bmatrix} L_1 & 0 \\ 0 & L_2 \end{bmatrix},$$

$$l_0 = l_1, \quad C_0 = C_1, \quad c_0 = \begin{bmatrix} c_1 & 0 \\ 0 & c_2 \end{bmatrix};$$

nach den Gln.(3.49b) und (3.50b) erhält man, wenn $F_{Rr} = 0$ beachtet wird,

$$R_1 = R_1, \quad G_1 = \begin{bmatrix} g_1 & 0 \\ 0 & g_2 \end{bmatrix}.$$

Schließlich liefern die Gln.(3.53b), (3.54b)

$$C_1 = \begin{bmatrix} -1 \\ 1 \end{bmatrix} C_1 [-1 \ 1] + \begin{bmatrix} c_1 & 0 \\ 0 & c_2 \end{bmatrix} = \begin{bmatrix} c_1 + C_1 & -C_1 \\ -C_1 & c_2 + C_1 \end{bmatrix},$$

$$L_1 = \begin{bmatrix} 1 \\ -1 \end{bmatrix} l_1 [1 \ -1] + \begin{bmatrix} L_1 & 0 \\ 0 & L_2 \end{bmatrix} = \begin{bmatrix} L_1 + l_1 & -l_1 \\ -l_1 & L_2 + l_1 \end{bmatrix}.$$

Damit können die Gln.(3.58a-c) ausgewertet werden. Zunächst ergibt sich

$$-F_{Rc}^T R_1^{-1} F_{Rc} = -\begin{bmatrix} -1 \\ 1 \end{bmatrix} G_1 [-1 \ 1] = \begin{bmatrix} -G_1 & G_1 \\ G_1 & -G_1 \end{bmatrix},$$

$$F_{Lc}^T - F_{Rc}^T R_1^{-1} F_{Rr} g_0^{-1} F_{Lr}^T = \begin{bmatrix} -1 & 0 \\ 1 & 0 \end{bmatrix} + 0,$$

$$-F_{Lc} + F_{Lr} G_1^{-1} F_{Rr}^T R_0^{-1} F_{Rc} = \begin{bmatrix} 1 & -1 \\ 0 & 0 \end{bmatrix} + 0,$$

$$-F_{Lr} G_1^{-1} F_{Lr}^T = -\begin{bmatrix} r_1 & 0 \\ 0 & r_2 \end{bmatrix},$$

3.4 Das Verfahren des Zustandsraumes

und somit erhält man

$$A = \begin{bmatrix} c_1 + C_1 & -C_1 & 0 & 0 \\ -C_1 & c_2 + C_1 & 0 & 0 \\ 0 & 0 & L_1 + l_1 & -l_1 \\ 0 & 0 & -l_1 & L_2 + l_1 \end{bmatrix}^{-1} \begin{bmatrix} -G_1 & G_1 & -1 & 0 \\ G_1 & -G_1 & 1 & 0 \\ 1 & -1 & -r_1 & 0 \\ 0 & 0 & 0 & -r_2 \end{bmatrix},$$

$$B = \begin{bmatrix} c_1 + C_1 & -C_1 & 0 & 0 \\ -C_1 & c_2 + C_1 & 0 & 0 \\ 0 & 0 & L_1 + l_1 & -l_1 \\ 0 & 0 & -l_1 & L_2 + l_1 \end{bmatrix}^{-1} \begin{bmatrix} 0 & -G_1 & 0 & 0 \\ 0 & G_1 & 0 & 0 \\ 0 & 0 & 1 & 0 \\ 0 & 0 & 0 & 1 \end{bmatrix}$$

$$\begin{bmatrix} 1 & 0 & 0 & 0 & 0 \\ 0 & 1 & 0 & 0 & 0 \\ 0 & 0 & -r_1 & 0 & 0 \\ 0 & 0 & 0 & -r_2 & 0 \end{bmatrix}$$

mit dem Zustandsvektor

$$z = [u_{c_1} \quad u_{c_2} \quad i_{L_1} \quad i_{L_2}]^T$$

und dem Erregungsvektor

$$x = [0 \quad 0 \quad 0 \quad -u \quad i \quad 0 \quad 0 \quad 0 \quad 0]^T.$$

Wegen der besonderen Form des Vektors x ist offensichtlich das Produkt $B_1 \cdot x \equiv 0$, weshalb die Matrix B_1 nicht explizit berechnet zu werden braucht.

3.4.5 Ergänzungen, Berücksichtigung von Übertragern und gesteuerten Quellen

Läßt man im betrachteten Netzwerk magnetische Kopplungen zu, dann hat das zur Folge, daß die Strom-Spannungs-Beziehungen Gl.(3.48b) für die induktiven Netzwerkelemente durch die Gleichung

$$\begin{bmatrix} u_L \\ u_l \end{bmatrix} = \begin{bmatrix} L_0 & M_0 \\ M_0^T & l_0 \end{bmatrix} \frac{d}{dt} \begin{bmatrix} i_L \\ i_l \end{bmatrix} \tag{3.63}$$

zu ersetzen sind. Hierin bedeuten L_0 und l_0 symmetrische Matrizen, die im allgemeinen nicht Diagonalform haben und durch welche die Selbst- und Gegeninduktivitäten der Zweige im Normalbaum bzw. Normalbaumkomplement beschrieben werden. Die Matrix M_0 repräsentiert die Gegeninduktivitäten zwischen den Zweigen des Normalbaums und des Normalbaumkomplements.

Bildet man gemäß Abschnitt 1.8.2 unter Verwendung der Gl.(3.63) die magnetische Augenblicksleistung

$$[i_L^T \ i_l^T] \begin{bmatrix} u_L \\ u_l \end{bmatrix} = i_L^T L_0 \frac{di_L}{dt} + i_l^T M_0^T \frac{di_L}{dt} + i_L^T M_0 \frac{di_l}{dt} + i_l^T l_0 \frac{di_l}{dt}$$

$$= \frac{d}{dt} \left(\frac{1}{2} i_L^T L_0 i_L + i_L^T M_0 i_l + \frac{1}{2} i_l^T l_0 i_l \right),$$

so läßt sich hieraus durch Integration sofort die im Netzwerk gespeicherte magnetische Energie

$$W_m(t) = \frac{1}{2} [i_L^T \ i_l^T] \begin{bmatrix} L_0 & M_0 \\ M_0^T & l_0 \end{bmatrix} \begin{bmatrix} i_L \\ i_l \end{bmatrix} \tag{3.64}$$

angeben. Diese Darstellung hat die Gestalt einer quadratischen Form in den Komponenten der Vektoren i_L und i_l. Aus physikalischen Gründen muß $W_m(t) \geq 0$ sein. Man spricht daher von einer positiv semidefiniten quadratischen Form, wobei semidefinit besagt, daß $W_m(t)$ verschwinden kann, ohne daß alle Komponenten von i_L und i_l gleich null sind. In diesem Sinne ist die in Gl.(3.63) auftretende Matrix der Induktivitäten als positiv semidefinite Matrix eingeschränkt.

Betrachtet man nun den Fall, daß das Netzwerk nicht durch äußere Quellen erregt wird, so kann wegen $i_{0l} = 0$ und Gl.(3.47c) i_l in Gl.(3.64) durch $F_{Ll}^T \cdot i_L$ ersetzt werden, und man erhält

$$W_m(t) = \frac{1}{2} i_L^T L_1 i_L \tag{3.65a}$$

mit der Matrix

$$L_1 = [E \ F_{Ll}] \begin{bmatrix} L_0 & M_0 \\ M_0^T & l_0 \end{bmatrix} \begin{bmatrix} E \\ F_{Ll}^T \end{bmatrix}. \tag{3.66}$$

Dabei ist E die Einheitsmatrix.

3.4 Das Verfahren des Zustandsraumes

Entsprechend zu den vorausgegangenen Überlegungen läßt sich die im von außen nicht erregten Netzwerk gespeicherte elektrische Energie in der Form

$$W_e(t) = \frac{1}{2} u_c^T \cdot C_1 \cdot u_c \tag{3.65b}$$

mit der Matrix C_1 Gl.(3.53b) ausdrücken, so daß die gesamte im Netzwerk gespeicherte Energie bei Verwendung des Zustandsvektors z Gl.(3.55) und der Gln.(3.65a,b) als

$$W(t) = W_m(t) + W_e(t) = \frac{1}{2} z^T \begin{bmatrix} L_1 & 0 \\ 0 & C_1 \end{bmatrix} z$$

dargestellt werden kann.

Es soll jetzt noch gezeigt werden, wie im vorliegenden Fall, in welchem das Netzwerk Übertrager enthält, die Zustandsgleichungen aufgestellt werden können. Aus Gl.(3.63) erhält man, wenn $d i_l / dt$ nach Gl.(3.47c) ersetzt wird,

$$u_L = (L_0 + M_0 F_{Ll}^T) \cdot \frac{d i_L}{dt} + M_0 \cdot \frac{d i_{0l}}{dt}$$

und

$$u_l = (M_0^T + l_0 F_{Ll}^T) \cdot \frac{d i_L}{dt} + l_0 \cdot \frac{d i_{0l}}{dt} .$$

Addiert man zur ersten dieser Gleichungen die von links mit F_{Ll} multiplizierte zweite Gleichung, so ergibt sich die Beziehung

$$L_1 \circ \frac{d i_L}{dt} = u_L + F_{Ll} \cdot u_l - (F_{Ll} l_0 + M_0) \circ \frac{d i_{0l}}{dt} \tag{3.67}$$

mit der Matrix L_1 Gl.(3.66). Angesichts der Gl.(3.65a) muß L_1 eine positiv semidefinite Matrix sein. Die Gl.(3.67) tritt nun an die Stelle der Gl.(3.54a), und die weitere Vorgehensweise zur Aufstellung der Zustandsgleichung (3.57) ist die gleiche wie im kopplungsfreien Fall. Es tritt jedoch insofern noch eine Schwierigkeit auf, als die Matrix L_1 Gl.(3.66) singulär sein kann. In einem solchen Fall ist die bisherige Konstruktion des Normalbaumes abzuändern, und zwar derart, daß ein möglichst kleiner Teil der Induktivitäten aus dem Normalbaumkomplement in den Baum aufgenommen wird. Dadurch soll erreicht werden, daß $W_m(t)$ Gl.(3.65a) nur für $i_L = 0$ verschwindet, also L_1 nichtsingulär wird. Hierbei sind mit den Komponenten des Vektors i_L die Ströme der Induktivitäten gemeint, die im Baumkomplement verbleiben. Man muß allerdings beachten, daß nun die in den Gln. (3.42) und (3.45) auftretende Matrix $F = -V^T$ ein gegenüber Gl. (3.44) verändertes Aussehen hat und daß Abhängigkeiten von Netzwerkvariablen bestehen, die auf die genannte Matrixsingularität zurückzuführen sind und bei der Aufstellung der Zustandsgleichungen berücksichtigt werden müssen. Einzelheiten über die Berücksichtigung magnetischer Kopplungen sind der Arbeit [3] zu entnehmen.

Als *Beispiel* sei das Netzwerk von Bild 3.28 mit einem zunächst lose gekoppelten Übertrager ($L_1 L_2 \neq M^2$) betrachtet. Der zu wählende Normalbaum enthält die Spannungsquelle u, die Kapazität $C = c_1$ und den ohmschen Widerstand $R = r_1$. Die Gleichungen für die Fundamentalmaschen lauten dann entsprechend Gl. (3.42)

$$\begin{bmatrix} u_{L_1} \\ u_{L_2} \end{bmatrix} + \begin{bmatrix} 1 & 0 \\ 1 & -1 \end{bmatrix} \begin{bmatrix} u_{c_1} \\ u_{r_1} \end{bmatrix} = \begin{bmatrix} -u \\ 0 \end{bmatrix}.$$

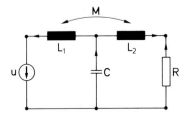

Bild 3.28. Beispiel zur Zustandsraumanalyse eines Netzwerks mit magnetischer Kopplung.

Hieraus entnimmt man die Matrizen

$$F_{Lc} = \begin{bmatrix} 1 \\ 1 \end{bmatrix} \quad \text{und} \quad F_{Lr} = \begin{bmatrix} 0 \\ -1 \end{bmatrix}.$$

Alle anderen Teilmatrizen von F Gl. (3.44) treten nicht auf. Berücksichtigt man weiterhin, daß

$$G_1 = 1/r_1, \quad C_1 = c_1 \quad \text{und} \quad L_1 = L_0 = \begin{bmatrix} L_1 & M \\ M & L_2 \end{bmatrix}$$

und der Erregungsvektor $x = u_{0L} = [-u \ \ 0]^T$ ist, dann ergibt sich gemäß den Gln. (3.58a–c)

$$A = \begin{bmatrix} c_1 & 0 & 0 \\ 0 & L_1 & M \\ 0 & M & L_2 \end{bmatrix}^{-1} \begin{bmatrix} 0 & 1 & 1 \\ -1 & 0 & 0 \\ -1 & 0 & -r \end{bmatrix},$$

$$B = \begin{bmatrix} c_1 & 0 & 0 \\ 0 & L_1 & M \\ 0 & M & L_2 \end{bmatrix}^{-1} \begin{bmatrix} 0 & 0 \\ 1 & 0 \\ 0 & 1 \end{bmatrix},$$

$$B_1 = 0.$$

3.4 Das Verfahren des Zustandsraumes

Im Falle der festen Kopplung würde der oben verwendete Normalbaum wegen der Festkopplungsbedingung $L_1 L_2 = M^2$ zu einer singulären Matrix L_1 Gl. (3.66) führen. Aus diesem Grund wird als Baum der Netzwerkteil gewählt, welcher aus der Spannungsquelle u, der Kapazität $C = c_1$ und der Induktivität $L_2 = l_1$ besteht. Das Baumkomplement umfaßt dann den ohmschen Widerstand $R = R_1 = 1/G_1$ und die Induktivität L_1.

Die Gleichungen für die Fundamentalmaschen lauten dann entsprechend Gl. (3.42)

$$\begin{bmatrix} u_{R_1} \\ u_{L_1} \end{bmatrix} + \begin{bmatrix} -1 & -1 \\ 1 & 0 \end{bmatrix} \begin{bmatrix} u_{c_1} \\ u_{l_1} \end{bmatrix} = \begin{bmatrix} 0 \\ -u \end{bmatrix}, \qquad (3.68)$$

die Gleichungen für die Fundamentaltrennmengen entsprechend Gl. (3.45)

$$\begin{bmatrix} i_{c_1} \\ i_{l_1} \end{bmatrix} - \begin{bmatrix} -1 & 1 \\ -1 & 0 \end{bmatrix} \begin{bmatrix} i_{R_1} \\ i_{L_1} \end{bmatrix} = \begin{bmatrix} 0 \\ 0 \end{bmatrix}. \qquad (3.69)$$

Man beachte, daß die Matrix F im Gegensatz zu Gl. (3.44) keine untere Block-Dreieck-Struktur hat. Die Strom-Spannungs-Beziehungen lauten

$$u_{R_1} = R i_{R_1}, \quad \begin{bmatrix} u_{L_1} \\ u_{l_1} \end{bmatrix} = \begin{bmatrix} L_1 & M \\ M & l_1 \end{bmatrix} \begin{bmatrix} \dfrac{d i_{L_1}}{dt} \\ \dfrac{d i_{l_1}}{dt} \end{bmatrix}, \qquad (3.70\text{a,b})$$

$$i_{c_1} = c_1 \frac{d u_{c_1}}{dt}. \qquad (3.70\text{c})$$

Infolge der Singularität der Matrix der Induktivitäten muß noch die Bindung

$$l_1 u_{L_1} - M u_{l_1} = 0 \qquad (3.71)$$

berücksichtigt werden, wodurch die zweite Zeile in Gl. (3.70b) überflüssig wird.

Mit Hilfe der Gln. (3.68), (3.69), (3.70a) und (3.71) lassen sich alle Ströme und Spannungen der Netzwerkelemente in Abhängigkeit von den Zustandsvariablen u_{c_1}, i_{L_1} ausdrücken. Die Beziehungen lauten

i_{c_1}	i_{l_1}	i_{R_1}	u_{R_1}	u_{L_1}	u_{l_1}	u_{c_1}	i_{L_1}	=
1						$G_1(1-\frac{L_2}{M})$	-1	$G_1\frac{L_2}{M}u$
	1					$G_1(1-\frac{L_2}{M})$		$G_1\frac{L_2}{M}u$
		1				$-G_1(1-\frac{L_2}{M})$		$-G_1\frac{L_2}{M}u$
			1			$-(1-\frac{L_2}{M})$		$-\frac{L_2}{M}u$
				1		1		$-u$
					1	$\frac{L_2}{M}$		$-\frac{L_2}{M}u$. (3.72 a–f)

Eine erste Zustandsgleichung, durch welche der Differentialquotient von u_{c_1} mit Hilfe der Zustandsvariablen und der Erregung dargestellt wird, ergibt sich, wenn man in Gl.(3.70c) den Strom i_{c_1} aufgrund der Gl.(3.72a) substituiert. Eine zweite Zustandsgleichung, durch welche der Differentialquotient von i_{L_1} mit Hilfe der Zustandsvariablen und der Erregung dargestellt wird, läßt sich dadurch gewinnen, daß man zunächst i_{l_1} und u_{L_1} in Gl.(3.70b) aufgrund der Gln.(3.72b,e) ersetzt und den dabei entstehenden Differentialquotienten du_{c_1}/dt unter Verwendung der ersten bereits aufgestellten Zustandsgleichungen eliminiert.

Faßt man die Zustandsvariablen zum Vektor $\mathbf{z} = [u_{c_1} \; i_{L_1}]^T$ zusammen, so lautet das Ergebnis

$$\frac{d\mathbf{z}}{dt} = \begin{bmatrix} -\frac{M-l_1}{R_1 c_1 M} & \frac{1}{c_1} \\ -\frac{1}{L_1} - \frac{(M-l_1)^2}{M R_1^2 L_1 c_1} & \frac{M-l_1}{R_1 L_1 c_1} \end{bmatrix} \mathbf{z} + \begin{bmatrix} \frac{l_1}{R_1 c_1 M} \\ -\frac{1}{L_1} + \frac{(M-l_1)l_1}{R_1^2 M c_1 L_1} \end{bmatrix} u + \begin{bmatrix} 0 \\ -\frac{l_1}{R_1 L_1} \end{bmatrix} \frac{du}{dt} \; .$$

Abschließend sei noch erwähnt, daß auch gesteuerte Quellen bei der Aufstellung der Zustandsgleichungen berücksichtigt werden können. Dazu empfiehlt es sich, diese Quellen wie bei den anderen Analyseverfahren zunächst als starr zu behandeln und am Schluß die Steuerungsbeziehungen mit Hilfe der Zustandsvariablen auszudrücken und in die Zustandsgleichungen einzuführen.

3.5 Zusammenfassung

In diesem Kapitel wurden drei Analysemethoden besprochen: Das Maschenstromverfahren, das Knotenpotential- (Trennmengen-) Verfahren und das Zustandsraumverfahren.

3.5 Zusammenfassung

Beim Maschenstromverfahren dienen die zu wählenden $m = \ell - (k-1)$ Maschenströme als Netzwerkvariablen und können als Koordinatensystem angesehen werden. Das Konzept der Fundamentalmaschen bietet eine Möglichkeit, um in jedem Fall ein zulässiges Maschenstromsystem anzugeben. Falls das zu analysierende Netzwerk eben ist, können aber auch die Elementarmaschen zur Wahl eines zulässigen Maschenstromsystems Verwendung finden. Infolge der Vielfalt von Wahlmöglichkeiten für das Koordinatensystem kann das Maschenstromverfahren als außerordentlich flexibel betrachtet werden.

Beim Knotenpotentialverfahren dienen $k-1$ Baumspannungen als Netzwerkvariablen. Jedem Baum ist ein System von Fundamentaltrennmengen zugeordnet. Sehr oft wählt man ein System von Knotenpotentialen als Koordinaten (hierin ist die Bezeichnung des Verfahrens begründet). Auch das Knotenpotentialverfahren bietet eine Vielfalt von Wahlmöglichkeiten für das Koordinatensystem.

Maschenstrom- und Knotenpotentialverfahren liefern auf der Basis der Maschen- bzw. Trennmengenregel je ein System von Integro-Differentialgleichungen zur Ermittlung der Netzwerkvariablen. Die Zahl dieser Gleichungen ist m bzw. $k-1$. Diese Zahlen können zur Entscheidung, welches der Verfahren im konkreten Fall den Vorzug erhält, herangezogen werden. Wenn die Knotenzahl viel kleiner ist als die Maschenzahl, wird man in der Regel das Knotenpotentialverfahren vorziehen. Im umgekehrten Fall ist das Maschenstromverfahren gewöhnlich als das günstigere Verfahren zu betrachten. Es kann unter Umständen aber sinnvoll sein, die Entscheidung für eines der beiden Verfahren unter dem Gesichtspunkt der Quellen des Netzwerks zu treffen. Falls nämlich nur Stromquellen vorhanden sind, erscheint die Anwendung des Knotenpotentialverfahrens bequemer, weil in einem solchen Fall das Gleichungssystem für die Koordinaten direkt aus dem Netzwerk abgelesen werden kann. Wenn dagegen das Netzwerk nur Spannungsquellen enthält, erscheint es einfacher, das Maschenstromverfahren anzuwenden.

Das Zustandsraumverfahren liefert ein System von Differentialgleichungen erster Ordnung für die Zustandsvariablen als Koordinaten, und zwar in einer vorteilhaften Standardform. Aufgrund des Anfangszustandes $z(t_0)$, der durch die Anfangswerte der unabhängigen Energiespeicher zum Anfangszeitpunkt $t = t_0$ gegeben ist, ist die Lösung des Differentialgleichungssystems bei bekannter Erregung für $t \geq t_0$ eindeutig bestimmt. Es wird also das Netzwerkverhalten vor einem Zeitpunkt t_0 durch den Zustandsvektor $z(t)$ für $t = t_0$ insoweit zusammengefaßt, als $z(t_0)$ neben den Erregungen für $t \geq t_0$ für das Verhalten vom Zeitpunkt t_0 an bestimmend ist.

Bei der Anwendung des Zustandsraumverfahrens auf Netzwerke, deren Elemente nicht ausnahmslos konstant sind, empfiehlt es sich, statt der Kapazitätsspannungen die Ladungen der betreffenden Kapazitäten und statt der Induktivitätsströme die magnetischen Flüsse der betreffenden Induktivitäten als Zustandsvariablen zu verwenden.

In zahlreichen Fällen der Analyse im Zustandsraum gelingt es, einen Baum zu finden, der neben allen Spannungsquellen sämtliche Kapazitäten, keine Stromquellen und keine Induktivitäten enthält. Dann kann man direkt alle Kapazitätsspannungen und alle Induktivitätsströme als Zustandsvariablen wählen. Wendet man die Trennmengenregel auf alle Fundamentaltrennmengen von Kapazitäten und die Maschenregel auf alle Fundamentalmaschen von Induktivitäten an, so erhält man auf bequeme Weise eine Zustandsraumbeschreibung.

4. NETZWERK–THEOREME

Die im Kapitel 3 besprochenen Verfahren erlauben die systematische Bestimmung der Ströme und Spannungen in beliebigen Netzwerken. Die Anwendung dieser allgemeinen Verfahren ist oft mühevoll und zeitraubend. Sie kann in vielen Fällen vermieden werden, wenn man bestimmte Aussagen über Netzwerke heranzieht, welche zu einer erheblichen Vereinfachung der Analyse führen. Die folgenden Abschnitte sind diesem Thema gewidmet.

4.1 Der Überlagerungssatz

4.1.1 *Allgemeine Aussage*

Ein physikalischer Effekt habe m voneinander unabhängige Ursachen. Dieser Sachverhalt soll durch die Relation

$$y = f(x_1, x_2, ..., x_m) \tag{4.1}$$

ausgedrückt werden, wobei y die Wirkung (Effekt) und die x_μ ($\mu = 1, 2, ..., m$) die Ursachen bedeuten. Der durch Gl. (4.1) gegebene Zusammenhang zwischen der Wirkung und den Ursachen soll *additiv* sein, d.h. es soll bei Wahl von $x_\mu = x_\mu^{(1)} + x_\mu^{(2)}$ ($\mu = 1, 2, ..., m$) für beliebige Teilursachen $x_\mu^{(1)}, x_\mu^{(2)}$ die Identität

$$f(x_1^{(1)} + x_1^{(2)}, x_2^{(1)} + x_2^{(2)}, ..., x_m^{(1)} + x_m^{(2)}) \equiv$$
$$\equiv f(x_1^{(1)}, x_2^{(1)}, ..., x_m^{(1)}) + f(x_1^{(2)}, x_2^{(2)}, ..., x_m^{(2)}) \tag{4.2}$$

bestehen. Schreibt man $f(x_1, x_2, ..., x_m)$ formal als $f(x_1 + 0, 0 + x_2, 0 + x_3, ..., 0 + x_m)$, so erhält man wegen der Additivität gemäß Gl. (4.2) die Identität

$$f(x_1, x_2, ..., x_m) \equiv f(x_1, 0, 0, ..., 0) + f(0, x_2, x_3, ..., x_m) \ . \tag{4.3}$$

Man kann $f(0, x_2, x_3, ..., x_m)$ als $f(0 + 0, x_2 + 0, 0 + x_3, ..., 0 + x_m)$ schreiben und erhält die zusätzliche Identität

$$f(0, x_2, x_3, ..., x_m) \equiv f(0, x_2, 0, ..., 0) + f(0, 0, x_3, ..., x_m) \ . \tag{4.4}$$

In dieser Weise kann man fortfahren, und es entstehen weitere Beziehungen, die zusammen mit den Gln. (4.3) und (4.4) die Darstellung der Wirkung y von Gl. (4.1) folgen-

4.1 Der Überlagerungssatz

dermaßen erlauben:

$$y = f(x_1, 0, ..., 0) + f(0, x_2, 0, ..., 0) + ... + f(0, ..., 0, x_m) \ . \tag{4.5}$$

Die auf der rechten Seite der Gl. (4.5) stehenden Summanden lassen sich jeweils als Teilwirkungen betrachten, d.h. als Wirkungen unter dem Einfluß einer einzigen der Ursachen, während alle übrigen Ursachen identisch null sind. Die Gl. (4.5) kann daher in der folgenden Weise interpretiert werden: *Die in additiver Weise von den Ursachen x_1, x_2, ..., x_m abhängige Wirkung y entsteht als Überlagerung (Superposition) sämtlicher Teilwirkungen, die sich ergeben, wenn jeweils nur eine der Ursachen vorhanden ist und alle übrigen null sind.*

Diese Aussage ist als *Überlagerungssatz* bekannt. Die Voraussetzungen für die Anwendung des Satzes sind beispielsweise gegeben, wenn

$$f(x_1, x_2, ..., x_m) \equiv h_1 x_1 + h_2 x_2 + ... + h_m x_m \tag{4.6}$$

gilt. Diese Art der Verknüpfung zwischen Wirkung und Ursachen liegt z.B. bei einem aus Widerständen, Induktivitäten, Kapazitäten und Übertragern aufgebauten Netzwerk vor, wenn dieses durch voneinander unabhängige harmonische Quellen (Stromquellen, Spannungsquellen) der gleichen Frequenz, dargestellt durch die Zeigergrößen $\underline{X}_\mu$ ($\mu = 1, 2, ..., m$), erregt und die Zeigergröße $\underline{Y}$ irgendeines stationären Stromes oder einer stationären Spannung gesucht wird. Wie mit Hilfe der Verfahren aus Kapitel 3 sofort gezeigt werden kann, gilt in diesem Fall

$$\underline{Y} = \underline{H}_1 \underline{X}_1 + \underline{H}_2 \underline{X}_2 + ... + \underline{H}_m \underline{X}_m \ . \tag{4.7}$$

Der Überlagerungssatz läßt sich auch dann noch anwenden, wenn im Netzwerk zusätzlich zu den unabhängigen Quellen gesteuerte Quellen (also auch Gyratoren) vorhanden sind. Dies soll an einem Beispiel gezeigt werden, bei dem nur eine einzige gesteuerte Quelle vorkommt. Sie sei durch die Beziehung

$$\underline{X}_{m+1} = \underline{K}\underline{x} \tag{4.8}$$

gekennzeichnet, wobei $\underline{K}$ eine Konstante ist und $\underline{x}$ die steuernde Größe (Spannung oder Strom) bedeutet. Zunächst wird angenommen, daß $\underline{X}_{m+1}$ eine unabhängige Quelle repräsentiere. Dann gilt für die Wirkung

$$\underline{Y} = \sum_{\mu=1}^{m+1} \underline{H}_\mu \underline{X}_\mu \ . \tag{4.9}$$

Eine entsprechende Beziehung besteht sicher auch für die Größe $\underline{x}$:

$$\underline{x} = \sum_{\mu=1}^{m+1} \underline{\widetilde{H}}_\mu \underline{X}_\mu \ . \tag{4.10}$$

Nun soll die Abhängigkeit zwischen $\underline{X}_{m+1}$ und $\underline{x}$ nach Gl. (4.8) berücksichtigt werden. Aus den Gln. (4.8) und (4.10) folgt dann nach kurzer Rechnung

$$\underline{X}_{m+1} = \frac{\underline{K}}{1-\underline{K}\widetilde{\underline{H}}_{m+1}} \sum_{\mu=1}^{m} \widetilde{\underline{H}}_{\mu} \underline{X}_{\mu} \, . \tag{4.11}$$

Führt man $\underline{X}_{m+1}$ von Gl. (4.11) in Gl. (4.9) ein, so erhält man die endgültige Darstellung für die Wirkung

$$\underline{Y} = \sum_{\mu=1}^{m} \left[\underline{H}_{\mu} + \frac{\underline{K}\underline{H}_{m+1}}{1-\underline{K}\widetilde{\underline{H}}_{m+1}} \widetilde{\underline{H}}_{\mu} \right] \underline{X}_{\mu} \, . \tag{4.12}$$

Die Forderung $1-\underline{K}\widetilde{\underline{H}}_{m+1} \neq 0$ ist erfüllt, wenn, was in der Regel angenommen werden darf, die Quellen $\underline{X}_1, \ldots, \underline{X}_m$ auf $\underline{X}_{m+1}$ einen von null verschiedenen Einfluß haben und $\underline{X}_{m+1}$ nicht unendlich wird. Dies folgt aus der Herleitung der Gl. (4.11). Wie man sieht, hat die Gl. (4.12) die Form der Gl. (4.7). Die Rolle der Koeffizienten $\underline{H}_{\mu}$ in Gl. (4.7) spielen in Gl. (4.12) die in eckigen Klammern geschriebenen Faktoren bei den $\underline{X}_{\mu}$.

Der Überlagerungssatz kann, um auf eine weitere Anwendungsmöglichkeit hinzuweisen, auch bei der Untersuchung des stationären Verhaltens von Netzwerken verwendet werden, wenn die Quellen zwar harmonisch sind, jedoch verschiedene Frequenzen aufweisen. Es möge als Beispiel der im Bild 4.1 dargestellte, durch die Spannung

$$u_g(t) = \sqrt{2} \, U_{g1} \cos(\omega_1 t + \varphi_1) + \sqrt{2} \, U_{g2} \cos(\omega_2 t + \varphi_2) \tag{4.13}$$

gespeiste Zweipol betrachtet werden. Gesucht sei der Strom $i(t)$ im eingeschwungenen Zustand. Da der Zusammenhang zwischen u_g und i durch eine lineare Differentialgleichung mit konstanten Koeffizienten gegeben ist, läßt sich der Überlagerungssatz anwenden, indem man den Strom i im eingeschwungenen Zustand als Summe jener Teilströme bestimmt, die durch die auf der rechten Seite der Gl. (4.13) vorkommenden harmonischen Teilspannungen u_{g1}, u_{g2} hervorgerufen werden. Obwohl zwischen den Ursachen u_{g1}, u_{g2} und der Wirkung i kein Zusammenhang gemäß Gl. (4.6) besteht, ist diese Verknüpfung additiv[31]. Der von der Teilspannung

$$u_{g1}(t) = \sqrt{2} \, U_{g1} \cos(\omega_1 t + \varphi_1)$$

hervorgerufene Strom läßt sich mit Hilfe komplexer Rechnung folgendermaßen leicht ermitteln. Der Spannung u_{g1} wird der Zeiger $\underline{U}_{g1} = U_{g1} \exp(j\varphi_1)$ zugeordnet. Dann

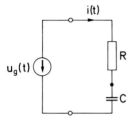

Bild 4.1. Netzwerk, das durch zwei harmonische Teilspannungen unterschiedlicher Frequenz erregt wird.

---

[31] Wie im Kapitel 6 noch im einzelnen gezeigt wird, sind Ströme und Spannungen in einem Netzwerk mit den Erregungen durch ein System linearer Differentialgleichungen verknüpft. Hieraus folgt insbesondere für das oben betrachtete Beispiel, daß die Zuordnung der Ursachen zur Wirkung additiv ist.

4.1 Der Überlagerungssatz

erhält man den Zeiger $\underline{I}_1$ des Stromes i_1 zu

$$\underline{I}_1 = \frac{\underline{U}_{g1}}{R + 1/j\omega_1 C} = \frac{\underline{U}_{g1}}{\sqrt{R^2 + \dfrac{1}{\omega_1^2 C^2}}} e^{j \arctan \frac{1}{\omega_1 RC}}.$$

Also wird

$$i_1(t) = \frac{\sqrt{2}\, U_{g1}}{\sqrt{R^2 + \dfrac{1}{\omega_1^2 C^2}}} \cos\left(\omega_1 t + \varphi_1 + \arctan \frac{1}{\omega_1 RC}\right). \tag{4.14}$$

Entsprechend erhält man den von der Teilspannung

$$u_{g2}(t) = \sqrt{2}\, U_{g2} \cos(\omega_2 t + \varphi_2)$$

herrührenden Teilstrom i_2, dessen Darstellung sich von jener des Stromes i_1 nur dadurch unterscheidet, daß in Gl. (4.14) sämtliche Indizes 1 durch 2 ersetzt werden. Der gewünschte Strom i ergibt sich als Summe der Teilströme i_1 und i_2.

Es sei noch auf folgendes hingewiesen: Ist x_ν ein eingeprägter Strom, so bedeutet $x_\nu \equiv 0$, daß die betreffende Quelle durch einen Leerlauf zu ersetzen ist (Bild 4.2a). Ist dagegen x_ν eine eingeprägte Spannung, so bedeutet $x_\nu \equiv 0$, daß die betreffende Quelle durch einen Kurzschluß ersetzt werden muß (Bild 4.2b).

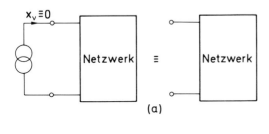

(a)

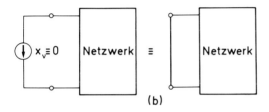

(b)

Bild 4.2. Veranschaulichung des Vorganges, wie Erregungen zu null gemacht werden.

4.1.2 *Beispiele*

4.1.2.1 Ein einfaches ohmsches Netzwerk. Zur Anwendung des im vorigen Abschnitt behandelten Überlagerungssatzes sei das im Bild 3.14 dargestellte Netzwerk betrachtet. Es möge der durch den Widerstand r_3 fließende Strom i_2 bestimmt werden. Ursachen sind die eingeprägten Spannungen u_1, u_2, u_3 und der eingeprägte Strom i_0. Da der Zusammenhang zwischen der Wirkung i_2 und den Ursachen u_1, u_2, u_3, i_0 sicher additiv ist, darf der Überlagerungssatz angewendet werden.

Zunächst soll der Strom i_2 bei alleiniger Einwirkung von i_0 bestimmt werden. Dazu müssen u_1, u_2, u_3 identisch null gesetzt werden. Auf diese Weise ergibt sich das Netzwerk nach Bild 4.3. Der in diesem Netzwerk auftretende Strom i_2 kann sofort aufgrund der Stromteilungsbeziehung nach Gl. (1.46a) angegeben werden, wobei die parallel liegenden Widerstände r_1 und r_2 zum Widerstand $r_1 r_2/(r_1 + r_2)$ zusammenzufassen sind. Damit erhält man

$$i_2 = \frac{r_1 r_2}{r_1 r_2 + r_2 r_3 + r_3 r_1} i_0 \ . \tag{4.15a}$$

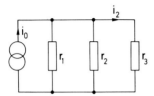

Bild 4.3. Zur Berechnung der allein vom Strom i_0 herrührenden Wirkung im Netzwerk aus Bild 3.14.

Nun soll i_2 unter dem alleinigen Einfluß der eingeprägten Spannung u_1 ermittelt werden. Es sind also i_0, u_2, u_3 gleich null zu setzen. Man gelangt auf diese Weise zum Netzwerk nach Bild 4.4. Nach Gl. (1.46b) wird

$$i_2 = \frac{-r_2}{r_1 r_2 + r_2 r_3 + r_3 r_1} u_1 \ . \tag{4.15b}$$

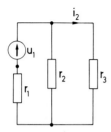

Bild 4.4. Zur Berechnung der allein von der Spannung u_1 herrührenden Wirkung im Netzwerk aus Bild 3.14.

Zur Angabe des Stromes i_2 unter der alleinigen Einwirkung der eingeprägten Spannung u_2 braucht man in Gl. (4.15b) nur die Indizes 1 und 2 miteinander zu vertauschen. So

4.1 Der Überlagerungssatz

ergibt sich

$$i_2 = \frac{-r_1}{r_1 r_2 + r_2 r_3 + r_3 r_1} u_2 \ . \tag{4.15c}$$

Schließlich ist noch i_2 bei alleiniger Einwirkung der eingeprägten Spannung u_3 zu bestimmen. Dazu ist das Netzwerk nach Bild 4.5 zu betrachten. Man entnimmt diesem Netzwerk unmittelbar

$$i_2 = \frac{r_1 + r_2}{r_1 r_2 + r_2 r_3 + r_3 r_1} u_3 \ . \tag{4.15d}$$

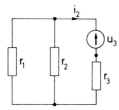

Bild 4.5. Zur Berechnung der allein von der Spannung u_3 herrührenden Wirkung im Netzwerk aus Bild 3.14.

Um den Strom i_2 als Reaktion auf *sämtliche* eingeprägten Größen i_0, u_1, u_2, u_3 zu erhalten, hat man jetzt nur noch die Ströme nach den Gln. (4.15a–d) aufzuaddieren.

$$i_2 = \frac{r_1 r_2 i_0 - r_2 u_1 - r_1 u_2 + (r_1 + r_2) u_3}{r_1 r_2 + r_2 r_3 + r_3 r_1} \ .$$

Dieses Ergebnis stimmt mit Gl. (3.14) überein.

Im folgenden Beispiel soll gezeigt werden, daß der Überlagerungssatz nicht nur bei der Analyse gegebener Netzwerke mit Vorteil angewendet werden kann, sondern auch dann, wenn grundsätzliche Überlegungen zur Synthese von Netzwerken durchzuführen sind.

4.1.2.2 Gleichzeitige fehlerfreie Messung von Spannung und Strom mit energieverbrauchenden Geräten[32]. Es soll an einem ohmschen Verbraucher unter Verwendung *einer* Meßanordnung gleichzeitig die (Gleich-)Spannung U und der Strom I abgelesen werden können. Legt man, wie es häufig geschieht, parallel zum Verbraucher einen Spannungsmesser mit einem endlichen Innenwiderstand und in Reihe zu dieser Parallelschaltung einen Strommesser, dann wird zwar die Spannung richtig gemessen, der Strom dagegen nicht. Der Strommesser zeigt nämlich den Gesamtstrom an, der durch den Verbraucher *und* den Spannungsmesser fließt. Eine ähnlich unvollkommene Anzeige erhält man, wenn zunächst zum Verbraucher ein Strommesser in Reihe gelegt und sodann an diese

---

[32] Vgl. Bader, W.: Gleichzeitige fehlerfreie Messung von Spannung und Strom. ETZ 56 (1935), 889–891.

Reihenanordnung ein Spannungsmesser angeschlossen wird. Zur Vermeidung dieser Unvollkommenheiten wird eine Meßanordnung vorgesehen, wie sie im Bild 4.6 dargestellt ist.

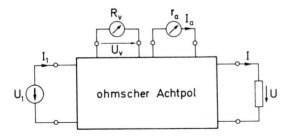

Bild 4.6. Anordnung zur fehlerfreien Messung von Spannung U und Strom I.

Diese Anordnung besteht aus einem noch zu bestimmenden ohmschen Netzwerk (Achtpol), das vier äußere Klemmenpaare hat. An einem dieser Klemmenpaare ist der Verbraucher angeschlossen, an den weiteren ein Strommesser (mit dem ohmschen Innenwiderstand r_a), ein Spannungsmesser (mit dem ohmschen Innenwiderstand R_v) bzw. die treibende Spannung U_1. Die Verbrauchergrößen U und I werden nun als voneinander unabhängige Variablen („Ursachen") betrachtet. Dann sind alle übrigen Spannungen und Ströme, die in der Gesamtanordnung vorkommen, eindeutig durch U und I festgelegt[33]. Die Abhängigkeit dieser Größen von U und I ist sicher additiv, weshalb insbesondere zur Darstellung der Spannung U_v und des Stromes I_a der Überlagerungssatz verwendet werden kann. Zur Lösung der gestellten Aufgabe muß der ohmsche Achtpol im Bild 4.6 derart gewählt werden, daß die durch I erzeugte Teilwirkung von U_v ($U \equiv 0$, d.h. Kurzschluß des Verbrauchers) verschwindet und die von U hervorgerufene Teilwirkung von I_a ($I \equiv 0$, d.h. Leerlauf des Verbraucherklemmenpaares) ebenfalls verschwindet. Es muß also dafür gesorgt werden, daß die in der Fußnote 33 genannten Konstanten d_1 und d_2 verschwinden. Im Bild 4.7 ist ein Netzwerk angegeben, das eine Lösungsmöglichkeit darstellt. Hierbei muß die Bedingung

$$R_1 R_v - R_2 R_3 = 0 \tag{4.16}$$

erfüllt sein. Werden die Verbraucherklemmen a und b kurzgeschlossen ($U \equiv 0$), so verschwindet bei beliebigem I die Spannung U_v, d.h. U_v ist allgemein nur von U abhängig. Läßt man die Klemmen a und b leerlaufen ($I \equiv 0$), so verschwindet wegen der Bedingung (4.16) I_a beständig, und zwar unabhängig von U. Daher hängt I_a nur von I ab. Es gilt daher

$$U_v = c_1 U ,$$

$$I_a = c_2 I ,$$

---

[33] Man kann zunächst die Spannungen U und U_1 als unabhängige Quellen (Ursachen) betrachten und erhält dann die Darstellungen $I = k_1 U + l_1 U_1$, $U_v = k_2 U + l_2 U_1$, $I_a = k_3 U + l_3 U_1$ (k_μ, l_μ = const, μ = = 1, 2, 3). Durch Elimination von U_1 entstehen die Beziehungen $U_v = c_1 U + d_1 I$ und $I_a = d_2 U + c_2 I$.

wobei c_1 und c_2 Konstanten sind. Wie man dem Netzwerk direkt entnimmt, ist $c_1 = 1$. Zur Bestimmung der Konstante c_2 empfiehlt es sich, $U \equiv 0$ zu wählen, d.h. die Knoten a und b kurzzuschließen. Es ergibt sich dann gemäß Gl. (1.46b)

$$I_a = \frac{R_3}{R_1 R_3 + r_a (R_1 + R_3)} U_1 \qquad (4.17a)$$

und weiterhin

$$I_2 = \frac{U_1}{R_2} .$$

Der Strom $I = I_a + I_2$ wird damit

$$I = \left[\frac{1}{R_2} + \frac{R_3}{R_1 R_3 + r_a (R_1 + R_3)} \right] U_1 . \qquad (4.17b)$$

Aus den Gln. (4.17a,b) erhält man

$$\frac{I_a}{I} \equiv c_2 = \frac{R_2 R_3}{(R_1 + R_2) R_3 + r_a (R_1 + R_3)} .$$

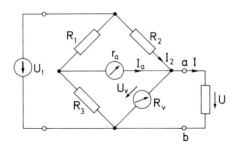

Bild 4.7. Netzwerk zur fehlerfreien Messung von Spannung U und Strom I.

4.2 Die Ersatzquellen-Sätze

4.2.1 *Der Satz von der Ersatzspannungsquelle (Helmholtz- oder Thevenin-Theorem)*

Es wird ein Zweipol nach Bild 4.8 betrachtet, der in irgendeiner Weise aus ohmschen Widerständen, Kapazitäten, Induktivitäten, Übertragern und Gyratoren aufgebaut sein soll. Der Zweipol enthalte m unabhängige harmonische Quellen (Spannungsquellen, Stromquellen) derselben Frequenz. Diese seien durch die komplexen Größen $\underline{X}_1, \underline{X}_2, ..., \underline{X}_m$ gekennzeichnet. Es dürfen auch gesteuerte Quellen vorhanden sein. Gesucht wird der Zusammenhang zwischen den komplexen Größen $\underline{U}$ und $\underline{I}$ am Eingang des Zweipols. Zu diesem Zweck empfiehlt es sich, zur Erzeugung des Stromes $\underline{I}$ am Eingang des Zweipols eine fiktive Stromquelle einzuführen (Bild 4.8). Die Spannung $\underline{U}$ kann somit aufgefaßt werden als Wirkung auf die Ursachen $\underline{I}$ und $\underline{X}_1, \underline{X}_2, ..., \underline{X}_m$.

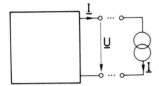

Bild 4.8. Zweipol mit Eingangsstrom $\underline{I}$.

Aufgrund des Überlagerungssatzes (Abschnitt 4.1) läßt sich

$$\underline{U} = \underline{H}_1 \underline{X}_1 + \underline{H}_2 \underline{X}_2 + \ldots + \underline{H}_m \underline{X}_m - \underline{Z}_0 \underline{I} \qquad (4.18)$$

schreiben. Der Faktor bei $\underline{I}$ in Gl. (4.18) wurde im Hinblick auf eine spätere Interpretation mit $(-\underline{Z}_0)$ bezeichnet. Es soll jetzt der Sonderfall des Leerlaufs am Zweipoleingang ($\underline{I} \equiv 0$) betrachtet werden. Die in diesem Fall am Zweipoleingang auftretende Spannung wird mit $\underline{U}_L$ bezeichnet. Aus Gl. (4.18) folgt

$$\underline{U}_L = \underline{H}_1 \underline{X}_1 + \underline{H}_2 \underline{X}_2 + \ldots + \underline{H}_m \underline{X}_m \, . \qquad (4.19)$$

Weiterhin soll der Sonderfall betrachtet werden, daß sämtliche starren unabhängigen Spannungsquellen des Zweipols durch Kurzschlüsse und sämtliche starren unabhängigen Stromquellen im Innern des Zweipols durch Leerläufe ersetzt werden; d.h. es ist $\underline{X}_1 \equiv \underline{X}_2 \equiv \ldots \equiv \underline{X}_m \equiv 0$ zu setzen. Dann folgt aus Gl. (4.18)

$$\underline{Z}_0 = \left(\frac{\underline{U}}{-\underline{I}} \right)_{\underline{X}_1 \equiv \underline{X}_2 \equiv \ldots \equiv \underline{X}_m \equiv 0} . \qquad (4.20a)$$

Es ist auch der spezielle Betriebsfall von Bedeutung, daß der Zweipol am Eingang kurzgeschlossen wird ($\underline{U} \equiv 0$). Der hierbei sich einstellende Strom wird mit $\underline{I}_K$ bezeichnet. Sodann erhält man aus Gl. (4.18) bei Beachtung der Gl. (4.19)

$$\underline{Z}_0 = \frac{\underline{U}_L}{\underline{I}_K} . \qquad (4.20b)$$

Die aus den Gln. (4.18) und (4.19) folgende Darstellung der Spannung

$$\underline{U} = \underline{U}_L - \underline{Z}_0 \underline{I} \qquad (4.21)$$

stellt eine einfache Beziehung zwischen Strom $\underline{I}$ und Spannung $\underline{U}$ am Zweipoleingang dar. Diese Darstellung erlaubt es, für den allgemeinen Zweipol (Bild 4.8) ein Ersatznetzwerk nach Bild 4.9 anzugeben. Wie ein Vergleich von Bild 4.9 mit der Gl. (4.21) erkennen läßt, weist der Zweipol im Bild 4.9 dasselbe Strom-Spannungs-Verhalten auf wie der Zweipol im Bild 4.8. Die Spannung $\underline{U}_L$ ist gemäß Gl. (4.19) die sogenannte Leerlaufspannung, d.h. jene Zweipol-Klemmenspannung, die bei Leerlauf des Zweipols ($\underline{I} \equiv 0$) auftritt. Für die Impedanz $\underline{Z}_0$ gibt es zwei Interpretationsmöglichkeiten. Gemäß Gl. (4.20a) ist $\underline{Z}_0$ der sogenannte Innenwiderstand, d.h. jene Impedanz, die man am Zweipoleingang mißt, wenn alle unabhängigen Spannungsquellen im Innern des Zweipols durch Kurzschlüsse und alle unabhängigen Stromquellen im Innern des Zweipols durch Leerläufe ersetzt werden ($\underline{X}_1 \equiv \underline{X}_2 \equiv \ldots \equiv \underline{X}_m \equiv 0$). Der Strom $\underline{I}_K$ ist der

4.2 Die Ersatzquellen-Sätze   157

sogenannte Kurzschlußstrom, d.h. jener Strom am Eingang des Zweipols, der sich einstellt, wenn die Eingangsklemmen kurzgeschlossen werden ($\underline{U} \equiv 0$). Gemäß Gl. (4.20b) ist $\underline{Z}_0$ gleich dem Verhältnis von Leerlaufspannung $\underline{U}_L$ zu Kurzschlußstrom $\underline{I}_K$. Die Gl. (4.21) und ihre Interpretation durch das Ersatznetzwerk nach Bild 4.9 bilden den Inhalt des *Satzes von der Ersatzspannungsquelle* (Helmholtzsches oder Theveninsches Theorem).

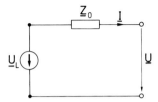

Bild 4.9. Ersatznetzwerk des Zweipols aus Bild 4.8.

4.2.2 Der Satz von der Ersatzstromquelle (Mayerscher Satz, Norton-Theorem)

Nach Gl. (4.20b) ist die Leerlaufspannung $\underline{U}_L$ gleich dem Produkt von $\underline{Z}_0$ und $\underline{I}_K$. Man kann daher in Gl. (4.21) $\underline{U}_L$ durch $\underline{Z}_0 \underline{I}_K$ ersetzen. Führt man diese Substitution durch, so läßt sich der Strom $\underline{I}$ durch die Beziehung

$$\underline{I} = \underline{I}_K - \underline{Y}_0 \underline{U} \tag{4.22}$$

ausdrücken, wobei $1/\underline{Z}_0 = \underline{Y}_0$ gesetzt wurde. Damit ist eine weitere Beziehung zwischen Strom $\underline{I}$ und Spannung $\underline{U}$ am Zweipoleingang gefunden. Die Gl. (4.22) erlaubt es, für den Zweipol von Bild 4.8 ein zweites Ersatznetzwerk nach Bild 4.10 anzugeben. Ein Vergleich der Gl. (4.22) mit Bild 4.10 zeigt, daß das Ersatznetzwerk von Bild 4.10 und der Zweipol von Bild 4.8 die gleiche Strom-Spannungs-Beziehung aufweisen. Das Ersatznetzwerk besteht aus der Parallelanordnung der starren Stromquelle der Stärke $\underline{I}_K$ mit dem Zweipol, der die Admittanz $\underline{Y}_0$ hat. Der Kurzschlußstrom $\underline{I}_K$ tritt am Zweipol bei Kurzschluß des Eingangsklemmenpaares auf, die Admittanz $\underline{Y}_0$ wird am Eingang des Zweipols bei Kurzschluß aller inneren unabhängigen Spannungsquellen und Leerlauf aller inneren unabhängigen Stromquellen ($\underline{X}_1 \equiv \underline{X}_2 \equiv \ldots \equiv \underline{X}_m \equiv 0$) gemessen. Die Gl. (4.22) und ihre Interpretation durch das Ersatznetzwerk nach Bild 4.10 bilden den Inhalt des *Satzes von der Ersatzstromquelle* (Mayerscher Satz oder Nortonsches Theorem).

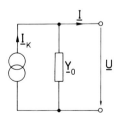

Bild 4.10. Ein weiteres Ersatznetzwerk des Zweipols aus Bild 4.8.

Abschließend sei noch einmal besonders betont, daß die im Bild 4.9 und im Bild 4.10 dargestellten Netzwerke nur insoweit den Zweipol von Bild 4.8 ersetzen, als alle drei Netzwerke die gleiche Beziehung zwischen Strom $\underline{I}$ und Spannung $\underline{U}$ aufweisen. Die vorkommenden Größen $\underline{Z}_0$, $\underline{U}_L$ bzw. $\underline{Y}_0$, $\underline{I}_K$ müssen im konkreten Fall auf irgendeine Weise bestimmt werden.

4.2.3 Beispiele

4.2.3.1 Ein einfaches ohmsches Netzwerk. Es soll noch einmal das Netzwerk von Bild 3.14 betrachtet werden. Gesucht sei wiederum der Strom i_2 durch den Widerstand r_3. Hierzu wird der Satz von der Ersatzspannungsquelle herangezogen, indem das zu untersuchende Netzwerk nach Entfernung des Widerstandes r_3 durch ein Thevenin-Netzwerk (Bild 4.9) ersetzt wird. Die Leerlaufspannung u_L erhält man nach Bild 4.11 als Summe der Spannung u_3 und der Hilfsspannung u_H. Die Spannung u_H kann unter Verwendung des Überlagerungssatzes anhand des Netzwerks von Bild 4.11 sofort angeschrieben werden. Damit ergibt sich

$$u_L = u_3 + \frac{r_1 r_2}{r_1 + r_2} i_0 - \frac{r_2}{r_1 + r_2} u_1 - \frac{r_1}{r_1 + r_2} u_2 \ . \tag{4.23}$$

Den Innenwiderstand r_0 findet man, indem man im Netzwerk von Bild 4.11 die Spannungsquellen u_1, u_2, u_3 durch Kurzschlüsse, die Stromquelle i_0 durch einen Leerlauf ersetzt und dann den Widerstand am Klemmenpaar (1,2) ermittelt. Wie man sieht, wird

$$r_0 = \frac{r_1 r_2}{r_1 + r_2} \ . \tag{4.24}$$

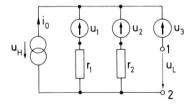

Bild 4.11. Zur Berechnung der Leerlaufspannung u_L für das betrachtete Beispiel.

Somit läßt sich der gesuchte Strom i_2 mit Hilfe des Thevenin-Netzwerks aus Bild 4.12 als

$$i_2 = \frac{u_L}{r_0 + r_3} \tag{4.25}$$

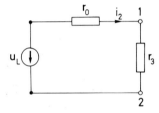

Bild 4.12. Thevenin-Netzwerk für das betrachtete Beispiel.

4.2 Die Ersatzquellen-Sätze

bestimmen, wobei u_L und r_0 durch die Gln. (4.23) bzw. (4.24) gegeben sind. Führt man diese Größen in Gl. (4.25) ein, so erhält man das Ergebnis gemäß Gl. (3.14). Es sei dem Leser empfohlen, die Aufgabe auch mit Hilfe des Satzes von der Ersatzstromquelle zu lösen.

4.2.3.2 Die Wechselstrombrücke. Als weiteres Beispiel zur Anwendung des Satzes von der Ersatzspannungsquelle soll das Brückennetzwerk nach Bild 4.13 untersucht werden. In den Zweigen befinden sich die Impedanzen $\underline{Z}_1, \underline{Z}_2, \underline{Z}_3, \underline{Z}_4, \underline{Z}_5$. Es soll insbesondere der Strom $\underline{I}_5$ im Brückenzweig $\underline{Z}_5$ bestimmt werden. Hierzu wird nach Entfernung des Zweiges $\underline{Z}_5$ das Verhalten des restlichen Netzwerks am Klemmenpaar (1,2) aufgrund des Satzes von der Ersatzspannungsquelle dargestellt. Die Leerlaufspannung wird nach Bild 4.14a

$$\underline{U}_L = \underline{U}_0 \left(\frac{\underline{Z}_3}{\underline{Z}_3 + \underline{Z}_4} - \frac{\underline{Z}_1}{\underline{Z}_1 + \underline{Z}_2} \right), \tag{4.26a}$$

also

$$\underline{U}_L = \underline{U}_0 \frac{\underline{Z}_2 \underline{Z}_3 - \underline{Z}_1 \underline{Z}_4}{(\underline{Z}_1 + \underline{Z}_2)(\underline{Z}_3 + \underline{Z}_4)}. \tag{4.26b}$$

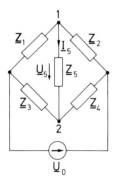

Bild 4.13. Brückennetzwerk.

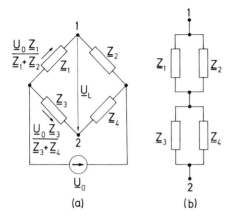

Bild 4.14. Zur Berechnung der Leerlaufspannung und des komplexen Innenwiderstands für das Beispiel des Brückennetzwerks.

Den Innenwiderstand erhält man nach Bild 4.14b als

$$\underline{Z}_0 = \frac{\underline{Z}_1 \underline{Z}_2}{\underline{Z}_1 + \underline{Z}_2} + \frac{\underline{Z}_3 \underline{Z}_4}{\underline{Z}_3 + \underline{Z}_4} \quad . \tag{4.27}$$

Damit kann anhand des im Bild 4.15 dargestellten Ersatznetzwerks der gesuchte Strom $\underline{I}_5$ sofort angegeben werden:

$$\underline{I}_5 = \frac{\underline{U}_L}{\underline{Z}_0 + \underline{Z}_5} \quad .$$

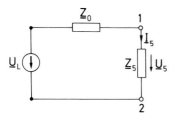

Bild 4.15. Ersatznetzwerk für das Beispiel des Brückennetzwerks.

Hieraus ergibt sich mit den Gln. (4.26b) und (4.27) das Endergebnis

$$\underline{I}_5 = \underline{U}_0 \frac{\underline{Z}_2 \underline{Z}_3 - \underline{Z}_1 \underline{Z}_4}{\underline{Z}_1 \underline{Z}_2 \underline{Z}_3 + \underline{Z}_2 \underline{Z}_3 \underline{Z}_4 + \underline{Z}_3 \underline{Z}_4 \underline{Z}_1 + \underline{Z}_4 \underline{Z}_1 \underline{Z}_2 + \underline{Z}_5 (\underline{Z}_1 + \underline{Z}_2)(\underline{Z}_3 + \underline{Z}_4)} \quad .$$

(4.28)

Aus Gl. (4.28) läßt sich die bekannte Abgleichbedingung für eine Brücke entnehmen. Wie man sieht, erfordert das Verschwinden des Stromes $\underline{I}_5$ die Einhaltung der Bedingung

$$\underline{Z}_2 \underline{Z}_3 - \underline{Z}_1 \underline{Z}_4 = 0 \quad , \tag{4.29}$$

die bereits bei Gl. (4.16) aufgetreten ist.

Für die Werte $\underline{Z}_1 = \underline{Z}_{10}$, $\underline{Z}_2 = \underline{Z}_{20}$, $\underline{Z}_3 = \underline{Z}_{30}$, $\underline{Z}_4 = \underline{Z}_{40}$ sei nun die Abgleichbedingung (4.29) erfüllt. Es soll noch die Frage beantwortet werden, wie sich die Spannung $\underline{U}_5$ im Zweig $\underline{Z}_5$ (Bild 4.13) ändert, wenn die Impedanzen in den übrigen Zweigen, ausgehend von den Werten $\underline{Z}_{10}, ..., \underline{Z}_{40}$, um die betragsmäßig kleinen Größen $d\underline{Z}_1, ..., d\underline{Z}_4$ geändert werden. Angesichts der kleinen Änderungen der Impedanzen erscheint es als sinnvoll, die differentielle Änderung $d\underline{U}_5$ zu bestimmen, die in erster Näherung die tatsächliche Änderung $\Delta \underline{U}_5$ liefert. Aus Bild 4.15 folgt

$$\underline{U}_5 = \underline{H} \underline{U}_L \tag{4.30a}$$

mit

$$\underline{H} = \frac{\underline{Z}_5}{\underline{Z}_0 + \underline{Z}_5} \quad . \tag{4.30b}$$

4.2 Die Ersatzquellen-Sätze

Daher wird wegen Gl. (4.30a)

$$d\underline{U}_S = \underline{H}_0 \left[\left(\frac{\partial \underline{U}_L}{\partial \underline{Z}_1}\right)_0 d\underline{Z}_1 + \ldots + \left(\frac{\partial \underline{U}_L}{\partial \underline{Z}_4}\right)_0 d\underline{Z}_4 \right] +$$

$$+ \underline{U}_{L\,0} \left[\left(\frac{\partial \underline{H}}{\partial \underline{Z}_1}\right)_0 d\underline{Z}_1 + \ldots + \left(\frac{\partial \underline{H}}{\partial \underline{Z}_4}\right)_0 d\underline{Z}_4 \right] . \quad (4.31)$$

Der Index 0 bedeutet, daß man bei der Berechnung der jeweiligen Größe die Werte $\underline{Z}_1 = \underline{Z}_{10}, \ldots, \underline{Z}_4 = \underline{Z}_{40}$ zu verwenden hat. Da für diese Werte die Leerlaufspannung $\underline{U}_L$, wie der Gl. (4.26b) zu entnehmen ist, verschwindet, darf in Gl. (4.31) der zweite, mit $\underline{U}_{L\,0}$ behaftete Summand weggelassen werden. Es wird daher

$$d\underline{U}_S = \underline{H}_0 \left[\left(\frac{\partial \underline{U}_L}{\partial \underline{Z}_1}\right)_0 d\underline{Z}_1 + \ldots + \left(\frac{\partial \underline{U}_L}{\partial \underline{Z}_4}\right)_0 d\underline{Z}_4 \right] . \quad (4.32)$$

Aus Gl. (4.26a) erhält man

$$\frac{\partial \underline{U}_L}{\partial \underline{Z}_1} = \underline{U}_0 \frac{-\underline{Z}_2}{(\underline{Z}_1 + \underline{Z}_2)^2} ; \quad \frac{\partial \underline{U}_L}{\partial \underline{Z}_2} = \underline{U}_0 \frac{\underline{Z}_1}{(\underline{Z}_1 + \underline{Z}_2)^2} ;$$

$$\frac{\partial \underline{U}_L}{\partial \underline{Z}_3} = \underline{U}_0 \frac{\underline{Z}_4}{(\underline{Z}_3 + \underline{Z}_4)^2} ; \quad \frac{\partial \underline{U}_L}{\partial \underline{Z}_4} = \underline{U}_0 \frac{-\underline{Z}_3}{(\underline{Z}_3 + \underline{Z}_4)^2} . \quad (4.33)$$

Mit den Gln. (4.33) läßt sich die Gl. (4.32) in der Form

$$d\underline{U}_S = \underline{H}_0 \underline{U}_0 \left[\frac{-\underline{Z}_{20}\underline{Z}_{10}}{(\underline{Z}_{10} + \underline{Z}_{20})^2} \cdot \frac{d\underline{Z}_1}{\underline{Z}_{10}} + \frac{\underline{Z}_{10}\underline{Z}_{20}}{(\underline{Z}_{10} + \underline{Z}_{20})^2} \cdot \frac{d\underline{Z}_2}{\underline{Z}_{20}} + \right.$$

$$\left. + \frac{\underline{Z}_{40}\underline{Z}_{30}}{(\underline{Z}_{30} + \underline{Z}_{40})^2} \cdot \frac{d\underline{Z}_3}{\underline{Z}_{30}} - \frac{\underline{Z}_{30}\underline{Z}_{40}}{(\underline{Z}_{30} + \underline{Z}_{40})^2} \cdot \frac{d\underline{Z}_4}{\underline{Z}_{40}} \right] \quad (4.34)$$

ausdrücken. Für die in der eckigen Klammer der Gl. (4.34) auftretenden Faktoren bei den relativen Änderungen $d\underline{Z}_\mu/\underline{Z}_{\mu 0}$ ($\mu = 1, 2, 3, 4$) kann folgende Beziehung bei Beachtung der Abgleichbedingung (4.29) angegeben werden:

$$\underline{A} \equiv \frac{\underline{Z}_{10}\underline{Z}_{20}}{(\underline{Z}_{10}+\underline{Z}_{20})^2} = \frac{1}{\dfrac{\underline{Z}_{10}}{\underline{Z}_{20}} + 2 + \dfrac{\underline{Z}_{20}}{\underline{Z}_{10}}} = \frac{1}{\dfrac{\underline{Z}_{30}}{\underline{Z}_{40}} + 2 + \dfrac{\underline{Z}_{40}}{\underline{Z}_{30}}} =$$

$$= \frac{\underline{Z}_{30}\underline{Z}_{40}}{(\underline{Z}_{30}+\underline{Z}_{40})^2} \ . \tag{4.35}$$

Unter Berücksichtigung dieser Beziehung erhält man aus Gl. (4.34) das Endergebnis

$$\frac{\mathrm{d}\underline{U}_5}{\underline{U}_0} = \underline{H}_0 \underline{A} \left[-\frac{\mathrm{d}\underline{Z}_1}{\underline{Z}_{10}} + \frac{\mathrm{d}\underline{Z}_2}{\underline{Z}_{20}} + \frac{\mathrm{d}\underline{Z}_3}{\underline{Z}_{30}} - \frac{\mathrm{d}\underline{Z}_4}{\underline{Z}_{40}} \right] \ . \tag{4.36}$$

Damit ist eine Darstellung für die auf $\underline{U}_0$ bezogene Spannungsänderung $\mathrm{d}\underline{U}_5$ einer abgeglichenen Brücke als Folge der relativen Impedanzänderungen $\mathrm{d}\underline{Z}_\mu/\underline{Z}_{\mu 0}$ ($\mu = 1, 2, 3, 4$) gewonnen. Die in Gl. (4.36) auftretenden Faktoren $\underline{H}_0$ und $\underline{A}$ sind durch Gl. (4.30b) in Verbindung mit Gl. (4.27) ($\underline{Z}_\mu = \underline{Z}_{\mu 0}, \mu = 1, 2, 3, 4$) bzw. durch Gl. (4.35) gegeben.

Als *Beispiel* sei eine sogenannte Maxwell-Brücke mit $\underline{Z}_{10} = r + \mathrm{j}\omega L$ (Widerstand und Induktivität in Reihe), $\underline{Z}_{20} = R_2$ (Widerstand), $\underline{Z}_{30} = R_3$ (Widerstand), $\underline{Z}_{40} = 1/(G_4 + \mathrm{j}\omega C_4)$ (Widerstand und Kapazität parallel) und $\underline{Z}_5 = \infty$ (Leerlauf) betrachtet. Die Brücke sei mit diesen Werten abgeglichen. Es erfolge sodann eine Änderung $\mathrm{d}\underline{Z}_1 = \mathrm{d}r + \mathrm{j}\omega \mathrm{d}L$. Gefragt wird nach der Änderung $\mathrm{d}\underline{U}_5$ der Brückenspannung $\underline{U}_5$, die bei Abgleich verschwindet, als Folge der Änderung $\mathrm{d}\underline{Z}_1$. Aus Gl. (4.30b) folgt $\underline{H}_0 = 1$ wegen $\underline{Z}_5 = \infty$, aus Gl. (4.35)

$$\underline{A} = \frac{R_2 (r + \mathrm{j}\omega L)}{(r + \mathrm{j}\omega L + R_2)^2} \ .$$

Damit wird nach Gl. (4.36)

$$\frac{\mathrm{d}\underline{U}_5}{\underline{U}_0} = -\frac{R_2}{(r + \mathrm{j}\omega L + R_2)^2} (\mathrm{d}r + \mathrm{j}\omega \mathrm{d}L)$$

oder

$$\mathrm{d}\underline{U}_5 = \underline{K}(\mathrm{d}r + \mathrm{j}\omega \mathrm{d}L) \ .$$

Werden nun mit Hilfe einer geeigneten Einrichtung die den Zeigergrößen $\mathrm{d}\underline{U}_5$ und $\mathrm{j}\underline{K}$ entsprechenden harmonischen Schwingungen erzeugt und miteinander skalar multipliziert (etwa unter Verwendung eines Wattmeters), bildet man also das Produkt

$$|\mathrm{d}\underline{U}_5| \cdot |\mathrm{j}\underline{K}| \cdot \cos[\sphericalangle(\mathrm{d}\underline{U}_5, \mathrm{j}\underline{K})] = \mathrm{Re}[\underline{K}(\mathrm{d}r + \mathrm{j}\omega \mathrm{d}L) \cdot (\mathrm{j}\underline{K})^*] = |\underline{K}|^2 \omega \mathrm{d}L \ ,$$

dann ist offensichtlich das Ergebnis eine von $\mathrm{d}r$ unabhängige Größe, die bis auf einen Maßstabsfaktor mit der Induktivitätsänderung $\mathrm{d}L$ übereinstimmt. Hiermit ist ein meß-

4.2 Die Ersatzquellen-Sätze

technisches Verfahren angedeutet, durch das sich die reine Induktivitätsänderung einer Spule bezüglich eines Sollwertes ermitteln läßt.

4.2.3.3 Kapazitive Spannungswandlung. Das im Bild 4.16a dargestellte Netzwerk kann aufgrund des Satzes von der Ersatzspannungsquelle in bezug auf sein Verhalten am Klemmenpaar (1,2) durch das Netzwerk nach Bild 4.16b ersetzt werden. Dabei ist die Leerlaufspannung

$$\underline{U}_L = \frac{\frac{1}{j\omega C_2}}{\frac{1}{j\omega C_1} + \frac{1}{j\omega C_2}} \underline{U}_0 = \frac{C_1}{C_1 + C_2} \underline{U}_0 \ . \tag{4.37}$$

Wie man sieht, hängt die Ausgangsspannung $\underline{U}_1$ von der „Last" $\underline{Z}$ ab. Das Netzwerk nach Bild 4.16a eignet sich also nicht dazu, eine Spannung $\underline{U}_0$ lastunabhängig in eine starre Spannung $\underline{U}_1$ umzuwandeln, was mit Hilfe eines (festgekoppelten) Übertragers möglich wäre. Das Ersatznetzwerk nach Bild 4.16b legt jedoch eine Ergänzung des Netzwerks nahe, so daß eine von der Last unabhängige Spannungswandlung entsteht.

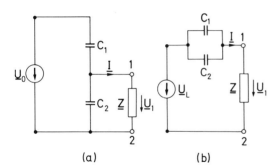

Bild 4.16. Kapazitiver Spannungswandler und zugehöriges Ersatznetzwerk.

Man fügt in dem Ersatznetzwerk nach Bild 4.16b zwischen der Parallelanordnung der beiden Kapazitäten C_1, C_2 und dem Knoten 1 eine Induktivität L ein, deren Wert derart zu wählen ist, daß die Gesamtkapazität $C_0 = C_1 + C_2$ der Parallelanordnung mit der Induktivität L bei der Betriebskreisfrequenz ω in Resonanz ist. Es muß dann

$$(C_1 + C_2) L = \frac{1}{\omega^2} \tag{4.38}$$

gelten. Man erhält damit das Netzwerk nach Bild 4.17a mit dem Ersatznetzwerk nach Bild 4.17b. Vom Klemmenpaar (1, 2) aus nach links ist der Innenwiderstand

$$\underline{Z}_0 = \frac{1}{j\omega (C_1 + C_2)} + j\omega L$$

$$= \frac{1}{j\omega (C_1 + C_2)} [1 - \omega^2 L (C_1 + C_2)] = 0 \ .$$

Diese Impedanz verschwindet wegen der Resonanzbedingung Gl. (4.38). Deshalb gilt im vorliegenden Resonanzfall $\underline{U}_1 = \underline{U}_L$ oder mit Gl. (4.37)

$$\frac{\underline{U}_1}{\underline{U}_0} = \frac{C_1}{C_1 + C_2} .$$

Damit findet eine von der Last $\underline{Z}$ unabhängige Spannungswandlung statt. Selbstverständlich hat dieses Ergebnis nur für eine bestimmte Kreisfrequenz ω, die durch Gl. (4.38) festgelegt ist, Gültigkeit. Bei der praktischen Anwendung des Netzwerks nach Bild 4.17a treten insofern noch Schwierigkeiten auf, als die zur Realisierung der Induktivität L erforderliche Spule zusätzlich einen (wenn auch kleinen) ohmschen Widerstand aufweist, der in Reihe zur Induktivität L zu denken ist. Die praktischen Vorteile des kapazitiven Spannungswandlers gegenüber den induktiven Wandlern (Transformatoren) brauchen nicht besonders hervorgehoben zu werden.

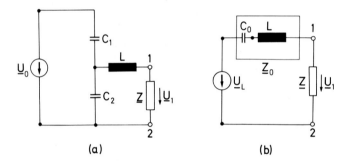

Bild 4.17. Erweiterung des kapazitiven Spannungswandlers zur Erzielung einer von der Last unabhängigen Spannungswandlung.

4.2.3.4 Eine Wechselstromschaltung mit zwei Quellen. Im Bild 4.18 ist ein Netzwerk dargestellt, das von zwei harmonischen, durch die Größen $\underline{U}_0$ und $\underline{I}_0$ gekennzeichneten Quellen (gleicher Frequenz) erregt wird. Gesucht wird der Strom $\underline{I}$, welcher durch die Kapazität C und den Widerstand R fließt. Es empfiehlt sich, zur Lösung der Aufgabe einen der Ersatzquellensätze heranzuziehen. Dabei wird jener Teil des Netzwerks ersetzt, der links vom Klemmenpaar (1,2) liegt. Den komplexen Innenwiderstand $\underline{Z}_0$ erhält man nach Bild 4.19a als

$$\underline{Z}_0 = \frac{j\omega L_1 \left(R_1 + \frac{1}{j\omega C_1} \right)}{R_1 + \frac{1}{j\omega C_1} + j\omega L_1} . \qquad (4.39a)$$

Da im vorliegenden Beispiel der Kurzschlußstrom einfacher zu bestimmen ist als die Leerlaufspannung, wird nach Bild 4.19b der Strom $\underline{I}_K$ ermittelt. Es gilt, wie man un-

4.2 Die Ersatzquellen-Sätze

mittelbar sieht,

$$\underline{I}_K = \underline{I}_0 + \frac{\underline{U}_0}{R_1 + \dfrac{1}{j\omega C_1}} \quad . \tag{4.39b}$$

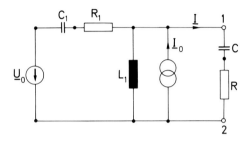

Bild 4.18. Netzwerk mit zwei harmonischen Quellen.

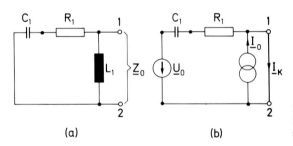

(a)   (b)

Bild 4.19. Berechnung des komplexen Innenwiderstands und des Kurzschlußstroms für das betrachtete Beispiel.

Man könnte nun sofort das Norton-Ersatznetzwerk gemäß Bild 4.10 verwenden, es soll jedoch das Thevenin-Netzwerk nach Bild 4.9 herangezogen werden. Dazu ist eine Darstellung der Leerlaufspannung $\underline{U}_L$ erforderlich. Nach Gl. (4.20b) erhält man mit den Gln. (4.39a,b)

$$\underline{U}_L = \underline{Z}_0 \underline{I}_K = \frac{j\omega L_1 \left[\underline{U}_0 + \underline{I}_0 \left(R_1 + \dfrac{1}{j\omega C_1} \right) \right]}{R_1 + \dfrac{1}{j\omega C_1} + j\omega L_1} \quad . \tag{4.39c}$$

Nach Bild 4.20 gewinnt man schließlich den gesuchten Strom zu

$$\underline{I} = \frac{\underline{U}_L}{R + \dfrac{1}{j\omega C} + \underline{Z}_0} \quad ,$$

wobei $\underline{Z}_0$ und $\underline{U}_L$ durch die Gln. (4.39a,c) explizit bekannt sind.

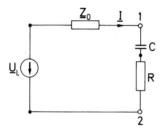

Bild 4.20. Ersatznetzwerk für das betrachtete Beispiel.

4.3 Das Kompensationstheorem

4.3.1 Einfache Netzwerkumwandlungen

Es soll zunächst auf einige Möglichkeiten hingewiesen werden, in Netzwerken Veränderungen vorzunehmen, welche die Ströme und Spannungen in diesen Netzwerken nicht beeinflussen. Die Zulässigkeit dieser Veränderungen läßt sich aus den Ersatzquellensätzen und mit Hilfe der allgemeinen Analysemethoden unmittelbar begründen. Rein physikalisch ist es offensichtlich, daß die Veränderungen erlaubt sind. Kommen in einem Netzwerk mehrere starre Quellen vor, die durch komplexe Ströme bzw. Spannungen gekennzeichnet sind, so sollen diese Quellen stets eine einheitliche Kreisfrequenz ω aufweisen, falls nicht ausdrücklich auf eine Verschiedenheit der Kreisfrequenzen hingewiesen wird.

Tritt zwischen zwei beliebigen Knoten 1 und 2 eines Netzwerks die Spannung $\underline{U}_{12}$ auf, dann darf zwischen diese Knoten eine Spannungsquelle $\underline{U}_0 = \underline{U}_{12}$ gelegt werden, ohne daß sich die Ströme und Spannungen im Netzwerk ändern (Bild 4.21). Ist insbesondere $\underline{U}_{12} = 0$, dann dürfen die beiden Knoten 1 und 2 kurzgeschlossen werden.

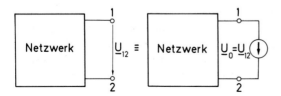

Bild 4.21. Ergänzung eines Netzwerks durch eine Spannungsquelle, ohne daß sich die Ströme und Spannungen ändern.

Zwischen den beiden Knoten 1 und 2 eines Netzwerks befinde sich ein Kurzschluß, und es fließe der Strom $\underline{I}_{12}$ in dieser Kurzschlußverbindung. Der Kurzschluß darf durch eine Stromquelle der Stärke $\underline{I}_0 = \underline{I}_{12}$ ersetzt werden, ohne daß sich die Ströme und Spannungen im Netzwerk ändern (Bild 4.22). Hieraus folgt insbesondere, daß die Kurzschlußverbindung aufgetrennt werden darf, wenn der Strom $\underline{I}_{12}$ gleich null ist.

Aufgrund der vorausgegangenen Überlegungen lassen sich nun zwei Möglichkeiten angeben, in Netzwerken bestimmte Transformationen durchzuführen. Dies soll im folgenden gezeigt werden.

Im Bild 4.23a ist der Ausschnitt eines Netzwerks dargestellt, in dem die Spannungsquelle $\underline{U}_0$ das einzige Element im abgebildeten Zweig 1,2 ist. Interessiert man

4.3 Das Kompensationstheorem

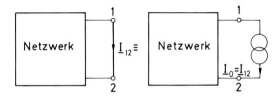

Bild 4.22. Ergänzung eines Netzwerks durch eine Stromquelle, ohne daß sich die Ströme und Spannungen ändern.

sich für den Strom in diesem Zweig nicht, so läßt sich das Netzwerk gemäß Bild 4.23b modifizieren, ohne daß sich die übrigen Ströme und die Spannungen im Netzwerk ändern. Zur Begründung der Richtigkeit dieser Aussage wird zunächst in den Zweig 1,2 die Parallelanordnung zweier gleicher Spannungsquellen $\underline{U}_0$ gebracht. Durch Trennung des Knotens 2 dieser Parallelanordnung in zwei Knoten entsteht dann das Netzwerk gemäß Bild 4.23b.

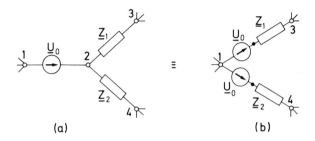

Bild 4.23. Umwandlung eines Netzwerks, ohne daß sich die Ströme und Spannungen ändern.

Im Bild 4.24a ist der Ausschnitt eines Netzwerks dargestellt, in dem die Stromquelle $\underline{I}_0$ das einzige Element im abgebildeten Zweig 1,2 ist. Das Netzwerk läßt sich gemäß Bild 4.24b modifizieren, ohne daß sich die Ströme und Spannungen im Netzwerk ändern. Zur Begründung der Richtigkeit dieser Aussage wird zunächst in den Zweig 1,2 die Reihenanordnung zweier gleicher Stromquellen $\underline{I}_0$ gebracht. Man kann nun das Potential der gemeinsamen Klemme dieser Stromquellen so festlegen, daß es gleich dem Potential des Knotens 3 ist. Schließt man die genannte Klemme mit dem Knoten 3 kurz, dann entsteht das Netzwerk gemäß Bild 4.24b.

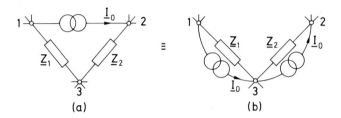

Bild 4.24. Umwandlung eines Netzwerks, ohne daß sich die Ströme und Spannungen ändern.

Die beschriebenen Netzwerk-Transformationen bewirken, daß in Reihe zu Spannungsquellen und parallel zu Stromquellen Zweipole gelangen. Die Transformationen lassen sich dazu verwenden, mit Hilfe der Ersatzquellen-Sätze (Abschnitt 4.2) Spannungsquellen in Stromquellen überzuführen und umgekehrt.

4.3.2 Die Kompensation

Ein Netzwerk sei gemäß Bild 4.25a mit einem Zweipol $\underline{Z}$ ($\neq 0$, ∞) verbunden, durch den der Strom $\underline{I}_Z$ fließt und an dem die Spannung $\underline{U}_Z$ auftritt. Der Zweipol $\underline{Z}$ darf durch eine Spannungsquelle der Stärke $\underline{U} = \underline{U}_Z$ ersetzt werden, ohne daß dabei die Strom- und Spannungs-Verteilung im Netzwerk geändert wird (Bild 4.25b). Zur Begründung dafür, daß diese Netzwerkmodifikation erlaubt ist, legt man zunächst gemäß Bild 4.21 parallel zum Zweipol $\underline{Z}$ die Spannungsquelle $\underline{U}_Z$. Dabei ändern sich Ströme und Spannungen im Netzwerk gemäß Abschnitt 4.3.1 nicht. Sodann darf der Zweipol $\underline{Z}$ ohne Beeinflussung der Strom- und Spannungs-Verteilung im Netzwerk entfernt werden. Der Zweipol $\underline{Z}$ im Bild 4.25a darf auch durch eine Stromquelle der Stärke $\underline{I} = \underline{I}_Z$ ersetzt werden, ohne daß dabei die Strom- und Spannungs-Verteilung im Netzwerk verändert wird (Bild 4.26). Zur Begründung dafür, daß auch diese Netzwerkmodifikation erlaubt ist, wird in Reihe zum Zweipol $\underline{Z}$ eine Stromquelle der Stärke $\underline{I}_Z$ gelegt. Hierbei ändern sich die Ströme und Spannungen im Netzwerk gemäß Abschnitt 4.3.1 nicht. Sodann darf ohne Beeinflussung der Strom- und Spannungs-Verteilung im Netzwerk der Zweipol $\underline{Z}$ durch einen Kurzschluß ersetzt werden.

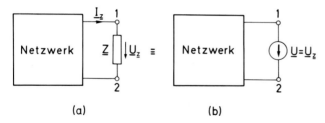

Bild 4.25. Kompensation eines Zweipols durch eine Spannungsquelle.

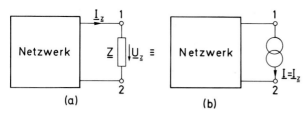

Bild 4.26. Kompensation eines Zweipols durch eine Stromquelle.

Der Inhalt der durch die Bilder 4.25 und 4.26 veranschaulichten Aussagen wird häufig als *Kompensations-* (oder Substitutions-)*Theorem* bezeichnet. Zur Anwendung dieses Theorems muß man die Spannung $\underline{U}_Z$ am bzw. den Strom $\underline{I}_Z$ durch den zu ersetzenden Zweipol kennen. Bei der Anwendung des Kompensationstheorems sind solche (trivialen) Fälle auszuschließen, in denen durch die Kompensation die Strom- bzw. Spannungs-Verteilung nicht mehr eindeutig bestimmt ist.

4.3.3 *Eine Anwendung*

Das Kompensationstheorem soll zur Lösung des folgenden Problems herangezogen werden. Vorgegeben sei ein von harmonischen Quellen gleicher Frequenz erregtes Netzwerk. In einem Zweig des Netzwerks befinde sich ein Zweipol mit der Impedanz $\underline{Z}$ (Bild 4.27a). Durch diesen Zweipol fließe der Strom $\underline{I}$; die am Zweipol auftretende Spannung sei $\underline{U}$. Gefragt wird nach dem Einfluß einer Änderung $\Delta\underline{Z}$ der Impedanz $\underline{Z}$ auf die Ströme und Spannungen im Netzwerk. Zur Lösung dieser Aufgabe wird zum Zweipol $\underline{Z}$ und der Änderung $\Delta\underline{Z}$ eine Spannungsquelle in Reihe gelegt, deren Stärke $\underline{U}_0$ so groß gewählt wird, daß der Zweigstrom wieder den Wert $\underline{I}$ annimmt (Bild 4.28). Nach dem Kompensationstheorem muß $\underline{U}_0 = \Delta\underline{Z}\,\underline{I}$ sein. Bei Beachtung des Überlagerungssatzes zeigt ein Vergleich von Bild 4.27b mit Bild 4.28, daß man die von $\Delta\underline{Z}$ herrührenden Änderungen der Ströme und Spannungen im Netzwerk nach Bild 4.27b als negative Reaktion ausschließlich auf die Ursache $\underline{U}_0$ im Netzwerk nach Bild 4.28 auffassen kann. Denn die Spannungsquelle $\underline{U}_0$ bewirkt, daß alle durch die Impedanzänderung $\Delta\underline{Z}$ hervorgerufenen Strom- und Spannungs-Änderungen im Netzwerk aufgehoben werden, d.h. daß jeder Änderung eines Stroms eine entgegengesetzt gleiche Stromänderung überlagert wird. Wenn man also im Netzwerk nach Bild 4.28 bis auf $\underline{U}_0$ alle Quellen zu null macht (Kurzschlüsse statt der Spannungsquellen und Leerläufe statt der Stromquellen) und außerdem das Vorzeichen der übriggebliebenen Quelle $\underline{U}_0$ umkehrt, so erhält man alle durch die Impedanzänderung $\Delta\underline{Z}$ hervorgerufenen Strom- und Spannungs-Änderungen im Netzwerk, insbesondere im Zweipol $\underline{Z} + \Delta\underline{Z}$ die Stromänderung $\Delta\underline{I}$. Die Anwendbarkeit der erörterten Methode hängt nicht von der Größenordnung der Impedanzänderung ab. Da keinerlei Näherungen durchgeführt wurden, handelt es sich um eine exakte Methode.

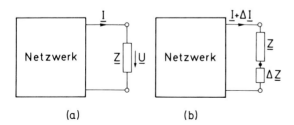

Bild 4.27. Untersuchung des Einflusses der Impedanzänderung $\Delta\underline{Z}$ auf die Ströme und Spannungen im Netzwerk.

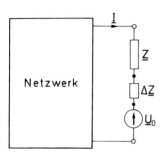

Bild 4.28. Kompensation des Einflusses der Impedanzänderung $\Delta\underline{Z}$ durch Einführung einer Spannungsquelle.

Die Aufgabe kann auch gelöst werden, indem man die Änderung des Zweipols als Admittanzänderung durch eine Parallelanordnung des ursprünglichen Zweipols mit einem Zusatzzweipol auffaßt und eine Stromkompensation mit Hilfe einer zum Zweipol parallel liegenden Stromquelle durchführt. Die Überlegungen verlaufen in dualer Weise zum erörterten Vorgehen.

4.4 Das Tellegen-Theorem

4.4.1 *Die Aussage*

Es wird ein Netzwerk betrachtet, das aus irgendwelchen Zweipolen aufgebaut ist. Bild 4.29 zeigt einen dieser Zweipole, der an den Knoten μ und ν mit den übrigen Bestandteilen des Netzwerks verbunden ist. Die im Netzwerk vorhandenen Ströme müssen die Knotenregel befriedigen, die Spannungen die Maschenregel. Weitere Voraussetzungen sind nicht erforderlich, weshalb das hier betrachtete Netzwerk im Vergleich zu den bisher untersuchten Netzwerken von allgemeinerer Art sein darf. Zur Einführung von Knotenpotentialen φ_1, φ_2, ... wird ein Bezugspunkt 0 festgelegt, so daß die φ_1, φ_2, ... als Spannungen von den Knoten 1, 2, ... zum Bezugspunkt 0 definiert werden können. Die Spannung $u_{\mu\nu}$ an dem im Bild 4.29 dargestellten Zweipol kann damit in der Form

$$u_{\mu\nu} = \varphi_\mu - \varphi_\nu$$

ausgedrückt werden. Unter Verwendung dieser Darstellung wird das Produkt aus Spannung am Zweipol und Strom im Zweipol gebildet:

$$u_{\mu\nu} i_{\mu\nu} = \varphi_\mu i_{\mu\nu} - \varphi_\nu i_{\mu\nu} = \varphi_\mu i_{\mu\nu} + \varphi_\nu i_{\nu\mu} \ . \tag{4.40}$$

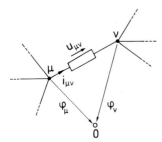

Bild 4.29. Ausschnitt eines aus Zweipolen aufgebauten Netzwerks.

Es sollen nun die durch Gl. (4.40) ausgedrückten Produkte aller im Netzwerk vorhandenen Zweipole addiert werden. Man erhält zunächst bei geeigneter Zusammenfassung der Summanden

$$\sum_{\substack{\text{alle} \\ \text{Zweipole}}} u_{\mu\nu} i_{\mu\nu} = \sum_r \varphi_r \sum_s i_{rs} \ . \tag{4.41}$$

4.4 Das Tellegen-Theorem

Die auf der rechten Seite von Gl. (4.41) auftretende Summe über die Zweipolströme muß gleich null sein wegen der Gültigkeit der Knotenregel. Daher folgt aus Gl. (4.41) das Ergebnis

$$\sum u_{\mu\nu} i_{\mu\nu} = 0 \quad . \tag{4.42}$$

Die Summation ist über alle im Netzwerk vorhandenen Zweipole zu erstrecken. Die Aussage der Gl. (4.42) ist als *Tellegen-Theorem* bekannt. Besteht das Netzwerk aus Elementen der im Kapitel 1 eingeführten Art und bedeuten $u_{\mu\nu}$ und $i_{\mu\nu}$ die Spannung bzw. den Strom für das Element[34] zwischen den Knoten μ und ν, dann stellt die Gl. (4.42) die Leistungsbilanz für das gesamte Netzwerk dar. Da das gesamte Netzwerk, physikalisch betrachtet, als abgeschlossenes System aufgefaßt werden kann, ist die Gl. (4.42) in diesem Fall eine triviale Aussage.

Abschließend sei jedoch betont, daß in der Gl. (4.42) die Spannungen $u_{\mu\nu}$ mit den Strömen $i_{\mu\nu}$ nicht verknüpft zu sein brauchen. Bei der Herleitung der Gl. (4.42) wurden nur die Voraussetzungen benützt, daß die Spannungen im Netzwerk die Maschenregel befriedigen und daß unabhängig hiervon die Ströme die Knotenregel erfüllen. Man kann daher bei der Anwendung von Gl. (4.42) z.B. die Spannungen aus irgendeinem Netzwerk und die Ströme aus einem anderen, jedoch mit dem ersten topologisch übereinstimmenden Netzwerk entnehmen.

Ist das bisher betrachtete Netzwerk nach Bild 4.30 speziell ein sogenannter $2n$-Pol, so lautet die Gl. (4.42)

$$\sum_{\text{im } 2n\text{-Pol}} u_{\mu\nu} i_{\mu\nu} - \sum_{\mu=1}^{n} u_\mu i_\mu = 0$$

oder

$$\sum_{\mu=1}^{n} u_\mu i_\mu = \sum_{\text{im } 2n\text{-Pol}} u_{\mu\nu} i_{\mu\nu} \quad . \tag{4.43}$$

Die Summe auf der rechten Seite der Gl. (4.43) ist über alle im Innern des $2n$-Pols vorkommenden Zweipole zu erstrecken. Die Zweipole $W_1, W_2, ..., W_n$ im Bild 4.30 sind beliebige Netzwerke. Sie werden in der angedeuteten Weise mit dem $2n$-Pol verbunden und stellen dessen äußere Beschaltung dar.

---

[34] Liegen zwischen den Knoten μ und ν mehrere Elemente parallel, dann bedeutet der Strom $i_{\mu\nu}$ den Gesamtstrom durch diese Parallelanordnung. Die im Kapitel 1 eingeführten vierpoligen Elemente werden jeweils behandelt wie zwei zweipolige Elemente, deren Ströme und Spannungen mit den Primär- bzw. Sekundärgrößen des Vierpols übereinstimmen.

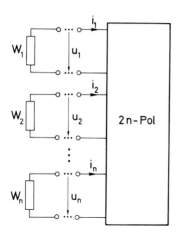

Bild 4.30. 2n-Pol mit beliebigen Zweipolen an den Eingängen.

4.4.2 Der Umkehrungssatz

Das Tellegensche Theorem soll nun zur Begründung einer wichtigen Beziehung herangezogen werden, die zwischen den Strömen und Spannungen an den äußeren Klemmen eines nur aus ohmschen Widerständen, Induktivitäten und Kapazitäten aufgebauten Vierpols (Bild 4.31) besteht. Der Vierpol werde von außen harmonisch betrieben, und es soll nur der stationäre Zustand interessieren. Durch entsprechende äußere Beschaltung wird der Vierpol (VP) auf zwei verschiedene, nicht näher spezifizierte Weisen (bei einer einheitlichen Kreisfrequenz) betrieben. Hieraus resultieren im einen Betriebszustand die äußeren Größen $\underline{U}_1, \underline{I}_1, \underline{U}_2, \underline{I}_2$, im anderen Zustand die entsprechenden Größen $\underline{U}_1', \underline{I}_1', \underline{U}_2', \underline{I}_2'$. Auch die im Innern des Vierpols auftretenden Spannungen und Ströme sollen im zweiten Betriebszustand durch einen Strich von jenen im ersten Zustand unterschieden werden. Nach Gl. (4.43) erhält man durch Kombination der Ströme des ersten Betriebszustands mit den Spannungen des zweiten Betriebszustands

$$\underline{U}_1' \underline{I}_1 + \underline{U}_2' \underline{I}_2 = \sum_{\text{im } VP} \underline{U}_{\mu\nu}' \underline{I}_{\mu\nu} \,. \qquad (4.44\text{a})$$

und weiterhin durch Kombination der Ströme des zweiten Betriebszustands mit den Spannungen des ersten Betriebszustands

$$\underline{U}_1 \underline{I}_1' + \underline{U}_2 \underline{I}_2' = \sum_{\text{im } VP} \underline{U}_{\mu\nu} \underline{I}_{\mu\nu}' \,. \qquad (4.44\text{b})$$

Wegen der getroffenen Voraussetzungen über die im Vierpol enthaltenen Netzwerkelemente gilt

$$\underline{U}_{\mu\nu} = \underline{Z}_{\mu\nu} \underline{I}_{\mu\nu} \text{ und } \underline{U}_{\mu\nu}' = \underline{Z}_{\mu\nu} \underline{I}_{\mu\nu}' \,. \qquad (4.45\text{a,b})$$

4.4 Das Tellegen-Theorem

Bild 4.31. RLC-Vierpol mit seinen äußeren Größen.

Setzt man Gl. (4.45b) in die rechte Seite von Gl. (4.44a) ein, dann erhält man

$$\sum_{\text{im } VP} \underline{U}'_{\mu\nu}\underline{I}_{\mu\nu} = \sum_{\text{im } VP} \underline{Z}_{\mu\nu}\underline{I}'_{\mu\nu}\underline{I}_{\mu\nu}$$

und weiterhin bei Berücksichtigung von Gl. (4.45a)

$$\sum_{\text{im } VP} \underline{U}'_{\mu\nu}\underline{I}_{\mu\nu} = \sum_{\text{im } VP} \underline{U}_{\mu\nu}\underline{I}'_{\mu\nu} \ .$$

Damit ist nachgewiesen, daß die rechten Seiten der Gln. (4.44a,b) identisch sind. Deshalb müssen auch die linken Seiten dieser Gleichungen übereinstimmen:

$$\underline{U}'_1\underline{I}_1 + \underline{U}'_2\underline{I}_2 = \underline{U}_1\underline{I}'_1 + \underline{U}_2\underline{I}'_2 \ . \tag{4.46}$$

Der Inhalt der Gl. (4.46) stellt die allgemeine Form des sogenannten *Umkehrungssatzes (Reziprozitätstheorem)* dar. Man nennt Vierpole, für welche die Gl. (4.46) bei beliebiger Wahl der beiden Betriebszustände gilt, *reziprok*. Aus den vorausgegangenen Betrachtungen folgt demnach, daß alle aus ohmschen Widerständen, Induktivitäten und Kapazitäten aufgebauten Vierpole reziprok sind. Die folgende Überlegung zeigt, daß die Reziprozitätsbeziehung (4.46) auch dann noch gilt, wenn ideale Übertrager (und damit allgemeine Übertrager) im Vierpol zugelassen werden: Für den idealen Übertrager besteht zwar keine Beziehung gemäß den Gln. (4.45a,b), dafür liefert die entsprechende, aus den Primärgrößen $\underline{U}'_{\kappa\iota}, \underline{I}_{\kappa\iota}$ und den Sekundärgrößen $\underline{U}'_{\kappa+1,\iota+1}$, $\underline{I}_{\kappa+1,\iota+1}$ gebildete Teilsumme

$$\underline{U}'_{\kappa\iota}\underline{I}_{\kappa\iota} + \underline{U}'_{\kappa+1,\iota+1}\underline{I}_{\kappa+1,\iota+1}$$

auf der rechten Seite von Gl. (4.44a) keinen Beitrag [man beachte hierzu die Gln. (1.37) und (1.38)]. Entsprechendes gilt für die Gl. (4.44b). Im Gegensatz hierzu sind Vierpole, die Gyratoren enthalten, im allgemeinen nicht reziprok. Dies läßt sich, ausgehend von den Gln. (1.39a,b), durch ein ähnliches Vorgehen wie beim idealen Übertrager nachweisen.

Der Umkehrungssatz erlaubt es, für reziproke Vierpole einige interessante Eigenschaften abzuleiten. Betrachtet man als Betriebszustand 1 den Fall $\underline{I}_2 = 0$ (sekundärer Leerlauf), als Betriebszustand 2 den Fall $\underline{I}'_1 = 0$ (primärer Leerlauf), so besagt die Gl. (4.46)

$$\left[\frac{\underline{U}_2}{\underline{I}_1}\right]_{\underline{I}_2 = 0} = \left[\frac{\underline{U}'_1}{\underline{I}'_2}\right]_{\underline{I}'_1 = 0} \ . \tag{4.47}$$

Wählt man noch als Erregungen $\underline{I}_1 = \underline{I}'_2 \equiv \underline{I}$, dann erhält man als Reaktionen $\underline{U}_2 = \underline{U}'_1 \equiv \underline{U}$ (Bild 4.32). Ein reziproker Vierpol hat also die Eigenschaft, daß ein auf der Primärseite oder der Sekundärseite eingeprägter Strom $\underline{I}$ am anderen Klemmenpaar jeweils dieselbe Leerlaufspannung hervorruft.

Betrachtet man hingegen als Betriebszustand 1 den Fall $\underline{U}_2 = 0$ (sekundärer Kurzschluß), als Betriebszustand 2 den Fall $\underline{U}'_1 = 0$ (primärer Kurzschluß), so besagt die Gl. (4.46)

$$\begin{bmatrix} \dfrac{\underline{I}_2}{\underline{U}_1} \end{bmatrix}_{\underline{U}_2 = 0} = \begin{bmatrix} \dfrac{\underline{I}'_1}{\underline{U}'_2} \end{bmatrix}_{\underline{U}'_1 = 0} . \qquad (4.48)$$

Wählt man zusätzlich noch $\underline{U}_1 = \underline{U}'_2 \equiv \underline{U}$, dann wird $\underline{I}_2 = \underline{I}'_1 \equiv \underline{I}$ (Bild 4.33). Eine an der Primär- oder Sekundärseite eines reziproken Vierpols angelegte Spannung $\underline{U}$ bewirkt also jeweils denselben Kurzschlußstrom $\underline{I}$ am anderen Klemmenpaar.

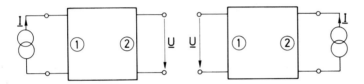

Bild 4.32. Eine aus der Reziprozitätsbeziehung folgende Eigenschaft von RLCÜ-Vierpolen.

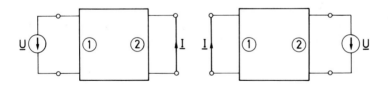

Bild 4.33. Eine weitere aus der Reziprozitätsbeziehung folgende Eigenschaft von RLCÜ-Vierpolen.

Von den weiteren möglichen Betriebszuständen sind noch die folgenden von Interesse: $\underline{U}_2 = 0$ (Betriebszustand 1) und $\underline{I}'_1 = 0$ (Betriebszustand 2). Bei dieser Wahl wird aus Gl. (4.46)

$$\begin{bmatrix} \dfrac{\underline{I}_2}{\underline{I}_1} \end{bmatrix}_{\underline{U}_2 = 0} = - \begin{bmatrix} \dfrac{\underline{U}'_1}{\underline{U}'_2} \end{bmatrix}_{\underline{I}'_1 = 0} . \qquad (4.49)$$

Wählt man den Strom $\underline{I}_1$ und die Spannung $\underline{U}'_2$ so, daß ihre Zahlenwerte nach Betrag und Phase übereinstimmen, dann stimmen in entsprechender Weise auch die Zahlenwerte des Kurzschlußstromes $\underline{I}_2$ und der negativ genommenen Leerlaufspannung $-\underline{U}'_1$ überein (Bild 4.34).

4.5 Der Satz von der maximalen Leistungsübertragung

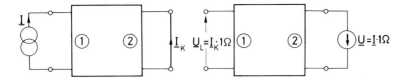

Bild 4.34. Eine weitere aus der Reziprozitätsbeziehung folgende Eigenschaft von RLCÜ-Vierpolen.

4.5 Der Satz von der maximalen Leistungsübertragung

In diesem Abschnitt soll eine für praktische Anwendungen wichtige Aufgabe gelöst werden. Bild 4.35 zeigt ein Netzwerk, das durch eine Spannung $\underline{U}$ erregt wird und zwei Zweipole mit den Impedanzen $\underline{Z}_0 = R_0 + jX_0, \underline{Z} = R + jX$ enthält. Die Impedanz $\underline{Z}_0$ (z.B. der komplexe Innenwiderstand der Quelle) liege fest, und es gelte $R_0 > 0$. Die Impedanz $\underline{Z}$ (z.B. der komplexe Widerstand der Last) soll derart bemessen werden, daß dem Zweipol $\underline{Z}$ möglichst viel Wirkleistung zugeführt wird.

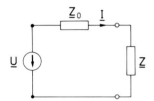

Bild 4.35. Ein Netzwerk, das aus einer Spannungsquelle und zwei Zweipolen besteht.

Mit Hilfe des durch beide Zweipole fließenden Stromes

$$\underline{I} = \frac{\underline{U}}{\underline{Z}_0 + \underline{Z}}$$

läßt sich die dem Zweipol $\underline{Z}$ zugeführte Wirkleistung gemäß den Gln. (2.29) in der Form

$$P_w = |\underline{U}|^2 \frac{\operatorname{Re} \underline{Z}}{|\underline{Z}_0 + \underline{Z}|^2}$$

oder

$$P_w = U^2 \frac{R}{(R_0 + R)^2 + (X_0 + X)^2} \qquad (4.50)$$

ausdrücken. Hierbei sind, wie gesagt, R_0, X_0 und U gegeben; R und X müssen nun so bestimmt werden, daß P_w maximal wird. Wie man der Gl. (4.50) unmittelbar entnimmt, kann P_w nur für $R > 0$ maximal werden, und es muß jedenfalls $X = -X_0$ gelten. Bei dieser Wahl erhält man aus Gl. (4.50)

$$P_w = U^2 \frac{R}{(R_0 + R)^2} = \frac{U^2}{R_0} \cdot \frac{1}{(R_0/R) + 2 + (R/R_0)} \ .$$

Dieser Ausdruck erreicht als Funktion von $R > 0$ dort sein Maximum, wo der Nenner $(R_0/R) + 2 + (R/R_0)$ sein Minimum annimmt. Dies ist aber, wie man leicht feststellt, genau für $R = R_0$ der Fall. Dann wird $P_w = U^2/(4R_0)$, und die Quelle liefert insgesamt die Wirkleistung $U^2/(2R_0)$, d.h. $2P_w$.

Damit ist das Ergebnis gefunden, daß im Netzwerk nach Bild 4.35 bei gegebener Erregung $\underline{U}$ und gegebener Impedanz $\underline{Z}_0$ an den Zweipol $\underline{Z}$ maximale Wirkleistung abgegeben wird, wenn

$$\underline{Z} = \underline{Z}_0^*$$

gewählt wird *(Satz von der maximalen Leistungsübertragung)*. Ist der Zweipol $\underline{Z}_0$ speziell ein ohmscher Widerstand R_0, so muß als Zweipol $\underline{Z}$ ebenfalls ein Widerstand R_0 gewählt werden, um maximale Wirkleistungsübertragung zu erzielen.

Bei der maximalen Leistungsübertragung wird die Hälfte der von der Quelle abgegebenen Wirkleistung von der Impedanz $\underline{Z}_0$ aufgenommen. Bei großen Leistungen, wie sie in der elektrischen Energieversorgung vorkommen, wäre dies sehr unwirtschaftlich. Man strebt deshalb dort einen im Vergleich zum Verbraucherwiderstand R kleinen Widerstand R_0 an. In der Nachrichtentechnik und in der Meßtechnik hingegen wird von der durch den obigen Satz gegebenen Möglichkeit der Leistungsanpassung Gebrauch gemacht.

5. MEHRPOLIGE NETZWERKE

In diesem Kapitel werden Netzwerke untersucht, die über gewisse ausgezeichnete Knoten, Klemmen oder Pole genannt, von außen zugänglich sind. Die Netzwerke seien aus ohmschen Widerständen, Kapazitäten, Induktivitäten, Übertragern, Gyratoren und gesteuerten Quellen aufgebaut. Zunächst soll untersucht werden, wie die zwischen den Klemmen herrschenden Spannungen und die über die Klemmen ins Netzwerk fließenden Ströme miteinander verknüpft sind. Das Netzwerk sei dabei rein harmonisch mit einer einheitlichen Frequenz erregt, und es soll nur der stationäre Zustand interessieren. Die gestellte Aufgabe ergibt sich insbesondere dann, wenn das Verhalten eines bestimmten Teils eines größeren Netzwerks unabhängig vom Rest des Netzwerks, d.h. von der Beschaltung des Teilnetzwerks beschrieben werden soll. Nach der Untersuchung der Verknüpfung zwischen den äußeren Spannungen und Strömen werden die gewonnenen Ergebnisse verschiedentlich angewendet.

5.1 Verknüpfung der äußeren Spannungen und Ströme eines mehrpoligen Netzwerks

5.1.1 *Allgemeine Aussagen*

Bild 5.1 zeigt schematisch einen n-Pol mit den äußeren Spannungen $\underline{U}_1, \underline{U}_2, ..., \underline{U}_{n-1}$ und den äußeren Strömen $\underline{I}_1, \underline{I}_2, ..., \underline{I}_n$. Für die Spannungen ist die n-te Klemme als Bezugspunkt gewählt worden. Man kann die Spannungen $\underline{U}_1, \underline{U}_2, ..., \underline{U}_{n-1}$ als Erregungen (eingeprägte Spannungen) und die Ströme $\underline{I}_1, \underline{I}_2, ..., \underline{I}_{n-1}$ als entsprechende Reaktionen betrachten. Der Strom $\underline{I}_n$ braucht nicht berücksichtigt zu werden, da stets $\underline{I}_n = -(\underline{I}_1 + \underline{I}_2 + ... + \underline{I}_{n-1})$ gilt. Damit lassen sich die $\underline{I}_\mu$ ($\mu = 1, 2, ..., n-1$) aufgrund des Überlagerungssatzes in der folgenden Weise als Summe der von den $\underline{U}_\nu$ ($\nu = 1, 2, ..., n-1$) herrührenden Teilwirkungen darstellen:

$$\begin{aligned}
\underline{y}_{11}\underline{U}_1 + \underline{y}_{12}\underline{U}_2 + ... + \underline{y}_{1,n-1}\underline{U}_{n-1} &= \underline{I}_1 , \\
\underline{y}_{21}\underline{U}_1 + \underline{y}_{22}\underline{U}_2 + ... + \underline{y}_{2,n-1}\underline{U}_{n-1} &= \underline{I}_2 , \\
&\vdots \\
\underline{y}_{n-1,1}\underline{U}_1 + \underline{y}_{n-1,2}\underline{U}_2 + ... + \underline{y}_{n-1,n-1}\underline{U}_{n-1} &= \underline{I}_{n-1} .
\end{aligned} \quad (5.1)$$

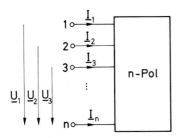

Bild 5.1. *n*-Pol mit seinen äußeren Größen.

Zur Gewährleistung der Existenz dieses Gleichungssystems ist vorauszusetzen, daß die Spannungen $\underline{U}_1$, $\underline{U}_2$, ..., $\underline{U}_{n-1}$ als voneinander unabhängige Ursachen aufgefaßt werden können. Die durch die Gln. (5.1) gegebenen Verknüpfungen zwischen den äußeren Spannungen und Strömen des *n*-Pols lassen sich auch mit Hilfe der Verfahren aus Kapitel 3, etwa mit Hilfe des Knotenpotentialverfahrens, herleiten. Statt der Klemme *n* hätte auch eine andere Klemme als Bezugspunkt für die äußeren Spannungen gewählt werden können. Die Wahl des Bezugspunktes beeinflußt allerdings die Werte der Koeffizienten $\underline{y}_{\mu\nu}$ in den Gln. (5.1).

Es ist nicht selbstverständlich, daß die Spannungen $\underline{U}_1$, $\underline{U}_2$, ..., $\underline{U}_{n-1}$ alle voneinander unabhängig sind, wie das Beispiel des idealen Übertragers zeigt. Dort ist die Sekundärspannung stets proportional zur Primärspannung, kann also nicht unabhängig von dieser gewählt werden.

Aufgrund der Gln. (5.1) kann man den Koeffizienten $\underline{y}_{\mu\mu}$ ($\mu = 1, 2, ..., n-1$) als Admittanz zwischen den Klemmen μ und n deuten, wobei alle übrigen Klemmen mit der Klemme n kurzzuschließen sind:

$$\underline{y}_{\mu\mu} = \left(\frac{\underline{I}_\mu}{\underline{U}_\mu}\right)\bigg|_{\underline{U}_\kappa = 0\,(\kappa \neq \mu)} . \tag{5.2}$$

Im Bild 5.2 ist diese Interpretation von $\underline{y}_{\mu\mu}$ veranschaulicht. Einen Koeffizienten $\underline{y}_{\mu\nu}$ ($\mu \neq \nu$) kann man nach Bild 5.3 aufgrund der Gln. (5.1) interpretieren, indem man den *n*-Pol durch eine Spannungsquelle $\underline{U}_\nu$ zwischen den Klemmen ν und n erregt, alle übrigen Klemmen mit der Klemme n kurzschließt und für diesen Betriebszustand den Strom $\underline{I}_\mu$ ermittelt. Dann stimmt der Quotient $\underline{I}_\mu$ dividiert durch $\underline{U}_\nu$ mit $\underline{y}_{\mu\nu}$ überein:

$$\underline{y}_{\mu\nu} = \left(\frac{\underline{I}_\mu}{\underline{U}_\nu}\right)\bigg|_{\underline{U}_\kappa = 0\,(\kappa \neq \nu)} . \tag{5.3a}$$

Sinngemäß erhält man für den Koeffizienten $\underline{y}_{\nu\mu}$ ($\nu \neq \mu$) die Interpretation gemäß Bild 5.4 und die Beziehung

$$\underline{y}_{\nu\mu} = \left(\frac{\underline{I}_\nu}{\underline{U}_\mu}\right)\bigg|_{\underline{U}_\kappa = 0\,(\kappa \neq \mu)} . \tag{5.3b}$$

5.1 Verknüpfungen der äußeren Spannungen und Ströme

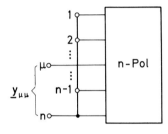

Bild 5.2. Interpretation eines Koeffizienten $\underline{y}_{\mu\mu}$.

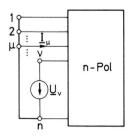

Bild 5.3. Interpretation eines Koeffizienten $\underline{y}_{\mu\nu}$ ($\mu \neq \nu$).

Falls der n-Pol keine gesteuerten Quellen und keine Gyratoren enthält, müssen nach dem Umkehrungssatz die rechten Seiten der Gln. (5.3a,b) übereinstimmen (man vergleiche Bild 4.33 mit den Bildern 5.3 und 5.4). Deshalb gilt für die in den Gln. (5.1) auftretenden Koeffizienten in diesem Fall

$$\underline{y}_{\mu\nu} = \underline{y}_{\nu\mu} \ . \tag{5.4}$$

Die Gln. (5.1) lassen sich nach den Spannungen $\underline{U}_1, \underline{U}_2, ..., \underline{U}_{n-1}$ auflösen, falls die Koeffizientendeterminante dieses Gleichungssystems von null verschieden ist, d.h. falls

$$\begin{vmatrix} \underline{y}_{11} & \underline{y}_{12} & \cdots & \underline{y}_{1,n-1} \\ \underline{y}_{21} & \cdots & & \cdot \\ \cdot & & & \cdot \\ \cdot & & & \cdot \\ \underline{y}_{n-1,1} & \cdots & & \underline{y}_{n-1,n-1} \end{vmatrix} \neq 0 \ ,$$

gilt. Die äußeren Größen des n-Pols sind dann wie folgt verknüpft:

$$\begin{aligned}
\underline{z}_{11}\underline{I}_1 + \underline{z}_{12}\underline{I}_2 + \cdots + \underline{z}_{1,n-1}\underline{I}_{n-1} &= \underline{U}_1 \ , \\
\underline{z}_{21}\underline{I}_1 + \underline{z}_{22}\underline{I}_2 + \cdots + \underline{z}_{2,n-1}\underline{I}_{n-1} &= \underline{U}_2 \ , \\
&\vdots \\
\underline{z}_{n-1,1}\underline{I}_1 + \underline{z}_{n-1,2}\underline{I}_2 + \cdots + \underline{z}_{n-1,n-1}\underline{I}_{n-1} &= \underline{U}_{n-1} \ .
\end{aligned} \tag{5.5}$$

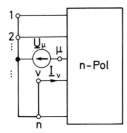

Bild 5.4. Interpretation eines Koeffizienten $\underline{y}_{\nu\mu}$ ($\nu \neq \mu$).

Man kann die $\underline{z}_{\mu\nu}$ nach den Regeln der Algebra durch die $\underline{y}_{\mu\nu}$ ausdrücken. Dabei zeigt sich, daß wegen Gl. (5.4) auch die Beziehung

$$\underline{z}_{\mu\nu} = \underline{z}_{\nu\mu} \tag{5.6}$$

besteht, sofern keine gesteuerten Quellen und keine Gyratoren vorhanden sind. Die in den Gln. (5.5) vorkommenden Koeffizienten $\underline{z}_{\mu\nu}$ lassen sich in analoger Weise wie die Koeffizienten $\underline{y}_{\mu\nu}$ [man vergleiche die Gln. (5.2), (5.3a,b)] interpretieren. Auch dabei zeigt sich angesichts des Umkehrungssatzes die Gültigkeit der Gl. (5.6) unter der genannten Bedingung. Man hätte, statt von den Gln. (5.1) auszugehen, die Gln. (5.5) auch direkt aufgrund des Überlagerungssatzes aufstellen können.

Neben den durch die Gln. (5.1) und (5.5) gegebenen Darstellungen besteht auch die Möglichkeit, einen Teil der Spannungen $\underline{U}_\nu$ und einen Teil der Ströme $\underline{I}_\nu$ als die $n-1$ unabhängigen Größen zu wählen. Die übrigen Spannungen und Ströme lassen sich durch Linearkombination der gewählten Größen ausdrücken; das dadurch gewonnene Gleichungssystem heißt Hybriddarstellung des n-Pols. Im Gegensatz zu den Beschreibungsmöglichkeiten gemäß den Gln. (5.1) oder (5.5) läßt sich für jeden n-Pol stets mindestens eine Hybriddarstellung angeben.

Abschließend sei noch auf die Bestimmung der Wirkleistung eingegangen, die dem n-Pol nach Bild 5.1 zugeführt wird. Dazu wird die Klemme n, über die der Strom $\underline{I}_n = -(\underline{I}_1 + \underline{I}_2 + \ldots + \underline{I}_{n-1})$ fließt, als gemeinsame Rückflußklemme für die Ströme $\underline{I}_1$, $\underline{I}_2, \ldots, \underline{I}_{n-1}$ betrachtet. Dann wird über das Klemmenpaar $(1, n)$ dem n-Pol die Wirkleistung $\operatorname{Re} \underline{U}_1 \underline{I}_1^*$ zugeführt. Entsprechend wird über das Klemmenpaar $(2, n)$ die Wirkleistung $\operatorname{Re} \underline{U}_2 \underline{I}_2^*$ zugeführt. Insgesamt wird dem n-Pol die Wirkleistung

$$P_w = \sum_{\mu=1}^{n-1} \operatorname{Re} \underline{U}_\mu \underline{I}_\mu^*$$

zugeführt.

5.1.2 Ein Beispiel

Es soll der im Bild 5.5 dargestellte, aus drei Zweipolen mit den Impedanzen $\underline{Z}_{10}$, $\underline{Z}_{20}$, $\underline{Z}_{30}$ aufgebaute Dreipol betrachtet und die Verknüpfung zwischen den Größen $\underline{U}_1$, $\underline{U}_2$, $\underline{I}_1$, $\underline{I}_2$ gemäß den Gln. (5.1) in der Form

$$\underline{y}_{11}\underline{U}_1 + \underline{y}_{12}\underline{U}_2 = \underline{I}_1 \,, \tag{5.7a}$$

5.1 Verknüpfungen der äußeren Spannungen und Ströme

$$\underline{y}_{21}\underline{U}_1 + \underline{y}_{22}\underline{U}_2 = \underline{I}_2 \tag{5.7b}$$

ermittelt werden.

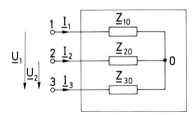

Bild 5.5. Netzwerk aus drei sternförmig angeordneten Zweipolen.

Nach Bild 5.6a,b erhält man sofort

$$\underline{y}_{11} = \frac{\underline{Z}_{20} + \underline{Z}_{30}}{\underline{Z}_{10}\underline{Z}_{20} + \underline{Z}_{20}\underline{Z}_{30} + \underline{Z}_{30}\underline{Z}_{10}}, \tag{5.8a}$$

$$\underline{y}_{22} = \frac{\underline{Z}_{10} + \underline{Z}_{30}}{\underline{Z}_{10}\underline{Z}_{20} + \underline{Z}_{20}\underline{Z}_{30} + \underline{Z}_{30}\underline{Z}_{10}}. \tag{5.8b}$$

Weiterhin entnimmt man dem Bild 5.6b gemäß Gl. (1.46b)

$$\underline{I}_1 = \frac{-\underline{U}_2 \underline{Z}_{30}}{\underline{Z}_{10}\underline{Z}_{20} + \underline{Z}_{20}\underline{Z}_{30} + \underline{Z}_{30}\underline{Z}_{10}}.$$

Hieraus folgt wegen der Beziehung $\underline{y}_{12} = \underline{I}_1/\underline{U}_2$ ($\underline{U}_1 = 0$) die Darstellung

$$\underline{y}_{12} = \frac{-\underline{Z}_{30}}{\underline{Z}_{10}\underline{Z}_{20} + \underline{Z}_{20}\underline{Z}_{30} + \underline{Z}_{30}\underline{Z}_{10}}. \tag{5.8c}$$

Durch Vertauschung der Indizes 1 und 2 erhält man aus Gl. (5.8c) eine Darstellung für $\underline{y}_{21}$. Wie man unmittelbar sieht, stimmt $\underline{y}_{21}$ mit $\underline{y}_{12}$ überein.

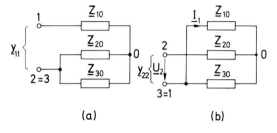

Bild 5.6. Zur Berechnung der Koeffizienten $\underline{y}_{11}$ und $\underline{y}_{22}$ für das Netzwerk aus Bild 5.5.

Die Gln. (5.7a,b) bilden jetzt zusammen mit den Gln. (5.8a-c) unter Beachtung von $\underline{y}_{21} = \underline{y}_{12}$ die zwischen den äußeren Strömen und Spannungen des Dreipols nach Bild 5.5 bestehenden Verknüpfungen.

5.2 n-Tore

5.2.1 *Der allgemeine Fall*

Von besonderer Bedeutung sind mehrpolige Netzwerke, die durch äußere Zweipole derart betrieben werden, daß die Klemmen des Netzwerks paarweise zu sogenannten Toren (Klemmenpaaren) zusammengefaßt werden. Die Ströme, die über die Klemmen eines Tores in das Netzwerk fließen, sind entgegengesetzt gleich. Sie werden nach Bild 5.7 mit $\underline{I}_1, \underline{I}_2, ..., \underline{I}_n$ bezeichnet. Die Torspannungen seien $\underline{U}_1, \underline{U}_2, ..., \underline{U}_n$. Ein derartiges Netzwerk wird n-Tor (gelegentlich auch $2n$-Pol) genannt, wobei n die Zahl der Tore angibt. Es wird vorausgesetzt, daß das n-Tor keine starren Quellen enthält. Wie im Abschnitt 5.1 wird nur der stationäre Zustand bei harmonischer Erregung betrachtet.

Zunächst sollen die zwischen den Strömen $\underline{I}_\mu$ und den Spannungen $\underline{U}_\mu$ ($\mu = 1, 2, ..., n$) bestehenden, durch die Bestandteile des n-Tores bestimmten Verknüpfungen dargestellt werden. Zu diesem Zweck werden die Ströme $\underline{I}_1, \underline{I}_2, ..., \underline{I}_n$ als Erregungen und die Spannungen $\underline{U}_1, \underline{U}_2, ..., \underline{U}_n$ als Reaktionen des n-Tores betrachtet. Dabei wird vorausgesetzt, daß die Ströme $\underline{I}_\mu$ als voneinander unabhängige Variablen aufgefaßt werden können. Dann lassen sich aufgrund des Überlagerungssatzes die folgenden Beziehungen sofort angeben:

$$\underline{z}_{11}\underline{I}_1 + \underline{z}_{12}\underline{I}_2 + ... + \underline{z}_{1n}\underline{I}_n = \underline{U}_1,$$
$$\underline{z}_{21}\underline{I}_1 + \underline{z}_{22}\underline{I}_2 + ... + \underline{z}_{2n}\underline{I}_n = \underline{U}_2,$$
$$\vdots \tag{5.9}$$
$$\underline{z}_{n1}\underline{I}_1 + \underline{z}_{n2}\underline{I}_2 + ... + \underline{z}_{nn}\underline{I}_n = \underline{U}_n.$$

Betrachtet man dagegen die Spannungen als (voneinander unabhängige) Ursachen und die Ströme als Reaktionen, so erhält man in entsprechender Weise die Relationen

$$\underline{y}_{11}\underline{U}_1 + \underline{y}_{12}\underline{U}_2 + ... + \underline{y}_{1n}\underline{U}_n = \underline{I}_1,$$
$$\underline{y}_{21}\underline{U}_1 + \underline{y}_{22}\underline{U}_2 + ... + \underline{y}_{2n}\underline{U}_n = \underline{I}_2,$$
$$\vdots \tag{5.10}$$
$$\underline{y}_{n1}\underline{U}_1 + \underline{y}_{n2}\underline{U}_2 + ... + \underline{y}_{nn}\underline{U}_n = \underline{I}_n.$$

Sofern das n-Tor durch die Beziehungen der Gln. (5.9) beschrieben werden kann und die aus den Koeffizienten $\underline{z}_{\mu\nu}$ gebildete Determinante von null verschieden ist, lassen

5.2 n-Tore

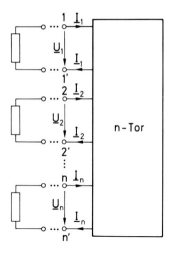

Bild 5.7. n-Tor mit seinen äußeren Größen.

sich die Gln. (5.10) auch durch Auflösung des Gleichungssystems (5.9) nach den Strömen $\underline{I}_1, ..., \underline{I}_n$ gewinnen. Während eine Darstellung gemäß den Gln. (5.9) oder (5.10) nicht für jedes n-Tor angegeben werden kann (ein Beispiel bildet der ideale Übertrager), läßt sich jedes derartige Netzwerk entsprechend wie der n-Pol immer durch eine Hybriddarstellung beschrieben.

5.2.2 Zweitore (Vierpole)

Unter den n-Toren sind die Zweitore ($n = 2$) für Anwendungen von besonderer Bedeutung, da viele in der Praxis vorkommende Netzwerke durch zwei äußere Klemmenpaare ausgezeichnet sind. Im Gegensatz zu allgemeinen mehrtorigen Netzwerken weisen Zweitore Besonderheiten auf.

5.2.2.1 Beschreibung durch Impedanzmatrix oder Admittanzmatrix. Beim Zweitor nach Bild 5.8 wird das Tor (1,1') als Eingang (Primärseite) und das Tor (2,2') als Ausgang (Sekundärseite) bezeichnet. Die Gln. (5.9) nehmen die Form

$$\underline{U}_1 = \underline{z}_{11}\underline{I}_1 + \underline{z}_{12}\underline{I}_2 \quad , \tag{5.11a}$$

$$\underline{U}_2 = \underline{z}_{21}\underline{I}_1 + \underline{z}_{22}\underline{I}_2 \tag{5.11b}$$

an. Man pflegt die Spannungen $\underline{U}_1$, $\underline{U}_2$ und die Ströme $\underline{I}_1$, $\underline{I}_2$ jeweils zu Spaltenvektoren

$$\underline{U} = \begin{bmatrix} \underline{U}_1 \\ \underline{U}_2 \end{bmatrix} \quad , \quad \underline{I} = \begin{bmatrix} \underline{I}_1 \\ \underline{I}_2 \end{bmatrix}$$

und die Koeffizienten $\underline{z}_{\mu\nu}$ zur sogenannten *Impedanzmatrix*

$$\underline{Z} = \begin{bmatrix} \underline{z}_{11} & \underline{z}_{12} \\ \underline{z}_{21} & \underline{z}_{22} \end{bmatrix}$$

zusammenzufassen. Die Matrix $\underline{Z}$ ist kennzeichnend für das Verhalten des Zweitors nach außen. Bei Berücksichtigung der Regeln der Matrizenalgebra lassen sich die Gln. (5.11a,b) durch die Matrizenbeziehung

$$\underline{U} = \underline{Z}\underline{I} \qquad (5.12)$$

ausdrücken. Es gilt $\underline{z}_{12} = \underline{z}_{21}$, sofern das Zweitor reziprok ist. Betreibt man das Zweitor auf der Sekundärseite im Leerlauf ($\underline{I}_2 = 0$), dann wird gemäß den Gln. (5.11a,b)

$$\underline{z}_{11} = \left(\frac{\underline{U}_1}{\underline{I}_1}\right)\bigg|_{\underline{I}_2 = 0} , \quad \underline{z}_{21} = \left(\frac{\underline{U}_2}{\underline{I}_1}\right)\bigg|_{\underline{I}_2 = 0} . \qquad (5.13a,b)$$

Entsprechend erhält man bei Leerlauf der Primärseite ($\underline{I}_1 = 0$)

$$\underline{z}_{22} = \left(\frac{\underline{U}_2}{\underline{I}_2}\right)\bigg|_{\underline{I}_1 = 0} , \quad \underline{z}_{12} = \left(\frac{\underline{U}_1}{\underline{I}_2}\right)\bigg|_{\underline{I}_1 = 0} . \qquad (5.14a,b)$$

Die Gln. (5.13b) und (5.14b) sind im Bild 5.9 veranschaulicht. Nach Gl. (5.13a) ist $\underline{z}_{11}$ die primäre Leerlaufimpedanz, nach Gl. (5.14a) ist $\underline{z}_{22}$ die sekundäre Leerlaufimpedanz.

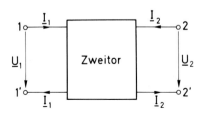

Bild 5.8. Zweitor mit Primärgrößen und Sekundärgrößen.

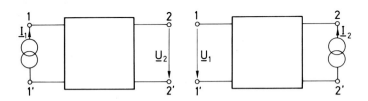

Bild 5.9. Zur Erläuterung der Größen $\underline{z}_{21}$ und $\underline{z}_{12}$ gemäß den Gln. (5.13b) und (5.14b).

Die Gln. (5.10) liefern für $n = 2$ die Zweitorbeschreibung

$$\underline{I}_1 = \underline{y}_{11}\underline{U}_1 + \underline{y}_{12}\underline{U}_2 , \qquad (5.15a)$$

$$\underline{I}_2 = \underline{y}_{21}\underline{U}_1 + \underline{y}_{22}\underline{U}_2 . \qquad (5.15b)$$

5.2 n-Tore

Ist die Determinante der Impedanzmatrix $\underline{Z}$ von null verschieden, so lassen sich die Gln. (5.15a,b) auch durch Auflösung der Gln. (5.11a,b) nach den Strömen $\underline{I}_1$, $\underline{I}_2$ gewinnen. In Matrizenschreibweise lauten die Gln. (5.15a,b)

$$\underline{I} = \underline{Y}\,\underline{U} \ .$$

Die aus den $\underline{y}_{\mu\nu}$ gebildete zweireihige Matrix $\underline{Y}$ wird *Admittanzmatrix* genannt. Auch diese Matrix ist kennzeichnend für das Verhalten des Zweitores nach außen. Unter Verwendung des Matrizenkalküls kann man die Beziehung

$$\underline{Y} = \underline{Z}^{-1}$$

angeben. Die Admittanzmatrix ist also die Inverse der Impedanzmatrix und umgekehrt. Durch Umrechnung der Gln. (5.11a,b) in die Gln. (5.15a,b) erhält man die Relationen

$$\underline{y}_{11} = \frac{\underline{z}_{22}}{\underline{z}_{11}\underline{z}_{22} - \underline{z}_{12}\underline{z}_{21}}\,, \qquad \underline{y}_{12} = \frac{-\underline{z}_{12}}{\underline{z}_{11}\underline{z}_{22} - \underline{z}_{12}\underline{z}_{21}}\,,$$

$$\underline{y}_{21} = \frac{-\underline{z}_{21}}{\underline{z}_{11}\underline{z}_{22} - \underline{z}_{12}\underline{z}_{21}}\,, \qquad \underline{y}_{22} = \frac{\underline{z}_{11}}{\underline{z}_{11}\underline{z}_{22} - \underline{z}_{12}\underline{z}_{21}}\,. \tag{5.16}$$

Für die Darstellung der Matrix-Elemente $\underline{z}_{\mu\nu}$ durch die Elemente $\underline{y}_{\mu\nu}$ gibt es entsprechende Formeln, die aus den Gln. (5.16) einfach durch Vertauschung der $\underline{y}_{\mu\nu}$ mit den entsprechenden $\underline{z}_{\mu\nu}$ hervorgehen. Falls $\underline{z}_{12} = \underline{z}_{21}$ gilt, muß auch $\underline{y}_{12} = \underline{y}_{21}$ sein. Man kann die Elemente der Admittanzmatrix in ähnlicher Weise wie die $\underline{z}_{\mu\nu}$ aufgrund der Gln. (5.15a,b) deuten: $\underline{y}_{11}$ ist die primäre Kurzschlußadmittanz ($\underline{I}_1/\underline{U}_1$ bei $\underline{U}_2 = 0$), $\underline{y}_{22}$ ist die sekundäre Kurzschlußadmittanz ($\underline{I}_2/\underline{U}_2$ bei $\underline{U}_1 = 0$), und weiterhin ist $\underline{y}_{12} = \underline{I}_1/\underline{U}_2$ bei $\underline{U}_1 = 0$ und $\underline{y}_{21} = \underline{I}_2/\underline{U}_1$ bei $\underline{U}_2 = 0$. Man vergleiche hierzu das Bild 5.10.

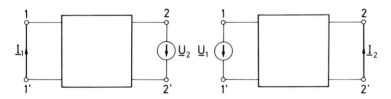

Bild 5.10. Zur Erläuterung der Größen $\underline{y}_{12}$ und $\underline{y}_{21}$.

Als einfaches Zweitor sei das im Bild 5.11 dargestellte Netzwerk betrachtet. Die Elemente der Impedanzmatrix lassen sich sofort aus dem Netzwerk ablesen. Die Größe $\underline{z}_{11}$ erhält man als primäre Leerlaufimpedanz:

$$\underline{z}_{11} = R_1 + j\omega L \ .$$

Entsprechend wird

$$\underline{z}_{22} = \frac{1}{j\omega C} + j\omega L + R_2 \ ,$$

und schließlich ergibt sich gemäß Bild 5.11

$$\underline{z}_{12} = \underline{z}_{21} = j\omega L \ .$$

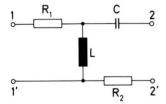

Bild 5.11. Einfaches Zweitor zur Veranschaulichung der Berechnung der Impedanzmatrixelemente.

Die Elemente der Admittanzmatrix lassen sich aus den nunmehr bekannten Elementen $\underline{z}_{\mu\nu}$ mit Hilfe der Gln. (5.16) oder aber direkt aus dem Netzwerk nach Bild 5.11 bei Beachtung der Bedeutung der $\underline{y}_{\mu\nu}$ bestimmen.

Aufgrund der Zweitor-Beschreibung gemäß den Gln. (5.11a,b) und (5.15a,b) lassen sich im Fall $\underline{z}_{12} = \underline{z}_{21}$ ($\underline{y}_{12} = \underline{y}_{21}$) für ein Zweitor zwei einfache Ersatznetzwerke angeben.

Eines der Ersatznetzwerke ist im Bild 5.12 dargestellt. Man spricht vom T-Ersatznetzwerk, weil die vorkommenden Zweipole mit den Impedanzen $\underline{Z}_1 = \underline{z}_{11} - \underline{z}_{12}$, $\underline{Z}_2 = \underline{z}_{12}$ und $\underline{Z}_3 = \underline{z}_{22} - \underline{z}_{12}$ in Form eines T angeordnet sind. Man sieht unmittelbar, daß die Spannungen $\underline{U}_1, \underline{U}_2$ und die Ströme $\underline{I}_1, \underline{I}_2$ des Zweitores im Bild 5.12 die Gln. (5.11a,b) erfüllen. Gilt $\underline{z}_{12} \neq \underline{z}_{21}$, d.h. ist das betreffende Zweitor nicht reziprok, dann kann immer noch das Netzwerk von Bild 5.12 zur Beschreibung des Zweitores verwendet werden, wenn zusätzlich in Reihe zum Zweipol $\underline{Z}_3$ eine gesteuerte Spannungsquelle angebracht wird. Die Spannung dieser Quelle ist $(\underline{z}_{21} - \underline{z}_{12})\underline{I}_1$, sofern man sie gleichsinnig zum Strom $\underline{I}_2$ orientiert.

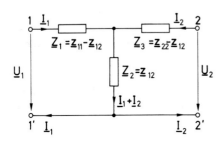

Bild 5.12. Ersatznetzwerk für ein reziprokes Zweitor aufgrund der Impedanzmatrix.

Ein zweites Ersatznetzwerk zeigt Bild 5.13. Man spricht hierbei vom π-Ersatznetzwerk, weil die vorkommenden Zweipole mit den Admittanzen $\underline{Y}_1 = \underline{y}_{11} + \underline{y}_{12}$, $\underline{Y}_2 = -\underline{y}_{12}$, $\underline{Y}_3 = \underline{y}_{22} + \underline{y}_{12}$ in Form eines π angeordnet sind. Man sieht leicht, daß die Spannungen $\underline{U}_1, \underline{U}_2$ und die Ströme $\underline{I}_1, \underline{I}_2$ die Gln. (5.15a,b) erfüllen. Gilt $\underline{y}_{12} \neq \underline{y}_{21}$, d.h. ist das betreffende Zweitor nicht reziprok, dann kann immer noch das Netzwerk von Bild 5.13 zur Beschreibung des Zweitores verwendet werden, wenn zusätzlich parallel zum Zweipol $\underline{Y}_3$ eine gesteuerte Stromquelle der Stärke $(\underline{y}_{21} - \underline{y}_{12})\underline{U}_1$, im gleichen Sinne wie $\underline{U}_2$ orientiert, eingefügt wird.

Es sei noch bemerkt, daß die in den Bildern 5.12 und 5.13 vorkommenden Zweipole nicht durch Elemente der in den Zweitoren zugelassenen Art darstellbar zu sein

5.2 n-Tore

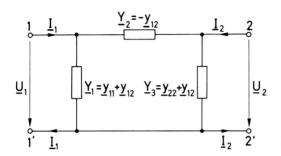

Bild 5.13. Ersatznetzwerk für ein reziprokes Zweitor aufgrund der Admittanzmatrix.

brauchen. Die genannten Zweipole mit den Impedanzen $\underline{Z}_1$, $\underline{Z}_2$, $\underline{Z}_3$ bzw. den Admittanzen $\underline{Y}_1$, $\underline{Y}_2$, $\underline{Y}_3$ haben im allgemeinen nur rechnerische Bedeutung.

Als *Beispiel* wird der Übertrager nach Bild 1.33 betrachtet. Aus den Gln. (1.25a, b) erhält man zunächst die Matrizengleichung

$$\begin{bmatrix} \underline{U}_1 \\ \underline{U}_2 \end{bmatrix} = \begin{bmatrix} j\omega L_1 & j\omega M \\ j\omega M & j\omega L_2 \end{bmatrix} \begin{bmatrix} \underline{I}_1 \\ \underline{I}_2 \end{bmatrix} .$$

Hieraus ergeben sich die Impedanzen für das T-Ersatznetzwerk zu

$$\underline{Z}_1 = j\omega(L_1 - M) \equiv j\omega L_{10} ,$$
$$\underline{Z}_2 = j\omega M \equiv j\omega L_{20} ,$$
$$\underline{Z}_3 = j\omega(L_2 - M) \equiv j\omega L_{30} .$$

Aufgrund dieser Ausdrücke läßt sich entsprechend dem Ersatznetzwerk von Bild 5.12 das Netzwerk im Bild 5.14 angeben. Man muß jedoch beachten, daß die im Bild 5.14 vorkommenden „Induktivitäten" nicht positiv zu sein brauchen. Es muß jedoch die Ungleichung

$$L_{10}L_{20} + L_{20}L_{30} + L_{30}L_{10} \geq 0$$

bestehen, da bekanntlich $L_1 L_2 \geq M^2$ gilt. Für rechnerische Zwecke kann jedoch der Übertrager durch das Zweitor nach Bild 5.14 ersetzt werden, wobei die Zusammenhänge

$$L_{10} = L_1 - M, \quad L_{20} = M, \quad L_{30} = L_2 - M$$

zwischen den Größen L_1, L_2, M und den Ersatzinduktivitäten L_{10}, L_{20}, L_{30} zu beachten sind.

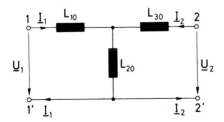

Bild 5.14. T-Ersatznetzwerk des Übertragers.

Es sei noch einmal betont, daß die Gln. (5.11a,b) ebenso wie die Gln. (5.15a,b) die Verknüpfung der äußeren Spannungen und Ströme eines Zweitores vollständig beschreiben. Diese Beschreibung gilt unabhängig davon, wie das Zweitor auf der Primärseite und auf der Sekundärseite beschaltet wird.

Wird aus zwei Zweitoren mit den Impedanzmatrizen $\underline{Z}_1$ und $\underline{Z}_2$ nach Bild 5.15 ein neues Zweitor gebildet, dann läßt sich die Impedanzmatrix $\underline{Z}$ dieses Zweitors als Summe

$$\underline{Z} = \underline{Z}_1 + \underline{Z}_2$$

schreiben, sofern auch nach der Zusammenschaltung die Teilzweitore noch durch die Grundgleichungen (5.11a,b) beschrieben werden können, d.h. $\underline{I}'_1 = \underline{I}_1$ und $\underline{I}'_2 = \underline{I}_2$ gilt. Der Beweis dieser Aussage folgt unmittelbar aus der Addition der genannten Grundgleichungen für die Teilzweitore. Die Zusammenschaltung von Zweitoren nach Bild 5.15 wird Reihenschaltung genannt. Besitzen beide Teilzweitore durchgehende Kurzschlußverbindungen und werden bei der Reihenschaltung die beiden Kurzschlußverbindungen vereinigt (im Bild 5.15 gestrichelt angedeutet), dann sind die Bedingungen $\underline{I}'_1 = \underline{I}_1$ und $\underline{I}'_2 = \underline{I}_2$ sicher erfüllt. Man kann nämlich die genannte Vereinigung der beiden Kurzschlußverbindungen (sie bildet einen Knoten) immer als eine Anordnung gemäß Bild 5.15 auffassen, für die $\underline{I}'_1 = \underline{I}_1$ und $\underline{I}'_2 = \underline{I}_2$ gilt. Es genügt stets, $\underline{I}'_1 = \underline{I}_1$ oder $\underline{I}'_2 = \underline{I}_2$ zu fordern (die andere Bedingung ist dann zwangsläufig aufgrund der Knotenregel erfüllt). Falls mindestens eines der beiden Zweitore keine durchgehende Kurzschlußverbindung hat, lassen sich die Bedingungen $\underline{I}'_1 = \underline{I}_1$ und $\underline{I}'_2 = \underline{I}_2$ immer dadurch erfüllen, daß man an den Eingang oder Ausgang eines der beiden Zweitore einen idealen Übertrager mit dem Übersetzungsverhältnis $ü = 1$ schaltet.

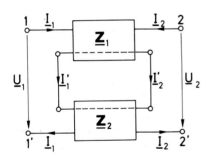

Bild 5.15. Reihenanordnung von zwei Zweitoren.

Wird aus zwei Zweitoren mit den Admittanzmatrizen $\underline{Y}_1$ und $\underline{Y}_2$ nach Bild 5.16 ein neues Zweitor gebildet, dann läßt sich die Admittanzmatrix $\underline{Y}$ dieses Zweitores als Summe

$$\underline{Y} = \underline{Y}_1 + \underline{Y}_2$$

ausdrücken, sofern auch nach der Zusammenschaltung die Teilzweitore noch durch die Grundgleichungen (5.15a,b) beschrieben werden können, d.h. $\underline{I}'_1 = \underline{I}''_1$ und $\underline{I}'_2 = \underline{I}''_2$ (oder die entsprechende Forderung für das andere Zweitor) gilt. Der Beweis dieser Aussage folgt unmittelbar aus der Addition der genannten Grundgleichungen für die Teilzweitore. Die Zusammenschaltung von Zweitoren nach Bild 5.16 wird Parallelschaltung genannt. Besitzen beide Teilzweitore durchgehende Kurzschlußverbindungen und werden bei der Parallelschaltung die beiden Kurzschlußverbindungen vereinigt (im Bild 5.16 gestrichelt angedeutet), dann sind die Bedingungen $\underline{I}_1' = \underline{I}_1''$ und $\underline{I}_2' = \underline{I}_2''$ sicher erfüllt. Man kann nämlich die Vereinigung der beiden Kurzschlußverbindungen (sie bilden einen Knoten) stets als eine Anordnung gemäß Bild 5.16 auffassen, für die $\underline{I}_1' = \underline{I}_1''$ und $\underline{I}_2' = \underline{I}_2''$ gilt. Es genügt stets, $\underline{I}_1' = \underline{I}_1''$ oder $\underline{I}_2' = \underline{I}_2''$ zu fordern (die andere Bedingung ist dann aufgrund der Knotenregel zwangsläufig erfüllt). Falls mindestens eines der beiden Zweitore keine durchgehende Kurzschlußverbindung hat, lassen sich die Bedingungen $\underline{I}_1' = \underline{I}_1''$ und $\underline{I}_2' = \underline{I}_2''$ immer dadurch erfüllen, daß man an den Eingang oder Ausgang eines der beiden Zweitore einen idealen Übertrager mit dem Übersetzungsverhältnis $\ddot{u} = 1$ schaltet.

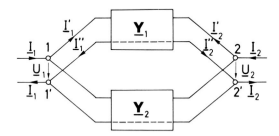

Bild 5.16. Parallelanordnung von zwei Zweitoren.

5.2.2.2 Beschreibung durch die Kettenmatrix. Man kann im Fall $\underline{z}_{21} \neq 0$ durch Auflösung der Gl. (5.11b) nach $\underline{I}_1$ den Primärstrom des Zweitores als Linearkombination der Sekundärgrößen $\underline{U}_2, \underline{I}_2$ darstellen. Führt man diese Darstellung von $\underline{I}_1$ in Gl. (5.11a) ein, so erhält man auch für die Primärspannung des Zweitores einen linearen Ausdruck in den Sekundärgrößen $\underline{U}_2, \underline{I}_2$. Auf diese Weise ergibt sich eine neue Möglichkeit, das äußere Verhalten eines Zweitores zu beschreiben:

$$\underline{U}_1 = \underline{a}_{11}\underline{U}_2 - \underline{a}_{12}\underline{I}_2 \ , \tag{5.17a}$$

$$\underline{I}_1 = \underline{a}_{21}\underline{U}_2 - \underline{a}_{22}\underline{I}_2 \ . \tag{5.17b}$$

Bei der genannten Herleitung der Gln. (5.17a,b) aus den Gln. (5.11a,b) ergeben sich, wie man leicht sieht, die Beziehungen

$$\underline{a}_{11} = \frac{\underline{z}_{11}}{\underline{z}_{21}} \ , \quad \underline{a}_{12} = \frac{\underline{z}_{11}\underline{z}_{22} - \underline{z}_{12}\underline{z}_{21}}{\underline{z}_{21}} \ , \tag{5.18a,b}$$

$$\underline{a}_{21} = \frac{1}{\underline{z}_{21}} \ , \quad \underline{a}_{22} = \frac{\underline{z}_{22}}{\underline{z}_{21}} \ . \tag{5.18c,d}$$

Es gibt Zweitore, für die keine Impedanzmatrix existiert, jedoch eine Darstellung gemäß den Gln. (5.17a,b) angegeben werden kann (als Beispiel sei der ideale Übertrager genannt). In diesem Fall kann man sich die Gln. (5.17a,b) direkt als Folge des Überlagerungssatzes vorstellen; die Größen $\underline{U}_2, \underline{I}_2$ müssen dabei als voneinander unabhängige Ursachen aufgefaßt werden können. Man pflegt bei der Beschreibung von Zweitoren mit Hilfe der Koeffizienten $\underline{a}_{\mu\nu}$ ($\mu, \nu = 1, 2$) aus Gründen der Zweckmäßigkeit vom Strom $\underline{I}_2$ zum Strom $\underline{I}_2' = -\underline{I}_2$ überzugehen (Bild 5.17). Dann lauten die Gln. (5.17a,b) in Matrizenform

$$\begin{bmatrix} \underline{U}_1 \\ \underline{I}_1 \end{bmatrix} = \begin{bmatrix} \underline{a}_{11} & \underline{a}_{12} \\ \underline{a}_{21} & \underline{a}_{22} \end{bmatrix} \begin{bmatrix} \underline{U}_2 \\ \underline{I}_2' \end{bmatrix} . \qquad (5.19)$$

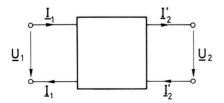

Bild 5.17. Zweitor mit seinen äußeren Größen.

Die aus den $\underline{a}_{\mu\nu}$ gebildete Matrix $\underline{A}$ heißt *Kettenmatrix,* weil die Zweitor-Beschreibung mit Hilfe dieser Matrix bei der Kettenschaltung von Zweitoren eine wichtige Rolle spielt. Verbindet man nämlich nach Bild 5.18 zwei Zweitore mit den Kettenmatrizen $\underline{A}_A$ und $\underline{A}_B$ miteinander, so gilt zunächst

$$\begin{bmatrix} \underline{U}_{1A} \\ \underline{I}_{1A} \end{bmatrix} = \underline{A}_A \begin{bmatrix} \underline{U}_{2A} \\ \underline{I}_{2A}' \end{bmatrix} , \quad \begin{bmatrix} \underline{U}_{1B} \\ \underline{I}_{1B} \end{bmatrix} = \underline{A}_B \begin{bmatrix} \underline{U}_{2B} \\ \underline{I}_{2B}' \end{bmatrix} . \qquad (5.20\text{a,b})$$

Da die Ausgangsgrößen $\underline{U}_{2A}, \underline{I}_{2A}'$ des ersten Zweitores mit den Eingangsgrößen $\underline{U}_{1B}$ bzw. $\underline{I}_{1B}$ des zweiten Zweitores übereinstimmen, läßt sich der Spaltenvektor auf der rechten Seite der Gl. (5.20a) durch Gl. (5.20b) substituieren. Auf diese Weise erhält man

$$\begin{bmatrix} \underline{U}_{1A} \\ \underline{I}_{1A} \end{bmatrix} = \underline{A}_A \underline{A}_B \begin{bmatrix} \underline{U}_{2B} \\ \underline{I}_{2B}' \end{bmatrix} . \qquad (5.21)$$

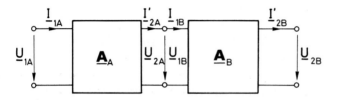

Bild 5.18. Kettenanordnung von zwei Zweitoren.

5.2 n-Tore

Durch Gl. (5.21) wird ein Zusammenhang zwischen den Eingangsgrößen und den Ausgangsgrößen des gesamten, durch Kettenschaltung der Teilzweitore entstandenen Zweitores in Form der Gl. (5.19) gegeben. Deshalb muß die Kettenmatrix des Gesamtzweitores

$$\underline{A} = \underline{A}_A \underline{A}_B$$

sein.

Damit ist gezeigt, daß bei Kettenschaltung von Zweitoren die Kettenmatrix des Gesamtzweitores durch Multiplikation der Teil-Kettenmatrizen entsteht. Hierin liegt die große Bedeutung der Zweitor-Darstellung mit Hilfe der Kettenmatrix. Man beachte, daß es bei der Kettenschaltung von Zweitoren auf deren Reihenfolge ankommt, da im allgemeinen $\underline{A}_B \underline{A}_A \neq \underline{A}_A \underline{A}_B$ ist.

Mit den Gln. (5.18a-d) kann die Determinante der Kettenmatrix als

$$\underline{a}_{11}\underline{a}_{22} - \underline{a}_{12}\underline{a}_{21} = \frac{\underline{z}_{12}}{\underline{z}_{21}}$$

geschrieben werden. Da bei reziproken Zweitoren $\underline{z}_{12} = \underline{z}_{21}$ gilt, muß die Determinante der Kettenmatrix in diesem Fall gleich eins sein. Dies gilt auch dann, wenn die zugehörige Impedanzmatrix nicht existiert, was leicht mit Hilfe der Reziprozitätsrelation (4.46) und den Gln. (5.17a,b) verifiziert werden kann. Bei einem reziproken Zweitor sind also die Elemente der Kettenmatrix dadurch miteinander gekoppelt, daß die Determinante der Matrix gleich eins sein muß. Deshalb ist bei Wahl von drei Koeffizienten $\underline{a}_{\mu\nu}$ der vierte bestimmt. Man kann entsprechend den Gln. (5.18a-d) die Koeffizienten $\underline{a}_{\mu\nu}$ auch durch die Elemente der Admittanzmatrix ausdrücken. Weiterhin kann man mit Hilfe der Gln. (5.17a,b) die Koeffizienten $\underline{a}_{\mu\nu}$ gemäß Bild 5.19 netzwerktheoretisch interpretieren.

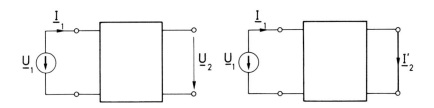

$\underline{a}_{11} = \frac{\underline{U}_1}{\underline{U}_2}, \underline{a}_{21} = \frac{\underline{I}_1}{\underline{U}_2} \quad (\underline{I}_2' = 0) \qquad \underline{a}_{12} = \frac{\underline{U}_1}{\underline{I}_2'}, \underline{a}_{22} = \frac{\underline{I}_1}{\underline{I}_2'} \quad (\underline{U}_2 = 0)$

Bild 5.19. Interpretation der Koeffizienten der Kettenmatrix.

Ein Anwendungsbeispiel

Die Zweitorbeschreibung mit Hilfe der Kettenmatrix soll im folgenden dazu verwendet werden, für den Übertrager ein bisher noch nicht beschriebenes, in der Praxis oft nützliches Ersatznetzwerk abzuleiten. Ein idealer Übertrager hat gemäß den Gln. (1.37) und (1.38) die Kettenmatrix

$$\underline{A}_i = \begin{bmatrix} ü & 0 \\ 0 & \frac{1}{ü} \end{bmatrix},$$

wobei $ü = w_1/w_2$ das Verhältnis der Windungszahlen des idealen Übertragers bedeutet. Schaltet man zu irgendeinem Zweitor mit der Kettenmatrix

$$\underline{A} = \begin{bmatrix} \underline{a}_{11} & \underline{a}_{12} \\ \underline{a}_{21} & \underline{a}_{22} \end{bmatrix}$$

einen idealen Übertrager in Kette, so wird die Kettenmatrix des Gesamtzweitores bei sekundärseitiger Kettenschaltung des idealen Übertragers

$$\underline{A}_s = \underline{A}\underline{A}_i = \begin{bmatrix} ü\underline{a}_{11} & \frac{1}{ü}\underline{a}_{12} \\ ü\underline{a}_{21} & \frac{1}{ü}\underline{a}_{22} \end{bmatrix},$$

bei primärseitiger Kettenschaltung des idealen Übertragers dagegen

$$\underline{A}_p = \underline{A}_i\underline{A} = \begin{bmatrix} ü\underline{a}_{11} & ü\underline{a}_{12} \\ \frac{1}{ü}\underline{a}_{21} & \frac{1}{ü}\underline{a}_{22} \end{bmatrix}.$$

Die Darstellungen für die Matrizen $\underline{A}_s$ und $\underline{A}_p$ lassen nun in Umkehrung der vorausgegangenen Überlegungen folgendes erkennen: Wird ein Zweitor unter Beibehaltung seines äußeren Verhaltens, d.h. ohne Veränderung etwa seiner Kettenmatrix, dadurch verändert, daß nach Bild 5.20 auf der Sekundärseite ein idealer Übertrager mit dem Übersetzungsverhältnis $ü = w_1/w_2$ „herausgezogen" wird, dann entsteht die Kettenmatrix

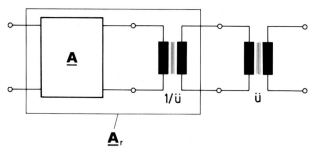

Bild 5.20. Abspaltung eines idealen Übertragers von einem Zweitor.

5.2 n-Tore

$\underline{A}_r$ des Restzweitores aus der Kettenmatrix des Gesamtzweitores, indem man die Elemente der ersten Spalte durch $\ddot{u}$ dividiert und die Elemente der zweiten Spalte mit $\ddot{u}$ multipliziert. Wird der ideale Übertrager auf der Primärseite herausgezogen, dann erhält man die Kettenmatrix des Restzweitores aus der Kettenmatrix des Gesamtzweitores, indem man die Elemente der ersten Zeile durch $\ddot{u}$ dividiert und die Elemente der zweiten Zeile mit $\ddot{u}$ multipliziert.

Die gewonnenen Erkenntnisse sollen jetzt dazu verwendet werden, einen idealen Übertrager mit dem Übersetzungsverhältnis $\ddot{u}_e$ auf der Sekundärseite eines verlustlosen Übertragers abzuspalten. Aufgrund des Ersatznetzwerks für den Übertrager nach Bild 5.14, wo $L_{10} = L_1 - M$, $L_{20} = M$ und $L_{30} = L_2 - M$ gilt, und der im Bild 5.19 angegebenen Möglichkeiten zur Bestimmung der Elemente der Kettenmatrix erhält man für den verlustlosen Übertrager die Kettenmatrix

$$\underline{A}_t = \begin{bmatrix} \dfrac{L_{10} + L_{20}}{L_{20}} & j\omega \dfrac{L_{10}L_{20} + L_{20}L_{30} + L_{30}L_{10}}{L_{20}} \\ \dfrac{1}{j\omega L_{20}} & \dfrac{L_{20} + L_{30}}{L_{20}} \end{bmatrix} =$$

$$= \begin{bmatrix} \dfrac{L_1}{M} & j\omega \dfrac{L_1 L_2 - M^2}{M} \\ \dfrac{1}{j\omega M} & \dfrac{L_2}{M} \end{bmatrix}.$$

Zur sekundärseitigen Abspaltung des idealen Übertragers wird die Darstellung

$$\underline{A}_t = \underbrace{\begin{bmatrix} \dfrac{L_1}{\ddot{u}_e M} & j\omega \dfrac{L_1 L_2 - M^2}{M} \ddot{u}_e \\ \dfrac{1}{j\omega M \ddot{u}_e} & \dfrac{L_2 \ddot{u}_e}{M} \end{bmatrix}}_{= \underline{A}_{tr}} \begin{bmatrix} \ddot{u}_e & 0 \\ 0 & \dfrac{1}{\ddot{u}_e} \end{bmatrix}$$

verwendet. Die Kettenmatrix $\underline{A}_{tr}$ des Restzweitores läßt sich auch in der Form

$$\underline{A}_{tr} = \begin{bmatrix} \dfrac{\bar{L}_1}{\bar{M}} & j\omega \dfrac{\bar{L}_1 \bar{L}_2 - \bar{M}^2}{\bar{M}} \\ \dfrac{1}{j\omega \bar{M}} & \dfrac{\bar{L}_2}{\bar{M}} \end{bmatrix}$$

mit

$$\bar{L}_1 = L_1, \quad \bar{M} = \ddot{u}_e M, \quad \bar{L}_2 = \ddot{u}_e^2 L_2$$

ausdrücken. Die Matrix $\underline{A}_{tr}$ kann, wie man sieht, als Kettenmatrix eines verlustlosen Übertragers mit den Kenngrößen $\bar{L}_1, \bar{M}, \bar{L}_2$ bzw. $\bar{L}_{10} = L_1 - \ddot{u}_e M$, $\bar{L}_{20} = \ddot{u}_e M$, $\bar{L}_{30} = \ddot{u}_e^2 L_2 - \ddot{u}_e M$ interpretiert werden. Damit existiert für den verlustlosen Übertrager neben dem Ersatznetzwerk nach Bild 5.14 ein weiteres Ersatznetzwerk, das im Bild 5.21 rechts dargestellt ist.

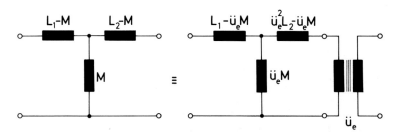

Bild 5.21. Ein weiteres Ersatznetzwerk für den Übertrager.

Man beachte, daß das Übersetzungsverhältnis $\ddot{u}_e$ des abgespaltenen idealen Übertragers eine beliebig wählbare Konstante ist. Durch geeignete Wahl von $\ddot{u}_e$ lassen sich interessante Ersatznetzwerke gewinnen. So fällt beispielsweise für $\ddot{u}_e = L_1/M$ die Induktivität am Eingang des Netzwerks weg.

Für die spezielle Wahl $\ddot{u}_e = \sqrt{L_1/L_2}$ soll das entstehende Ersatznetzwerk von Bild 5.21 näher betrachtet werden. In diesem Fall wird das im Netzwerk vorkommende T-Glied symmetrisch, und man erhält bei Verwendung des Streufaktors $\sigma = 1 - M^2/L_1 L_2$ für die beiden Längsinduktivitäten des T-Gliedes $\bar{L}_{10} \equiv \bar{L}_{30} = L_1 - \ddot{u}_e M = L_1 \cdot [1 - \sqrt{1 - \sigma}]$, für die Querinduktivität $\bar{L}_{20} = \ddot{u}_e M = L_1 \sqrt{1 - \sigma}$ sowie mit $L_1 = (k + k_1)w_1^2$, $L_2 = (k + k_2)w_2^2$ [man vergleiche die Gln. (1.36a,b)] für das Übersetzungsverhältnis

$$\ddot{u}_e = \sqrt{\dfrac{L_1}{L_2}} = \dfrac{w_1}{w_2} \sqrt{\dfrac{1 + (k_1/k)}{1 + (k_2/k)}} \;.$$

5.2 n-Tore

Bei geringer Streuung σ und bei näherungsweiser Gleichheit der Streuflußkonstanten k_1, k_2 lassen sich die gewonnenen Darstellungen für die Induktivitäten des T-Gliedes und für das Übersetzungsverhältnis folgendermaßen vereinfachen[35]:

$$\overline{L}_{10} \equiv \overline{L}_{30} = L_1 \sigma/2 \,, \quad \overline{L}_{20} = L_1 (1 - \sigma/2) \,, \quad \ddot{u}_e = \frac{w_1}{w_2} \quad (\equiv \ddot{u}) \,.$$

Unter den genannten Voraussetzungen läßt sich daher ein verlustloser Übertrager durch das Netzwerk nach Bild 5.22 beschreiben. Dabei bedeutet $\ddot{u}$ das Verhältnis der Windungszahlen des Übertragers.

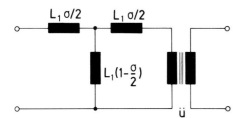

Bild 5.22. Ersatznetzwerk für einen Übertrager mit geringer Streuung und näherungsweise gleichen Streuflußkonstanten.

Alle vorausgegangenen Überlegungen können auch durchgeführt werden, wenn man statt auf der Sekundärseite auf der Primärseite des verlustlosen Übertragers einen idealen Übertrager abspaltet. Sie führen zu einem entsprechenden Ergebnis. Mit den so entstehenden Ersatznetzwerken wird in der Praxis häufig gearbeitet.

5.2.2.3 Beschreibung durch die Hybridmatrix. In den vorausgegangenen Abschnitten wurden verschiedene Möglichkeiten angegeben, das äußere Verhalten von Zweitoren dadurch zu beschreiben, daß zwei der vier äußeren Größen $\underline{U}_1$, $\underline{U}_2$, $\underline{I}_1$, $\underline{I}_2$ durch die übrigen ausgedrückt werden. Es wurde gezeigt, wie durch die Impedanzmatrix gemäß Gln. (5.11a,b) die äußeren Spannungen durch die äußeren Ströme ausgedrückt werden können. Mit Hilfe der Admittanzmatrix lassen sich gemäß den Gln. (5.15a,b) die äußeren Ströme durch die äußeren Spannungen darstellen. Die Kettenmatrix ermöglicht gemäß Gl. (5.19), die primären Größen durch die sekundären auszudrücken. Durch Auflösung der Gl. (5.19) nach den Sekundärgrößen kann mit Hilfe der inversen Kettenmatrix $\underline{B} = \underline{A}^{-1}$ eine weitere Möglichkeit zur Beschreibung des Zusammenhangs der äußeren Größen angegeben werden.

Es gibt dann noch zwei Möglichkeiten zur Zweitor-Beschreibung[36]. Die erste erhält man bei $\underline{y}_{11} \neq 0$ und $\underline{z}_{22} \neq 0$, wenn die Gl. (5.15a) nach $\underline{U}_1$ und die Gl. (5.11b) nach $\underline{I}_2$ aufgelöst wird:

$$\underline{U}_1 = \underline{h}_{11}\underline{I}_1 + \underline{h}_{12}\underline{U}_2 \,, \tag{5.22a}$$

$$\underline{I}_2 = \underline{h}_{21}\underline{I}_1 + \underline{h}_{22}\underline{U}_2 \,. \tag{5.22b}$$

---

[35] Die Ausdrücke für $\overline{L}_{10}$, $\overline{L}_{20}$ und $\ddot{u}_e$ werden in Potenzreihen nach σ bzw. k_1, k_2 entwickelt, und dann werden die Glieder zweiter und höherer Ordnung vernachlässigt.

[36] Von Zweitor-Beschreibungen, bei denen als äußere Größen Linearkombinationen der äußeren Spannungen und Ströme verwendet werden, ist hier zunächst abgesehen. Hierzu gehört insbesondere die Beschreibung mit Hilfe der Streumatrix, worauf im Abschnitt 5.2.2.5 eingegangen wird.

Da die unabhängigen Variablen gemischter Art sind (Primärstrom, Sekundärspannung), wird die aus den Koeffizienten $\underline{h}_{\mu\nu}$ gebildete Matrix $\underline{H}$ *Hybridmatrix* und die Darstellung gemäß den Gln. (5.22a,b) *Hybriddarstellung* genannt. Diese Darstellung spielt insbesondere bei der Beschreibung von Transistoren eine wichtige Rolle (man vergleiche auch Abschnitt 1.7.7.2). Mit Hilfe der Gln. (5.22a,b) lassen sich die Koeffizienten $\underline{h}_{\mu\nu}$ in gewohnter Weise interpretieren. Hierbei treten die Beziehungen

$$\underline{h}_{12} = \left(\frac{\underline{U}_1}{\underline{U}_2}\right)\bigg|_{\underline{I}_1 = 0} \quad \text{und} \quad \underline{h}_{21} = \left(\frac{\underline{I}_2}{\underline{I}_1}\right)\bigg|_{\underline{U}_2 = 0}$$

auf. Sie zeigen aufgrund der Aussage des Umkehrungssatzes nach Bild 4.34, daß $\underline{h}_{12} = -\underline{h}_{21}$ gilt, falls das betreffende Zweitor reziprok ist. In diesem Fall braucht also neben $\underline{h}_{11}$ und $\underline{h}_{22}$ nur $\underline{h}_{12}$ oder $\underline{h}_{21}$ bekannt zu sein, wenn man die Hybridmatrix vollständig angeben will. Ausgehend von den Gln. (5.22a,b) kann man gemäß Bild 1.69 ein allgemeines Ersatznetzwerk zur Zweitorbeschreibung angeben.

Die letzte noch verbleibende Beschreibungsmöglichkeit ergibt sich, wenn man die Gln. (5.22a,b) nach den Variablen $\underline{I}_1$, $\underline{U}_2$ auflöst. Die hierdurch entstehenden Koeffizienten werden mit $\underline{g}_{\mu\nu}$ bezeichnet, die entsprechende Matrix selbst mit $\underline{G}$.

Wie die Matrizen $\underline{Z}$ und $\underline{Y}$ spielen auch die Matrizen $\underline{H}$ und $\underline{G}$ bei bestimmten Zusammenschaltungen von Zweitoren eine Rolle, und zwar $\underline{H}$ bei der Reihen-Parallel- und $\underline{G}$ bei der Parallel-Reihen-Schaltung. Bei der Reihen-Parallel-Schaltung sind die Primärseiten der Zweitore in Reihe und die Sekundärseiten parallel angeordnet. Bei der Parallel-Reihen-Schaltung liegt auf den Primärseiten eine Parallelanordnung, auf den Sekundärseiten eine Reihenanordnung vor. Diesbezügliche Einzelheiten, insbesondere die an die Teilzweitore zu stellenden Bedingungen, möge sich der Leser selbst überlegen.

Die Zusammenhänge zwischen den sechs Zweitor-Matrizen $\underline{Z}$, $\underline{Y}$, $\underline{A}$, $\underline{B}$, $\underline{H}$ und $\underline{G}$ sind im Anhang angegeben.

5.2.2.4 Symmetrische Zweitore. Ein Zweitor wird *symmetrisch* genannt, wenn eine Vertauschung der Primärseite mit der Sekundärseite keine Änderung im Verhalten des Zweitores nach außen zur Folge hat. Wird das Zweitor gemäß Gl. (5.12) durch die Impedanzmatrix beschrieben, dann bedeutet die Zweitor-Symmetrie offensichtlich die Gültigkeit der Beziehungen

$$\underline{z}_{11} = \underline{z}_{22}, \quad \underline{z}_{12} = \underline{z}_{21} \ .$$

Die Symmetrie kann auch durch entsprechende Beziehungen bei den übrigen Zweitor-Matrizen ausgedrückt werden. Dabei wird deutlich, daß jedes symmetrische Zweitor auch reziprok ist. Man beachte, daß die Symmetrie im elektrischen Sinne definiert wurde. Dies bedeutet, daß ein symmetrisches Zweitor keine symmetrische Netzwerkstruktur aufweisen muß. Man kann tatsächlich Zweitore angeben, die zwar elektrisch, aber nicht in ihrer Struktur symmetrisch sind. Natürlich ist jedes in seiner Struktur symmetrische Zweitor auch elektrisch symmetrisch. Bild 5.23 zeigt ein einfaches struktursymmetrisches Zweitor.

5.2 n-Tore

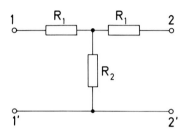

Bild 5.23. Beispiel eines struktursymmetrischen Zweitors.

Ist ein Zweitor gemäß Bild 5.24 derart *struktursymmetrisch,* daß die beiden durch kreuzungsfreie Kurzschlüsse miteinander verbundenen, jedoch nicht durch Übertrager, Gyratoren oder gesteuerte Quellen gekoppelten Teilnetzwerke A und A' bezüglich der gestrichelten Geraden symmetrisch sind, dann lassen sich die Elemente der Impedanzmatrix in der folgenden Weise bestimmen *(Bartlettsches Symmetrie-Theorem).* Man denke sich das Zweitor längs der Symmetrielinie in zwei Teile aufgetrennt und jedes der Teilnetzwerke mit der gleichen Spannung $\underline{U}_a$ nach Bild 5.25 erregt. In die Teilnetzwerke muß der gleiche Strom $\underline{I}_a$ fließen. Die am Eingang (1,1') des Teilnetzwerks A (Bild 5.25) auftretende Impedanz sei

$$\underline{Z}_a = \frac{\underline{U}_a}{\underline{I}_a} \ . \qquad (5.23a)$$

Aus Symmetriegründen müssen jene Stellen der Teilnetzwerke A und A' im Bild 5.25, die ursprünglich nach Bild 5.24 miteinander verbunden waren, jeweils gleiches elektrisches Potential haben, sofern die Klemmen 1' und 2' auf demselben Potential liegen. Deshalb dürfen im Bild 5.25 die ursprünglichen Verbindungen wieder hergestellt werden, ohne daß sich an den Strömen und Spannungen im Gesamtnetzwerk etwas ändert.

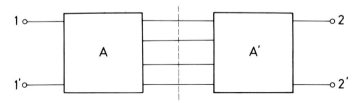

Bild 5.24. Ein struktursymmetrisches Zweitor.

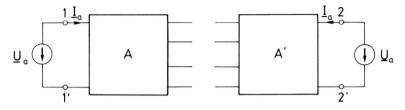

Bild 5.25. Die zwei Teile des struktursymmetrischen Zweitors aus Bild 5.24.

Insbesondere ändern sich die Primär- und Sekundärgrößen nicht. Mit Gl. (5.11a) erhält man daher bei Verwendung der Elemente $\underline{z}_{\mu\nu}$ der Impedanzmatrix des struktursymmetrischen Gesamtzweitors

$$\underline{U}_a = \underline{z}_{11}\underline{I}_a + \underline{z}_{12}\underline{I}_a$$

und hieraus wegen Gl. (5.23a)

$$\underline{Z}_a = \underline{z}_{11} + \underline{z}_{12} \; . \tag{5.24a}$$

Betreibt man das Gesamtzweitor nach Bild 5.26, dann müssen die Ströme an den Toren aus Symmetriegründen entgegengesetzt gleich sein. Zudem sind die elektrischen Potentiale im Netzwerk längs der gestrichelten Symmetrielinie gleich, was man angesichts der Struktursymmetrie mit Hilfe des Überlagerungssatzes leicht erkennen kann.

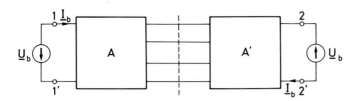

Bild 5.26. Erregung des struktursymmetrischen Zweitors aus Bild 5.24.

Damit darf längs der Symmetrielinie ein Kurzschluß erzeugt und anschließend eine Auftrennung in zwei Teile vorgenommen werden, ohne daß sich die Ströme und Spannungen, insbesondere an den Toren ändern. Auf diese Weise ergibt sich das Teilnetzwerk nach Bild 5.27. Die hierbei am Eingang (1,1′) entstehende Impedanz sei

$$\underline{Z}_b = \frac{\underline{U}_b}{\underline{I}_b} \; . \tag{5.23b}$$

Aus Bild 5.26 folgt aufgrund der Gl. (5.11a)

$$\underline{U}_b = \underline{z}_{11}\underline{I}_b - \underline{z}_{12}\underline{I}_b \; ,$$

also nach Gl. (5.23b)

$$\underline{Z}_b = \underline{z}_{11} - \underline{z}_{12} \; . \tag{5.24b}$$

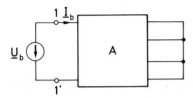

Bild 5.27. Teilnetzwerk nach Kurzschluß längs der Symmetrielinie.

Mit Hilfe der Impedanz $\underline{Z}_a$, die gemäß Bild 5.25 (links) am Teilzweitor A bestimmt werden kann, und mit Hilfe der Impedanz $\underline{Z}_b$, die gemäß Bild 5.27 ermittelt wird, lassen sich nunmehr aufgrund der Gln. (5.24a,b) die Elemente der Impedanzmatrix des

Gesamtzweitors angeben:

$$\underline{z}_{11} = \underline{z}_{22} = \frac{1}{2}[\underline{Z}_a + \underline{Z}_b] \,, \tag{5.25a}$$

$$\underline{z}_{12} = \underline{z}_{21} = \frac{1}{2}[\underline{Z}_a - \underline{Z}_b] \,. \tag{5.25b}$$

Als *Beispiel* sei das überbrückte T-Glied nach Bild 5.28 betrachtet, das, wie in diesem Bild gezeigt wird, als struktursymmetrisches Zweitor gemäß Bild 5.24 aufgefaßt werden kann. Man entnimmt dem rechten Netzwerk im Bild 5.28 $\underline{Z}_a = 3\Omega$ und $\underline{Z}_b = (1/3)\Omega$. Aus den Gln. (5.25a,b) folgt hiermit

$$\underline{z}_{11} \equiv \underline{z}_{22} = \frac{5}{3}\Omega\,, \quad \underline{z}_{12} \equiv \underline{z}_{21} = \frac{4}{3}\Omega\,.$$

Hieraus kann man gemäß Bild 5.12 das Ersatznetzwerk von Bild 5.29 ableiten. Das Netzwerk im Bild 5.29 ist realisierbar und verhält sich nach außen völlig gleich wie das überbrückte T-Glied von Bild 5.28. In derartigen Fällen spricht man von *äquivalenten* Netzwerken.

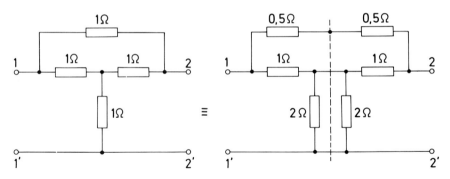

Bild 5.28. Darstellung eines überbrückten T-Gliedes als struktursymmetrisches Zweitor gemäß Bild 5.24.

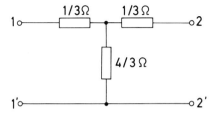

Bild 5.29. Ein zum überbrückten T-Glied aus Bild 5.28 äquivalentes Zweitor.

Es soll nun das Netzwerk nach Bild 5.30 betrachtet werden. Dieses sogenannte Kreuzglied stellt ein symmetrisches Zweitor dar, da

$$\underline{z}_{11} = \underline{z}_{22} = \frac{1}{2}[\underline{Z}_2 + \underline{Z}_1] \tag{5.26a}$$

und

$$\underline{z}_{12} = \underline{z}_{21} = \frac{1}{2}[\underline{Z}_2 - \underline{Z}_1] \qquad (5.26b)$$

gilt, wie sich leicht feststellen läßt. Ein Vergleich dieser Gleichungen mit den Gln. (5.25a,b) führt auf die Aussage: Jedes struktursymmetrische Zweitor ist einem Kreuzglied äquivalent, wobei

$$\underline{Z}_2 = \underline{Z}_a$$

und

$$\underline{Z}_1 = \underline{Z}_b$$

zu wählen ist. Die Zweipole des Kreuzgliedes erhält man also durch die Netzwerke aus Bild 5.25 und Bild 5.27, wobei natürlich die Spannungsquellen an den Eingangsklemmen entfernt werden müssen.

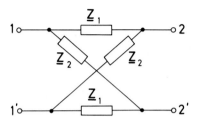

Bild 5.30. Symmetrisches Kreuzglied.

5.2.2.5 Beschreibung durch die Streumatrix. Es gibt Anwendungen, bei denen die Beschreibung von Zweitoren mit Hilfe der bislang eingeführten Matrizen nur bedingt geeignet ist. Eine Verbesserung kann die in diesem Abschnitt zu diskutierende Zweitor-Beschreibung mittels der Streumatrix darstellen, die sich bei bestimmten Untersuchungen an belasteten Zweitoren (die nicht im Leerlauf oder Kurzschluß betrieben werden) als besonders nützlich erweist. Diese Zweitorbeschreibung empfiehlt sich auch, wenn das Netzwerk statt mit Strom-Spannungs-Beziehungen mittels Leistungen charakterisiert werden soll. Sie wird in der Mikrowellen-Übertragungstechnik häufig bevorzugt, weil die Bauelemente bei diesen Anwendungen nicht durchweg als konzentriert (ortsunabhängig) betrachtet werden können. Wesentlich bei der Streumatrix-Beschreibung ist es, daß man zur Charakterisierung des äußeren Verhaltens eines zu beschreibenden Zweitors nicht Strom- und Spannungsgrößen, sondern sogenannte Wellengrößen verwendet, die in *Analogie* zu Größen eingeführt werden, welche bei Wellenausbreitungsvorgängen längs Leitungen (Kap. 7) beobachtet werden. So werden die bisherigen Primär- und Sekundärgrößen $\underline{U}_1, \underline{I}_1, \underline{U}_2, \underline{I}_2$ substituiert, indem man mit Hilfe beliebiger positiv reeller Normierungswiderstände R_1 und R_2 die vier Wellengrößen

$$\underline{a}_\mu = \frac{1}{2}\left(\frac{\underline{U}_\mu}{\sqrt{R_\mu}} + \sqrt{R_\mu}\,\underline{I}_\mu\right), \qquad (5.27a)$$

5.2 n-Tore

$$\underline{b}_\mu = \frac{1}{2}\left(\frac{\underline{U}_\mu}{\sqrt{R_\mu}} - \sqrt{R_\mu}\,\underline{I}_\mu\right) \tag{5.27b}$$

(für $\mu = 1, 2$)

einführt. Umgekehrt lassen sich die Spannungen und Ströme mit den Wellengrößen in der Form

$$\underline{U}_\mu = \sqrt{R_\mu}\,(\underline{a}_\mu + \underline{b}_\mu)\;, \tag{5.28a}$$

$$\underline{I}_\mu = \frac{1}{\sqrt{R_\mu}}(\underline{a}_\mu - \underline{b}_\mu) \tag{5.28b}$$

(für $\mu = 1, 2$)

ausdrücken. Es empfiehlt sich, die eingeführten Wellengrößen zu Vektoren zusammenzufassen:

$$\underline{a} = \begin{bmatrix} \underline{a}_1 \\ \underline{a}_2 \end{bmatrix},\; \underline{b} = \begin{bmatrix} \underline{b}_1 \\ \underline{b}_2 \end{bmatrix}. \tag{5.29a,b}$$

Diese Vektoren sind durch eine für das betreffende Zweitor charakteristische Matrix, die *Streumatrix*

$$\underline{S} = \begin{bmatrix} \underline{s}_{11} & \underline{s}_{12} \\ \underline{s}_{21} & \underline{s}_{22} \end{bmatrix}, \tag{5.30}$$

verknüpft, und zwar in der Form

$$\underline{b} = \underline{S}\,\underline{a}\;. \tag{5.31}$$

Dabei unterstellt man, daß die Komponenten von $\underline{a}$ als voneinander unabhängige Ursachen aufgefaßt werden können, was für passive Zweitore erlaubt ist [8].

Denkt man sich die durch die Gln. (5.29a,b) definierten Vektoren und die Matrix gemäß Gl. (5.30) in Gl. (5.31) eingeführt, dann lassen sich die Elemente der Streumatrix, die Streuparameter, folgendermaßen interpretieren:

$$\underline{s}_{11} = \left(\frac{\underline{b}_1}{\underline{a}_1}\right)\bigg|_{\underline{a}_2 = 0},\quad \underline{s}_{21} = \left(\frac{\underline{b}_2}{\underline{a}_1}\right)\bigg|_{\underline{a}_2 = 0}, \tag{5.32a,b}$$

$$\underline{s}_{22} = \left(\frac{\underline{b}_2}{\underline{a}_2}\right)\bigg|_{\underline{a}_1 = 0},\quad \underline{s}_{12} = \left(\frac{\underline{b}_1}{\underline{a}_2}\right)\bigg|_{\underline{a}_1 = 0}. \tag{5.32c,d}$$

Berücksichtigt man die Definitionen der Wellengrößen nach den Gln. (5.27a,b), so kann man die Gln. (5.32a-d) in einer Weise umschreiben, die für die Berechnung der Streuparameter im konkreten Fall geeignet ist. Man erhält

(i) unter der Betriebsbedingung $\dfrac{\underline{U}_2}{(-\underline{I}_2)} = R_2$ (d.h. $\underline{a}_2 = 0$)

$$\underline{s}_{11} = \frac{\underline{Z}_p - R_1}{\underline{Z}_p + R_1} \;, \qquad \underline{s}_{21} = 2\sqrt{\frac{R_1}{R_2}} \frac{\underline{U}_2}{\underline{U}_{g1}} \qquad (5.33\text{a,b})$$

mit der primären Eingangsimpedanz bzw. Generatorspannung

$$\underline{Z}_p = \frac{\underline{U}_1}{\underline{I}_1} \;, \qquad \underline{U}_{g1} = \underline{U}_1 + R_1 \underline{I}_1 \;, \qquad (5.34\text{a,b})$$

(ii) unter der Betriebsbedingung $\dfrac{\underline{U}_1}{(-\underline{I}_1)} = R_1$ (d.h. $\underline{a}_1 = 0$)

$$\underline{s}_{22} = \frac{\underline{Z}_s - R_2}{\underline{Z}_s + R_2} \;, \qquad \underline{s}_{12} = 2\sqrt{\frac{R_2}{R_1}} \frac{\underline{U}_1}{\underline{U}_{g2}} \qquad (5.33\text{c,d})$$

mit der sekundären Eingangsimpedanz bzw. Generatorspannung

$$\underline{Z}_s = \frac{\underline{U}_2}{\underline{I}_2} \;, \qquad \underline{U}_{g2} = \underline{U}_2 + R_2 \underline{I}_2 \;. \qquad (5.34\text{c,d})$$

Die in den Gln. (5.33a-d) und (5.34a-d) auftretenden Größen sind im Bild 5.31 veranschaulicht. Unter Berufung auf den Umkehrungssatz läßt sich leicht feststellen, daß im Falle eines reziproken Zweitors die beiden Streuparameter $\underline{s}_{21}$ und $\underline{s}_{12}$, die als Spannungsübertragungs-Faktoren (-Funktionen) gedeutet werden können, gleich sind.

Vorausgesetzt, daß die Impedanzmatrix $\underline{Z}$ des betrachteten Zweitors existiert, kann die Streumatrix durch die Impedanzmatrix ausgedrückt werden. Um dies zu zeigen, wird zunächst der Vektor der Generatorspannungen

$$\begin{bmatrix} \underline{U}_{g1} \\ \underline{U}_{g2} \end{bmatrix} = 2 \begin{bmatrix} \sqrt{R_1}\,\underline{a}_1 \\ \sqrt{R_2}\,\underline{a}_2 \end{bmatrix} = 2 \begin{bmatrix} R_1^{1/2} & 0 \\ 0 & R_2^{1/2} \end{bmatrix} \underline{a} \qquad (5.35)$$

eingeführt und aufgrund der Gl. (5.28b) für $\mu = 1, 2$ sowie Gl. (5.30) die Beziehung

$$\left.\begin{bmatrix} R_1^{1/2} & 0 \\ 0 & R_2^{1/2} \end{bmatrix}\right]\begin{bmatrix} \underline{I}_1 \\ \underline{I}_2 \end{bmatrix} = \underline{a} - \underline{b} =$$

$$= (\underline{E} - \underline{S})\begin{bmatrix} R_1^{-1/2} & 0 \\ 0 & R_2^{-1/2} \end{bmatrix}\begin{bmatrix} R_1^{1/2} & 0 \\ 0 & R_2^{1/2} \end{bmatrix}\underline{a} \qquad (5.36)$$

angeschrieben, wobei $\underline{E}$ die zweireihige Einheitsmatrix bedeutet. Andererseits lassen sich die Generatorspannungen mittels der Impedanzmatrix durch die äußeren Ströme in der Form (Bild 5.32)

$$\begin{bmatrix} \underline{U}_{g1} \\ \underline{U}_{g2} \end{bmatrix} = \left\{\begin{bmatrix} R_1 & 0 \\ 0 & R_2 \end{bmatrix} + \underline{Z}\right\}\begin{bmatrix} \underline{I}_1 \\ \underline{I}_2 \end{bmatrix} \qquad (5.37)$$

ausdrücken. Durch Elimination des Vektors der Generatorspannungen erhält man aus den Gln. (5.35) und (5.37) den Stromvektor, dessen Darstellung in die Gl. (5.36) eingeführt wird. Aus der Gleichheit der Koeffizientenmatrizen für $\underline{a}$ in der so entstandenen Gleichung folgt schließlich

$$\underline{S} = \underline{E} - 2\begin{bmatrix} R_1^{1/2} & 0 \\ 0 & R_2^{1/2} \end{bmatrix}\left\{\begin{bmatrix} R_1 & 0 \\ 0 & R_2 \end{bmatrix} + \underline{Z}\right\}^{-1}\begin{bmatrix} R_1^{1/2} & 0 \\ 0 & R_2^{1/2} \end{bmatrix}.$$

(5.38)

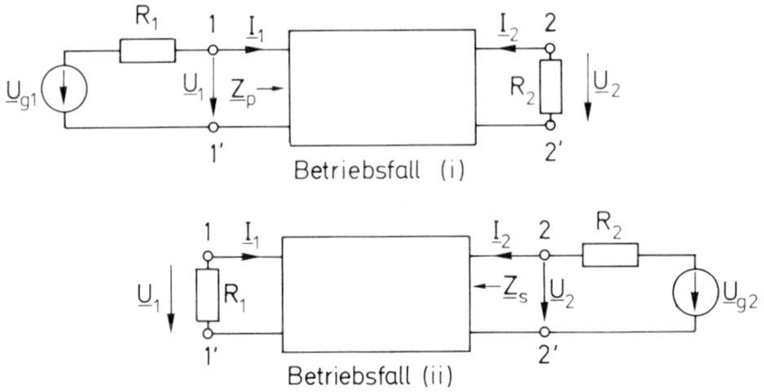

Bild 5.31. Zur Veranschaulichung der Gln. (5.33a-d) und (5.34a-d) im Rahmen der beiden Betriebszustände.

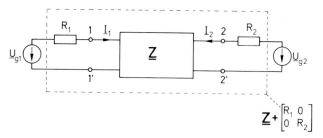

Bild 5.32. Veranschaulichung der Gl. (5.37).

Dieses Ergebnis nimmt eine besonders einfache Gestalt an, wenn man beide Normierungswiderstände R_1 und R_2 gleich eins wählt.

Man kann die Streuparameter aus den Elementen der Impedanzmatrix auch über die Gln. (5.33a–d) gewinnen. Aus der Impedanzgleichung (5.11b) ergibt sich bei der Betriebsbedingung $\underline{U}_2 = -\underline{I}_2 R_2$ zunächst

$$\underline{I}_2 = \frac{-\underline{z}_{21}\underline{I}_1}{R_2 + \underline{z}_{22}} \tag{5.39}$$

und sodann aufgrund von Gl. (5.11a) als Verhältnis $\underline{U}_1/\underline{I}_1$ die primäre Eingangsimpedanz

$$\underline{Z}_p = \underline{z}_{11} - \frac{\underline{z}_{12}\underline{z}_{21}}{R_2 + \underline{z}_{22}} \tag{5.40}$$

sowie, wenn man dieses Ergebnis in Gl. (5.33a) einführt, die Darstellung (des primären *Reflexionsfaktors*)

$$\underline{s}_{11} = \frac{(\underline{z}_{11} - R_1)(\underline{z}_{22} + R_2) - \underline{z}_{12}\underline{z}_{21}}{(\underline{z}_{11} + R_1)(\underline{z}_{22} + R_2) - \underline{z}_{12}\underline{z}_{21}}. \tag{5.41}$$

Die Generatorspannung $\underline{U}_{g1} = R_1\underline{I}_1 + \underline{U}_1$ kann mit Gl. (5.11a) als $\underline{U}_{g1} = (R_1 + \underline{z}_{11}) \cdot \underline{I}_1 + \underline{z}_{12}\underline{I}_2$ geschrieben werden. Substituiert man in dieser Darstellung $\underline{I}_1$ gemäß Gl. (5.39) und ersetzt sodann $\underline{I}_2$ durch $-\underline{U}_2/R_2$, so ergibt sich

$$\underline{s}_{21} = \frac{2\sqrt{R_1 R_2}\,\underline{z}_{21}}{(\underline{z}_{11} + R_1)(\underline{z}_{22} + R_2) - \underline{z}_{12}\underline{z}_{21}}. \tag{5.42}$$

Aus den allgemeinen Formeln (5.41) und (5.42) lassen sich durch Indexvertauschung entsprechende Darstellungen für die beiden anderen Streuparameter sofort angeben.

Beispiel

Es wird das symmetrische Kreuzglied nach Bild 5.30 mit $\underline{Z}_1 = j\omega L$ und $\underline{Z}_2 = 1/(j\omega C)$ betrachtet, d.h. gemäß den Gln. (5.26a,b)

5.2 n-Tore

$$\underline{z}_{11} = \underline{z}_{22} = \frac{1}{2}\left(\frac{1}{j\omega C} + j\omega L\right)$$

und

$$\underline{z}_{12} = \underline{z}_{21} = \frac{1}{2}\left(\frac{1}{j\omega C} - j\omega L\right)$$

gewählt. Führt man diese Impedanzparameter in Gl. (5.42) ein, so folgt nach einer elementaren Zwischenrechnung

$$\underline{s}_{21} = \frac{\sqrt{R_1 R_2}\,(1 - j\omega\sqrt{LC})\,(1 + j\omega\sqrt{LC})}{j\omega C\left[\dfrac{L}{C} + R_1 R_2 - (R_1 + R_2)\sqrt{\dfrac{L}{C}}\right] + \dfrac{R_1 + R_2}{2}(1 + j\omega\sqrt{LC})^2}.$$

Wählt man speziell $R_1 = R_2 = \sqrt{L/C}$, so vereinfacht sich das Ergebnis zu

$$\underline{s}_{21} = \frac{1 - j\omega\sqrt{LC}}{1 + j\omega\sqrt{LC}},$$

wobei die Besonderheit darin liegt, daß $|\underline{s}_{21}| = 1$ gilt, und zwar für alle Werte von ω. Man kann sich leicht davon überzeugen, daß hier $\underline{s}_{11} = 0$ gilt.

Abschließend soll die dem Zweitor zugeführte Wirkleistung P_w mittels der Streuparameter berechnet und eine interessante Konsequenz aus dem Ergebnis gezogen werden. Man erhält auf direktem Wege

$$\begin{aligned}
P_w &= \mathrm{Re}\,\{\underline{U}_1 \underline{I}_1^* + \underline{U}_2 \underline{I}_2^*\} \\
&= \mathrm{Re}\,\{(\underline{a}_1 + \underline{b}_1)(\underline{a}_1^* - \underline{b}_1^*) + (\underline{a}_2 + \underline{b}_2)(\underline{a}_2^* - \underline{b}_2^*)\} \\
&= \underline{a}_1 \underline{a}_1^* + \underline{a}_2 \underline{a}_2^* - (\underline{b}_1 \underline{b}_1^* + \underline{b}_2 \underline{b}_2^*) \\
&= \underline{a}^\mathrm{T}\,\underline{a}^* - \underline{b}^\mathrm{T}\,\underline{b}^* = \underline{a}^\mathrm{T}\,\underline{a}^* - \underline{a}^\mathrm{T}\,\underline{S}^\mathrm{T}\,\underline{S}^*\,\underline{a}^*
\end{aligned}$$

oder

$$P_w = \underline{a}^\mathrm{T}(E - \underline{S}^\mathrm{T}\,\underline{S}^*)\,\underline{a}^*. \tag{5.43}$$

Bei *passiven* Zweitoren gilt stets $P_w \geq 0$, und zwar für beliebige Wahl von $\underline{a}$. Daraus kann man folgern (da hier P_w eine quadratische Form in den beliebig wählbaren Komponenten des Vektors $\underline{a}$ ist), daß

$$\det(E - \underline{S}^\mathrm{T}\,\underline{S}^*) \geq 0 \tag{5.44}$$

gilt. Ist das Zweitor sogar *verlustlos*, so verschwindet P_w beständig für beliebige Wahl von $\underline{a}$, was nach Gl. (5.43) zur Folge hat, daß

$$\underline{S}^\mathrm{T}\,\underline{S}^* = E \tag{5.45}$$

gilt. Die Streumatrix eines verlustlosen Zweitors ist also unitär.

5.3 Anwendungen

5.3.1 *Die Stern-Dreieck-Transformation*

Bei Netzwerk-Untersuchungen ist es oft nützlich, ein aus drei Zweipolen aufgebautes Stern-Netzwerk (Bild 5.33a) in ein äquivalentes, ebenfalls aus drei Zweipolen bestehendes Dreieck-Netzwerk (Bild 5.33b) umzuwandeln und umgekehrt. Das Stern-Netzwerk sei durch die Impedanzen $\underline{Z}_{10}$, $\underline{Z}_{20}$, $\underline{Z}_{30}$ und das Dreieck-Netzwerk durch die Impedanzen $\underline{Z}_{12}$, $\underline{Z}_{23}$, $\underline{Z}_{13}$ gekennzeichnet. Beide Netzwerke sollen in ihrem äußeren Verhalten nicht unterscheidbar sein. Sie werden als Dreipole aufgefaßt und gemäß den Gln. (5.1) beschrieben, wobei jeweils der Knoten 3 als Bezugsknoten gewählt wird. Das äußere Verhalten des Stern-Netzwerks ist durch die Gln. (5.7a,b) und die Gln. (5.8a-c) gegeben. Entsprechend läßt sich das äußere Verhalten des Dreieck-Netzwerks beschreiben. Schließt man im Dreieck die Knoten 2 und 3 kurz, so erhält man $\underline{y}_{11}$ als Admittanz zwischen den Knoten 1 und 2:

$$\underline{y}_{11} = \frac{\underline{Z}_{12} + \underline{Z}_{13}}{\underline{Z}_{12}\underline{Z}_{13}} \quad . \tag{5.46a}$$

In entsprechender Weise ergibt sich

$$\underline{y}_{22} = \frac{\underline{Z}_{23} + \underline{Z}_{12}}{\underline{Z}_{23}\underline{Z}_{12}} \quad . \tag{5.46b}$$

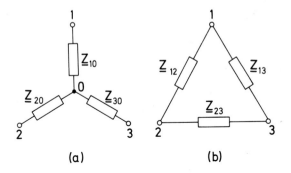

Bild 5.33. Stern-Dreieck-Transformation.

Die bei der Beschreibung des Dreiecks gemäß den Gln. (5.7a,b) noch erforderlichen Koeffizienten $\underline{y}_{12} = \underline{y}_{21}$ erhält man, wenn man die Knoten 1 und 3 miteinander verbindet ($\underline{U}_1 = 0$, Bild 5.34) und das Verhältnis von $\underline{I}_1$ zu $\underline{U}_2$ bildet. Auf diese Weise ergibt sich

$$\underline{y}_{12} \equiv \underline{y}_{21} = -\frac{1}{\underline{Z}_{12}} \quad . \tag{5.46c}$$

Die Äquivalenz des Stern- und des Dreieck-Netzwerks ist genau dann gegeben, wenn die entsprechenden $\underline{y}_{\mu\nu}$-Koeffizienten beider Netzwerke übereinstimmen. Aus den Gln. (5.8a-c) und (5.46a-c) gewinnt man damit die Beziehungen

5.3 Anwendungen

$$\frac{Z_{20} + Z_{30}}{Z_{10}Z_{20} + Z_{20}Z_{30} + Z_{30}Z_{10}} = \frac{Z_{12} + Z_{13}}{Z_{12}Z_{13}} , \qquad (5.47a)$$

$$\frac{Z_{10} + Z_{30}}{Z_{10}Z_{20} + Z_{20}Z_{30} + Z_{30}Z_{10}} = \frac{Z_{23} + Z_{12}}{Z_{23}Z_{12}} , \qquad (5.47b)$$

$$\frac{-Z_{30}}{Z_{10}Z_{20} + Z_{20}Z_{30} + Z_{30}Z_{10}} = -\frac{1}{Z_{12}} . \qquad (5.47c)$$

Aus Gl. (5.47c) folgt

$$Z_{12} = \frac{Z_{10}Z_{20} + Z_{20}Z_{30} + Z_{30}Z_{10}}{Z_{30}} , \qquad (5.48a)$$

aus Gl. (5.47b) mit Gl. (5.48a)

$$Z_{23} = \frac{Z_{10}Z_{20} + Z_{20}Z_{30} + Z_{30}Z_{10}}{Z_{10}} \qquad (5.48b)$$

und schließlich aus Gl. (5.47a) mit Gl. (5.48a)

$$Z_{13} = \frac{Z_{10}Z_{20} + Z_{20}Z_{30} + Z_{30}Z_{10}}{Z_{20}} . \qquad (5.48c)$$

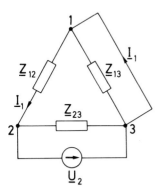

Bild 5.34. Zur Berechnung der Größe y_{12} für das Netzwerk aus Bild 5.33.

Durch Auflösung der drei Gleichungen (5.48a-c) nach den Impedanzen des Stern-Netzwerks erhält man

$$Z_{10} = \frac{Z_{12}Z_{13}}{Z_{12} + Z_{13} + Z_{23}} , \qquad (5.49a)$$

$$\underline{Z}_{20} = \frac{\underline{Z}_{12}\underline{Z}_{23}}{\underline{Z}_{12} + \underline{Z}_{13} + \underline{Z}_{23}}, \tag{5.49b}$$

$$\underline{Z}_{30} = \frac{\underline{Z}_{13}\underline{Z}_{23}}{\underline{Z}_{12} + \underline{Z}_{13} + \underline{Z}_{23}}. \tag{5.49c}$$

Die Auflösung im einzelnen sei dem Leser als Übung empfohlen. Man beachte, daß die Ergebnisse der Gln. (5.48a-c) und der Gln. (5.49a-c) jeweils durch zyklische Vertauschung ineinander übergeführt werden können.

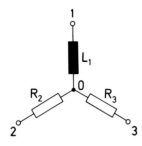

Bild 5.35. Beispiel eines Stern-Netzwerks.

Als *Beispiel* soll das im Bild 5.35 dargestellte Stern-Netzwerk in ein Dreieck umgewandelt werden. Aus

$$\underline{Z}_{10} = j\omega L_1, \quad \underline{Z}_{20} = R_2, \quad \underline{Z}_{30} = R_3$$

erhält man mit Hilfe der Gln. (5.48a-c)

$$\underline{Z}_{12} = \frac{j\omega L_1 (R_2 + R_3) + R_2 R_3}{R_3} = j\omega \frac{L_1 (R_2 + R_3)}{R_3} + R_2 \equiv$$

$$\equiv j\omega L_{12} + R_2,$$

$$\underline{Z}_{23} = \frac{j\omega L_1 (R_2 + R_3) + R_2 R_3}{j\omega L_1} = R_2 + R_3 + \frac{1}{j\omega L_1/(R_2 R_3)} \equiv$$

$$\equiv R_{23} + \frac{1}{j\omega C_{23}},$$

$$\underline{Z}_{13} = \frac{j\omega L_1 (R_2 + R_3) + R_2 R_3}{R_2} \equiv$$

$$\equiv j\omega L_{13} + R_3.$$

Wie hieraus unmittelbar hervorgeht, lassen sich die Zweipole $\underline{Z}_{12}$ und $\underline{Z}_{13}$ jeweils als Reihenanordnung einer Induktivität und eines ohmschen Widerstandes auffassen. In

5.3 Anwendungen

entsprechender Weise kann der Zweipol $\underline{Z}_{23}$ als eine Kapazität dargestellt werden, zu der ein Widerstand in Reihe liegt. Damit erhält man als zum Stern von Bild 5.35 äquivalentes Dreieck-Netzwerk die im Bild 5.36 dargestellte Anordnung. Man beachte, daß die Äquivalenz der Dreipole aus den Bildern 5.35 und 5.36 für *alle* Werte der Kreisfrequenz ω besteht.

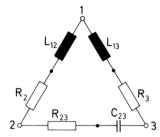

Bild 5.36. Zum Stern von Bild 5.35 äquivalentes Dreieck-Netzwerk.

Bei der Transformation eines Sterns in ein Dreieck oder eines Dreiecks in einen Stern kann es jedoch vorkommen, daß die durch die Transformation entstehenden Zweipole durch Elemente der hier betrachteten Art *überhaupt nicht* oder nur für *spezielle Frequenzen* verwirklicht werden können. Unabhängig davon läßt sich jedoch das bei der Umwandlung eines Sterns in ein Dreieck oder eines Dreiecks in einen Stern entstehende Netzwerk als *Ersatzdreipol* etwa zur Durchführung einer numerischen Netzwerkberechnung verwenden. Sind die Elemente des Sterns oder Dreiecks ohmsche Widerstände, dann führt die Transformation in jedem Fall zu einem mit ohmschen Widerständen realisierbaren Netzwerk.

Die obigen Überlegungen können in der folgenden Weise verallgemeinert werden. Anstelle des Stern-Netzwerks nach Bild 5.33a wird nun ein *n*-Pol betrachtet, der aus *n* sternförmig angeordneten Zweipolen mit den Impedanzen $\underline{Z}_{\nu 0}$ ($\nu = 1, 2, ..., n$) besteht (Bild 5.37a). Dieses Netzwerk soll in einen äquivalenten *n*-Pol umgewandelt werden, der als einzigen Bestandteil zwischen je zwei Klemmen einen Zweipol mit der Impedanz $\underline{Z}_{\mu\nu}$ ($\mu, \nu = 1, ..., n$) enthält (Bild 5.37b). Dieses Gebilde wird als *n*-Eck bezeichnet. Genau wie bei der Stern-Dreieck-Transformation können die Impedanzen der Zweipole des *n*-Ecks durch die Impedanzen der Zweipole des *n*-Sterns dargestellt werden. Die Ermittlung der Umrechnungsformel gestaltet sich besonders einfach, wenn man die Zweipole in beiden *n*-Polen durch ihre Admittanzen $\underline{Y}_{\mu 0} = 1/\underline{Z}_{\mu 0}$ bzw. $\underline{Y}_{\mu\nu} = 1/\underline{Z}_{\mu\nu}$ beschreibt. Dabei erhält man $n(n-1)/2$ Beziehungen für die $n(n-1)/2$ Zweipoladmittanzen des *n*-Ecks. Ihre Auflösung liefert

$$\underline{Y}_{\mu\nu} = \frac{\underline{Y}_{\mu 0}\underline{Y}_{\nu 0}}{\sum_{\kappa=1}^{n} \underline{Y}_{\kappa 0}} \quad (\mu, \nu = 1, ..., n) \quad . \tag{5.50}$$

Für den Sonderfall des Dreipols entspricht dieses Ergebnis den Gln. (5.48a-c).

Die umgekehrte Umwandlung eines *n*-Ecks in einen *n*-Stern ist für $n > 3$ nicht mehr allgemein möglich. In diesem Fall ist nämlich die Zahl *n* der unbekannten Impedanzen des Stern-Netzwerks kleiner als die Zahl $n(n-1)/2$ der Bedingungen, die sich aus der Identifizierung der $\underline{y}_{\mu\nu}$-Koeffizienten der Gln. (5.1) ergeben.

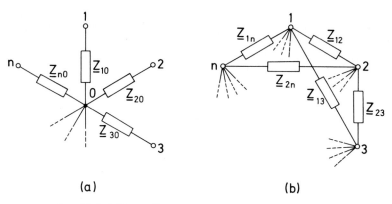

Bild 5.37. Stern-Vieleck-Umwandlung.

Abschließend sei noch darauf hingewiesen, daß die durch die Gln. (5.50) gelieferten Admittanzen nicht immer durch Elemente der hier betrachteten Art verwirklicht werden können. Die Beziehungen (5.50) haben dann im wesentlichen rechnerische Bedeutung. Enthält das Stern-Netzwerk jedoch ausschließlich ohmsche Widerstände, dann sind die Admittanzen des n-Ecks gemäß den Gln. (5.50) als ohmsche Leitwerte ausführbar. Damit wird deutlich, daß in einem ohmschen n-Pol alle inneren Knoten durch Stern-Vieleck-Umwandlungen entfernt werden können, daß also das ohmsche n-Eck den allgemeinsten Fall des ohmschen n-Pols darstellt.

5.3.2 Erregung von Dreipolen durch Drehstrom

5.3.2.1 Der Drehstrom. In der Energietechnik spielen Dreiphasen-(Drehstrom-)Systeme aus verschiedenen Gründen eine wichtige Rolle. So hat es sich als zweckmäßig erwiesen, die elektrische Energie nicht in Form eines einfachen Wechselstromes zu erzeugen und zu übertragen, sondern vor allem in Form eines (symmetrischen) dreiphasigen Wechselstroms, eines sogenannten Drehstroms. Der Drehstrom verdankt seine große Bedeutung auch dem Drehstrom-Asynchronmotor, der durch Drehstrom gespeist wird und sich durch einen einfachen, robusten und billigen Aufbau auszeichnet.

Ein Generator zur Erzeugung von (symmetrischem) Drehstrom besitzt nach Bild 5.38 einen Ständer mit drei voneinander isolierten, identischen, räumlich um jeweils 120° gegeneinander versetzten Spulen, die in den Ständernuten untergebracht sind. In diesen Spulen werden gemäß den Erklärungen aus Abschnitt 1.3.4 durch das mit dem Polrad umlaufende magnetische Feld Wechselspannungen induziert, die wegen der räumlichen Versetzungen der Spulen um jeweils $2\pi/3$ phasenverschoben sind und bei geeigneter Form der Polschuhe harmonischen Verlauf haben (Bild 5.39). Die drei Spulen schaltet man entweder im Stern (Kurzschlußverbindung der Punkte 1′, 2′, 3′) oder im Dreieck (Kurzschlußverbindung der Punkte 1 und 3′, der Punkte 2 und 1′ sowie der Punkte 3 und 2′). Bei der Sternschaltung wird oft auch der Sternpunkt 1′ (2′, 3′) neben den Punkten 1, 2 und 3 als Anschluß für den Generator verwendet. Die von diesen Anschlüssen abgehenden Drehstromleiter werden mit R, S, T bzw. M bezeichnet.

Im folgenden soll gezeigt werden, wie bei Belastung von Drehstrom- bzw. Drehspannungsquellen durch Dreipole die Strom- und Spannungs-Verteilung bestimmt werden kann.

5.3 Anwendungen

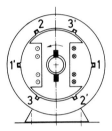

Bild 5.38. Drehstrom-Synchrongenerator mit den Spulen (1,1'), (2,2') und (3,3') in den Ständernuten sowie mit dem rotierenden Polrad.

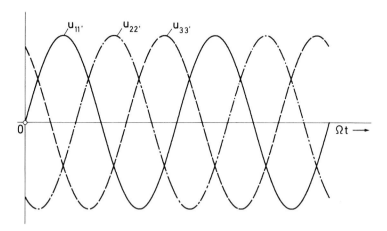

Bild 5.39. Dreiphasen-Wechselspannung.

5.3.2.2 Übliche Belastungsfälle. Durch die Anordnung nach Bild 5.40 wird eine harmonische Drehspannungsquelle netzwerktheoretisch beschrieben. Sie besteht also aus drei gleichfrequenten harmonischen Spannungsquellen, die einen gemeinsamen Pol M besitzen und deren Spannungen in der Phase gegeneinander verschoben sind. Der Pol M entspricht nur bei Sternschaltung der Ständerspulen (Abschnitt 5.3.2.1) einem tatsächlich vorhandenen Knoten. Das Zeigerdiagramm der Spannungen ist im Bild 5.41a für den allgemeinen unsymmetrischen Fall dargestellt. Die Spannungen $\underline{U}_{RM}$, $\underline{U}_{SM}$, $\underline{U}_{TM}$ werden Sternleiterspannungen, die Spannungen $\underline{U}_{RS}$, $\underline{U}_{ST}$, $\underline{U}_{TR}$ Leiterspannungen genannt. Der wichtige Fall symmetrischer Drehspannungsquelle ist gegeben, wenn die Spannungen $\underline{U}_{RM}$, $\underline{U}_{SM}$, $\underline{U}_{TM}$ gegenseitig jeweils den Phasenwinkel $2\pi/3$ einschließen und den gleichen Betrag U_M haben. Die Leiterspannungen $\underline{U}_{RS}$, $\underline{U}_{ST}$, $\underline{U}_{TR}$ bilden dann, wie das Zeigerdiagramm im Bild 5.41b zeigt, ein gleichseitiges Dreieck mit der Seitenlänge $U_L = |\underline{U}_{RS}| = |\underline{U}_{ST}| = |\underline{U}_{TR}|$. Aufgrund einfacher geometrischer Überlegungen entnimmt man dem Zeigerdiagramm im Bild 5.41b die Beziehung

$$U_L = \sqrt{3}\, U_M .$$

Beim Niederspannungsnetz in Deutschland beträgt $U_M = 220$ V, also ist $U_L = 380$ V. Die Leiterspannungen $\underline{U}_{RS}$, $\underline{U}_{ST}$, $\underline{U}_{TR}$ sind in jedem Fall voneinander abhängig, da ihre Summe stets gleich null ist.

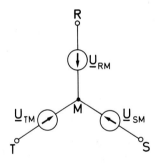

Bild 5.40. Beschreibung einer harmonischen Drehspannungsquelle.

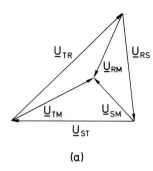
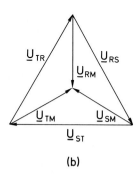

(a) (b)

Bild 5.41. Zeigerdiagramm für die Spannungen der Drehspannungsquelle (a unsymmetrischer Fall, b symmetrischer Fall).

Eine nicht notwendig symmetrische Drehspannungsquelle werde nach Bild 5.42 durch einen Dreipol belastet, der aus drei zu einem Dreieck angeordneten Zweipolen mit den Impedanzen $\underline{Z}_{12}, \underline{Z}_{23}, \underline{Z}_{31}$ besteht. Gesucht sind die Leiterströme $\underline{I}_R, \underline{I}_S, \underline{I}_T$ und die Strangströme $\underline{I}_{12}, \underline{I}_{23}, \underline{I}_{31}$. Aus den gemäß Bild 5.41 bekannten Leiterspannungen $\underline{U}_{RS}, \underline{U}_{ST}, \underline{U}_{TR}$, die sich mit Hilfe der Sternleiterspannungen ausdrücken lassen ($\underline{U}_{RS} = \underline{U}_{RM} - \underline{U}_{SM}, \underline{U}_{ST} = ...$), und den Impedanzen $\underline{Z}_{12}, \underline{Z}_{23}, \underline{Z}_{31}$ erhält man sofort die Strangströme $\underline{I}_{12} = \underline{U}_{RS}/\underline{Z}_{12}, \underline{I}_{23} = \underline{U}_{ST}/\underline{Z}_{23}, \underline{I}_{31} = \underline{U}_{TR}/\underline{Z}_{31}$. Aus diesen Strömen lassen sich unmittelbar die Leiterströme $\underline{I}_R = \underline{I}_{12} - \underline{I}_{31}, \underline{I}_S = \underline{I}_{23} - \underline{I}_{12}, \underline{I}_T = \underline{I}_{31} - \underline{I}_{23}$ angeben.

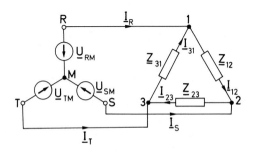

Bild 5.42. Belastung einer Drehspannungsquelle durch ein Dreieck-Netzwerk.

Netzwerktheoretisch interessanter ist der Fall, daß eine nicht notwendig symmetrische Drehspannungsquelle gemäß Bild 5.43 durch einen Dreipol belastet wird, der

5.3 Anwendungen

aus drei zu einem Stern angeordneten Zweipolen mit den Impedanzen $\underline{Z}_{10}, \underline{Z}_{20}, \underline{Z}_{30}$ besteht. Gesucht sind die Leiterströme $\underline{I}_R, \underline{I}_S, \underline{I}_T$. Unter Verwendung der Klemme 3 als Bezugspunkt kann man gemäß den Gln. (5.7a,b) und (5.8a-c) die gesuchten Ströme sofort durch die bekannten Größen ausdrücken:

$$\underline{I}_R = \frac{(\underline{Z}_{20} + \underline{Z}_{30})\underline{U}_{RT} - \underline{Z}_{30}\underline{U}_{ST}}{\underline{Z}_{10}\underline{Z}_{20} + \underline{Z}_{20}\underline{Z}_{30} + \underline{Z}_{30}\underline{Z}_{10}}, \tag{5.51a}$$

$$\underline{I}_S = \frac{-\underline{Z}_{30}\underline{U}_{RT} + (\underline{Z}_{10} + \underline{Z}_{30})\underline{U}_{ST}}{\underline{Z}_{10}\underline{Z}_{20} + \underline{Z}_{20}\underline{Z}_{30} + \underline{Z}_{30}\underline{Z}_{10}}. \tag{5.51b}$$

Der Leiterstrom $\underline{I}_T$ ist gleich $-(\underline{I}_R + \underline{I}_S)$. Mit den Gln. (5.51a,b) erhält man daher

$$\underline{I}_T = \frac{\underline{Z}_{20}\underline{U}_{TR} + \underline{Z}_{10}\underline{U}_{TS}}{\underline{Z}_{10}\underline{Z}_{20} + \underline{Z}_{20}\underline{Z}_{30} + \underline{Z}_{30}\underline{Z}_{10}}. \tag{5.51c}$$

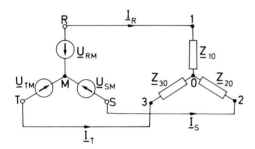

Bild 5.43. Belastung einer Drehspannungsquelle durch ein Stern-Netzwerk.

Im Zähler von Gl. (5.51a) kann man die Teilsumme $\underline{Z}_{30}\underline{U}_{RT} - \underline{Z}_{30}\underline{U}_{ST}$ durch $\underline{Z}_{30}\underline{U}_{RS}$, im Zähler der Gl. (5.51b) $-\underline{Z}_{30}\underline{U}_{RT} + \underline{Z}_{30}\underline{U}_{ST}$ durch $\underline{Z}_{30}\underline{U}_{SR}$ ersetzen. Führt man nach diesen Zusammenfassungen die Admittanzen $\underline{Y}_{10} = 1/\underline{Z}_{10}$, $\underline{Y}_{20} = 1/\underline{Z}_{20}$, $\underline{Y}_{30} = 1/\underline{Z}_{30}$ ein, so erhält man eine weitere Darstellung für die Leiterströme

$$\underline{I}_R = \frac{\underline{Y}_{10}\underline{Y}_{30}\underline{U}_{RT} + \underline{Y}_{10}\underline{Y}_{20}\underline{U}_{RS}}{\underline{Y}_{10} + \underline{Y}_{20} + \underline{Y}_{30}}, \tag{5.52a}$$

$$\underline{I}_S = \frac{\underline{Y}_{20}\underline{Y}_{10}\underline{U}_{SR} + \underline{Y}_{20}\underline{Y}_{30}\underline{U}_{ST}}{\underline{Y}_{10} + \underline{Y}_{20} + \underline{Y}_{30}}, \tag{5.52b}$$

$$\underline{I}_T = \frac{\underline{Y}_{30}\underline{Y}_{20}\underline{U}_{TS} + \underline{Y}_{30}\underline{Y}_{10}\underline{U}_{TR}}{\underline{Y}_{10} + \underline{Y}_{20} + \underline{Y}_{30}}. \tag{5.52c}$$

Die Aussagen der Gln. (5.51a-c) und (5.52a-c) könnte man auch noch dadurch gewinnen, daß man den aus den Zweipolen $\underline{Z}_{10}, \underline{Z}_{20}, \underline{Z}_{30}$ bestehenden Stern nach Abschnitt 5.3.1 in ein Dreieck verwandelt und dann, wie bereits anhand des Netzwerks von Bild 5.42 gezeigt wurde, die Leiterströme in einfacher Weise bestimmt. Aus den Strömen $\underline{I}_R, \underline{I}_S, \underline{I}_T$ lassen sich natürlich sofort auch die Spannungen $\underline{U}_{10}, \underline{U}_{20}, \underline{U}_{30}$ angeben.

Gelegentlich werden im Netzwerk von Bild 5.43 zusätzlich zu den bereits bestehenden Verbindungen zwischen der Drehspannungsquelle und dem Dreipol die Punkte M und 0 durch den sogenannten Nulleiter verbunden. Dann liegen die Sternleiterspannungen $\underline{U}_{RM}, \underline{U}_{SM}, \underline{U}_{TM}$ direkt an den Zweipolen $\underline{Z}_{10}, \underline{Z}_{20}$ bzw. $\underline{Z}_{30}$, so daß $\underline{I}_R = \underline{U}_{RM}/\underline{Z}_{10}, \underline{I}_S = \underline{U}_{SM}/\underline{Z}_{20}, \underline{I}_T = \underline{U}_{TM}/\underline{Z}_{30}$ gilt. Im Nulleiter fließt der Strom $\underline{I}_{0M} = \underline{I}_R + \underline{I}_S + \underline{I}_T$. Bei Symmetrie der Drehspannungsquelle und symmetrischer Belastung ist $\underline{I}_{0M} = 0$.

5.3.2.3 Ergänzungen

(a) Im Fall symmetrischer Drehspannungsquelle (Bild 5.41b) bestehen zwischen den Sternleiterspannungen die Beziehungen

$$\underline{U}_{SM} = a^2 \underline{U}_{RM}, \quad \underline{U}_{TM} = a \underline{U}_{RM},$$

wobei $a = e^{j2\pi/3}$ ist. Liegt keine Symmetrie vor (Bild 5.41a), dann besteht die Möglichkeit, die Sternleiterspannungen folgendermaßen darzustellen:

$$\underline{U}_{RM} = \underline{U}_m + \underline{U}_g + \underline{U}_0, \tag{5.53a}$$

$$\underline{U}_{SM} = a^2 \underline{U}_m + a \underline{U}_g + \underline{U}_0, \tag{5.53b}$$

$$\underline{U}_{TM} = a \underline{U}_m + a^2 \underline{U}_g + \underline{U}_0. \tag{5.53c}$$

Dies soll im folgenden näher erläutert werden. Es wird insbesondere gezeigt, wie sich die Größen $\underline{U}_m, \underline{U}_g$ und $\underline{U}_0$ aus den Sternleiterspannungen bestimmen lassen.

Durch Multiplikation der Gl. (5.53a) mit 1, der Gl. (5.53b) mit a, der Gl. (5.53c) mit a^2 und durch anschließende Summation der modifizierten Gleichungen erhält man

$$\underline{U}_m = \frac{1}{3} (\underline{U}_{RM} + a\underline{U}_{SM} + a^2 \underline{U}_{TM}). \tag{5.54a}$$

Hierbei mußten die Relationen $a^3 = 1$ und $1 + a + a^2 = 0$ berücksichtigt werden. Durch entsprechende Multiplikation der Gln. (5.53a-c) mit 1, a^2, a und durch Addition der so veränderten Beziehungen erhält man weiterhin

$$\underline{U}_g = \frac{1}{3} (\underline{U}_{RM} + a^2 \underline{U}_{SM} + a \underline{U}_{TM}). \tag{5.54b}$$

Schließlich liefert die Summation der unveränderten Gln. (5.53a-c)

$$\underline{U}_0 = \frac{1}{3} (\underline{U}_{RM} + \underline{U}_{SM} + \underline{U}_{TM}). \tag{5.54c}$$

Nach Substitution der Gln. (5.54a-c) in die Gln. (5.53a-c) sieht man sofort, daß die Darstellung der Sternleiterspannungen durch die Größen $\underline{U}_m, \underline{U}_g$ und $\underline{U}_0$ tatsächlich möglich ist. Die ersten Summanden in den Gln. (5.53a-c) $\underline{U}_m$, $a^2\underline{U}_m$, $a\underline{U}_m$ bilden eine symmetrische Drehspannungsquelle, und zwar ein sogenanntes Mitsystem. Bild 5.44 zeigt diese Drehspannungsquelle und das zugehörige Zeigerdiagramm. Die zweiten Summanden in den Gln. (5.53a-c) $\underline{U}_g$, $a\underline{U}_g$, $a^2\underline{U}_g$ repräsentieren ebenfalls eine symmetrische Drehspannungsquelle, und zwar ein sogenanntes Gegensystem (Bild 5.45). Auch die dritten Summanden in den Gln. (5.53a-c) $\underline{U}_0$, $\underline{U}_0$, $\underline{U}_0$ können als Drehspannungsquelle aufgefaßt werden. Man spricht in diesem Fall von einem Nullsystem (Bild 5.46).

Durch Superposition der Drehspannungsquellen bzw. der Zeigerdiagramme aus den Bildern 5.44, 5.45 und 5.46 erhält man eine Beschreibung einer unsymmetrischen Drehspannungsquelle durch ein symmetrisches Mitsystem, ein symmetrisches Gegensystem und ein Nullsystem (Bild 5.47). Aus dem Zeigerdiagramm kann die Darstellung der Sternleiterspannungen als Überlagerung der Spannungen symmetrischer Drehspannungsquellen abgelesen werden. Man spricht in diesem Zusammenhang von der Methode der symmetrischen Komponenten. Liegt beispielsweise ein Netzwerk an einer unsymmetrischen Drehspannungsquelle, so kann aufgrund des Überlagerungssatzes die Gesamtwirkung im Netzwerk als Summe der Teilwirkungen bestimmt werden, die vom entsprechenden Mitsystem, Gegensystem bzw. Nullsystem hervorgebracht werden.

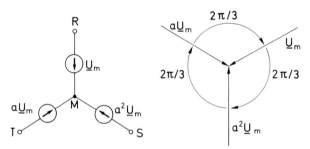

Bild 5.44. Spannungsquelle und Zeigerdiagramm des Mitsystems.

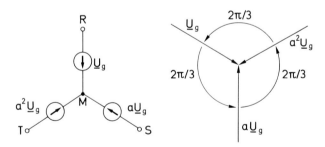

Bild 5.45. Spannungsquelle und Zeigerdiagramm des Gegensystems.

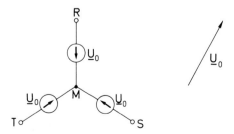

Bild 5.46. Spannungsquelle und Zeigerdiagramm des Nullsystems.

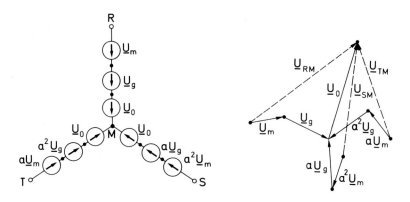

Bild 5.47. Beschreibung einer unsymmetrischen Drehspannungsquelle durch Überlagerung des Mitsystems, des Gegensystems und des Nullsystems.

(b) Nach dem Vorbild der im Abschnitt 5.3.2.2 durchgeführten Überlegungen können alle Mehrphasensysteme netzwerktheoretisch behandelt werden. Im Falle harmonischer Größen mit einer einheitlichen Frequenz und bei Annahme von Symmetrie kann die Quelle eines Mehrphasensystems netzwerktheoretisch nach Bild 5.48 dargestellt werden. Die vorkommenden Teilspannungen $\underline{U}_{\nu M}$ (ν = 1, 2, ..., n) haben gleichen Betrag, und zwei aufeinanderfolgende Teilspannungen $\underline{U}_{\nu M}$, $\underline{U}_{\nu+1,M}$ unterscheiden sich um den Phasenwinkel $2\pi/n$. Die Belastung erfolgt durch einen n-Pol oder durch einen (n+1)-Pol, falls der Punkt M durch einen Nulleiter mit der Last verbunden wird. Der Fall n = 3 entspricht dem im Abschnitt 5.3.2.2 behandelten Fall des Dreiphasensystems[37].

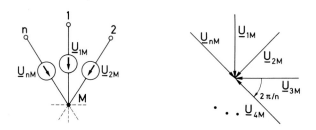

Bild 5.48. Darstellung eines symmetrischen Mehrphasensystems.

(c) Zur Bestimmung der Wirkleistung, die von der Quelle eines Mehrphasensystems (Bild 5.48) an einen n-Pol (Verbraucher) abgegeben wird, kann das im Abschnitt 5.1.1

---

[37] Man kann in einfacher Weise auch Mehrphasensysteme behandeln, die zwar symmetrisch sind (gleiche gegenseitige Verschiebung der formgleichen Teilspannungen), bei denen jedoch die Teilspannungen nicht rein harmonische, sondern allgemeine periodische Funktionen darstellen. Wesentlich bei einer derartigen Untersuchung ist die Entwicklung der Teilspannungen in Fourier-Reihen (hierauf wird im Abschnitt 5.5 eingegangen) und die Zusammenfassung deren frequenzgleicher Komponenten zu symmetrischen, rein harmonischen Mehrphasensystemen, die durch Zeiger gemäß Bild 5.48 beschrieben werden können.

5.3 Anwendungen

beschriebene Verfahren verwendet werden. Dies soll im folgenden am Beispiel einer symmetrischen harmonischen Drehspannungsquelle mit symmetrischem Verbraucher erläutert werden. Als Bezugsknoten wird die Anschlußklemme T gewählt. Nach Bild 5.41b gilt für die Leiterspannungen

$$\underline{U}_{RT} = U_L e^{j4\pi/3}, \quad \underline{U}_{ST} = U_L e^{j\pi}.$$

Ein symmetrischer Verbraucher kann, gegebenenfalls ersatzweise, durch einen Stern mit gleichen komplexen Leitwerten $\underline{Y}_{10} = \underline{Y}_{20} = \underline{Y}_{30} = \underline{Y}$ dargestellt werden. Damit erhält man nach den Gln. (5.52a-c) für die Leiterströme

$$\underline{I}_R = \frac{1}{3}\underline{Y}(\underline{U}_{RT} + \underline{U}_{RS}), \quad \underline{I}_S = \frac{1}{3}\underline{Y}(\underline{U}_{SR} + \underline{U}_{ST}), \quad \underline{I}_T = \frac{1}{3}\underline{Y}(\underline{U}_{TS} + \underline{U}_{TR}).$$

Da die drei Ausdrücke durch zyklische Vertauschung der Indizes ineinander übergeführt werden können, bilden angesichts der Symmetrie der Leiterspannungen auch die Leiterströme ein symmetrisches Rechtssystem. Daher lassen sich diese in der Form

$$\underline{I}_R = I_L e^{j\alpha}, \quad \underline{I}_S = I_L e^{j\left(\alpha + \frac{4\pi}{3}\right)}, \quad \underline{I}_T = I_L e^{j\left(\alpha + \frac{2\pi}{3}\right)}$$

ausdrücken. Damit erhält man für die dem symmetrischen Verbraucher zugeführte komplexe Leistung

$$\underline{P} = \underline{U}_{RT}\underline{I}_R^* + \underline{U}_{ST}\underline{I}_S^* =$$

$$= U_L I_L e^{j\left(\frac{4\pi}{3} - \alpha\right)} + U_L I_L e^{j\left(\pi - \alpha - \frac{4\pi}{3}\right)}$$

oder, wenn man den Winkel zwischen dem Leiterstrom $\underline{I}_R$ und der entsprechenden Sternleiterspannung $\underline{U}_{RM} = U_M e^{j3\pi/2}$, also

$$\varphi = \frac{3\pi}{2} - \alpha$$

einführt, so daß $\underline{Y} = Y e^{-j\varphi}$ geschrieben werden kann,

$$\underline{P} = U_L I_L \left[e^{j\left(\varphi - \frac{\pi}{6}\right)} + e^{j\left(\varphi + \frac{\pi}{6}\right)} \right] =$$

$$= U_L I_L e^{j\varphi} \cdot 2\cos\frac{\pi}{6}.$$

Mit $\cos(\pi/6) = \sqrt{3}/2$ ergibt sich schließlich für die komplexe Leistung

$$\underline{P} = \sqrt{3}\, U_L I_L e^{j\varphi}.$$

Der Realteil hiervon liefert die dem Verbraucher zugeführte Wirkleistung P_w, der Imaginärteil die Blindleistung P_b, d.h.

$$P_w = \sqrt{3}\, U_L I_L \cos\varphi\,, \quad P_b = \sqrt{3}\, U_L I_L \sin\varphi\,.$$

Ergänzend zu diesen Ergebnissen soll noch die dem Verbraucher zugeführte Augenblicksleistung ermittelt werden. Man erhält

$$p(t) = u_{RT}(t)\, i_R(t) + u_{ST}(t)\, i_S(t)\,,$$

also unter Beachtung der oben eingeführten Zeigergrößen

$$p(t) = \sqrt{2}\, U_L \cos\left(\omega t + \frac{4\pi}{3}\right) \sqrt{2}\, I_L \cos(\omega t + \alpha) +$$

$$+ \sqrt{2}\, U_L \cos(\omega t + \pi)\, \sqrt{2}\, I_L \cos\left(\omega t + \alpha + \frac{4\pi}{3}\right)$$

oder, bei Verwendung der bekannten Formel $\cos x \cos y = (1/2)\cos(x+y) + (1/2)\cdot\cos(x-y)$,

$$p(t) = U_L I_L \left[\cos\left(2\omega t + \frac{4\pi}{3} + \alpha\right) + \cos\left(2\omega t + \frac{\pi}{3} + \alpha\right) + \right.$$

$$\left. + \cos\left(\frac{4\pi}{3} - \alpha\right) + \cos\left(\frac{\pi}{3} + \alpha\right)\right] =$$

$$= U_L I_L \left[\cos\left(\frac{4\pi}{3} - \alpha\right) + \cos\left(\frac{\pi}{3} + \alpha\right)\right]\,.$$

Mit dem oben eingeführten Winkel $\varphi = (3\pi/2) - \alpha$ ergibt sich schließlich

$$p(t) = U_L I_L \left[\cos\left(\varphi - \frac{\pi}{6}\right) + \cos\left(\varphi + \frac{\pi}{6}\right)\right] = \sqrt{3}\, U_L I_L \cos\varphi\,.$$

Die Augenblicksleistung ist also zeitunabhängig, obwohl eine Blindleistung vorhanden ist. Bild 5.49 soll an einem Beispiel die Zeitunabhängigkeit der Augenblicksleistung veranschaulichen.

5.4 Beschreibung von Netzwerkfunktionen durch Ortskurven

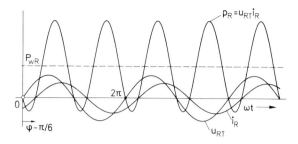

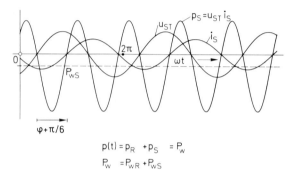

Bild 5.49. Veranschaulichung der Zeitunabhängigkeit der Augenblicksleistung, die einem symmetrischen Verbraucher von einer symmetrischen harmonischen Drehspannungsquelle zugeführt wird.

5.4 Beschreibung von Netzwerkfunktionen durch Ortskurven

5.4.1 *Vorbemerkungen*

Im Abschnitt 2.4.1 wurde die normierte Admittanz des Reihenschwingkreises nach *Betrag* und *Phase* in Abhängigkeit von der Kreisfrequenz ω dargestellt. Man hätte in entsprechender Weise die Admittanz des Reihenschwingkreises (als komplexe Funktion der Kreisfrequenz ω) durch ihre *Realteilfunktion* und ihre *Imaginärteilfunktion* beschreiben können. In dieser Weise läßt sich jede Größe, die als komplexe Funktion einer reellen Variablen gegeben ist, durch zwei Schaubilder geometrisch beschreiben. Es besteht aber auch die Möglichkeit, eine komplexe Funktion $w(x)$ in Abhängigkeit von der reellen Veränderlichen x durch ein *einziges* Schaubild folgendermaßen darzustellen: Man denke sich den Funktionswert $w(x)$ für einen bestimmten Wert x in eine komplexe w-Ebene eingetragen. Bei Variation von x ändert sich der dem Funktionswert $w(x)$ entsprechende Bildpunkt, wodurch eine Kurve in der w-Ebene entsteht (Bild 5.50). Die Kurve wird nach der Variablen x beziffert, um eine eindeutige geometrische Beschreibung von $w(x)$ zu erhalten. Derartige Darstellungen, die eine komplexe Funktion in Abhängigkeit von einer reellen Veränderlichen beschreiben, heißen *Ortskurven*. Sie werden bei der Beschreibung von Netzwerkfunktionen wegen ihrer Anschaulichkeit bevorzugt. Durch sie werden die wesentlichen Eigenschaften der betreffenden Funktion in komprimierter Weise ausgedrückt.

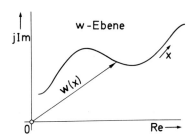

Bild 5.50. Ortskurve $w(x)$.

Im folgenden werden Möglichkeiten der Konstruktion von Ortskurven für Netzwerkfunktionen beschrieben. Dabei wird vor allem untersucht, wie gebrochen lineare Funktionen $w(x)$ in der komplexen Ebene dargestellt werden können. Derartige Funktionen treten in der Netzwerktheorie häufig auf, beispielsweise dann, wenn ein Zweitor auf der Sekundärseite durch einen Widerstand R, eine Induktivität L oder eine Kapazität C abgeschlossen ist und die Eingangsimpedanz in Abhängigkeit von R, L bzw. C ermittelt werden soll (Bild 5.51). Läßt sich das Zweitor nach Bild 5.51 nämlich durch seine Kettenmatrix gemäß Gl. (5.19) beschreiben und wird die Verknüpfung $\underline{U}_2 = \underline{Z}\underline{I}_2'$ berücksichtigt, so erhält man die Eingangsimpedanz $\underline{W} = \underline{U}_1/\underline{I}_1$ in der Form

$$\underline{W} = \frac{\underline{a}_{11}\underline{Z} + \underline{a}_{12}}{\underline{a}_{21}\underline{Z} + \underline{a}_{22}},$$

wobei $\underline{Z} = R$, $j\omega L$ bzw. $1/j\omega C$ ist. Damit wird deutlich, daß die Eingangsimpedanz als Funktion von R, L bzw. C die Form

$$w(x) = \frac{a_0 + a_1 x}{b_0 + b_1 x} \tag{5.55}$$

hat, wobei x die unabhängige Variable und a_0, a_1, b_0, b_1 im allgemeinen komplexwertige Konstanten bedeuten. Eine Funktion dieser Art heißt gebrochen linear. Diese Funktionsform ergibt sich auch, wenn bei einem Zweitor etwa der Quotient $\underline{U}_2/\underline{U}_1$ bei sekundärem Leerlauf $\underline{I}_2 = 0$ als Funktion irgendeines Widerstands, einer Induktivität oder einer Kapazität im Netzwerk zu untersuchen ist (Bild 5.52). Betrachtet man nämlich das Netzwerk nach Bild 5.52 als Dreitor, dessen drittes Tor mit dem Zweipol $\underline{Z} = R$, $j\omega L$ bzw. $1/j\omega C$ abgeschlossen ist, und verwendet man eine Matrizenbeschreibung, beispielsweise die Beschreibung mit Hilfe der Impedanzmatrix, so erhält man bei Berücksichtigung von $\underline{U}_3 = -\underline{I}_3\underline{Z}$ und $\underline{I}_2 = 0$ für $\underline{U}_1/\underline{U}_2$ als Funktion von R, L bzw. C einen Ausdruck der Form Gl. (5.55), wie leicht gezeigt werden kann.

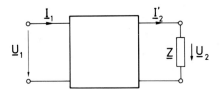

Bild 5.51. Abschluß eines Zweitors mit einem Zweipol auf seiner Sekundärseite.

5.4 Beschreibung von Netzwerkfunktionen durch Ortskurven

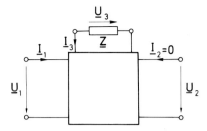

Bild 5.52. Abschluß eines Dreitors mit einem Zweipol am Tor 3.

5.4.2 Die gebrochen lineare Abbildung

Es soll untersucht werden, welche Eigenschaften die Ortskurve der Funktion $w(x)$ Gl. (5.55) hat. Zu diesem Zweck wird die komplexe Funktion

$$w(z) = \frac{a_0 + a_1 z}{b_0 + b_1 z} \qquad (5.56)$$

betrachtet. Dabei bedeute $z = x + jy$ einen beliebigen Punkt in einer komplexen z-Ebene. Aufgrund der Gl. (5.56) wird jeder Punkt $z = x + jy$ der z-Ebene in einen Punkt $w = u + jv$ der w-Ebene abgebildet (Bild 5.53). Die interessierende Ortskurve von $w(x)$ stellt die Abbildung der reellen Achse der z-Ebene in die w-Ebene dar, da mit $z = x$ ($y \equiv 0$) die Gl. (5.56) in die Gl. (5.55) übergeht. Von besonderem Interesse ist die Abbildung eines beliebigen Kreises aus der z-Ebene mit Hilfe der Gl. (5.56) in die w-Ebene. Ein Kreis in der z-Ebene wird bekanntlich durch die Beziehung

$$c_0(x^2 + y^2) + 2c_1 x + 2c_2 y + c_3 = 0 \qquad (5.57)$$

beschrieben. Die Größen c_0, c_1, c_2, c_3 bedeuten reelle Konstanten. Die Gl. (5.57) enthält als Sonderfall $c_0 = 0$ die Gerade. Im folgenden wird stets die Gerade als Kreis mit Radius unendlich aufgefaßt. Für $c_0 = 0$ und $c_1 = c_3 = 0$ wird durch die Gl. (5.57) die reelle Achse in der z-Ebene dargestellt. Die in der Gl. (5.57) auftretenden Terme lassen sich mit der komplexen Veränderlichen $z = x + jy$ ausdrücken:

$$x^2 + y^2 = zz^* \, ; \quad x = (z + z^*)/2 \, ; \quad y = (z - z^*)/2j \, .$$

Führt man diese Darstellung in die Gl. (5.57) ein, so ergibt sich

$$c_0 zz^* + c_1(z + z^*) + \frac{c_2}{j}(z - z^*) + c_3 = 0$$

oder

$$c_0 zz^* + (c_1 - jc_2)z + (c_1 + jc_2)z^* + c_3 = 0 \, .$$

Mit der Abkürzung $d = c_1 - jc_2$ erhält man zur Beschreibung eines Kreises in der z-Ebene die Beziehung

$$c_0 zz^* + dz + d^* z^* + c_3 = 0 \, . \qquad (5.58)$$

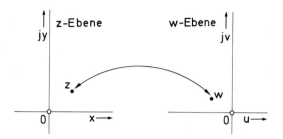

Bild 5.53. Zuordnung zwischen den Punkten der z-Ebene und den Punkten der w-Ebene.

Die Abbildung Gl. (5.56) soll nun auf die Gl. (5.58) angewendet werden. Aus Gl. (5.56) erhält man durch Auflösung nach der Variablen z die Funktion

$$z = \frac{a_0 - b_0 w}{-a_1 + b_1 w} \ .$$

Führt man diesen Ausdruck in die Gl. (5.58) ein, dann entsteht nach kurzer Zwischenrechnung die Gleichung

$$C_0 ww^* + Dw + D^*w^* + C_3 = 0 \ . \tag{5.59}$$

Die hierbei vorkommenden Konstanten sind

$$C_0 = c_0 b_0 b_0^* - (db_0 b_1^* + d^* b_0^* b_1) + c_3 b_1 b_1^* \ ,$$
$$D = -c_0 a_0^* b_0 + db_0 a_1^* + d^* a_0^* b_1 - c_3 b_1 a_1^* \ ,$$
$$C_3 = c_0 a_0 a_0^* - (da_0 a_1^* + d^* a_0^* a_1) + c_3 a_1 a_1^* \ .$$

Wie man sieht, sind die Konstanten C_0 und C_3 reell, während die Konstante D im allgemeinen komplex ist. Die Gl. (5.59) hat also dieselbe Form wie die Gl. (5.58). Beide Gleichungen gehen durch die Abbildung Gl. (5.56) ineinander über. Damit ist das Ergebnis gefunden, daß jeder Kreis (darin eingeschlossen ist, wie schon erwähnt, die Gerade) in der z-Ebene durch die gebrochen lineare Abbildung Gl. (5.56) in einen Kreis (mit endlichem oder unendlichem Radius) der w-Ebene transformiert wird. Man spricht daher bei dieser Abbildung von Kreisverwandtschaft. Es sei noch bemerkt, daß die Abbildungsfunktion $w = 1/z$ als Sonderfall in der Gl. (5.56) enthalten ist. Durch die entsprechende Abbildung gehen also Kreise in Kreise über.

Da die reelle Achse $z = x$ einen Kreis darstellt, ist die Ortskurve der gebrochen linearen Funktion $w(x)$ Gl. (5.55) ein Kreis. Zur Konstruktion dieses Kreises braucht man also nur drei Punkte in die komplexe w-Ebene einzutragen, etwa $w(0)$, $w(1)$ und $w(\infty)$. Dann ist nach den Regeln der Elementargeometrie der gewünschte Kreis vollständig beschrieben.

Von besonderer Bedeutung ist noch die Bezifferung der Ortskurve $w(x)$ nach x. Hierauf soll im folgenden näher eingegangen werden. Bild 5.54a zeigt die komplexe z-Ebene, in welcher neben der x-Achse der Punkt $z = -b_0/b_1$ ausgezeichnet ist. Diesem Punkt entspricht nämlich nach Gl. (5.56) der Bildpunkt $w = \infty$. Jede Gerade durch den Punkt $z = -b_0/b_1$ wird deshalb bei der Abbildung in die w-Ebene in eine Gerade abgebildet, welche natürlich durch den Bildpunkt von $z = \infty$ verlaufen muß (Bild

5.4 Beschreibung von Netzwerkfunktionen durch Ortskurven   223

5.54b). Es soll jetzt die parallel zur y-Achse verlaufende Gerade L durch den Punkt $z = -b_0/b_1$ aus der z-Ebene in die w-Ebene abgebildet werden. Die Bildgerade $\bar{L}$ verläuft durch den Punkt $w(\infty)$ und den Mittelpunkt des Kreises $\bar{C}$, der das Bild der reellen Achse $z = x$ darstellt. Dies hat folgenden Grund: Bei konformer Abbildung[38] $w = f(z)$ wird der Schnitt zweier Kurven derart in die w-Ebene abgebildet, daß die Schnittwinkel in beiden Ebenen übereinstimmen und gleiche Orientierung haben. Diese Eigenschaft analytischer Funktionen wird als Winkeltreue bezeichnet. Man muß dabei allerdings voraussetzen, daß der Differentialquotient df/dz im Schnittpunkt nicht null ist. Da die Gerade L die x-Achse unter dem Winkel $\pi/2$ schneidet, muß die Bildgerade $\bar{L}$ den Kreis $\bar{C}$ angesichts der Winkeltreue der Abbildung Gl. (5.56) senkrecht schneiden. Dies ist nur möglich, wenn die Bildgerade $\bar{L}$ durch den Mittelpunkt des Kreises $\bar{C}$ verläuft. Es wird eine weitere Gerade G in der z-Ebene durch den Punkt $z = -b_0/b_1$ betrachtet (Bild 5.54a). Ihre Bildgerade $\bar{G}$ schließt, wie man leicht zeigen kann, mit der Geraden $\bar{L}$ dem Betrage nach den gleichen Winkel $|\alpha|$ ein wie die Originalgeraden L und G; die Vorzeichen beider Winkel sind verschieden[39]. Betrachtet man nun statt der Geraden G in der z-Ebene eine Geradenschar $\{G\}$, die aus sämtlichen Geraden besteht, welche den Punkt $z = -b_0/b_1$ mit den Punkten $z = 0, \pm 1, \pm 2, \pm 3, \ldots$ auf der reellen Achse verbinden, dann erhält man aufgrund der vorausgegangenen Überlegungen eine Schar $\{\bar{G}\}$ von Bildgeraden mit folgenden Eigenschaften: Alle Bildgeraden $\bar{G}$ schneiden sich im Punkt $w(\infty)$. Eine beliebige Gerade $\bar{K}$, die senkrecht zu $\bar{L}$ und nicht durch $w(\infty)$ verläuft, schneiden sie in äquidistanten Punkten. Ihre Schnittpunkte mit dem Kreis $\bar{C}$ sind die Bilder der Punkte $z = \pm 0, \pm 1, \pm 2, \ldots$.

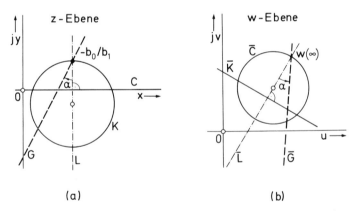

Bild 5.54. Abbildung der z-Ebene in die w-Ebene aufgrund der Gl. (5.56).

Damit ergibt sich nach Bild 5.55 ein geometrisches Verfahren zur Konstruktion der Ortskurve $w(x)$ von Gl. (5.55) als beziffertes Bild der reellen Achse vermöge der Abbildung nach Gl. (5.56): Es werden die Funktionswerte $w(0)$, $w(1)$, $w(\infty)$ in die

---

[38] Konforme Abbildungen werden durch analytische Funktionen geliefert. Die gebrochen lineare Funktion Gl. (5.56) stellt eine in der gesamten z-Ebene mit Ausnahme des Punktes $z = -b_0/b_1$ analytische Funktion dar, da sie in jedem Punkt dieses Gebiets beliebig oft differenzierbar ist.

[39] Man beachte, daß die Abbildungsfunktion Gl. (5.56) im Punkt $z = -b_0/b_1$ nicht analytisch ist und daß sich die beiden endlichen Schnittpunkte der Geraden G und L bzw. $\bar{G}$ und $\bar{L}$ nicht entsprechen.

komplexe Ebene eingetragen. Durch diese drei Punkte wird ein Kreis beschrieben, der die Ortskurve darstellt (den Kreismittelpunkt erhält man als Schnitt zweier Mittelsenkrechten der eingetragenen Punkte). Zur Bezifferung der Ortskurve wird eine beliebige Gerade g gezeichnet, welche parallel zur Tangente an die Ortskurve im Punkte $w(\infty)$, jedoch nicht durch diesen Punkt selbst verläuft. Auf diese Gerade werden die Punkte $w(0)$ und $w(1)$ der Ortskurve projiziert, wobei der Punkt $w(\infty)$ als Projektionszentrum verwendet wird. Auf diese Weise erhält man den Nullpunkt $x = 0$ und den Punkt $x = = 1$ für eine lineare Bezifferung der Geraden g. Für einen beliebigen Wert $x = \xi$ ergibt sich der entsprechende Punkt auf der Ortskurve, indem man auf der linear bezifferten Geraden g. die Stelle $x = \xi$ lokalisiert und mit dem Projektionszentrum $w(\infty)$ durch einen Projektionsstrahl verbindet. Dieser Strahl schneidet die Ortskurve im Punkt $w(\xi)$. Der entsprechende Zeiger weist vom Nullpunkt zu diesem Schnittpunkt auf der Ortskurve.

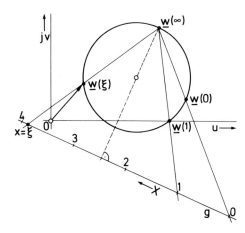

Bild 5.55. Konstruktion der bezifferten Ortskurve.

Das beschriebene Verfahren zur Konstruktion der Bezifferung der Ortskurve $w(x)$ Gl. (5.55) ist nicht anwendbar, wenn die Ortskurve eine Gerade ist, d.h. wenn $b_0 = 0$ oder $b_1 = 0$ gilt. In diesen Fällen läßt sich jedoch die bezifferte Ortskurve direkt angeben, wie anhand von Beispielen im nächsten Abschnitt gezeigt wird.

Um Mißverständnisse auszuschließen, soll abschließend noch betont werden, daß sich die Betrachtungen dieses Abschnitts, insbesondere die Konstruktion der bezifferten Ortskurve nach Bild 5.55, auf Funktionen $w(x)$ beschränken, die linear gebrochene Form haben. Ortskurven von Funktionen, die diese Eigenschaft nicht aufweisen, müssen auf andere Art gewonnen werden, wie dies im Abschnitt 5.4.4 an einem typischen Beispiel gezeigt wird.

5.4.3 Beispiele

(a) *Die Reihenschaltung eines ohmschen Widerstandes mit einer Induktivität*

Für den im Bild 5.56 dargestellten Zweipol sollen die Ortskurven für die Impedanz $\underline{W}(\omega)$ und die Admittanz $\underline{Y}(\omega)$ in Abhängigkeit von der Kreisfrequenz ω konstruiert werden. Es gilt

$$\underline{W}(\omega) = R + j\omega L . \tag{5.60}$$

5.4 Beschreibung von Netzwerkfunktionen durch Ortskurven

Bild 5.56. Zweipol mit der Impedanz $\underline{W}(\omega)$ Gl. (5.60).

Es empfiehlt sich, die Impedanz $\underline{W}(\omega)$ mit dem Widerstand R zu normieren, also $\underline{w} = \underline{W}/R$ als abhängige Variable zu betrachten. Weiterhin soll die Veränderliche ω auf R/L bezogen, d.h. $x = \omega L/R$ als normierte unabhängige Variable betrachtet werden. Damit erhält man aus Gl. (5.60) die normierte Impedanz

$$\underline{w}(x) = 1 + jx \ . \tag{5.61}$$

Die hierzu gehörende Ortskurve läßt sich unmittelbar konstruieren. Bild 5.57 zeigt die bezifferte Ortskurve. Die Bezifferungsskala ist linear. Von Interesse sind dabei nur x-Werte mit der Eigenschaft $x \geqslant 0$.

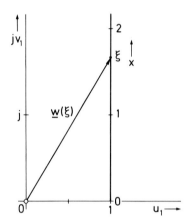

Bild 5.57. Ortskurve der normierten Impedanz des Zweipols aus Bild 5.56 als Funktion der normierten Frequenz.

Die Admittanz $\underline{Y}(\omega) = 1/\underline{W}(\omega)$ wird mit dem ohmschen Leitwert $G = 1/R$ normiert, und als unabhängige Veränderliche soll auch hier $x = \omega L/R$ verwendet werden. Damit folgt aus Gl. (5.60) die normierte Admittanz

$$\underline{y}(x) = \frac{1}{1 + jx} \ .$$

Da wegen Gl. (5.61) $\underline{y}(x) = 1/\underline{w}(x)$ gilt, erhält man die Ortskurve $\underline{y}(x)$, indem man die Ortskurve $\underline{w}(x)$ aus Bild 5.57 der Abbildung $\underline{y} = 1/\underline{w}$ unterwirft. Diese Abbildung bildet einen Sonderfall der gebrochen linearen Abbildung. Die Ortskurve $\underline{y}(x)$ stellt daher als Bild der Parallele zur imaginären Achse (Bild 5.57) einen (Halb-)Kreis dar. Dieser Kreis muß durch die Punkte $\underline{y} = 0$ und $\underline{y} = 1$ gehen, da diese Punkte aus den Stellen $\underline{w} = \infty$ und $\underline{w} = 1$ hervorgehen. Zudem muß der Bildkreis wegen der Winkeltreue der Abbildung die reelle Achse senkrecht schneiden, da die reellen Achsen in der $\underline{w}$- bzw. $\underline{y}$-Ebene einander entsprechen und die Ortskurve $\underline{w}(x)$ mit der reellen Achse $v_1 = 0$ den Winkel $\pi/2$ einschließt. Da allein nicht-negative x-Werte von Interesse sind, ergibt sich nur die Hälfte eines Kreises. Die andere Kreishälfte entspricht dann dem Intervall $-\infty < x < 0$. Somit erhält man als Ortskurve den im Bild 5.58 dargestellten Halbkreis. Eine Bezifferungsgerade mit dem Projektionszentrum $\underline{y} = 0$ ($x = \infty$) kann nach dem im Abschnitt 5.4.2 beschriebenen Verfahren konstruiert werden. Man kann sich jedoch leicht davon überzeugen, daß eine Bezifferungsgerade einfacher durch Spiegelung der Ortskurve $\underline{w}(x)$ aus Bild 5.57 an der reellen Achse gewonnen werden kann. Dabei ist zu beachten, daß die komplexe Zahl $\underline{y} = 1/\underline{w}$ aus der Zahl $\underline{w}$ folgendermaßen hervorgeht: Zunächst wird der Punkt $\underline{w}$ an der reellen Achse gespiegelt, und dann wird der Betrag des gespiegelten Punktes durch seinen reziproken Wert ersetzt.

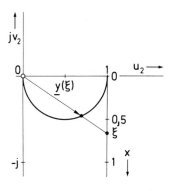

Bild 5.58. Ortskurve der normierten Admittanz des Zweipols aus Bild 5.56 als Funktion der normierten Frequenz.

Soll die Ortskurve der Impedanz $\underline{W}$ in Abhängigkeit vom Widerstand R dargestellt werden, so empfiehlt es sich, $\underline{W}$ mit ωL zu normieren und als unabhängige Variable $x = R/(\omega L)$ zu wählen. Auf diese Weise erhält man aus Gl. (5.60) die Funktion

$$\underline{z}(x) = x + j \; .$$

Die zugehörige Ortskurve ist im Bild 5.59 dargestellt. Für die Admittanz erhält man die normierte Funktion $\underline{y}(x) = 1/\underline{z}(x)$. Die entsprechende Ortskurve zeigt das Bild 5.60.

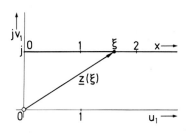

Bild 5.59. Ortskurve der normierten Impedanz des Zweipols aus Bild 5.56 als Funktion des normierten ohmschen Widerstands.

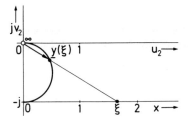

Bild 5.60. Ortskurve der normierten Admittanz des Zweipols aus Bild 5.56 als Funktion des normierten ohmschen Widerstands.

5.4 Beschreibung von Netzwerkfunktionen durch Ortskurven

Sie kann direkt aus der Ortskurve $\underline{z}(x)$ unter Beachtung der Eigenschaft der Abbildung $\underline{y} = 1/\underline{z}$ entsprechend wie bei der Konstruktion der Ortskurve $\underline{y}(x)$ (Bild 5.58) aus der Ortskurve $\underline{w}(x)$ (Bild 5.57) gebildet werden. Natürlich könnte auch das Verfahren nach Abschnitt 5.4.2 angewendet werden.

(b) *Die Reihenschaltung eines ohmschen Widerstandes mit einer Kapazität*

Als weiteres Beispiel wird der Zweipol im Bild 5.61 betrachtet. Gesucht werden die Ortskurven für die Impedanz $\underline{W}(\omega)$ und die Admittanz $\underline{Y}(\omega)$ des Zweipols in Abhängigkeit von der Kreisfrequenz ω. Es gilt

$$\underline{W}(\omega) = R + \frac{1}{j\omega C} \quad . \tag{5.62}$$

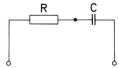

Bild 5.61. Zweipol mit der Impedanz $\underline{W}(\omega)$ Gl. (5.62).

Auch hier empfiehlt es sich, die Impedanz $\underline{W}$ mit dem Widerstand R zu normieren, also die Funktion $\underline{w} = \underline{W}/R$ als abhängige Variable aufzufassen. Als unabhängige Veränderliche wird $x = \omega RC$ eingeführt. Somit folgt aus Gl. (5.62)

$$\underline{w}(x) = 1 + \frac{1}{jx} \quad . \tag{5.63}$$

Hieraus läßt sich direkt die Ortskurve konstruieren. Bild 5.62 zeigt die bezifferte Ortskurve. Man beachte, daß die Teilung auf der geradlinigen Ortskurve nicht linear ist. Für die unabhängige Variable interessiert nur das Intervall $0 \leqslant x \leqslant \infty$.

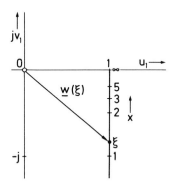

Bild 5.62. Ortskurve der normierten Impedanz des Zweipols aus Bild 5.61.

Wird die Admittanz $\underline{Y}$ mit $1/R$ normiert, also die Größe $\underline{y} = \underline{Y}R$ als abhängige Variable betrachtet, und wird wieder $x = \omega RC$ als unabhängige Veränderliche eingeführt, dann ergibt sich aus Gl. (5.62) die Funktion

$$\underline{y}(x) = \frac{jx}{1 + jx} \quad .$$

Da nach Gl. (5.63) $\underline{y}(x) = 1/\underline{w}(x)$ gilt, erhält man die Ortskurve $\underline{y}(x)$, indem man die Ortskurve $\underline{w}(x)$ aus Bild 5.62 der Abbildung $\underline{y} = 1/\underline{w}$ unterwirft. Auf diese Weise wird die Ortskurve im Bild 5.63 konstruiert. Dabei hat man ähnliche Überlegungen anzustellen wie bei der Konstruktion der Ortskurve im Bild 5.58. Die Bezifferungsgerade im Bild 5.63 ist durch Spiegelung der Ortskurve $\underline{w}(x)$ aus Bild 5.62 an der reellen Achse entstanden und daher nichtlinear unterteilt. Die Ortskurve $\underline{y}(x)$ kann auch mit Hilfe des im Abschnitt 5.4.2 geschilderten Verfahrens konstruiert werden. Dabei ergibt sich eine Bezifferungsgerade mit linearer Teilung. Es läßt sich weiterhin leicht feststellen (Anwendung des Strahlensatzes der Elementargeometrie), daß für die Ortskurve im Bild 5.62 die Parallele zur reellen Achse durch den Punkt $-j$ als Bezifferungsgerade mit linearer Teilung verwendet werden kann.

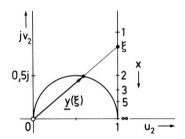

Bild 5.63. Ortskurve der normierten Admittanz des Zweipols aus Bild 5.61.

(c) *Der Reihenschwingkreis*

Für einen Schwingkreis, der aus der Reihenanordnung eines Widerstandes, einer Induktivität und einer Kapazität besteht, ist die normierte Admittanz $\underline{y}$ durch Gl. (2.41a) gegeben. Führt man

$$x = \frac{\omega}{\omega_0} - \frac{\omega_0}{\omega} \qquad (5.64)$$

als unabhängige Variable ein, dann erhält man aus Gl. (2.41a) als normierte Admittanz

$$\underline{y}(x) = \frac{1}{1 + jQx} \quad . \qquad (5.65)$$

Die normierte Impedanz hat die Form

$$\underline{w}(x) = 1 + jQx \quad . \qquad (5.66)$$

Nach Gl. (5.64) überstreicht die Variable x das Intervall $-\infty \leq x \leq \infty$, wenn ω sämtliche Werte im Intervall $0 \leq \omega \leq \infty$ durchläuft. Mit Gl. (5.66) erhält man für $\underline{w}(x)$ die Ortskurve nach Bild 5.64. Die Einheit der x-Bezifferung wird durch die Güte Q des Schwingkreises bestimmt. Die Ortskurve läßt sich nach der normierten Frequenz $\Omega = $ $= \omega/\omega_0$ beziffern, indem man gemäß Gl. (5.64) eine Ω-Teilung einführt. Diese Teilung ist nicht linear.

5.4 Beschreibung von Netzwerkfunktionen durch Ortskurven   229

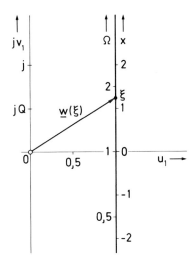

Bild 5.64. Ortskurve der normierten Impedanz des gedämpften Reihenschwingkreises als Funktion der normierten Frequenz.

Die Ortskurve für die normierte Admittanz $\underline{y}(x)$ erhält man dadurch, daß man die Ortskurve $\underline{w}(x)$ aus Bild 5.64 der Abbildung $\underline{y} = 1/\underline{w}$ unterwirft. Auf diese Weise entsteht aufgrund von Überlegungen, wie sie wiederholt schon gemacht wurden, die Ortskurve im Bild 5.65. Wie man aus Bild 5.65 sieht, stellt die Güte Q des Schwingkreises ein Maß für die Schnelligkeit dar, mit der die Ortskurve in Abhängigkeit von der normierten Frequenz Ω durchlaufen wird. Bei großem Q entspricht die Ortskurve im wesentlichen nur der unmittelbaren Umgebung der Resonanzstelle $\Omega = 1$. Man vergleiche hierzu die Abhängigkeit der Funktion $|\underline{y}|$ von Ω nach Bild 2.14a.

Die Ortskurven für einen Parallelschwingkreis lassen sich in analoger Weise zu den vorausgegangenen Überlegungen bestimmen.

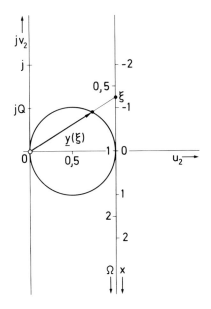

Bild 5.65. Ortskurve der normierten Admittanz des gedämpften Reihenschwingkreises als Funktion der normierten Frequenz.

(d) *Ein Phasenschieber*

Bild 5.66 zeigt ein Zweitor, das von der Wechselspannung $\underline{U}_1$ erregt wird. Für die Ausgangsspannung $\underline{U}_2$ gilt

$$\underline{U}_2 = \frac{-R_1 \underline{U}_1}{2R_1} + \frac{R\underline{U}_1}{R + \dfrac{1}{j\omega C}} .$$

Man erhält also für den Quotienten $\underline{U}_2/\underline{U}_1$ die Darstellung

$$\frac{\underline{U}_2}{\underline{U}_1} = \frac{1}{2} \cdot \frac{j\omega RC - 1}{j\omega RC + 1} .$$

Sie soll als Funktion des Widerstandes R betrachtet werden. Es liegt nahe, als normierte unabhängige Veränderliche $x = \omega RC$ einzuführen. Dann wird

$$\frac{\underline{U}_2}{\underline{U}_1} \equiv \underline{H}(x) = \frac{1}{2} \cdot \frac{jx - 1}{jx + 1} .$$

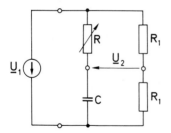

Bild 5.66. Phasenschiebernetzwerk.

Zur Konstruktion der Ortskurve $\underline{H}(x)$ ($x \geq 0$) wird das Verfahren nach Abschnitt 5.4.2 angewendet. Zunächst werden die Punkte $\underline{H}(0) = -0{,}5$, $\underline{H}(1) = 0{,}5j$, $\underline{H}(\infty) = 0{,}5$ in die komplexe $\underline{H}$-Ebene eingetragen. Die Ortskurve stellt den (Halb-)Kreis durch diese Punkte dar (Bild 5.67). Die Bezifferungsgerade wird durch den Punkt $\underline{H} = -0{,}25$ parallel zur imaginären Achse gezogen, und dann werden mit dem Projektionszentrum $\underline{H}(\infty) = 0{,}5$ die Punkte $\underline{H}(0) = -0{,}5$ und $\underline{H}(1) = 0{,}5j$ projiziert. Auf diese Weise entstehen auf der Bezifferungsgeraden die Skalenpunkte $x = 0$ und $x = 1$, mit deren Hilfe die lineare Teilung der Bezifferungsgeraden vorgenommen werden kann. Man beachte, daß $\underline{H}(x)$ für alle x-Werte den konstanten Betrag 0,5 hat. Das heißt: Die Ausgangsspannung $\underline{U}_2$ des Zweitores von Bild 5.66 hat für beliebige Werte des Widerstandes R gleichen Betrag. Nur der Phasenwinkel von $\underline{U}_2$ ändert sich bei Veränderung von R. Aus diesem Grund spricht man von einem Phasenschieber. Es sei schließlich noch bemerkt, daß die gleiche Ortskurve entsteht, wenn $\underline{U}_2/\underline{U}_1$ als Funktion in Abhängigkeit von der Kreisfrequenz ω betrachtet wird. Es wurde $x = \omega RC$ als Variable verwendet, weshalb sich stets die gleiche Ortskurve ergibt, unabhängig davon, ob ω, R oder C die unabhän-

5.4 Beschreibung von Netzwerkfunktionen durch Ortskurven

gige Veränderliche darstellt. Im Falle, daß ω die unabhängige Variable ist, bezeichnet man das Zweitor als Allpaß, da die Spannung $\underline{U}_1$ zum Zweitorausgang als eine Spannung $\underline{U}_2$ übertragen wird, deren Betrag unabhängig von der Kreisfrequenz ω mit $|\underline{U}_1|/2$ übereinstimmt.

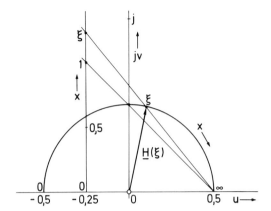

Bild 5.67. Ortskurve des Spannungsquotienten $\underline{U}_2/\underline{U}_1$ des Phasenschiebernetzwerks.

5.4.4 Ergänzungen

(a) Den bisher konstruierten Ortskurven lagen gebrochen lineare Funktionen zugrunde. Ist die Ortskurve einer Funktion zu bestimmen, die nicht die Form von Gl. (5.55) hat, so kann das Verfahren nach Abschnitt 5.4.2 nicht angewendet werden. Die betreffende Ortskurve ist dann auf andere Weise zu bestimmen. Anhand eines Beispiels soll auf eine Möglichkeit der Ortskurven-Konstruktion hingewiesen werden, die sich gelegentlich anwenden läßt. Bild 5.68 zeigt einen Zweipol mit zwei Energiespeichern. Gesucht ist die Ortskurve für die Impedanz $\underline{W}$ in Abhängigkeit von der Kreisfrequenz. Wie dem Netzwerk zu entnehmen ist, gilt

$$\underline{W} = j\omega L + \frac{R/j\omega C}{R + 1/j\omega C} \ .$$

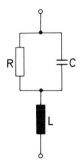

Bild 5.68. Zweipol mit zwei Energiespeichern.

Normiert man die Impedanz $\underline{W}$ mit dem Widerstand R und führt man $\underline{w} = \underline{W}/R$ als abhängige Variable ein, dann erhält man bei Verwendung der normierten unabhängigen Veränderlichen $x = \omega RC$ die Darstellung

$$\underline{w} = jx\alpha + \frac{1}{1+jx} \ . \tag{5.67}$$

Dabei bedeutet $\alpha = L/R^2C$. Für die auf der rechten Seite der Gl. (5.67) auftretenden Summanden sind die Ortskurven im Bild 5.69 dargestellt. Die Ortskurve $\underline{w}(x)$ erhält man jetzt durch Superposition der Teilkurven $\underline{w}_1(x) = jx\alpha$ und $\underline{w}_2(x) = 1/(1+jx)$. Dabei müssen Werte $\underline{w}_1$ und $\underline{w}_2$ mit gleichen x-Werten nach den Regeln der Arithmetik für komplexe Zahlen addiert werden. Für $x \to 0$ wird die Ortskurve $\underline{w}(x)$ im wesentlichen durch die Ortskurve $\underline{w}_2(x)$ bestimmt, da $\underline{w}_1 \to 0$ strebt, wenn $x \to 0$ geht. Für $x \to \infty$ dagegen wird die Ortskurve im wesentlichen durch die Ortskurve $\underline{w}_1(x)$ bestimmt, da $\underline{w}_2 \to 0$ strebt für $x \to \infty$. Es soll noch das Verhalten von $\underline{w}(x)$ in der Umgebung von $x = 0$ untersucht werden. Für $|x| < 1$ folgt aus Gl. (5.67) durch Reihenentwicklung

$$\underline{w} = jx\alpha + 1 - jx - x^2 + jx^3 + x^4 + \ldots$$

oder

$$\underline{w} = 1 + (\alpha - 1)jx - x^2 + jx^3 + \ldots \ .$$

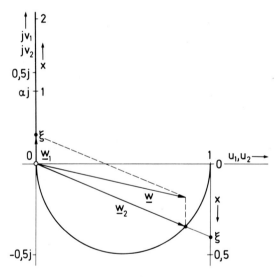

Bild 5.69. Ortskurven der beiden Summanden auf der rechten Seite von Gl. (5.67).

Hieraus ist zu erkennen, daß die Ortskurve $\underline{w}(x)$ vom Punkt $\underline{w}(0) = 1$ aus für $\alpha > 1$ mit zunehmendem Imaginärteil, für $\alpha < 1$ mit abnehmendem Imaginärteil verläuft. Für $\alpha = 1$ verhält sich in erster Näherung der Realteil wie $u = 1 - x^2$, der Imaginärteil wie $v = x^3$. Die Ortskurve wird also für $\alpha = 1$ in der Umgebung von $x = 0$ durch die Gleichung $u = 1 - v^{2/3}$ oder $(1-u)^{3/2} = v$ geliefert. Bild 5.70 zeigt den grundsätzlichen Verlauf der Ortskurve $\underline{w}(x)$ für verschiedene Werte α.

(b) Gelegentlich ist es von Interesse, eine komplexe Funktion von zwei unabhängigen Variablen geometrisch darzustellen. Dies läßt sich durch eine Schar bezifferter Ortskur-

5.4 Beschreibung von Netzwerkfunktionen durch Ortskurven

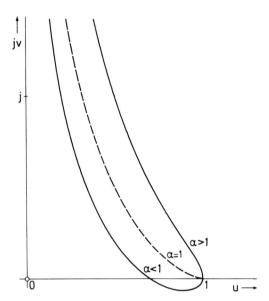

Bild 5.70. Ortskurve von $\underline{w}(x)$ Gl. (5.67).

ven erreichen, wie anhand eines Beispiels gezeigt werden soll. Es handelt sich um die Maxwell-Brücke, welche mit einer harmonischen Spannung konstanter Kreisfrequenz bei sekundärem Leerlauf betrieben wird (Bild 5.71). Es soll der Quotient $\underline{U}_2/\underline{U}_1 \equiv \underline{H}$ in Abhängigkeit vom ohmschen Leitwert G_4 und von der Kapazität C_4 dargestellt werden. Die Größen R_1, R_2 und R_3 bedeuten Widerstände, L_1 eine Induktivität. Die Spannung $\underline{U}_2$ läßt sich durch die Brückenimpedanzen $\underline{Z}_1 = R_1 + j\omega L_1$, $\underline{Z}_2 = R_2$, $\underline{Z}_3 = R_3$ und die Admittanz $\underline{Y}_4 = G_4 + j\omega C_4 \equiv 1/\underline{Z}_4$ folgendermaßen ausdrücken:

$$\underline{U}_2 = \underline{U}_1 \frac{\underline{Z}_4}{\underline{Z}_3 + \underline{Z}_4} - \underline{U}_1 \frac{\underline{Z}_2}{\underline{Z}_1 + \underline{Z}_2} ,$$

$$\underline{U}_2 = \underline{U}_1 \frac{1}{1 + \underline{Z}_3 \underline{Y}_4} - \underline{U}_1 \frac{\underline{Z}_2}{\underline{Z}_1 + \underline{Z}_2} .$$

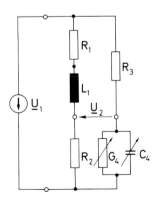

Bild 5.71. Maxwellsche Meßbrücke.

Das Verhältnis $\underline{H} = \underline{U}_2/\underline{U}_1$ wird damit

$$\underline{H} = \frac{1}{1 + R_3(G_4 + j\omega C_4)} - \frac{R_2}{R_2 + R_1 + j\omega L_1} \; .$$

Führt man statt G_4 und C_4 die normierten unabhängigen Variablen

$$x = R_3 G_4 \; ,$$

$$y = R_3 \omega C_4$$

und zur Abkürzung die Konstante

$$\underline{K} = \frac{-R_2}{R_2 + R_1 + j\omega L_1}$$

ein, so erhält man schließlich

$$\underline{H}(x, y) = \frac{1}{1 + x + jy} + \underline{K} \; . \tag{5.68}$$

Diese Funktion ist in der komplexen $\underline{H}$-Ebene in Abhängigkeit von x und y darzustellen. Die Besonderheit dieses Beispiels liegt darin, daß nach Zusammenfassung der Variablen x und y zur komplexen Veränderlichen

$$z = x + jy$$

die Gl. (5.68) in der Form

$$\underline{H} = \frac{1}{1 + z} + \underline{K}$$

dargestellt werden kann. Einem Wertepaar (x, y) entspricht ein Punkt z in der komplexen z-Ebene. Im ersten Quadranten dieser Ebene werden nun zwei Geradenscharen betrachtet, die parallel zu den Koordinatenachsen verlaufen, also durch x = const bzw. y = const beschrieben werden. Diese Geraden werden mit Hilfe der Funktion $1/(1+z)$ abgebildet. Die Parallelen zur y-Achse gehen dabei in Halbkreise über, welche die u_1-Achse senkrecht schneiden (Bild 5.72). Die Parallelen zur x-Achse gehen über in orthogonal dazu verlaufende Kreisbögen, welche die v_1-Achse senkrecht schneiden. Einzelheiten der Konstruktion dieser Kreise folgen aus früheren Überlegungen. Die genannte Orthogonalität der Kreisscharen ist eine Folge der Erhaltung der Schnittwinkel der Geradenscharen in der z-Ebene (Winkeltreue bei konformer Abbildung). Die Berücksichtigung der Konstante $\underline{K}$ erfolgt dadurch, daß der Nullpunkt in der $(1+z)^{-1}$-Ebene um $-\underline{K}$ verschoben wird. Auf diese Weise erhält man die endgültige Darstellung nach Bild 5.73. Die Ortskurven in der $\underline{H}$-Ebene werden nach x bzw. y beziffert. Für ein beliebiges Wertepaar $x = \xi$, $y = \eta$ erhält man den Wert $\underline{H}$ als Zeigergröße, indem man den Nullpunkt der $\underline{H}$-Ebene mit dem Schnittpunkt der Halbkreise verbindet, welche

5.5 Nicht-harmonische periodische Erregungen

$x = \xi$ bzw. $y = \eta$ entsprechen (Bild 5.73). Die Maxwell-Brücke ist genau dann abgeglichen, wenn der Nullpunkt $\underline{H} = 0$ erreicht ist. Die Auffindung dieses Punkts durch systematische Variation der Werte x (d.h. G_4) und y (d.h. C_4) etwa im Hinblick auf eine meßtechnische Bestimmung des Widerstandes R_1 und der Induktivität L_1, wird durch die Orthogonalität der Ortskurvenscharen begünstigt, da sich der Schnittpunkt zweier Kurven am genauesten feststellen läßt, wenn die Kurven senkrecht aufeinander stehen.

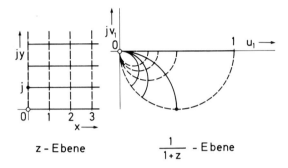

Bild 5.72. Abbildungseigenschaften der Funktion $1/(1+z)$.

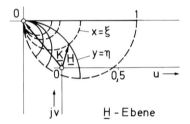

Bild 5.73. Ortskurvenschar $\underline{H}(x, y)$ Gl. (5.68).

5.5 Nicht-harmonische periodische Erregungen

Bisher wurden mehrpolige Netzwerke nur unter dem Einfluß harmonischer Erregungen untersucht. Dadurch war es möglich, die Bestimmung des stationären Verhaltens des betreffenden Netzwerks durch Verwendung komplexer Größen zu vereinfachen. Im folgenden soll gezeigt werden, wie das stationäre Netzwerkverhalten auch bei nichtharmonischen periodischen Erregungen ermittelt werden kann. Derartige Erregungen haben für praktische Anwendungen große Bedeutung. Man verwendet nicht-harmonische periodische Erregungen häufig in der Meßtechnik und in der Impulstechnik. Als Beispiel sei die periodische sägezahnförmige Spannung zur Erzielung der Ablenkung des Kathodenstrahls in Oszilloskopen genannt. Bei Sinusgeneratoren treten, um ein weiteres Beispiel zu nennen, oft unerwünschte Oberschwingungen auf, die nicht-harmonische periodische Erregungen zur Folge haben.

5.5.1 *Beschreibung periodischer Funktionen durch Fourier-Reihen*

Als Vorbereitung der eigentlichen Untersuchungen zur Bestimmung des stationären Netzwerkverhaltens unter dem Einfluß nicht-harmonischer periodischer Erregungen soll daran erinnert werden, wie periodische Funktionen durch Fourier-Reihen dargestellt werden können. Unter einer periodischen Funktion $f(t)$ versteht man eine Funktion, deren Kurvenverlauf (Bild 5.74) durch Verschiebung um eine positive Konstante T in Richtung der t-Achse in sich selbst übergeht. Dies läßt sich durch die Beziehung

$$f(t + T) = f(t) \tag{5.69}$$

zum Ausdruck bringen. Die kleinstmögliche positive Verschiebung T, für welche die Beziehung (5.69) gilt, wird die Periode der Funktion $f(t)$ genannt. Man beachte, daß für jedes ganzzahlige Vielfache der Periode die Gl. (5.69) ebenfalls erfüllt ist. Aus der Mathematik ist bekannt, daß jede Funktion $f(t)$ mit der Eigenschaft Gl. (5.69) unter bestimmten, bei praktischen Anwendungen in der Regel erfüllten Voraussetzungen durch die trigonometrische Reihe

$$f(t) = a_0 + a_1 \cos(\omega_0 t) + a_2 \cos(2\omega_0 t) + a_3 \cos(3\omega_0 t) + \ldots$$
$$+ b_1 \sin(\omega_0 t) + b_2 \sin(2\omega_0 t) + b_3 \sin(3\omega_0 t) + \ldots \tag{5.70}$$

ausgedrückt werden kann. Diese Reihe wird Fourier-Reihe genannt nach dem französischen Mathematiker J. Fourier, der im Jahre 1820 die Darstellungsmöglichkeit nach Gl. (5.70) erkannte. Die Größe $\omega_0 = 2\pi/T$ bedeutet die Kreisfrequenz der Grundschwingung der periodischen Funktion $f(t)$. Die Fourier-Koeffizienten a_ν und b_ν lassen sich nach folgenden Formeln berechnen:

$$a_0 = \frac{1}{T} \int_0^T f(t) \mathrm{d}t = \frac{1}{2\pi} \int_0^{2\pi} \widetilde{f}(\tau) \mathrm{d}\tau \;, \tag{5.71a}$$

$$a_\nu = \frac{2}{T} \int_0^T f(t) \cos(\nu\omega_0 t) \mathrm{d}t = \frac{1}{\pi} \int_0^{2\pi} \widetilde{f}(\tau) \cos(\nu\tau) \mathrm{d}\tau \;, \tag{5.71b}$$

$$b_\nu = \frac{2}{T} \int_0^T f(t) \sin(\nu\omega_0 t) \mathrm{d}t = \frac{1}{\pi} \int_0^{2\pi} \widetilde{f}(\tau) \sin(\nu\tau) \mathrm{d}\tau \;, \tag{5.72}$$

$(\nu = 1, 2, \ldots)$.

Dabei ist $\tau = \omega_0 t$ und $\widetilde{f}(\tau) = f(\tau/\omega_0)$. Die Integrationen in den Gln. (5.71a,b) und (5.72) brauchen nicht unbedingt von 0 bis T ausgeführt zu werden; man kann, wie man unmittelbar sieht, über ein beliebiges t-Intervall der Länge T integrieren. Die Funktion $f(t)$ läßt sich durch die Fourier-Reihe nach Gl. (5.70) sicher dann ausdrücken, wenn $f(t)$ im Periodizitätsintervall endlich ist und wenn das Periodizitätsintervall in endlich viele Intervalle zerlegt werden kann, so daß in jedem dieser Teilintervalle die Funktion $f(t)$ stetig und monoton verläuft. An einer Unstetigkeitsstelle von $f(t)$ liefert die Fourier-Reihe den Mittelwert zwischen linksseitigem und rechtsseitigem Grenzwert von $f(t)$ an dieser Stelle. Bezüglich Einzelheiten über Fourier-Reihen, insbesondere bezüglich der

5.5 Nicht-harmonische periodische Erregungen

Begründung von Gl. (5.70), sei auf das einschlägige mathematische Schrifttum verwiesen.

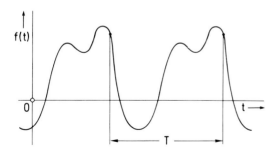

Bild 5.74. Periodische Funktion.

Es soll jedoch noch auf die Möglichkeit hingewiesen werden, die Fourier-Reihe nach Gl. (5.70) als trigonometrische Cosinus-Reihe umzuschreiben. Unter Beachtung der Relation

$$a_\nu \cos(\nu\omega_0 t) + b_\nu \sin(\nu\omega_0 t) = c_\nu \cos(\nu\omega_0 t - \varphi_\nu)$$

mit

$$c_\nu = \sqrt{a_\nu^2 + b_\nu^2} \,, \tag{5.73a}$$

$$\varphi_\nu = \arctan \frac{b_\nu}{a_\nu} \tag{5.73b}$$

läßt sich nämlich die Fourier-Reihe Gl. (5.70) in der Form

$$f(t) = \sum_{\nu=0}^{\infty} c_\nu \cos(\nu\omega_0 t - \varphi_\nu) \tag{5.74}$$

darstellen, wenn man $c_0 = a_0$ und $\varphi_0 = 0$ definiert. Der in Gl. (5.74) auftretende Summand heißt ν-te Teilschwingung von $f(t)$. In ähnlicher Weise hätte man die Reihe Gl. (5.70) auch zu einer Sinus-Reihe umformen können. Schließlich soll noch darauf hingewiesen werden, daß aus Gl. (5.74) die Darstellung

$$f(t) = \sum_{\nu=-\infty}^{\infty} d_\nu e^{j\nu\omega_0 t} \tag{5.75}$$

gewonnen werden kann. Dabei ist

$$d_0 = c_0 \tag{5.76a}$$

und für $\nu = 1, 2, 3, \ldots$

$$d_\nu = \frac{c_\nu e^{-j\varphi_\nu}}{2}, \quad d_{-\nu} = d_\nu^* \,. \tag{5.76b}$$

Die Gl. (5.75) heißt Exponentialform der Fourier-Reihe. Man kann die durch die Gln. (5.76a,b) ausgedrückten komplexen Fourier-Koeffizienten durch die folgenden Integrale darstellen:

$$d_\nu = \frac{1}{T} \int_0^T f(t) e^{-j\nu\omega_0 t}\, dt = \frac{1}{2\pi} \int_0^{2\pi} \tilde{f}(\tau) e^{-j\nu\tau} d\tau \tag{5.77}$$

($\omega_0 = 2\pi/T$). Dieses Ergebnis läßt sich formal dadurch finden, daß man beide Seiten der Gl. (5.75) mit der Funktion $\exp(-j\mu\omega_0 t)$ bei festem ganzzahligen μ multipliziert und von 0 bis T integriert. Auf der rechten Seite verbleibt dann nur der Wert $d_\mu T$, da alle Teilintegrale verschwinden außer jenem, dessen Integrand gleich der Konstante d_μ ist. Löst man nach d_μ auf und ersetzt man den Index μ durch ν, so erhält man die Gl. (5.77).

5.5.2 Stationäre Reaktion auf periodische Erregung

Die Bestimmung des stationären Verhaltens eines (stabilen[40]) Netzwerks unter dem Einfluß einer nicht-harmonischen periodischen Erregung soll am Beispiel eines Zweitores erläutert werden, das am Eingang durch eine periodische, in eine Fourier-Reihe entwickelbare Spannung $u(t)$ erregt wird und am Ausgang mit einem Zweipol abgeschlossen ist (Bild 5.75). Der in diesen Zweipol fließende Strom $i(t)$ sei die Reaktion, deren stationärer Zustand zu ermitteln ist. Die Periode von $u(t)$ sei mit T bezeichnet, weiterhin sei $\omega_0 = 2\pi/T$. Gemäß Abschnitt 5.5.1, insbesondere Gl. (5.74) läßt sich $u(t)$ in der Form

$$u(t) = U_0 + \sqrt{2}\, U_1 \cos(\omega_0 t - \varphi_1) + \sqrt{2}\, U_2 \cos(2\omega_0 t - \varphi_2) + \ldots \tag{5.78}$$

ausdrücken. Dabei entspricht $\sqrt{2}\, U_\nu$ dem Koeffizienten c_ν ($\nu = 1, 2, \ldots$), U_0 dem Koeffizienten c_0. Neben dem Gleichanteil U_0 stellt jede der in Gl. (5.78) auftretenden Teilschwingungen eine harmonische Teilerregung dar. Sie sei mit

$$u_\nu(t) = \sqrt{2}\, U_\nu \cos(\nu\omega_0 t - \varphi_\nu) \tag{5.79}$$

für $\nu = 1, 2, \ldots$ bezeichnet. Demzufolge läßt sich die Quelle $u(t)$ im Bild 5.75 als Reihenanordnung einer Gleichspannungsquelle U_0 und unendlich vieler harmonischer Spannungsquellen mit den Kreisfrequenzen ω_0, $2\omega_0$, $3\omega_0$, ... (Bild 5.76) auffassen.

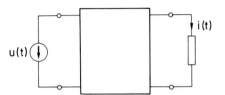

Bild 5.75. Zweitor mit periodischer Erregung und Zweipol auf der Sekundärseite.

---

[40] Der Begriff der Stabilität eines Netzwerks wird im Kapitel 6 eingehend diskutiert.

5.5 Nicht-harmonische periodische Erregungen

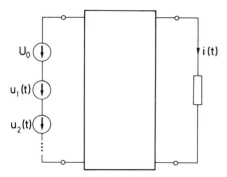

Bild 5.76. Darstellung der Erregung auf der Primärseite des Zweitors aus Bild 5.75 durch unendlich viele harmonische Teilspannungen.

Aufgrund des Überlagerungssatzes[41] erhält man für den stationären Strom

$$i(t) = I_0 + \sum_{\nu=1}^{\infty} i_\nu(t) \quad,$$

wobei I_0 die Reaktion allein unter dem Einfluß von U_0 und $i_\nu(t)$ die ausschließlich von der Teilspannung $u_\nu(t)$ hervorgerufene Reaktion bedeuten. Da es sich hierbei durchweg um stationäre harmonische Vorgänge handelt, können zur Bestimmung von $i(t)$ bereits bekannte Methoden verwendet werden. Hierzu wird im Netzwerk von Bild 5.75 als Erregung eine harmonische Spannung $\underline{U}$ gewählt, die im stationären Zustand einen harmonischen Strom $\underline{I}$ im Zweipol am Zweitor-Ausgang hervorruft (Bild 5.77). Der Zusammenhang zwischen $\underline{U}$ und $\underline{I}$ ist von der Form

$$\underline{I} = \underline{H}(\omega)\underline{U} \quad, \tag{5.80}$$

wobei ω die Kreisfrequenz der erregenden harmonischen Spannung bedeutet. Wird das Zweitor durch seine Kettenmatrix $\underline{A}$ beschrieben, so gilt gemäß Abschnitt 5.2.2.2, insbesondere Gl. (5.17a)

$$\underline{U} = \underline{a}_{11}\underline{U}_2 + \underline{a}_{12}\underline{I} \quad. \tag{5.81a}$$

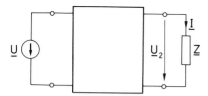

Bild 5.77. Harmonische Erregung des Zweitors aus Bild 5.75.

---

[41] Man muß zunächst die unendliche Reihe auf der rechten Seite der Gl. (5.78) in Form einer endlichen Teilsumme der N ersten Summenglieder und eines additiven Restgliedes darstellen. Dann läßt sich der Überlagerungssatz anwenden. Die Reaktion auf das genannte Restglied wird dem Betrage nach beliebig klein für hinreichend großes N, sofern das Netzwerk stabil ist. Für $N \to \infty$ ergibt sich die gewünschte Aussage.

Hierbei ist $\underline{U}_2$ die Spannung am Ausgang des Zweitores und $\underline{I}$ bedeutet den in den Zweipol fließenden Strom. Bezeichnet man die Impedanz des Zweipols mit $\underline{Z}$, dann ist

$$\underline{U}_2 = \underline{I}\underline{Z} \;. \tag{5.81b}$$

Führt man Gl. (5.81b) in Gl. (5.81a) ein, so erhält man für die in Gl. (5.80) auftretende Funktion $\underline{H}(\omega) \equiv \underline{I}/\underline{U}$ die Darstellung

$$\underline{H}(\omega) = \frac{1}{\underline{a}_{11}\underline{Z} + \underline{a}_{12}} \;. \tag{5.82}$$

Der im Netzwerk von Bild 5.76 nur von der Gleichspannung U_0 hervorgerufene Strom I_0 ist im stationären Zustand der Gleichstrom

$$I_0 = \underline{H}(0)U_0 \;. \tag{5.83}$$

Der nur von einer der Teilspannungen $u_\nu(t)$ ($\nu = 1, 2, \ldots$) Gl. (5.79) erzeugte Strom $i_\nu(t)$ ist im stationären Zustand gemäß Gl. (5.80) durch die komplexe Größe

$$\underline{I}_\nu = \underline{H}(\nu\omega_0)\underline{U}_\nu \tag{5.84a}$$

($\nu = 1, 2, \ldots$) bestimmt. Dabei bedeutet

$$\underline{U}_\nu = U_\nu \mathrm{e}^{-\mathrm{j}\varphi_\nu} \tag{5.84b}$$

die der Spannung $u_\nu(t)$ Gl. (5.79) zugeordnete Zeigergröße. Da die Kreisfrequenz dieser Spannung $\nu\omega_0$ ist, mußte in Gl. (5.84a) die Funktion $\underline{H}(\omega)$ für $\omega = \nu\omega_0$ verwendet werden. Schreibt man

$$\underline{H}(\nu\omega_0) = A_\nu \mathrm{e}^{-\mathrm{j}\Theta_\nu} \;,$$

dann bedeutet A_ν den Betrag und Θ_ν die negative Phase der Funktion $\underline{H}(\omega)$ für $\omega = \nu\omega_0$. Unter Beachtung der Gln. (5.84a,b) und (5.79) läßt sich dann die dem komplexen Strom $\underline{I}_\nu$ entsprechende Zeitfunktion folgendermaßen ausdrücken:

$$i_\nu(t) = \sqrt{2}\, U_\nu A_\nu \cos\left(\nu\omega_0 t - \varphi_\nu - \Theta_\nu\right) \tag{5.85}$$

($\nu = 1, 2, \ldots$). Die Größen A_ν und Θ_ν können über die Gl. (5.82) ermittelt werden. Durch Superposition der durch die Gln. (5.83) und (5.85) gegebenen Teilwirkungen ergibt sich für den Gesamtstrom durch den Zweipol[42]

$$i(t) = A_0 U_0 + \sum_{\nu=1}^{\infty} \sqrt{2}\, U_\nu A_\nu \cos\left(\nu\omega_0 t - \varphi_\nu - \Theta_\nu\right) \;. \tag{5.86}$$

---

[42] Zur Gewährleistung der Konvergenz der Reihe Gl. (5.86) wird hier vorausgesetzt, daß sämtliche Koeffizienten A_ν unterhalb einer endlichen Schranke liegen. Dies ist bei Stabilität des Netzwerks sichergestellt.

5.5 Nicht-harmonische periodische Erregungen

Hierbei bedeutet $A_0 = \underline{H}(0)$. Wie Gl. (5.86) zeigt, stellt $i(t)$ ebenfalls eine periodische Funktion mit der Periode T dar. Außer den in den Teilschwingungen der Erregung vorkommenden Kreisfrequenzen $\omega_0, 2\omega_0, 3\omega_0, \ldots$ sind keine weiteren Frequenzen in $i(t)$ vorhanden. In praktischen Anwendungsfällen müssen gewöhnlich nur die ersten Summanden in der Summe von Gl. (5.86) berücksichtigt werden, da die Koeffizienten $U_\nu A_\nu$ im allgemeinen mit zunehmendem ν rasch gegen null streben. Diese Konvergenz gegen null erfolgt um so schneller, je weniger sich die Funktion $i(t)$ und ihre Ableitungen unstetig verhalten. Man wird die Zahl der zur Auswertung von $i(t)$ erforderlichen Teilschwingungen gewöhnlich bereits dadurch begrenzen, daß man die Erregung $u(t)$ nur durch wenige Teilschwingungen gemäß Gl. (5.78) annähert.

Nach dem Vorbild der vorausgegangenen Überlegungen läßt sich für ein beliebiges aus ohmschen Widerständen, Induktivitäten, Kapazitäten, Übertragern, Gyratoren und gesteuerten Quellen aufgebautes (stabiles) Netzwerk die stationäre Reaktion (Strom oder Spannung eines im Netzwerk vorhandenen Zweipols) als Folge einer periodischen Erregung (Strom oder Spannung) bestimmen. Die Hauptarbeit dabei liegt in der Fourier-Reihenentwicklung der Erregung und der Bestimmung der betreffenden Funktion $\underline{H}(\omega)$. Diese Funktion der unabhängigen Veränderlichen ω bedeutet dann den Quotienten aus komplexer Reaktion zu komplexer Erregung bei rein harmonischer Erregung mit der Kreisfrequenz ω. Derartige Funktionen werden in allgemeinerem Zusammenhang später als Übertragungsfunktionen eingeführt. Sie spielen eine wichtige Rolle in der Nachrichtentechnik und Regelungstechnik. Die gesuchte stationäre Reaktion erhält man als Fourier-Reihe gemäß Gl. (5.86).

Abschließend soll noch auf das folgende Problem eingegangen werden. Man kann vor allem im Hinblick auf Anwendungen in der Nachrichtentechnik fragen, wie die Funktion $\underline{H}(\omega)$ beschaffen sein muß, damit die Reaktion auf eine periodische Erregung die gleiche Form hat wie die Erregung selbst, d.h. daß Erregung und Reaktion abgesehen von einer zeitlichen Verschiebung und einem Maßstabsfaktor durch dieselbe Funktion beschrieben werden. Im Falle des Netzwerks von Bild 5.75 führt diese Forderung zu der Beziehung

$$i(t) = Ku(t - t_0) \ . \tag{5.87}$$

Beachtet man nun die Darstellungen nach den Gln. (5.78) und (5.86), so führt die Forderung nach Gl. (5.87), zu deren Erfüllung entsprechende Teilschwingungen in den Gln. (5.78) und (5.86) verglichen werden müssen, zu den Bedingungen

$$A_0 = A_1 = A_2 = \ldots = K = \text{const} \ ,$$

$$\frac{\Theta_1}{\omega_0} = \frac{\Theta_2}{2\omega_0} = \ldots = t_0 = \text{const} \ .$$

Die Amplitudenfunktion $A(\omega) = |\underline{H}(\omega)|$ muß also für $\omega = 0, \omega_0, 2\omega_0, 3\omega_0, \ldots$ denselben Wert K annehmen, und die Phasenfunktion $\Theta(\omega)$ [negative Phase von $\underline{H}(\omega)$] muß mit der Funktion $t_0\omega$ für $\omega = \omega_0, 2\omega_0, 3\omega_0, \ldots$ übereinstimmen, wenn bei periodischer Erregung mit der Kreisfrequenz ω_0 eine verzerrungsfreie Übertragung erfolgen soll. Soll eine verzerrungsfreie Übertragung für periodische Erregungen mit beliebiger Grundkreisfrequenz ω_0 gewährleistet werden, dann müssen die oben für diskrete Frequenzen $\nu\omega_0$ gestellten Bedingungen kontinuierlich längs der gesamten ω-Achse erfüllt sein (Bild 5.78). Diese Forderungen können mit Netzwerken der bisher betrachteten Art nur näherungsweise in einem ω-Intervall eingehalten werden.

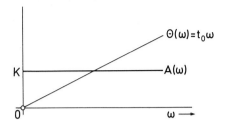

Bild 5.78. Amplituden- und Phasenverlauf eines Zweitors bei verzerrungsfreier Übertragung.

5.5.3 Beispiele

(a) *Zweipole*

Es sei ein Zweipol nach Bild 5.79 betrachtet, der aus den Elementen besteht, die bei den im letzten Abschnitt betrachteten Netzwerken zugelassen waren. Die Impedanz des Zweipols sei $\underline{Z}(\omega)$. Als Erregung wird eine periodische Spannung $u(t)$ gewählt, die am Zweipoleingang wirkt. Die Spannung $u(t)$ lasse sich durch eine Fourier-Reihe gemäß Gl. (5.78) darstellen. Die Stromreaktion $i(t)$ am Zweipoleingang erhält man dann entsprechend Gl. (5.86) als

$$i(t) = \frac{U_0}{\underline{Z}(0)} + \sqrt{2}\,\frac{U_1}{|\underline{Z}(\omega_0)|}\,\cos(\omega_0 t - \varphi_1 - \Theta_1) +$$

$$+ \sqrt{2}\,\frac{U_2}{|\underline{Z}(2\omega_0)|}\,\cos(2\omega_0 t - \varphi_2 - \Theta_2) + \ldots \quad . \tag{5.88}$$

Hierbei entspricht $1/\underline{Z}(\omega)$ der im Abschnitt 5.5.2 eingeführten Funktion $\underline{H}(\omega)$, und es bedeuten $\omega_0 = 2\pi/T$ die Kreisfrequenz von $u(t)$, Θ_1 und Θ_2 den Phasenwinkel von $\underline{Z}(\omega)$ für $\omega = \omega_0$ bzw. $\omega = 2\omega_0$.

Ist der Zweipol ein Widerstand R, dann gilt $|\underline{Z}(\omega_0)| = |\underline{Z}(2\omega_0)| = \ldots = R$ und $\Theta_1 = \Theta_2 = \ldots = 0$. Wie zu erwarten ist, gilt also $i(t) = u(t)/R$.

Im Falle einer Induktivität ist $\underline{Z}(\omega) = j\omega L$, also $|\underline{Z}(\omega)| = \omega L$ und $\Theta_1 = \Theta_2 = \ldots = \pi/2$, so daß nach Gl. (5.88) mit $U_0 = 0$

$$i(t) = \sqrt{2}\,\frac{U_1}{\omega_0 L}\,\sin(\omega_0 t - \varphi_1) + \sqrt{2}\,\frac{U_2}{2\omega_0 L}\,\sin(2\omega_0 t - \varphi_2) + \ldots$$

wird. Infolge der Division durch den Faktor $\nu\omega_0 L$ werden, wie man sieht, die Amplituden der höheren Teilschwingungen, der Oberschwingungen ($\nu > 1$), rasch kleiner. Die Oberschwingungen des Stromes werden also durch die Induktivität gedämpft. Man sagt auch, die Induktivität „reinigt" den Strom von Oberschwingungen.

5.5 Nicht-harmonische periodische Erregungen

Bild 5.79. Zweipol mit Impedanz $\underline{Z}$.

Anders liegen die Verhältnisse, wenn der betrachtete Zweipol eine Kapazität ist. Dann wird $\underline{Z} = 1/j\omega C$, also $1/|\underline{Z}(\omega)| = \omega C$ und $\Theta_1 = \Theta_2 = \ldots = -\pi/2$. Aus Gl. (5.88) folgt hierfür, daß die Oberschwingungen des Stroms hervorgehoben werden. Man sagt auch, daß der Strom durch die Kapazität „aufgerauht" wird.

Es sei dem Leser als Übung empfohlen, das Ergebnis von Gl. (5.88) für den Fall eines Reihenschwingkreises mit $\underline{Z}(\omega) = R + j\omega L + 1/j\omega C$ auszuwerten. Es zeigt sich dabei, daß jene Teilschwingungen im Strom $i(t)$ besonders hervorgehoben werden, deren Kreisfrequenz in der unmittelbaren Nähe der Resonanzkreisfrequenz des Schwingkreises liegen.

Hat die Eingangsspannung $u(t)$ speziell die periodische Sägezahnform nach Bild 5.80, so erhält man nach Abschnitt 5.5.1, Gl. (5.70) mit den Gln. (5.71a,b) und (5.72), die Fourier-Reihe

$$u(t) = \frac{U}{2} - \frac{U}{\pi}\left[\frac{\sin(\omega_0 t)}{1} + \frac{\sin(2\omega_0 t)}{2} + \frac{\sin(3\omega_0 t)}{3} + \ldots\right]$$

oder nach Gl. (5.74) mit den Gln. (5.73a,b) die Darstellung

$$u(t) = \frac{U}{2} + \frac{U}{\pi}\left[\frac{\cos\left(\omega_0 t + \frac{\pi}{2}\right)}{1} + \frac{\cos\left(2\omega_0 t + \frac{\pi}{2}\right)}{2} + \frac{\cos\left(3\omega_0 t + \frac{\pi}{2}\right)}{3} + \ldots\right].$$

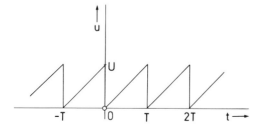

Bild 5.80. Sägezahnförmige Spannung.

Stellt der Zweipol nach Bild 5.79 einen RC-Zweipol mit $\underline{Z}(\omega) = R + 1/j\omega C$ dar, dann erhält man mit der Betragsfunktion $1/|\underline{Z}(\omega)| = \omega C/\sqrt{1 + (\omega RC)^2}$ und der Phasenfunktion $\Theta(\omega) = -\arctan(1/\omega RC)$ von $\underline{Z}(\omega)$ für den Strom durch den Zweipol

$$i(t) = \frac{U}{\pi}\left[\frac{\omega_0 C}{\sqrt{1+\omega_0^2 R^2 C^2}}\,\frac{\cos\left\{\omega_0 t + \frac{\pi}{2} + \arctan(1/\omega_0 RC)\right\}}{1} + \right.$$

$$\left. + \frac{2\omega_0 C}{\sqrt{1+4\omega_0^2 R^2 C^2}}\,\frac{\cos\left\{2\omega_0 t + \frac{\pi}{2} + \arctan(1/2\omega_0 RC)\right\}}{2} + \ldots\right].$$

(b) *Zweitor*

Im Bild 5.81 ist ein Zweitor dargestellt, das am Eingang durch die im Bild 5.82 abgebildete periodische Spannung $u_1(t)$ erregt wird und am Ausgang nicht belastet ist. Gesucht wird der zeitliche Verlauf der Ausgangsspannung $u_2(t)$. Nach Abschnitt 5.5.1 lautet die Fourier-Reihe für die Eingangsspannung

$$u_1(t) = \frac{U}{2} - \frac{4U}{\pi^2}\left[\cos(\omega_0 t) + \frac{\cos(3\omega_0 t)}{3^2} + \frac{\cos(5\omega_0 t)}{5^2} + \ldots\right]. \quad (5.89)$$

Bei rein harmonischer Erregung des Zweitores erhält man nach kurzer Zwischenrechnung für das Verhältnis von komplexer Ausgangsspannung zu komplexer Eingangsspannung

$$\frac{\underline{U}_2}{\underline{U}_1} \equiv \underline{H}(\omega) = \frac{R\omega^2 LC}{R(\omega^2 LC - 1) - j\omega L}.$$

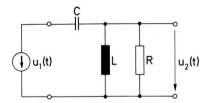

Bild 5.81. Zweitor mit Eingangsspannung $u_1(t)$ und Ausgangsspannung $u_2(t)$.

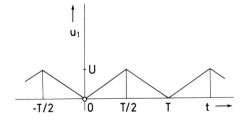

Bild 5.82. Verlauf der Eingangsspannung des Zweitors aus Bild 5.81.

Mit

$$|\underline{H}(\omega)| \equiv A(\omega) = \frac{R\omega^2 LC}{\sqrt{R^2(\omega^2 LC - 1)^2 + \omega^2 L^2}}$$

und

$$\Theta(\omega) = -\arctan \frac{\omega L}{R(\omega^2 LC - 1)}$$

ergibt sich aus Gl. (5.89) entsprechend den Überlegungen von Abschnitt 5.5.2 für den zeitlichen Verlauf der Ausgangsspannung

$$u_2(t) = -\frac{4U}{\pi^2}\left[A(\omega_0)\cos\left\{\omega_0 t - \Theta(\omega_0)\right\} + \frac{A(3\omega_0)}{3^2}\cos\left\{3\omega_0 t - \Theta(3\omega_0)\right\} + \ldots\right].$$

5.5.4 Leistung und Effektivwert

Ein Zweipol nach Bild 5.79 werde mit einer periodischen Spannung $u(t)$ erregt, die nach Gl. (5.78) durch ihre Fourier-Reihe dargestellt werde. Als Reaktion auf die Spannung $u(t)$ entsteht im stationären Zustand der periodische Strom $i(t)$, dessen Fourier-Reihe durch Gl. (5.88) gegeben ist und für die folgenden Betrachtungen in der Form

$$i(t) = I_0 + \sqrt{2}I_1 \cos(\omega_0 t - \varphi_1 - \Theta_1) + \sqrt{2}I_2 \cos(2\omega_0 t - \varphi_2 - \Theta_2) + \ldots \quad (5.90)$$

ausgedrückt wird. Wie bei harmonischen Größen (man vergleiche Abschnitt 2.3) soll im vorliegenden Fall unter der Wirkleistung P_w, die dem Zweipol zugeführt wird, der auf die Periodendauer T bezogene Mittelwert der Augenblicksleistung $u(t)i(t)$ verstanden werden, d.h.

$$P_w = \frac{1}{T}\int_0^T u(t)i(t)\mathrm{d}t = \frac{1}{2\pi}\int_0^{2\pi} \tilde{u}(\tau)\tilde{i}(\tau)\mathrm{d}\tau \ . \quad (5.91)$$

Dabei bedeutet $\tau = \omega_0 t$ und $\tilde{u}(\tau) = u(\tau/\omega_0), \tilde{i}(\tau) = i(\tau/\omega_0)$. Führt man nun die Gln. (5.78) und (5.90) in die Gl. (5.91) ein und berücksichtigt man die Beziehungen

$$\int_0^{2\pi} \cos(\mu\tau - \varphi_\mu)\cos(\nu\tau - \varphi_\nu - \Theta_\nu)\mathrm{d}\tau = \begin{cases} 2\pi & \text{für } \mu = \nu = 0; \varphi_0 = \Theta_0 = 0\ , \\ 0 & \text{für } \mu = 1, 2, \ldots; \nu = 0\ , \\ 0 & \text{für } \mu = 0; \nu = 1, 2, \ldots\ , \\ 0 & \text{für } \mu \neq \nu; \mu, \nu = 1, 2, \ldots\ , \\ \pi\cos\Theta_\nu & \text{für } \mu = \nu; \mu, \nu = 1, 2, \ldots\ , \end{cases}$$

dann erhält man

$$P_w = U_0 I_0 + U_1 I_1 \cos \Theta_1 + U_2 I_2 \cos \Theta_2 + \ldots \quad . \tag{5.92}$$

Die Wirkleistung P_w ist also nach Gl. (5.92) gleich der Summe der Wirkleistungen der einzelnen Teilschwingungen. Neben Gl. (5.92) kann selbstverständlich auch Gl. (5.91) direkt zur Berechnung der Wirkleistung verwendet werden.

Betrachtet man als Zweipol speziell einen Widerstand R, so gilt $u = Ri$, d.h. $U_\nu = RI_\nu$ ($\nu = 0, 1, 2, \ldots$) und $\Theta_1 = \Theta_2 = \ldots = 0$. Aus Gl. (5.92) erhält man in diesem Fall für die Wirkleistung

$$P_w = R(I_0^2 + I_1^2 + I_2^2 + \ldots) \quad . \tag{5.93}$$

Da gemäß Abschnitt 2.3.3 der Effektivwert I eines periodischen Stroms (einer Spannung) mit jenem Gleichstrom (jener Gleichspannung) übereinstimmt, der einem Widerstand R die gleiche Wirkleistung $P_w = RI^2$ zuführt, folgt aus Gl. (5.93) für den Effektivwert des periodischen Stroms $i(t)$

$$I = \sqrt{I_0^2 + I_1^2 + I_2^2 + \ldots} \quad . \tag{5.94a}$$

In entsprechender Weise erhält man für den Effektivwert U der periodischen Spannung $u(t)$

$$U = \sqrt{U_0^2 + U_1^2 + U_2^2 + \ldots} \quad . \tag{5.94b}$$

Die Gln. (5.94a,b) besagen also, daß der Effektivwert einer periodischen Zeitfunktion übereinstimmt mit der Wurzel aus der Summe der Quadrate der Effektivwerte sämtlicher Teilschwingungen einschließlich des Gleichanteils (Teilschwingung nullter Ordnung).

Abschließend soll noch auf den Begriff des *Klirrfaktors* hingewiesen werden. Unter dem Klirrfaktor einer periodischen nach Gln. (5.78) dargestellten Spannung $u(t)$ versteht man die Größe

$$k = \sqrt{\frac{U_2^2 + U_3^2 + \ldots}{U_1^2 + U_2^2 + U_3^2 + \ldots}} \quad . \tag{5.95}$$

Wie die Gl. (5.95) erkennen läßt, stellt k ein Maß für den Gehalt der periodischen Spannung an Oberschwingungen dar. In entsprechender Weise läßt sich auch für einen periodischen Strom der Klirrfaktor als Maß für die Abweichung von der harmonischen Form einführen. Wie man sich leicht überlegen kann, erlaubt die Kenntnis des Klirrfaktors keinen Schluß auf den genauen Verlauf des entsprechenden Zeitvorgangs.

6. EINSCHWINGVORGÄNGE IN NETZWERKEN

6.1 Vorbemerkungen

Die vorausgegangenen Kapitel waren der Bestimmung der stationären Ströme und Spannungen in Netzwerken gewidmet. Bei zahlreichen Anwendungen interessiert jedoch besonders das Einschwingverhalten der elektrischen Größen, d.h. ihr zeitlicher Verlauf vom Einsetzen der Erregung bis zum Erreichen des stationären Zustands. Wird beispielsweise ein aus ohmschen Widerständen, Induktivitäten und Kapazitäten aufgebauter Zweipol durch eine harmonische Eingangsspannung erregt, so weist der Eingangsstrom streng genommen erst nach unendlich langer Zeit harmonisches Verhalten, also seinen stationären Zustand auf.

Da das Verhalten eines elektrischen Netzwerks zu jedem Zeitpunkt gemäß den Überlegungen aus Kapitel 3 durch Differentialgleichungen beschrieben werden kann, läßt sich der Einschwingvorgang des Netzwerks durch Lösung dieser Differentialgleichungen bestimmen. Dabei müssen allerdings bestimmte Anfangswerte gegeben sein. Im Zusammenhang mit diesen Anfangswerten sollen im folgenden einige grundsätzliche Überlegungen angestellt werden. Dabei wird angenommen, daß alle Ströme und Spannungen des zu untersuchenden Netzwerks zu jedem Zeitpunkt endlich sind.

Nach Gl. (1.16b) läßt sich der Strom in einer Induktivität L zu einem beliebigen Zeitpunkt $t + \epsilon$ durch den Strom zum Zeitpunkt t und den Verlauf der Spannung an der Induktivität folgendermaßen ausdrücken:

$$i(t + \epsilon) = i(t) + \frac{1}{L} \int_t^{t+\epsilon} u(\tau) \mathrm{d}\tau \quad .$$

Da $u(t)$ als endliche Funktion vorausgesetzt wurde, muß $i(t + \epsilon)$ für $\epsilon \to 0$ gegen $i(t)$ streben, d.h. *der Strom in einer Induktivität stellt eine zu jedem Zeitpunkt stetige Funktion dar,* er kann also nicht springen. Dies gilt namentlich für Zeitpunkte, in denen eine Erregungsfunktion Sprungstellen aufweist.

Nach Gl. (1.21b) kann man die Spannung an einer Kapazität C zu einem beliebigen Zeitpunkt $t + \epsilon$ durch die Spannung zum Zeitpunkt t und den Verlauf des in die Kapazität fließenden Stroms darstellen in der Form

$$u(t + \epsilon) = u(t) + \frac{1}{C} \int_t^{t+\epsilon} i(\tau) \mathrm{d}\tau \quad .$$

Da $i(t)$ als endliche Funktion vorausgesetzt wurde, muß $u(t + \epsilon)$ für $\epsilon \to 0$ gegen $u(t)$ streben. *Die Spannung an einer Kapazität stellt also eine zu jedem Zeitpunkt stetige Funktion dar,* sie kann nicht springen. Dies gilt namentlich für Zeitpunkte, in denen eine Erregungsfunktion Sprungstellen aufweist.

Ein festgekoppelter Übertrager wird nach den Gln. (1.25a,b) mit $L_1 L_2 = M^2$ beschrieben. Aus der ersten dieser Gleichungen folgt

$$\sqrt{\frac{L_1}{L_2}}\, i_1(t + \epsilon) + i_2(t + \epsilon) = \sqrt{\frac{L_1}{L_2}}\, i_1(t) + i_2(t) + \frac{1}{\sqrt{L_1 L_2}} \int\limits_t^{t+\epsilon} u_1(\tau)\mathrm{d}\tau \;,$$

aus der zweiten

$$\sqrt{\frac{L_1}{L_2}}\, i_1(t + \epsilon) + i_2(t + \epsilon) = \sqrt{\frac{L_1}{L_2}}\, i_1(t) + i_2(t) + \frac{1}{L_2} \int\limits_t^{t+\epsilon} u_2(\tau)\mathrm{d}\tau \;.$$

Da $u_1(t)$ und $u_2(t)$ als endliche Funktionen vorausgesetzt wurden, gilt

$$\sqrt{L_1/L_2}\, i_1(t+\epsilon) + i_2(t+\epsilon) \to \sqrt{L_1/L_2}\, i_1(t) + i_2(t) \text{ für } \epsilon \to 0 \;.$$

Beim festgekoppelten Übertrager muß also der fiktive Strom $\sqrt{L_1/L_2}\, i_1(t) + i_2(t)$ stetig sein, er kann nicht springen. Nach Abschnitt 1.3.6 heißt dies, daß der Magnetisierungsstrom $i_m = w_1 i_1 + w_2 i_2$ eine stetige Funktion darstellen muß (es sei daran erinnert, daß $\sqrt{L_1/L_2} = w_1/w_2$ ist, wobei zu beachten ist, daß die Windungszahlen w_1 und w_2 als vorzeichenbehaftete Größen eingeführt wurden). Man beachte, daß beim festgekoppelten Übertrager beide Ströme $i_1(t)$ und $i_2(t)$ Sprungstellen aufweisen können. – Ein nicht festgekoppelter Übertrager ($L_1 L_2 > M^2$) kann durch einen festgekoppelten Übertrager, dem eine Induktivität vor- oder nachgeschaltet ist, ersetzt werden. Damit ist einzusehen, daß für den nicht festgekoppelten Übertrager die Ströme $i_1(t)$ und $i_2(t)$ stetige Funktionen sein müssen, da wegen der zwangsläufigen Stetigkeit eines dieser Ströme und des Magnetisierungsstroms auch der andere Strom stetig sein muß.

Der Vollständigkeit wegen sei noch erwähnt, daß sich für den ohmschen Widerstand ebenso wie für den idealen Übertrager, den Gyrator und die gesteuerten Quellen keine Stetigkeitsforderungen ergeben. Bei diesen Netzwerkelementen können also Ströme und Spannungen Sprünge aufweisen. Selbstverständlich kann bei einer Induktivität die Spannung springen, bei einer Kapazität der Strom. Im Abschnitt 1.8 wurden Beziehungen für den Energieinhalt von Energie speichernden Netzwerkelementen hergeleitet. Für obige Stetigkeitsforderungen folgen aus diesen Beziehungen die gleichbedeutenden Forderungen, daß die gespeicherte Energie in diesen Netzwerkelementen sich stetig mit der Zeit ändert. Physikalisch entspricht dies der Tatsache, daß die in den Schaltelementen umgesetzte Leistung keine unendlich großen Werte annehmen kann.

Die Bedeutung der in den vorausgegangenen Überlegungen gefundenen Stetigkeitseigenschaften liegt darin, daß sie zur Bestimmung der Anfangsbedingungen bei der Ermittlung des Einschwingverhaltens von Netzwerken verwendet werden können. Dies soll in den nächsten Abschnitten gezeigt werden.

6.1 Vorbemerkungen

Zuvor soll jedoch auf zwei Konfigurationen hingewiesen werden, bei denen Ströme bzw. Spannungen nicht endlich bleiben.

In ein aus Induktivitäten bestehendes sternförmiges Teilnetzwerk werde nach Bild 6.1 ein Strom i_0 eingeprägt. Stellt die Stromquelle i_0 beispielsweise eine Gleichstromquelle dar, die zum Zeitpunkt $t = 0$ über den Schalter[43] S mit dem Sternpunkt verbunden wird, und fließen vor dem Zeitpunkt $t = 0$ keine Ströme in den Induktivitäten L_1, L_2, L_3, dann muß unmittelbar nach dem Einschalten der Gleichstromquelle mindestens einer der Ströme i_1, i_2, i_3 vom Wert null auf einen von null verschiedenen Wert springen. Denn nach der Knotenregel gilt vom Einschaltzeitpunkt an $i_0 = i_1 + i_2 + i_3 > 0$, während vor diesem Zeitpunkt die Beziehung $i_1 + i_2 + i_3 = 0$ besteht. Damit wird verständlich, daß an mindestens einer der Induktivitäten wegen Gl. (1.16a) die Spannung im Einschaltzeitpunkt nicht endlich sein kann. Ein Einschaltvorgang der im vorstehenden betrachteten Art läßt sich daher mit den hier zur Verfügung stehenden mathematischen Modellen der klassischen Analysis nicht erfassen, wohl dagegen bei Einbeziehung „verallgemeinerter Funktionen", insbesondere der Diracschen δ-Funktion. Legt man parallel zur Stromquelle im Bild 6.1 einen ohmschen Widerstand, dann tritt diese Schwierigkeit nicht auf. In praktischen Fällen stellt der Innenwiderstand der Quelle einen derartigen Widerstand dar.

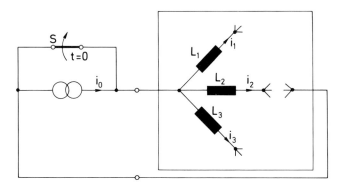

Bild 6.1. Induktivitätsstern mit Stromeinspeisung.

Einer entsprechenden Komplikation begegnet man, wenn eine Masche in einem Netzwerk außer einer Spannungsquelle nur Kapazitäten enthält. Ändert sich die Spannung der Quelle zum Zeitpunkt $t = 0$ sprungartig, so muß wegen der Maschenregel wenigstens an einer Kapazität die Spannung springen. Der entsprechende Kapazitätsstrom kann daher wegen Gl. (1.21a) für $t = 0$ nicht endlich bleiben. Einschwingvorgänge in Netzwerken dieser Art lassen sich mit den hier zur Verfügung stehenden Methoden nicht behandeln. Die entstandene Schwierigkeit läßt sich aber dadurch beseitigen, daß man in Reihe zur Spannungsquelle einen ohmschen Widerstand einfügt. In praktischen Fällen stellt der Innenwiderstand der Spannungsquelle einen derartigen Widerstand dar.

Für die folgenden Betrachtungen sei angenommen, daß Schwierigkeiten der oben geschilderten Art nicht vorkommen. Bei Netzwerken aus ohmschen Widerständen, In-

---

[43] Ein Schalter stellt im geschlossenen Zustand einen Kurzschluß, im geöffneten Zustand einen Leerlauf dar.

duktivitäten und Kapazitäten ist dies sicher gewährleistet, wenn die Klemmen jeder Stromquelle über wenigstens einen Weg miteinander verbunden sind, der keine Induktivität enthält, und wenn die Klemmen jeder Spannungsquelle durch keinen Weg verbunden sind, der nur aus Kapazitäten besteht. Enthält das Netzwerk vierpolige Netzwerkelemente, so muß von Fall zu Fall untersucht werden, ob die getroffene Voraussetzung erfüllt ist.

6.2 Einschwingvorgänge in einfachen Netzwerken

Die Bestimmung des Einschwingverhaltens von Netzwerken soll zuerst an einfachen Beispielen gezeigt werden. Es werden daher zunächst nur Netzwerke mit einem Energiespeicher betrachtet. Danach werden auch Netzwerke mit zwei Energiespeichern, namentlich der Reihenschwingkreis untersucht.

6.2.1 *Der Einschwingvorgang in einem RL-Zweipol*

Der im Bild 6.2 dargestellte, aus einem Widerstand und einer Induktivität bestehende Zweipol wird durch eine Spannungsquelle erregt. Die erregende Spannung $u_0(t)$ wirke vom „Einschaltzeitpunkt" $t = 0$ an. Der Strom $i(t)$ sei null für $t < 0$. Mit Hilfe der Maschenregel und der Strom-Spannungs-Beziehungen für die Netzwerkelemente läßt sich für den betrachteten Zweipol die Differentialgleichung

$$L \frac{di}{dt} + R i = u_0(t) \qquad (6.1)$$

aufstellen. Bei bekannten (endlichen) Werten von L und R, bei bekannter Erregung und bei Beachtung der Voraussetzung, daß der Strom $i(t)$ für negative Zeiten verschwindet, besitzt diese Gleichung eine eindeutige Lösung. Nach der Theorie der Differentialgleichungen gewinnt man diese Lösung, indem man zunächst die homogene Differentialgleichung

$$L \frac{di}{dt} + R i = 0 \qquad (6.2)$$

löst. Sie beschreibt das Verhalten des Zweipols, wenn keine Erregung vorhanden ist $[u_0(t) \equiv 0]$. Durch Integration folgt aus Gl. (6.2) sofort als Lösung der homogenen

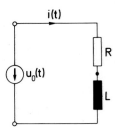

Bild 6.2. Erregung eines RL-Zweipols durch eine Spannungsquelle.

6.2 Einschwingvorgänge in einfachen Netzwerken

Differentialgleichung

$$i_h(t) = K\,e^{-t/T} \tag{6.3}$$

mit der *Zeitkonstante* $T = L/R$ [44]. Die Größe K stellt die Integrationskonstante dar. Die allgemeine Lösung der Gl. (6.1) erhält man, wenn man zur Funktion $i_h(t)$ eine partikuläre (d.h. eine beliebige) Lösung der inhomogenen Differentialgleichung (6.1) addiert. Schließlich ergibt sich die gesuchte vollständige Lösung der Gl. (6.1) für $t \geq 0$, indem man die aus der Voraussetzung $i(t) = 0$ für $t < 0$ und der Stetigkeit des Induktivitätsstroms folgende sogenannte Anfangsbedingung $i(0) = 0$ in die allgemeine Lösung einsetzt und hieraus die Integrationskonstante K bestimmt.

Zur Gewinnung einer partikulären Lösung muß die Erregung $u_0(t)$ explizit bekannt sein. Einige besonders interessante Fälle sollen etwas näher betrachtet werden.

(a) *Exponentielle Erregung*

Es sei

$$u_0(t) = \begin{cases} 0 & \text{für } t < 0 \,, \\ U e^{\alpha t} & \text{für } t \geq 0 \,. \end{cases}$$

Die Größen U und α seien gegebene Konstanten mit der Einschränkung $\alpha \neq -1/T$. Geht man mit dem Ansatz $i(t) = I e^{\alpha t}$ in die Gl. (6.1) ein und ersetzt man $u_0(t)$ durch $U e^{\alpha t}$, dann ergibt sich die Beziehung

$$[(L\alpha + R)I - U]e^{\alpha t} = 0 \,,$$

welche für $t \geq 0$ identisch erfüllt sein muß. Dies ist nur möglich, wenn der Ausdruck in eckigen Klammern gleich null ist. Man erhält auf diese Weise eine Darstellung für die Konstante I und somit als partikuläre Lösung der Gl. (6.1) für $t \geq 0$

$$i_p(t) = \frac{U}{R + \alpha L}\,e^{\alpha t}\,. \tag{6.4}$$

Durch Superposition der Funktionen $i_h(t)$ Gl. (6.3) und $i_p(t)$ Gl. (6.4) entsteht die allgemeine Lösung der Gl. (6.1) für $t \geq 0$:

$$i(t) = \frac{U}{R + \alpha L}\,e^{\alpha t} + K\,e^{-t/T}\,. \tag{6.5}$$

Zur Festlegung der Integrationskonstante K wird die Anfangsbedingung $i(0) = 0$ verwendet. Auf diese Weise erhält man

$$K = -\frac{U}{R + \alpha L}$$

---

[44] Im Zeitpunkt $t = T$ ist der Zeitvorgang $i_h(t)$ auf $1/e$ seines Anfangswertes $i_h(0)$ abgeklungen.

und damit aus Gl. (6.5) die gesuchte vollständige Lösung der Differentialgleichung (6.1) für $t \geq 0$

$$i(t) = \frac{U}{R + \alpha L} (e^{\alpha t} - e^{-t/T}) . \tag{6.6}$$

(b) *Erregung durch eine Gleichspannung*

Wird der betrachtete RL-Zweipol bei zunächst stromloser Induktivität nach Bild 6.3 über einen Schalter an die Gleichspannung U gelegt, dann folgt der Verlauf des Stromes $i(t)$ für $t \geq 0$ aus Gl. (6.6) für $\alpha = 0$:

$$i(t) = \frac{U}{R} (1 - e^{-t/T}) . \tag{6.7}$$

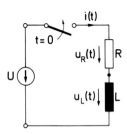

Bild 6.3. Erregung eines RL-Zweipols durch eine Gleichspannungsquelle bei zunächst stromloser Induktivität.

Die zugehörige Spannung $u_R = Ri$ am Widerstand lautet demzufolge für $t \geq 0$

$$u_R(t) = U(1 - e^{-t/T}) , \tag{6.8}$$

und für die Spannung $u_L = L\,di/dt = U - u_R$ an der Induktivität ergibt sich für $t \geq 0$

$$u_L(t) = U e^{-t/T} . \tag{6.9}$$

Die durch die Gln. (6.7), (6.8) und (6.9) ausgedrückten Funktionen sind im Bild 6.4 dargestellt. Es zeigt sich, daß der Strom i durch die Induktivität und damit auch die Spannung u_R am Widerstand stetige Funktionen sind, während die Spannung an der Induktivität im Zeitnullpunkt springt.

(c) *Erregung durch eine harmonische Wechselspannung*

Es sei

$$u_0(t) = \begin{cases} 0 & \text{für } t < 0 , \\ \hat{u} \cos(\omega t + \beta) = \dfrac{\hat{u}}{2} e^{j\beta} e^{j\omega t} + \dfrac{\hat{u}}{2} e^{-j\beta} e^{-j\omega t} & \text{für } t \geq 0 \end{cases} \tag{6.10}$$

gegeben. Man kann für die Teilerregungen $(\hat{u} e^{j\beta}/2) e^{j\omega t}$ und $(\hat{u} e^{-j\beta}/2) e^{-j\omega t}$ gemäß Gl. (6.4) bei Wahl von $U = \hat{u} e^{j\beta}/2$, $\alpha = j\omega$ bzw. $U = \hat{u} e^{-j\beta}/2$, $\alpha = -j\omega$ sofort die ent-

6.2 Einschwingvorgänge in einfachen Netzwerken

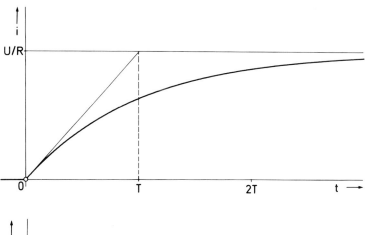

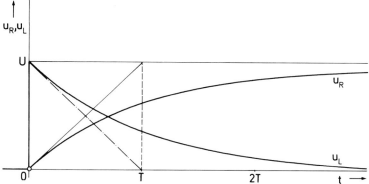

Bild 6.4. Zeitlicher Verlauf der Größen i, u_R und u_L für das Netzwerk aus Bild 6.3.

sprechenden partikulären Lösungen angeben, durch deren Überlagerung sich als partikuläre Lösung für den Strom bei Erregung mit $\hat{u}\cos(\omega t + \beta)$ ergibt:

$$i_p(t) = \frac{\hat{u}e^{j\beta}/2}{R + j\omega L} e^{j\omega t} + \frac{\hat{u}e^{-j\beta}/2}{R - j\omega L} e^{-j\omega t} \, .$$

Dieser Ausdruck läßt sich auch in der Form

$$i_p(t) = \frac{\hat{u}}{\sqrt{R^2 + \omega^2 L^2}} \cos(\omega t + \beta - \varphi) \qquad (6.11)$$

mit

$$\varphi = \arctan \frac{\omega L}{R}$$

darstellen. Wie man sieht, stimmt diese Lösung mit dem stationären Wechselstrom im Zweipol überein. Sie hätte daher auch mit Hilfe der Methoden nach Kapitel 2 bestimmt werden können. Überlagert man diesem Wechselstrom die Lösung $i_h(t)$ Gl. (6.3) der homogenen Differentialgleichung, so erhält man die allgemeine Lösung der inhomogenen Differentialgleichung für $t \geq 0$:

$$i(t) = \frac{\hat{u}}{\sqrt{R^2 + \omega^2 L^2}} \cos(\omega t + \beta - \varphi) + K e^{-t/T} . \quad (6.12)$$

Die Integrationskonstante K wird wieder dadurch festgelegt, daß man aufgrund der Stetigkeitseigenschaft des Induktivitätsstroms die Anfangsbedingung $i(0) = 0$ berücksichtigt. Auf diese Weise erhält man

$$K = \frac{-\hat{u}}{\sqrt{R^2 + \omega^2 L^2}} \cos(\beta - \varphi)$$

und damit aus Gl. (6.12) die gesuchte vollständige Lösung der Differentialgleichung (6.1) für $t \geq 0$ bei harmonischer Erregung:

$$i(t) = \frac{\hat{u}}{\sqrt{R^2 + \omega^2 L^2}} [\cos(\omega t + \beta - \varphi) - e^{-t/T} \cos(\beta - \varphi)] . \quad (6.13)$$

Im Bild 6.5 ist der grundsätzliche Verlauf des Stroms $i(t)$ Gl. (6.13) dargestellt zusammen mit dem stationären Strom $i_p(t)$ (partikuläre Lösung), der homogenen Lösung $i_h(t)$ und der Erregung $u_0(t)$. Man sieht, wie sich $i(t)$ dem stationären Strom um so mehr nähert, je weniger die homogene Lösung (flüchtiger Anteil) von null abweicht. Aufgrund der Differentialgleichung (6.1), der Gl. (6.10) und der Anfangsbedingung $i(0) = 0$ erkennt man, daß $di/dt = u_0(0)/L = (\hat{u}/L) \cos \beta$ für $t = 0$ gilt.

Geht die Wechselspannung $u_0(t) = \hat{u} \cos(\omega t + \beta)$ zum Einschaltzeitpunkt $t = 0$ durch null, ist also $\beta = \pm \pi/2$, dann verläßt die Kurve $i(t)$ den Nullpunkt $t = 0$ mit

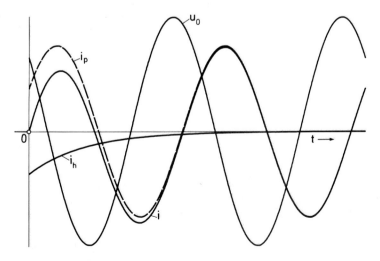

Bild 6.5. Zeitlicher Verlauf der Größen u_0, i, i_p und i_h für den Zweipol aus Bild 6.2 bei harmonischer Erregung.

6.2 Einschwingvorgänge in einfachen Netzwerken

horizontaler Tangente. Ist die Winkeldifferenz $\beta - \varphi = \pm \pi/2$, dann geht der stationäre Strom $i_p(t)$ nach Gl. (6.11) im Einschaltzeitpunkt $t = 0$ durch null, und nach Gl. (6.13) ist der flüchtige Anteil $i_h(t)$ des Stroms $i(t)$ identisch gleich null. Der Strom $i(t)$ geht also in diesem Fall sofort in seinen stationären Anteil $i_p(t)$ über, und es findet kein Einschwingvorgang statt. Es sei noch der Fall $\beta - \varphi = \pi$ betrachtet. Dann nimmt der Strom $i_p(t)$ nach Gl. (6.11) im Einschaltzeitpunkt $t = 0$ sein Minimum an, $u_0(0) =$ $= \hat{u}\cos\beta = \hat{u}\cos(\varphi + \pi)$ ist negativ, und der Strom $i(t)$ verläßt den Nullpunkt $t = 0$ mit negativer Steigung.

Es wurde bisher stillschweigend vorausgesetzt, daß R von null verschieden ist. Gilt $R = 0$, dann erhält man den Strom $i(t)$ nach Gl. (6.1) unmittelbar durch Integration der Funktion $u_0(t)/L$, also mit Gl. (6.10) für $t \geqslant 0$

$$i(t) = K + \frac{\hat{u}}{\omega L} \sin(\omega t + \beta) .$$

Die Integrationskonstante K gewinnt man aus der Anfangsbedingung $i(0) = 0$, so daß

$$i(t) = \frac{\hat{u}}{\omega L} [\sin(\omega t + \beta) - \sin\beta]$$

wird. Im Fall $R = 0$ besteht also der Strom $i(t)$ für $t \geqslant 0$ aus einem harmonischen Wechselanteil und einem zeitunabhängigen Gleichanteil (Bild 6.6). Dieser Gleichanteil verschwindet für $\beta = 0$, d.h. gerade dann, wenn zum Einschaltzeitpunkt $t = 0$ die Erregung $u_0(t)$ ihren Maximalwert annimmt. Für $\beta = -\pi/2$ ist $u_0(t) = \hat{u} \sin \omega t$, und der Gleichanteil erreicht seinen Maximalwert $\hat{u}/\omega L$, außerdem ist dann stets $i(t) \geqslant 0$.

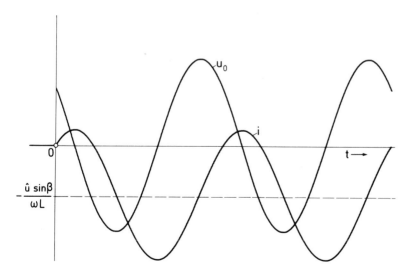

Bild 6.6. Zeitlicher Verlauf des Stromes i im Zweipol aus Bild 6.2 für den Fall $R = 0$ bei harmonischer Erregung.

(d) *Erregung durch die Eigenfunktion des Zweipols*

Es sei
$$u_0(t) = \begin{cases} 0 & \text{für } t < 0, \\ U e^{-t/T} & \text{für } t \geq 0 \end{cases}$$

gegeben. Hier läßt sich nicht nach dem Vorbild von Fall (a) eine partikuläre Lösung der Differentialgleichung (6.1) finden, da für $t \geq 0$ die Erregung $u_0(t)$ der Lösung der homogenen Gleichung $i_h(t)$ Gl. (6.3) proportional ist. Der Ansatz $i(t) = I e^{\alpha t}$ ($\alpha = -1/T$) hat nämlich zur Folge, daß die linke Seite der Differentialgleichung (6.1) identisch verschwindet. Deshalb kann durch diesen Ansatz keine partikuläre Lösung gefunden werden. Mit dem Ansatz $i(t) = Jte^{-t/T}$ gelingt es jedoch, eine partikuläre Lösung der Differentialgleichung (6.1) zu bestimmen. Man findet $J = U/L$. Die allgemeine Lösung der Differentialgleichung lautet damit

$$i(t) = K e^{-t/T} + \frac{U}{L} t e^{-t/T}.$$

Bei Berücksichtigung der Anfangsbedingung $i(0) = 0$ ergibt sich schließlich

$$i(t) = \frac{U}{L} t e^{-t/T}.$$

6.2.2 Ergänzungen zum Einschwingverhalten eines RL-Zweipols

(a) Bei den Untersuchungen im Abschnitt 6.2.1 wurde vorausgesetzt, daß im Einschaltzeitpunkt $t = 0$ die Induktivität stromlos sei. Es soll nun gezeigt werden, daß der Einschwingvorgang ähnlich wie bisher ermittelt werden kann, wenn im Einschaltzeitpunkt durch die Induktivität ein von null verschiedener Strom fließt. Dazu wird das Netzwerk nach Bild 6.7 betrachtet. Der Schalter befinde sich schon sehr lange vor dem Einschaltzeitpunkt $t = 0$ in der Stellung 1, so daß bei geeigneter Wahl des Widerstands r vor dem Zeitpunkt $t = 0$ durch die Induktivität ein gewünschter Strom $i(0-) = U/r$ fließt. Im Zeitpunkt $t = 0$ wird der Schalter in die Stellung 2 gebracht, wodurch die Gleichspannung U an die Klemmen des RL-Zweipols gelegt wird. Für $t \geq 0$ lautet die allgemeine Lösung der Differentialgleichung (6.1) mit $u_0(t) \equiv U$ gemäß Gl. (6.5) für $\alpha = 0$

$$i(t) = \frac{U}{R} + K e^{-t/T}.$$

Den Wert der Integrationskonstante K erhält man, wenn man aufgrund der Stetigkeitsforderung an den Induktivitätsstrom die Anfangsbedingung $i(0) = U/r$ berücksichtigt. Es ergibt sich

$$K = U \left(\frac{1}{r} - \frac{1}{R} \right).$$

6.2 Einschwingvorgänge in einfachen Netzwerken

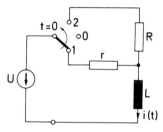

Bild 6.7. Netzwerk zur Untersuchung des Einschwingverhaltens eines RL-Zweipols bei nicht verschwindendem Anfangsstrom $i(0)$.

Daher ist

$$i(t) = \frac{U}{R}(1 - e^{-t/T}) + \frac{U}{r} e^{-t/T}$$

die gesuchte vollständige Lösung.

Hätte man den Schalter im Netzwerk von Bild 6.7 im Zeitpunkt $t = 0$ nicht in die Stellung 2, sondern in die Stellung 0 gebracht, so würde der durch die Induktivität fließende Gleichstrom U/r plötzlich zu null werden. Dies hätte zur Folge, daß im Zeitpunkt $t = 0$ die Spannung an der Induktivität und die Schalterspannung über alle Grenzen streben[45]. Zur Vermeidung dieser Erscheinung beim Abschalten eines induktiven Stromkreises kann man beispielsweise parallel zur Reihenanordnung von r und L einen weiteren Widerstand r_1 anbringen, so daß bei Schalterstellung 0 der Strom $i(t)$ nach Bild 6.8 nicht springt. Das Verhalten des Stroms $i(t)$ wird dann durch die homogene Differentialgleichung

$$L \frac{di}{dt} + (r + r_1)i = 0$$

bestimmt. Ihre allgemeine Lösung lautet

$$i(t) = K e^{-t/T_1}$$

mit $T_1 = L/(r + r_1)$. Unter Berücksichtigung der Anfangsbedingung $i(0) = U/r$ wird der Strom für $t \geq 0$

$$i(t) = \frac{U}{r} e^{-t/T_1} \ .$$

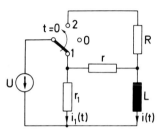

Bild 6.8. Modifizierung des Netzwerks aus Bild 6.7. Dadurch wird es möglich, die Gleichspannung abzuschalten.

---

[45] Praktisch entsteht dadurch ein Lichtbogen am Schalter.

Wird nach hinreichend langer Zeit der Schalter im Netzwerk nach Bild 6.8 wieder in die Stellung 1 gebracht, so steigt der Strom $i(t)$ vom Wert null exponentiell mit der Zeitkonstante $T_0 = L/r$ auf den Endwert U/r an.

Der Verlauf des Stroms $i(t)$ beim durchgeführten Schaltspiel ist im Bild 6.9 zu finden. Weiterhin findet man in diesem Bild Darstellungen für den Strom $i_1(t)$ im Widerstand r_1 und für die Schalterspannung $u_S(t) = U - r_1 i_1(t)$.

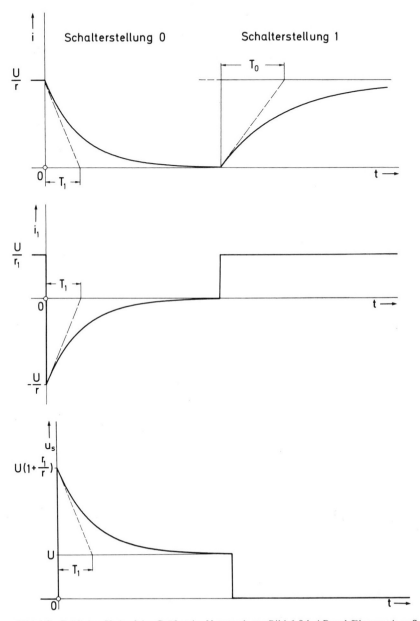

Bild 6.9. Zeitlicher Verlauf der Größen im Netzwerk aus Bild 6.8 bei Durchführung eines Schaltspiels.

(b) Abschließend soll noch der Einschwingvorgang in einem RL-Zweipol untersucht werden, wenn dieser nach Bild 6.10 über eine ideale Diode D durch eine Wechselspannung $u_0(t) = \hat{u}\cos(\omega t + \beta)$ erregt wird. Die ideale Diode hat die Eigenschaft, daß ihr Widerstand in Durchlaßrichtung (d.h. bei $i > 0$) null ist, jedoch in Sperrichtung (d.h. bei $u_D < 0$) den Wert unendlich aufweist. Wird die Spannung $u_0(t)$ zu einem Zeitpunkt eingeschaltet, in welchem $u_0 > 0$ ist, dann fließt zunächst nach Abschnitt 6.2.1 (Fall (c), man vergleiche auch Bild 6.5) ein nicht-negativer Strom $i(t)$. Solange $i(t) > 0$ ist, stellt die Diode einen Kurzschluß dar, und das Netzwerk von Bild 6.10 verhält sich wie jenes von Bild 6.2. Sobald $i(t) = 0$ wird, sperrt die Diode und unterbricht den Stromfluß so lange, bis $u_0(t)$ von negativen Werten kommend sein Vorzeichen ändert. Dann wird $i(t) > 0$; der Kurvenverlauf von i verläßt die Abszissenachse mit horizontaler Tangente und verläuft nach Abschnitt 6.2.1 (Fall (c)) bis zum Schnittpunkt mit der Abszissenachse. Dann sperrt die Diode, bis die Spannung $u_0(t)$ wieder positiv wird. Der Einschwingvorgang wiederholt sich. Es wird damit deutlich, daß der Verlauf von $i(t)$ aus einer Aneinanderreihung von gleichen Einschwingvorgängen besteht. Bild 6.11 zeigt die Kurven für $i(t)$ und $u_0(t)$. Dabei ist jener Teil der Kurve $i(t)$ weggelassen, der entsteht, wenn $u_0(t)$ zu einem Zeitpunkt eingeschaltet wird, in dem $u_0 > 0$ ist. Ist im Einschaltzeitpunkt $u_0 \leq 0$, so entfällt dieser vorausgehende Einschwingvorgang, und $i(t)$ verläuft nach Bild 6.11 von jenem Zeitpunkt an, in dem $u_0(t)$ erstmalig positiv wird. Der Zeitnullpunkt im Bild 6.11 wurde derart gewählt, daß $u_0(t) = \hat{u}\sin\omega t$ gilt. Während der Zeitintervalle, in denen die Diode sperrt ($i \equiv 0$), liegt die Spannung $u_0(t)$ an der Diode.

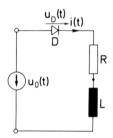

Bild 6.10. Erregung eines RL-Zweipols durch eine Wechselspannung über eine ideale Diode.

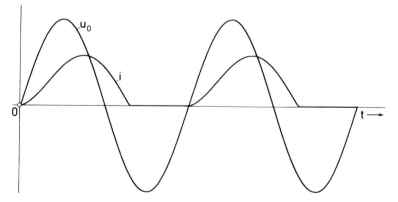

Bild 6.11. Zeitlicher Verlauf der Größen i und u_0 für das Netzwerk aus Bild 6.10.

6.2.3 Der Einschwingvorgang in einem RC-Zweipol

Als ein weiteres einfaches Netzwerk zur Untersuchung des Einschwingverhaltens soll der im Bild 6.12 dargestellte, aus einem ohmschen Widerstand und einer Kapazität aufgebaute Zweipol betrachtet werden. Der Zweipol wird durch die eingeprägte Spannung $u_0(t)$ erregt. Sie sei vor dem „Einschaltzeitpunkt" $t = 0$ beständig null, so daß die Erregung erst für $t \geq 0$ erfolgt. Die Kapazitätsspannung $u_C(t)$ verschwinde für $t < 0$ identisch. Aufgrund der Maschenregel erhält man die Beziehung

$$iR + u_C = u_0(t) \tag{6.14}$$

und aufgrund der Strom-Spannungs-Beziehung für die Kapazität

$$i = C \frac{du_C}{dt} . \tag{6.15}$$

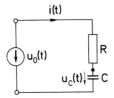

Bild 6.12. Erregung eines RC-Zweipols durch eine Spannungsquelle.

Führt man die Gl. (6.15) in die Gl. (6.14) ein, so entsteht die folgende Differentialgleichung zur Bestimmung der Kapazitätsspannung:

$$RC \frac{du_C}{dt} + u_C = u_0(t) . \tag{6.16}$$

Diese Differentialgleichung hat dieselbe Form wie die Gl. (6.1). Deshalb lautet ihre allgemeine Lösung

$$u_C(t) = K e^{-t/T} + u_{Cp}(t) . \tag{6.17}$$

Die Zeitkonstante des ersten Summanden (d.h. der Lösung der homogenen Gleichung) ist $T = RC$. Der Wert der Integrationskonstante K kann aus der Anfangsbedingung $u_C(0) = 0$ bestimmt werden, die sich aufgrund der Voraussetzungen und angesichts der Stetigkeitseigenschaft der Kapazitätsspannung ergibt. Zur Bestimmung einer partikulären Lösung $u_{Cp}(t)$ der Differentialgleichung (6.16) muß die Funktion $u_0(t)$ explizit bekannt sein. Wie im Abschnitt 6.2.1 beim RL-Zweipol liegt es nahe, verschiedene praktisch bedeutsame Fälle zu untersuchen. Da bei der Behandlung dieser Fälle im Vergleich zu Abschnitt 6.2.1 keine neuen Gesichtspunkte auftreten, soll nur der Fall betrachtet werden, daß der Zweipol durch eine Gleichspannung $u_0(t) = U \, (t \geq 0)$ erregt wird (Bild 6.13).

Wie man der Gl. (6.16) unmittelbar entnimmt, stellt $u_{Cp} \equiv U$ für $t \geq 0$ eine partikuläre Lösung der Differentialgleichung (6.16) dar. Damit erhält man aus Gl. (6.17) bei Berücksichtigung des Anfangswertes $u_C(0) = 0$ als Lösung der Gl. (6.16) für $t \geq 0$

$$u_C(t) = U(1 - e^{-t/T}) . \tag{6.18}$$

6.2 Einschwingvorgänge in einfachen Netzwerken

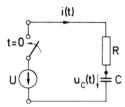

Bild 6.13. Erregung eines RC-Zweipols durch eine Gleichspannungsquelle bei zunächst spannungsfreier Kapazität.

Mit Gl. (6.15) wird der Strom für $t \geq 0$

$$i(t) = \frac{U}{R} e^{-t/T} \ . \tag{6.19}$$

Die durch die Gln. (6.18) und (6.19) beschriebenen Funktionen sind im Bild 6.14 dargestellt. Wie man sieht, springt der in die Kapazität fließende Strom i im Einschaltzeitpunkt $t = 0$. Die Spannung an der Kapazität ist jedoch eine stetige Funktion.

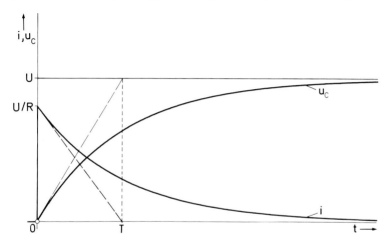

Bild 6.14. Zeitlicher Verlauf der Größen i und u_C für das Netzwerk aus Bild 6.13.

Das Netzwerk nach Bild 6.13 soll nun noch dadurch modifiziert werden, daß parallel zum RC-Zweipol ein Widerstand r gelegt wird (Bild 6.15). Im Zeitpunkt $t = 0$ soll bei ungeladener Kapazität ($u_C = 0$) der Schalter S geschlossen werden. Die Spannung u_C und der Strom i_1 haben dann die im Bild 6.14 dargestellten Kurvenverläufe. Nach hinreichend langer Zeit ist die Kapazität auf die Spannung U aufgeladen. Erst dann, etwa im Zeitpunkt $t = t_1$, werde der Schalter S geöffnet. Von diesem Zeitpunkt an wird u_C durch eine homogene Differentialgleichung beschrieben. Diese Differentialgleichung hat die Form der Gl. (6.16). Es gilt jedoch $u_0 \equiv 0$, und die Zeitkonstante $RC = T$ ist durch $(R + r)C = T_1$ zu ersetzen. Ihre Lösung lautet für $t \geq t_1$

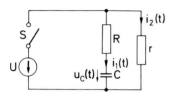

Bild 6.15. Modifizierung des Netzwerks aus Bild 6.13.

$$u_C(t) = U e^{-(t-t_1)/T_1} . \tag{6.20}$$

Der entsprechende Strom i_1 folgt aus Gl. (6.15) mit Gl. (6.20). Im Bild 6.16 sind die Funktionen u_C, i_1 und i_2 dargestellt.

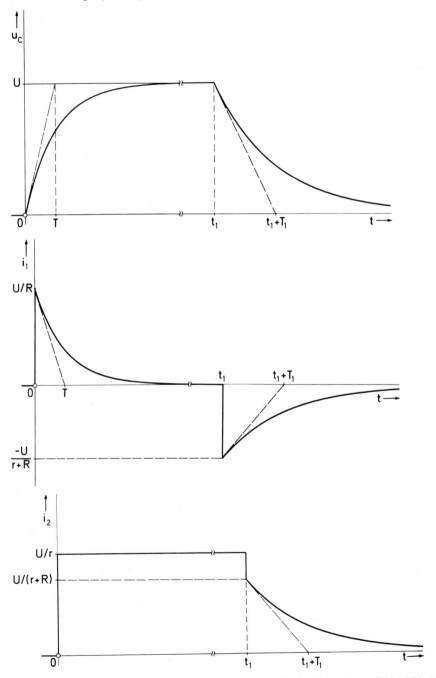

Bild 6.16. Zeitlicher Verlauf der Größen u_C, i_1 und i_2 für das Netzwerk aus Bild 6.15 bei Durchführung eines Schaltspiels.

6.2 Einschwingvorgänge in einfachen Netzwerken

Das im Netzwerk von Bild 6.15 vorgenommene Schaltspiel hat also einen Stromverlauf i_1 mit wechselndem Vorzeichen zur Folge (Anwendung: Polarisiertes Relais). Weiterhin ergibt sich ein Stromverlauf i_2, der zwar sprungartig den konstanten Wert U/r annimmt, jedoch auf den Wert null erst allmählich zurückkehrt (Anwendung: Verzögertes Relais).

Damit soll die Untersuchung des Einschwingverhaltens von Netzwerken mit einem Energiespeicher zunächst abgeschlossen werden. Typisch für die Ermittlung von Einschwingvorgängen war, daß stets für jene Größe (Induktivitätsstrom bzw. Kapazitätsspannung) eine Differentialgleichung aufgestellt wurde, deren Anfangswert entsprechend den Überlegungen von Abschnitt 6.1 sofort angegeben werden konnte. Kennzeichnend für die ermittelten Ströme und Spannungen ist, daß der in ihnen enthaltene flüchtige Anteil eine Exponentialfunktion darstellt, die sich als Lösung der homogenen Differentialgleichung ergibt.

6.2.4 Der Einschwingvorgang im Schwingkreis

In diesem Abschnitt soll der im Bild 6.17 dargestellte, durch die Spannung $u_0(t)$ erregte Reihenschwingkreis betrachtet werden. Vor dem Einschaltzeitpunkt $t = 0$ soll u_0 beständig null sein, so daß die Erregung erst von $t = 0$ an erfolgt. Sowohl der Strom i als auch die Kapazitätsspannung u_C sollen bis zum Zeitpunkt $t = 0$ ebenfalls null sein. Aufgrund der Maschenregel und der Strom-Spannungs-Beziehungen für die einzelnen Netzwerkelemente erhält man die Beziehungen

$$iR + L\frac{di}{dt} + u_C = u_0(t) \tag{6.21}$$

und

$$i - C\frac{du_C}{dt} = 0 \; . \tag{6.22}$$

Die Gln. (6.21) und (6.22) stellen ein System von gekoppelten linearen Differentialgleichungen zur Bestimmung der unbekannten Funktionen i und u_C dar. Infolge der Stetigkeitseigenschaft des Induktivitätsstroms und der Kapazitätsspannung lauten die Anfangsbedingungen

$$u_C(0) = 0 \; , \tag{6.23a}$$

$$i(0) = C\left.\frac{du_C}{dt}\right|_{t=0} = 0 \; . \tag{6.23b}$$

Damit ist das Problem mathematisch vollständig formuliert. Zur Lösung kann man aus den Gln. (6.21) und (6.22) den Strom i eliminieren. Auf diese Weise ergibt sich die Differentialgleichung

$$LC\frac{d^2u_C}{dt^2} + RC\frac{du_C}{dt} + u_C = u_0(t) \; . \tag{6.24}$$

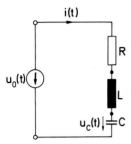

Bild 6.17. Erregung eines gedämpften Reihenschwingkreises durch eine Spannungsquelle.

Es empfiehlt sich, mit Hilfe der Resonanzkreisfrequenz $\omega_0 = 1/\sqrt{LC}$ die Zeit in folgender Weise zu normieren:

$$\tau = \omega_0 t \ .$$

Betrachtet man jetzt u_C und u_0 in Abhängigkeit von der Variablen τ, so erhält man aus der Differentialgleichung (6.24) die Beziehung

$$\frac{d^2 u_C}{d\tau^2} + \frac{1}{Q} \frac{du_C}{d\tau} + u_C = u_0(\tau/\omega_0) \ . \tag{6.25}$$

Dabei ist $Q = \omega_0 L/R = \sqrt{L/C}/R$ die Güte des Schwingkreises (Abschnitt 2.4.1). Nach Gl. (6.22) erhält man bei Verwendung der neuen unabhängigen Variablen τ für den Strom

$$i = \sqrt{\frac{C}{L}} \frac{du_C}{d\tau} \ . \tag{6.26}$$

Die Lösung der Differentialgleichung (6.25) wird wie bei den bisherigen Beispielen dadurch ermittelt, daß man die allgemeine Lösung der homogenen Differentialgleichung bestimmt und ihr eine partikuläre Lösung der inhomogenen Differentialgleichung überlagert.

(a) Es wird also zunächst die homogene Differentialgleichung (6.25), d.h. der Fall $u_0(\tau/\omega_0) \equiv 0$ betrachtet. Für ihre Lösung wird der Ansatz

$$u_C = K\, e^{p\tau} \quad (K = \text{const}, \ p = \text{const})$$

gewählt. Führt man diesen Ansatz in die Gl. (6.25) ein, so erhält man (mit $u_0 \equiv 0$) die charakteristische Gleichung

$$p^2 + \frac{1}{Q} p + 1 = 0 \ ,$$

welche die Ermittlung der Eigenwerte p_1 und p_2 erlaubt:

$$p_{1,2} = -\frac{1}{2Q} \pm \frac{1}{2Q} \sqrt{1 - 4Q^2} \ . \tag{6.27a, b}$$

6.2 Einschwingvorgänge in einfachen Netzwerken

Damit lautet die allgemeine Lösung der Gl. (6.25) für $u_0(\tau/\omega_0) \equiv 0$ nach der Theorie der Differentialgleichungen

$$u_{Ch}(\tau) = K_1 e^{p_1 \tau} + K_2 e^{p_2 \tau} \quad \text{für } p_1 \neq p_2 \tag{6.28a}$$

und

$$u_{Ch}(\tau) = K_1 e^{p_1 \tau} + K_2 \tau e^{p_1 \tau} \quad \text{für } p_1 = p_2 \;. \tag{6.28b}$$

Die Größen K_1 und K_2 bedeuten Integrationskonstanten.

Zur näheren Diskussion der gewonnenen Lösung für die homogene Differentialgleichung unterscheidet man die folgenden Fälle:

1) *Schwache Dämpfung,* $Q > 0{,}5$

In diesem Fall sind die Eigenwerte p_1 und p_2 gemäß den Gln. (6.27a, b) zueinander konjugiert komplexe Größen, nämlich

$$p_{1,2} = -\alpha \pm j\beta \;,$$

mit

$$\alpha = 1/(2Q) \quad \text{und} \quad \beta = \sqrt{4Q^2 - 1}/(2Q) \;. \tag{6.29}$$

Entsprechend müssen die Integrationskonstanten K_1 und K_2 zueinander konjugiert komplexe Größen sein, damit $u_{Ch}(\tau)$ eine reelle Funktion wird. Dann läßt sich die Gl. (6.28a) in der Form schreiben

$$u_{Ch}(\tau) = e^{-\alpha\tau}(A \cos \beta\tau + B \sin \beta\tau) \;,$$

wobei

$$A = 2\operatorname{Re} K_1 = 2\operatorname{Re} K_2 \;,$$
$$B = -2\operatorname{Im} K_1 = 2\operatorname{Im} K_2$$

ist. Hieraus folgt die weitere Darstellung

$$u_{Ch}(\tau) = U_0 e^{-\alpha\tau} \cos(\beta\tau - \psi) \tag{6.30}$$

mit

$$U_0 = \sqrt{A^2 + B^2} \quad \text{und} \quad \psi = \arctan(B/A) \;.$$

2) *Starke Dämpfung,* $Q < 0{,}5$

In diesem Fall sind die Eigenwerte p_1 und p_2 gemäß den Gln. (6.27a, b) negativ reelle Größen. Die Spannung $u_{Ch}(\tau)$ setzt sich also nach Gl. (6.28a) aus zwei mit der Zeit abklingenden Exponentialfunktionen zusammen. Für $Q^2 \ll 1/4$ kann näherungsweise

$$\sqrt{1 - 4Q^2} = 1 - 2Q^2$$

gesetzt werden. Dann lassen sich die Eigenwerte nach den Gln. (6.27a, b) näherungsweise als

$$p_1 = -Q, \quad p_2 = -\frac{1}{Q} + Q \approx -\frac{1}{Q}$$

ausdrücken. Mit diesen Näherungen lautet die Gl. (6.28a)

$$u_{Ch}(\tau) = K_1 e^{-Q\tau} + K_2 e^{-\tau/Q} \ .$$

3) *Kritische Dämpfung, Q = 0,5*

In diesem Fall sind die Eigenwerte gleich, nämlich $p_1 = p_2 = -1$. Aus Gl. (6.28b) ergibt sich dann als Lösung der homogenen Differentialgleichung

$$u_{Ch}(\tau) = (K_1 + K_2\tau)e^{-\tau} \ .$$

Wird der Schwingkreis für $\tau \geq 0$ durch eine nicht beständig verschwindende Spannung $u_0(\tau/\omega_0)$ erregt, so muß man der Lösung gemäß Gl. (6.28a) bzw. Gl. (6.28b) ein partikuläres Integral der Differentialgleichung (6.25) überlagern. Zur Bestimmung der partikulären Lösung muß $u_0(\tau/\omega_0)$ explizit bekannt sein.

(b) Gilt $u_0(\tau/\omega_0) \equiv U$ für $\tau \geq 0$ (Erregung durch eine Gleichspannung), dann ist $u_{Cp} = U$ eine partikuläre Lösung. Sie stimmt mit der stationären Lösung überein. Die allgemeine Lösung der Differentialgleichung (6.25) für $\tau \geq 0$ lautet damit

$$u_C(\tau) = U + K_1 e^{p_1\tau} + K_2 e^{p_2\tau} \tag{6.31}$$

für den Fall $p_1 \neq p_2$. Nach Gl. (6.26) wird der Strom

$$i(\tau) = \sqrt{\frac{C}{L}} \left[K_1 p_1 e^{p_1\tau} + K_2 p_2 e^{p_2\tau} \right] \ . \tag{6.32}$$

Die Integrationskonstanten K_1 und K_2 können aus den Gln. (6.31) und (6.32) bei Beachtung der Anfangsbedingungen $u_C(0) = 0, i(0) = 0$ ermittelt werden:

$$K_1 + K_2 = -U \ ,$$

$$p_1 K_1 + p_2 K_2 = 0 \ .$$

Hieraus folgt

$$K_1 = \frac{p_2 U}{p_1 - p_2}, \quad K_2 = \frac{p_1 U}{p_2 - p_1} \ .$$

Damit sind u_C und i für diesen Fall vollständig bestimmt. Ist der Schwingkreis schwach gedämpft ($Q > 0,5$), dann lassen sich die beiden Exponentialfunktionen in Gl. (6.31) durch die rechte Seite der Gl. (6.30) ersetzen. Hieraus erhält man mit Hilfe der Gl.

6.2 Einschwingvorgänge in einfachen Netzwerken

(6.26) eine entsprechende Darstellung für den Strom $i(\tau)$. Die Konstanten U_0 und ψ ergeben sich aufgrund der Anfangsbedingungen gemäß den Gln. (6.23a,b) zu

$$U_0 = -\frac{U}{\cos\psi}, \quad \psi = \arctan\frac{\alpha}{\beta}.$$

Bild 6.18 zeigt den grundsätzlichen Kurvenverlauf der Spannung u_C und des Stroms i für den Fall schwacher Dämpfung.

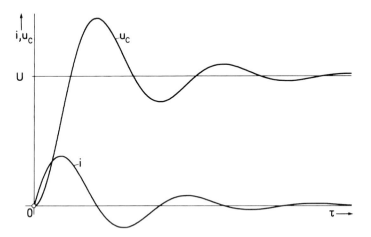

Bild 6.18. Zeitlicher Verlauf der Größen u_C und i für den schwach gedämpften Reihenschwingkreis bei Erregung durch eine Gleichspannungsquelle.

Ist für $\tau \geq 0$

$$u_0(\tau/\omega_0) = \hat{u}\,\cos\gamma\tau \equiv \hat{u}\,\cos\gamma\omega_0 t,$$

d.h. wird der Schwingkreis durch eine harmonische Spannung erregt, so erhält man eine partikuläre Lösung für die Kapazitätsspannung dadurch, daß man den stationären Zustand bestimmt[46]. Dazu kann man sich der Methode nach Kapitel 2 bedienen. Nach Bild 6.19 wird

$$\underline{U}_C = \frac{\underline{U}_0}{1 - \omega^2 LC + j\omega RC},$$

wobei ω die Kreisfrequenz der erregenden harmonischen Spannung, also gleich $\gamma\omega_0$ ist. Im stationären Zustand gilt somit

$$u_{Cp} = \frac{\hat{u}}{\sqrt{(1 - \gamma^2\omega_0^2 LC)^2 + \gamma^2\omega_0^2 R^2 C^2}}\,\cos(\gamma\omega_0 t - \varphi),$$

---

[46] Daß die stationäre Kapazitätsspannung eine partikuläre Lösung darstellt, sieht man leicht ein, indem man die Erregung schon im Zeitpunkt $-\infty$ beginnen läßt. In diesem Fall ist der flüchtige Anteil der Kapazitätsspannung zu jedem endlichen Zeitpunkt abgeklungen, und der stationäre Anteil muß die Differentialgleichung erfüllen.

wobei

$$\varphi = \arctan \frac{\gamma \omega_0 RC}{1 - \gamma^2 \omega_0^2 LC}$$

ist und der Index p zur Kennzeichnung der partikulären Lösung dient. Führt man nun $\tau = \omega_0 t$ als unabhängige Variable ein, dann wird

$$u_{Cp} = \frac{\hat{u}}{\sqrt{(1 - \gamma^2)^2 + \gamma^2/Q^2}} \cos(\gamma\tau - \varphi) \tag{6.33a}$$

mit

$$\varphi = \arctan \frac{\gamma}{Q(1 - \gamma^2)} \; . \tag{6.33b}$$

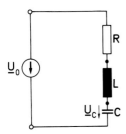

Bild 6.19. Gedämpfter Reihenschwingkreis im Wechselstrombetrieb.

Überlagert man jetzt die stationäre Lösung Gl. (6.33a) der allgemeinen Lösung für die homogene Differentialgleichung gemäß Gl. (6.28a) für $p_1 \neq p_2$ bzw. gemäß Gl. (6.28b) für $p_1 = p_2$, dann erhält man die allgemeine Form für $u_C(\tau)$ bei harmonischer Erregung. Der zugehörige Strom $i(\tau)$ folgt aus Gl. (6.26). Die Werte der Konstanten K_1 und K_2 können aus den Anfangsbedingungen $u_C(0) = 0$ und $i(0) = 0$ bestimmt werden.

Die Methode der komplexen Wechselstromrechnung zur Bestimmung der stationären Kapazitätsspannung u_{Cp} bei harmonischer Erregung versagt dann, wenn $\gamma = 1$ und $R = 0$ gilt, d.h. wenn die Erregungskreisfrequenz ω mit der Resonanzkreisfrequenz ω_0 übereinstimmt und die Güte Q über alle Grenzen strebt. In diesem Fall erhält man eine partikuläre Lösung der Differentialgleichung für die Kapazitätsspannung mit Hilfe des Ansatzes

$$u_{Cp} = K\tau \cos(\tau - \eta) \; . \tag{6.34}$$

Diese Funktion kann aufgefaßt werden als eine harmonische Funktion, deren Amplitude mit der Zeit über alle Grenzen strebt. Man findet $K = \hat{u}/2$ und $\eta = \pi/2$. Die allgemeine Form von $u_C(\tau)$ gewinnt man, indem man der partikulären Lösung Gl. (6.34) die Lösung der homogenen Differentialgleichung gemäß Gl. (6.28a) mit $p_1 = j$ und $p_2 = -j$ superponiert.

Wird der Schwingkreis für $\tau \geq 0$ durch eine Spannung $u_0(\tau/\omega_0)$ von allgemeinerer Form erregt, die sich also nicht aus Exponentialfunktionen einschließlich einer

6.2 Einschwingvorgänge in einfachen Netzwerken

Konstante zusammensetzt, dann müssen allgemeinere Methoden zur Bestimmung eines partikulären Integrals herangezogen werden, beispielsweise die Methode der Variation der Konstanten.

(c) Bei den bisherigen Betrachtungen über Einschwingvorgänge beim Schwingkreis wurde vorausgesetzt, daß zum Einschaltzeitpunkt die Energiespeicher leer sind, d.h., daß der Induktivitätsstrom und die Kapazitätsspannung verschwinden. Ist diese Voraussetzung nicht gegeben, dann müssen bei der Festlegung der Integrationskonstanten die von null verschiedenen Werte $u_C(0)$ bzw. $i(0)$ berücksichtigt werden. Dies soll am Einschwingverhalten des für $t \geq 0$ nicht erregten Schwingkreises gezeigt werden, der vor dem Zeitpunkt $t = 0$ sehr lange an der Gleichspannung U lag (Bild 6.20).

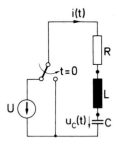

Bild 6.20. Netzwerk zum Abschalten einer Gleichspannungsquelle an einem Reihenschwingkreis.

Für $t \geq 0$ ($\tau \geq 0$) lautet die Kapazitätsspannung u_C bei schwacher Dämpfung nach Gl. (6.30)

$$u_C(\tau) = U_0 e^{-\alpha \tau} \cos(\beta \tau - \psi) , \qquad (6.35a)$$

der Strom $i(\tau)$ mit Gl. (6.26)

$$i(\tau) = \sqrt{\frac{C}{L}} U_0 e^{-\alpha \tau} [-\alpha \cos(\beta \tau - \psi) - \beta \sin(\beta \tau - \psi)] . \qquad (6.35b)$$

Unter Verwendung der Anfangsbedingungen

$$u_C(0) = U \quad \text{und} \quad i(0) = 0$$

findet man mit den Gln. (6.35a,b) sofort

$$U_0 = \frac{U}{\cos \psi} \quad \text{und} \quad \psi = \arctan \frac{\alpha}{\beta} .$$

Dann erhält man aus den Gln. (6.35a,b) bei Berücksichtigung der Beziehung $\alpha^2 + \beta^2 = 1$

$$u_C(\tau) = \frac{U}{\beta} e^{-\alpha \tau} \cos(\beta \tau - \psi) \qquad (6.36)$$

und

$$i(\tau) = -\sqrt{\frac{C}{L}} \frac{U}{\beta} e^{-\alpha \tau} \sin \beta \tau .$$

Der Verlauf dieser Funktionen ist im Bild 6.21 dargestellt. Die Extremstellen von u_C stimmen mit den Nullstellen von i überein. Daher tritt das n-te Maximum von u_C in $\tau > 0$ für

$$\tau_n = \frac{n 2\pi}{\beta}$$

auf. Bei sehr hoher Güte Q ist α sehr klein, ebenso die Größe ψ. In diesem Fall kann man mit guter Näherung $\beta = 1$ und nach Gl. (6.36)

$$u_C(\tau_n) = U e^{-\alpha n 2\pi}$$

setzen. Hieraus läßt sich die Güte $Q = 1/2\alpha$ angeben [man vergleiche die Gln. (6.29)]:

$$Q = \frac{n\pi}{\ln \dfrac{U}{u_C(\tau_n)}} . \qquad (6.37)$$

Dieses Ergebnis liefert bei hoher Schwingkreisgüte eine Möglichkeit zur Messung dieser Größe unter Zugrundelegung des Netzwerks nach Bild 6.20.

6.2.5 Elementar-anschauliche Bestimmung des Einschwingvorgangs bei sprungförmiger Erregung

Im folgenden soll gezeigt werden, wie in vielen Fällen das Einschwingverhalten eines Netzwerks ohne Aufstellung von Differentialgleichungen in einfacher Weise bestimmt werden kann. Dabei wird angenommen, daß das betreffende Netzwerk vom Ruhezustand aus, d.h. bei stromlosen Induktivitäten und spannungslosen Kapazitäten, zum Zeitpunkt $t = 0$ durch eine Gleichspannungs- oder Gleichstromquelle erregt wird. Das Netzwerk kann ohmsche Widerstände, Induktivitäten, Kapazitäten und Übertrager enthalten und muß die Eigenschaft aufweisen, daß die Eigenschwingungen für $t \to \infty$ abklingen.

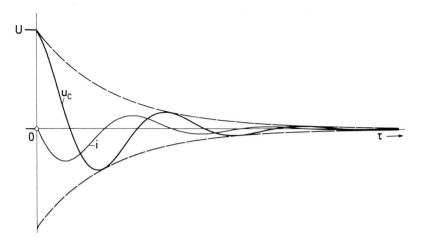

Bild 6.21. Zeitlicher Verlauf der Größen u_C und i für den schwach gedämpften Reihenschwingkreis aus Bild 6.20 nach Abschaltung der Gleichspannung U.

6.2 Einschwingvorgänge in einfachen Netzwerken

Aufgrund der Überlegungen im Abschnitt 6.1 kann man zunächst sämtliche Ströme und Spannungen im Netzwerk zum Zeitpunkt $t=0$ bestimmen. Zu diesem Zweck werden alle Kapazitäten durch Kurzschlüsse, alle Induktivitäten durch Leerläufe ersetzt. Dies ist zulässig, da für $t=0$ sämtliche Kapazitätsspannungen und sämtliche Induktivitätsströme verschwinden. Für das so modifizierte Netzwerk lassen sich alle Ströme und Spannungen im Zeitpunkt $t=0$ bei der vorgegebenen Erregung in einfacher Weise ermitteln. Weiterhin kann man in elementarer Weise die Ströme und Spannungen im Netzwerk für $t \to \infty$ bestimmen. Hierfür ist zu beachten, daß angesichts der Gleichspannungs- bzw. Gleichstromerregung sämtliche Ströme und Spannungen im Netzwerk für $t \to \infty$ konstant sind. Da bei allen Induktivitäten die Spannung proportional dem Differentialquotienten des Stroms ist, müssen alle Induktivitätsspannungen für $t \to \infty$ verschwinden. Damit können für $t \to \infty$ alle Induktivitäten durch Kurzschlüsse ersetzt werden. In entsprechender Weise kann man zeigen, daß alle Kapazitäten für $t \to \infty$ durch Leerläufe ersetzt werden dürfen. Für das so modifizierte Netzwerk werden sämtliche Ströme und Spannungen in einfacher Weise berechnet. Zur Bestimmung des Einschwingverhaltens des Netzwerks wird jetzt, ausgehend von den ermittelten Anfangswerten bei $t=0$ und Endwerten für $t \to \infty$, der Verlauf der Ströme und Spannungen im gesamten Zeitbereich $0 \le t \le \infty$ berechnet. Dazu beachtet man, daß die Funktionen, durch welche die Netzwerk-Ströme bzw. -Spannungen beschrieben werden, im vorliegenden Fall als Summe aus einem konstanten Anteil und additiv überlagerten variablen Anteilen zusammengesetzt sind. Dabei stellt der konstante Anteil das Verhalten für $t \to \infty$ dar (stationärer Bestandteil), die variablen Anteile verschwinden für $t \to \infty$ (flüchtige Anteile). Die variablen Anteile setzen sich aus einer Summe von Eigenfunktionen zusammen. Diese sind die Lösungen der homogenen Differentialgleichung für die betreffende Größe; sie sind nur bis auf einen konstanten Faktor bestimmt. Die Eigenfunktionen erhält man also, wenn man die Erregung des Netzwerks beseitigt. Eine Spannungsquelle ist dabei durch einen Kurzschluß, eine Stromquelle durch einen Leerlauf zu ersetzen. Die späteren allgemeinen Untersuchungen werden zeigen, daß die Zahl der Eigenfunktionen mit der Ordnung des Netzwerks übereinstimmt. Die Eigenfunktionen sind durch die Eigenwerte vollständig gegeben. Die Eigenwerte lassen sich aber, wie noch zu zeigen ist, rein algebraisch ohne Aufstellung einer Differentialgleichung bestimmen.

Die in den vorausgegangenen Betrachtungen skizzierte elementare Methode zur Ermittlung des Einschwingverhaltens von Netzwerken läßt sich vor allem bei einfachen Netzwerken bequem anwenden. Dies soll im folgenden an Beispielen gezeigt werden.

Bild 6.22 zeigt ein aus zwei Widerständen und einer Induktivität bestehendes Netzwerk, das im Ruhezustand zum Zeitpunkt $t=0$ an die Gleichstromquelle I gelegt wird. Es soll der zeitliche Verlauf der Spannung $u(t)$ am Widerstand R_1 bestimmt werden. Den Anfangswert $u(0)$ erhält man, wenn man die Induktivität L leerlaufen läßt

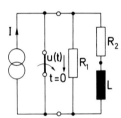

Bild 6.22. Einfaches Netzwerk, das zum Zeitpunkt $t=0$ vom Ruhezustand aus durch eine Gleichstromquelle erregt wird.

und die Spannung am Widerstand R_1 bei geöffnetem Schalter bestimmt. Wie man sieht, wird $u(0) = IR_1$. Zur Bestimmung des Endwertes $u(\infty)$ hat man die Induktivität kurzzuschließen. Man erhält auf diese Weise $u(\infty) = IR_1R_2/(R_1 + R_2)$. Da im Netzwerk nach Bild 6.22 nur ein Energiespeicher auftritt, besitzt das Netzwerk nur eine Eigenfunktion $Ke^{-t/T}$. Sie kann dem Netzwerk nach Bild 6.23 entnommen werden, das sich von jenem im Bild 6.22 dadurch unterscheidet, daß die Erregung identisch null gemacht wurde. Aufgrund früherer Erkenntnisse folgt aus dem Bild 6.23, daß die Zeitkonstante T durch den Quotienten $L/(R_1 + R_2)$ gegeben ist. Somit gilt für $t \geqslant 0$

$$u(t) = I \frac{R_1 R_2}{R_1 + R_2} + K e^{-t/T}$$

mit

$$T = L/(R_1 + R_2) \ .$$

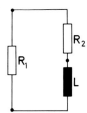

Bild 6.23. Zur Bestimmung der Zeitkonstante T des Netzwerks aus Bild 6.22.

Zur Festlegung der Konstante K verwendet man den Anfangswert IR_1. Dadurch erhält man für $t \geqslant 0$

$$u(t) = \frac{IR_1}{R_1 + R_2} [R_2 + R_1 e^{-t/T}] \ .$$

Das Ergebnis ist im Bild 6.24 dargestellt.

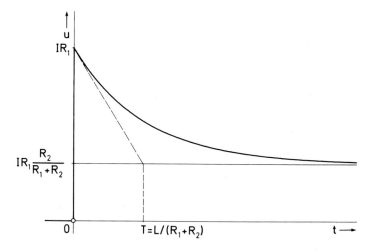

Bild 6.24. Zeitlicher Verlauf der Größe u für das Netzwerk aus Bild 6.22.

6.2 Einschwingvorgänge in einfachen Netzwerken

Allgemein läßt sich die Zeitkonstante T eines Netzwerks mit einem Energiespeicher (L oder C) dadurch bestimmen, daß man die Quellen zu null macht und den rein ohmschen Teil des Netzwerks, der parallel zum Energiespeicher liegt, zu einem Widerstand R zusammenfaßt (Bild 6.25). Dann ist $T = L/R$ bzw. $T = CR$. Eine Strom- oder eine Spannungs-Reaktion im Netzwerk hat dann bei Erregung des Netzwerks durch eine Gleichspannung bzw. durch einen Gleichstrom stets die Form

$$y(t) = A + B\,e^{-t/T}\ .$$

Die Konstanten A und B sind durch den Anfangswert und den Endwert festgelegt. – In gleicher Weise läßt sich die Zeitkonstante und die Reaktion bei einem Netzwerk mit mehreren Energiespeichern derselben Art ermitteln, sofern man die Energiespeicher zu einem einzigen zusammenfassen kann.

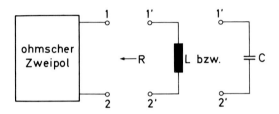

Bild 6.25. Zur Bestimmung der Zeitkonstante T eines Netzwerks mit nur einem Energiespeicher.

Als zweites Beispiel soll das Netzwerk von Bild 6.26 untersucht werden. Es enthält einen Widerstand, eine Induktivität und eine Kapazität und wird vom Ruhezustand aus im Zeitpunkt $t = 0$ an die Gleichstromquelle I geschaltet. Gesucht wird der zeitliche Verlauf der Spannung $u(t)$ für $t \geq 0$. Da das Netzwerk vom Ruhezustand aus erregt wird und da im Zeitpunkt $t = 0$ der gesamte Strom I über die Kapazität C fließt, erhält man die Anfangswerte

$$u(0) = 0\ , \tag{6.38a}$$

$$\left(\frac{du}{dt}\right)\bigg|_{t=0} = \frac{I}{C}\ . \tag{6.38b}$$

Für $t \to \infty$ fließt der gesamte Strom I durch den Widerstand R und die als Kurzschluß wirkende Induktivität L. Deshalb erhält man den Endwert

$$u(\infty) = IR\ . \tag{6.39}$$

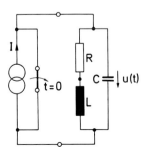

Bild 6.26. Netzwerk zur Erläuterung der elementaranschaulichen Bestimmung des Einschwingvorgangs bei Erregung durch eine Gleichstromquelle.

Die Eigenfunktionen können dem Netzwerk nach Bild 6.27 entnommen werden, das aus jenem von Bild 6.26 dadurch entsteht, daß die Erregung identisch null gemacht wird. Die Eigenwerte p_1 und p_2 sind durch die Gln. (6.27a,b) gegeben. Man beachte, daß hierbei $\tau = \omega_0 t$ mit $\omega_0 = 1/\sqrt{LC}$ die unabhängige Variable ist. Für $p_1 \neq p_2$ lautet die Kapazitätsspannung schließlich

$$u(t) = IR + K_1 e^{p_1 \omega_0 t} + K_2 e^{p_2 \omega_0 t} \,. \tag{6.40}$$

Der erste Summand in dieser Gleichung stellt den Endwert nach Gl. (6.39) dar. Die Konstanten K_1 und K_2 sind durch die Anfangswerte gemäß den Gln. (6.38a, b) bestimmt.

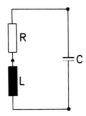

Bild 6.27. Zur Ermittlung der Eigenfunktionen des Netzwerks aus Bild 6.26.

Es soll darauf hingewiesen werden, daß im vorausgegangenen Beispiel entsprechend der Zahl der Konstanten K_1, K_2 zur vollständigen Bestimmung der Funktion $u(t)$ zwei Anfangsbedingungen gemäß den Gln. (6.38a,b) erforderlich waren. Die zweite dieser Bedingungen stellt den Wert der Ableitung von $u(t)$ im Zeitpunkt $t = 0$ dar. Sie konnte deshalb so leicht angegeben werden, weil allgemein die Ableitung einer Kapazitätsspannung gleich dem durch den Wert der Kapazität dividierten Kapazitätsstrom ist. In entsprechender Weise läßt sich die Ableitung des Stroms einer Induktivität beim Einschalten einfach bestimmen. Die Werte von anderen Ableitungen im Einschaltzeitpunkt $t = 0$, insbesondere von Ableitungen höherer Ordnung, lassen sich nicht so einfach ermitteln, da ihnen keine im Netzwerk unmittelbar auftretenden Ströme oder Spannungen entsprechen.

Anmerkung: Die hier beschriebene elementar-anschauliche Methode zur Analyse des Einschwingvorgangs läßt sich noch in zweierlei Hinsicht einfach erweitern.

Zum einen besteht die Möglichkeit, auch die Fälle einzubeziehen, in denen das zu untersuchende Netzwerk nicht vom Ruhezustand aus erregt wird. Dazu hat man den flüchtigen Anteil, in dem in jedem Summanden eine zunächst frei wählbare Konstante auftritt, mit der stationären Lösung zu superponieren. Die Werte der genannten Konstanten erhält man dann unmittelbar aus den Anfangsbedingungen, die durch den gegebenen Anfangszustand eindeutig bestimmt sind.

Zum anderen ist es möglich, auch andere Erregungen als die bisherigen in Form einer Gleichspannung oder eines Gleichstroms zuzulassen. Der einzige Unterschied besteht darin, daß der stationäre Bestandteil entsprechend zu bestimmen und bei der Ermittlung der Lösung zu berücksichtigen ist. Beispielsweise kann man sich hierbei im Fall der harmonischen Erregung der Methode der komplexen Wechselstromrechnung bedienen.

6.2 Einschwingvorgänge in einfachen Netzwerken

6.2.6 Erregung durch mehrere Quellen, Methode der Superposition

6.2.6.1 Erregung vom Ruhezustand aus. Die Netzwerke, deren Einschwingverhalten bisher ermittelt wurde, enthielten jeweils nur eine Quelle. Im folgenden soll untersucht werden, wie der Einschwingvorgang eines von mehreren Quellen erregten Netzwerks ermittelt werden kann. Zunächst muß festgestellt werden, daß in einem Netzwerk der Zusammenhang zwischen irgendeinem Strom oder einer Spannung und den Erregungen aufgrund der Verfahren von Kapitel 3 durch eine lineare Differentialgleichung mit konstanten Koeffizienten gegeben ist. Man kann diese Differentialgleichung immer so ausdrücken, daß auf der rechten Seite der Gleichung gerade alle von den Erregungen herrührenden Terme auftreten. Da diese Terme als Linearkombination vorkommen, liegt die Vermutung nahe, daß man den Einschwingvorgang, d.h. den zeitlichen Verlauf des interessierenden Stromes bzw. der interessierenden Spannung, durch Superposition der Teilvorgänge erhält, die sich jeweils allein unter dem Einfluß einer einzigen Erregung ergeben. Bei den folgenden Überlegungen zeigt es sich jedoch, daß die Superpositionsmethode zur Ermittlung des Einschwingvorgangs zunächst nur bei der Erregung des Netzwerks vom Ruhezustand aus angewendet werden darf. Dabei versteht man unter dem Ruhezustand denjenigen Zustand des Netzwerks, der vorliegt, wenn alle Kapazitätsspannungen und alle Induktivitätsströme gleich null sind. Als Einschaltzeitpunkt sei $t = 0$ gewählt.

Für das Folgende sei zunächst angenommen, daß das zu untersuchende Netzwerk nur *eine* Quelle $x(t)$ besitzt. Der interessierende Strom bzw. die interessierende Spannung wird mit $y(t)$ bezeichnet. Nach den Überlegungen von Kapitel 3 besteht zwischen den Funktionen $x(t)$ und $y(t)$ eine Verknüpfung in Form der linearen Differentialgleichung q-ter Ordnung

$$\frac{d^q y}{dt^q} + \alpha_{q-1} \frac{d^{q-1} y}{dt^{q-1}} + \ldots + \alpha_0 y = \beta_q \frac{d^q x}{dt^q} + \beta_{q-1} \frac{d^{q-1} x}{dt^{q-1}} + \ldots + \beta_0 x \qquad (6.41)$$

mit bekannten konstanten Koeffizienten $\alpha_0, \alpha_1, \ldots, \alpha_{q-1}, \beta_0, \ldots, \beta_q$ und bekannter Erregung $x(t)$, die für $t < 0$ verschwindet. Da sich das Netzwerk für $t < 0$ in Ruhe befindet, ist auch $y(t)$ bis zum Einschaltzeitpunkt identisch null. Die Anfangswerte von $y(t), y'(t), y''(t), \ldots, y^{(q-1)}(t)$ – mit den Strichen sind die Differentialquotienten bezeichnet – unmittelbar nach dem Einschaltzeitpunkt, d.h. für $t = 0+$, lassen sich aufgrund der Gl. (6.41) und der gegebenen Erregung $x(t)$ in Form der Matrizengleichung

$$\begin{bmatrix} y(0+) \\ y'(0+) \\ \vdots \\ y^{(q-1)}(0+) \end{bmatrix} = \alpha^{-1} \beta \begin{bmatrix} x(0+) \\ x'(0+) \\ \vdots \\ x^{(q-1)}(0+) \end{bmatrix} \qquad (6.42)$$

mit den quadratischen Matrizen

$$\boldsymbol{\alpha} = \begin{bmatrix} 1 & 0 & 0 & \cdots & 0 \\ \alpha_{q-1} & 1 & 0 & \cdots & 0 \\ \alpha_{q-2} & \alpha_{q-1} & 1 & & \\ \vdots & \vdots & \vdots & & \vdots \\ \alpha_1 & \alpha_2 & \alpha_3 & \cdots & 1 \end{bmatrix}, \quad \boldsymbol{\beta} = \begin{bmatrix} \beta_q & 0 & \cdots & 0 \\ \beta_{q-1} & \beta_q & \cdots & 0 \\ & & & \\ \vdots & & & \\ \beta_1 & \beta_2 & \cdots & \beta_q \end{bmatrix} \quad (6.43\text{a,b})$$

ausdrücken. Der Beweis hierfür wird am Ende dieses Abschnitts skizziert. Die Funktion $y(t)$ ist durch die Gl. (6.41) und die Anfangsbedingung gemäß Gl. (6.42) eindeutig gegeben.

Besitzt das vom Ruhezustand aus erregte Netzwerk mehrere Quellen $x_1(t)$, $x_2(t)$, ..., $x_m(t)$, welche für $t < 0$ ausnahmslos verschwinden, so ergibt sich anstelle der Gl. (6.41) die Differentialgleichung

$$\frac{d^q y}{dt^q} + \alpha_{q-1} \frac{d^{q-1} y}{dt^{q-1}} + \ldots + \alpha_0 y = f_1(t) + f_2(t) + \ldots + f_m(t) \quad (6.44\text{a})$$

mit

$$f_\mu(t) = \beta_q^{(\mu)} \frac{d^q x_\mu}{dt^q} + \ldots + \beta_0^{(\mu)} x_\mu, \quad (\mu = 1, 2, \ldots, m) \ . \quad (6.44\text{b})$$

Aus den Koeffizienten $\beta_\nu^{(\mu)}$ ($\nu = 1, 2, \ldots, q$) werden gemäß der Gl. (6.43b) die Matrizen $\boldsymbol{\beta}_\mu$ ($\mu = 1, 2, \ldots, m$) gebildet. Entsprechend dem Fall nur einer Erregung erhält man für die Anfangswerte des zu lösenden Differentialgleichungsproblems

$$\begin{bmatrix} y(0+) \\ y'(0+) \\ \vdots \\ y^{(q-1)}(0+) \end{bmatrix} = \boldsymbol{\alpha}^{-1} \left\{ \boldsymbol{\beta}_1 \begin{bmatrix} x_1(0+) \\ x_1'(0+) \\ \vdots \\ x_1^{(q-1)}(0+) \end{bmatrix} + \ldots + \boldsymbol{\beta}_m \begin{bmatrix} x_m(0+) \\ x_m'(0+) \\ \vdots \\ x_m^{(q-1)}(0+) \end{bmatrix} \right\} . \quad (6.45)$$

Die Netzwerkreaktion $y(t)$ ist durch die Gln. (6.44a,b) und die Anfangsbedingung gemäß Gl. (6.45) eindeutig festgelegt.

Wählt man als rechte Seite der Gl. (6.44a) nur eine einzige Funktion $f_\mu(t)$ ($\mu = 1$, 2, ..., m), dann ergibt sich als Lösung des Problems die Funktion $y_\mu(t)$ ($\mu = 1, 2, \ldots$, m) mit den Anfangswerten

6.2 Einschwingvorgänge in einfachen Netzwerken

$$\begin{bmatrix} y_\mu(0+) \\ y'_\mu(0+) \\ \vdots \\ y_\mu^{(q-1)}(0+) \end{bmatrix} = \alpha^{-1}\beta_\mu \begin{bmatrix} x_\mu(0+) \\ x'_\mu(0+) \\ \vdots \\ x_\mu^{(q-1)}(0+) \end{bmatrix} \quad (\mu = 1, 2, ..., m) \ . \tag{6.46}$$

Die Summe der Funktionen $y_1(t) + y_2(t) + ... + y_m(t)$ erfüllt sicher die Gl. (6.44a) für $t > 0$, und ihre durch Addition der Gl. (6.46) für $\mu = 1, 2, ..., m$ entstehenden Anfangswerte stimmen mit den durch Gl. (6.45) gegebenen Werten überein. Angesichts der Lösungseindeutigkeit muß die genannte Summe mit der Lösung $y(t)$ des Differentialgleichungsproblems gemäß Gl. (6.44a) identisch sein.

Zur Ermittlung des Einschwingvorganges $y(t)$ in einem Netzwerk, das mehrere Quellen $x_1(t), x_2(t), ..., x_m(t)$ besitzt und vom Ruhezustand aus erregt wird, läßt sich also die Superpositionsmethode anwenden, indem man zunächst nur die Teilreaktionen $y_1(t), y_2(t), ..., y_m(t)$ bestimmt, die allein von $x_1(t), x_2(t), ..., x_m(t)$ herrühren, und diese zur Gesamtreaktion $y(t)$ aufaddiert.

Abschließend soll der Beweis der Gln. (6.42) und (6.45) angedeutet werden. Dazu empfiehlt es sich, die sogenannte Sprungfunktion $s(t)$, welche für $t < 0$ verschwindet und für $t > 0$ gleich eins ist, sowie deren (im Sinne von Distributionen [40] zu verstehende) Ableitung, die sogenannte Deltafunktion $\delta(t)$, heranzuziehen. Die Funktionen $s(t)$ und $\delta(t)$ spielen später noch eine wichtige Rolle. Man kann nun

$$x(t) = s(t)f(t) \quad \text{und} \quad y(t) = s(t)g(t) \tag{6.47a,b}$$

schreiben, wobei $f(t)$ und $g(t)$ als in $-\infty < t < \infty$ genügend oft differenzierbare Funktionen angenommen werden. Aus den Gln. (6.47a, b) erhält man die Ableitung

$$x^{(\kappa)}(t) = s(t)f^{(\kappa)}(t) + \delta(t)x^{(\kappa-1)}(0+) + ... + \delta^{(\kappa-1)}(t)x(0+) \tag{6.48a}$$

und

$$y^{(\kappa)}(t) = s(t)g^{(\kappa)}(t) + \delta(t)y^{(\kappa-1)}(0+) + ... + \delta^{(\kappa-1)}(t)y(0+) \tag{6.48b}$$

für $\kappa = 1, 2, ..., q$. Führt man die Gln. (6.47a,b) und (6.48a,b) in die Gl. (6.41) ein und identifiziert man anschließend die Koeffizienten bei $\delta(t)$ auf beiden Seiten, ebenso dann die Koeffizienten bei $\delta'(t)$ usw., so erhält man q Gleichungen, die in Matrizenform geschrieben durch einfache Umwandlung in Form der Gl. (6.42) dargestellt werden können. Ganz entsprechend läßt sich die Richtigkeit der Gl. (6.45) beweisen.

Stillschweigend wurden in den Gln. (6.41) und (6.44a) keine Differentialquotienten bei x von höherer als der q-ten Ordnung zugelassen. In einem solchen selten auftretenden Fall müßte der Ansatz für $y(t)$ gemäß Gl. (6.47b) erweitert werden, indem noch additive Terme eingeführt werden, welche bis auf konstante Faktoren mit Differentialquotienten von $s(t)$ übereinstimmen. Im übrigen wird wie oben verfahren, und das Ergebnis zeigt, daß nach wie vor die Superpositionsmethode zur Bestimmung von $y(t)$ anwendbar ist.

Wird das Netzwerk nicht vom Ruhezustand aus erregt, so treten auf der rechten Seite von Gl. (6.42) zusätzliche additive Terme auf, welche von $x(0+)$, $x'(0+)$, ... unabhängig sind, und es ist damit unschwer zu erkennen, daß das Superpositionsprinzip nicht im bisherigen Sinne angewendet werden darf.

6.2.6.2 Erregung bei beliebigem Anfangszustand. Es besteht die Möglichkeit, die Superpositionsmethode auch dann anzuwenden, wenn im Einschaltzeitpunkt das Netzwerk nicht im Ruhezustand ist. Hierzu werden die Kapazitäten und Induktivitäten im Netzwerk durch Quellen derart ergänzt, daß die Kapazitätsspannungen und die Induktivitätsströme im Einschaltzeitpunkt verschwinden. Dabei wird beachtet, daß die Spannung an einer Kapazität C für $t \geq 0$ dargestellt werden kann in der Form

$$u(t) = u(0) + \frac{1}{C} \int_0^t i(\tau) d\tau \ .$$

Dies ist eine Summe aus einem von der Zeit unabhängigen Anteil und einem zeitabhängigen Anteil, wobei letzterer die Spannung an der Kapazität C beschreibt, sofern deren Anfangswert verschwindet. Damit läßt sich das Strom-Spannungs-Verhalten einer Kapazität C mit beliebiger Anfangsspannung $u(0)$ für $t \geq 0$ darstellen durch die Reihenschaltung der Kapazität C mit Anfangsspannung null und einer Gleichspannungsquelle $u(0)$, die im Zeitpunkt $t = 0$ eingeschaltet wird. Diese Äquivalenz ist im Bild 6.28 veranschaulicht. In entsprechender Weise läßt sich eine Induktivität L mit Anfangsstrom $i(0)$ für $t \geq 0$ aufgrund der Beziehung

$$i(t) = i(0) + \frac{1}{L} \int_0^t u(\tau) d\tau$$

durch die Parallelschaltung der Induktivität L mit Anfangsstrom null und einer Gleichstromquelle $i(0)$, die im Zeitpunkt $t = 0$ eingeschaltet wird, darstellen. Diese Äquivalenz ist im Bild 6.29 veranschaulicht.

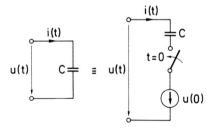

Bild 6.28. Berücksichtigung der Anfangsspannung einer Kapazität durch Einführung einer Gleichspannungsquelle.

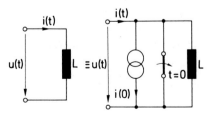

Bild 6.29. Berücksichtigung des Anfangsstroms einer Induktivität durch Einführung einer Gleichstromquelle.

6.2 Einschwingvorgänge in einfachen Netzwerken

Werden nun in einem Netzwerk die Energiespeicher gemäß den Bildern 6.28 und 6.29 ersetzt, so entsteht ein äquivalentes Netzwerk, das vom Ruhezustand aus erregt wird. Dann läßt sich die Superpositionsmethode anwenden, allerdings unter der Berücksichtigung auch der zusätzlich eingeführten Quellen. Enthält das Netzwerk Übertrager, so empfiehlt es sich, für jeden der Übertrager ein Ersatznetzwerk zu wählen, das außer einem idealen Übertrager Induktivitäten enthält, die gemäß Bild 6.29 modifiziert werden.

Die vorausgegangenen Überlegungen sollen an einem Beispiel erläutert werden. Bild 6.30 zeigt ein Netzwerk mit der Gleichstromquelle I, einer Gleichspannungsquelle U und zwei Schaltern S_1 und S_2. Sehr lange vor dem Zeitpunkt $t = 0$ sei der Schalter S_1 geschlossen und der Schalter S_2 in Stellung 1, so daß für $t \leqslant 0$ die Induktivität L stromlos ist. Im Zeitpunkt $t = 0$ wird der Schalter S_1 geöffnet, in einem späteren Zeitpunkt $t = t_0$ wird S_1 wieder geschlossen und der Schalter S_2 in die Stellung 2 gebracht. Es soll der Verlauf des Induktivitätsstroms $i(t)$ für $t \geqslant 0$ ermittelt werden.

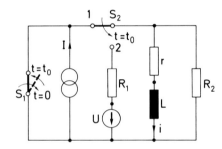

Bild 6.30. Netzwerk als Beispiel zur Erläuterung der Superpositionsmethode.

Im Intervall $0 \leqslant t \leqslant t_0$ fließt der Strom I über den Schalter S_2 in den aus den Widerständen r, R_2 und der Induktivität L bestehenden Teil des Netzwerks. Mit Hilfe des Anfangswertes $i(0) = 0$ und des Endwertes $i(\infty) = IR_2/(r + R_2)$ ergibt sich sofort für den Induktivitätsstrom $i(t)$ im Intervall $0 \leqslant t \leqslant t_0$

$$i(t) = \frac{R_2}{r + R_2} I \left(1 - e^{-t/T_0}\right), \qquad (6.49)$$

wobei

$$T_0 = L/(r + R_2)$$

einzusetzen ist. Für $t \geqslant t_0$ hat die Gleichstromquelle I keinen Einfluß mehr. Der Strom $i(t)$ weist für $t = t_0$ einen von null verschiedenen Anfangswert auf, nämlich nach Gl. (6.49)

$$i(t_0) = \frac{R_2}{r + R_2} I \left(1 - e^{-t_0/T_0}\right). \qquad (6.50)$$

Unter Beachtung der Äquivalenz nach Bild 6.29 kann man für $t \geqslant t_0$ das Netzwerk von Bild 6.30 durch das Netzwerk von Bild 6.31 ersetzen, wobei der Einschaltvorgang im Zeitpunkt $t = t_0$ mit stromloser Induktivität beginnt. Auf dieses Netzwerk darf jetzt der Überlagerungssatz angewendet werden, indem man den gesuchten Strom als Summe

$$i(t) = i_1(t) + i_2(t) \qquad (6.51)$$

darstellt. Dabei soll i_1 den von der Stromquelle $i(t_0)$ und i_2 den von der Spannungsquelle U herrührenden Anteil bedeuten. Den Strom i_1 erhält man nach Bild 6.32. Dieses Netzwerk entsteht aus jenem von Bild 6.31 dadurch, daß die Quelle U kurzgeschlossen wird. Aus Bild 6.32 folgt sofort

$$i_1(t) = i(t_0) e^{-(t-t_0)/T}, \qquad (6.52)$$

$$t \geq t_0; \quad T = \frac{L}{r + \dfrac{R_1 R_2}{R_1 + R_2}} .$$

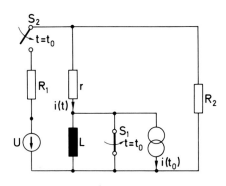

Bild 6.31. Modifizierung des Netzwerks aus Bild 6.30 unter Verwendung der Äquivalenz nach Bild 6.29 für $t \geq t_0$.

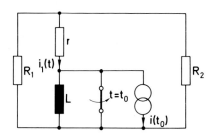

Bild 6.32. Zur Berechnung der Teilreaktion i_1 des Netzwerks aus Bild 6.31.

Entsprechend erhält man i_2 nach Bild 6.33 zu

$$i_2(t) = \frac{U R_2}{r R_1 + R_1 R_2 + R_2 r} \left[1 - e^{-(t-t_0)/T} \right], \qquad (6.53)$$

$$t \geq t_0; \quad T = \frac{L}{r + \dfrac{R_1 R_2}{R_1 + R_2}} .$$

6.2 Einschwingvorgänge in einfachen Netzwerken

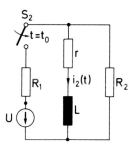

Bild 6.33. Zur Berechnung der Teilreaktion i_2 des Netzwerks aus Bild 6.31.

Der gesuchte Strom $i(t)$ entsteht nun gemäß Gl. (6.51) durch Superposition der Ströme $i_1(t)$ Gl. (6.52) und $i_2(t)$ Gl. (6.53):

$$i(t) = \frac{UR_2}{rR_1 + R_1R_2 + R_2r} + \left[i(t_0) - \frac{UR_2}{rR_1 + R_1R_2 + R_2r}\right] e^{-(t-t_0)/T},$$

$$t \geq t_0; \quad T = \frac{L(R_1 + R_2)}{rR_1 + R_1R_2 + R_2r}.$$

(6.54)

Die Konstante $i(t_0)$ ist durch Gl. (6.50) gegeben. Der gesamte, aus den Gln. (6.49) und (6.54) folgende Verlauf des Stroms ist im Bild 6.34 dargestellt.

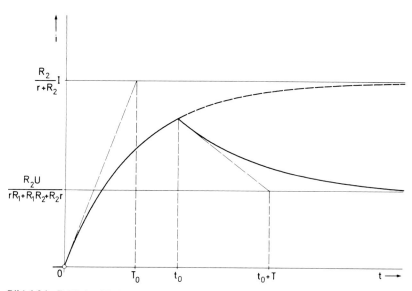

Bild 6.34. Zeitlicher Verlauf des Stromes i für das Netzwerk aus Bild 6.30.

6.2.7 Stationäres Verhalten einfacher Netzwerke bei periodischer Erregung

Das Verhalten periodisch erregter Netzwerke im eingeschwungenen (stationären) Zustand kann in einfachen Fällen auf elementare Weise gefunden werden. Dies soll an einem Beispiel gezeigt werden.

Bild 6.35 zeigt einen RL-Zweipol, der durch eine mäanderförmige Spannung $u(t)$ erregt wird. Zu bestimmen ist das stationäre Verhalten des Stroms, d.h. der Verlauf von $i(t)$ sehr lange nach dem Einsetzen der Erregung. Zur Lösung dieser Aufgabe wird zunächst der Verlauf von $i(t)$ im Intervall $0 \leq t \leq t_1$ bestimmt. Es gilt mit $T = L/R$

$$i(t) = U/R + K_1 e^{-t/T} \quad (0 \leq t \leq t_1) \ . \tag{6.55}$$

Entsprechend ergibt sich im Intervall $t_1 \leq t \leq t_2$ mit $T = L/R$

$$i(t) = -U/R + K_2 e^{-(t-t_1)/T} \quad (t_1 \leq t \leq t_2) \ . \tag{6.56}$$

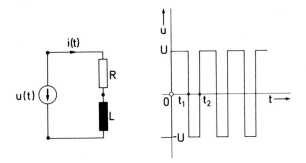

Bild 6.35. Erregung eines RL-Zweipols durch eine Quelle mit periodischer Spannung u.

Befinden sich die beiden betrachteten Intervalle bereits im Bereich des stationären Verhaltens, d.h. wurde die mäanderförmige Spannung $u(t)$ sehr (unendlich) lange vor dem Zeitpunkt $t = 0$ an den RL-Zweipol gelegt, dann muß $i(t)$ für $t \geq 0$ eine periodische Funktion sein. Man vergleiche hierzu Abschnitt 5.5.2. Die Periodizität stellt geradezu eine Bedingung dafür dar, daß der stationäre Zustand erreicht ist. Es muß also für den Strom $i(t)$ wegen der Periodizität

$$i(0) = i(t_2) \tag{6.57a}$$

und angesichts der Stetigkeit im Zeitpunkt $t = t_1$

$$i(t_1-) = i(t_1+) \tag{6.57b}$$

gelten. Die Bedingungen (6.57a,b) erlauben es, die beiden Konstanten K_1 und K_2 in den Gln. (6.55) und (6.56) zu bestimmen. Führt man die Gln. (6.55) und (6.56) in die Gln. (6.57a,b) ein, dann erhält man die Beziehungen

$$\frac{U}{R} + K_1 = -\frac{U}{R} + K_2 e^{-(t_2-t_1)/T} \ ,$$

$$\frac{U}{R} + K_1 e^{-t_1/T} = -\frac{U}{R} + K_2 \ .$$

6.3 Einschwingvorgänge in allgemeinen Netzwerken

Hieraus folgen mit den Abkürzungen $q_1 = e^{-t_1/T}$ und $q_2 = e^{-(t_2-t_1)/T}$ die Darstellungen

$$K_1 = -\frac{2U}{R}\frac{q_2 - 1}{q_1 q_2 - 1}, \qquad (6.58a)$$

$$K_2 = \frac{2U}{R}\frac{q_1 - 1}{q_1 q_2 - 1}. \qquad (6.58b)$$

Im Bild 6.36 ist der grundsätzliche Verlauf von $i(t)$ im Intervall $0 \leq t \leq t_2$ dargestellt, wie er durch die Gln. (6.55) und (6.56) zusammen mit den Gln. (6.58a,b) gegeben ist. Für $t \geq t_2$ setzt sich der Verlauf periodisch fort.

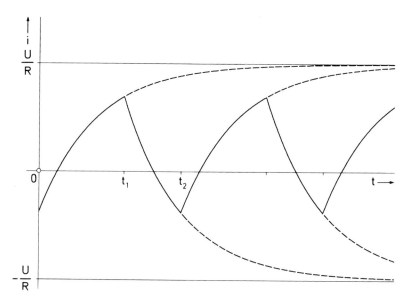

Bild 6.36. Verlauf des Stromes i des Netzwerks aus Bild 6.35 im stationären Zustand.

Die Aufgabe könnte auch gelöst werden, indem man die periodische Spannung $u(t)$ durch eine Fouriersche Reihe darstellt und sodann gemäß Abschnitt 5.5.2 die stationäre Reaktion $i(t)$ bestimmt. Die im vorausgegangenen verwendete Methode ist für das betrachtete Beispiel jedoch wesentlich einfacher.

6.3 Einschwingvorgänge in allgemeinen Netzwerken

In den vorausgegangenen Untersuchungen wurde anhand einfacher Netzwerke gezeigt, wie deren Einschwingverhalten bestimmt werden kann. Die folgenden Überlegungen sind der Entwicklung eines relativ einfachen Verfahrens zur Ermittlung der Einschwingvorgänge in allgemeinen Netzwerken gewidmet.

6.3.1 Grundsätzliches

Im Kapitel 3 wurden zwei Verfahren entwickelt, mit deren Hilfe Integro-Differentialgleichungen zur Bestimmung von Netzwerkvariablen angegeben werden können. Eines dieser Verfahren, das Maschenstromverfahren, soll nun zur Ermittlung der Einschwingvorgänge in Netzwerken verwendet werden. Zur Anwendung des Maschenstromverfahrens werden nach Kapitel 3 zunächst m Maschenströme ausgewählt. Neben den Maschenströmen werden als weitere Netzwerkgrößen die Spannungen an sämtlichen Kapazitäten eingeführt. Die Zahl der Kapazitäten sei mit q bezeichnet. Damit werden insgesamt $n = m + q$ Funktionen als Unbekannte gewählt, nämlich die m Maschenströme und die q Kapazitätsspannungen. Diese Funktionen (Koordinaten) sollen mit $z_1(t)$, $z_2(t)$, ..., $z_n(t)$ bezeichnet werden. Entsprechend der im Kapitel 3 beschriebenen Maschenanalyse läßt sich für die gewählten Maschen die Maschenregel anwenden, wobei man im Gegensatz zu Kapitel 3 die an den Kapazitäten auftretenden Spannungen nicht durch Maschenströme ausdrückt, sondern direkt als Teilspannungen verwendet. Auf diese Weise entstehen m Bestimmungsgleichungen. Weitere q Beziehungen erhält man, indem man die Strom-Spannungs-Beziehungen für alle Kapazitäten anschreibt und hierbei die Ströme durch Maschenströme ausdrückt. Insgesamt ergeben sich $n = m + q$ Beziehungen zur Bestimmung der n unbekannten Funktionen $z_1(t), ..., z_n(t)$. Diese Gleichungen haben in symbolischer Schreibweise die Form:

$$
\begin{array}{cccc|c}
z_1 & z_2 & \cdots & z_n & \\
\hline
\alpha_{11} + \beta_{11}\dfrac{d}{dt} & \alpha_{12} + \beta_{12}\dfrac{d}{dt} & \cdots & \alpha_{1n} + \beta_{1n}\dfrac{d}{dt} & x_1(t) \\
\alpha_{21} + \beta_{21}\dfrac{d}{dt} & \alpha_{22} + \beta_{22}\dfrac{d}{dt} & \cdots & \alpha_{2n} + \beta_{2n}\dfrac{d}{dt} & x_2(t) \\
\vdots & \vdots & & \vdots & \vdots \\
\alpha_{n1} + \beta_{n1}\dfrac{d}{dt} & \alpha_{n2} + \beta_{n2}\dfrac{d}{dt} & \cdots & \alpha_{nn} + \beta_{nn}\dfrac{d}{dt} & x_n(t)
\end{array}
\qquad (6.59)
$$

Die Größen $\alpha_{\mu\nu}$ und $\beta_{\mu\nu}$ stellen Konstanten dar. Die Funktionen $x_1(t), ..., x_n(t)$ sind bekannt und enthalten, wie aus den Überlegungen von Kapitel 3 im einzelnen hervorgeht, die erregenden Größen. Die Gln. (6.59) bilden ein System von gekoppelten linearen Differentialgleichungen mit konstanten Koeffizienten zur Bestimmung der Funktionen $z_1(t), ..., z_n(t)$. Sobald man diese Funktionen kennt, sind alle Netzwerkgrößen bestimmt.

Es sei daran erinnert, daß aus den Maschenströmen alle Zweigströme berechnet werden können und daß dadurch zusammen mit den Kapazitätsspannungen sämtliche Spannungen im Netzwerk gegeben sind. Zur vollständigen Lösung des Differentialgleichungssystems (6.59) benötigt man noch Anfangsbedingungen für den Einschaltzeitpunkt $t = t_0$. Dazu empfiehlt es sich, auf die Überlegungen von Abschnitt 6.1 zurückzugreifen. Aufgrund der im Abschnitt 6.1 diskutierten Stetigkeitseigenschaften kann

6.3 Einschwingvorgänge in allgemeinen Netzwerken

man für die Induktivitätsströme und die Kapazitätsspannungen Anfangswerte sofort angeben[47]. Ersetzt man dann die Induktivitäten entsprechend den Induktivitätsströmen im Zeitpunkt $t = t_0$ durch Stromquellen und die Kapazitäten entsprechend den Kapazitätsspannungen im Zeitpunkt $t = t_0$ durch Spannungsquellen, so lassen sich für $t = t_0$ alle Ströme und Spannungen im Netzwerk angeben[48]. Man erhält hierbei insbesondere Anfangswerte für die im Gleichungssystem (6.59) auftretenden Größen $z_1(t)$, ..., $z_n(t)$. Die Bestimmung des Einschwingvorgangs im betreffenden Netzwerk erfordert nunmehr die Lösung des Differentialgleichungssystems (6.59) unter Berücksichtigung der bekannten Anfangswerte $z_\mu(t_0)$ ($\mu = 1, 2, ..., n$). Auf eine Methode zur Behandlung dieses Problems wird in den nächsten Abschnitten eingegangen.

Zuvor soll anhand eines Beispiels die Aufstellung des Gleichungssystems (6.59) gezeigt werden.

Im Bild 6.37 ist ein Netzwerk dargestellt, das für $t \geq t_0$ durch die Spannungsquelle $u(t)$ erregt wird. Als Maschenströme werden $i_1(t)$ und $i_2(t)$ gewählt. Diese Funktionen und die Kapazitätsspannung $u_C(t)$ stellen die Netzwerkvariablen $z_1(t)$, $z_2(t)$ und $z_3(t)$ dar. Aufgrund der Maschenregel bezüglich der beiden ausgewählten Maschen und der für die Kapazität C gültigen Strom-Spannungs-Beziehung erhält man das folgende System von Gleichungen, das dem Gleichungssystem (6.59) entspricht:

$$\begin{array}{ccc|c}
i_1 & i_2 & u_C & \\
\hline
R_1 & -R_1 & 1 & u(t) \\
-R_1 & R_1 + R_2 + L\dfrac{\mathrm{d}}{\mathrm{d}t} & 0 & 0 \\
1 & 0 & -C\dfrac{\mathrm{d}}{\mathrm{d}t} & 0
\end{array} \qquad (6.60)$$

Die Kapazitätsspannung im Einschaltzeitpunkt $t = t_0$ soll mit $u_C(t_0) = U_0$, der Induktivitätsstrom im Zeitpunkt $t = t_0$ mit $i_2(t_0) = I_0$ bezeichnet werden. Die Anfangswerte für die gewählten Netzwerkvariablen erhält man dadurch, daß man für $t = t_0$ nach Bild 6.38 die Kapazität durch eine Spannungsquelle U_0 und die Induktivität durch eine Stromquelle I_0 ersetzt. Wie man hieraus sieht, ergeben sich die Anfangswerte

$$i_1(t_0) = I_0 + \frac{u(t_0) - U_0}{R_1} , \qquad (6.61\mathrm{a})$$

$$i_2(t_0) = I_0 , \qquad (6.61\mathrm{b})$$

$$u_C(t_0) = U_0 . \qquad (6.61\mathrm{c})$$

---
[47] Übertrager seien durch Netzwerke mit Induktivitäten ersetzt.
[48] Um den Anfangszustand des Netzwerks festzulegen, benötigt man die Anfangsströme der voneinander unabhängigen Induktivitäten und die Anfangsspannungen der voneinander unabhängigen Kapazitäten.

Durch die Gln. (6.60) und die Anfangsbedingungen (6.61a-c) ist das Problem vollständig formuliert.

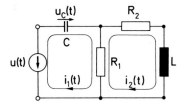

Bild 6.37. Beispiel eines einfachen Netzwerks zur Erläuterung der Entstehung der Gln. (6.59).

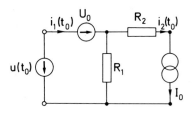

Bild 6.38. Zur Berechnung der Anfangswerte der gewählten Netzwerkvariablen für das Netzwerk aus Bild 6.37.

6.3.2 Lösung des homogenen Gleichungssystems

Im folgenden soll die Lösung des Gleichungssystems (6.59) für den Fall untersucht werden, daß alle rechten Seiten $x_1(t), ..., x_n(t)$ identisch verschwinden. Dies bedeutet, daß sämtliche Erregungen zu null gemacht werden. Ohne Einschränkung der Allgemeinheit darf für das Folgende vorausgesetzt werden, daß in den Gln. (6.59) $\beta_{\mu\nu} = 0$ für $\mu \neq \nu$ gilt. Besitzt das gegebene Gleichungssystem diese Eigenschaft nicht, dann läßt es sich durch endlich viele Elementarumformungen seiner Koeffizientenmatrix (Vertauschen von Zeilen oder Spalten, Multiplikation einer Zeile oder Spalte mit einer Konstante, Addition einer Zeile oder Spalte zu einer anderen Zeile bzw. Spalte) auf die angegebene Form bringen. Weiterhin seien die Gln. (6.59) derart geordnet, daß $\beta_{11} \neq 0$, $\beta_{22} \neq 0$, ..., $\beta_{ss} \neq 0$, $\beta_{s+1, s+1} = 0$, $\beta_{s+2, s+2} = 0$, ..., $\beta_{nn} = 0$ gilt. Auf diese Weise entsteht das Gleichungssystem[49]:

---

[49] Aufgrund der gewöhnlich erforderlichen Elementarumformungen stimmen die Variablen $z_1, ..., z_s$ in den Gln. (6.62) im allgemeinen nicht mehr mit ursprünglich gewählten Maschenströmen bzw. Kapazitätsspannungen überein. Sie stellen Linearkombinationen aus den ursprünglich gewählten Variablen dar, die man aus den transformierten Variablen stets wieder einfach erhalten kann. Die Größen $z_{s+1}, ..., z_n$ behalten bei der Umformung ihre Bedeutung bei.

6.3 Einschwingvorgänge in allgemeinen Netzwerken

z_1	z_2	$\cdots$	z_s	z_{s+1}	$\cdots$	z_n	
$\alpha_{11} + \beta_{11}\dfrac{d}{dt}$	α_{12}	$\cdots$	α_{1s}	$\alpha_{1,s+1}$	$\cdots$	α_{1n}	0
α_{21}	$\alpha_{22} + \beta_{22}\dfrac{d}{dt}$	$\cdots$	α_{2s}	$\alpha_{2,s+1}$	$\cdots$	α_{2n}	0
$\vdots$	$\vdots$		$\vdots$	$\vdots$		$\vdots$	$\vdots$
α_{s1}	α_{s2}	$\cdots$	$\alpha_{ss} + \beta_{ss}\dfrac{d}{dt}$	$\alpha_{s,s+1}$	$\cdots$	α_{sn}	0
$\alpha_{s+1,1}$	$\alpha_{s+1,2}$	$\cdots$	$\alpha_{s+1,s}$	$\alpha_{s+1,s+1}$	$\cdots$	$\alpha_{s+1,n}$	0
$\vdots$	$\vdots$		$\vdots$	$\vdots$		$\vdots$	$\vdots$
α_{n1}	α_{n2}	$\cdots$	α_{ns}	$\alpha_{n,s+1}$	$\cdots$	α_{nn}	0.

(6.62a)

Es kann auch in der kompakten Form

$$\boldsymbol{\alpha} \cdot \boldsymbol{z} + \boldsymbol{\beta} \cdot \frac{d\boldsymbol{z}}{dt} = \boldsymbol{0} \qquad (6.62b)$$

mit den Koeffizientenmatrizen $\boldsymbol{\alpha} = [\alpha_{\mu\nu}]$, $\boldsymbol{\beta} = [\beta_{\mu\nu}]$ und dem Vektor $\boldsymbol{z} = [z_1 \ldots z_n]^T$ ausgedrückt werden.

Die letzten $n-s$ Beziehungen im Gleichungssystem (6.62) sind rein algebraisch. Setzt man voraus, daß die aus den Koeffizienten $\alpha_{\mu\nu}$ ($\mu, \nu = s+1, \ldots, n$) gebildete Determinante von null verschieden ist, so können die Variablen $z_{s+1}, z_{s+2}, \ldots, z_n$ eliminiert werden[50]. Auf diese Weise erhält man die folgenden Gleichungen, wenn man noch die erste Gleichung durch β_{11}, die zweite durch β_{22} usw. dividiert[51]:

---

[50] Es darf angenommen werden, daß bei praktisch auftretenden Netzwerken diese Voraussetzung erfüllt ist. Für RLC-Netzwerke kann gezeigt werden, daß die genannte Determinante nicht verschwindet.

[51] Man kann beim Übergang von den Gln. (6.59) zu den Gln. (6.63a) die rechten Seiten der Gln. (6.59) mit transformieren, wodurch das den Gln. (6.63a) entsprechende inhomogene Differentialgleichungssystem entsteht, das sich von den Gln. (6.63a) nur durch veränderte rechte Seiten unterscheidet.

$$\begin{array}{cccc|c}
z_1 & z_2 & \cdots & z_s & \\
\hline
a_{11} + \dfrac{\mathrm{d}}{\mathrm{d}t} & a_{12} & \cdots & a_{1s} & 0 \\
a_{21} & a_{22} + \dfrac{\mathrm{d}}{\mathrm{d}t} & \cdots & a_{2s} & 0 \\
\vdots & \vdots & \vdots & & \vdots \\
a_{s1} & a_{s2} & \cdots & a_{ss} + \dfrac{\mathrm{d}}{\mathrm{d}t} & 0
\end{array}$$
(6.63a)

In Matrizenform lautet dies[52]

$$\boldsymbol{A} \cdot \boldsymbol{z} + \frac{\mathrm{d}\boldsymbol{z}}{\mathrm{d}t} = \boldsymbol{0} \tag{6.63b}$$

mit der (s, s)-Matrix $\boldsymbol{A} = [a_{\mu\nu}]$ und $\boldsymbol{z} = [z_1 \ldots z_s]^\mathrm{T}$. Die Größe s stimmt mit der Zahl der voneinander unabhängigen Energiespeicher überein und heißt *Ordnung des Netzwerks*.

Im folgenden wird nun die allgemeine Lösung von Gl. (6.63b) ermittelt. Dazu verwendet man den Lösungsansatz

$$\boldsymbol{z}(t) = \boldsymbol{K} \mathrm{e}^{pt} \tag{6.64}$$

mit dem zunächst noch unbestimmten zeitunabhängigen Vektor $\boldsymbol{K} = [K_1 \ldots K_s]^\mathrm{T}$ und der ebenfalls noch nicht bestimmten Konstante p. Führt man Gl. (6.64) in Gl. (6.63b) ein und kürzt umgehend mit e^{pt}, so erhält man die homogene algebraische Gleichung

$$(\boldsymbol{A} + p\mathrm{E}) \cdot \boldsymbol{K} = \boldsymbol{0} , \tag{6.65}$$

wobei E die s-dimensionale Einheitsmatrix bedeutet. Nichttriviale Lösungen für $\boldsymbol{K}$ sind, wie man aus Gl. (6.65) direkt sieht, nur dann möglich, wenn die Determinante der Koeffizientenmatrix in Gl. (6.65) verschwindet, d.h. wenn die Forderung

$$D(p) \equiv \det(\boldsymbol{A} + p\mathrm{E}) = 0 ,$$

ausführlich geschrieben

$$D(p) \equiv \begin{vmatrix} a_{11} + p & a_{12} & \cdots & a_{1s} \\ a_{21} & a_{22} + p & \cdots & a_{2s} \\ \vdots & \vdots & & \vdots \\ a_{s1} & a_{s2} & \cdots & a_{ss} + p \end{vmatrix} = 0 \tag{6.66}$$

---

[52] Man beachte in der Schreibweise von Gl. (6.63b), daß der Term $\boldsymbol{A} \cdot \boldsymbol{z}$ auf der linken Seite steht. In anderen Darstellungen wird dieser Term bei gleicher Notation auf der rechten Seite angeordnet. Die Matrizen $\boldsymbol{A}$ der beiden Darstellungen unterscheiden sich dann im Vorzeichen aller ihrer Elemente!

6.3 Einschwingvorgänge in allgemeinen Netzwerken

befriedigt wird. Dies ist durch geeignete Wahl des bislang noch nicht festgelegten Parameters p möglich. Die Gl. (6.66) kann nämlich als eine Polynomgleichung s-ten Grades für die Größe p aufgefaßt werden. Man spricht von der *charakteristischen Gleichung* des Differentialgleichungssystems (6.63a, b). Die Determinante $D(p)$ in Gl. (6.66) heißt *Systemdeterminante*. Das Differentialgleichungssystem (6.63a, b) besitzt eine Lösung in der Form der Gl. (6.64) genau dann, wenn p eine Lösung der charakteristischen Gleichung ist, d.h. wenn p eine Nullstelle der Systemdeterminante darstellt. Die Lösungen von Gl. (6.66), die sogenannten *Eigenwerte*, seien

$$p_1, p_2, ..., p_N$$

mit den entsprechenden Vielfachheiten

$$r_1, r_2, ..., r_N \;,$$

wobei $r_1 + r_2 + ... + r_N = s$ gilt. Die Eigenwerte können dabei reellwertig oder komplexwertig sein. Für jeden Eigenwert p_μ ($\mu = 1, ..., N$) erhält man mindestens eine Lösung der Gl. (6.65) mit $p = p_\mu$, einen sogenannten Eigenvektor K, und damit gemäß Gl. (6.64) eine Fundamentallösung der Gln. (6.63a,b). Dies wird im folgenden besprochen.

Es sei $\lambda = p_\mu, \mu \in \{1, 2, ..., N\}$ ein beliebiger Eigenwert und $M = r_\mu$ dessen Vielfachheit. Mit

$$r = \mathrm{rg}\,(A + \lambda E)$$

wird der Rang der Koeffizientenmatrix von Gl. (6.65) für $p = \lambda$ bezeichnet. Die Dimension des Nullraums dieser Matrix ist damit

$$d = s - r \;.$$

Es besteht die wichtige Beziehung

$$1 \leq d \leq M \;,$$

wobei M die oben eingeführte Bezeichnung für die Vielfachheit des Eigenwerts ist. Der Lösungsansatz von Gl. (6.64) wird nun erweitert zu

$$z(t) = (K + tK_1 + t^2 K_2 + ... + t^{M-1} K_{M-1})e^{\lambda t} \;, \tag{6.67}$$

wobei $K, K_1, ..., K_{M-1}$ zeitunabhängige Vektoren der Dimension s sind, deren Komponenten noch zu bestimmen sind. Setzt man z nach Gl. (6.67) in die Gl. (6.63b) ein und führt einen Koeffizientenvergleich bezüglich der von t abhängigen Anteile durch, so entstehen die Gleichungen

$$\left. \begin{aligned} (A + \lambda E) \cdot K_{M-1} &= 0 \;, \\ (A + \lambda E) \cdot K_{M-2} + (M-1) K_{M-1} &= 0 \;, \\ &\vdots \\ (A + \lambda E) \cdot K_1 + 2 K_2 &= 0 \;, \\ (A + \lambda E) \cdot K + K_1 &= 0 \;. \end{aligned} \right\} \tag{6.68}$$

Es sind jetzt zwei Fälle zu unterscheiden.

Fall A: $d = M$ (maximale Dimension des Nullraums, minimaler Rang r der Koeffizientenmatrix)

Man erhält genau M linear unabhängige Lösungen der Gl. (6.65) mit $p = \lambda$, bezeichnet als

$$K^{(1)}, K^{(2)}, ..., K^{(M)} .$$

Entsprechend ergeben sich die M linear unabhängigen Lösungen der Gl. (6.63b)

$$z^{(\mu)}(t) = e^{\lambda t} K^{(\mu)}, \quad \mu = 1, ..., M .$$

Dieser Fall liegt bei einem einfachen Eigenwert λ ($M = 1$) stets vor.

Fall B: $d < M$

Man erhält genau d linear unabhängige Lösungen der Gl. (6.65) mit $p = \lambda$, bezeichnet als

$$K^{(1)}, K^{(2)}, ..., K^{(d)} .$$

Entsprechend ergeben sich d linear unabhängige Lösungen der Gl. (6.63b)

$$z^{(\mu)}(t) = e^{\lambda t} K^{(\mu)}, \quad \mu = 1, ..., d .$$

Weitere $M-d$ Lösungsvektoren resultieren aufgrund der Gln. (6.68), nämlich

$$\text{mit } K_2 = ... = K_{M-1} = 0: \quad z^{(d+1)}(t) = (K + t K_1)e^{\lambda t} ,$$

$$\text{mit } K_3 = ... = K_{M-1} = 0: \quad z^{(d+2)}(t) = (K + t K_1 + t^2 K_2)e^{\lambda t} ,$$

$$\vdots$$

$$\text{mit } K_{M-d+1} = ... = K_{M-1} = 0: \quad z^{(M)}(t) = (K + t K_1 + ... +$$
$$+ t^{M-d} K_{M-d})e^{\lambda t} .$$

Zusammenfassend läßt sich feststellen: Zu jedem Eigenwert p_μ ($\mu = 1, ..., N$) mit der Vielfachheit r_μ erhält man genau r_μ linear unabhängige Lösungsvektoren der Gl. (6.63b). Insgesamt ergeben sich damit $s = r_1 + ... + r_N$ linear unabhängige Lösungen (Fundamentallösungen) der Gl. (6.63b). Sie seien mit

$$z_1, z_2, ..., z_s$$

bezeichnet und zur Fundamentalmatrix

$$F = [z_1 \quad z_2 \quad .... \quad z_s] \tag{6.69a}$$

zusammengefaßt. Die allgemeine Lösung der homogenen Vektordifferentialgleichung (6.63b) kann jetzt in der Form

6.3 Einschwingvorgänge in allgemeinen Netzwerken

$$z = F \cdot \begin{bmatrix} k_1 \\ k_2 \\ \vdots \\ k_s \end{bmatrix} = k_1 z_1 + k_2 z_2 + \ldots + k_s z_s \tag{6.69b}$$

geschrieben werden, wobei $k_1, \ldots, k_s$ zunächst frei wählbare (Integrations-)Konstanten sind. Der Lösungsvektor z nach Gl. (6.69b) liefert durch seine Komponenten direkt die allgemeinen Lösungen $z_1, \ldots, z_s$ des Gleichungssystems (6.63a). Die restlichen unbekannten Funktionen $z_{s+1}, \ldots, z_n$ gewinnt man aus den $n-s$ letzten der Gln. (6.62a) unter Verwendung der vorliegenden allgemeinen Lösungen $z_1, \ldots, z_s$. Da diese $n-s$ Gleichungen rein algebraische Beziehungen sind, entstehen neben den $k_1, \ldots, k_s$ keine weiteren Integrationskonstanten.

Wie bereits im Abschnitt 6.3.1 festgestellt wurde, lassen sich alle Ströme und Spannungen in einem Netzwerk durch Linearkombinationen der Koordinaten $z_1, \ldots, z_n$ und deren Ableitungen darstellen. Daher kann jede beliebige elektrische Größe $y(t)$ (Strom oder Spannung) in einem nicht erregten Netzwerk in Anbetracht der erkannten allgemeinen Form der Koordinaten $z_1, \ldots, z_n$ im nichterregten Fall dargestellt werden in der Form

$$y(t) = \sum_{\mu=1}^{N} A_\mu(t) e^{p_\mu t} \; ,$$

wobei $A_\mu(t)$ ein Polynom in t bedeutet, dessen Grad höchstens gleich der um eins verminderten Vielfachheit des Eigenwerts p_μ ($\mu = 1, \ldots, N$) ist und dessen Koeffizienten durch den Anfangszustand des Netzwerks bestimmt werden.

Es sei noch folgendes angemerkt. Erweist sich ein Eigenwert als komplexe Größe $\alpha + j\beta$, so stellt auch die konjugiert komplexe Größe $\alpha - j\beta$ einen Eigenwert dar, da die charakteristische Gleichung ausschließlich reelle Koeffizienten hat. Beide Eigenwerte besitzen die gleiche Vielfachheit. Alle zu diesen Eigenwerten $\alpha \pm j\beta$ gehörenden Fundamentallösungen in Gl. (6.69b) können als paarweise konjugiert komplexe Funktionspaare dargestellt werden. Damit dann z in Gl. (6.69b) als elektrische Größe reell wird, muß man die bei paarweise konjugiert komplexen Fundamentallösungen in Gl. (6.69b) auftretenden Integrationskonstanten als konjugiert komplexe Konstanten ansetzen. Damit erhält man neben den rein reellen Summanden in Gl. (6.69b) noch konjugiert komplexe Summenpaare, die sich jeweils zu rein reellen Funktionen mit reellen Integrationskonstanten zusammenfassen lassen.

Sind beispielsweise die in den zwei ersten Summanden auf der rechten Seite von Gl. (6.69b) auftretenden Fundamentallösungen zueinander konjugiert komplex, d.h.

$$z_{1/2} = (L' \pm jL'') e^{\alpha t} e^{\pm j\beta t} \; ,$$

wobei L' und L'' reelle Polynome in t sind, so wählt man

$$k_{1/2} = k' \pm jk''$$

(k', k'' reell) und erhält als entsprechenden Teil der Lösung von z in Gl. (6.69b)

$$k_1 z_1 + k_2 z_2 = 2e^{\alpha t} [(k'L' - k''L'') \cos \beta t - (k'L'' + k''L') \sin \beta t]$$

mit den reellen Integrationskonstanten k' und k''.

Abschließend sei noch auf folgendes hingewiesen. Die Systemdeterminante $D(p)$ von Gl. (6.66) läßt sich auch über das Gleichungssystem (6.59) mit verschwindenden rechten Seiten $x_1(t), ..., x_n(t)$ bestimmen, indem man mit dem Ansatz $z_\mu(t) = K_\mu e^{pt}$ für $\mu = 1, 2, ..., n$ in die Gl. (6.59) eingeht und die Koeffizientendeterminante des sich sodann ergebenden Gleichungssystems für die Konstanten K_μ ($\mu = 1, 2, ..., n$) gleich null setzt. Dies folgt aus der Tatsache, daß die bei der Überführung der Gln. (6.59) in die Gln. (6.63a, b) angewendeten Umformungen Elementarumformungen waren, durch welche der Wert der Koeffizientendeterminante, abgesehen von einem von d/dt unabhängigen Faktor, nicht geändert wurde.

6.3.3 *Lösung des inhomogenen Gleichungssystems*

Es soll nun die Lösung des Gleichungssystems (6.59) für den Fall bestimmt werden, daß nicht alle auf den rechten Seiten dieser Gleichungen auftretenden Funktionen $x_1(t), ..., x_n(t)$ verschwinden. Die allgemeine Lösung der Gln. (6.59) ergibt sich dann dadurch, daß man der nach Abschnitt 6.3.2 gefundenen Lösung des entsprechenden Systems homogener Gleichungen eine partikuläre Lösung überlagert. Es ist demzufolge

$$\begin{aligned} z_1(t) &= \\ z_2(t) &= \\ &\vdots \\ z_n(t) &= \end{aligned} \begin{bmatrix} \text{allgemeine Lösung des} \\ \text{homogenen Systems} \\ \text{nach} \\ \text{Abschnitt 6.3.2} \end{bmatrix} \begin{aligned} &+ z_{1p}(t) \\ &+ z_{2p}(t) \\ &\vdots \\ &+ z_{np}(t) \end{aligned} \quad (6.70)$$

Dabei bedeuten $z_{1p}(t), z_{2p}(t), ..., z_{np}(t)$ eine beliebige Lösung (partikuläre Lösung) des Differentialgleichungssystems (6.59). Die Aufgabe besteht jetzt darin, eine solche Lösung zu bestimmen. Dies gelingt zunächst für Sonderfälle, dann allgemein.

(a) *Zeitunabhängige Erregung*

Es sei $x_\mu(t) \equiv X_\mu = \text{const}$ ($\mu = 1, 2, ..., n$). Dieser Fall tritt auf, wenn das Netzwerk durch zeitunabhängige Quellen erregt wird. Zur Bestimmung einer partikulären Lösung geht man mit dem Ansatz

$$z_\mu(t) \equiv Z_\mu = \text{const} \quad (\mu = 1, 2, ..., n)$$

in die Gln. (6.59) ein und erhält das folgende lineare Gleichungssystem für die Z_μ:

6.3 Einschwingvorgänge in allgemeinen Netzwerken

$$
\begin{array}{cccc|c}
Z_1 & Z_2 & \ldots & Z_n & \\
\hline
\alpha_{11} & \alpha_{12} & \ldots & \alpha_{1n} & X_1 \\
\alpha_{21} & \alpha_{22} & \ldots & \alpha_{2n} & X_2 \\
\vdots & \vdots & & \vdots & \vdots \\
\alpha_{n1} & \alpha_{n2} & \ldots & \alpha_{nn} & X_n
\end{array}
\quad (6.71)
$$

Die Koeffizientenmatrix des Gleichungssystems (6.71) unterscheidet sich von der des Systems (6.59) dadurch, daß keine von der Zeit abhängigen Terme mehr auftreten. Hieraus wird deutlich, daß die aus den Gln. (6.71) resultierende (partikuläre) Lösung dem stationären Zustand des betreffenden Netzwerks entspricht. Physikalisch bedeutet dies, daß man zur Ermittlung dieser Lösung bei konstanter Erregung die Induktivitäten durch Kurzschlüsse und die Kapazitäten durch Leerläufe ersetzt. Durch Auflösung der Gln. (6.71) erhält man die Größen $Z_1, Z_2, \ldots, Z_n$. Dabei muß allerdings vorausgesetzt werden, daß die aus den $\alpha_{\mu\nu}$ gebildete Koeffizientendeterminante nicht gleich null ist. Für praktische Anwendungen darf diese Voraussetzung als erfüllt betrachtet werden. Führt man die auf diese Weise entstandene partikuläre Lösung in die Gln. (6.70) ein, so erhält man für den hier betrachteten Fall die allgemeine Lösung des Gleichungssystems (6.59). Die darin enthaltenen Integrationskonstanten lassen sich aufgrund der Anfangsbedingungen bestimmen.

(b) *Harmonische Erregung*

Es sei

$$x_\mu(t) = \sqrt{2}\, X_\mu \cos(\omega_0 t + \varphi_\mu) \quad (\mu = 1, 2, \ldots, n) \ . \quad (6.72)$$

Dieser Fall bedeutet, daß das Netzwerk durch harmonische Quellen gleicher Kreisfrequenz ω_0 erregt wird. Statt der Gl. (6.72) kann auch

$$x_\mu(t) = \frac{1}{2}\left[\sqrt{2}\,\underline{X}_\mu e^{j\omega_0 t} + \sqrt{2}\,\underline{X}_\mu^* e^{-j\omega_0 t}\right] \quad (6.73\text{a})$$

mit

$$\underline{X}_\mu = X_\mu e^{j\varphi_\mu} \quad (6.73\text{b})$$

für $\mu = 1, 2, \ldots, n$ geschrieben werden. Die Gl. (6.73a) und der Ansatz

$$z_\mu(t) = \frac{1}{2}\left[\sqrt{2}\,\underline{Z}_\mu e^{j\omega_0 t} + \sqrt{2}\,\underline{Z}_\mu^* e^{-j\omega_0 t}\right] \quad (6.74)$$

sollen mit der Abkürzung $p_0 = j\omega_0$ in das Gleichungssystem (6.59) eingeführt werden. Dann erhält man nach einigen Umformungen die Beziehungen

$$e^{p_0 t}[(\alpha_{\mu 1}+p_0\beta_{\mu 1})\underline{Z}_1 + (\alpha_{\mu 2}+p_0\beta_{\mu 2})\underline{Z}_2 + \ldots + (\alpha_{\mu n}+p_0\beta_{\mu n})\underline{Z}_n - \underline{X}_\mu] +$$

$$+ e^{-p_0 t}[(\alpha_{\mu 1}-p_0\beta_{\mu 1})\underline{Z}_1^* + (\alpha_{\mu 2}-p_0\beta_{\mu 2})\underline{Z}_2^* + \ldots + (\alpha_{\mu n}-p_0\beta_{\mu n})\underline{Z}_n^* - \underline{X}_\mu^*] = 0$$

$$(\mu = 1, 2, \ldots, n) \ .$$

Sie haben die Form

$$e^{p_0 t}\underline{C}_\mu + e^{-p_0 t}\underline{C}_\mu^* = 0 \quad (\mu = 1, 2, \ldots, n) \ .$$

Da diese Gleichungen für alle t-Werte erfüllt sein müssen und da die Funktionen $e^{p_0 t}$ sowie $e^{-p_0 t}$ voneinander linear unabhängig sind, müssen sämtliche Konstanten

$$\underline{C}_\mu = (\alpha_{\mu 1}+p_0\beta_{\mu 1})\underline{Z}_1 + (\alpha_{\mu 2}+p_0\beta_{\mu 2})\underline{Z}_2 + \ldots + (\alpha_{\mu n}+p_0\beta_{\mu n})\underline{Z}_n - \underline{X}_\mu$$

verschwinden. Damit erhält man für die im Ansatz von Gl. (6.74) vorkommenden Größen $\underline{Z}_\mu$ das lineare Gleichungssystem

$\underline{Z}_1$	$\underline{Z}_2$	$\cdots$	$\underline{Z}_n$	
$\alpha_{11} + p_0\beta_{11}$	$\alpha_{12} + p_0\beta_{12}$	$\cdots$	$\alpha_{1n} + p_0\beta_{1n}$	$\underline{X}_1$
$\alpha_{21} + p_0\beta_{21}$	$\alpha_{22} + p_0\beta_{22}$	$\cdots$	$\alpha_{2n} + p_0\beta_{2n}$	$\underline{X}_2$
$\vdots$	$\vdots$		$\vdots$	$\vdots$
$\alpha_{n1} + p_0\beta_{n1}$	$\alpha_{n2} + p_0\beta_{n2}$	$\cdots$	$\alpha_{nn} + p_0\beta_{nn}$	$\underline{X}_n$

(6.75)

Dieses Gleichungssystem besitzt eine eindeutige Lösung, wenn die Determinante der Koeffizientenmatrix nicht verschwindet, wenn also p_0 keinen Eigenwert des Netzwerks darstellt. Die unter dieser Bedingung resultierenden Größen $\underline{Z}_\mu$ werden in die Gl. (6.74) eingeführt. Dann erhält man eine partikuläre Lösung $z_\mu(t)$ ($\mu = 1, 2, \ldots, n$), die gemäß den Gln. (6.70) zusammen mit den allgemeinen Lösungen des homogenen Systems die allgemeine Lösung des Differentialgleichungssystems (6.59) liefert. Der zur Bestimmung der partikulären Lösung gewählte Ansatz Gl. (6.74) liefert den stationären Zustand des Netzwerks bei harmonischer Erregung. Insofern können die Gln. (6.75) als ein Gleichungssystem zur Ermittlung der Zeigergrößen $\underline{Z}_\mu$ ($\mu = 1, 2, \ldots, n$) aufgefaßt werden. Die Zeigergrößen kennzeichnen bekanntlich (man vergleiche Kapitel 2) den stationären Zustand des Netzwerks bei harmonischer Erregung. Die Gln. (6.75) erhält man auch direkt mit Hilfe der Methoden nach Kapitel 3.

(c) *Exponentielle Erregung*

Haben die Funktionen $x_\mu(t)$ die Form

$$x_\mu(t) = X_\mu e^{pt} \quad (\mu = 1, 2, \ldots, n) \ , \tag{6.76}$$

6.3 Einschwingvorgänge in allgemeinen Netzwerken

wobei X_μ und p im allgemeinen komplexe Konstanten sind und p mit keinem Eigenwert des Netzwerks übereinstimmen möge, dann erhält man eine partikuläre Lösung der Gln. (6.59) in der Form

$$z_\mu(t) = Z_\mu e^{pt} \quad (\mu = 1, 2, ..., n) \ . \tag{6.77}$$

Führt man die Gln. (6.76) und (6.77) in die Gln. (6.59) ein, dann entsteht für die Z_μ ein Gleichungssystem von der Form der Gln. (6.75), wobei die $\underline{Z}_\mu$ durch Z_μ, die $\underline{X}_\mu$ durch X_μ und p_0 durch p zu ersetzen sind. Das Netzwerkverhalten bei exponentieller Erregung nach Gl. (6.76) hat in der Netzwerktheorie besondere Bedeutung. Hierauf wird im Abschnitt 6.4 näher eingegangen.

Sind die Koeffizienten X_μ in Gl. (6.76) nicht konstant, sondern Polynome in t, dann kann eine partikuläre Lösung der Gl. (6.59) ebenfalls durch den Ansatz Gl. (6.77) gefunden werden. Allerdings müssen dann die Koeffizienten Z_μ Polynome in t sein, deren Grad hinreichend groß gewählt werden muß.

(d) *Beliebige Erregung*

Haben die Funktionen $x_\mu(t)$ beliebigen zeitlichen Verlauf, so betrachtet man die der Gl. (6.63b) entsprechende inhomogene Differentialgleichung

$$A \cdot z + \frac{dz}{dt} = x$$

und macht unter Verwendung der Fundamentalmatrix F nach Gl. (6.69a) den Lösungsansatz

$$z = F \cdot f$$

mit dem zunächst unbekannten Vektor $f = f(t)$. Führt man diesen Ansatz in die Differentialgleichung ein, so erhält man

$$A F \cdot f + \frac{dF}{dt} \cdot f + F \cdot \frac{df}{dt} = x$$

oder, wenn man beachtet, daß $AF + dF/dt = 0$ gilt (F löst die homogene Differentialgleichung)

$$F \cdot \frac{df}{dt} = x \ .$$

Hieraus ergibt sich

$$\frac{df}{dt} = F^{-1} \cdot x \ ,$$

also mit einem frei wählbaren Anfangszeitpunkt t_0

$$f = \int_{t_0}^{t} F^{-1}(\tau) \cdot x(\tau) \, d\tau$$

und somit gemäß dem obigen Lösungsansatz die partikuläre Lösung

$$z_p = F \cdot \int_{t_0}^{t} F^{-1}(\tau) \cdot x(\tau) \, d\tau \quad ,$$

die zusammen mit der allgemeinen Lösung der homogenen Differentialgleichung nach Gl. (6.69b) die allgemeine Lösung der inhomogenen Differentialgleichung

$$z(t) = F(t) \cdot \begin{bmatrix} k_1 \\ k_2 \\ \vdots \\ k_s \end{bmatrix} + F(t) \cdot \int_{t_0}^{t} F^{-1}(\tau) \cdot x(\tau) \, d\tau$$

liefert. Man erhält hierdurch zwar nur die Koordinaten $z_1, ..., z_s$; jedoch lassen sich die restlichen Koordinaten $z_{s+1}, ..., z_n$ rein algebraisch aus der inhomogenen Form der Gl. (6.62a) berechnen.

Es ist zu beachten, daß die Komponenten des obigen Vektors x die rechten Seiten der inhomogenen Version von Gln. (6.63a) repräsentieren und im allgemeinen von den rechten Seiten $x_\mu(t)$ ($\mu = 1, ..., n$) der Gln. (6.59) verschieden sind, da die $x_\mu(t)$ beim Übergang von den Gln. (6.59) zu den Gln. (6.63a) im Rahmen der Elementarumformungen der einzelnen Gleichungen verändert werden[51].

Anmerkung

Das hier behandelte Verfahren zur Analyse der Einschwingvorgänge in allgemeinen Netzwerken kann als *modifiziertes Maschenstromverfahren* betrachtet werden. Es besteht die Möglichkeit, das Knotenpotentialverfahren (bzw. das Schnittmengenverfahren) in dualer Weise anzuwenden, indem man neben den Knotenpotentialen noch die Induktivitätsströme als Netzwerkgrößen (Koordinaten) wählt. So gelangt man zum *modifizierten Knotenpotentialverfahren* (Schnittmengenverfahren). Auf die Ausarbeitung des Verfahrens im einzelnen wird verzichtet.

Für die Bestimmung des Einschwingvorgangs bei Netzwerken eignet sich neben dem Maschenstromverfahren und dem Knotenpotentialverfahren (Schnittmengenverfahren) besonders auch das Verfahren des Zustandsraumes, das im Abschnitt 3.4 ausführlich dargestellt wurde. Der Vorteil hierbei ist der, daß von vornherein nur s Variablen $z_1, z_2, ..., z_s$, die Zustandsvariablen, in Form von Induktivitätsströmen und Kapazitätsspannungen gewählt werden, die zu einem System von s linearen Differentialgleichungen erster Ordnung mit konstanten Koeffizienten führen. Wie diese Variablen gewählt und die Differentialgleichungen aufgestellt werden, wurde im Abschnitt 3.4 eingehend erörtert. In diesem Zusammenhang wird auch auf das Buch [40] verwiesen.

6.3.4 Beispiele

Beispiel 1

Die in den vorausgegangenen Abschnitten entwickelte Methode zur Ermittlung des Einschwingvorgangs in Netzwerken soll an einem ersten Beispiel erläutert werden. Hierzu wird das Netzwerk von Bild 6.37 gewählt. Durch Elimination des Maschenstroms $i_1 = i_2 + (u - u_C)/R_1$ im Gleichungssystem (6.60) erhält man die Gleichungen

$$\begin{array}{c|c|c}
z_1 \equiv i_2 & z_2 \equiv u_C & \\
\hline
R_2 + L\dfrac{d}{dt} & 1 & u(t) \\
-R_1 & 1 + R_1 C \dfrac{d}{dt} & u(t)
\end{array} \qquad (6.78)$$

Sie entsprechen mit $u \equiv 0$ dem allgemeinen Differentialgleichungssystem (6.63a). Mit Hilfe des Ansatzes $z_\mu = K_\mu e^{pt}$ ($\mu = 1, 2$) erhält man aus den Gln. (6.78) mit $u(t) \equiv 0$ das der Gl. (6.65) entsprechende homogene Gleichungssystem

$$\begin{array}{c|c|c}
K_1 & K_2 & \\
\hline
R_2 + Lp & 1 & 0 \\
-R_1 & 1 + R_1 Cp & 0
\end{array} \qquad (6.79)$$

Die charakteristische Gleichung ergibt sich, wenn man die Koeffizientendeterminante des Gleichungssystems (6.79) null setzt:

$$R_1 L C p^2 + (R_1 R_2 C + L)p + R_1 + R_2 = 0 \; .$$

Die Lösungen p_1 und p_2 dieser Gleichung stellen die Eigenwerte des Netzwerks dar. Die Werte der Netzwerkelemente seien derart beschaffen, daß p_1 und p_2 verschieden sind. Dann erhält man unter Verwendung der ersten der Gln. (6.79) (die zweite darf ignoriert werden) die linear unabhängigen Eigenvektoren

$$[1 \quad -(R_2 + Lp_1)]^T \; , \qquad [1 \quad -(R_2 + Lp_2)]^T \; ,$$

und damit die Fundamentallösungen

$$\mathbf{z}_1(t) = \begin{bmatrix} 1 \\ -(R_2 + Lp_1) \end{bmatrix} e^{p_1 t} \; , \qquad \mathbf{z}_2(t) = \begin{bmatrix} 1 \\ -(R_2 + Lp_2) \end{bmatrix} e^{p_2 t} \; .$$

Gemäß der Gl. (6.69b) hat damit die allgemeine Lösung des homogenen Differentialgleichungssystems mit den Integrationskonstanten k_1 und k_2 die Form

$$i_2(t) \equiv z_1(t) = k_1 e^{p_1 t} + k_2 e^{p_2 t},$$

$$u_C(t) \equiv z_2(t) = -(R_2 + Lp_1)k_1 e^{p_1 t} - (R_2 + Lp_2)k_2 e^{p_2 t}.$$

Der Strom $i_1 \equiv i_2 + (u - u_c)/R_1$ wird im homogenen Fall ($u \equiv 0$) somit

$$i_1(t) = \left(1 + \frac{R_2 + Lp_1}{R_1}\right) k_1 e^{p_1 t} + \left(1 + \frac{R_2 + Lp_2}{R_1}\right) k_2 e^{p_2 t}.$$

Bei der Ermittlung einer partikulären Lösung der Gln. (6.78) kommt es auf die Form von $u(t)$ an. Es sei für $t \geqslant t_0$ die Spannung zeitunabhängig gleich U. Als partikuläre Lösung wird die stationäre Lösung gemäß Abschnitt 6.3.3 bestimmt, indem im Bild 6.37 die Induktivität kurzgeschlossen und die Kapazität im Leerlauf betrieben wird. Man erhält dann sofort $i_1(t) \equiv 0$, $i_2(t) \equiv 0$ und $u_C(t) \equiv U$. Diese Lösung erfüllt die Gln. (6.60). Damit entsteht die allgemeine Lösung für das Differentialgleichungssystem (6.60) bei Erregung des Netzwerks durch eine Gleichspannungsquelle $u(t) \equiv$ $\equiv U$ ($t \geqslant t_0$) in der Form

$$i_1(t) = \left(1 + \frac{R_2 + Lp_1}{R_1}\right) k_1 e^{p_1 t} + \left(1 + \frac{R_2 + Lp_2}{R_1}\right) k_2 e^{p_2 t},$$

$$i_2(t) = k_1 e^{p_1 t} + k_2 e^{p_2 t},$$

$$u_C(t) = U - (R_2 + Lp_1)k_1 e^{p_1 t} - (R_2 + Lp_2)k_2 e^{p_2 t}.$$

Die Konstanten k_1 und k_2 werden aus den Anfangsbedingungen gemäß den Gln. (6.61a-c) ermittelt, wobei es genügt, nur zwei dieser Bedingungen, etwa die Gln. (6.61b,c), zu verwenden.

Beispiel 2

Im Verlauf der Analyse eines Netzwerks nach obigem Verfahren sei bei Verwendung normierter Größen gemäß Gl. (6.63b) die homogene Differentialgleichung

$$\begin{bmatrix} -5 & 3 & 2 \\ -8 & 5 & 4 \\ 4 & -3 & -3 \end{bmatrix} z + \frac{dz}{dt} = 0$$

entstanden. Es ist also $s = 3$. Als charakteristische Gleichung erhält man nach Gl. (6.66)

$$\begin{vmatrix} -5+p & 3 & 2 \\ -8 & 5+p & 4 \\ 4 & -3 & -3+p \end{vmatrix} = (p - 1)^3.$$

6.3 Einschwingvorgänge in allgemeinen Netzwerken

Wie man sieht, tritt nur ein Eigenwert $\lambda = 1$ mit der Vielfachheit $M = 3$ auf. Für $p = \lambda (= 1)$ lautet das Gleichungssystem (6.65) ausführlich geschrieben

K_1	K_2	K_3	
−4	3	2	0
−8	6	4	0
4	−3	−2	0

oder

K_1	K_2	K_3	
−4	3	2	0
0	0	0	0
0	0	0	0

.

Hieraus entnimmt man direkt die beiden linear unabhängigen Lösungsvektoren (Eigenvektoren)

$$K^{(1)} = [3 \quad 4 \quad 0]^T, \quad K^{(2)} = [1 \quad 0 \quad 2]^T,$$

welche die zwei linear unabhängigen Lösungen (Fundamentallösungen)

$$z^{(1)}(t) = [3 \quad 4 \quad 0]^T e^t, \quad z^{(2)}(t) = [1 \quad 0 \quad 2]^T e^t$$

der gegebenen Differentialgleichung liefern. Im Sinne von Abschnitt 6.3.2 liegt der Fall B vor, da, wie man sieht, $r = 1$ und $d = s - r = 2$ gilt. Damit erhält man auf der Basis der Gln. (6.68) einen zusätzlichen Lösungsvektor $z^{(3)}(t)$. Dazu sind zunächst die zwei Gleichungen

$$(A + \lambda E) \cdot K_1 = 0,$$

$$(A + \lambda E) \cdot K + K_1 = 0$$

zu lösen. Die erste dieser Gleichungen wird durch alle möglichen Eigenvektoren gelöst, also lautet die allgemeine Lösung

$$K_1 = \alpha K^{(1)} + \beta K^{(2)}$$

mit den oben berechneten Eigenvektoren und den noch freien Parametern α, β. Setzt man diesen (allgemeinen) Eigenvektor in die zweite Gleichung ein, so entsteht für die Komponenten des Vektors K das Gleichungssystem

K_1	K_2	K_3	
−4	3	2	$-3\alpha-\beta$
−8	6	4	-4α
4	−3	−2	-2β

oder

K_1	K_2	K_3	
−4	3	2	$-3\alpha-\beta$
0	0	0	$2\alpha+2\beta$
0	0	0	$-3\alpha-3\beta$

,

woraus folgt, daß jedenfalls $\beta = -\alpha$ zu wählen ist. Im übrigen kann man über $\alpha (\neq 0)$, K_2 und K_3 frei verfügen. Wählt man beispielsweise $\alpha = 1$, $K_2 = 0$, $K_3 = -1$, so erhält man $K_1 = 0$ und damit

$$K_1 = [2 \quad 4 \quad -2]^T, \quad K = [0 \quad 0 \quad -1]^T.$$

Daraus ergibt sich der dritte Lösungsvektor der gegebenen Differentialgleichung

$$z^{(3)}(t) = ([0 \quad 0 \quad -1]^T + t[2 \quad 4 \quad -2]^T)e^t$$

und somit die allgemeine Lösung der gegebenen homogenen Differentialgleichung:

$$z(t) = k_1 \begin{bmatrix} 3 \\ 4 \\ 0 \end{bmatrix} e^t + k_2 \begin{bmatrix} 1 \\ 0 \\ 2 \end{bmatrix} e^t + k_3 \left(\begin{bmatrix} 0 \\ 0 \\ -1 \end{bmatrix} + t \begin{bmatrix} 2 \\ 4 \\ -2 \end{bmatrix} \right) e^t .$$

Beispiel 3

Bei einer Analyse mit normierten Größen sei die Matrix

$$A = \begin{bmatrix} 0 & 0 & -1 \\ -1 & 0 & 3 \\ 0 & -1 & -3 \end{bmatrix}$$

einer homogenen Differentialgleichung der Art nach Gl. (6.63b) entstanden. Das charakteristische Polynom ist

$$D(p) = (p - 1)^3 .$$

Es liegt erneut ein dreifacher Eigenwert $\lambda = 1$ ($M = 3$) als einziger Eigenwert vor. Im folgenden werden die Komponenten der zu berechnenden Vektoren $K^{(1)}$, K_1, K und K_2 der Einfachheit wegen stets mit K_1, K_2, K_3 bezeichnet. Das Gleichungssystem (6.65) zur Bestimmung von $K^{(1)}$ hat für $p = \lambda = 1$ die Gestalt

K_1	K_2	K_3			K_1	K_2	K_3	
1	0	-1	0		1	0	-1	0
-1	1	3	0	oder	0	1	2	0
0	-1	-2	0		0	0	0	0

woraus man erkennt, daß $r = 2$ und $d = 1$ gilt. Außerdem erhält man hieraus sofort

$$K^{(1)} = [1 \quad -2 \quad 1]^T, \text{ d.h. } z^{(1)}(t) = [1 \quad -2 \quad 1]^T e^t .$$

Zur Ermittlung einer weiteren Lösung ist auf der Basis der Gln. (6.68) mit $K_1 = \alpha K^{(1)}$ das Gleichungssystem für die Komponenten von K

K_1	K_2	K_3			K_1	K_2	K_3	
1	0	-1	$-\alpha$		1	0	-1	$-\alpha$
-1	1	3	2α	oder	0	1	2	α
0	-1	-2	$-\alpha$		0	0	0	0

zu lösen. Bei der Wahl $\alpha = -1$ und $K_3 = 0$ erhält man $K_1 = 1$ und $K_2 = -1$, also

$$K = [1 \quad -1 \quad 0]^T$$

und damit

$$z^{(2)}(t) = ([1 \quad -1 \quad 0]^T - t[1 \quad -2 \quad 1]^T)\,e^t \ .$$

Zur Ermittlung einer dritten Lösung ist auf der Grundlage von Gln. (6.68) mit $K_2 = \alpha K^{(1)}$ und obigem Eigenvektor $K^{(1)}$ zunächst das Gleichungssystem für die Komponenten von K_1

K_1	K_2	K_3			K_1	K_2	K_3	
1	0	−1	−2α		1	0	−1	−2α
−1	1	3	4α	oder	0	1	2	2α
0	−1	−2	−2α		0	0	0	0

zu lösen. Man erhält mit $K_3 = \beta$ (beliebig wählbar)

$$K_1 = [-2\alpha + \beta \quad 2\alpha - 2\beta \quad \beta]^T \ .$$

Außerdem muß noch das Gleichungssystem für die Komponenten von K

K_1	K_2	K_3			K_1	K_2	K_3	
1	0	−1	2α−β		1	0	−1	2α−β
−1	1	3	−2α+2β	oder	0	1	2	β
0	−1	−2	−β		0	0	0	0

gelöst werden. Mit der Wahl $\beta = 0$, $\alpha = 1$ und $K_3 = 0$ erhält man $K_2 = 0$ und $K_1 = 2$, also

$$K = [2 \quad 0 \quad 0]^T \ .$$

Damit gewinnt man als dritten Lösungsvektor der gegebenen Differentialgleichung

$$z^{(3)}(t) = ([2 \quad 0 \quad 0]^T + t[-2 \quad 2 \quad 0]^T + t^2[1 \quad -2 \quad 1]^T)\,e^t \ .$$

6.4 Das Konzept der komplexen Frequenz

6.4.1 *Die Übertragungsfunktion*

Vorgegeben sei ein Netzwerk mit einer einzigen (Strom- oder Spannungs-)Quelle $x(t)$. Als Reaktion $y(t)$ auf die Erregung $x(t)$ wird irgendeine Spannung oder irgendein Strom im Netzwerk betrachtet (Bild 6.39). Im folgenden soll für den zeitlichen Verlauf der Quellfunktion speziell

$$x(t) = X e^{pt} \quad \text{für} \quad t \geq 0 \tag{6.80}$$

gewählt werden. Dabei bedeuten X und p beliebige zeitunabhängige, im allgemeinen komplexwertige Konstanten. Die Konstante p, die sogenannte *komplexe Frequenz*, soll jedoch mit keinem Eigenwert des Netzwerks übereinstimmen. Zur Bestimmung von

$y(t)$ wird das im Abschnitt 6.3.3 entwickelte Verfahren angewendet, wobei zur Gewinnung einer partikulären Lösung $y_p(t)$ für die Netzwerkvariablen $z_\mu(t)$ der Ansatz nach Gl. (6.77) gemacht wird. Die Größen $Z_1, Z_2, ..., Z_n$ können dann aus einem den Gln. (6.75) entsprechenden Gleichungssystem bestimmt werden. Dabei ist allerdings zu beachten, daß die Konstanten $X_1, X_2, ..., X_n$ auf der rechten Seite dieser Gleichungen alle proportional X sind. Als Lösung erhält man damit

$$Z_\mu = \frac{D_\mu(p)}{D(p)} X \quad (\mu = 1, 2, ..., n) ,$$

d. h.

$$z_\mu(t) = \frac{D_\mu(p)}{D(p)} X e^{pt} \quad (\mu = 1, 2, ..., n) . \tag{6.81}$$

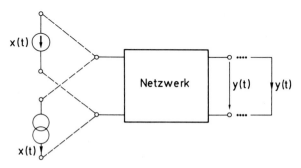

Bild 6.39. Netzwerk mit Erregung $x(t)$ und Reaktion $y(t)$.

Die Funktionen $D(p)$ und $D_\mu(p)$ ($\mu = 1, 2, ..., n$) stellen Polynome in p mit reellen Koeffizienten dar; $D(p)$ ist mit der Systemdeterminante nach Gl. (6.66) identisch. Da die interessierende Funktion $y(t)$, wie man sich leicht überlegen kann, mit den $z_\mu(t)$ allgemein in der Form[53]

$$y(t) = \sum_{\mu=1}^{n} \left[\gamma_\mu z_\mu(t) + \delta_\mu \frac{dz_\mu}{dt} \right] \tag{6.82}$$

verknüpft ist, erhält man die partikuläre Lösung $y_p(t)$, indem man Gl. (6.81) in Gl. (6.82) einführt:

$$y_p(t) = \frac{X e^{pt} \sum_{\mu=1}^{n} (\gamma_\mu + p\delta_\mu) D_\mu(p)}{D(p)} .$$

---

[53] Man beachte hierbei folgendes: Jeder Strom im Netzwerk kann als Linearkombination der gewählten Maschenströme dargestellt werden; jede Spannung läßt sich als Linearkombination aus Zweigspannungen angeben. Daher kommen wegen möglicherweise auftretender Induktivitäten neben den z_μ auch deren Ableitungen dz_μ/dt vor.

6.4 Das Konzept der komplexen Frequenz

Führt man für das hier auftretende Zählerpolynom die Abkürzung

$$E(p) = \sum_{\mu=1}^{n} (\gamma_\mu + p\delta_\mu) D_\mu(p)$$

ein, dann ergibt sich die Darstellung

$$y_p(t) = \frac{E(p)}{D(p)} X e^{pt} \ . \tag{6.83}$$

Zur Gewinnung der allgemeinen Lösung $y(t)$ muß der Teillösung $y_p(t)$ nach Gl. (6.83) die allgemeine Lösung $y_h(t)$ überlagert werden, die man ohne Erregung [$x(t) \equiv \equiv 0$] des Netzwerks erhält. Die Funktion $y_h(t)$ entsteht aus Gl. (6.82), indem man für die $z_\mu(t)$ die allgemeine Lösung gemäß Abschnitt 6.3.2 einführt. Unter der Annahme einfacher Eigenwerte $p_1, ..., p_N$ ($N = s$) des Netzwerks gewinnt man so schließlich die allgemeine Lösung

$$y(t) = \sum_{\mu=1}^{N} A_\mu e^{p_\mu t} + \frac{E(p)}{D(p)} X e^{pt} \quad (t \geq 0) \tag{6.84}$$

bei Erregung des Netzwerks mit der Quellfunktion $x(t) = X e^{pt}$ für $t \geq 0$. Beim Auftreten mehrfacher Eigenwerte ist die in Gl. (6.84) vorkommende Summe entsprechend abzuändern.

Verlangt man, daß der homogene Lösungsanteil von $y(t)$ für $t \to \infty$ verschwindet, also in Gl. (6.84) für $t \to \infty$ und $\mathrm{Re}\, p \geq 0$ nur der mit dem Faktor e^{pt} behaftete Anteil übrig bleibt, so erreicht man dies sicher dann, wenn die Realteile aller Eigenwerte negativ[54] sind:

$$\mathrm{Re}\, p_\mu < 0 \quad (\mu = 1, 2, ..., N) \ . \tag{6.85}$$

Hätte nämlich z.B. der Eigenwert $p_1 = \alpha_1 + j\beta_1$ einen nicht-negativen Realteil α_1, dann würde der entsprechende Summand in der Gl. (6.84)

$$A_1 e^{\alpha_1 t} (\cos \beta_1 t + j \sin \beta_1 t)$$

für $t \to \infty$ wegen $\alpha_1 \geq 0$ nicht null werden ($A_1 \neq 0$ vorausgesetzt). Dies gilt natürlich auch, wenn p_1 rein reell ist, also $\beta_1 = 0$ gilt. Für $\alpha_1 < 0$ strebt der betrachtete Summand sicher gegen null, wenn t über alle Grenzen anwächst. Die Ergebnisse der Über-

---

[54] Verlangt man nur, daß der homogene Lösungsanteil endlich bleibt, so lautet die entsprechende hinreichende Forderung $\mathrm{Re}\, p_\mu \leq 0$ ($\mu = 1, 2, ..., N$). Treten mehrfache Eigenwerte auf, dann kann A_μ von t abhängen, und $\mathrm{Re}\, p_\mu = 0$ darf nur für solche Eigenwerte gelten, für die A_μ eine Konstante darstellt. Die Bedingung (6.85) ist im allgemeinen nur hinreichend für das Verschwinden der Summe in Gl. (6.84). Denn es ist möglich, daß infolge der Struktur des betreffenden Netzwerks eine oder mehrere der Eigenfunktionen $\exp(p_\mu t)$ des Netzwerks in $y(t)$ nicht auftreten. Die entsprechenden A_μ sind dann jedenfalls null und die zugehörigen Eigenwerte p_μ brauchen die Bedingung (6.85) nicht zu erfüllen [40].

legungen ändern sich nicht, wenn A_1 kein konstanter Faktor, sondern ein Polynom in t ist, wie es bei einem mehrfachen Eigenwert p_1 möglich wäre. Denn die Funktion $t^k \exp(\alpha_1 t)$ geht bei $\alpha_1 < 0$ für $t \to \infty$ gegen null. Ein gegenseitiges Aufheben von Summanden der Form $A_\mu \exp(p_\mu t)$ ist wegen der linearen Unabhängigkeit dieser Funktionen ausgeschlossen.

Netzwerke, deren Eigenwerte die Eigenschaft gemäß Ungleichung (6.85) aufweisen, heißen *stabil*. Stabile Netzwerke haben also die Eigenschaft, daß bei verschwindender Erregung die Reaktion $y(t)$ unabhängig vom Anfangszustand der Energiespeicher für $t \to \infty$ gegen null geht.

Bei einem stabilen Netzwerk, das durch eine Quellfunktion der Form von Gl. (6.80) erregt wird, nennt man den stets gegen null strebenden Anteil von $y(t)$ den *flüchtigen Anteil*; der restliche Teil, welcher proportional zur Erregung ist, stellt den *stationären Anteil* dar. Ist der Realteil der komplexen Frequenz $\mathrm{Re}\, p$ größer als alle Realteile der Eigenwerte p_μ, gilt also

$$\mathrm{Re}\, p > \mathrm{Re}\, p_\mu \quad \text{für alle} \quad \mu = 1, 2, ..., N \, , \tag{6.86}$$

dann überwiegt für $t \to \infty$ der stationäre Anteil den flüchtigen Anteil in Gl. (6.84). Denn für $t \to \infty$ bestimmt $\exp(t\, \mathrm{Re}\, p)$ das Betragsverhalten des stationären Anteils und $\exp(t\, \max\{\mathrm{Re}\, p_\mu\})$ das des flüchtigen Anteils. Nach Gln. (6.80) und (6.84) hat daher ein Netzwerk die Eigenschaft

$$\lim_{t \to \infty} \left[\frac{y(t)}{x(t)} \right]_{x(t)=Xe^{pt}} = \frac{E(p)}{D(p)} \, , \tag{6.87a}$$

falls $\mathrm{Re}\, p > \max\{\mathrm{Re}\, p_\mu\}$ gilt. Das heißt: Bei einem Netzwerk ist der Quotient von Reaktion zu Erregung im stationären Zustand gleich dem Verhältnis der beiden Polynome $E(p)$ und $D(p)$, falls die Erregung die Form Xe^{pt} aufweist und der Realteil von p größer als alle Realteile der Eigenwerte des Netzwerks ist. Dieser Quotient heißt *Übertragungsfunktion* des Netzwerks und wird als

$$H(p) = \frac{E(p)}{D(p)} \tag{6.87b}$$

bezeichnet. Natürlich hängt die Übertragungsfunktion $H(p)$ davon ab, welche Größe (Spannung oder Strom) des Netzwerks als Reaktion $y(t)$ betrachtet wird und wo die Erregung $x(t)$ erfolgt. Wie im Bild 6.39 angedeutet wurde, kann sowohl $x(t)$ als auch $y(t)$ einen Strom oder eine Spannung bedeuten. Es ist weiterhin möglich, daß $x(t)$ und $y(t)$ Strom und Spannung bzw. Spannung und Strom am Eingang eines Zweipols bedeuten. In diesem Fall hat die Übertragungsfunktion die Bedeutung einer (verallgemeinerten) Impedanz bzw. Admittanz. Treten $x(t)$ und $y(t)$ an verschiedenen Stellen des Netzwerks auf, dann beschreibt die Übertragungsfunktion das Verhalten zwischen zwei Toren (Zweitor-Übertragungsfunktion).

Aus Gl. (6.87b) und der Darstellung des Polynoms $E(p)$ durch die Polynome $D_\mu(p)$ folgt, daß die Übertragungsfunktion $H(p)$ eine *rationale* Funktion mit *reellen* Koeffizienten ist. Die Nullstellen von $H(p)$ müssen daher, ebenso wie die Pole, entwe-

6.4 Das Konzept der komplexen Frequenz

der reell oder paarweise konjugiert komplex sein. Weiterhin folgt aus Gl. (6.87b), daß die endlichen Pole der Übertragungsfunktion mit Eigenwerten des Netzwerks übereinstimmen müssen.

Aufgrund der vorausgegangenen Betrachtungen stellt man leicht fest, daß bei Wahl des Parameters p als imaginäre Größe

$$p = j\omega$$

die Übertragungsfunktion $H(p)$ eines stabilen Netzwerks mit dem Quotienten $\underline{Y}/\underline{X}$ der beiden Zeigergrößen $\underline{Y}$ und $\underline{X}$ übereinstimmt, die man bei Erregung des Netzwerks durch eine harmonische Funktion $x(t)$ mit der Kreisfrequenz ω bei Anwendung der komplexen Wechselstromrechnung nach Kapitel 2 erhält. Aus diesem Grund kann man die Übertragungsfunktion stets dadurch bestimmen, daß man den Quotienten $\underline{Y}/\underline{X}$ als Funktion von $j\omega$ bestimmt und sodann $j\omega$ durch p ersetzt.

Als Beispiel sei das RC-Netzwerk nach Bild 6.40 betrachtet. Die Spannungsquelle $u_0(t)$ stellt die Erregung $x(t)$ dar. Die Reaktion $y(t)$ sei die Spannung $u_1(t)$ am Widerstand R. Zur Bestimmung der Übertragungsfunktion $H(p)$ werden nach Bild 6.41 Zeigergrößen eingeführt. Aufgrund bekannter Ergebnisse ist

$$\frac{\underline{Y}}{\underline{X}} = \frac{j\omega RC}{1 + j\omega RC} \ .$$

Hieraus gewinnt man die Übertragungsfunktion, indem man $j\omega$ durch p ersetzt:

$$H(p) = \frac{pRC}{1 + pRC} \ . \tag{6.88}$$

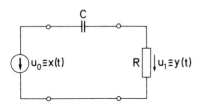

Bildd 6.40. RC-Netzwerk mit Erregung $x(t)$ und Reaktion $y(t)$.

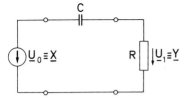

Bild 6.41. Harmonische Erregung des Netzwerks aus Bild 6.40.

Wird ein stabiles Netzwerk durch eine Quellfunktion $x(t)$ erregt, die eine Summe zweier Exponentialfunktionen

$$x(t) = X_I e^{p_I t} + X_{II} e^{p_{II} t} \tag{6.89}$$

darstellt, so erhält man die Reaktion $y(t)$ im stationären Zustand aufgrund des Überlagerungssatzes als Summe der Teilreaktionen, die den Teilursachen $X_I \exp(p_I t)$ und $X_{II} \exp(p_{II} t)$ entsprechen. Die Konstanten p_I und p_{II} sollen mit keinem der Eigenwerte übereinstimmen. Unter der Voraussetzung $\operatorname{Re} p_I > \operatorname{Re} p_\mu$, $\operatorname{Re} p_{II} > \operatorname{Re} p_\mu$ ($\mu = 1, 2, \ldots, N$) gilt damit im stationären Zustand

$$y(t) = H(p_I) X_I e^{p_I t} + H(p_{II}) X_{II} e^{p_{II} t} \, . \tag{6.90}$$

Es sei bemerkt, daß $y(t)$ in entsprechender Weise wie in Gl. (6.90) gewonnen werden kann, wenn $x(t)$ aus mehr als zwei Exponentialfunktionen additiv aufgebaut ist.

Die Ergebnisse gemäß den Gln. (6.89) und (6.90) lassen sich dazu verwenden, die stationäre Reaktion $y(t)$ auf die Erregung

$$x(t) = X e^{\sigma t} \cos(\omega t + \alpha)$$

$$(\sigma > \operatorname{Re} p_\mu \text{ für alle } \mu = 1, \ldots, N; \ X \text{ reell}) \tag{6.91a}$$

zu ermitteln. Dazu schreibt man die Beziehung (6.91a) in der Form

$$x(t) = \frac{X e^{j\alpha}}{2} e^{pt} + \frac{X e^{-j\alpha}}{2} e^{p^* t} \tag{6.91b}$$

mit

$$p = \sigma + j\omega \, .$$

Man erhält dann gemäß den Gln. (6.89) und (6.90) aus Gl. (6.91b)

$$y(t) = \frac{X e^{j\alpha}}{2} H(p) e^{pt} + \frac{X e^{-j\alpha}}{2} H(p^*) e^{p^* t} \, . \tag{6.92}$$

Wie bereits festgestellt wurde, kann $H(p)$ durch den Quotienten zweier Polynome mit reellen Koeffizienten dargestellt werden. Deshalb muß

$$H(p^*) = H^*(p) \tag{6.93}$$

gelten. Mit

$$H(\sigma + j\omega) = |H(\sigma + j\omega)| e^{j \arg H(\sigma + j\omega)}$$

folgt daher aus Gl. (6.92) die Darstellung

$$y(t) = X |H(\sigma + j\omega)| e^{\sigma t} \cos[\omega t + \alpha + \arg H(\sigma + j\omega)] \, . \tag{6.94}$$

Die Gln. (6.91a) und (6.94) besagen, daß ein stabiles Netzwerk im stationären Zustand auf eine exponentiell ansteigende oder abklingende harmonische Erregung (vorausgesetzt $\sigma > \max \{\operatorname{Re} p_\mu\}$ für $\mu = 1, \ldots, N$) mit einer Reaktion derselben Form antwortet. Ein Unterschied zwischen Erregung und Reaktion entsteht nur durch den Amplitudenfaktor $|H(\sigma + j\omega)|$ und die Phasenverschiebung $\arg H(\sigma + j\omega)$. Für $\sigma = 0$ erhält man den bekannten Sonderfall der rein harmonischen Erregung.

6.4 Das Konzept der komplexen Frequenz

Man pflegt den Frequenzparameter p in einer komplexen p-Ebene darzustellen, wobei σ den Realteil und ω den Imaginärteil von p bezeichnet (Bild 6.42). Jeder Punkt der p-Ebene entspricht einem Wert der komplexen Frequenz p. Man kann in die p-Ebene die Eigenwerte des betreffenden Netzwerks eintragen. Bild 6.42 zeigt die durch Kreuzchen gekennzeichneten drei Eigenwerte p_1, p_2, p_3 eines Netzwerks. Die durch die Ungleichungen (6.85) ausgedrückten Bedingungen für die Stabilität eines Netzwerks lassen sich jetzt geometrisch in der p-Ebene folgendermaßen deuten: Ein Netzwerk ist genau dann stabil, wenn sämtliche Eigenwerte in der linken Hälfte der p-Ebene liegen. Im Beispiel von Bild 6.42 ist diese Forderung erfüllt. Weiterhin läßt sich die Ungleichung (6.86) in der p-Ebene deuten. Sie bezeichnet die Halbebene rechts von der Parallele zur imaginären Achse durch die Eigenwerte mit größtem Realteil. Für Werte p in dieser Halbebene stimmt der Quotient von Reaktion zu Erregung $x(t) = Xe^{pt}$ im stationären Zustand gemäß Gl. (6.87a) mit der Übertragungsfunktion $H(p)$ des Netzwerks überein.

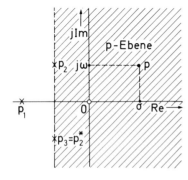

Bild 6.42. Komplexe p-Ebene mit den Eigenwerten p_1, p_2, p_3 eines Netzwerks.

Im Beispiel von Bild 6.42 darf sich dann p nur im schraffierten Teil der p-Ebene befinden. In diesem Sinne ist die Übertragungsfunktion $H(p)$ eines Netzwerks nur in einer Halbebene definiert, der sogenannten *Konvergenzhalbebene*. Da man gemäß den Gln. (6.91a) und (6.94) die stationäre Reaktion eines Netzwerks bei harmonischer Erregung für $\sigma = 0$ erhält, entsprechen die Punkte der positiv-imaginären Achse der p-Ebene ($\sigma = 0$, $\omega > 0$) dem harmonischen Fall, der im Kapitel 2 mit Hilfe der Zeigerrechnung ausführlich behandelt wurde.

6.4.2 Übertragungsfunktion und Eigenwerte, Pol-Nullstellen-Darstellung

Die Übertragungsfunktion $H(p)$ eines elektrischen Netzwerks ist gemäß Gl. (6.87b) eine gebrochen rationale Funktion, d.h. sie läßt sich als Quotient zweier Polynome, nämlich der Polynome $E(p)$ und $D(p)$, darstellen. Da jedes Polynom abgesehen von einem konstanten Faktor vollständig durch seine Nullstellen bestimmt ist, kann die Übertragungsfunktion geometrisch in der p-Ebene durch ihre Nullstellen und ihre Polstellen (Nullstellen des Nennerpolynoms) beschrieben werden, wenn man von einem konstanten Faktor absieht. Bevor hierauf eingegangen wird, soll auf den Zusammenhang zwischen der Übertragungsfunktion und den Eigenwerten eines Netzwerks hingewiesen werden. Wie bereits an früherer Stelle festgestellt wurde, sind die Eigenwerte $p_1, p_2, ..., p_N$, welche im wesentlichen den flüchtigen Anteil der Netzwerkreaktion $y(t)$ nach Gl. (6.84) bestimmen, mit den Nullstellen der Systemdeterminante $D(p)$ Gl. (6.66) identisch. Da $D(p)$ das Nennerpolynom der Übertragungsfunktion $H(p)$ darstellt, müssen die Pole von $H(p)$ mit den Eigenwerten des Netzwerks übereinstimmen. Es ist allerdings, wie anhand von Beispielen gezeigt werden kann, möglich, daß das Zählerpolynom $E(p)$ und das Nennerpolynom $D(p)$ gemeinsame Nullstellen haben, die sich dann in der Übertragungsfunktion kürzen. In derartigen Fällen erhält man durch die Pole der Übertragungsfunktion nur einen Teil der Eigenwerte des Netzwerks. Sieht man von diesen Fällen ab, dann lassen sich die Eigenwerte eines Netzwerks auf folgende Weise ermitteln. Man bestimmt zunächst die Übertragungsfunktion $H(j\omega)$ nach den Methoden zur Analyse von Netzwerken im Wechselstrombetrieb (Kapitel 2 und 3). Dann wird die Übertragungsfunktion $H(p)$ in Abhängigkeit von der komplexen Frequenz p betrachtet, und es werden die Pole p_1, p_2, ..., p_N von $H(p)$ ermittelt. Diese Pole stimmen mit den Eigenwerten des Netzwerks überein. Auf diese Weise erhält man die Eigenwerte rein algebraisch ohne Verwendung von Differentialgleichungen. Für das im Bild 6.40 dargestellte Netzwerk ist die Übertragungsfunktion in Gl. (6.88) gegeben. Wie man dieser Gleichung entnimmt, lautet der Eigenwert $p_1 = -1/RC$. Dies stimmt mit den Ergebnissen aus Abschnitt 6.2.3 überein.

Betrachtet man bei einem Zweipol den Eingangsstrom als Erregung und die Eingangsspannung als Reaktion, dann bedeutet die Impedanz $Z(p)$ des Zweipols, welche für $p = j\omega$ mit dem komplexen Eingangswiderstand des Zweipols übereinstimmt, die Übertragungsfunktion. Wählt man hingegen die Eingangsspannung desselben Zweipols als Erregung und den Eingangsstrom als Reaktion, so stellt die Admittanz $Y(p)$, welche für $p = j\omega$ mit dem komplexen Eingangsleitwert des Zweipols übereinstimmt, die Übertragungsfunktion dar. Da $Z(p) = 1/Y(p)$ gilt, sind die Nullstellen der Impedanz gleich den Polen der Admittanz, d.h. gleich den Eigenwerten bei Spannungserregung des Zweipols. Die Pole der Impedanz liefern die Eigenwerte des Zweipols, wenn dieser durch einen Strom erregt wird. Da der von den Eigenwerten abhängige Anteil der Reaktion eines passiven Zweipols (etwa eines RLCÜ-Zweipols) sowohl bei Strom- als auch bei Spannungs-Erregung nicht über alle Grenzen anwachsen kann, enthält die Impedanz $Z(p)$ eines derartigen Zweipols weder Pole noch Nullstellen in der offenen rechten Halbebene Re $p > 0$.

Bezeichnet man die Nullstellen der Übertragungsfunktion $H(p)$ eines Netzwerks mit q_1, q_2, ..., q_M, die Pole mit p_1, p_2, ..., p_N, dann läßt sich die Übertragungsfunktion folgendermaßen darstellen:

$$H(p) = K \frac{(p-q_1)(p-q_2) \cdots (p-q_M)}{(p-p_1)(p-p_2) \cdots (p-p_N)} . \tag{6.95}$$

Die Größe K ist eine reelle Konstante. Mehrfache Nullstellen und Pole seien jeweils ihrer Vielfachheit entsprechend mehrmals aufgeführt. Angesichts der Bedingung (6.93) müssen sowohl Nullstellen als auch Pole, soweit sie komplex sind, paarweise konjugiert auftreten. Die Bilder der Nullstellen und die der Pole in der p-Ebene sind daher symmetrisch zur reellen Achse. Man vergleiche hierzu Bild 6.43, in dem für ein Beispiel die Nullstellen durch kleine Kreise, die Pole durch kleine Kreuze markiert sind.

Für einen bestimmten Wert p kann man den Funktionswert $H(p)$ geometrisch auf folgende Weise ermitteln: Man verbindet die Nullstellen q_1, q_2, ..., q_M in der p-Ebene

6.4 Das Konzept der komplexen Frequenz

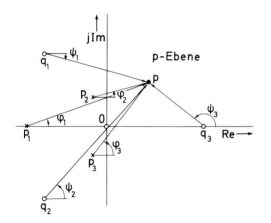

Bild 6.43. Nullstellen und Pole der Übertragungsfunktion $H(p)$ in der komplexen p-Ebene. Die eingetragenen Winkel sind im Gegenuhrzeigersinn positiv und im Uhrzeigersinn negativ zu zählen.

mit dem Punkt p, ebenso verbindet man die Pole $p_1, p_2, \ldots, p_N$ mit p. Die Längen der Verbindungsstrecken liefern gemäß Gl. (6.95) den Betrag von $H(p)$:

$$|H(p)| = |K| \frac{|p - q_1| \; |p - q_2| \; \cdots \; |p - q_M|}{|p - p_1| \; |p - p_2| \; \cdots \; |p - p_N|} . \tag{6.96a}$$

Den Betrag $|H(p)|$ erhält man also, indem man die Entfernungen vom Punkt p zu den Nullstellen der Übertragungsfunktion miteinander multipliziert, dieses Produkt durch das entsprechende Produkt der Entfernungen zu den Polstellen dividiert und diesen Quotienten schließlich noch mit $|K|$ multipliziert. Das Argument der Übertragungsfunktion erhält man gemäß Gl. (6.95) und Bild 6.43 in der Form

$$\arg H(p) = \underbrace{\left(1 - \frac{K}{|K|}\right)\frac{\pi}{2}}_{\arg K} + \psi_1 + \psi_2 + \ldots + \psi_M - \varphi_1 - \varphi_2 - \ldots - \varphi_N + r2\pi . \tag{6.96b}$$

Dabei ist r irgendeine ganze Zahl, ψ_ν ($\nu = 1, 2, \ldots, M$) ist der Winkel zwischen der Parallelen zur reellen Achse durch die Nullstelle q_ν und dem Strahl von der Nullstelle q_ν zum Punkt p. Entsprechend ist φ_μ ($\mu = 1, 2, \ldots, N$) der Winkel zwischen der Parallelen zur reellen Achse durch die Polstelle p_μ und dem Strahl vom Pol p_μ zum Punkt p. Ist p eine Nullstelle oder Polstelle von $H(p)$, so ist der entsprechende Winkel nicht definiert. Die Größe $\arg K$ ist null für $K > 0$ und π für $K < 0$.

Der Winkel $\arg H(p)$ ist also in einem Punkt p, der weder eine Nullstelle noch eine Polstelle von $H(p)$ ist, nur bis auf ganzzahlige Vielfache von 2π bestimmt und kann durch Aufsummierung der Teilwinkel ψ_ν und $-\varphi_\mu$ und anschließender Addition von $\arg K$ gewonnen werden. Setzt man zunächst voraus, daß $H(p)$ im Nullpunkt pol- und nullstellenfrei ist, dann wählt man r zur eindeutigen Festlegung der Winkelfunktion $\arg H(p)$ so, daß $\arg H(0)$ im Intervall $(-\pi, \pi]$ liegt. Es zeigt sich dabei, daß $\arg H(0)$ entweder 0 oder π ist. Gewöhnlich möchte man erreichen, daß die Phasenfunktion $\arg H(j\omega)$ eine ungerade Funktion in ω ist. Dies ist gewährleistet, wenn $\arg H(0)$ gleich null ist, und läßt sich notfalls dadurch erreichen, daß man das Vorzeichen von K umkehrt. Eine Vorzeichenänderung von K darf ohne Einschränkung der Allgemeinheit vorgenommen werden, da dies lediglich einer Umkehrung der Bezugsrichtung bei der Erregung $x(t)$ oder der Reaktion $y(t)$ entspricht. — Falls die Übertragungsfunktion $H(p)$ im Nullpunkt eine Polstelle oder Nullstelle hat, wird $H(p) = p^k H_0(p)$ geschrieben, wobei k so gewählt wird, daß $H_0(p)$ in $p = 0$ pol- und nullstellenfrei ist. Die Phasenfunktion $\arg H(j\omega)$ kann, wie man sieht, als Summe von $\arg (j\omega)^k = k \arg (j\omega)$ und $\arg H_0(j\omega)$ aufgefaßt werden. Aufgrund der früheren Betrachtungen läßt sich immer erreichen, daß $\arg H_0(j\omega)$ eine ungerade Funktion in ω ist. Wählt man $\arg j\omega = \pi/2$ für $\omega > 0$ und $\arg j\omega = -\pi/2$ für $\omega < 0$ (diese Werte ergeben sich, wenn man für die Funktion $\arg p$ jenen Zweig verwendet, für den bei reellem, positivem p die Funktion $\arg p$ verschwindet), so ist auch $\arg (j\omega)^k$ eine ungerade Funktion in ω. Damit kann dann auch im hier betrachteten Fall erreicht werden, daß die Phasenfunktion $\arg H(j\omega)$ in ω ungerade wird.

Die geschilderte Methode zur geometrischen Darstellung von Betrag und Phase der Übertragungsfunktion wird vor allem dazu verwendet, den Verlauf dieser Größen für $\sigma = 0$ in Abhängigkeit von ω zu erzeugen. Dieser Fall, in dem p also auf der imaginären Achse liegt, interessiert deshalb besonders, weil für jeden ω-Wert die Übertragungsfunktion das stationäre Wechselstromverhalten bei der betrachteten Kreisfrequenz ω vollkommen beschreibt. Legt man den Punkt p im Bild 6.43 zunächst in den Nullpunkt und bewegt man ihn dann auf der imaginären Achse in positiver Richtung, so kann man sich das Verhalten des Betrags und der Phase von $H(j\omega)$ in Abhängigkeit von ω leicht veranschaulichen. Besitzt die zu untersuchende Übertragungsfunktion Polstellen oder Nullstellen auf der imaginären Achse, so sind diese beim Durchlaufen der imaginären Achse auf Halbkreisen zu umgehen, deren Mittelpunkte die jeweiligen Polstellen bzw. Nullstellen sind, deren Radien gegen null streben und die in der rechten (oder linken) p-Halbebene verlaufen. Damit treten im Kurvenverlauf der Phasenfunktion $\arg H(j\omega)$ Sprünge um ganzzahlige Vielfache von π (entsprechend der Vielfachheit der Polstelle bzw. Nullstelle) an den genannten Stellen auf.

Am *Beispiel* des spannungserregten Reihenschwingkreises (Abschnitt 2.4.1) soll die Methode zur geometrischen Darstellung von Betrag und Phase einer Übertragungsfunktion für $p = j\omega$ gezeigt werden. Es wird die normierte Admittanz nach Gl. (2.41a) als Übertragungsfunktion betrachtet, wobei $j\omega/\omega_0$ durch p ersetzt wird. Die Resonanzkreisfrequenz ω_0 dient hier als Normierungsgröße. Dann lautet die Übertragungsfunktion

$$H(p) = \frac{p}{Qp^2 + p + Q} \; .$$

Die Größe Q bedeutet die Schwingkreisgüte. Als Nullstellen der Übertragungsfunktion erhält man

$$q_1 = 0 \; , \quad (q_2 = \infty) \; .$$

Die Pole sind, wie man direkt sieht,

$$p_{1/2} = -\frac{1}{2Q} \pm j \sqrt{1 - \frac{1}{4Q^2}} \; . \tag{6.97a,b}$$

6.5 Stabilität von Netzwerken

Bild 6.44 zeigt die Darstellung der Nullstellen und Pole in der p-Ebene. Ist $Q > 0{,}5$, dann sind p_1 und p_2 komplex, für $Q \leq 0{,}5$ sind die Pole reell. Bewegt sich der Punkt p auf der positiv-imaginären Achse kontinuierlich vom Ursprung ins Unendliche, so kann man sich entsprechend den Gln. (6.96a,b) den Verlauf der Betragsfunktion und der Phasenfunktion von $H(\mathrm{j}\omega)$ vorstellen. In der unmittelbaren Umgebung des Nullpunkts ist der Betrag näherungsweise gleich null, da dort die Nullstelle q_1 maßgebend für den Verlauf der Betragsfunktion ist. Bei hoher Güte liegen die Pole p_1 und p_2 gemäß den Gln. (6.97a,b) in der Nähe der imaginären Achse. Dann nimmt die Betragsfunktion auf der imaginären Achse in unmittelbarer Nähe des Poles p_1 ihr Maximum an. Denn dort ist der Abstand zum Pol p_1, der sehr klein ist und sich mit zunehmendem ω rasch ändert, maßgebend für das Betragsverhalten. Die Abstände zum Pol p_2 und zur Nullstelle q_1 ändern sich dabei nur unwesentlich. Mit zunehmender Güte Q rücken die Pole p_1 und p_2 immer näher an die imaginäre Achse heran, und dabei prägt sich das Betragsmaximum mehr und mehr aus. Für hohe Frequenzen nimmt der Betrag der Übertragungsfunktion ab, da zwei Pole und nur eine endliche Nullstelle vorhanden sind. In entsprechender Weise läßt sich der Verlauf der Phase der Übertragungsfunktion auf der imaginären Achse deuten. Die gewonnenen Ergebnisse stimmen mit den im Bild 2.14 dargestellten Kurvenverläufen überein.

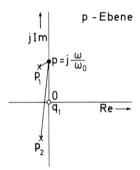

Bild 6.44. Nullstellen und Pole der normierten Admittanz des Reihenschwingkreises in der komplexen p-Ebene.

6.5 Stabilität von Netzwerken

6.5.1 *Das Hurwitzsche Stabilitätskriterium*

Im Abschnitt 6.4.1 wurde im Zusammenhang mit der Einführung der Übertragungsfunktion $H(p)$ für Stabilität eines Netzwerks gefordert, daß der von den Eigenwerten abhängige Anteil der Reaktion $y(t)$ in Gl. (6.84) für $t \to \infty$ verschwindet. Dies führte auf die Stabilitätsbedingung (6.85). Diese Bedingung ist zwar hinreichend, jedoch nicht immer notwendig, da bei manchen Netzwerken nicht alle Eigenwerte einen Einfluß auf $y(t)$ ausüben. In solchen Fällen verschwinden die entsprechenden A_μ unabhängig von der Wahl des Anfangszustands des Netzwerks. Die zugehörigen p_μ brauchen also die Bedingung (6.85) nicht zu erfüllen. Fordert man jedoch für Stabilität, daß bei sämtlichen in einem Netzwerk auftretenden Spannungen und Strömen die von den Eigenwerten abhängigen Bestandteile bei willkürlichem Anfangszustand für $t \to \infty$ verschwinden, dann stellen die Ungleichungen (6.85) notwendige und hinreichende Bedingungen dar. Denn jede der Eigenfunktionen $\exp(p_\mu t)$ ($\mu = 1, 2, \ldots, N$) hat auf wenigstens einen

Strom oder eine Spannung im Netzwerk einen Einfluß. Im folgenden wird die Bedingung (6.85) als notwendige und hinreichende Stabilitätsforderung in diesem Sinne betrachtet. Da die Eigenwerte p_μ ($\mu = 1, 2, ..., N$) die Nullstellen der Systemdeterminante $D(p)$ Gl. (6.66) darstellen, kann die Stabilitätsbedingung (6.85) auch folgendermaßen ausgedrückt werden: Die Systemdeterminante

$$D(p) = c_s p^s + c_{s-1} p^{s-1} + ... + c_1 p + c_0 , \qquad (6.98)$$

welche durch Gl. (6.66) bestimmt ist, darf nur Nullstellen in der linken Halbebene $\operatorname{Re} p < 0$ haben, d.h., sie muß ein sogenanntes Hurwitz-Polynom sein. Das Polynom $D(p)$ in Gl. (6.98) unterscheidet sich von dem in Gl. (6.66) nur durch einen reellen, konstanten Faktor c_s, durch den die Nullstellen des Polynoms nicht geändert werden.

Falls die Koeffizienten c_μ ($\mu = 0, 1, ..., s$) der Systemdeterminante Gl. (6.98) numerisch bekannt sind, läßt sich die Stabilität durch Berechnung der Nullstellen der Systemdeterminante $D(p)$ prüfen, wenngleich dies für $s > 2$ im allgemeinen einen beträchtlichen Aufwand erfordern kann. Oft sind die Koeffizienten c_μ nicht numerisch, sondern etwa als Funktionen der Netzwerkelemente gegeben. In diesen Fällen lassen sich im allgemeinen die Nullstellen von $D(p)$ nicht mehr explizit angeben. Es gibt jedoch ein auf A. Hurwitz zurückgehendes algebraisches Kriterium zur Prüfung, ob alle Nullstellen eines Polynoms negativen Realteil haben. Die Nullstellen selbst brauchen dabei nicht berechnet zu werden. Bevor die Hurwitzschen Stabilitätsbedingungen angegeben werden, soll auf einfache notwendige Forderungen für die Stabilität hingewiesen werden.

Einem negativen reellen Eigenwert $p_\mu = -\alpha < 0$ entspricht das Faktorpolynom

$$p - p_\mu = p + \alpha , \qquad (6.99a)$$

und einem Paar konjugiert komplexer Eigenwerte $p_\nu = -\alpha + j\beta$, $p_\nu^* = -\alpha - j\beta$ mit negativem Realteil $-\alpha < 0$ entspricht das Faktorpolynom

$$(p - p_\nu)(p - p_\nu^*) = (p + \alpha)^2 + \beta^2 . \qquad (6.99b)$$

Ist ein Netzwerk stabil, so entsteht seine Systemdeterminante $D(p)$ nach Gl. (6.98), abgesehen vom reellen Faktor c_s, durch Multiplikation von Teilpolynomen gemäß den Gln. (6.99a,b) mit $\alpha > 0$. Hierdurch ist zu erkennen, daß bei Stabilität alle Koeffizienten $c_0, c_1, ..., c_s$ der Systemdeterminante gleiches Vorzeichen haben müssen. Ist c_s positiv, dann müssen $c_0, c_1, ..., c_{s-1}$ notwendigerweise ebenfalls positiv sein. Es darf auch keiner dieser Koeffizienten gleich null sein. Ist wenigstens einer der Koeffizienten $c_0, c_1, ..., c_{s-1}$ bei positivem (negativem) c_s gleich null oder negativ (positiv), dann ist das betreffende Netzwerk sicher nicht stabil. Die genannten notwendigen Stabilitätsbedingungen sind bis $s = 2$ auch hinreichend, wovon man sich leicht überzeugen kann. Anhand von Beispielen läßt sich zeigen, daß diese Bedingungen für $s > 2$ nicht hinreichend sind.

Es werden nun die Determinanten

$$\Delta_\mu = \begin{vmatrix} c_{s-1} & c_s & 0 & 0 & \dots & \dots & 0 \\ c_{s-3} & c_{s-2} & c_{s-1} & c_s & 0 & \dots & 0 \\ c_{s-5} & c_{s-4} & \dots & & & & \vdots \\ \vdots & \vdots & \vdots & \vdots & & & \\ c_{s-2\mu+1} & c_{s-2\mu+2} & \dots & & \dots & & c_{s-\mu} \end{vmatrix} \qquad (6.100)$$

$$(\mu = 1, \dots, s)$$

eingeführt. Dabei sei $c_\nu = 0$ für $\nu < 0$. Das Hurwitzsche Stabilitätskriterium lautet dann unter Benutzung der Hurwitz-Determinanten Δ_μ nach Gl. (6.100):

Notwendig und hinreichend dafür, daß alle Nullstellen der Systemdeterminante (des charakteristischen Polynoms) $D(p)$ in Gl. (6.98) negativen Realteil haben, sind bei $c_s > 0$ die Forderungen

$$\Delta_1 > 0, \quad \Delta_2 > 0, \quad \dots, \quad \Delta_s > 0 \ .$$

Auf den Beweis dieses Kriteriums soll wegen des erheblichen mathematischen Aufwands hier nicht eingegangen werden. Man vergleiche diesbezüglich z.B. [40].

Das Hurwitzsche Kriterium wird jetzt auf die Fälle $s = 1$, $s = 2$ und $s = 3$ angewendet. Für $s = 1$ erhält man bei $c_1 > 0$ die Forderung $c_0 > 0$. Für $s = 2$ ergeben sich bei $c_2 > 0$ die Bedingungen $\Delta_1 \equiv c_1 > 0$ und $\Delta_2 \equiv c_1 c_0 > 0$, d.h. $c_0 > 0$ und $c_1 > 0$. Die Positivität aller Koeffizienten des charakteristischen Polynoms ist also für $s = 1$ und $s = 2$ eine notwendige und hinreichende Stabilitätsbedingung. Für $s = 3$ entstehen bei $c_3 > 0$ die folgenden Bedingungen: $\Delta_1 \equiv c_2 > 0$, $\Delta_2 \equiv c_2 c_1 - c_3 c_0 > 0$, $\Delta_3 \equiv c_0 \Delta_2 > 0$. Damit lauten für $s = 3$ die notwendigen und hinreichenden Stabilitätsforderungen bei $c_3 > 0$

$$c_0 > 0, \quad c_2 c_1 - c_3 c_0 > 0, \quad c_2 > 0, \quad (c_3 > 0) \ . \qquad (6.101\text{a-c})$$

Im folgenden soll auf zwei Beispiele die Stabilitätsprüfung angewendet werden.

6.5.2 Beispiele

Im Bild 6.45a ist ein aus der Kapazität C, der Induktivität L und dem Widerstand r bestehender Zweipol dargestellt, der durch die Stromquelle i_0 erregt wird. Zur Verringerung der durch den Verlustwiderstand r hervorgerufenen Dämpfung wird am Eingang des Zweipols ein negativer ohmscher Widerstand $-R$ angebracht[55]. Es soll festgestellt

---

[55] Der negative ohmsche Widerstand stellt ein bisher noch nicht eingeführtes Element dar. Die Strom-Spannungs-Beziehung des negativen ohmschen Widerstands unterscheidet sich von der des bisher betrachteten Widerstands nur durch das negative Vorzeichen bei R. Technisch realisieren läßt sich ein solches Element unter Verwendung von aktiven Schaltelementen (man vergleiche auch [41]).

werden, für welche Werte von R der Zweipol stabil ist. Dazu wird gemäß Bild 6.45b die Erregung zu null gemacht (Leerlauf des Eingangs). Als Netzwerkfunktionen werden sodann die Kapazitätsspannung $u(t)$ und der Induktivitätsstrom $i(t)$ gewählt, die zur vollständigen Beschreibung des Einschwingverhaltens des leerlaufenden Zweipols ausreichen. Wie man dem Netzwerk direkt entnimmt, bestehen die Differentialgleichungen

$$\begin{array}{cc|c} u & i & \\ \hline -\dfrac{1}{R} + C\dfrac{d}{dt} & 1 & 0 \\ -1 & r + L\dfrac{d}{dt} & 0 \end{array} \qquad (6.102)$$

Aus dem System von Differentialgleichungen (6.102) erhält man sofort die Systemdeterminante

$$D(p) = \begin{vmatrix} -\dfrac{1}{R} + pC & 1 \\ -1 & r + pL \end{vmatrix} = LCp^2 + \left(rC - \dfrac{L}{R}\right)p + 1 - \dfrac{r}{R}.$$

Da der Koeffizient c_2 der Systemdeterminante unabhängig von der Wahl von R positiv ist, lauten die notwendigen und hinreichenden Stabilitätsforderungen im vorliegenden Beispiel $c_0 \equiv 1 - r/R > 0$ und $c_1 \equiv rC - L/R > 0$, d.h.

$$R > r \quad \text{und} \quad R > \dfrac{L}{rC}.$$

Der Betrag R des negativen Widerstands muß also größer als der Verlustwiderstand r und größer als $L/(rC)$ gewählt werden, damit der Zweipol bei Stromerregung stabil bleibt.

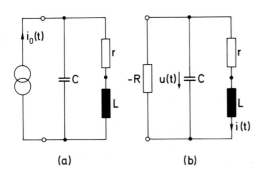

Bild 6.45. Ergänzung eines Zweipols durch einen negativen ohmschen Widerstand zur Verringerung der Dämpfung.

6.5 Stabilität von Netzwerken

Im *zweiten* Beispiel soll die Stabilität des Netzwerks von Bild 6.46 geprüft werden. Dieses Netzwerk besteht aus einem (gestrichelt umrahmten) Verstärker, der am Eingang durch die Spannungsquelle u_0 mit Innenwiderstand $R_0 = 1/G_0$ erregt und am Ausgang durch einen ungedämpften Parallelschwingkreis belastet wird. Die Kapazität C_2 stellt eine sogenannte Rückkopplung des Verstärkers dar. Zur Stabilitätsprüfung wird die Erregung u_0 identisch null gesetzt (Bild 6.47). Als Netzwerkfunktionen werden die Kapazitätsspannungen u_1, u_2, u_3 und der Induktivitätsstrom i_3 gewählt. Dann können die folgenden Differentialgleichungen unmittelbar dem Netzwerk im Bild 6.47 entnommen werden:

$$
\begin{array}{cccc|c}
u_1 & u_2 & u_3 & i_3 & \\
\hline
1 & -1 & -1 & 0 & 0 \\
C_1 \dfrac{d}{dt} + G_0 & C_2 \dfrac{d}{dt} & 0 & 0 & 0 \\
\alpha & -C_2 \dfrac{d}{dt} & C_3 \dfrac{d}{dt} & 1 & 0 \\
0 & 0 & 1 & -L_3 \dfrac{d}{dt} & 0
\end{array}
\tag{6.103}
$$

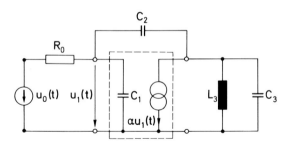

Bild 6.46. Verstärkernetzwerk, dessen Stabilität untersucht wird.

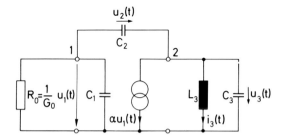

Bild 6.47. Netzwerk aus Bild 6.46 nach Beseitigung der Erregung.

Durch die erste Gleichung wird das Gleichgewicht der Kapazitätsspannungen, durch die zweite und dritte Gleichung das Stromgleichgewicht im Knoten 1 bzw. 2 ausgedrückt. Die vierte Gleichung stellt die Strom-Spannungs-Beziehung für die Induktivität L_3 dar.

Aus dem Gleichungssystem (6.103) folgt sofort die Systemdeterminante

$$D(p) \equiv \begin{vmatrix} 1 & -1 & -1 & 0 \\ C_1 p + G_0 & C_2 p & 0 & 0 \\ \alpha & -C_2 p & C_3 p & 1 \\ 0 & 0 & 1 & -L_3 p \end{vmatrix}.$$

Eine Entwicklung dieser Determinante führt auf das Polynom dritten Grades

$$-D(p) = c_0 + c_1 p + c_2 p^2 + c_3 p^3$$

mit den Koeffizienten

$$c_0 = G_0 , \tag{6.104a}$$

$$c_1 = C_1 + C_2 , \tag{6.104b}$$

$$c_2 = (G_0 C_2 + G_0 C_3 + \alpha C_2) L_3 , \tag{6.104c}$$

$$c_3 = (C_1 C_2 + C_2 C_3 + C_3 C_1) L_3 . \tag{6.104d}$$

Da für die Stabilität eines Netzwerks allein die Nullstellen seiner charakteristischen Gleichung $D(p) = 0$ maßgebend sind, kann für die Stabilitätsprüfung nach *Hurwitz* statt $D(p)$ auch $-D(p)$ verwendet werden; denn beide Polynome haben dieselben Nullstellen. Der Koeffizient c_3 ist bei willkürlicher Wahl der (positiven) Netzwerkelemente positiv, und daher können die Ungleichungen (6.101a-c) zur Stabilitätsprüfung herangezogen werden. Da auch c_0 in jedem Falle positiv ist, brauchen nur die Bedingungen (6.101b,c) gefordert zu werden. Aus Ungleichung (6.101c) folgt mit Gl. (6.104c) sofort die Stabilitätsbedingung

$$L_3 [G_0 (C_2 + C_3) + \alpha C_2] > 0 . \tag{6.105a}$$

Aus Ungleichung (6.101b) erhält man mit den Gln. (6.104a-d) nach kurzer Zwischenrechnung

$$L_3 C_2 [G_0 C_2 + \alpha (C_1 + C_2)] > 0 . \tag{6.105b}$$

Falls beide Ungleichungen (6.105a,b) erfüllt sind, ist das Netzwerk stabil. Besteht auch nur eine dieser Ungleichungen nicht, dann verhält sich das System instabil. Wie man sieht, herrscht jedenfalls für $\alpha > 0$ Stabilität. Das Netzwerk kann nur bei $\alpha < 0$ instabil werden. Aus den Ungleichungen (6.105a,b) erhält man nämlich für α die Forderung

$$\alpha > - G_0 \min \left\{ \frac{C_2 + C_3}{C_2} , \frac{C_2}{C_1 + C_2} \right\} .$$

Damit das Netzwerk von Bild 6.46 der physikalischen Wirklichkeit näher kommt, wird man noch parallel zur Induktivität L_3 und Kapazität C_3 einen Widerstand $R_3 = 1/G_3$

anbringen, der zur Darstellung des inneren Widerstands der gesteuerten Stromquelle und der Verluste des L_3C_3-Schwingkreises dient. Dadurch ändert sich in den Gln. (6.103) nur der Koeffizient $C_3 \mathrm{d}/\mathrm{d}t$, und zwar wird er durch $C_3 \mathrm{d}/\mathrm{d}t + G_3$ ersetzt. Dies hat natürlich eine Veränderung der Koeffizienten des charakteristischen Polynoms zur Folge. Es zeigt sich, daß in den Gln. (6.104a-d) nur c_1 und c_2 sich ändern. In Gl. (6.104b) tritt zusätzlich der additive Term $G_0 G_3 L_3$ auf, in Gl. (6.104c) der additive Term $(C_1 + C_2) G_3 L_3$. Anstelle der Ungleichungen (6.105a,b) erhält man jetzt die Stabilitätsbedingungen

$$L_3 [G_0(C_2 + C_3) + \alpha C_2 + G_3(C_1 + C_2)] > 0 , \qquad (6.106a)$$

$$L_3 [G_0 C_2^2 + \alpha(C_1 + C_2) C_2 + \{ G_0 G_3 L_3 (C_1 + C_2) + (C_1 + C_2)^2 +$$
$$+ G_0 L_3 (G_0 C_2 + G_0 C_3 + \alpha C_2) \} G_3] > 0 . \qquad (6.106b)$$

Wie man sieht, herrscht auch jetzt in jedem Fall für $\alpha > 0$ Stabilität. Das Netzwerk kann sich nur für $\alpha < 0$ instabil verhalten. Genaue Auskunft geben die Bedingungen (6.106a,b). Man kann anhand dieser Bedingungen z.B. bei fester Vorgabe von Werten für G_0, G_3, C_1, C_3, L_3 und bei einem negativen Wert α Auskunft darüber geben, in welchen Werteintervallen für C_2 Instabilität herrscht. Hierauf soll nicht eingegangen werden, es sei aber dem Leser als Übung empfohlen. Man darf in den Ungleichungen (6.106a,b) die Wahl $C_2 = 0$ treffen und sieht, daß dann für beliebiges α stets Stabilität besteht, was physikalisch zu erwarten ist. (Man vergleiche Bild 6.47 und beachte, daß der Schwingkreis am Ausgang des Verstärkers durch den Leitwert G_3 gedämpft wird.) In Ungleichung (6.105b) dagegen darf C_2 nicht gleich null gewählt werden, weil für $C_2 = 0$ die linke Seite der Ungleichung verschwinden würde. Im Falle $G_3 = 0$ ist nämlich der Schwingkreis am Verstärkerausgang ungedämpft, und das Netzwerk befindet sich dann für $C_2 = 0$ an der Stabilitätsgrenze.

6.6 Anwendung der Laplace-Transformation zur Bestimmung des Einschwingverhaltens von Netzwerken

6.6.1 *Die Laplace-Transformation*

Eine nicht-periodische Funktion $f(t)$, die für alle t-Werte ($-\infty < t < \infty$) definiert ist, läßt sich unter bestimmten Voraussetzungen in der Form

$$f(t) = \frac{1}{2\pi} \int_{-\infty}^{\infty} F(\mathrm{j}\omega) \mathrm{e}^{\mathrm{j}\omega t} \mathrm{d}\omega \qquad (6.107)$$

darstellen. Dabei ist

$$F(\mathrm{j}\omega) = \int_{-\infty}^{\infty} f(t) \mathrm{e}^{-\mathrm{j}\omega t} \mathrm{d}t . \qquad (6.108)$$

Die Funktion $F(j\omega)$ heißt *Fourier-Transformierte* oder *Spektrum* der Zeitfunktion $f(t)$. Das Gleichungspaar (6.107), (6.108) gilt sicher dann, wenn das Integral über $|f(t)|$ von $t = -\infty$ bis $t = \infty$ konvergiert, d.h. $f(t)$ absolut integrierbar ist, und wenn in jedem endlichen t-Intervall die Funktion $f(t)$ in eine endliche Zahl stetiger und monoton verlaufender Stücke zerlegt werden kann. An Sprungstellen liefert die Gl. (6.107) den arithmetischen Mittelwert des links- und des rechtsseitigen Grenzwerts von $f(t)$. Die Darstellung der Funktion $f(t)$ gemäß den Gln. (6.107) und (6.108) steht in Analogie zur Fourier-Reihendarstellung periodischer Funktionen [man vergleiche Abschnitt 5.5.1, insbesondere die Gln. (5.75) und (5.77)]. Dem Spektrum $F(j\omega)$ Gl. (6.108), welches für $-\infty < \omega < \infty$ definiert ist, entsprechen dort die Fourier-Koeffizienten d_ν, die in Analogie zur Gl. (6.107) die Darstellung der entsprechenden periodischen Funktion durch eine unendliche Reihe erlauben. Man kann sich die Darstellung von $f(t)$ nach Gl. (6.107) als Superposition unendlich vieler exponentieller Zeitfunktionen $[F(j\omega)/2\pi]d\omega \, e^{j\omega t}$ veranschaulichen, wobei im Gegensatz zur Fourier-Reihe der Summationsindex ω kontinuierlich von $-\infty$ bis ∞ variiert und der Amplitudenfaktor $[F(j\omega)/2\pi]d\omega$ eine infinitesimale Größe ist. Bei der Fourier-Reihe nimmt der Summationsindex nur diskrete Werte an, und die Amplitudenfaktoren stellen nicht-infinitesimale Größen dar.

Man kann sich die Gln. (6.107) und (6.108) zur Darstellung der Zeitfunktion $f(t)$ aus den Gln. (5.75) und (5.77) entstanden denken, indem man die Periodendauer T über alle Grenzen anwachsen läßt. Hierbei wird die Gl. (5.75) in der Form

$$f(t) = \frac{1}{2\pi} \sum_{\nu=-\infty}^{\infty} \frac{2\pi d_\nu}{\omega_0} e^{j\nu\omega_0 t} \omega_0 \qquad (6.109a)$$

und die Gl. (5.77) in der Form

$$d_\nu = \frac{1}{T} \int_{-\frac{T}{2}}^{\frac{T}{2}} f(t) e^{-j\nu\omega_0 t} dt \qquad (6.109b)$$

dargestellt. Dann wird $\nu\omega_0 = \omega$ gesetzt und der Grenzübergang $T \to \infty$ ($\omega_0 \to 0$) durchgeführt. Dadurch geht $2\pi d_\nu/\omega_0$ gemäß Gl. (6.109b) in $F(j\omega)$ von Gl. (6.108) über, und die Reihe in Gl. (6.109a) geht über in das Integral von Gl. (6.107).

Gewöhnlich ist der Verlauf der Zeitfunktion $f(t)$ erst von einem bestimmten Zeitpunkt an gegeben. Dies sei für das Weitere angenommen. Legt man diesen Zeitpunkt in den Nullpunkt $t = 0$ und führt man somit die Integration in Gl. (6.108) nur von $t = 0$ bis $t = \infty$ durch, dann ist dies gleichbedeutend mit der Annahme, daß $f(t)$ für $t < 0$ identisch verschwindet. In diesem Fall verschwindet auch das Integral in Gl. (6.107) für $t < 0$. Im folgenden sollen nur Funktionen $f(t)$ betrachtet werden, für die $f(t) \equiv 0$ für $t < 0$ gilt. Weiterhin sollen die eingangs genannten hinreichenden Bedingungen für die Darstellbarkeit von $f(t)$ nach Gl. (6.107) mit Ausnahme der absoluten Integrierbarkeit stets erfüllt sein. Allerdings soll $f(t)$ für $t \to \infty$ nicht schneller als eine Exponentialfunktion über alle Grenzen streben, d.h. es gelte

6.6 Anwendung der Laplace-Transformation

$$\lim_{t \to \infty} f(t)\mathrm{e}^{-\sigma t} = 0 \tag{6.110}$$

bei Wahl einer hinreichend großen reellen Konstante σ. Es gibt dann eine Konstante σ_{min} derart, daß für alle $\sigma > \sigma_{min}$ die Gl. (6.110) gilt, für $\sigma < \sigma_{min}$ jedoch nicht. Um für eine gegebene Funktion $f(t)$ mit der Eigenschaft nach Gl. (6.110) eine den Gln. (6.107) und (6.108) entsprechende Darstellung zu erhalten, wird zunächst die Funktion

$$g(t) = f(t)\mathrm{e}^{-\sigma t} \quad (\sigma > \sigma_{min})$$

dargestellt. Sie ist absolut integrierbar, so daß gemäß den Gln. (6.107) und (6.108) folgendes gilt:

$$g(t) = f(t)\mathrm{e}^{-\sigma t} = \frac{1}{2\pi} \int_{-\infty}^{\infty} G(\mathrm{j}\omega)\mathrm{e}^{\mathrm{j}\omega t}\mathrm{d}\omega \;, \tag{6.111}$$

$$G(\mathrm{j}\omega) = \int_{0}^{\infty} f(t)\mathrm{e}^{-\sigma t}\mathrm{e}^{-\mathrm{j}\omega t}\mathrm{d}t \;. \tag{6.112}$$

Es wird nun die Gl. (6.111) mit $\mathrm{e}^{\sigma t}$ multipliziert, im Integranden wird auf der rechten Seite $\mathrm{e}^{\sigma t}$ mit $\mathrm{e}^{\mathrm{j}\omega t}$ zusammengefaßt und die neue komplexe Integrationsvariable

$$p = \sigma + \mathrm{j}\omega \tag{6.113}$$

eingeführt. Auch in Gl. (6.112) wird nach Zusammenfassung der beiden Exponentialfunktionen die Variable p nach Gl. (6.113) eingeführt und $G(\mathrm{j}\omega) \equiv G(p - \sigma) = F(p)$ gesetzt. Damit erhält man die Darstellung

$$f(t) = \frac{1}{2\pi\mathrm{j}} \int_{\sigma-\mathrm{j}\infty}^{\sigma+\mathrm{j}\infty} F(p)\mathrm{e}^{pt}\mathrm{d}p \quad (\sigma > \sigma_{min}, \sigma = \mathrm{const}) \tag{6.114}$$

mit

$$F(p) = \int_{0}^{\infty} f(t)\mathrm{e}^{-pt}\mathrm{d}t \;. \tag{6.115}$$

Deutet man die Variable p nach Gl. (6.113) wie bereits an früherer Stelle als Punkt in der komplexen Ebene, dann erfordert die Integration in Gl. (6.114), daß der Integrationsweg parallel zur imaginären Achse gewählt wird (Bild 6.48). Man beachte, daß aufgrund der vorausgegangenen Überlegungen (man denke an die Bedingung $\sigma > \sigma_{min}$) der Integrationsweg C innerhalb jener Halbebene verlaufen muß, die links von der Geraden $\sigma = \sigma_{min}$ begrenzt ist (Bild 6.48). Nur innerhalb dieser p-Halbebene existiert $F(p)$ Gl. (6.115) allgemein. Diese Halbebene wird daher *Konvergenzhalbebene* genannt; σ_{min} heißt Konvergenzabszisse. Die aufgrund der Gl. (6.115) der Zeitfunktion $f(t)$ zugeordnete Frequenzfunktion $F(p)$ heißt *Laplace-Transformierte*. Der durch die Gl. (6.114) gegebene Übergang von $F(p)$ zu $f(t)$ wird *Laplace-Rücktransformation* genannt. Es sei nochmals betont, daß hierbei $f(t) \equiv 0$ für alle $t < 0$ geliefert wird. Die durch die Gln. (6.114) und (6.115) gegebene Zuordnung zwischen Zeit- und Frequenzfunktion pflegt man auch durch das Symbol

$$f(t) \circ\!\!-\!\!\bullet\ F(p)$$

auszudrücken. Wie eingehendere Untersuchungen zeigen, ist diese Zuordnung in beiden Richtungen eindeutig. Dies heißt, daß sich alle Zeitfunktionen, welche dieselbe Frequenzfunktion besitzen, allenfalls in trivialer Weise (d.h. in einzelnen diskreten Zeitpunkten) voneinander unterscheiden, und ebenso stimmen alle zur selben Zeitfunktion gehörenden Frequenzfunktionen untereinander überein.

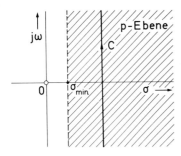

Bild 6.48. Die Konvergenzhalbebene der Laplace-Transformation mit Integrationsweg C.

6.6.2 Beispiele zur Laplace-Transformation, allgemeine Eigenschaften

Die Korrespondenz zwischen Zeit- und Frequenzfunktion soll anhand von Beispielen erläutert werden. Hierbei empfiehlt es sich, die mit $s(t)$ bezeichnete *Sprungfunktion*

$$s(t) = \begin{cases} 0 & t < 0 \\ & \text{für} \\ 1 & t > 0 \end{cases}$$

zu verwenden. Man vergleiche Bild 6.49.

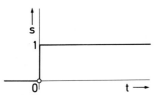

Bild 6.49. Zeitlicher Verlauf der Sprungfunktion.

Nun soll die Laplace-Transformierte der Funktion

$$f(t) = s(t) e^{p_0 t} \quad (p_0 = \sigma_0 + j\omega_0) \tag{6.116}$$

6.6 Anwendung der Laplace-Transformation

bestimmt werden. Führt man Gl. (6.116) in Gl. (6.115) ein, so wird

$$F(p) = \int_0^\infty e^{p_0 t} e^{-pt} dt = \left. \frac{e^{(p_0 - p)t}}{p_0 - p} \right|_{t=0}^{t=\infty} . \tag{6.117}$$

Dieses Integral konvergiert genau dann, wenn $\operatorname{Re}(p_0 - p) = \sigma_0 - \sigma < 0$ ist, d.h. für $\sigma > \sigma_0 \equiv \sigma_{\min}$. Bei dieser Wahl von σ verschwindet nämlich die rechte Seite von Gl. (6.117) für $t \to \infty$, da

$$\left| e^{(p_0 - p)t} \right| = \left| e^{(\sigma_0 - \sigma)t} e^{j(\omega_0 - \omega)t} \right| = e^{(\sigma_0 - \sigma)t}$$

gilt. Man erhält somit

$$F(p) = \frac{1}{p - p_0} \quad (\sigma > \sigma_0) . \tag{6.118}$$

Die Konvergenzhalbebene ist in diesem Fall die Halbebene $\operatorname{Re} p > \sigma_0 \equiv \sigma_{\min}$. Angesichts der Eigenschaften von $f(t)$ muß die Laplace-Rücktransformation von $F(p)$ nach Gl. (6.118) die Zeitfunktion nach Gl. (6.116) liefern. Es besteht also die Korrespondenz

$$s(t)e^{p_0 t} \circ\!\!-\!\!\bullet \frac{1}{p - p_0} \quad (\sigma > \sigma_0) . \tag{6.119}$$

Von besonderem Interesse ist der Sonderfall $p_0 = 0$. Aus Korrespondenz (6.119) ergibt sich sofort

$$s(t) \circ\!\!-\!\!\bullet \frac{1}{p} \quad (\sigma > 0) . \tag{6.120}$$

Mit Hilfe der Korrespondenz (6.119) lassen sich noch weitere nützliche Beziehungen ableiten. Zuvor muß jedoch noch auf eine grundlegende Eigenschaft der Laplace-Transformation hingewiesen werden. Bestehen die Zuordnungen

$$f_1(t) \circ\!\!-\!\!\bullet F_1(p)$$

und

$$f_2(t) \circ\!\!-\!\!\bullet F_2(p) ,$$

dann existiert für beliebige Konstanten c_1, c_2 auch die Korrespondenz

$$c_1 f_1(t) + c_2 f_2(t) \circ\!\!-\!\!\bullet c_1 F_1(p) + c_2 F_2(p) . \tag{6.121}$$

Die Gültigkeit dieser Zuordnung folgt unmittelbar aus den Grundgleichungen (6.114) und (6.115). Die Korrespondenz (6.121) besagt, daß die Laplace-Transformation dem Überlagerungsprinzip unterliegt. Ist $\sigma_{1\min}$ die Konvergenzabszisse von $F_1(p)$ und

$\sigma_{2\min}$ die von $F_2(p)$, so ist $\max(\sigma_{1\min}, \sigma_{2\min})$ die Konvergenzabszisse für die Frequenzfunktion in der Korrespondenz (6.121).

Für die Funktion

$$f(t) = s(t) \cos \omega_0 t \equiv s(t) \frac{1}{2} e^{j\omega_0 t} + s(t) \frac{1}{2} e^{-j\omega_0 t}$$

läßt sich jetzt unter Bezug auf die Zuordnungen (6.119) und (6.121) die Laplace-Transformierte angeben:

$$F(p) = \frac{1}{2} \frac{1}{p - j\omega_0} + \frac{1}{2} \frac{1}{p + j\omega_0} \equiv \frac{p}{p^2 + \omega_0^2} \ .$$

Damit erhält man die Korrespondenz

$$s(t) \cos \omega_0 t \ \circ\!\!-\!\!\bullet \ \frac{p}{p^2 + \omega_0^2} \qquad (\sigma > 0) \ . \tag{6.122}$$

In entsprechender Weise gewinnt man die Zuordnung

$$s(t) \sin \omega_0 t \ \circ\!\!-\!\!\bullet \ \frac{\omega_0}{p^2 + \omega_0^2} \qquad (\sigma > 0) \ . \tag{6.123}$$

Die Laplace-Transformation besitzt neben der durch die Korrespondenz (6.121) ausgedrückten Superpositionseigenschaft noch weitere Eigenschaften, die unmittelbar aus den Grundgleichungen (6.114) und (6.115) folgen. Entsprechen sich die Funktionen[56] $f(t) \equiv s(t)f(t)$ und $F(p)$, dann gelten z.B. die Korrespondenzen

$$s(at)f(at) \ \circ\!\!-\!\!\bullet \ \frac{1}{a} F\left(\frac{p}{a}\right) \qquad (a = \text{const} > 0) \ ,$$

$$s(t - t_0)f(t - t_0) \ \circ\!\!-\!\!\bullet \ e^{-pt_0} F(p) \qquad (t_0 = \text{const} > 0) \ ,$$

$$e^{-p_0 t} s(t)f(t) \ \circ\!\!-\!\!\bullet \ F(p + p_0) \qquad (p_0 = \text{const}) \ .$$

Die Aussage der ersten dieser Korrespondenzen wird Ähnlichkeitssatz, die der zweiten Zeit-Verschiebungssatz und die der dritten Frequenz-Verschiebungssatz der Laplace-Transformation genannt. Es soll noch auf eine weitere wichtige Eigenschaft hingewiesen werden. Mit $s(t)f'(t)$ sei die Funktion bezeichnet, die für $0 < t < \infty$ mit dem als existent vorausgesetzten Differentialquotienten von $f(t)$ übereinstimmt und für $t < 0$ verschwindet. Es wird angenommen, daß $s(t)f'(t)$ eine Laplace-Transformierte hat.

---

[56] Die Funktion $s(t)$ wird ausdrücklich als Faktor bei $f(t)$ eingeführt, um daran zu erinnern, daß $f(t)$ voraussetzungsgemäß für $t < 0$ verschwindet.

6.6 Anwendung der Laplace-Transformation

Dann besteht die Korrespondenz

$$s(t)f'(t) \circ\!\!-\!\!\bullet\ pF(p) - f(0+) \ . \tag{6.124a}$$

Sie kann aus Gl. (6.115) in einfacher Weise abgeleitet werden[57]. Mit $F(p)$ ist dabei wieder die Laplace-Transformierte von $f(t)$ gemeint. Mit Hilfe der Korrespondenz (6.124a) lassen sich die Laplace-Transformierten auch der höheren Ableitungen von $f(t)$ angeben, soweit sie existieren:

$$s(t)f''(t) \circ\!\!-\!\!\bullet\ p^2 F(p) - pf(0+) - f'(0+) \ ,$$

$$s(t)f'''(t) \circ\!\!-\!\!\bullet\ p^3 F(p) - p^2 f(0+) - pf'(0+) - f''(0+)$$

usw.

Die Laplace-Transformierte $F(p)$ einer Zeitfunktion $f(t)$ stellt, wie gezeigt werden kann, eine im Innern der Konvergenzhalbebene analytische Funktion dar. Es existieren deshalb alle Differentialquotienten von $F(p)$. Sie können dadurch gebildet werden, daß man in Gl. (6.115) den Integranden nach p differenziert. Unter Ausnutzung dieser Tatsache erhält man aus der Zuordnung (6.119) die Korrespondenz

$$s(t)\ \frac{t^{\mu-1}}{(\mu-1)!}\ e^{p_0 t} \circ\!\!-\!\!\bullet\ \frac{1}{(p-p_0)^\mu} \quad (\sigma > \operatorname{Re} p_0, \mu = 1, 2, \ldots) \ . \tag{6.125}$$

Abschließend soll noch auf eine Zeitfunktion und ihre Laplace-Transformierte hingewiesen werden, welche bei netzwerktheoretischen Anwendungen eine besondere Rolle spielen. Es handelt sich um die Impulsfunktion (Deltafunktion, Diracsche Funktion) $\delta(t)$, die nicht mehr als Funktion im gewohnten Sinne, sondern als Distribution aufgefaßt werden muß. Sie läßt sich durch die im Bild 6.50 dargestellte Rechteckfunktion $r_\epsilon(t)$ für kleines ϵ approximieren. Im Sinne der Distributionentheorie strebt $r_\epsilon(t)$ für $\epsilon \to 0$ gegen $\delta(t)$. Aufgrund der Distributionentheorie erhält man die Korrespondenz

$$\delta(t) \circ\!\!-\!\!\bullet\ 1 \ . \tag{6.126}$$

Die Frequenzfunktion der Impulsfunktion ist also unabhängig von der komplexen Frequenz gleich eins.

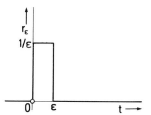

Bild 6.50. Rechteckfunktion zur näherungsweisen Beschreibung eines Dirac-Impulses.

---

[57] Man ersetzt $f(t)$ in Gl. (6.115) durch $f'(t)$, integriert partiell und berücksichtigt die Beziehung $f(t)e^{-pt} \to 0$ für $t \to \infty$ und $\operatorname{Re} p > \sigma_{\min}$ sowie den Zusammenhang zwischen $F(p)$ und $f(t)$.

Wie man sich anhand der näherungsweisen Beschreibung der δ-Funktion nach Bild 6.50 verdeutlichen kann, gilt mit einer stetigen Funktion $f(t)$ die Identität

$$\delta(t)f(t) = \delta(t)f(0) .$$

Weiterhin zeigt die Beschreibung für $\epsilon \to 0$, daß durch Integration der δ-Funktion die Sprungfunktion entsteht und daß somit (im distributiven Sinne)

$$\delta(t) = \frac{\mathrm{d}s(t)}{\mathrm{d}t}$$

gilt. Berücksichtigt man diese beiden Eigenschaften, dann ergibt sich für eine differenzierbare Funktion $f(t)$ die Beziehung

$$\frac{\mathrm{d}}{\mathrm{d}t}[s(t)f(t)] = \delta(t)f(0) + s(t)f'(t) ,$$

aus der mit Hilfe der Korrespondenz (6.124a)

$$\frac{\mathrm{d}}{\mathrm{d}t}[s(t)f(t)] \circ\!\!\!-\!\!\!\bullet\; pF(p) \tag{6.124b}$$

folgt. Man beachte den Unterschied der Ableitungen, die auf den linken Seiten dieser Korrespondenzen auftreten.

Aus der durch die Korrespondenz (6.124b) gegebenen Differentiationsregel der Laplace-Transformation kann eine Integrationsregel in der Form

$$s(t)\int_0^t f(\tau)\mathrm{d}\tau \circ\!\!\!-\!\!\!\bullet\; \frac{F(p)}{p}$$

abgeleitet werden. Dabei bedeutet $s(t)f(t)$ eine Zeitfunktion mit der Laplace-Transformierten $F(p)$. Die Gültigkeit dieser Korrespondenz läßt sich nachweisen, indem man die linke Seite mit $s(t)g(t)$ und die Laplace-Transformierte hiervon mit $G(p)$ bezeichnet. Dann korrespondiert die Ableitung $\mathrm{d}[s(t)g(t)]/\mathrm{d}t = s(t)f(t) + \delta(t)g(0)$ der linken Seite nach der Differentiationsregel (6.124b) mit $pG(p)$; wegen $g(0) = 0$ folgt somit direkt $G(p) = F(p)/p$. Die abgeleitete Integrationsregel gilt auch dann, wenn $f(t)$ einen additiven Anteil der Art $\mathrm{const} \cdot \delta(t)$ enthält und man die Integration in der obigen Korrespondenz und im Laplace-Integral jeweils so führt, daß dieser Anteil mitberücksichtigt wird. Der Leser möge sich dies im einzelnen überlegen.

6.6.3 Lösung des Gleichungssystems (6.59)

Das zeitliche Verhalten eines Netzwerks läßt sich mit Hilfe des Differentialgleichungssystems (6.59) beschreiben. Die das Netzwerkverhalten kennzeichnenden Funktionen $z_\mu(t)$ ($\mu = 1, 2, ..., n$) sind Maschenströme und Kapazitätsspannungen. Zur eindeutigen Bestimmung der $z_\mu(t)$ müssen außer den Gln. (6.59) noch die Anfangswerte $z_\mu(0+)$ gegeben sein, die in bekannter Weise aus dem Anfangszustand der Energiespeicher des

6.6 Anwendung der Laplace-Transformation

Netzwerks ermittelt werden können. Im Abschnitt 6.3 wurden die Lösungen $z_\mu(t)$ mit Hilfe von Methoden aus der Theorie der Differentialgleichungen bestimmt. Im folgenden soll gezeigt werden, wie man diese Funktionen auch durch Verwendung der Laplace-Transformation ermitteln kann. Dabei wird sich zeigen, daß die Laplace-Transformation bei der Lösung von Differentialgleichungen, wie sie bei der Untersuchung von Einschwingvorgängen in Netzwerken auftreten, bemerkenswerte Vorteile bieten kann.

Zunächst werden die Gln. (6.59) der Laplace-Transformation unterworfen. Mit $Z_\mu(p)$ ($\mu = 1, 2, ..., n$) seien die Laplace-Transformierten der Funktionen $z_\mu(t)$ bezeichnet, mit $X_\mu(p)$ jene der Funktionen $x_\mu(t)$. Unter Beachtung der Korrespondenz (6.124a) erhält man aus den Gln. (6.59) das Gleichungssystem

Z_1	Z_2	...	Z_n	
$\alpha_{11}+\beta_{11}p$	$\alpha_{12}+\beta_{12}p$	...	$\alpha_{1n}+\beta_{1n}p$	$X_1 + \beta_{11}z_1(0+) + \beta_{12}z_2(0+) + ... + \beta_{1n}z_n(0+)$
$\alpha_{21}+\beta_{21}p$	$\alpha_{22}+\beta_{22}p$	...	$\alpha_{2n}+\beta_{2n}p$	$X_2 + \beta_{21}z_1(0+) + \beta_{22}z_2(0+) + ... + \beta_{2n}z_n(0+)$
⋮	⋮	⋮	⋮	⋮
$\alpha_{n1}+\beta_{n1}p$	$\alpha_{n2}+\beta_{n2}p$	...	$\alpha_{nn}+\beta_{nn}p$	$X_n + \beta_{n1}z_1(0+) + \beta_{n2}z_2(0+) + ... + \beta_{nn}z_n(0+)$

(6.127)

Man beachte, daß durch Anwendung der Laplace-Transformation die Differentialgleichungen (6.59) in die linearen algebraischen Gleichungen (6.127) übergeführt wurden, in welche die Anfangsbedingungen bereits eingearbeitet sind. Man beachte weiterhin, daß die linken Seiten der Gln. (6.127) formal mit den linken Seiten der Gln. (6.75) übereinstimmen, wenn p_0 durch die komplexe Frequenzvariable p und die $\underline{Z}_\mu$ durch die Laplace-Transformierten Z_μ ersetzt werden. Dies bedeutet, daß man die linken Seiten der Gln. (6.127) mit Hilfe der komplexen Wechselstromrechnung ermitteln kann. Durch Anwendung der Cramerschen Regel lassen sich die Unbekannten $Z_1, Z_2, ..., Z_n$ aus den Gln. (6.127) bestimmen. Man erhält

$$Z_\mu(p) = \frac{1}{D(p)} \Big[A_{1\mu}(p)X_1(p) + A_{1\mu}(p)\left\{\beta_{11}z_1(0+) + ... + \beta_{1n}z_n(0+)\right\}$$
$$+ A_{2\mu}(p)X_2(p) + A_{2\mu}(p)\left\{\beta_{21}z_1(0+) + ... + \beta_{2n}z_n(0+)\right\} + ...$$
$$+ A_{n\mu}(p)X_n(p) + A_{n\mu}(p)\left\{\beta_{n1}z_1(0+) + ... + \beta_{nn}z_n(0+)\right\}\Big]$$

$$(\mu = 1, 2, ..., n) \ . \tag{6.128}$$

Dabei ist $D(p)$ die Systemdeterminante und die $A_{\nu\mu}(p)$ ($\nu = 1, 2, ..., n$) sind die Adjunkten (algebraischen Komplemente) der Systemdeterminante bezüglich sämtlicher

Elemente in der μ-ten Spalte. Durch Anwendung der Laplace-Rücktransformation lassen sich aus den durch die Gln. (6.128) gegebenen Laplace-Transformierten $Z_\mu(p)$ die entsprechenden Zeitfunktionen $z_\mu(t)$ bestimmen, wonach das Einschwingverhalten bekannt ist.

Die Hauptschwierigkeit bei der Bestimmung des Einschwingvorgangs in einem Netzwerk mit Hilfe der Laplace-Transformation bildet im allgemeinen die Rücktransformation der $Z_\mu(p)$. Eine direkte Anwendung der Gl. (6.114) ist meistens unzweckmäßig. Mit Hilfe von Korrespondenz-Tabellen oder von Näherungsmethoden kann man die praktische Bestimmung der $z_\mu(t)$ in vielen Fällen bequem durchführen. Recht leicht lassen sich die $z_\mu(t)$ aus den $Z_\mu(p)$ dann bestimmen, wenn letztere rationale Funktionen sind. Da die Systemdeterminante $D(p)$ und die Adjunkten $A_{\nu\mu}(p)$ Polynome in p sind, stellen die $Z_\mu(p)$ sicher dann rationale Funktionen dar, wenn die Laplace-Transformierten $X_\mu(p)$ der Zeitfunktionen $x_\mu(t)$ rationale Funktionen sind. Die $X_\mu(p)$ sind, wie aus der Entstehung der $x_\mu(t)$ bei der Aufstellung der Gln. (6.59) hervorgeht, Linearkombinationen aus den Laplace-Transformierten der Erregungen. Sind also die Laplace-Transformierten aller Erregungen rationale Funktionen, dann sind auch die $Z_\mu(p)$ rationale Funktionen. Aus früheren Ergebnissen folgt, daß dieser Fall sicher dann gegeben ist, wenn die Erregungen konstanten, exponentiellen oder harmonischen Verlauf haben [man vergleiche die Korrespondenzen (6.119), (6.120), (6.122) und (6.123)]. Man kann dann die $Z_\mu(p)$ durch ihre Partialbruchentwicklung darstellen:

$$Z_\mu(p) = B_0^{(\mu)} + \sum_{\nu=1}^{r_1^{(\mu)}} \frac{B_{1\nu}^{(\mu)}}{[p - p_1^{(\mu)}]^\nu} + \ldots + \sum_{\nu=1}^{r_m^{(\mu)}} \frac{B_{m\nu}^{(\mu)}}{[p - p_m^{(\mu)}]^\nu} \quad (\mu = 1, 2, \ldots, n) \ . \tag{6.129}$$

Dabei sind die $B_0^{(\mu)}$ und $B_{\kappa\nu}^{(\mu)}$ ($\kappa = 1, 2, \ldots, m$) Konstanten, die $p_1^{(\mu)}, p_2^{(\mu)}, \ldots, p_m^{(\mu)}$ sind die Pole von $Z_\mu(p)$ mit den Vielfachheiten $r_1^{(\mu)}, r_2^{(\mu)}, \ldots, r_m^{(\mu)}$ [$r_1^{(\mu)} + r_2^{(\mu)} + \ldots + r_m^{(\mu)}$ = Grad des Nennerpolynoms von $Z_\mu(p)$]. Additive Terme der Form $B_\nu^{(\mu)} p^\nu$ ($\nu = 1, 2, \ldots$) brauchen in der Gl. (6.129) gewöhnlich nicht angeschrieben zu werden. Derartige Summanden treten nämlich bei stabilen Netzwerken[58] dann nicht auf, wenn die Laplace-Transformierten der Erregungen für $p \to \infty$ endlich bleiben. Dies darf in der Regel vorausgesetzt werden.

Den Koeffizienten $B_0^{(\mu)}$ in Gl. (6.129) erhält man als Funktionswert von $Z_\mu(p)$ für $p \to \infty$. Ein Koeffizient $B_{\kappa\nu}^{(\mu)}$ läßt sich gemäß Gl. (6.129) berechnen, indem man die Funktion $Z_\mu(p)$ mit $[p - p_\kappa^{(\mu)}]^{r_\kappa^{(\mu)}}$ multipliziert, das Produkt $[r_\kappa^{(\mu)} - \nu]$-mal differenziert und dann $p = p_\kappa^{(\mu)}$ setzt. Auf diese Weise ergibt sich die Formel

$$B_{\kappa\nu}^{(\mu)} = \frac{1}{[r_\kappa^{(\mu)} - \nu]!} \cdot \frac{d^{[r_\kappa^{(\mu)} - \nu]}}{dp^{[r_\kappa^{(\mu)} - \nu]}} \left[Z_\mu(p) [p - p_\kappa^{(\mu)}]^{r_\kappa^{(\mu)}} \right]_{p = p_\kappa^{(\mu)}} \ .$$

---

[58] „Stabil" bedeutet hier, daß in einem Netzwerk, welches durch beliebige, zu allen Zeitpunkten beschränkte Signale erregt wird, alle Netzwerkgrößen (Ströme und Spannungen) beschränkt bleiben. Dies hat zur Folge, daß die in Gl. (6.128) auftretenden Polynome $A_{\nu\mu}(p)$ keinen höheren Grad haben als das Polynom $D(p)$.

6.6 Anwendung der Laplace-Transformation

Ist $p_\kappa^{(\mu)}$ ein einfacher Pol [$r_\kappa^{(\mu)} = 1$] und bezeichnet man mit $M(p)$ das Zählerpolynom, mit $N(p)$ das Nennerpolynom von $Z_\mu(p)$, so folgt aus obiger Formel für diesen wichtigen Fall

$$B_{\kappa 1}^{(\mu)} = \frac{M(p_\kappa^{(\mu)})}{N'(p_\kappa^{(\mu)})} \ .$$

Dabei bedeutet $N'(p)$ den Differentialquotienten von $N(p)$.

Würden in der Funktion $Z_\mu(p)$ von Gl. (6.129) additive Terme der Form $B_\nu^{(\mu)} p^\nu$ ($\nu = 1, 2, ...$) auftreten, so erhielte man die Koeffizienten $B_\nu^{(\mu)}$ ($\nu = 0, 1, ...$) dadurch, daß man das Zählerpolynom von $Z_\mu(p)$ durch das Nennerpolynom dividiert, und zwar bis der Grad des Restpolynoms kleiner ist als der des Nennerpolynoms.

Unter Berücksichtigung der Superpositionseigenschaft der Laplace-Transformation und der Korrespondenzen (6.125) und (6.126) erhält man nun aus Gl. (6.129) sofort

$$z_\mu(t) = B_0^{(\mu)} \delta(t) + s(t) \sum_{\nu=1}^{r_1^{(\mu)}} B_{1\nu}^{(\mu)} \frac{t^{\nu-1}}{(\nu-1)!} e^{p_1^{(\mu)} t} +$$

$$\vdots \qquad (6.130)$$

$$+ s(t) \sum_{\nu=1}^{r_m^{(\mu)}} B_{m\nu}^{(\mu)} \frac{t^{\nu-1}}{(\nu-1)!} e^{p_m^{(\mu)} t}$$

$$(\mu = 1, 2, ..., n) \ .$$

Die zur Anwendung der Laplace-Transformation gemäß Gl. (6.130) erforderliche Bestimmung der Pole $p_1^{(\mu)}$, $p_2^{(\mu)}$, ... entspricht der Ermittlung der Eigenwerte durch die Berechnung der Nullstellen des charakteristischen Polynoms, wenn man die Methode nach Abschnitt 6.3 verwendet. Die erforderliche Lösung der Polynomgleichungen läßt sich also durch Anwendung der Laplace-Transformation nicht umgehen. Die Lösungsfunktionen nach Gl. (6.130) enthalten Exponentialfaktoren $p_1^{(\mu)}$, $p_2^{(\mu)}$, ..., welche Eigenwerte des Netzwerks darstellen oder von den Erregungen herrühren können. Bei stabilen Netzwerken verschwinden für $t \to \infty$ in Gl. (6.130) jedenfalls diejenigen Exponentialfunktionen, welche den Eigenwerten entsprechen. Im eingeschwungenen Zustand können dann nur solche Anteile übrigbleiben, die von Erregungen herrühren. Für diese dürfen die entsprechenden Exponentialfaktoren nicht-negativen Realteil haben.

Die im vorausgegangenen dargestellte Methode zur Ermittlung des Einschwingvorgangs mit Hilfe der Laplace-Transformation soll an einem *Beispiel* erläutert werden. Es wird das Netzwerk von Bild 6.37 gewählt, wobei

$$u(t) \equiv U \quad \text{für} \quad t \geq 0 \qquad (6.131)$$

sein möge. Die Erregung erfolgt also durch eine Gleichspannungsquelle. Für die Kapazitätsspannung und für den Induktivitätsstrom seien die Anfangswerte $u_C(0)$ bzw. $i_2(0)$ gegeben. Man kann das Differentialgleichungssystem (6.78) den weiteren Überlegungen zugrunde legen. Durch Anwendung der Laplace-Transformation erhält man aus den Gln. (6.78) die Beziehungen

$I_2(p)$	$U_C(p)$	
$R_2 + Lp$	1	$\dfrac{U}{p} + Li_2(0)$
$-R_1$	$1 + R_1 Cp$	$\dfrac{U}{p} + R_1 Cu_C(0)$.

Dabei wurde berücksichtigt, daß gemäß Korrespondenz (6.120) die Spannung $u(t)$ nach Gl. (6.131) die Laplace-Transformierte U/p hat. Aus dem gewonnenen Gleichungssystem folgt

$$U_C(p) = \frac{A_0 + A_1 p + A_2 p^2}{p(B_0 + B_1 p + B_2 p^2)} \qquad (6.132)$$

mit

$$A_0 = U(R_1 + R_2) , \qquad B_0 = R_1 + R_2 ,$$
$$A_1 = R_1 R_2 Cu_C(0) + R_1 Li_2(0) + UL , \qquad B_1 = R_1 R_2 C + L ,$$
$$A_2 = LR_1 Cu_C(0) , \qquad B_2 = R_1 LC .$$

Unter der Annahme, daß die Nullstellen des Polynoms $B_0 + B_1 p + B_2 p^2$ verschieden sind, läßt sich $U_C(p)$ nach Gl. (6.132) durch die Partialbruchentwicklung

$$U_C(p) = \frac{B_{11}}{p} + \frac{B_{21}}{p - p_1} + \frac{B_{31}}{p - p_2}$$

darstellen. Hieraus folgt

$$u_C(t) = s(t) \left[B_{11} + B_{21} e^{p_1 t} + B_{31} e^{p_2 t} \right] .$$

Die Konstante B_{11} ist reell, B_{21} und B_{31} sind ebenfalls reell, sofern p_1 und p_2 reell sind. Stellen p_1, p_2 ein Paar konjugiert komplexer Zahlen dar, dann müssen auch B_{21} und B_{31} konjugiert komplex sein. Ist $p_1 = p_2$ ein doppelter Pol, so muß die Partialbruchentwicklung für $U_C(p)$ entsprechend modifiziert werden. In analoger Weise läßt sich der Strom $i_2(t)$ berechnen. Mit $u_C(t)$ und $i_2(t)$ ist dann auch $i_1(t)$ bestimmt.

6.6.4 Übertragungsfunktion und Einschwingvorgang

Im Abschnitt 6.4.1 wurde gezeigt, daß bei einem Netzwerk die Erregung durch eine Quellfunktion (Spannung oder Strom) der Art $x(t) = Xe^{pt}$ ($t \geq 0$, p kein Eigenwert) eine Reaktion $y(t)$ (Spannung oder Strom an irgendeiner Stelle des Netzwerks) gemäß

6.6 Anwendung der Laplace-Transformation

Gl. (6.84) bewirkt. Erfolgt die Erregung bereits von $t = -\infty$ an und ist das Netzwerk stabil, dann ist der nur von den Eigenwerten abhängige Anteil von $y(t)$ in jedem endlichen Zeitpunkt abgeklungen. Dann gilt nach Gl. (6.84) und Gl. (6.87b)

$$x(t) = Xe^{pt} , \qquad (6.133a)$$

$$y(t) = H(p)Xe^{pt} \qquad (6.133b)$$

$$(-\infty < t < \infty) ,$$

sofern Re $p \geqslant 0$ gilt.

Die Übertragungsfunktion $H(p)$ wurde bisher bei der Bestimmung der Reaktion $y(t)$ verwendet, wenn die Erregung exponentiellen Verlauf hatte. Im folgenden soll gezeigt werden, wie die Übertragungsfunktion auch bei der Ermittlung der Reaktion $y(t)$ auf eine Erregung von allgemeinerer Form verwendet werden kann. Es wird ein stabiles Netzwerk betrachtet, das mit einer durch ihre Laplace-Transformierte gemäß Gl. (6.114) darstellbare Quellfunktion $x(t)$ von $t = 0$ an erregt wird. Das Netzwerk sei bis zum Zeitpunkt $t = 0$ im Ruhezustand. Mit $y(t)$ wird die Reaktion bezeichnet, und $H(p)$ sei die Übertragungsfunktion des Netzwerks. Im Bild 6.51 ist das Netzwerk mit der Erregung $x(t)$ und der Reaktion $y(t)$ symbolisch dargestellt. Man kann die Funktion $x(t)$ voraussetzungsgemäß durch ihre Laplace-Transformierte $X(p)$ gemäß Gl. (6.114) darstellen. Das in dieser Gleichung auftretende Integral läßt sich durch eine endliche Summe approximieren. Auf diese Weise erhält man für t-Werte in $-\infty < t < \infty$ die Darstellung

$$x(t) = \frac{1}{2\pi j} \sum_{\nu=-N}^{N} X(p_\nu)e^{p_\nu t}(p_\nu - p_{\nu-1}) + r(t) . \qquad (6.134)$$

Die hierbei auftretenden Werte p_ν ($\nu = -N, ..., N$) werden auf jener Parallelen zur imaginären Achse gewählt, längs welcher das Laplace-Umkehrintegral für $x(t)$ zu erstrecken ist. Diese Parallele soll in der rechten Halbebene Re $p \geqslant 0$ verlaufen. Bei geeigneter Verteilung der p_ν längs der genannten Geraden und bei hinreichend großem N approximiert die Summe in Gl. (6.134) das entsprechende Laplace-Integral beliebig genau, und der Betrag $|r(t)|$ des Restgliedes läßt sich beliebig klein halten. Die Wirkung der Quellfunktion $x(t)$ auf das in Ruhe befindliche Netzwerk vom Zeitpunkt $t = 0$ an ist äquivalent mit der Gesamtwirkung der auf der rechten Seite von Gl. (6.134) stehenden Summanden von $t = -\infty$ an, da die Gesamtsumme als Laplace-Rücktransformierte von $X(p)$ für $-\infty < t < 0$ identisch verschwindet. Aufgrund dieser Überlegung erhält man angesichts der Stabilität des Netzwerks und mit den Gln. (6.133a,b) für die Ausgangsgröße

$$y(t) = \frac{1}{2\pi j} \sum_{\nu=-N}^{N} H(p_\nu)X(p_\nu)e^{p_\nu t}(p_\nu - p_{\nu-1}) + \rho(t) . \qquad (6.135)$$

Bild 6.51. Netzwerk mit Erregung $x(t)$ und Reaktion $y(t)$.

Dabei wurde der Überlagerungssatz im Sinne von Gl. (6.90) angewendet. Die Funktion $\rho(t)$ bedeutet den nur von $r(t)$ herrührenden Teil von $y(t)$. Nunmehr soll in Gl. (6.134) die Summe in das ursprüngliche Integral zurückgeführt werden. Bei dem hierbei erforderlichen Grenzübergang geht $r(t) \to 0$ und damit wegen der Stabilität des Netzwerks auch $\rho(t) \to 0$. Aus Gl. (6.135) wird dann

$$y(t) = \frac{1}{2\pi j} \int_{\sigma-j\infty}^{\sigma+j\infty} H(p)X(p)e^{pt}dp \ . \tag{6.136}$$

Es sei nochmals betont, daß σ nicht-negativ und größer als die Konvergenzabszisse von $X(p)$ zu wählen ist.

Durch die Gl. (6.136) wird ein interessantes Ergebnis ausgedrückt. Es besagt: Wird ein stabiles Netzwerk mit der Übertragungsfunktion $H(p)$ vom Ruhezustand aus durch eine Quellfunktion $x(t)$, die sich durch ihre Laplace-Transformierte $X(p)$ darstellen läßt, erregt, dann erhält man die Reaktion $y(t)$ durch Laplace-Rücktransformation der Funktion

$$Y(p) = H(p)X(p) \ . \tag{6.137}$$

Die Laplace-Transformierte $Y(p)$ der Ausgangsgröße $y(t)$ entsteht also durch Multiplikation von $X(p)$ mit der Übertragungsfunktion $H(p)$. Hier zeigt sich eine weitere Analogie und Verbindung zum Wechselstromfall, bei dem für die Zeigergrößen eine der Gl. (6.137) entsprechende Beziehung gilt. Wie schon erwähnt, läßt sich die in Gl. (6.137) auftretende Übertragungsfunktion nach den Methoden der Wechselstromrechnung und anschließender Substitution von $j\omega$ durch p berechnen.

Es soll noch ein wichtiger *Sonderfall* betrachtet werden. Die Erregung des stabilen Netzwerks möge wie bisher vom Ruhezustand aus durch eine für $t \geq 0$ *zeitunabhängige* Quellfunktion erfolgen. Es sei also

$$x(t) = X_0 s(t) \ , \quad \text{d.h.} \quad X(p) = X_0/p \ .$$

Für diesen Fall erhält man nach Gl. (6.137)

$$Y(p) = \frac{X_0 H(p)}{p} \ . \tag{6.138}$$

Führt man gemäß Gl. (6.87b) für $H(p)$ den Quotienten der Polynome $E(p)$ und $D(p)$ ein und setzt man voraus, daß $D(p)$ nur die einfachen von null verschiedenen Nullstellen $p_1, p_2, ..., p_s$ besitzt, dann läßt sich statt Gl. (6.138)

$$Y(p) = X_0 \left[\frac{H(0)}{p} + \sum_{\mu=1}^{s} \frac{E(p_\mu)}{(p-p_\mu)p_\mu D'(p_\mu)} \right] \tag{6.139}$$

schreiben. Dabei bedeutet $D'(p_\mu)$ den Differentialquotienten von $D(p)$ nach p an der Stelle $p = p_\mu$. Bei der Partialbruchentwicklung von $Y(p)$ nach Gl. (6.139) wurde be-

6.6 Anwendung der Laplace-Transformation

rücksichtigt, daß wegen der vorausgesetzten Stabilität des Netzwerks der Grad des Polynoms $E(p)$ nicht größer als jener von $D(p)$ sein kann. Durch Rücktransformation von $Y(p)$ nach Gl. (6.139) erhält man

$$y(t) = X_0 s(t) \left[H(0) + \sum_{\mu=1}^{s} \frac{E(p_\mu)}{p_\mu D'(p_\mu)} e^{p_\mu t} \right] . \qquad (6.140)$$

Dieses Ergebnis ist als *Heavisidesche Entwicklungsformel* bekannt. Die Reaktion $y(t)$ eines vom Ruhezustand aus mit der Sprungfunktion $x(t) = s(t)$ erregten Netzwerks wird als *Sprungantwort* (Übergangsfunktion) $a(t)$ bezeichnet. Die Sprungantwort ist eine das Übertragungsverhalten des Netzwerks charakterisierende Funktion. Sie erlaubt eine Bestimmung der Netzwerkantwort $y(t)$ bei beliebiger Erregung $x(t)$ mit Hilfe einer Integraldarstellung[59]. Hat die Übertragungsfunktion nur einfache Pole, dann erhält man die Sprungantwort $a(t)$ aus der Gl. (6.140) für $X_0 = 1$. Wie die Gl. (6.140) erkennen läßt, gilt

$$a(\infty) = H(0) . \qquad (6.141\text{a})$$

Weiterhin folgt aus Gl. (6.140) bei Berücksichtigung der Gln. (6.138) und (6.139)

$$a(0+) = H(\infty) . \qquad (6.141\text{b})$$

Aufgrund allgemeiner Sätze der Laplace-Transformation [40] kann man zeigen, daß die Gln. (6.141a,b) auch dann gelten, wenn $H(p)$ mehrfache Pole hat.

Neben der Sprungantwort spielt die *Impulsantwort* (Gewichtsfunktion) eine wichtige Rolle zur Kennzeichnung der Eigenschaften eines Netzwerks im Zeitbereich. Unter der Impulsantwort $h(t)$ versteht man die Netzwerk-Reaktion auf die Erregung $x(t) = \delta(t)$ vom Ruhezustand aus. Da nach Korrespondenz (6.126) die Delta-Funktion die Laplace-Transformierte eins hat, erhält man nach Gl. (6.137) die Impulsantwort $h(t)$ durch Laplace-Rücktransformation der Übertragungsfunktion $H(p)$. Es besteht also die fundamentale Korrespondenz

$$h(t) \; \circ\!\!-\!\!\bullet \; H(p) .$$

Auch die Impulsantwort $h(t)$ kann dazu verwendet werden, die Reaktion $y(t)$ eines Netzwerks bei beliebiger Erregung $x(t)$ zu bestimmen. Um dies zu zeigen, werden in Gl. (6.136) die im Integranden auftretenden Frequenzfunktionen durch die Laplace-Integrale

$$H(p) = \int_{0-}^{\infty} h(\tau) e^{-p\tau} d\tau \qquad \text{bzw.} \qquad X(p) = \int_{0}^{\infty} x(\xi) e^{-p\xi} d\xi$$

ersetzt. Dabei ist das Minuszeichen bei der unteren Integrationsgrenze $\tau = 0-$ erforderlich, um einen in $h(t)$ möglicherweise vorhandenen δ-Anteil zu berücksichtigen; die

---

[59] Hierzu wird die Erregung $x(t)$ durch eine Treppenfunktion angenähert, die ihrerseits als Summe von zeitlich gegeneinander verschobenen Sprungfunktionen verschiedener Amplitude dargestellt werden kann [40].

Erregung $x(t)$ wird als impulsfrei vorausgesetzt. Vertauscht man in der gewonnenen Darstellung von $y(t)$ die Reihenfolge der Integrationen, so erhält man zunächst

$$y(t) = \int_{\tau=0-}^{\infty} h(\tau) \int_{\xi=0}^{\infty} x(\xi) \left\{ \frac{1}{2\pi j} \int_{\sigma-j\infty}^{\sigma+j\infty} e^{p(t-\xi-\tau)} dp \right\} d\xi d\tau \ .$$

Beachtet man nun, daß gemäß der Korrespondenz (6.126) der Ausdruck zwischen den geschweiften Klammern gleich $\delta(t-\xi-\tau)$ ist, so ergibt sich

$$y(t) = \int_{\tau=0-}^{\infty} h(\tau) \int_{\xi=0}^{\infty} x(\xi)\delta(t-\xi-\tau) d\xi d\tau \ .$$

Das innere Integral bezüglich der Variablen ξ kann bei festem t und τ ausgewertet werden, indem man sich die Funktion $\delta(t-\xi-\tau)$ als Rechteckimpuls gemäß Bild 6.50 mit $\epsilon \to 0$ vorstellt. Auf diese Weise ergibt sich schließlich

$$y(t) = \int_{\tau=0-}^{\infty} h(\tau) x(t-\tau) d\tau \ .$$

Hierdurch ist eine direkte Darstellung der Reaktion $y(t)$ aus der Erregung $x(t)$ und der Impulsantwort $h(t)$ in Form eines sogenannten *Faltungsintegrals* gegeben. Dieser Beziehung entspricht im Frequenzbereich die Gl. (6.137). Beide Gleichungen zusammen beinhalten den Faltungssatz der Laplace-Transformation.

Aufgrund der Gl. (6.137) ist die Laplace-Transformierte der Sprungantwort $a(t)$ als Produkt aus der Übertragungsfunktion $H(p)$ und der Laplace-Transformierten $1/p$ der Sprungfunktion $s(t)$ gegeben. Angesichts der Integrationsregel und der Korrespondenz zwischen $H(p)$ und der Impulsantwort $h(t)$ erhält man damit die Beziehung

$$a(t) = \int_{0-}^{t} h(\tau) d\tau$$

oder

$$h(t) = \frac{da(t)}{dt} \ .$$

Hierbei ist die Differentiation im Sinne der linken Seite von Korrespondenz (6.124b) zu verstehen.

6.6.5 Einschwingverhalten eines Übertragernetzwerks, Überlagerungssatz

(a) Im folgenden soll an einem wichtigen Beispiel demonstriert werden, welche praktische Bedeutung die Kenntnis des Einschwingverhaltens eines Netzwerks haben kann. In

6.6 Anwendung der Laplace-Transformation

der Nachrichtentechnik werden bei zahlreichen Anwendungen Signale über Netzwerke geleitet, die Übertrager enthalten. Von Interesse ist dann beispielsweise der Einfluß dieser Übertrager auf die Signalform. Es soll daher im folgenden untersucht werden, welche Reaktion ein Spannungssprung, der am Eingang eines mit einem Widerstand abgeschlossenen verlustbehafteten Übertragers angelegt wird, am Übertragerausgang hervorruft, wie dieser Sprung also vom Eingang auf den Ausgang übertragen wird. Es soll dabei auch der Einfluß der als klein angenommenen Streuung des Übertragers auf das Einschwingverhalten untersucht werden. Zur Lösung dieser Aufgabe empfiehlt es sich, für den Übertrager das Netzwerk nach Bild 5.22 zu verwenden, das aus drei Induktivitäten und einem idealen Übertrager besteht. Dieses Netzwerk muß allerdings noch durch den primären Verlustwiderstand R_1, den sekundären Verlustwiderstand R_2 und den Lastwiderstand R ergänzt werden. Den sekundären Verlustwiderstand kann man in den zu ihm in Reihe liegenden Belastungswiderstand R einbeziehen, falls man bei der Ausgangsspannung von einem Maßstabsfaktor absieht. Denn die Ausgangsspannung entsteht durch Spannungsteilung der an der Reihenanordnung von sekundärem Verlustwiderstand R_2 und Lastwiderstand R, also am Ausgang des idealen Übertragers liegenden Spannung. Da sich Eingangs- und Ausgangsspannung des idealen Übertragers nur um einen konstanten Faktor unterscheiden, genügt es, das im Bild 6.52 dargestellte Netzwerk zu betrachten, wobei der Widerstand R_0 die Zusammenfassung des primären Verlustwiderstands R_1 und des Innenwiderstands der Quelle bedeutet. Die Übertragungsfunktion des Netzwerks mit $x(t) \equiv u_0(t)$ als Erregung und $y(t) \equiv u(t)$ als Reaktion kann am einfachsten durch komplexe Wechselstromrechnung bei Beachtung der Formel (1.46b) bestimmt werden. Ersetzt man $j\omega$ durch p, dann erhält man schließlich bei Vernachlässigung von Termen mit $\sigma^\iota (\iota \geq 2)$

$$H(p) = \frac{pL_1\left(1 - \frac{\sigma}{2}\right)\ddot{u}^2 R}{L_1^2 \sigma p^2 + L_1(R_0 + \ddot{u}^2 R)p + \ddot{u}^2 R_0 R} .$$

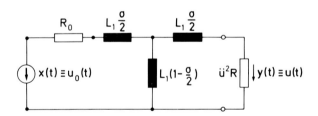

Bild 6.52. Netzwerk zum Studium des Einschwingverhaltens eines Übertragers.

Hieraus lassen sich die Pole der Übertragungsfunktion berechnen. Es ergibt sich im Rahmen der bei der Herleitung des Netzwerks aus Bild 5.22 gemachten Näherung

$$p_1 = -\frac{\ddot{u}^2 R_0 R}{L_1(R_0 + \ddot{u}^2 R)} \quad , \quad p_2 = -\frac{R_0 + \ddot{u}^2 R}{L_1 \sigma} + \frac{\ddot{u}^2 R_0 R}{L_1(R_0 + \ddot{u}^2 R)} .$$

Mit Hilfe der Gl. (6.140) und bei Wahl von $X_0 = 1$ erhält man nach kurzer Rechnung die Sprungantwort des Übertragers in der Form

$$a(t) = s(t) \frac{\left(1 - \frac{\sigma}{2}\right) \ddot{u}^2 R}{L_1 \sigma (p_1 - p_2)} \left(e^{p_1 t} - e^{p_2 t} \right) . \qquad (6.142)$$

Für $\sigma \to 0$ (feste Kopplung) wird der Nennerausdruck $L_1 \sigma (p_1 - p_2)$ gleich $R_0 + \ddot{u}^2 R$, und in der eckigen Klammer verschwindet die Funktion $\exp(p_2 t)$. Damit verbleibt für die Sprungantwort des Übertragers mit fester Kopplung

$$a(t) = s(t) \frac{\ddot{u}^2 R}{R_0 + \ddot{u}^2 R} e^{p_1 t} \qquad (\sigma = 0) . \qquad (6.143)$$

Den Gln. (6.142) und (6.143) läßt sich der grundsätzliche Verlauf der Sprungantwort für $\sigma \neq 0$ und $\sigma = 0$ entnehmen. Dies ist im Bild 6.53 dargestellt.

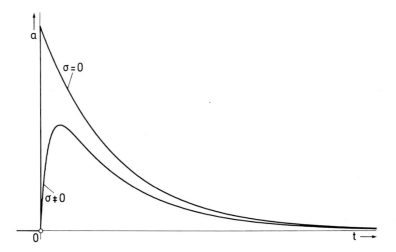

Bild 6.53. Zeitlicher Verlauf der Sprungantwort des Netzwerks aus Bild 6.52. Die Größe σ bedeutet den Streufaktor des Übertragers.

Die gefundene Sprungantwort läßt sich z.B. dazu verwenden, die Antwort des Netzwerks aus Bild 6.52 auf einen Rechteckimpuls als Erregung zu bestimmen. Man kann nämlich eine Rechteckfunktion durch Superposition zweier Sprungfunktionen darstellen (Bild 6.54):

$$u_0(t) = U_0 [s(t) - s(t - T)] . \qquad (6.144)$$

Die Reaktion des Netzwerks auf die Erregung $U_0 s(t)$ ist $U_0 a(t)$, die Antwort auf die Erregung $U_0 s(t - T)$ ist $U_0 a(t - T)$. Man beachte hierbei, daß der Zeitpunkt, in dem eine Erregung einsetzt, keinen Einfluß auf die Form der Reaktion hat. Daher bewirkt eine zeitliche Verschiebung der Erregung nur dieselbe zeitliche Verschiebung der Reaktion. Entsprechend der Überlagerung der Sprungfunktionen in Gl. (6.144) erhält man

6.6 Anwendung der Laplace-Transformation

durch Superposition der entsprechenden Sprungantworten die Netzwerkantwort auf den Reckteckimpuls $u_0(t)$ Gl. (6.144)

$$u(t) = U_0[a(t) - a(t-T)] \ . \tag{6.145}$$

Die Funktion $a(t)$ ist durch Gl. (6.142) bzw. Gl. (6.143) gegeben. Der grundsätzliche Verlauf von $u(t)$ für Gl. (6.145) ist für $\sigma = 0$ im Bild 6.55 dargestellt. Die Ergebnisse lassen erkennen, in welcher Weise ein Rechteckimpuls beim Durchlaufen eines Übertragers verzerrt wird.

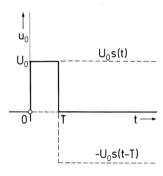

Bild 6.54. Darstellung eines Rechteckimpulses als Differenz zweier gegeneinander versetzter Sprungfunktionen.

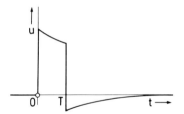

Bild 6.55. Zeitlicher Verlauf der Reaktion des Netzwerks aus Bild 6.52 für $\sigma = 0$ bei Erregung durch eine Spannungsquelle mit einem Rechteckimpuls.

(b) Im obigen Beispiel wurde der Überlagerungssatz in dem folgenden, für stabile Netzwerke ganz allgemein gültigen Sinne angewendet. Ein stabiles Netzwerk reagiere auf die Erregung

$$x_1(t) = s(t-t_1)f_1(t) \ ,$$

die von $t = -\infty$ an wirke, mit der Antwort $y_1(t)$. Wird statt $x_1(t)$ die Erregung

$$x_2(t) = s(t-t_2)f_2(t) \ ,$$

die ebenfalls von $t = -\infty$ an wirke, gewählt, dann sei die Reaktion $y_2(t)$. In entsprechender Weise soll das Netzwerk auf die Erregungen

$$x_\mu(t) = s(t-t_\mu)f_\mu(t)$$

($\mu = 3, 4, ..., N$), die stets an derselben Stelle des Netzwerks mit nur unterschiedlichen zeitlichen Verläufen auftreten, mit $y_\mu(t)$ antworten. Dann erhält man als Reaktion des Netzwerks auf die Erregung

$$x(t) = k_1 x_1(t) + k_2 x_2(t) + ... + k_N x_N(t) \ , \tag{6.146}$$

wobei k_μ ($\mu = 1, 2, ..., N$) beliebige Konstanten sind, die Antwort

$$y(t) = k_1 y_1(t) + k_2 y_2(t) + ... + k_N y_N(t) \,. \tag{6.147}$$

Zwischen Erregung und Reaktion des Netzwerks muß stets eine Verknüpfung in Form einer linearen Differentialgleichung bestehen, welche nach Abschnitt 6.3 bestimmt werden kann. Diese Differentialgleichung hat konstante Koeffizienten und wird von jedem Funktionspaar $\{x_\mu(t), y_\mu(t)\}$ für $t \geq t_\mu$ ($\mu = 1, 2, ..., N$) erfüllt. Dabei sind jeweils die Anfangswerte für $t = t_\mu+$ durch die Bedingung gegeben, daß alle Energiespeicher für $t = t_\mu+$ leer sein sollen.

Es soll jetzt gezeigt werden, daß das Netzwerk auf die von $t = -\infty$ an wirkende Erregung $x(t)$ nach Gl. (6.146) tatsächlich mit der Funktion $y(t)$ nach Gl. (6.147) antwortet. Ohne Einschränkung der Allgemeinheit darf angenommen werden, daß $t_1 < t_2 < ... < t_N$ gilt. Zunächst ist einzusehen, daß $y(t)$ nach Gl. (6.147) die Antwort des Netzwerks auf $x(t)$ nach Gl. (6.146) für alle t-Werte im Intervall $-\infty < t < t_2$ darstellt. Denn für diese t-Werte verschwinden alle $x_\mu(t)$ und $y_\mu(t)$ mit $\mu = 2, 3, ..., N$. Im Intervall $t_2 \leq t < t_3$ wirkt als Erregung die Funktion $x(t) = k_1 x_1(t) + k_2 x_2(t)$. Der Anfangszustand des Netzwerks im Zeitpunkt $t = t_2$ ist gegeben durch den Zustand der Energiespeicher am Ende des vorhergehenden Intervalls $t_1 \leq t < t_2$. Nach den Überlegungen von Abschnitt 6.2.6.2 kann man durch Einführung zusätzlicher Quellen das Netzwerkverhalten im Intervall $t_2 \leq t < t_3$ an einem äquivalenten, nur durch die eingeführten Quellen modifizierten Netzwerk untersuchen, das vom Ruhezustand aus betrieben wird und auf das demzufolge der Überlagerungssatz angewendet werden kann. Die von der Erregung $k_1 x_1(t)$ und den eingeführten Quellen herrührende Teilwirkung ist $k_1 y_1(t)$, und die von der Erregung $k_2 x_2(t)$ hervorgerufene Teilwirkung ist voraussetzungsgemäß $k_2 y_2(t)$. Im Intervall $t_2 \leq t < t_3$ erhält man damit als Gesamtreaktion auf die Erregung $x(t)$ die Funktion $y(t) = k_1 y_1(t) + k_2 y_2(t)$. In dieser Weise kann auch für die folgenden Intervalle $t_\mu \leq t < t_{\mu+1}$ ($\mu = 3, 4, ...$) die Netzwerkreaktion bestimmt werden, und man gelangt zu dem durch die Gln. (6.146) und (6.147) ausgedrückten Ergebnis.

6.6.6 Lösung der Grundgleichungen des Maschenstrom- und des Schnittmengenverfahrens mit Hilfe der Laplace-Transformation

Durch die Gln. (3.33) und (3.39) sind die Grundbeziehungen des Maschenstrom- bzw. Schnittmengenverfahrens in Form von Integro-Differentialgleichungen ausgedrückt. Im folgenden soll gezeigt werden, wie diese Grundgleichungen mit Hilfe der Laplace-Transformation gelöst werden können.

Unterwirft man die Gl. (3.39) der Laplace-Transformation, so ergibt sich bei Beachtung der einschlägigen Regeln (insbesondere der Gl. (6.124a) und der Integrationsregel) die algebraische Matrizengleichung

$$\boldsymbol{Y}(p) \cdot \boldsymbol{U}_k(p) = \boldsymbol{J}(p) + \boldsymbol{A}(p) \,. \tag{6.148}$$

Dabei ist $\boldsymbol{Y}(p)$ die Matrix, welche aus der durch Gl. (3.40a) gegebenen Operator-Matrix dadurch entsteht, daß alle Differentiationsoperatoren durch p und alle Integrationsoperatoren durch $1/p$ ersetzt werden; $\boldsymbol{U}_k(p)$ und $\boldsymbol{J}(p)$ sind Vektoren, die durch komponentenweise Laplace-Transformation der Vektoren $\boldsymbol{u}_k(t)$ bzw. $\boldsymbol{J}_0(t)$ entstehen. Der

6.6 Anwendung der Laplace-Transformation

Vektor $A(p)$ enthält die Anfangswerte aller Energiespeicher, d.h. die Anfangswerte der Induktivitätsströme und der Kapazitätsspannungen. Die Gl. (6.148) läßt sich direkt nach dem Vektor $U_k(p)$ auflösen:

$$U_k(p) = Y^{-1}(p) \cdot [J(p) + A(p)] \,. \tag{6.149}$$

Die Komponenten dieses Vektors können geschlossen durch Lösung der Gl. (6.148) mit Hilfe der Cramerschen Regel jeweils als Quotient zweier Determinanten dargestellt werden. Durch Rücktransformation des Vektors $U_k(p)$ in den Zeitbereich ergibt sich schließlich $u_k(t)$.

Entscheidend für die Lösbarkeit der Gl. (6.148) ist die Existenz der Kehrmatrix $Y^{-1}(p)$. Geht man davon aus, daß alle Zweige des vorliegenden Netzwerks das im Bild 3.25 angegebene Aussehen besitzen und keine magnetischen Kopplungen im Netzwerk auftreten, daß es sich also um ein RLC-Netzwerk handelt, so läßt sich $Y(p)$ nach Gl. (3.40a) in der Form

$$Y(p) = AL(p)A^T \tag{6.150}$$

schreiben. Dabei ist $L(p)$ eine Diagonalmatrix, deren Elemente in der Hauptdiagonalen allgemein die Form $G + Cp + 1/Lp \neq 0$ haben. Da die Schnittmengenmatrix A vollen Rang $k-1$ besitzt, liefert das Produkt $x^T A$ mit einem beliebigen $(k-1)$-dimensionalen Vektor $x \neq 0$ einen Zeilenvektor $y^T \neq 0$, und damit läßt sich aus $Y(p)$ nach Gl. (6.150) mit einem beliebigen Vektor $x \neq 0$, der die Dimension $k-1$ und nur reelle Komponenten hat, die quadratische Form

$$x^T Y(p) x = y^T L(p) y$$

bilden, die wegen der genannten Diagonalform von $L(p)$ für beliebiges $p = \sigma$ (reell) > 0 einen positiven Wert aufweist, also positiv definit ist. Die lineare Algebra lehrt, daß in einem solchen Fall die Determinante von $Y(p)$, die eine rationale Funktion von p ist, nicht identisch verschwindet, und zwar zunächst für alle $p = \sigma > 0$, damit jedoch auch in der gesamten p-Ebene. Daher existiert die Kehrmatrix $Y^{-1}(p)$. Deren Existenz ist gewöhnlich auch dann noch gesichert, wenn magnetische Kopplungen vorhanden sind, d.h. $L(p)$ keine reine Diagonalmatrix darstellt. Dabei seien degenerierte Netzwerke ausgeschlossen (Abschnitt 6.6.8).

Als *Beispiel* für die Aufstellung der Gl. (6.148) sei das im Bild 6.56 gezeigte Netzwerk betrachtet, das vom Zeitpunkt $t = 0$ an durch den Strom $i(t)$ erregt wird. Unter Verwendung der Knotenpotentiale $\varphi_1 = u_1$ und $\varphi_2 = u_2$ erhält man durch Anwendung der Knotenregel im Zeitbereich $t > 0$ das Gleichungssystem

$u_1(t)$	$u_2(t)$	
$(C_1 + C_2)\dfrac{\mathrm{d}}{\mathrm{d}t} + G_1 + G_2 + \dfrac{1}{L_1}\displaystyle\int_0^t \mathrm{d}\tau$	$- G_2 - C_2 \dfrac{\mathrm{d}}{\mathrm{d}t}$	$i(t) - i_{L_1}(0+)$
$- G_2 - C_2 \dfrac{\mathrm{d}}{\mathrm{d}t}$	$(C_2 + C_3)\dfrac{\mathrm{d}}{\mathrm{d}t} + G_2 + G_3$	0 .

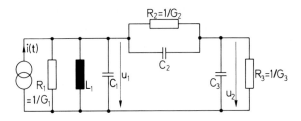

Bild 6.56. Netzwerk zur Erläuterung der Aufstellung von Gl. (6.148).

Durch Übergang in den Laplace-Bereich ergibt sich

$U_1(p)$	$U_2(p)$	
$(C_1+C_2)p + G_1 + G_2 + \dfrac{1}{L_1 p}$	$-G_2 - C_2 p$	$I(p) - \dfrac{i_{L_1}(0+)}{p} + (C_1+C_2)u_1(0+) - C_2 u_2(0+)$
$-G_2 - C_2 p$	$(C_2+C_3)p + G_2 + G_3$	$-C_2 u_1(0+) + (C_2+C_3)u_2(0+)$.

Die weitere Analyse würde in der Auflösung dieser Gleichungen nach $U_1(p)$ und $U_2(p)$ sowie in der anschließenden Rücktransformation in den Zeitbereich bestehen.

Die Gl. (6.149) ist insofern interessant, als sie zeigt, daß der Lösungsvektor $U_k(p)$ als Summe aus dem Teil $Y^{-1}(p) \cdot J(p)$ und dem Teil $Y^{-1}(p) \cdot A(p)$ aufgefaßt werden kann. Der erste Teil repräsentiert die Lösung, welche man bei Erregung des Netzwerks vom Ruhezustand aus erhält, d.h. unter der Voraussetzung, daß alle Energiespeicher am Anfang $t = 0$ leer sind, also $A(p) \equiv 0$ gilt. Der zweite Teil stellt die Lösung dar, die man im erregungsfreien Fall erhält, d.h. für $J(p) \equiv 0$. Entsprechend läßt sich jeder Strom und jede Spannung im Netzwerk auf der Basis der Aufteilung von $U_k(p)$ als Summe der Ruhezustands-Lösung (Fall $A(p) \equiv 0$) und der erregungsfreien Lösung (Fall $J(p) \equiv 0$) auffassen.

Die vorausgegangenen Überlegungen zum Schnittmengenverfahren lassen sich entsprechend auch beim Maschenstromverfahren durchführen. Beide Verfahren eignen sich auch dazu, für ein Netzwerk mit nur einer Erregung $x(t)$ und nur einer Reaktion $y(t)$ die Übertragungsfunktion $H(p)$ zu berechnen, indem man $x(t) = \delta(t)$ wählt, als Anfangszustand den Ruhezustand voraussetzt und aus den in den Frequenzbereich transformierten Grundgleichungen, beispielsweise aus Gl. (6.148), die Laplace-Transformierte $Y(p)$ der Reaktion $y(t)$ ermittelt. Nach Gl. (6.137) gilt dann $H(p) = Y(p)$ wegen $X(p) \equiv 1$. Tritt $y(t)$ als Unbekannte in den Grundgleichungen auf, so läßt sich $H(p)$ aus den transformierten Grundgleichungen nach der Cramerschen Regel sofort als Quotient zweier Determinanten ausdrücken, die nach Erweiterung mit einer Potenz in p Polynome in p darstellen. Das Nennerpolynom stimmt mit der Systemdeterminante überein.

6.6.7 Lösung der Zustandsgleichungen mit Hilfe der Laplace-Transformation

Durch Anwendung der Laplace-Transformation auf die Zustandsgleichungen (3.62a,b), durch welche ein Netzwerk im Zeitbereich $t > 0$ beschrieben wird, erhält man die algebraischen Beziehungen

$$(p\mathrm{E} - A) \cdot Z(p) = B \cdot X(p) + z(0+)$$

und

$$Y(p) = C \cdot Z(p) + D \cdot X(p) .$$

Dabei sind $X(p)$, $Y(p)$, $Z(p)$ die Laplace-Transformierten der Vektoren $x(t)$, $y(t)$ bzw. $z(t)$, und E bedeutet die q-reihige Einheitsmatrix. Aus diesen Gleichungen folgt für die Laplace-Transformierte des Zustandsvektors

$$Z(p) = (p\mathrm{E} - A)^{-1} \cdot z(0+) + (p\mathrm{E} - A)^{-1} B \cdot X(p) \qquad (6.151a)$$

und für die Laplace-Transformierte des Vektors der Reaktionen

$$Y(p) = C(p\mathrm{E} - A)^{-1} \cdot z(0+) + [C(p\mathrm{E} - A)^{-1} B + D] \cdot X(p) .$$

$$(6.151b)$$

Die Gl. (6.151b) lehrt, daß sich die Lösung $Y(p)$ aus zwei Teilen additiv zusammensetzt. Der erste Teil stellt die Lösung für den erregungsfreien Fall $X(p) \equiv 0$ dar, der zweite Teil die Lösung für den Fall, daß der Anfangszustand $z(0+)$ null ist.

Besitzt das betrachtete Netzwerk nur eine Quelle $x(t)$ und betrachtet man nur eine elektrische Größe $y(t)$ als Reaktion, so ist $B = b$ ein Spaltenvektor, $C = c^\mathrm{T}$ ein Zeilenvektor und $D = d$ ein Skalar. Es ist damit eine Übertragungsfunktion $H(p)$ festgelegt, die für $x(t) = \delta(t)$, d.h. $X(p) \equiv 1$, und $y(t) = h(t)$, d.h. $Y(p) = H(p)$, aus Gl. (6.151b) mit $z(0+) = 0$ gewonnen werden kann:

$$H(p) = c^\mathrm{T}(p\mathrm{E} - A)^{-1} b + d . \qquad (6.152)$$

Für die hier auftretende Matrix-Inversion benötigt man die Determinante

$$\Psi(p) = \det(p\mathrm{E} - A) ,$$

das charakteristische Polynom der Matrix A. Offensichtlich tritt $\Psi(p)$ als Nenner der rationalen Übertragungsfunktion $H(p)$ auf. Es ist jedoch zu beachten, daß sich in $H(p)$ Nullstellen von $\Psi(p)$ gegen Zählernullstellen wegkürzen können. Daher werden im allgemeinen nicht alle Nullstellen von $\Psi(p)$ (Eigenwerte des Netzwerks) als Pole von $H(p)$ auftreten. Damit werden allgemein auch nicht alle durch die Nullstellen von $\Psi(p)$ gegebenen Eigenfunktionen des Netzwerks in der Reaktion $y(t)$ bei irgendeiner Erregung vorkommen.

Als *Beispiel* sei das im Bild 6.57 dargestellte Netzwerk gewählt. Die angegebenen Zahlenwerte sind normierte Netzwerkelementewerte. Durch die Erregung $x(t)$ und die Reaktion $y(t)$ ist die Übertragungsfunktion festgelegt. Als Zustandsvariablen werden der Induktivitätsstrom $z_1(t)$ und die Kapazitätsspannung $z_2(t)$ gewählt. Als Zustandsmatrizen findet man

$$A = \begin{bmatrix} -1 & -1 \\ 1 & -1 \end{bmatrix}, \quad b = \begin{bmatrix} 2 \\ 0 \end{bmatrix}, \quad c = \begin{bmatrix} 0,5 \\ 0,5 \end{bmatrix}, \quad d = 0,$$

wovon sich der Leser überzeugen möge. Nach Gl. (6.152) erhält man nun die Übertragungsfunktion

$$H(p) = [0,5 \quad 0,5] \begin{bmatrix} p+1 & 1 \\ -1 & p+1 \end{bmatrix}^{-1} \begin{bmatrix} 2 \\ 0 \end{bmatrix}$$

$$= [0,5 \quad 0,5] \begin{bmatrix} \dfrac{p+1}{p^2+2p+2} & \dfrac{-1}{p^2+2p+2} \\ \dfrac{1}{p^2+2p+2} & \dfrac{p+1}{p^2+2p+2} \end{bmatrix} \begin{bmatrix} 2 \\ 0 \end{bmatrix}$$

$$= \dfrac{p+2}{p^2+2p+2}.$$

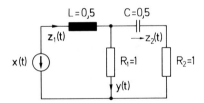

Bild 6.57. Netzwerk zur Berechnung der Übertragungsfunktion mit Hilfe von Gl. (6.152).

6.6.8 Degenerierte Netzwerke

Wie bereits angedeutet wurde, kann bei der Anwendung des Maschenstrom- und des Schnittmengenverfahrens insofern eine Schwierigkeit auftreten, als die algebraischen Grundgleichungen im Frequenzbereich nicht eindeutig lösbar sind. Diese Schwierigkeit liegt vor, wenn die Koeffizientendeterminante des Gleichungssystems identisch verschwindet. In einem solchen Fall muß man davon ausgehen, daß die mit Hilfe des betreffenden Netzwerks vorgenommene Modellbildung für die zugehörige reale Schaltung ungeeignet ist und daher modifiziert werden muß. Man spricht dann von einem degenerierten Netzwerk, weil die Lösung des Analyseproblems zunächst nicht möglich ist. Dies soll an zwei Beispielen erläutert werden.

Zunächst wird ein auf der Primär- und Sekundärseite kurzgeschlossener festgekoppelter Übertrager mit $i_1(0+) = i_2(0+) = 0$ betrachtet. Transformiert man für diesen Fall die Gln. (1.25a,b) in den Laplace-Bereich, so ergibt sich nach Kürzung mit dem Frequenzparameter p das Gleichungssystem

6.6 Anwendung der Laplace-Transformation

$$\begin{bmatrix} L_1 & M \\ M & L_2 \end{bmatrix} \begin{bmatrix} I_1(p) \\ I_2(p) \end{bmatrix} = \begin{bmatrix} 0 \\ 0 \end{bmatrix}$$

mit verschwindender Koeffizientendeterminante. Als Lösung erhält man daher mit einer beliebigen Laplace-Transformierten $I(p)$, deren Zeitfunktion für $t = 0+$ verschwindet,

$$I_1(p) = MI(p) , \qquad I_2(p) = -L_1 I(p) .$$

Wie man sieht, existieren unendlich viele Lösungen. Dies liegt daran, daß aufgrund der idealisierenden Annahmen die Übertragergleichungen im vorliegenden Fall nicht nach di_1/dt und di_2/dt aufgelöst werden können, d.h. keine Normalform der Differentialgleichungen angegeben werden kann. Die Schwierigkeit tritt bei loser Kopplung des Übertragers oder nach Einfügen eines ohmschen Widerstandes oder einer Kapazität in die Primär- oder Sekundärmasche nicht auf.

Im Bild 6.58 ist ein Netzwerk mit zwei gesteuerten Quellen dargestellt, das durch zwei Stromquellen vom Ruhezustand aus erregt wird. Verwendet man die beiden Potentiale u_1 und u_2 als Netzwerkkoordinaten, so lassen sich direkt zwei Knotengleichungen anschreiben, welche im Frequenzbereich die Form haben:

$U_1(p)$	$U_2(p)$	
$G_1 + G_2 + pC$	$-G_2 - g$	$I_1(p)$
$-npC - G_2$	$G_2 + G_3$	$I_2(p)$.

Die Koeffizientendeterminante lautet

$$\Delta(p) = pC[G_2 + G_3 - n(g + G_2)] + [G_1 G_2 + G_2 G_3 + G_3 G_1 - gG_2] .$$

Es sei

$$g = \frac{G_1 G_2 + G_2 G_3 + G_3 G_1}{G_2} \tag{6.153a}$$

und

$$n = \frac{G_2 + G_3}{g + G_2} \tag{6.153b}$$

gewählt. Dann gilt $\Delta(p) \equiv 0$. Damit wird klar, daß nur dann Lösungen für $U_1(p)$ und $U_2(p)$ (und zwar unendlich viele) existieren, wenn zwischen den Laplace-Transformierten $I_1(p)$ und $I_2(p)$ die lineare Abhängigkeit

$$(G_2 + G_3)I_1(p) + (G_2 + g)I_2(p) = 0$$

besteht. Existiert diese Abhängigkeit nicht, dann gibt es überhaupt keine Lösung.

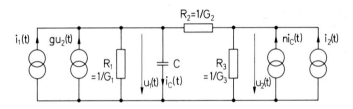

Bild 6.58. Netzwerk, das degeneriert, sobald die Netzwerkparameter die Gln. (6.153a,b) erfüllen.

7. ERWEITERUNG UND AUSBLICK

In den bisherigen Kapiteln wurden Verfahren zur Analyse elektrischer Netzwerke mit definierten Bausteinen behandelt. Die Verwendung solcher Netzwerke für die quantitative Beschreibung der Vorgänge in elektrotechnischen und elektronischen Schaltungen und Systemen verliert dann ihren Sinn, wenn die Bauelemente nicht durch lineare und zeitunabhängige Netzwerkelemente dargestellt werden können oder (und) die räumliche Ausdehnung der Schaltungen berücksichtigt werden muß. Für solche Situationen ist der Begriff des Netzwerkelements bzw. des Netzwerks neu zu überdenken und zu erweitern ebenso wie die Methodik der Analyse. In diesem Kapitel werden anhand von Beispielen Probleme und Lösungsmöglichkeiten angedeutet, die mit diesem Teil der Netzwerkanalyse verbunden sind. Abschließend soll noch ein Ausblick auf weitere Aspekte der Netzwerke gegeben werden.

7.1 Erweiterung

7.1.1 *Lineare zeitvariante Netzwerke und nichtlineare Netzwerke*

Alle bisher untersuchten Netzwerke bestehen aus Elementen der im Abschnitt 1.3 eingeführten Art, nämlich aus ohmschen Widerständen, Induktivitäten, Kapazitäten, starren Quellen, gesteuerten Quellen, Übertragern und Gyratoren. Die Beschränkung auf derartige Netzwerkelemente hatte zur Folge, daß das Studium der Einschwingvorgänge in solchen Netzwerken im wesentlichen die Untersuchung linearer Differentialgleichungen mit konstanten Koeffizienten erforderte, d.h. die Untersuchung verhältnismäßig einfacher Differentialgleichungen.

In gewissen Anwendungsfällen ist es jedoch nicht mehr zulässig, Schaltungen durch Netzwerke der bisher betrachteten Art zu beschreiben. So kann es notwendig werden, bestimmte bisher stets als konstant betrachtete Netzwerkelemente (R, L usw.) durch Funktionen der Zeit zu kennzeichnen. Weiterhin kann es erforderlich werden, die Strom-Spannungs-Beziehungen von Netzwerkelementen im Gegensatz zur bisherigen Betrachtungsweise durch eine nichtlineare Relation zu beschreiben. Verwendet man derart verallgemeinerte Netzwerke als mathematische Modelle zur Beschreibung elektrischer Schaltungen, so hat man allerdings bei der Netzwerkanalyse kompliziertere Differentialgleichungen als bisher zu untersuchen. Dies soll im folgenden anhand einfacher Beispiele erläutert werden. Die Entwicklung einer universellen Theorie zur Analyse zeitvarianter und nichtlinearer Netzwerke würde angesichts des großen mathematischen Aufwands den Rahmen einer Einführung in die Netzwerkanalyse sprengen.

7.1.1.1 *Der Schwingkreis mit zeitvarianter Kapazität*

Es soll noch einmal der im Abschnitt 6.2.4 bereits untersuchte Reihenschwingkreis betrachtet werden. Die Kapazität C sei auf die Spannung $u_C = U$ gebracht und entlade sich vom Zeitpunkt $t = 0$ an über die Induktivität L und den Widerstand R (Bild 7.1). Ist der Schwingkreis schwach gedämpft, so entsteht ein zeitlicher Verlauf der Kapazitätsspannung u_C bzw. des Stromes i, wie er im Bild 6.21 dargestellt ist.

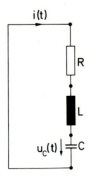

Bild 7.1. Reihenschwingkreis.

Nun soll in jedem Zeitpunkt, in dem die Kapazitätsspannung u_C ein relatives Extremum hat, die Größe C um einen Wert ΔC verkleinert werden, was bei einem Plattenkondensator durch Vergrößerung des Plattenabstands erreicht werden kann (man vergleiche Abschnitt 1.3.3). In jedem Nulldurchgang der Spannung u_C wird die Kapazität auf ihren ursprünglichen Wert C gebracht. Bei der genannten Verkleinerung von C um ΔC ändert sich die momentane Kondensatorladung $q = Cu_C$ nicht, jedoch die in der Kapazität gespeicherte Energie um den Wert

$$\Delta W = \frac{1}{2} q^2 \left(\frac{1}{C - \Delta C} - \frac{1}{C} \right) \quad . \tag{7.1}$$

Diese Energie ΔW wird dem Schwingkreis von außen zugeführt. Da bei der Wiederherstellung des ursprünglichen Kapazitätswertes C die Ladung $q = 0$ ist, benötigt dieser Vorgang keine Energie.

Nimmt man an, daß der betrachtete Schwingkreis eine große Güte Q hat, so darf man nach Gl. (6.29) näherungsweise $\alpha = 0$ und $\beta = 1$ nehmen. Dadurch erhält man gemäß Gl. (6.35a,b) in erster Näherung für die erste Periode

$$u_C = U \cos \omega_0 t$$

und

$$i = - \sqrt{\frac{C}{L}}\, U \sin \omega_0 t \quad .$$

Diese Funktionen kann man im Intervall $0 \leqslant t < T$ ($T = 2\pi/\omega_0$) auch dann zur näherungsweisen Beschreibung von u_C und i verwenden, wenn die Kapazität C jeweils nur um einen kleinen Wert ΔC in der beschriebenen Weise variiert wird. Damit erhält

7.1 Erweiterung

man für die im Intervall $0 \leq t < T$ im Widerstand umgesetzte Energie

$$\Delta W_R = R \int_0^T i^2(t)\mathrm{d}t = R\frac{C}{L}U^2\frac{T}{2} . \tag{7.2}$$

Da im genannten Intervall der Kapazität zweimal die Energie ΔW nach Gl. (7.1) mit $q = \pm CU$ zugeführt wird, ist unter der Voraussetzung, daß $\Delta C \ll C$ gilt,

$$\Delta W_C = \frac{q^2 \Delta C}{C^2} = U^2 \Delta C \tag{7.3}$$

die im Intervall $0 \leq t < T$ dem Schwingkreis von außen zugeführte Energie. Ist $\Delta W_C > \Delta W_R$, also mit $T = 2\pi/\omega_0$ gemäß den Gln. (7.2) und (7.3)

$$\frac{\Delta C}{C} > \frac{\pi R}{\omega_0 L} , \tag{7.4}$$

dann nimmt der Schwingkreis beständig Energie auf, wodurch angefachte Schwingungen hervorgerufen werden; der Schwingkreis verhält sich also instabil. Gilt statt der Ungleichung (7.4) die Gleichheit $\Delta C/C = \pi R/(\omega_0 L)$, so treten ungedämpfte Dauerschwingungen auf; durch die ständige Kapazitätsänderung wird also der bei konstanter Kapazität gedämpfte Schwingkreis entdämpft.

Es sei nun die Kapazität des betrachteten Schwingkreises (Bild 7.1) eine beliebige nicht-negative, differenzierbare Funktion der Zeit t; es gelte also $C = C(t)$. Für die Kapazitätsladung gilt dann

$$q = C(t)u_C \tag{7.5}$$

und damit für den Strom

$$i = \frac{\mathrm{d}q}{\mathrm{d}t} = u_C \frac{\mathrm{d}C}{\mathrm{d}t} + C \frac{\mathrm{d}u_C}{\mathrm{d}t} . \tag{7.6}$$

Die Maschenregel liefert die Beziehung

$$L\frac{\mathrm{d}i}{\mathrm{d}t} + Ri + u_C = 0 . \tag{7.7}$$

Führt man die Gln. (7.5) und (7.6) in die Gl. (7.7) ein, so ergibt sich die Differentialgleichung

$$L\frac{\mathrm{d}^2 q}{\mathrm{d}t^2} + R\frac{\mathrm{d}q}{\mathrm{d}t} + \frac{1}{C(t)} q = 0 \tag{7.8}$$

für die Ladung q. Es handelt sich hier um eine lineare Differentialgleichung mit einem zeitvarianten Koeffizienten. Auch für u_C erhält man eine lineare Differentialgleichung zweiter Ordnung mit zeitvarianten Koeffizienten.

Zur Vereinfachung von Gl. (7.8) wird die abhängige Variable q durch die Veränderliche y mit Hilfe der Beziehung

$$q(t) = y(t) e^{-Rt/(2L)}$$

ersetzt. Nach kurzer Zwischenrechnung erhält man

$$\frac{d^2 y}{dt^2} + [a + f(t)] y = 0 \qquad (7.9)$$

mit

$$a = -(R/2L)^2 , \qquad f(t) = 1/[L\, C(t)] .$$

Ist $C(t)$ eine periodische Funktion, so repräsentiert Gl. (7.9) die sogenannte Hillsche Differentialgleichung. Gilt speziell

$$C(t) = C_0 + C_1 \cos \omega t$$

mit $C_1 \ll C_0$, dann ergibt sich

$$f(t) = \frac{1}{LC_0 + LC_1 \cos \omega t} \approx \frac{1}{LC_0} - \frac{C_1}{LC_0^2} \cos \omega t .$$

Damit entsteht aus Gl. (7.9) die sogenannte Mathieusche Differentialgleichung, wenn man noch $\omega t = 2\tau$ setzt:

$$\frac{d^2 y}{d\tau^2} + (a_0 + b_0 \cos 2\tau) y = 0 .$$

Dabei ist

$$a_0 = \frac{4}{\omega^2} \left(\frac{1}{LC_0} - \frac{R^2}{4L^2} \right) , \qquad b_0 = \frac{4}{\omega^2} \left(-\frac{C_1}{LC_0^2} \right) .$$

Eine Diskussion der Lösungen der Mathieuschen Differentialgleichung findet man im einschlägigen mathematischen Schrifttum [21].

7.1.1.2 Der Schwingkreis mit nichtlinearer Induktivität

Bei der physikalischen Begründung der Strom-Spannungs-Gleichung (1.16a) für die Induktivität anhand der im Bild 1.24 dargestellten Ringspule war der lineare Zusammenhang des magnetischen (Querschnitts-)Flusses $\Phi = BA$ mit dem Strom i gemäß Gl. (1.18)

$$\Phi = \left(\frac{\mu w A}{\ell} \right) i \qquad (7.10)$$

wesentlich. In gewissen Fällen, beispielsweise wenn der Ringkern der Spule aus ferromagnetischem Material hergestellt ist, beschreibt die Gl. (7.10) die Verknüpfung zwi-

7.1 Erweiterung

schen Strom i und Fluß Φ im allgemeinen nicht mehr hinreichend genau. In solchen Fällen hat man im Durchflutungsgesetz gemäß Gl. (1.13) die Größe B/μ durch die sogenannte magnetische Feldstärke H zu ersetzen. Der Zusammenhang zwischen magnetischer Feldstärke H und magnetischer Induktion B ist dann nichtlinear, im Gegensatz zu dem im Abschnitt 1.3.2 betrachteten Fall der linearen Induktivität, bei der $B = \mu H$ gilt. Dies hat zur Folge, daß nunmehr statt Gl. (7.10) eine allgemeinere Beziehung

$$\Phi = f(i) \tag{7.11}$$

besteht. Unter der (nichtlinearen) Induktivität der Spule versteht man dann die Größe

$$L(i) = \frac{wf(i)}{i} \; .$$

Aufgrund des Induktionsgesetzes erhält man für die Klemmenspannung der Spule

$$u = w \frac{d\Phi}{dt} = \frac{d}{dt} [i L(i)] \; , \tag{7.12a}$$

d.h.

$$u = \left[L(i) + i \frac{dL}{di} \right] \frac{di}{dt} \; . \tag{7.12b}$$

Die Gl. (7.12b) ist eine Verallgemeinerung der Definitionsgleichung (1.16a). Sie bildet eine nichtlineare Verknüpfung zwischen Strom und Spannung. Dementsprechend hat ein harmonischer Strom $i(t)$ eine nicht-harmonische Spannung $u(t)$ zur Folge.

Im folgenden soll eine nichtlineare Induktivität $L(i)$ gemäß Bild 7.2 mit einer (linearen) Kapazität C und einem (linearen) Widerstand R zu einem Reihenschwingkreis zusammengeschaltet werden; der Schwingkreis wird mit der harmonischen Spannung

$$u_0 = \sqrt{2}\, U \cos \omega t \tag{7.13}$$

erregt. Nach der Maschenregel ergibt sich mit $w\Phi(i) = \Psi(i)$ die Beziehung

$$iR + \frac{d\Psi}{dt} + u_C = u_0 \; . \tag{7.14}$$

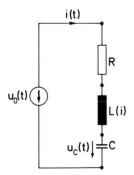

Bild 7.2. Reihenschwingkreis mit nichtlinearer Induktivität, linearer Kapazität und linearem Widerstand.

Unter Beachtung der Beziehung $i = C\mathrm{d}u_C/\mathrm{d}t$ entsteht durch Differentiation der beiden Seiten von Gl. (7.14) nach t die Differentialgleichung

$$\frac{\mathrm{d}^2\Psi}{\mathrm{d}t^2} + R\frac{\mathrm{d}i}{\mathrm{d}t} + \frac{1}{C}i = \frac{\mathrm{d}u_0}{\mathrm{d}t} \ . \tag{7.15}$$

Entsprechend der allgemeinen Beziehung von Gl. (7.11) zwischen i und Φ besteht ein Zusammenhang zwischen i und $\Psi = w\Phi$. Er wird aufgrund der praktischen Erfahrung in der Form

$$i = a\Psi + b\Psi^3 \quad (a > 0;\ b \gtrless 0) \tag{7.16}$$

angesetzt. Der Fall $b = 0$ würde der linearen Induktivität entsprechen; er interessiert hier nicht. Aus den Gln. (7.15) und (7.16) erhält man nun zur Bestimmung der Funktion Ψ die nichtlineare Differentialgleichung

$$\frac{\mathrm{d}^2\Psi}{\mathrm{d}t^2} + R(a + 3b\Psi^2)\frac{\mathrm{d}\Psi}{\mathrm{d}t} + \frac{1}{C}(a\Psi + b\Psi^3) = \frac{\mathrm{d}u_0}{\mathrm{d}t} \ . \tag{7.17}$$

Nach Bestimmung von Ψ folgt der Strom $i(t)$ aus Gl. (7.16), die Induktivitätsspannung erhält man als $\mathrm{d}\Psi/\mathrm{d}t$ und die Kapazitätsspannung ergibt sich dann direkt aus Gl. (7.14) mit u_0 nach Gl. (7.13).

Im folgenden sollen stationäre Lösungen $\Psi(t)$ der Gl. (7.17) für den Fall gesucht werden, daß der Einfluß des Widerstands R vernachlässigt werden kann. Die Gl. (7.17) wird in diesem Fall zur sogenannten Duffingschen Differentialgleichung

$$\frac{\mathrm{d}^2\Psi}{\mathrm{d}t^2} + \omega_0^2\Psi + \gamma\Psi^3 = F\sin\omega t \ . \tag{7.18}$$

Dabei gilt

$$\omega_0^2 = a/C, \quad \gamma = b/C, \quad F = -\omega\sqrt{2}\,U \ .$$

Als Lösungsansatz verwendet man die Funktion

$$\Psi = \Psi_0 \sin\omega t \quad (\Psi_0 \gtrless 0) \ . \tag{7.19}$$

Hiermit erhält man

$$\gamma\Psi^3 = \gamma\Psi_0^3 \sin^3\omega t = \gamma\Psi_0^3\left(\frac{3}{4}\sin\omega t - \frac{1}{4}\sin 3\omega t\right) \ . \tag{7.20}$$

Führt man die Gln. (7.19) und (7.20) in die Duffingsche Differentialgleichung (7.18) ein, so ergibt sich

$$\frac{\mathrm{d}^2\Psi}{\mathrm{d}t^2} = \left(F - \omega_0^2\Psi_0 - \frac{3}{4}\gamma\Psi_0^3\right)\sin\omega t + \frac{\gamma\Psi_0^3}{4}\sin 3\omega t \ .$$

7.1 Erweiterung

Hieraus erhält man durch zweimalige Integration als periodische Funktion

$$\Psi = \frac{1}{\omega^2}\left(\omega_0^2 + \frac{3}{4}\gamma\Psi_0^2 - \frac{F}{\Psi_0}\right)\Psi_0 \sin\omega t - \frac{\gamma}{36\omega^2}\Psi_0^3 \sin 3\omega t \; . \tag{7.21}$$

Diese Funktion erscheint als eine bessere stationäre Lösung Ψ der Gl. (7.18) als die durch Gl. (7.19) gegebene Funktion. Als Verbesserung wird die Oberschwingung mit der Kreisfrequenz 3ω in Gl. (7.21) betrachtet. Es wird daher gefordert, daß die Schwingungen mit der Kreisfrequenz ω in den beiden Funktionen nach den Gln. (7.19) und (7.21) gleich sind (man spricht dann von harmonischer Balance). Dadurch erhält man die Beziehung

$$\omega^2 = \omega_0^2 + \frac{3}{4}\gamma\Psi_0^2 - \frac{F}{\Psi_0} \; . \tag{7.22}$$

Sie liefert eine Verknüpfung zwischen ω und Ψ_0 bei gegebenem F. Führt man Gl. (7.22) in die Gl. (7.21) ein, so entsteht die verbesserte Lösung

$$\Psi = \Psi_0 \sin\omega t - \frac{1}{36}\frac{\gamma\Psi_0^3}{\omega_0^2 + \frac{3}{4}\gamma\Psi_0^2 - (F/\Psi_0)} \sin 3\omega t \; .$$

Im Bild 7.3 ist die Funktion $|\Psi_0(\omega)|$ gemäß Gl. (7.22) für $\gamma < 0$, $\gamma > 0$ und $\gamma = 0$ dargestellt. Wie man sieht, ist es beim Schwingkreis mit nichtlinearer Induktivität ($\gamma \gtrless 0$) im Gegensatz zum linearen Schwingkreis ($\gamma = 0$) möglich, daß man für bestimmte ω-Werte *drei* Werte für $|\Psi_0|$ erhält. Jedoch entsprechen nicht allen drei Werten stabile Schwingungen (der mittlere Wert gehört zu einer instabilen Schwingung).

Eine Folge davon, daß für bestimmte Frequenzen drei verschiedene periodische Schwingungen existieren, ist das Auftreten von *Sprungerscheinungen* im nichtlinearen Schwingkreis, was bei linearen Netzwerken grundsätzlich nicht vorkommen kann. Zur Erklärung dieser Erscheinung sei als Beispiel der Fall $\gamma > 0$ betrachtet. Es sei vorausgesetzt, daß die Kreisfrequenz ω der Erregung zunächst groß sei und sich die zum unteren Kurvenast im Bild 7.3 gehörende Schwingung $\Psi(t)$ ausgebildet habe. Läßt man ω kontinuierlich abnehmen, so wird sich die Größe $|\Psi_0|$ ebenfalls kontinuierlich ändern. Wie aus Bild 7.3 hervorgeht, ändert sich jedoch $|\Psi_0|$ bei abnehmendem ω für einen bestimmten ω-Wert sprungartig, nämlich für jenen ω-Wert, der das ω-Intervall mit drei Werten für $|\Psi_0|$ von jenem mit nur einem Wert $|\Psi_0|$ trennt.

Eine weitere Besonderheit nichtlinearer Netzwerke ist das Auftreten *subharmonischer Schwingungen*[60], d.h. von Schwingungen mit einer Grundkreisfrequenz ω/n ($n = 2, 3, \ldots$), wenn ω die Kreisfrequenz der harmonischen Erregung bedeutet. So kann man zeigen, daß die Duffingsche Gleichung (7.18) eine Näherungslösung der Form

$$\Psi_1 = a_1 \sin\left(\frac{\omega}{3}t\right) + a_3 \sin\omega t \tag{7.23}$$

---

[60] Auch bei linearen zeitvarianten Netzwerken sind subharmonische Schwingungen möglich.

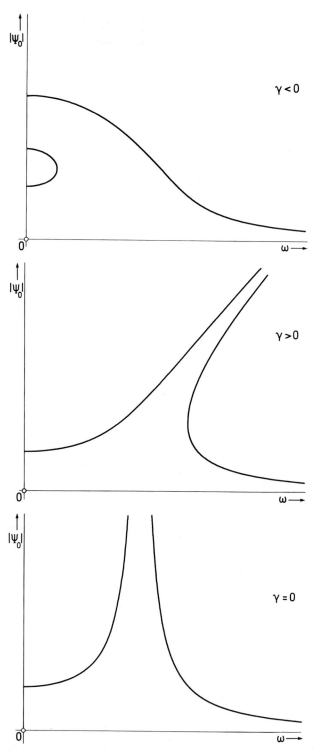

Bild 7.3. Darstellung der Funktion $|\Psi_0(\omega)|$ aufgrund von Gl. (7.22).

7.1 Erweiterung

besitzt. Dabei nimmt man an, daß der Betrag der Größe γ klein ist.

Zur Ermittlung der subharmonischen Näherungslösung wird der Lösungsansatz

$$\Psi = \Psi_1(t) + \gamma \Psi_2(t) + \rho_1(\gamma) \tag{7.24a}$$

und der weitere Ansatz

$$\left(\frac{\omega}{3}\right)^2 = \omega_0^2 + \gamma \xi_1(a_1, a_3) + \rho_2(\gamma) \tag{7.24b}$$

gemacht (man spricht hier von der Perturbationsmethode[61]). Führt man diese Ansätze in die Gl. (7.18) ein, so ergibt sich die Beziehung

$$\frac{d^2\Psi_1}{dt^2} + \left(\frac{\omega}{3}\right)^2 \Psi_1 + \gamma \left[\frac{d^2\Psi_2}{dt^2} + \left(\frac{\omega}{3}\right)^2 \Psi_2 - \xi_1 \Psi_1 + \Psi_1^3\right] + \rho_3(\gamma) = F \sin \omega t \; .$$

Zur näherungsweisen Erfüllung dieser Gleichung setzt man

$$\frac{d^2\Psi_1}{dt^2} + \left(\frac{\omega}{3}\right)^2 \Psi_1 = F \sin \omega t \tag{7.25}$$

und

$$\frac{d^2\Psi_2}{dt^2} + \left(\frac{\omega}{3}\right)^2 \Psi_2 - \xi_1 \Psi_1 + \Psi_1^3 = 0 \; . \tag{7.26}$$

Die Gl. (7.25) wird durch $\Psi_1(t)$ gemäß Gl. (7.23) befriedigt, wenn man

$$a_3 = -\frac{9F}{8\omega^2} \tag{7.27}$$

wählt. Führt man nun Gl. (7.23) und die hieraus folgende Beziehung

---

[61] Die Gl. (7.24a) entspricht dem in der Perturbationstheorie üblichen Ansatz

$$\Psi = \Psi_1(t) + \gamma \Psi_2(t) + \gamma^2 \Psi_3(t) + \ldots + \gamma^\nu \Psi_{\nu+1}(t) + \ldots \; .$$

Hier interessiert nur die Teilsumme der ersten beiden Glieder. Der Rest der Reihe wird mit $\rho_1(\gamma)$ bezeichnet und als hinreichend klein angenommen. Entsprechendes gilt für Gl. (7.24b). Dementsprechend werden in den folgenden Rechnungen alle mit γ^ν ($\nu \geq 2$) behafteten Glieder vernachlässigt. Deshalb werden die Restglieder $\rho_2(\gamma)$ und $\rho_3(\gamma)$ eingeführt.

$$\Psi_1^3 = a_1^3 \sin^3\left(\frac{\omega}{3}t\right) + 3a_1^2 a_3 \sin^2\left(\frac{\omega}{3}t\right) \sin \omega t +$$

$$+ 3a_1 a_3^2 \sin\left(\frac{\omega}{3}t\right) \sin^2 \omega t + a_3^3 \sin^3 \omega t =$$

$$= \left[\frac{3}{4}a_1^3 - \frac{3}{4}a_1^2 a_3 + \frac{3}{2}a_1 a_3^2\right] \sin\left(\frac{\omega}{3}t\right) +$$

$$+ \left[-\frac{1}{4}a_1^3 + \frac{3}{2}a_1^2 a_3 + \frac{3}{4}a_3^3\right] \sin \omega t +$$

$$+ \left[-\frac{3}{4}a_1^2 a_3 + \frac{3}{4}a_1 a_3^2\right] \sin\left(\frac{5\omega}{3}t\right) -$$

$$- \frac{3}{4}a_1 a_3^2 \sin\left(\frac{7\omega}{3}t\right) - \frac{a_3^3}{4} \sin 3\omega t$$

in die Gl. (7.26) ein, so erhält man die Differentialgleichung

$$\frac{d^2 \Psi_2}{dt^2} + \left(\frac{\omega}{3}\right)^2 \Psi_2 = a_1 \left[\xi_1 - \frac{3}{4}a_1^2 + \frac{3}{4}a_1 a_3 - \frac{3}{2}a_3^2\right] \sin\left(\frac{\omega}{3}t\right) +$$

$$+ \left[\xi_1 a_3 + \frac{1}{4}a_1^3 - \frac{3}{2}a_1^2 a_3 - \frac{3}{4}a_3^3\right] \sin \omega t +$$

$$+ \frac{3}{4}a_1 a_3 [a_1 - a_3] \sin\left(\frac{5\omega}{3}t\right) +$$

$$+ \frac{3}{4}a_1 a_3^2 \sin\left(\frac{7\omega}{3}t\right) + \frac{a_3^3}{4} \sin 3\omega t \; .$$

Damit die Lösung $\Psi_2(t)$ dieser Gleichung nicht über alle Grenzen strebt, muß der Klammerausdruck auf der rechten Seite bei der Funktion $\sin(\omega t/3)$ verschwinden, da $\sin(\omega t/3)$ eine Eigenschwingung des zu obiger Gleichung gehörenden Systems ist. Damit ergibt sich die Forderung

$$\xi_1 = \frac{3}{4}\left(a_1^2 - a_1 a_3 + 2a_3^2\right) \; .$$

Hiermit folgt aus Gl. (7.24b) bei Vernachlässigung des Summanden $\rho_2(\gamma)$

$$\left(\frac{\omega}{3}\right)^2 = \omega_0^2 + \frac{3\gamma}{4}\left(a_1^2 - a_1 a_3 + 2a_3^2\right) \; ,$$

also mit Gl. (7.27) die wichtige Relation

7.1 Erweiterung

$$\left(\frac{\omega}{3}\right)^6 - \left(\frac{\omega}{3}\right)^4 \omega_0^2 = \frac{3\gamma F^2}{128} \left[1 + \frac{4a_1}{F}\left(\frac{\omega}{3}\right)^2 + \frac{32a_1^2}{F^2}\left(\frac{\omega}{3}\right)^4 \right].$$

Damit ist eine Beziehung gefunden zwischen der Grundkreisfrequenz $\Omega = \omega/3$ der subharmonischen Schwingung und der Größe a_1. Für jeden Wert $\Omega > \Omega_{min}$ erhält man zwei Werte a_1, von denen der untere, wie man zeigen kann, zu einer stabilen und der obere zu einer instabilen Lösung gehört (Bild 7.4).

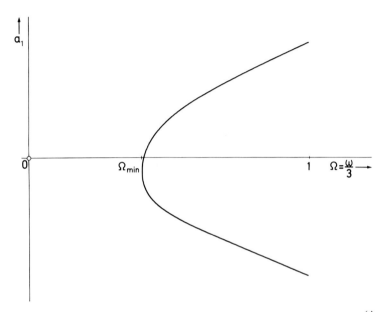

Bild 7.4. Darstellung der Größe a_1 als Funktion der Grundkreisfrequenz $\frac{\omega}{3}$ der subharmonischen Schwingung.

In ähnlicher Weise kann man die subharmonische Schwingung der Grundkreisfrequenz $\omega/2$ diskutieren. Für das Zustandekommen subharmonischer Schwingungen ist in jedem Fall entscheidend, daß der Schwingkreis unter ganz bestimmten Anfangsbedingungen erregt wird.

7.1.1.3 Klassifizierung der Netzwerkelemente

In den vorausgegangenen Abschnitten wurden Netzwerke mit einem zeitvarianten bzw. einem nichtlinearen Netzwerkelement untersucht. Die dadurch erfolgte Erweiterung des den früheren Kapiteln zugrundeliegenden Konzepts der Netzwerkelemente soll hier allgemein besprochen werden.

Man kann den ohmschen Widerstand, die Kapazität und die Induktivität jeweils als zweipoliges Netzwerkelement allgemein aufgrund einer Verknüpfung

$$y = f(x, t)$$

zwischen zwei elektrischen Größen $x = x(t)$ und $y = y(t)$, der sogenannten Charakteristik oder Kennlinie, festlegen. Beim ohmschen Widerstand bedeutet $x(t)$ den Strom $i(t)$ und $y(t)$ die Klemmenspannung $u(t)$ (oder umgekehrt). Bei der Kapazität ist unter $x(t)$ die Klemmenspannung $u(t)$ und unter $y(t)$ die Kapazitätsladung $q(t)$ zu verstehen, während bei der Induktivität $x(t)$ den Strom $i(t)$ und $y(t)$ den gesamten (von allen w Windungen umfaßten) Fluß $\Phi(t)$ bedeuten[62].

Falls die Kennlinie $y = f(x, t)$, durch welche in jedem Zeitpunkt t jedem Wert $x = x(t)$ ein Wert $y = y(t)$ zugewiesen wird, von der Zeit unabhängig ist, also $y = f(x)$ geschrieben werden kann, wird das betreffende Netzwerkelement *zeitinvariant*, sonst *zeitvariant* genannt. Von einem *linearen* Netzwerkelement spricht man, wenn $f(x, t)$ die Form $g(t)x$ besitzt, wobei $g(t)$ nur von der Zeit t und nicht von x abhängig sein darf. Falls die Kennlinie diese Besonderheit nicht aufweist, heißt das Netzwerkelement *nichtlinear*. Entsprechend dieser Klassifizierung sind die Kenngrößen

$$\frac{u}{i} = \frac{f(i, t)}{i} = R \qquad \text{(ohmscher Widerstand)},$$

$$\frac{q}{u} = \frac{f(u, t)}{u} = C \qquad \text{(Kapazität)},$$

$$\frac{\Phi}{i} = \frac{f(i, t)}{i} = L \qquad \text{(Induktivität)}$$

bei den linearen zeitinvarianten Netzwerkelementen sowohl von der Zeit t als auch von der jeweiligen elektrischen Größe unabhängig, wie dies in den früheren Kapiteln ausschließlich der Fall war. Bei den linearen zeitvarianten Netzwerkelementen sind diese Kenngrößen nur von der Zeit abhängig. Im Falle eines nichtlinearen Netzwerkelements ist die Kenngröße von i bzw. u abhängig, und je nachdem, ob diese Größe dabei noch von t abhängt oder nicht, ist das nichtlineare Netzwerkelement zeitvariant oder zeitinvariant.

Man kann die Kennlinie $y = f(x, t)$ für jedes Netzwerkelement in einem kartesischen xy-Koordinatensystem graphisch als Kurvenschar mit t als Scharparameter darstellen, wobei üblicherweise vorausgesetzt wird, daß jedes Element der Kurvenschar den Ursprung passiert. Die Linearität äußert sich in dieser Darstellung darin, daß die Kurvenschar speziell eine Geradenschar ist. Die Zeitinvarianz zeigt sich in dieser Darstellung dadurch, daß die Kurvenschar aus einer einzigen Kurve besteht.

Die Halbleiterdiode, deren Kennlinie im Bild 1.12 dargestellt ist, kann durch einen nichtlinearen zeitinvarianten ohmschen Widerstand dargestellt (modelliert) werden. Auch die Tunneldiode, deren Kennlinie das Bild 7.5 zeigt, kann durch einen nichtlinearen zeitinvarianten ohmschen Widerstand beschrieben werden. Diese Kennlinie weist

---

[62] Üblicherweise wird angenommen, daß die Funktion f eindeutig in dem Sinne ist, daß zu jedem Zeitpunkt einem beliebigen Wert x ein eindeutiger Wert y zugeordnet wird. Man spricht dann auch von einem x-gesteuerten Netzwerkelement. In diesem Sinne gibt es einen strom- und einen spannungsgesteuerten ohmschen Widerstand und entsprechend neben der spannungsgesteuerten auch die ladungsgesteuerte Kapazität und neben der stromgesteuerten auch die flußgesteuerte Induktivität.

7.1 Erweiterung

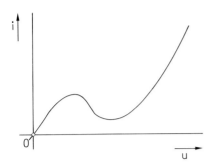

Bild 7.5. Strom-Spannungs-Kennlinie einer Tunneldiode.

gegenüber der erstgenannten insofern eine Besonderheit auf, als sie keinen monotonen Verlauf zeigt; es gibt offensichtlich auch Punkte mit negativer Steigung. Da der Zusammenhang $u = f(i)$ nicht eindeutig ist, wird man in der Regel die Darstellung $i = g(u)$ bevorzugen. Als Beispiel für einen linearen zeitvarianten ohmschen Widerstand wird ein Potentiometer mit variablem (z.B. von einem Motor angetriebenem) Abgriff (Bild 7.6) genannt. Ändert sich die Stelle des Abgriffs nach dem Gesetz

$$x = x_0 + \Delta x \cos \omega_0 t \quad (x_0, \Delta x, \omega_0 \text{ konstant}) ,$$

so erhält man als Widerstand zwischen den Klemmen

$$R(t) = R_0 \frac{1 + \frac{\Delta x}{x_0} \cos \omega_0 t}{1 + \frac{\Delta x}{x_0}} .$$

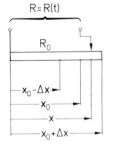 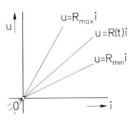

Bild 7.6. Ohmscher Widerstand mit variablem Abgriff $x_0 - \Delta x \leq x \leq x_0 + \Delta x$. Die Widerstandsgerade $u = R(t)i$ variiert im angegebenen Winkelbereich.

Die Kennlinie besteht aus einer Geradenschar im kartesischen iu-Koordinatensystem. Die Maximalsteigung dieser durch den Ursprung hindurchgehenden Geraden ist $R_{max} = R_0$, die Minimalsteigung ist $R_{min} = R_0(1 - \Delta x/x_0)/(1 + \Delta x/x_0)$. Die Geraden variieren innerhalb des dadurch bestimmten Winkelbereichs mit der Zeit (Bild 7.6). Der Leser möge sich davon überzeugen, daß ein harmonischer Strom $i(t) = \sqrt{2} I \cos \omega t$ mit der Kreisfrequenz ω eine Spannung $u(t) = R(t) i(t)$ zur Folge hat, die sich additiv aus drei harmonischen Teilen mit den Kreisfrequenzen ω, $\omega + \omega_0$ bzw. $|\omega - \omega_0|$ zusammensetzt.

Bei der *Kapazität* mit der Kennlinie $q = f(u, t)$ erhält man den Strom durch Differentiation der Ladung nach der Zeit, d.h. als

$$i = \frac{\mathrm{d}q}{\mathrm{d}t} = \frac{\partial f(u, t)}{\partial t} + \frac{\partial f(u, t)}{\partial u} \frac{\mathrm{d}u}{\mathrm{d}t} \; .$$

Im Falle der Zeitinvarianz entfällt der erste Term auf der rechten Seite. Falls die Kapazität linear ist, d.h. $q = C(t)u(t)$ gilt, vereinfacht sich die Darstellung des Stromes zu

$$i = \frac{\mathrm{d}C(t)}{\mathrm{d}t} u(t) + C(t) \frac{\mathrm{d}u(t)}{\mathrm{d}t} \; .$$

Bei fast allen technischen Kondensatoren ist die Kennlinie eine Schar von Kurven, die monoton steigen und zum Ursprung symmetrisch verlaufen. Als Beispiel für eine nichtlineare zeitvariante Kapazität wird die Kapazitätsdiode genannt, die von großer technischer Bedeutung ist. Ein Plattenkondensator, dessen eine Platte festgehalten wird, während die andere Platte eine (etwa periodische) exzentrische Drehung erfährt, kann als lineare zeitvariante Kapazität dargestellt werden.

Bei einer *Induktivität* mit der Kennlinie $\Phi = f(i, t)$ erhält man die Spannung durch Differentiation des magnetischen Flusses nach der Zeit t, d.h. als[63]

$$u = \frac{\mathrm{d}\Phi}{\mathrm{d}t} = \frac{\partial f(i, t)}{\partial t} + \frac{\partial f(i, t)}{\partial i} \frac{\mathrm{d}i}{\mathrm{d}t} \; .$$

Im Falle der Zeitinvarianz entfällt der erste Term auf der rechten Seite. Falls die Induktivität linear ist, d.h. $\Phi = L(t)i(t)$ gilt, vereinfacht sich die Darstellung der Spannung zu

$$u = \frac{\mathrm{d}L(t)}{\mathrm{d}t} i(t) + L(t) \frac{\mathrm{d}i(t)}{\mathrm{d}t} \; .$$

Bei den meisten technischen Spulen ist die Kennlinie eine Schar von Kurven, die monoton steigen und zum Ursprung symmetrisch verlaufen. Darüber hinaus trifft man hier Hysterese-Erscheinungen an, wobei der Zusammenhang $\Phi = \Phi(i)$ mehrdeutig ist. Je nachdem, ob $\mathrm{d}i/\mathrm{d}t$ positiv oder negativ ist, wird Φ durch den unteren oder den oberen Kurvenast bestimmt (Bild 7.7).

Man kann nichtlineare Kennlinien approximativ darstellen. Die einfachste Approximationsmöglichkeit ist die der stückweisen Linearisierung. Ein Beispiel hierfür bietet die netzwerktheoretische Darstellung von Halbleiterdioden nach Abschnitt 1.7.6. In entsprechender Weise lassen sich auch Hysteresekennlinien stückweise linear darstellen. Bild 7.8 zeigt hierfür ein Beispiel. Dabei wird auch gezeigt, wie man mit Hilfe dieser Approximation aus dem vorgeschriebenen Stromverlauf die Spannung als Funktion der

---

[63] Es sei nochmals betont, daß hier unter Φ der gesamte von allen w Windungen der Induktivität umfaßte Fluß zu verstehen ist. In vorausgegangenen Abschnitten wurde mit diesem Symbol immer der Querschnittsfluß bezeichnet, der also nur von einer einzigen Windung umfaßt wird und gleich dem w-ten Teil des Gesamtflusses ist.

7.1 Erweiterung

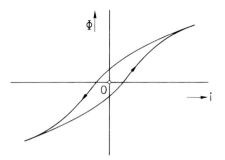

Bild 7.7. Hysterese-Kennlinie einer Induktivität. Die zwischen den beiden gezeichneten Kurvenästen durch den Ursprung verlaufende Neukurve, welche den Zusammenhang zwischen Φ und i zunächst angibt, wenn man vom magnetisch neutralen Zustand ausgeht, ist nicht dargestellt.

Zeit erhält. Man kann eine nichtlineare Kennlinie $y = f(x)$ unter wenig einschränkenden Voraussetzungen in der Umgebung einer Stelle $x = x_0$ durch Linearisierung

$$f(x) \approx f(x_0) + \left[\frac{df}{dx}\right]_{x=x_0} (x - x_0)$$

approximativ beschreiben. Wenn man, was hier allein sinnvoll ist, voraussetzt, daß $|x - x_0|$ genügend klein ist, spricht man von der Kleinsignalanalyse. Die durch Linearisierung gewonnene Kennlinie stellt eine Gerade durch den Punkt $x_0, f(x_0)$ dar, wobei man x_0 und damit $f(x_0)$ zunächst als fest betrachtet. Falls x_0 als eine von der Zeit abhängige Größe aufgefaßt wird, läßt sich im Sinne der obigen Näherung als Verknüpfung zwischen $\Delta x = x - x_0$ und $\Delta y = f(x) - f(x_0)$ die lineare zeitvariante Kennlinie

$$\Delta y = \left[\frac{df}{dx}\right]_{x=x_0(t)} \Delta x$$

verwenden. Dabei wird $|\Delta x|$ als genügend klein vorausgesetzt. Auf diese Weise ist es unter geeigneten Voraussetzungen möglich, nichtlineare Bauelemente durch lineare zeitvariante Netzwerkelemente approximativ darzustellen. Beispielsweise kann man so im Rahmen einer Kleinsignalanalyse einen nichtlinearen Kondensator näherungsweise durch eine lineare zeitvariante Kapazität beschreiben. Die zur Spannung $u_0(t)$ gehörende Ladung sei $q_0(t) = f(u_0)$, $q(t) = f(u)$ sei die zu $u(t)$ gehörende Ladung. Die Überschußladung $\Delta q(t) = q(t) - q_0(t)$ läßt sich mittels der Überschußspannung $\Delta u(t) = u(t) - u_0(t)$ approximativ als

$$\Delta q(t) = C(t)\, \Delta u(t)$$

mit

$$C(t) = \left[\frac{df(u)}{du}\right]_{u=u_0(t)}$$

ausdrücken. Von dieser Beschreibungsmöglichkeit kann man bei der Erklärung sogenannter parametrischer Verstärker Gebrauch machen.

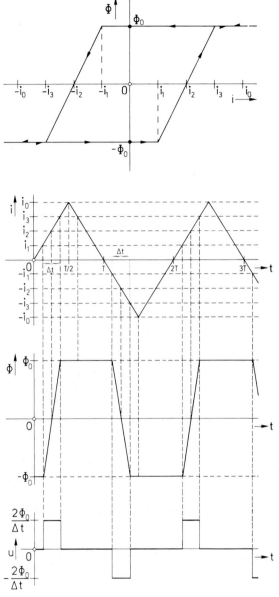

Bild 7.8. Approximation der Hysterese einer nichtlinearen Induktivität und Verwendung dieser Ersatzkennlinie zur Ermittlung der Spannung $u = d\Phi/dt$ aus dem gegebenen Strom i. Zu Beginn befindet sich der magnetische Zustand im Punkt $i = 0$, $\Phi = -\Phi_0$.

7.1.2 Netzwerktheoretische Behandlung der homogenen Doppelleitung

Der Anwendungsbereich der Netzwerktheorie in der bisherigen Form ist durch die Kleinräumigkeit der zu untersuchenden Schaltungen und durch die Einschränkung auf niedrige Frequenzen der auftretenden elektrischen Größen (Abschnitt 7.1.2.1) gekenn-

7.1 Erweiterung

zeichnet. Ströme und Spannungen bei langen Hochfrequenzleitungen, auf denen jene sich wellenartig ausbreiten (Abschnitte 7.1.2.3 und 7.1.2.5), können somit nicht von vornherein mit netzwerktheoretischen Methoden berechnet werden. Ziel dieses Abschnitts ist es, am Beispiel der kreiszylindrischen, verlustlosen Koaxialleitung zu zeigen, daß unter bestimmten Betriebsbedingungen (TEM-Wellen, Abschnitt 7.1.2.3) Leitungen ersatzweise durch sogenannte „Netzwerke mit verteilten Parametern" dargestellt werden können.

Wer mit den dafür benötigten Maxwell-Gleichungen (1.3), (1.9), (7.31) sowie (7.32) nicht vertraut ist, wird in den Abschnitten 7.1.2.1 und 7.1.2.3 nicht alles bis ins Detail verstehen. Das sollte aber den Leser nicht daran hindern, sich mit diesen Abschnitten trotzdem zu beschäftigen.

7.1.2.1 Die Anwendbarkeitsgrenzen der gewöhnlichen Netzwerktheorie

Das dynamische Verhalten eines (linearen, zeitinvarianten) Kondensators wurde durch

$$i = C \frac{du}{dt} \tag{7.28}$$

beschrieben und dasjenige einer (linearen, zeitinvarianten) Spule durch

$$u = L \frac{di}{dt} \,. \tag{7.29}$$

Beides ist nur sinnvoll, wenn alle Größen eindeutig definiert sind. So wurde beispielsweise die Spannung u durch Gl. (1.1) als Linienintegral zwischen zwei Punkten P_1 und P_2 eingeführt. Würde dessen Wert außer von P_1 und P_2 noch vom Weg zwischen beiden Punkten abhängen, dann könnte man nicht von *der* Spannung u_{12} reden. Die Wegunabhängigkeit der Linienintegrale hat aber zur Folge, daß

$$\oint E \cdot dr = 0 \tag{7.30}$$

für jede geschlossene Kurve gelten muß. Auf einer solchen kann man nämlich immer zwei verschiedene Punkte P_1 und P_2 markieren, mit denen dann

$$\oint E \cdot dr = \int_{P_1}^{P_2} E \cdot dr + \int_{P_2}^{P_1} E \cdot dr$$

$$= \int_{P_1}^{P_2} E \cdot dr - \int_{P_1}^{P_2} E \cdot dr = 0$$

gilt. Dabei werden die beiden Teilintegrale längs verschiedener, durch die geschlossene Kurve und P_1 sowie P_2 definierter Wege ausgewertet. Aus der vorausgesetzten Wegunabhängigkeit folgt die letzte Gleichheit.

Die Bedingung (7.30) ist also notwendig dafür, daß u in den Gln. (7.28) und (7.29) eindeutig definiert ist. Nun fließen aber in einem Netzwerk mit Kapazitäten und Induktivitäten in der Regel Wechselströme. Mit diesen verknüpft sind B-Felder, die auch zeitveränderlich sind, was zur Folge hat, daß die Bedingung (7.30) gerade nicht erfüllt ist. Es ist dann nämlich die feldtheoretische Form des Induktionsgesetzes

$$\oint_K E \cdot dr = -\iint_A \frac{\partial B}{\partial t} \cdot dA \qquad (7.31)$$

zu beachten. Dabei ist K eine beliebige geschlossene Kurve und A irgendeine Fläche, die K zum Rand hat (Bild 7.9). Unter dynamischen Bedingungen gibt es also prinzipiell keine eindeutige Spannung zwischen zwei Punkten.

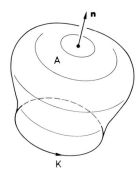

Bild 7.9. Zu den Gln. (7.31) und (7.32). Diese sind vorzeichenmäßig nur dann korrekt, wenn K rechtshändig zu n orientiert ist.

Auch mit der Stromstärke i gibt es im dynamischen Fall grundsätzliche Schwierigkeiten. Sie ändert nämlich, wie das Beispiel der Koaxialleitung später noch zeigen wird, von einem Leiterquerschnitt zum anderen ihren Wert, so daß man nicht mehr von *der* Stromstärke schlechthin reden kann. Das steht, wie hier nicht weiter ausgeführt werden soll, im Zusammenhang damit, daß das Durchflutungsgesetz im allgemein zeitveränderlichen Fall gemäß

$$\frac{1}{\mu_0} \oint_K B \cdot dr = \iint_A J \cdot dA + \epsilon_0 \iint_A \frac{\partial E}{\partial t} \cdot dA \qquad (7.32)$$

um den sogenannten Verschiebungsstrom $\epsilon_0 \iint_A \partial E/\partial t \cdot dA$ zu erweitern ist. Dabei ist A eine beliebige Fläche und K die geschlossene Randkurve von A (Bild 7.9). Das erste Integral rechts vom Gleichheitszeichen stellt die in Richtung von n gezählte Gesamtstromstärke durch A dar; das ist also die früher mit Θ bezeichnete Durchflutung. Einfachheitshalber wird angenommen, daß Materie nur in Form unmagnetischer Leiter vorliegt ($\mu = \mu_0, \epsilon = \epsilon_0$).

Bei den Gesetzen (7.31) und (7.32) handelt es sich um die Maxwellschen Hauptgleichungen der Elektrodynamik. Diese stellen also die netzwerktheoretischen Beziehungen (7.28) und (7.29) zur Beschreibung von Kondensatoren und Spulen prinzipiell in Frage. Unter bestimmten Bedingungen jedoch sind die Gln. (7.28) und (7.29) gute

Näherungen der realen Verhältnisse: Dann nämlich, wenn erstens die induzierende Wirkung von $\partial \boldsymbol{B}/\partial t$ praktisch nur die Windungen der Spulen betrifft, und zweitens, wenn Verschiebungsströme $\epsilon_0 \int\!\!\int_A \partial E/\partial t \cdot \mathrm{d}\boldsymbol{A}$ praktisch nur zwischen den Elektroden von Kondensatoren fließen. Ist letzteres der Fall, dann ist die Stromstärke durch jeden Drahtquerschnitt die gleiche. Ist ersteres der Fall, dann kann die Bedingung (7.30) als erfüllt betrachtet werden für alle geschlossenen Kurven, die nicht das zeitvariable $\boldsymbol{B}$-Feld von Spulen umfassen. Es können also, zumindest im Klemmenbereich, eindeutige Spannungen definiert werden.

Die beiden genannten Voraussetzungen für die Anwendbarkeit der Gln. (7.28) und (7.29) sind erfüllt, wenn die zeitlichen Änderungen quasistationär, d.h. genügend langsam ablaufen, bei zeitharmonischen Vorgängen also die Frequenz hinreichend klein ist. „Hinreichend klein" heißt hier, daß die von den zeitvariablen Ladungen und Strömen ausgehende elektromagnetische Welle eine Wellenlänge hat, die groß ist im Vergleich mit den Abmessungen der betrachteten Schaltung.

Die gewöhnliche Netzwerktheorie (für Netzwerke mit konzentrierten Elementen), wie sie in diesem Buch dargestellt wurde, ist also nicht auf Erscheinungen in Schaltungen bis zu beliebig hohen Frequenzen anwendbar. Ganz pauschal kann man von 10 MHz als oberer Grenze ausgehen; denn die zugehörige Wellenlänge beträgt 30 m, und das ist zu vergleichen mit den Abmessungen der üblichen auf dem Labortisch aufgebauten Schaltungen.

Überraschenderweise gibt es nun Fälle von Wellenausbreitung, die mit netzwerktheoretischen Methoden behandelt werden können, obwohl keine Vernachlässigungen an den Maxwellschen Hauptgleichungen vorgenommen werden. Davon wird im Anschluß an den nächsten, der Vorbereitung dienenden Abschnitt die Rede sein.

7.1.2.2 Kapazitäts- und Induktivitätsbelag eines Koaxialkabels

Ein Koaxialkabel der Länge ℓ ist nach Bild 7.10 mit zwei Klemmenpaaren versehen. Der Schalter S sei zunächst geöffnet ($i = 0, \Phi = 0$), so daß ein Zylinderkondensator vorliegt, auf dessen Elektroden sich die zeitunabhängigen Ladungen Q bzw. $-Q$ befinden sollen. Im Raum dazwischen, der einfachheitshalber als leer angenommen wird, herrscht ein elektrisches Feld (Bild 7.11a), das entsprechend der vorliegenden Symmetrie unter Verwendung von Zylinderkoordinaten (Bild 7.12a) gemäß

$$\boldsymbol{E} = E_r(r)\boldsymbol{e}_r \tag{7.33}$$

dargestellt werden kann. Dabei wird $\ell \gg r_2$ vorausgesetzt und vom gekrümmten Feldlinienverlauf an den Kondensatorenden abgesehen. Denkt man sich nun an beliebiger Stelle im Kondensator eine kreiszylindrische Hüllfläche A_1 (Bild 7.12b) mit dem Radius r ($r_1 < r < r_2$) und der Höhe Δz_1, so umschließt diese eine bestimmte (hier zeitunabhängige) Ladung ΔQ_1 auf der inneren Belegung. Damit gilt wegen Gl. (1.3)

$$\oiint_{A_1} \boldsymbol{E} \cdot \mathrm{d}\boldsymbol{A} = \frac{\Delta Q_1}{\epsilon_0}. \tag{7.34}$$

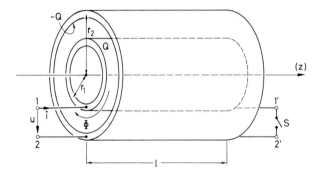

Bild 7.10. Kreiszylindrische Koaxialleitung mit dünnen widerstandslosen Elektroden.

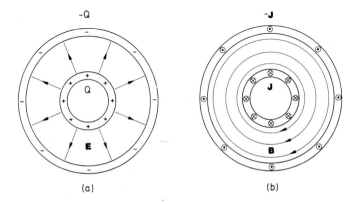

Bild 7.11. Statische und TEM-Felder im Koaxialkabel.

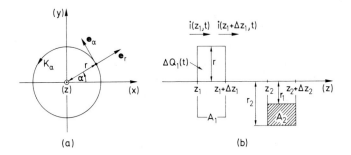

Bild 7.12. Zylinderkoordinaten und zugehörige Einheitsvektoren sowie Integrations-Kurven und -Flächen. Die Hüllfläche A_1 entsteht durch Drehung des linken Rechtecks um die z-Achse.

Berechnet man die linke Seite unter Ausnutzung des Ansatzes nach Gl. (7.33), so folgt

$$E_r(r)\, 2\pi\, r \Delta z_1 = \frac{\Delta Q_1}{\epsilon_0}\ . \tag{7.35}$$

7.1 Erweiterung

Die durch

$$\tau = \lim_{\Delta z \to 0} \frac{\Delta Q_1}{\Delta z} \tag{7.36}$$

definierte Größe stellt die lineare Dichte der Ladung (Ladung pro Länge) auf der inneren Elektrode dar. Sie ist hier unabhängig von z, und man erhält mit ihr aus Gl. (7.35)

$$E_r(r) = \frac{\tau}{2\pi \epsilon_0 r} \tag{7.37}$$

bzw.

$$u = \int_{r_1}^{r_2} E_r \, dr = \frac{\tau}{2\pi \epsilon_0} \ln \frac{r_2}{r_1} \tag{7.38}$$

für die Spannung. Der Quotient

$$C' = \frac{\tau}{u} = \frac{2\pi \epsilon_0}{\ln \frac{r_2}{r_1}} \quad , \tag{7.39}$$

der in Farad/Meter gemessen wird, heißt Kapazitätsbelag des Koaxialkabels. Im Fall, daß der Feldraum homogen mit einem Isolator der Dielektrizitätskonstante ϵ erfüllt ist, muß ϵ_0 durch ϵ ersetzt werden.

Jetzt sei der Schalter S (Bild 7.10) geschlossen und eine zeitlich konstante Stromstärke i eingeprägt. Da bis auf weiteres angenommen wird, daß hier alle Leiter „rechts" vom Klemmenpaar 1, 2 vernachlässigbaren ohmschen Widerstand haben, sind u und Q gleich null. Es liegt aber ein magnetisches Feld vor (Bild 7.11b), das entsprechend der vorliegenden Symmetrie unter Verwendung von Zylinderkoordinaten (Bild 7.12a) gemäß

$$\mathbf{B} = B_\alpha(r) \mathbf{e}_\alpha \tag{7.40}$$

dargestellt werden kann. Dabei wird wieder $\ell \gg r_2$ vorausgesetzt und die Abweichung von diesem Feldverlauf an den Enden der Anordnung nicht beachtet. Jeder Kreis K_α (Bild 7.12a, $r_1 < r < r_2$) umfaßt den inneren Leiter und damit die Stromstärke i, so daß aufgrund des Durchflutungsgesetzes

$$\oint_{K_\alpha} \mathbf{B} \cdot d\mathbf{r} = \mu_0 i$$

gilt. Berechnet man die linke Seite unter Ausnutzung des Ansatzes (7.40), so folgt

$$B_\alpha(r) 2\pi r = \mu_0 i$$

bzw.

$$B_\alpha(r) = \frac{\mu_0 i}{2\pi r} \quad . \tag{7.41}$$

Durch die Rechteckfläche A_2 von Bild 7.12b tritt (mit gleicher Zählrichtung wie Φ von Bild 7.10) ein magnetischer Fluß

$$\Delta\Phi_2 = \iint_{A_2} \boldsymbol{B} \cdot d\boldsymbol{A} \; ,$$

der sich mit Gl. (7.41) zu

$$\Delta\Phi_2 = \frac{\mu_0 i}{2\pi} \int_{z_2}^{z_2+\Delta z_2} \int_{r_1}^{r_2} \frac{1}{r} \, dr \, dz = \frac{\mu_0 i \Delta z_2}{2\pi} \ln \frac{r_2}{r_1}$$

berechnet. Die Größe

$$L' = \frac{\Delta\Phi_2/\Delta z_2}{i} = \frac{\mu_0}{2\pi} \ln \frac{r_2}{r_1} \; , \tag{7.42}$$

die in Henry/Meter gemessen wird, heißt Induktivitätsbelag des Koaxialkabels.

7.1.2.3 Strom- und Spannungswellen längs einer Koaxialleitung

In einem Koaxialkabel können verschiedene Typen von elektromagnetischen Wellen existieren. Am wichtigsten jedoch (bei vernachlässigbarem ohmschen Widerstand der Leiter) ist die sogenannte TEM-Welle, bei der sowohl das elektrische als auch das magnetische Feld ausschließlich transversal (senkrecht) zur Fortpflanzungsrichtung (hier beide z-Richtungen) sind. Als Spezialfall einer solchen Welle zeigt Bild 7.13 die Momentaufnahme einer in positive z-Richtung fortschreitenden sinusförmigen Welle.

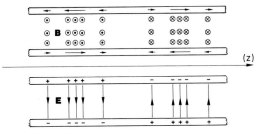

Bild 7.13. Nach rechts laufende TEM-Welle.

Die allgemeine Form der TEM-Felder im Koaxialkabel ist

$$\boldsymbol{E} = E_r(r, z, t)\boldsymbol{e}_r \; , \tag{7.43a}$$

$$\boldsymbol{B} = B_\alpha(r, z, t)\boldsymbol{e}_\alpha \; . \tag{7.43b}$$

7.1 Erweiterung

Dabei wurden wieder die Zylinderkoordinaten von Bild 7.12a verwendet. Beide Felder sind durch die Maxwellschen Hauptgleichungen (7.31) und (7.32) verknüpft. Außerdem müssen sie die Bedingungen gemäß den Gln. (1.3) und (1.9) erfüllen, die allgemeingültig sind und zusammen mit den Hauptgleichungen die Grundlagen der Theorie aller makroskopischen elektromagnetischen Erscheinungen sind.

Im folgenden werden die Felder nach den Gln. (7.43a,b) den genannten Grundgleichungen unterworfen, um zu zeigen, daß die im vorigen Abschnitt rein statisch bestimmten Konstanten C' und L' auch für TEM-Wellen Bedeutung haben, und zwar ohne die Einschränkung hinsichtlich der Frequenz, die bei Anwendung der Gln. (7.28) und (7.29) zu beachten ist (Abschnitt 7.1.2.1). Auf dieser Grundlage läßt sich schließlich die Wellenausbreitung längs einer Koaxialleitung ersatzweise durch sogenannte „Netzwerke mit verteilten Parametern" darstellen.

Die Anwendung der Grundgleichung (1.3) führte im vorhergehenden Abschnitt zur Gl. (7.34). Diese gilt (hier mit zeitabhängiger Ladung ΔQ_1) weiterhin, muß jetzt aber für z-abhängiges E_r und z-abhängiges τ ausgewertet werden. Das liefert zunächst unter Verwendung der Definition nach Gl. (7.36)

$$2\pi r \int_{z_1}^{z_1+\Delta z_1} E_r(r, z, t) \mathrm{d}z = \frac{1}{\epsilon_0} \int_{z_1}^{z_1+\Delta z_1} \tau(z, t) \mathrm{d}z \quad ,$$

wobei die linke Seite bereits durch Integration längs eines Kreises auf dem Zylindermantel entstand. Differenziert man beide Seiten nach Δz_1, so folgt

$$E_r(r, z, t) = \frac{\tau(z, t)}{2\pi\epsilon_0 r} \quad . \tag{7.44}$$

Ein Vergleich mit dem früheren Ergebnis von Gl. (7.37) zeigt, daß sich das elektrische Feld in Ebenen $z = $ const genau so darstellt wie im statischen Fall (Bild 7.11a).

Zur Bestimmung von B wird die Grundgleichung (7.32) auf einen Kreis K_α (Bild 7.12a) an der Stelle z angewendet, wobei A hier die eingeschlossene Kreisfläche sein soll. Da diese parallel zu $\partial E/\partial t$ verläuft, wird sie von keinem Verschiebungsstrom durchsetzt, sondern nur vom Leitungsstrom der Stärke $i(z, t)$. Es gilt also

$$\frac{1}{\mu_0} \oint_{K_\alpha} B \cdot \mathrm{d}r = \iint_A J \cdot \mathrm{d}A + \epsilon_0 \iint_A \frac{\partial E}{\partial t} \cdot \mathrm{d}A = i(z, t) + 0 \quad .$$

Hieraus folgt wie im vorherigen Abschnitt

$$B_\alpha(r, z, t) = \frac{\mu_0 i(z, t)}{2\pi r} \quad . \tag{7.45}$$

Auch das magnetische Feld ist somit in Ebenen $z = $ const identisch mit demjenigen des zeitunabhängigen Falles (Bild 7.11b).

Eine Verknüpfung zwischen E und B ergibt sich aus dem Induktionsgesetz Gl. (7.31), indem man es auf die Fläche A_2 von Bild 7.12b anwendet:

$$\oint_{K_2} E \cdot dr = -\iint_{A_2} \frac{\partial B}{\partial t} \cdot dA \ .$$

Dabei ist K_2 die Randkurve von A_2. Unter Berücksichtigung des Ansatzes gemäß Gln. (7.43a,b) folgt

$$\int_{r_1}^{r_2} [E_r(r, z_2 + \Delta z_2, t) - E_r(r, z_2, t)] dr = - \int_{z_2}^{z_2+\Delta z_2} \int_{r_1}^{r_2} \frac{\partial B_\alpha(r, z, t)}{\partial t} \, dr \, dz \ .$$

Bei der r-Integration der Ausdrücke von Gln. (7.44) und (7.45), wobei letzterer partiell nach der Zeit t abzuleiten ist, erscheint beiderseits des Gleichheitszeichens der Faktor $[\ln(r_2/r_1)]/2\pi$. Kürzt man ihn heraus, so verbleibt

$$\tau(z_2 + \Delta z_2, t) - \tau(z_2, t) = - \epsilon_0 \mu_0 \int_{z_2}^{z_2+\Delta z_2} \frac{\partial i(z, t)}{\partial t} \, dz \ , \tag{7.46}$$

woraus nach beiderseitiger Division durch Δz_2 und Grenzübergang $\Delta z_2 \to 0$ schließlich die Beziehung

$$\frac{\partial \tau}{\partial z} = -\epsilon_0 \mu_0 \frac{\partial i}{\partial t} \tag{7.47}$$

folgt, die für alle z gilt, da z_2 beliebig gewählt war. Hier fällt auf, daß die beiden Felder eliminiert werden konnten. Das ist ein entscheidender Schritt in Richtung auf eine netzwerktheoretische Behandlung.

Ein weiterer Zusammenhang zwischen $\tau(z, t)$ und $i(z, t)$ ergibt sich aus einer Kombination der Grundgleichungen (1.3) und (7.32). Läßt man die geschlossene Kurve K in Gl. (7.32) auf einen Punkt zusammenschrumpfen, so geht die linke Seite gegen null, während man die Fläche A (Bild 7.9) in eine geschlossene Hülle überführen kann. Also folgt

$$\oiint_A \left(J + \epsilon_0 \frac{\partial E}{\partial t} \right) \cdot dA = 0 \ ,$$

was mit der Grundgleichung (1.3) in

$$\oiint_A J \cdot dA = - \frac{dQ}{dt} \ , \tag{7.48}$$

die sogenannte Kontinuitätsgleichung, übergeht. Dabei ist Q die von der Hülle A eingeschlossene Ladung, während auf der linken Seite die gesamte nach außen gezählte Stromstärke steht. Beachtet man letzteres und die Zählrichtung von i im Bild 7.12b,

7.1 Erweiterung

so erhält man durch Anwendung der Kontinuitätsgleichung (7.48) auf die Hülle A_1 von Bild 7.12b

$$i(z_1 + \Delta z_1, t) - i(z_1, t) = -\frac{d}{dt}(\Delta Q_1) = -\int_{z_1}^{z_1+\Delta z_1} \frac{\partial \tau(z,t)}{\partial t} dz \ .$$

Mit der gleichen Schlußweise wie zuvor bei Gl. (7.46) folgt jetzt

$$\frac{\partial i}{\partial z} = -\frac{\partial \tau}{\partial t} \ . \tag{7.49}$$

Im Hinblick auf die netzwerktheoretische Behandlung wird jetzt τ durch eine geeignet definierte Variable u ausgedrückt, die mit Einschränkungen, d.h. nur in Ebenen $z=$ $=$ const, als Spannung zwischen Innen- und Außenleiter bezeichnet werden kann. In jeder solchen Ebene nämlich ist das Linienintegral $\int_{P_1}^{P_2} \mathbf{E} \cdot d\mathbf{r}$ der elektrischen Feldstärke nach Gl. (7.44) unabhängig vom Weg zwischen beiden Leitern, so daß u durch

$$u(z,t) = \int_{r_1}^{r_2} E_r(r,z,t) dr \ \big|_{z=\text{const}} = \frac{\tau(z,t)}{2\pi\epsilon_0} \ln \frac{r_2}{r_1} \tag{7.50}$$

nur unter der Bedingung $z=$ const eindeutig definiert ist. Hieraus ergibt sich mittels der Gln. (7.39) und (7.42)

$$\tau = C'u = \frac{\epsilon_0 \mu_0}{L'} u \ ,$$

womit dann die Gln. (7.49) und (7.47) in

$$\frac{\partial i}{\partial z} = -C' \frac{\partial u}{\partial t} \ , \tag{7.51}$$

$$\frac{\partial u}{\partial z} = -L' \frac{\partial i}{\partial t} \tag{7.52}$$

übergehen. Beide Beziehungen zusammen beschreiben, wie später noch deutlich wird, Strom- und Spannungswellen längs der Koaxialleitung. Diese Gleichungen, die auch für die anderen homogenen und verlustfreien Doppelleitungen gelten, sind der Ausgangspunkt der folgenden netzwerktheoretischen Betrachtungen.

7.1.2.4 Ersatznetzwerke mit infinitesimalen Elementen

Der charakteristische Unterschied zwischen den Gleichungspaaren (7.28), (7.29) und (7.51), (7.52) liegt im Auftreten partieller Ableitungen nach der Ortsvariablen z bei letzterem Paar. Dementsprechend wird jetzt eine Kettenschaltung aus sehr vielen identischen LC-Netzwerken betrachtet, die längs der z-Achse aufgereiht sind. Ein typisches Kettenglied, dessen Klemmenpaare sich bei z und $z + \Delta z$ befinden, ist im Bild 7.14 dargestellt. Setzt man Kapazität und Induktivität gleich $C'\Delta z$ bzw. $L'\Delta z$, so liefert eine einfache Analyse

$$\Delta i = -C'\Delta z \frac{d(u + \Delta u)}{dt},$$

$$\Delta u = -L'\Delta z \frac{di}{dt}.$$

Wählt man $\Delta z > 0$ hinreichend klein, dann darf Δu gegen u vernachlässigt werden, und man erhält

$$\frac{\Delta i}{\Delta z} = -C' \frac{du}{dt}, \qquad (7.53)$$

$$\frac{\Delta u}{\Delta z} = -L' \frac{di}{dt}. \qquad (7.54)$$

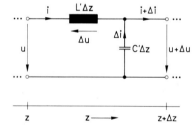

Bild 7.14. Zur netzwerktheoretischen Interpretation der Gln. (7.51) und (7.52).

Der Vergleich mit den Gln. (7.51) und (7.52) zeigt, daß das betrachtete Kettennetzwerk näherungsweise als Ersatz für die Doppelleitung dienen kann. Die Näherung ist um so besser, je kleiner Δz und damit auch die Kapazitäten und Induktivitäten der Kettenglieder sind. Durch formalen Grenzübergang $\Delta z \to 0$ gehen die Gln. (7.53), (7.54) in die partiellen Differentialgleichungen (7.51), (7.52) über. Das Kettennetzwerk hat in diesem nicht realisierbaren Grenzfall infinitesimal kleine Kapazitäten $C'dz$ und Induktivitäten $L'dz$, die kontinuierlich längs der z-Achse verteilt sind. Man spricht hier von „Netzwerken mit verteilten Parametern".

Zur Vermeidung eines Mißverständnisses muß betont werden, daß Kapazität und Induktivität eines aus der Doppelleitung herausgeschnittenen Stücks der kleinen Länge Δz nicht durch $C'\Delta z$ bzw. $L'\Delta z$ gegeben werden. Je kürzer ein solches Stück nämlich ist, desto weniger ist der Feldverlauf durch die Gln. (7.33) und (7.40) zu approximieren, die der Berechnung von C' und L' zugrunde liegen.

7.1 Erweiterung

Bisher wurde angenommen, daß Hin- und Rückleiter keinen ohmschen Widerstand haben und gegeneinander vollkommen isoliert sind. Läßt man diese Voraussetzungen fallen, dann wird die feldtheoretische Behandlung vergleichsweise schwierig, wogegen das Ersatznetzwerk von Bild 7.15 recht naheliegend ist. Die Konstanten R' und G' bedeuten den ohmschen Leitungswiderstand pro Länge bzw. den ohmschen Leitwert pro Länge des Isolierstoffes. Die einfache Analyse liefert hier

$$\Delta i = -G' \Delta z (u + \Delta u) - C' \Delta z \frac{d(u + \Delta u)}{dt},$$

$$\Delta u = -R' \Delta z i - L' \Delta z \frac{di}{dt}.$$

Durch den Grenzübergang $\Delta z \to 0$ folgt schließlich

$$\frac{\partial i}{\partial z} = -G'u - C' \frac{\partial u}{\partial t}, \qquad (7.55)$$

$$\frac{\partial u}{\partial z} = -R'i - L' \frac{\partial i}{\partial t}. \qquad (7.56)$$

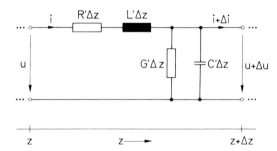

Bild 7.15. Ersatznetzwerk der verlustbehafteten Doppelleitung.

Das sind die Differentialgleichungen der homogenen verlustbehafteten Doppelleitung, auf der sich TEM-Wellen fortpflanzen. Da der TEM-Charakter mit größer werdendem R' verloren geht, sind die Gln. (7.55) und (7.56) nur dann brauchbare Näherungen, wenn R' genügend klein ist. Das wird im folgenden stets vorausgesetzt.

7.1.2.5 Stationäre Lösungen

Von besonderem Interesse sind stationäre Lösungen der Gln. (7.55) und (7.56) mit der Kreisfrequenz ω, die bei rein harmonischer Erregung der Leitung, etwa mit einer Wechselspannungsquelle am Leitungseingang, zu erwarten sind. Zur Auffindung solcher Lösungen wird der Ansatz

$$u(z, t) = \frac{1}{2} [\sqrt{2}\, \underline{U}(z) e^{j\omega t} + \sqrt{2}\, \underline{U}^*(z) e^{-j\omega t}] \qquad (7.57\text{a})$$

und

$$i(z, t) = \frac{1}{2} \, [\sqrt{2}\,\underline{I}(z)e^{j\omega t} + \sqrt{2}\,\underline{I}^*(z)e^{-j\omega t}] \tag{7.57b}$$

gewählt. Führt man diese Darstellungen in die Gln. (7.55) und (7.56) ein und verfährt in der im Kapitel 2 praktizierten Weise, so erhält man für die Zeigergrößen das System gewöhnlicher Differentialgleichungen

$$\frac{d\underline{I}}{dz} = -(G' + j\omega C')\underline{U} \tag{7.58a}$$

und

$$\frac{d\underline{U}}{dz} = -(R' + j\omega L')\underline{I} \; . \tag{7.58b}$$

Differenziert man die zweite dieser Gleichungen nach z und substituiert dann $d\underline{I}/dz$ aufgrund der ersten Gleichung, dann ergibt sich die homogene Differentialgleichung zweiter Ordnung

$$\frac{d^2\underline{U}}{dz^2} - \gamma^2 \underline{U} = 0 \tag{7.59}$$

mit dem Koeffizienten

$$\gamma = \sqrt{(R' + j\omega L')(G' + j\omega C')} = \alpha + j\beta \; , \tag{7.60}$$

der sogenannten Ausbreitungskonstanten. Zur eindeutigen Festlegung von γ nach Gl. (7.60) wird $\alpha \geq 0$ und $\beta \geq 0$ vereinbart. Nach Kapitel 6 lautet die allgemeine Lösung der Gl. (7.59)

$$\underline{U}(z) = \underline{U}_1 e^{-\gamma z} + \underline{U}_2 e^{\gamma z} \tag{7.61}$$

mit den Integrationskonstanten $\underline{U}_1$ und $\underline{U}_2$. Diese Lösung liefert aufgrund von Gl. (7.58b)

$$\underline{I}(z) = \frac{\gamma}{R' + j\omega L'} \, (\underline{U}_1 e^{-\gamma z} - \underline{U}_2 e^{\gamma z}) \; ,$$

die sich mit der Abkürzung

$$\underline{Z} = \frac{R' + j\omega L'}{\gamma} = \sqrt{\frac{R' + j\omega L'}{G' + j\omega C'}} \tag{7.62}$$

auch in der Form

$$\underline{I}(z) = \frac{1}{\underline{Z}} \, (\underline{U}_1 e^{-\gamma z} - \underline{U}_2 e^{\gamma z}) \tag{7.63}$$

ausdrücken läßt. Die durch Gl. (7.62) definierte Größe heißt Wellenwiderstand.

7.1 Erweiterung

Für die Festlegung der Integrationskonstanten $\underline{U}_1$ und $\underline{U}_2$ sind zwei Bedingungen erforderlich, beispielsweise die Vorgabe der komplexen Spannung $\underline{U}(z)$ und des komplexen Stromes $\underline{I}(z)$ am Leitungsanfang $z = 0$:

$$\underline{U}(0) = \underline{U}_a \ , \quad \underline{I}(0) = \underline{I}_a \ .$$

Hieraus folgt aufgrund der Gln. (7.61) und (7.63) direkt

$$\underline{U}_1 = \frac{1}{2} (\underline{U}_a + \underline{Z}\underline{I}_a) \ ,$$

$$\underline{U}_2 = \frac{1}{2} (\underline{U}_a - \underline{Z}\underline{I}_a) \ .$$

Statt der Werte $\underline{U}(0)$ und $\underline{I}(0)$ könnten auch die Werte am Leitungsende $z = \ell$, also $\underline{U}(\ell) = \underline{U}_e$ und $\underline{I}(\ell) = \underline{I}_e$ vorgeschrieben werden. Die Berechnung der Werte für $\underline{U}_1$ und $\underline{U}_2$ in diesem Fall sei dem Leser als Übung empfohlen.

Drückt man die Konstanten $\underline{U}_1$ und $\underline{U}_2$ in der Form

$$\underline{U}_1 = U_1 e^{j\varphi_1} \quad \text{bzw.} \quad \underline{U}_2 = U_2 e^{j\varphi_2}$$

aus, so läßt sich die Lösung nach Gl. (7.57a) mit den Gln. (7.61) und (7.60) als

$$\begin{aligned} u(z, t) &= \sqrt{2}\, U_1 e^{-\alpha z} \cos(\omega t - \beta z + \varphi_1) + \sqrt{2}\, U_2 e^{\alpha z} \cos(\omega t + \beta z + \varphi_2) \\ &= \phantom{\sqrt{2}\, U_1} u_1(z, t) \phantom{e^{-\alpha z} \cos(\omega t - \beta z + \varphi_1)} + \phantom{\sqrt{2}\, U_2 e^{\alpha z}} u_2(z, t) \end{aligned} \quad (7.64)$$

darstellen. Wie man sieht, setzt sich die Spannung längs der Leitung additiv aus zwei Teilspannungen $u_1(z, t)$ und $u_2(z, t)$ zusammen. Die Spannung $u_1(z, t)$ nimmt wegen des Faktors $e^{-\alpha z}$ mit wachsendem z in ihrer Amplitude ab ($\alpha > 0$ vorausgesetzt); bei der Spannung $u_2(z, t)$ wird die Amplitude in umgekehrter Richtung schwächer (gedämpft). Die Konstante α ist ein Maß für den Grad der Amplitudendämpfung und heißt daher Dämpfungskonstante. Die Funktionen

$$u_1(z, t) e^{\alpha z} = \sqrt{2}\, U_1 \cos(\omega t - \beta z + \varphi_1) \quad (7.65a)$$

und

$$u_2(z, t) e^{-\alpha z} = \sqrt{2}\, U_2 \cos(\omega t + \beta z + \varphi_2) \quad (7.65b)$$

sind in Abhängigkeit von z, d.h. längs der Leitung, zwei Kosinusfunktionen, die sich mit der Zeit fortpflanzen, und zwar breitet sich die erste dieser Funktionen in positiver z-Richtung, die zweite in entgegengesetzter Richtung aus. Dieser Unterschied ist darauf zurückzuführen, daß der Term βz in den Argumenten der Kosinusfunktionen mit verschiedenen Vorzeichen erscheint. Da die Ortsabhängigkeit der Phase beider Kosinusfunktionen durch den Faktor β bestimmt wird, spricht man von der Phasenkonstanten. Die bei fester Zeit t in z-Richtung gemessene räumliche Periode (Wellenlänge) λ dieser Kosinusfunktionen ergibt sich zu

$$\lambda = \frac{2\pi}{\beta} \ .$$

Betrachtet man $u_1(z,t)e^{\alpha z}$ nach Gl. (7.65a) zum beliebigen Zeitpunkt $t = t_1$ an der willkürlich gewählten Stelle $z = z_1$ (Bild 7.16) und weiterhin zum Zeitpunkt $t = t_2 > t_1$ an der Stelle $z = z_2$, dann ist der sich ergebende zweite Funktionswert durch Fortbewegung aus dem ersten hervorgegangen, wenn

$$\omega t_2 - \beta z_2 = \omega t_1 - \beta z_1$$

oder

$$\omega(t_2 - t_1) = \beta(z_2 - z_1) \tag{7.66}$$

gilt. Die Kosinusfunktion hat sich also im Zeitintervall $t_2 - t_1$ um die Strecke $z_2 - z_1$ weiterbewegt. Damit erhält man nach Gl. (7.66) die Geschwindigkeit

$$v = \frac{z_2 - z_1}{t_2 - t_1} = \frac{\omega}{\beta},$$

mit der die Kosinusfunktion in positiver z-Richtung fortschreitet. Entsprechend kann man zeigen, daß sich $u_2(z,t)e^{-\alpha z}$ mit der gleichen Geschwindigkeit in umgekehrter Richtung ausbreitet.

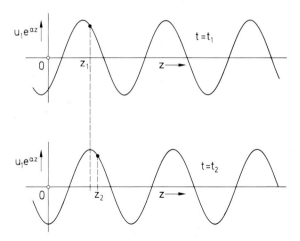

Bild 7.16. Zur Ausbreitung einer Welle.

Man kann die bisherigen Ergebnisse folgendermaßen zusammenfassen: Die Spannung $u(z,t)$ nach Gl. (7.64) setzt sich additiv aus zwei Teilen zusammen, einer in positiver z-Richtung mit der Geschwindigkeit $v = \omega/\beta$ fortschreitenden, gedämpften und harmonischen Welle mit der Wellenlänge $\lambda = 2\pi/\beta$ sowie einer in entgegengesetzter Richtung laufenden gleichen Welle. Im Fall der verlustlosen Leitung ($R' = 0$, $G' = 0$) ist γ rein imaginär, also $\alpha = 0$, und die Wellen breiten sich ungedämpft aus.

Die vorausgegangenen Überlegungen können entsprechend auch bei der Beschreibung des Stromes angestellt werden. Es zeigt sich, daß der Strom $i(z,t)$ wie die Spannung $u(z,t)$ aus zwei auf der Leitung entgegengesetzt zueinander laufenden, gedämpften Wellen mit der Geschwindigkeit $v = \omega/\beta$ und der Wellenlänge $\lambda = 2\pi/\beta$ besteht. Darüber hinaus läßt sich die in positiver z-Richtung fortschreitende Stromwelle der in gleicher Richtung laufenden Spannungswelle zuordnen; ebenso lassen sich die beiden anderen Strom- und Spannungswellen einander zuordnen. Durch diese Zuordnung unterscheidet sich Teilspannung von Teilstrom jeweils nur durch einen konstanten Faktor.

Im Sinne der vorausgegangenen Überlegungen kann nun nach Gl. (7.64) die hinlaufende (in positiver z-Richtung fortschreitende) Spannungswelle durch den Zeiger

$$\underline{U}_h = \underline{U}_1 e^{-\gamma z} \;, \tag{7.67a}$$

die rücklaufende Spannungswelle durch

$$\underline{U}_r = \underline{U}_2 e^{\gamma z} \tag{7.67b}$$

beschrieben werden. Entsprechend werden nach Gl. (7.63) die Repräsentanten der Stromwellen

$$\underline{I}_h = \frac{\underline{U}_1}{\underline{Z}} e^{-\gamma z}$$

und

$$\underline{I}_r = \frac{\underline{U}_2}{\underline{Z}} e^{\gamma z}$$

eingeführt. Wie man sieht, gilt

$$\frac{\underline{U}_h}{\underline{I}_h} = \underline{Z} \quad \text{und} \quad \frac{\underline{U}_r}{\underline{I}_r} = \underline{Z} \;.$$

Das Verhältnis von (komplexer) Teilspannung zu (komplexem) Teilstrom in Fortschreitungsrichtung stimmt also mit dem Wellenwiderstand überein.

Anhand der Gln. (7.61) und (7.63) ist unmittelbar zu erkennen, daß sich auf einer einseitig unendlich langen Leitung ($\ell = \infty$, Bild 7.17) für $\alpha > 0$ nur eine hinlaufende Welle ausbilden kann; es gilt in einem solchen Fall also $\underline{U}_2 = 0$. Andernfalls würden nämlich die Beträge von $\underline{U}(z)$ und $\underline{I}(z)$ für $z \to \infty$ über alle Grenzen streben.

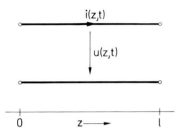

Bild 7.17. Symbolische Darstellung einer beliebigen homogenen Doppelleitung.

7.1.2.6 Abschluß der Leitung mit einem Zweipol

Wird eine Leitung der Länge ℓ mit einem Zweipol abgeschlossen, der die Impedanz $\underline{Z}_e$ besitzt (Bild 7.18), dann erhält man mit den Abkürzungen $\underline{U}(\ell) = \underline{U}_e$, $\underline{I}(\ell) = \underline{I}_e$ und bei Beachtung der Beziehung

$$\underline{U}_e = \underline{Z}_e \underline{I}_e$$

aus den Gln. (7.61) und (7.63) für $z = \ell$

$$\underline{Z}_e \underline{I}_e = \underline{U}_1 e^{-\gamma\ell} + \underline{U}_2 e^{\gamma\ell} \;, \tag{7.68a}$$

$$\underline{Z}\,\underline{I}_e = \underline{U}_1 e^{-\gamma\ell} - \underline{U}_2 e^{\gamma\ell} \;. \tag{7.68b}$$

Hieraus folgt direkt

$$\underline{U}_1 = \frac{\underline{I}_e}{2}(\underline{Z}_e + \underline{Z})e^{\gamma\ell} \;, \quad \underline{U}_2 = \frac{\underline{I}_e}{2}(\underline{Z}_e - \underline{Z})e^{-\gamma\ell} \tag{7.69a,b}$$

und damit als Verhältnis von rücklaufender Spannung U_r nach Gl. (7.67b) zu hinlaufender Spannung U_h nach Gl. (7.67a)

$$\frac{\underline{U}_r}{\underline{U}_h} = \frac{\underline{Z}_e - \underline{Z}}{\underline{Z}_e + \underline{Z}}\, e^{-2\gamma(\ell - z)} \;.$$

Für $z = \ell$ (Leitungsende) ist dieses Verhältnis

$$r = \frac{\underline{Z}_e - \underline{Z}}{\underline{Z}_e + \underline{Z}}$$

oder

$$r = \frac{\underline{w} - 1}{\underline{w} + 1} \quad \text{mit} \quad \underline{w} = \frac{\underline{Z}_e}{\underline{Z}} \;. \tag{7.70}$$

Man spricht vom Reflexionsfaktor r; er ist eine gebrochen lineare Funktion von $\underline{w}$. Die Abbildungseigenschaften derartiger Funktionen wurden im Abschnitt 5.4 untersucht.

Der Reflexionsfaktor r kann auch als Verhältnis von $\underline{I}_r/\underline{I}_h$ interpretiert werden, wovon sich der Leser selbst überzeugen möge.

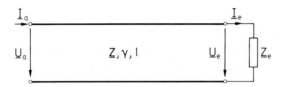

Bild 7.18. Abschluß einer Leitung mit einem Zweipol.

7.1 Erweiterung

Die Sonderfälle $\underline{Z}_e = \underline{Z}$ ($r = 0$; Abschluß mit dem Wellenwiderstand), $\underline{Z}_e = 0$ ($r = -1$; kurzgeschlossene Leitung) und $\underline{Z}_e \to \infty$ ($r = 1$; leerlaufende Leitung) sind von besonderem Interesse. Im ersten Sonderfall ist $\underline{U}_2 = 0$, also nur eine hinlaufende Welle vorhanden; es findet keine Reflexion statt, und man spricht von Anpassung. In den beiden anderen Fällen wird jeweils die einfallende Welle vollständig reflektiert. Bei Kurzschluß heben sich die Spannungswellen am Leitungsende vollständig auf, die Ströme addieren sich. Bei Leerlauf ist es gerade umgekehrt (Addition der Spannungen und Löschung der Ströme am Ende). Im Fall $\underline{Z}_e \to \infty$ (Leerlauf) ist zu beachten, daß auf den rechten Seiten der Gln. (7.69a,b) $\underline{Z}$ vernachlässigt und $\underline{I}_e \underline{Z}_e$ durch $\underline{U}_e$ ersetzt werden darf, so daß man

$$\underline{U}_1 = \frac{\underline{U}_e}{2} e^{\gamma \ell} \quad \text{und} \quad \underline{U}_2 = \frac{\underline{U}_e}{2} e^{-\gamma \ell} \qquad (7.71\text{a,b})$$

$$(\underline{Z}_e = \infty)$$

erhält.

Mit Hilfe der Gln. (7.69a,b) lassen sich für die Leitung von Bild 7.18 nach den Gln. (7.61) und (7.63) explizit die komplexe Spannung und der komplexe Strom ausdrücken. Man erhält

$$\underline{U}(z) = \frac{\underline{I}_e}{2} [(\underline{Z} + \underline{Z}_e) e^{\gamma(\ell - z)} - (\underline{Z} - \underline{Z}_e) e^{-\gamma(\ell - z)}] \qquad (7.72\text{a})$$

und

$$\underline{Z}\underline{I}(z) = \frac{\underline{I}_e}{2} [(\underline{Z} + \underline{Z}_e) e^{\gamma(\ell - z)} + (\underline{Z} - \underline{Z}_e) e^{-\gamma(\ell - z)}] \; . \qquad (7.72\text{b})$$

Für den Sonderfall der verlustlosen Leitung, d.h.

$$\gamma = j\beta \; , \quad \underline{Z} = Z \text{ (reell)} \; ,$$

und bei verlustlosem Abschluß, d.h.

$$\underline{Z}_e = jX_e \; ,$$

lassen sich die Darstellungen auf die folgende Weise vereinfachen:

$$\underline{U}(z) = j\underline{I}_e \sqrt{Z^2 + X_e^2} \sin[\beta(\ell - z) + \arctan(X_e/Z)] \; ,$$

$$Z\,\underline{I}(z) = \underline{I}_e \sqrt{Z^2 + X_e^2} \cos[\beta(\ell - z) + \arctan(X_e/Z)] \; .$$

Mit $\underline{I}_e = I_e e^{j\varphi}$ erhält man nach den Gln. (7.57a,b) die entsprechenden Zeitfunktionen

$$u(z, t) = -\sqrt{2} I_e \sqrt{Z^2 + X_e^2} \sin[\beta(\ell - z) + \arctan(X_e/Z)] \sin(\omega t + \varphi) \; , \qquad (7.73\text{a})$$

$$i(z, t) = \sqrt{2} \frac{I_e}{Z} \sqrt{Z^2 + X_e^2} \cos[\beta(\ell - z) + \arctan(X_e/Z)] \cos(\omega t + \varphi) \; . \qquad (7.73\text{b})$$

Wie man ersehen kann, handelt es sich hier um stehende Wellen. Im Fall $X_e \to \infty$ (Leerlauf) darf Z in den Wurzelausdrücken der Gln. (7.73a,b) vernachlässigt und $I_e X_e = U_e$ gesetzt werden. Damit erhalten diese Gleichungen die Form

$$u(z, t) = -\sqrt{2}\, U_e \sin\left[\beta(\ell - z) + \frac{\pi}{2}\right] \sin(\omega t + \varphi)\,,$$

$$i(z, t) = \sqrt{2}\, \frac{U_e}{Z} \cos\left[\beta(\ell - z) + \frac{\pi}{2}\right] \cos(\omega t + \varphi)\,.$$

Durch Auswertung der Gln. (7.72a,b) für $z = 0$ läßt sich die Eingangsimpedanz $\underline{Z}_a = \underline{U}(0)/\underline{I}(0)$ der mit der Impedanz $\underline{Z}_e$ abgeschlossenen Leitung direkt in der Form

$$\underline{Z}_a = \underline{Z}\, \frac{\underline{Z}_e \cosh \gamma\ell + \underline{Z} \sinh \gamma\ell}{\underline{Z} \cosh \gamma\ell + \underline{Z}_e \sinh \gamma\ell} \tag{7.74}$$

ausdrücken. Mit Hilfe dieser Beziehung ist es möglich, die Eingangsimpedanz aus der Abschlußimpedanz und den Leitungsparametern zu berechnen. Besonders einfach wird die Rechnung im Fall der verlustlosen Leitung ($\gamma = j\beta$, $\underline{Z} = Z$ reell). Hier vereinfacht sich die Gl. (7.74) zu

$$\underline{Z}_a = Z\, \frac{\underline{Z}_e + jZ \tan \beta\ell}{Z + j\underline{Z}_e \tan \beta\ell}\,. \tag{7.75}$$

Wird die Leitung kurzgeschlossen ($\underline{Z}_e = 0$), so erhält man aus Gl. (7.74) die Kurzschlußimpedanz

$$\underline{Z}_K = \underline{Z} \tanh \gamma\ell\,.$$

Bei Leerlauf ($\underline{Z}_e \to \infty$) ergibt sich für die Leerlaufimpedanz

$$\underline{Z}_L = \underline{Z} \coth \gamma\ell\,.$$

Mit Hilfe dieser Beziehungen lassen sich Wellenwiderstand $\underline{Z}$ und Ausbreitungskonstante γ, d.h. die Leitungsparameter, aus $\underline{Z}_K$ und $\underline{Z}_L$ berechnen. Im Fall der verlustlosen Leitung sind $\underline{Z}_K$ und $\underline{Z}_L$ rein imaginär. In diesem Fall nimmt, beiläufig bemerkt, allgemein die Eingangsimpedanz $\underline{Z}_a$ nach Gl. (7.75) für $\beta\ell = \pi/2$, d.h. $\ell = \lambda/4$ ($\lambda/4$-Transformator), und für $\beta\ell = \pi$, d.h. $\ell = \lambda/2$ ($\lambda/2$-Transformator) einen besonders einfachen Wert an.

Vergleicht man die Darstellung der Eingangsimpedanz eines mit einer Impedanz abgeschlossenen Zweitors nach Abschnitt 5.4.1 mit der Gl. (7.74), so läßt sich für die Leitung der Länge ℓ, als Zweitor aufgefaßt, die Kettenmatrix

$$\underline{A} = \begin{bmatrix} \cosh \gamma\ell & \underline{Z} \sinh \gamma\ell \\ \dfrac{1}{\underline{Z}} \sinh \gamma\ell & \cosh \gamma\ell \end{bmatrix} \tag{7.76}$$

angeben.

7.1 Erweiterung

Betrachtet man ein Zweitor, das durch seine Kettenmatrix $[\underline{a}_{\mu\nu}]$ beschrieben und nach Bild 7.19 zwischen zwei ohmschen Widerständen eingebettet sein soll, dann erhält man die Beziehungen

$$\underline{U}_1 = \underline{a}_{11}\underline{U}_2 + \underline{a}_{12}\underline{I}_2 \;,$$

$$\underline{I}_1 = \underline{a}_{21}\underline{U}_2 + \underline{a}_{22}\underline{I}_2 \;,$$

$$\underline{I}_2 = \underline{U}_2/R_2 \;,$$

$$\underline{U}_0 = R_1\underline{I}_1 + \underline{U}_1 \;.$$

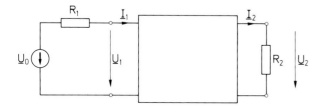

Bild 7.19. Einbettung eines Zweitors zwischen zwei ohmschen Widerständen R_1, R_2 und Erregung mit der Spannung $\underline{U}_0$.

Eliminiert man aus diesen 4 Gleichungen die Größen $\underline{U}_1, \underline{I}_1$ und $\underline{I}_2$, so ergibt sich die das Betriebsverhalten des Zweitors kennzeichnende Beziehung

$$\frac{\underline{U}_0}{\underline{U}_2} = \underline{a}_{11} + \underline{a}_{22}\frac{R_1}{R_2} + \underline{a}_{21}R_1 + \frac{\underline{a}_{12}}{R_2} \;.$$

Betrachtet man als Zweitor eine Leitung der Länge ℓ, dann erhält man hieraus mit Gl. (7.76) das Spannungsverhältnis

$$\frac{\underline{U}_0}{\underline{U}_2} = \left(1 + \frac{R_1}{R_2}\right)\cosh\underline{\gamma}\ell + \left(\frac{R_1}{\underline{Z}} + \frac{\underline{Z}}{R_2}\right)\sinh\underline{\gamma}\ell \;.$$

7.1.2.7 Schaltvorgänge

Die bisherigen Betrachtungen beschränkten sich auf den eingeschwungenen Zustand, wobei die Zeitabhängigkeiten rein harmonisch waren. Zur Untersuchung des nicht eingeschwungenen Zustands, wie er insbesondere bei Schaltvorgängen auftritt, muß man auf die Leitungsgleichungen (7.55) und (7.56) zurückgreifen. Zur Lösung dieser Gleichungen wird von den Leitungsverlusten abgesehen, also $R' = 0$ und $G' = 0$ gewählt. Differenziert man nun Gl. (7.56) nach z und Gl. (7.55) nach t, dann läßt sich der Differentialquotient des Stromes eliminieren, und man erhält die partielle Differentialgleichung zweiter Ordnung

$$\frac{\partial^2 u}{\partial z^2} - \frac{1}{v^2}\frac{\partial^2 u}{\partial t^2} = 0 \qquad (7.77a)$$

mit der Abkürzung

$$v = \frac{1}{\sqrt{L'C'}} \ . \tag{7.77b}$$

Man spricht hier von der eindimensionalen Wellengleichung. Die allgemeine Lösung dieser Gleichung lautet, wie man durch Einsetzen leicht bestätigt,

$$u(z, t) = f\left(t - \frac{z}{v}\right) + g\left(t + \frac{z}{v}\right) \ . \tag{7.78}$$

Der genaue Verlauf der Funktionen f und g wird erst aufgrund weiterer (Rand- bzw. Anfangs-)Bedingungen bestimmt. Der erste Summand auf der rechten Seite der Gl. (7.78) kann als eine ungedämpfte Welle beliebiger Form aufgefaßt werden, die sich mit der Geschwindigkeit v in positiver z-Richtung bewegt, der zweite Summand repräsentiert eine Welle, die mit der Geschwindigkeit v in negativer z-Richtung fortschreitet.

Führt man die Lösung für $u(z, t)$ nach Gl. (7.78) in die Differentialgleichungen (7.55) und (7.56) mit $R' = 0$, $G' = 0$ ein, so erhält man bei Beachtung von Gl. (7.77b) und der Beziehung $Z = \sqrt{L'/C'}$ für den Strom

$$i(z, t) = \frac{1}{Z} f\left(t - \frac{z}{v}\right) - \frac{1}{Z} g\left(t + \frac{z}{v}\right) + i_0 \ . \tag{7.79}$$

Dabei ist i_0 eine Integrationskonstante, welche weder von t noch von z abhängt. Der Verlauf der in $i(z, t)$ auftretenden Summanden kann wie bei $u(z, t)$ gedeutet werden.

Als *Beispiel* sei der Einschaltprozeß einer einseitig unendlich langen ($\ell = \infty$, Bild 7.17), homogenen und verlustlosen Leitung nach Bild 7.20 untersucht. Der Schalter werde zum Zeitpunkt $t = 0$ geschlossen. Dann gilt für $t \geq 0$

$$u_0(t) = R_0 i(0, t) + u(0, t)$$

oder wegen $i(0, t) = u(0, t)/Z$

$$u(0, t) = \frac{Z}{R_0 + Z} u_0(t) \ . \tag{7.80}$$

Die Funktion $u_0(t)$ wird als bekannt betrachtet, ebenso seien der ohmsche Widerstand R_0 und die Leitungsparameter v, Z gegebene Größen. Gemäß Gl. (7.78) hat $u(z, t)$, da nur eine hinlaufende Welle vorhanden sein kann, die Form

$$u(z, t) = f\left(t - \frac{z}{v}\right) \ . \tag{7.81}$$

Aus den Gln. (7.80) und (7.81) folgt

$$f(t) = \frac{Z}{R_0 + Z} u_0(t) \ .$$

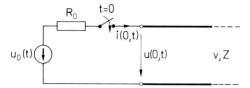

Bild 7.20. Einseitig unendlich lange, homogene und verlustlose Leitung, die zum Zeitpunkt $t = 0$ an eine Spannungsquelle geschaltet wird.

Berücksichtigt man dies in Gl. (7.81), so erhält man als explizite Lösung

$$u(z, t) = \frac{Z}{R_0 + Z} u_0\left(t - \frac{z}{v}\right) \cdot s\left(t - \frac{z}{v}\right) \quad .$$

Dabei bedeutet $s(t)$ die Sprungfunktion. Entsprechend Gl. (7.79) lautet der Strom

$$i(z, t) = \frac{1}{R_0 + Z} u_0\left(t - \frac{z}{v}\right) \cdot s\left(t - \frac{z}{v}\right) \quad .$$

7.2 Ausblick

7.2.1 *Rechnerunterstützte Netzwerkanalyse*

Die Bedeutung der Netzwerkanalyse ist im Verlauf ihrer Entwicklung sprunghaft angestiegen, als leistungsfähige Digitalrechner verfügbar wurden. So konnte man plötzlich auch umfangreiche Netzwerke und Systeme (Schaltungen mit 150 Knoten sind heute nichts Außergewöhnliches) einer Analyse unterziehen. Es wurde möglich, technische Aufgaben mit immer leistungsfähigeren, zugleich aber komplexeren Schaltungen zu lösen, während ein ständig steigender Anteil der bisherigen experimentellen Arbeit beim Schaltungsentwurf mittels des Computers erledigt werden konnte. Um die Möglichkeiten der Rechner-Unterstützung weiter zu steigern, waren spezielle Methoden zu entwickeln, z.B. die Computer-Verarbeitung schwach besetzter Matrizen, wie sie bei der Analyse von Schaltungen in der Praxis vorkommen, ferner Methoden zur Berechnung der Empfindlichkeit von Netzwerkeigenschaften in Bezug auf Parameterschwankungen, numerische Verfahren zur Lösung von Differentialgleichungen für die Analyse von Zeitvorgängen und Verfahren zur Optimierung von Netzwerkeigenschaften unter bestimmten Nebenbedingungen. Schon früh wurde erkannt, daß auch komplexe Bauelemente (wie Verstärkerbausteine) und parasitäre Einflüsse in Schaltungen im Rahmen der Netzwerkanalyse durch Einführung geeigneter Modelle berücksichtigt werden können. Dadurch ist es möglich geworden, Unvollkommenheiten von Schaltungen und den Einfluß von parasitären Elementen zu studieren. Man hat gelernt, durch systematische Veränderung der Bauelementewerte in einem iterativen Analyseprozeß gewünschte Schaltungseigenschaften zu erzeugen.

Interessiert die Übertragungsfunktion $H(p)$ eines linearen zeitinvarianten Netzwerks mit konzentrierten Netzwerkelementen, so kann man diese für zahlenmäßig festgelegte Werte der Netzwerkelemente numerisch ermitteln. Man spricht dann von numerischer Analyse. Wird dagegen die Übertragungsfunktion als Funktion der Netzwerkelemente, die nur durch ihre Formelzeichen ($R, L, C, ...$) spezifiziert sind, berechnet, wofür Computer-Programme verfügbar sind, dann spricht man von symbolischer Analyse. Diese ist besonders bedeutsam, wenn man den Einfluß der Netzwerkparameter auf bestimmte Eigenschaften, z.B. auf den Amplitudengang $|H(j\omega)|$ oder den Phasengang arg $H(j\omega)$ untersuchen will.

Bei der Analyse des Zeitverhaltens ist die Unterscheidung zwischen linearen und nichtlinearen Netzwerken ganz wesentlich. Während für die Lösung dieser Aufgabe im Fall von linearen Netzwerken mit konzentrierten Netzwerkelementen im Kapitel 6 recht wirksame Verfahren entwickelt wurden, ist man bei der Analyse des zeitlichen Verhaltens von nichtlinearen Netzwerken zumeist auf numerische Verfahren angewiesen, wobei solche zu bevorzugen sind, die sich für die Auswertung durch Digitalrechner besonders eignen.

Liegt beispielsweise der im Bild 7.21 dargestellte Schwingkreis mit einem nichtlinearen Widerstand und spezifizierter Erregung u_0 vor, so kann man sein Verhalten durch die Netzwerkvariablen (Zustandsvariablen) z_1 und z_2 beschreiben, die aufgrund der Strom-Spannungs-Beziehung der Kapazität und der Maschenregel (wobei für den nichtlinearen Widerstand $i = z_2$ zu beachten ist) die folgende Gleichung erfüllen müssen:

$$\begin{bmatrix} \dfrac{dz_1}{dt} \\ \dfrac{dz_2}{dt} \end{bmatrix} = \begin{bmatrix} \dfrac{z_2}{C} \\ -\dfrac{z_1}{L} - \dfrac{R}{L} z_2 - \dfrac{\lambda}{L} z_2^2 \end{bmatrix} + \dfrac{1}{L} \begin{bmatrix} 0 \\ u_0 \end{bmatrix} \quad . \qquad (7.82)$$

Ist nun der zeitliche Verlauf der Variablen z_1 und z_2 für $t \geq t_0$ bei gegebenen Anfangswerten $z_1(t_0)$, $z_2(t_0)$ gesucht, so kann man folgendermaßen vorgehen. Es werden die Funktionen z_1 und z_2 in äquidistanten Zeitpunkten $t_n = t_0 + nT$ ($n = 1, 2, ...$) näherungsweise berechnet, indem die Gl. (7.82) in diesen Zeitpunkten ausgewertet wird, wobei die Differentialquotienten durch Differenzenquotienten angenähert werden. Auf diese Weise gelangt man mit den Abkürzungen $z_{1/2}(t_n) = z_{1/2}^{(n)}$ und $u_0(t_n) = u_0^{(n)}$ zu den Differenzengleichungen

$$z_1^{(n+1)} - z_1^{(n)} = \frac{T}{C} z_2^{(n+1)} \quad , \qquad (7.83a)$$

$$z_2^{(n+1)} - z_2^{(n)} = -\frac{T}{L} z_1^{(n+1)} - \frac{RT}{L} z_2^{(n+1)} - \frac{\lambda T}{L} \left(z_2^{(n+1)} \right)^2 + \frac{T}{L} u_0^{(n+1)} \quad . \qquad (7.83b)$$

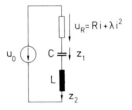

Bild 7.21. Schwingkreis mit nichtlinearem Widerstand.

7.2 Ausblick

Man kann $z_1^{(n+1)}$ in diesen Gleichungen eliminieren und erhält für $z_2^{(n+1)}$ die quadratische Gleichung

$$\left(z_2^{(n+1)}\right)^2 + \left(\frac{L}{\lambda T} + \frac{T}{\lambda C} + \frac{R}{\lambda}\right) z_2^{(n+1)} + \left(\frac{1}{\lambda} z_1^{(n)} - \frac{L}{\lambda T} z_2^{(n)} - \frac{1}{\lambda} u_0^{(n+1)}\right) = 0 \; , \tag{7.84}$$

aus der man mit den bekannten Werten $z_1^{(n)}$, $z_2^{(n)}$ und $u_0^{(n+1)}$ unmittelbar im allgemeinen zwei Lösungen $z_2^{(n+1)}$ erhält. Über Gl. (7.83a) ergibt sich dann das jeweils dazugehörige $z_1^{(n+1)}$. Welche der beiden Lösungen dann im konkreten Fall gültig ist, muß eine gesonderte Untersuchung klären. So kann man sukzessive die Werte der Zustandsvariablen z_1 und z_2 in den Zeitpunkten t_n, beginnend mit $n = 1$, bei bekannter Spannung $u_0(t)$ näherungsweise berechnen. Die Genauigkeit der Resultate kann durch die Wahl der Zeitspanne T beeinflußt werden.

Das bei obigem Beispiel benutzte Integrationsverfahren ist verhältnismäßig primitiv (Eulersches „Backward-Verfahren", bei dem die Werte zum Zeitpunkt t_{n+1} aus jenen zum Zeitpunkt t_n allgemein durch – gegebenenfalls iterative – Lösung nichtlinearer Gleichungen zu bestimmen sind); es sind Modifikationen (Eulersches „Forward-Verfahren", „Trapez-Verfahren") bekannt. In neuerer Zeit werden wesentlich effektivere Integrationsverfahren verwendet, bei denen man z.B. zur Berechnung der Lösungen im Zeitpunkt t_{n+1} die bereits früher berechneten Werte in den Zeitpunkten t_n, t_{n-1}, ..., t_{n-q} (q wird fest gewählt) verwendet.

Man kann diese numerischen Integrationsverfahren im Fall linearer Netzwerke als Alternative zu den klassischen Verfahren (Kapitel 6) betrachten und dazu verwenden, das zeitliche Verhalten auch linearer Netzwerke zu berechnen. Will man beispielsweise das im obigen Beispiel benutzte Verfahren zur Integration der inhomogenen Version der Gl. (6.63b) anwenden, so gelangt man bei entsprechenden Bezeichnungen wie im Beispiel zur Rechenvorschrift

$$(E + TA) \cdot z^{(n+1)} = z^{(n)} + T x^{(n+1)} \; ,$$

d.h.

$$z^{(n+1)} = (E + TA)^{-1} \cdot (z^{(n)} + T x^{(n+1)}) \; ,$$

die sich zur sukzessiven Auswertung eignet.

Eine weitere Möglichkeit, die zeitliche Analyse eines Netzwerks auf numerischem Wege effektiv durchzuführen, besteht darin, bereits auf der Ebene der Netzwerkelemente die zeitliche Diskretisierung vorzunehmen, z.B. die Strom-Spannungs-Beziehungen der linearen Induktivität und Kapazität gemäß Gln. (1.16a,b) bzw. Gln. (1.21a,b) näherungsweise durch die Beziehungen

$$u_{n+1} = \frac{L}{T} i_{n+1} - \frac{L}{T} i_n \quad \text{(Induktivität)}$$

bzw.

$$i_{n+1} = \frac{C}{T} u_{n+1} - \frac{C}{T} u_n \quad \text{(Kapazität)}$$

zu beschreiben. Sie lassen sich jeweils interpretieren durch ein Modell, das einen ohmschen Widerstand L/T bzw. T/C und eine stromgesteuerte Spannungsquelle (Induktivität) bzw. eine spannungsgesteuerte Stromquelle (Kapazität) enthält. Die Analyse selbst braucht nur an einem ohmschen Netzwerk durchgeführt zu werden, wenn man alle Energiespeicher auf obige Weise modelliert. Derart verwendete *Begleitmodelle* können auch dazu dienen, Einblick in das zu lösende Problem zu gewinnen.

7.2.2 Digital- und SC-Netzwerke

Netzwerke von ganz anderer als der bisher betrachteten Art sind die Digitalnetzwerke und die Schalter-Kondensator-Netzwerke (SC-Netzwerke). Beiden Netzwerkarten ist gemein, daß ihre Funktionsweise durch ihr Verhalten nur in diskreten Zeitpunkten bestimmt wird. Dieses Verhalten läßt sich durch Differenzengleichungen beschreiben ähnlich denen des letzten Abschnitts.

Die Digitalnetzwerke verarbeiten amplitudenquantisierte Abtastwerte von Signalen und können als spezielle Digitalrechner angesehen werden. Sie bestehen aus Verzögerungselementen (einheitlicher Verzögerungsdauer), Multiplizierern und Addierern. Ihre Überlegenheit gegenüber den traditionellen Netzwerken (Analognetzwerken) liegt beispielsweise bei extrem niedrigen Betriebsfrequenzen unterhalb 1 Hz (Seismik, Erdöl-Exploration etc.), aber auch in anderen Bereichen.

Bild 7.22 zeigt ein sehr einfaches Beispiel für ein Digitalnetzwerk aus zwei Verzögerungselementen (mit der festen Verzögerungsdauer T), drei Multiplizierern und einem Addierer. Die diskreten Zeitpunkte $t = nT$ ($n = 0, \pm 1, \pm 2, \ldots$) werden mit n abgekürzt. Wie man sieht, hängt das Ausgangssignal y vom Eingangssignal x folgendermaßen ab:

$$y(n) = a_0 x(n) + a_1 x(n-1) + a_2 x(n-2) \ .$$

Hat man beispielsweise $a_0 = 1$, $a_1 = 1/2$, $a_2 = 1/3$ und wählt als Eingangsgröße $x(n)$ die diskrete Sprungfunktion, so ergibt sich für $y(n)$ die im Bild 7.22 gezeigte Ausgangsgröße.

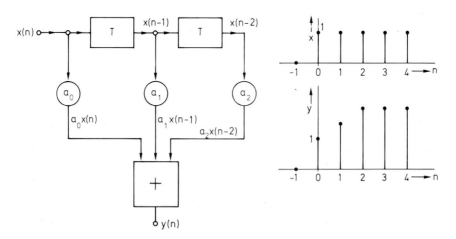

Bild 7.22. Ein einfaches Digitalnetzwerk mit spezieller Erregung $x(n)$ und zugehöriger Reaktion $y(n)$.

7.2 Ausblick

Die Bedeutung der Schalter-Kondensator-Netzwerke, deren Bausteine periodisch betätigte Schalter, Kapazitäten und Operationsverstärker sind, liegt vor allem in der Möglichkeit ihrer Verwirklichung in MOS-Integrationstechnik mit hoher Präzision. Hauptgrund hierfür ist, daß sich ohmsche Widerstände, die im Gegensatz zu Kapazitäten und Transistoren in der genannten Technologie nur relativ ungenau realisierbar sind, durch schnell geschaltete Kapazitäten simulieren lassen.

Als einfaches Beispiel sei der im Bild 7.23 dargestellte SC-Integrator mit zwei Schaltern, zwei Kapazitäten und einem Operationsverstärker (Verstärkung $V \to \infty$) kurz betrachtet. Die beiden Schalter werden im schnellen Rhythmus der im Bild 7.23 angegebenen Taktsignale betätigt. Die Signale im Netzwerk, insbesondere die Spannungen u_1 und u_2, interessieren nur in den diskreten Zeitpunkten $t = nT$ (n ganzzahlig), die einfach mit n abgekürzt werden. In Reihe zu allen Kapazitäten hat man sich kleine Reihenwiderstände, die Zuleitungswiderstände (die im Bild 7.23 weggelassen sind), zu denken. Sie sorgen dafür, daß die Aufladung der Kapazitäten nicht schlagartig, sondern in einer endlichen, wenn auch sehr kurzen Zeitspanne stattfindet.

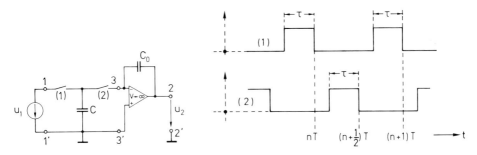

Bild 7.23. SC-Integrierer mit Taktsignalen zur Steuerung der Schalter (1) und (2).

Betrachtet man das Zeitintervall $nT - \tau < t < nT$, während dem der Schalter (1) geschlossen, der Schalter (2) geöffnet ist, so sieht man, daß die Kapazität C auf die Ladung $Cu_1(n)$ gebracht wird. Im Intervall $(n + 1/2)T - \tau < t < (n + 1/2)T$ ist der Schalter (1) geöffnet, der Schalter (2) geschlossen, so daß die Ladung $Cu_1(n)$ auf der oberen Elektrode der Kapazität C vollständig auf die linke Elektrode der Kapazität C_0 fließt, da die Klemme 3 des Operationsverstärker-Eingangs wegen der unendlich hohen Verstärkung ($V \to \infty$) gleiches Potential wie die Klemme 3' hat (man spricht davon, daß die Klemme 3 „virtuelle Masse" ist). Angesichts dieser Tatsache bestimmt die Ladung auf der Kapazität C_0 stets die Spannung u_2 am Netzwerkausgang. Deshalb befand sich zu Beginn des genannten Umladungsvorgangs von Kapazität C zu Kapazität C_0 auf der linken Elektrode der Kapazität C_0 die Ladung $-C_0 u_2(n)$. Nach Ablauf des Intervalls $(n + 1)T - \tau < t < (n + 1)T$, während dem die Kapazität C auf die Ladung $Cu_1(n + 1)$ aufgeladen wird, befindet sich auf der linken Elektrode der Kapazität C_0 die Gesamtladung $Cu_1(n) - C_0 u_2(n)$, die gleich $-C_0 u_2(n + 1)$ sein muß. Somit erhält man die Differenzengleichung

$$C_0 u_2(n + 1) = C_0 u_2(n) - Cu_1(n) \; ,$$

welche den Zusammenhang zwischen Eingangs- und Ausgangsgröße des SC-Integrierers beschreibt. Eine Erklärung der Integrationseigenschaft des Netzwerks ist im Rahmen einer Betrachtung im Frequenzbereich leicht möglich, würde jedoch eine hier nicht beabsichtigte Bereitstellung neuer Begriffe erfordern.

Es darf jedoch festgehalten werden, daß die in diesem Buch eingeführten Konzepte der Netzwerkanalyse auf Digital- und SC-Netzwerke übertragen werden können. Das mathematische Werkzeug der Laplace-Transformation ist dabei durch das der Z-Transformation zu ersetzen [40].

7.2.3 Netzwerksynthese

Das Ziel dieses Buches war eine Einführung in die Methoden zur Untersuchung elektrischer Netzwerke. Bei der Behandlung der einzelnen Verfahren wurde stets davon ausgegangen, daß das zu untersuchende Netzwerk hinsichtlich seiner Struktur und der Werte seiner Elemente explizit bekannt war. So wurden im Kapitel 6 Verfahren zum Studium des Einschwingverhaltens *vorgegebener* Netzwerke entwickelt. Diese Methoden der *Netzwerkanalyse* erlauben jedoch nur die Lösung eines Teils jener Aufgaben aus dem Bereich der elektrischen Netzwerke, mit denen der Elektroingenieur konfrontiert wird. In vielen Fällen liegt nämlich in Umkehrung der Problemstellung der Netzwerkanalyse die folgende Aufgabe vor: Gesucht wird ein Netzwerk mit bestimmten vorgeschriebenen Eigenschaften. So kann nach einem Zweipol gefragt sein, dessen Impedanz $Z(p)$ für $p = j\omega$ in einem bestimmten ω-Intervall eine vorgeschriebene bezifferte Ortskurve besitzt. Ebenso ist es möglich, daß ein Zweitor zu ermitteln ist, das eine bestimmte Erregung auf der Primärseite mit einer gewünschten Zeitfunktion auf der Sekundärseite beantwortet. Dies sind zwei typische Aufgaben der sogenannten *Netzwerksynthese*. Während der Netzwerkanalyse eine Art von Problemstellung zugrunde liegt, die auch für die Naturwissenschaften kennzeichnend ist (der Physiker „analysiert" Naturphänomene), gibt es für die Netzwerksynthese dort kein direktes Gegenstück. Die Aufgabe der Synthese ist eine für die Technik charakteristische Problemstellung. Die Lösung einer Syntheseaufgabe führt, streng genommen, zu einer „Erfindung".

Die Netzwerksynthese hat sich aufbauend auf der Netzwerkanalyse während der letzten 60 Jahre zu einer selbständigen Disziplin der Elektrotechnik entwickelt; sie wird heute in vielen Ländern gepflegt und intensiv weiter erforscht. Die grundsätzliche Vorgehensweise in der Netzwerksynthese soll anhand der folgenden Aufgabe skizziert werden: Es ist ein nur aus ohmschen Widerständen, Induktivitäten, Kapazitäten und Übertragern aufgebautes Zweitor explizit anzugeben. Die primärseitige Erregung erfolge durch eine eingeprägte Spannungsquelle, als Reaktion wird die Leerlaufspannung auf der Sekundärseite betrachtet (Bild 7.24). Der Betrag der Übertragungsfunktion $H(p)$ soll für $p = j\omega$ einem vorgeschriebenen Verlauf $A_0(\omega)$ möglichst genau folgen. Eine derartige Aufgabe stellt sich beispielsweise bei der „Dämpfungsentzerrung" von Fernsprechkanälen.

Zur Lösung der vorliegenden Aufgabe muß zunächst einmal festgestellt werden, welcher Funktionsklasse die Übertragungsfunktion $H(p)$ des gesuchten Zweitors angehört. Aufgrund von Betrachtungen im Kapitel 6 muß $H(p)$ eine rationale, für reelle p reellwertige und (aus Gründen der Stabilität) in der rechten p-Halbebene polfreie Funktion sein. Schließt man „labile" Pole der Übertragungsfunktion, d.h. Pole von $H(p)$ längs der imaginären Achse einschließlich $p = \infty$ aus, so sind die genannten Eigenschaf-

7.2 Ausblick

ten, wie in der Netzwerksynthese gezeigt wird, nicht nur notwendige, sondern auch hinreichende Bedingungen. Dies bedeutet, daß jede rationale, reelle, in $\operatorname{Re} p \geqslant 0$ (einschließlich $p = \infty$) polfreie Funktion $H(p)$ als Übertragungsfunktion eines RLCÜ-Zweitors realisiert werden kann.

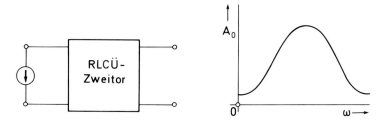

Bild 7.24. Zweitor mit primärseitiger Erregung und sekundärseitiger Reaktion.

Als zweiter Schritt zur Lösung der gestellten Aufgabe muß jetzt eine Funktion $H(p)$ mit den genannten Eigenschaften derart bestimmt werden, daß $|H(j\omega)|$ mit $A_0(\omega)$ im Frequenzintervall $0 \leqslant \omega \leqslant \infty$ möglichst gut übereinstimmt. Dies ist nun ein Approximationsproblem. Eine exakte Übereinstimmung zwischen $|H(j\omega)|$ und $A_0(\omega)$ ist in der Regel deshalb nicht möglich, weil nur endlich viele Freiheitsgrade (nämlich die Zähler- und Nennerkoeffizienten der Übertragungsfunktion) zur Erfüllung von unendlich vielen Forderungen [nämlich von $|H(j\omega)| = A_0(\omega)$ für unendlich viele ω-Werte in $0 \leqslant \omega \leqslant \infty$] zur Verfügung stehen. Bei der Lösung des Approximationsproblems ist es ratsam zu versuchen, mit einem möglichst geringen Grad von $H(p)$, d.h. mit einer möglichst kleinen Zahl von Polen der Funktion $H(p)$ auszukommen. Denn der Grad bestimmt wesentlich den späteren Netzwerkaufwand und damit die Kosten für eine Schaltungsrealisierung.

Im letzten Lösungsschritt muß die gewonnene Funktion $H(p)$ durch ein Zweitor realisiert werden. Hierfür wurden in der Netzwerksynthese Verfahren entwickelt, die auf deduktive Weise aus $H(p)$ ein Zweitor oder mehrere äquivalente Zweitore liefern. Eine Übertragungsfunktion

$$H(p) = \frac{p}{p + a} \quad (a = \text{const} > 0)$$

ließe sich beispielsweise in der im Bild 7.25 angegebenen Weise bei Wahl von $R/L = a$ realisieren.

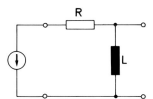

Bild 7.25. Zweitor zur Realisierung einer einfachen Übertragungsfunktion.

Die Impedanzen $Z(p)$ von RLCÜ-Zweipolen gehören zur Klasse der rationalen, reellen und sogenannten positiven Funktionen. Dabei bedeutet „positiv" die Eigenschaft $\operatorname{Re} Z(p) > 0$ für alle p-Werte mit $\operatorname{Re} p > 0$. Diese verhältnismäßig starke Einschränkung der Klasse der Impedanzfunktionen kann die Lösung gewisser Zweipolsyntheseaufgaben beträchtlich erschweren. Weniger gravierend erweist sich diese Einschränkung bei speziellen Klassen von Impedanzfunktionen. So läßt sich die Impedanz eines jeden LCÜ-Zweipols (Reaktanzzweipols) stets auf die Form

$$Z(p) = \frac{A_0}{p} + \sum_{\nu=1}^{r} \frac{2A_\nu p}{p^2 + \omega_\nu^2} + A_\infty p$$

($A_0 \geq 0, A_\infty \geq 0; A_\nu > 0, \omega_\nu > 0$ für $\nu = 1, 2, ..., r$) bringen. Den Partialbruchsummanden A_0/p dieser Funktion kann man als Impedanz einer Kapazität $C_0 = 1/A_0$, die Summanden $2A_\nu p/(p^2 + \omega_\nu^2)$ als Impedanzen von ungedämpften Parallelschwingkreisen mit $L_\nu = 2A_\nu/\omega_\nu^2$, $C_\nu = 1/2A_\nu$ und den Partialbruchsummanden $A_\infty p$ als Impedanz einer Induktivität $L_\infty = A_\infty$ auffassen. Schaltet man diese Teilzweitore in Reihe miteinander zusammen, dann erhält man den Zweipol nach Bild 7.26 mit obiger Impedanz $Z(p)$.

Bezüglich einer ausführlichen Darstellung der Netzwerksynthese sei auf das Buch [41] verwiesen.

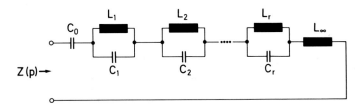

Bild 7.26. Realisierung einer LCÜ-Impedanz in Form eines Partialbruchnetzwerks.

Anhang

Tafel zur Umrechnung der verschiedenen Zweitormatrizen. Die Matrizen wurden im Abschnitt 5.2.2 eingeführt. Mit Δ wird die Determinante der betreffenden Matrizen bezeichnet. Die Elemente der Matrizen sind im allgemeinen komplex und verknüpfen Zeigergrößen miteinander. Der Einfachheit halber wurde auf die Unterstreichungen verzichtet.

Man beachte, daß durch die Kettenmatrix A und ihre Inverse B die Größen $\underline{U}_1, \underline{I}_1$ mit $\underline{U}_2, -\underline{I}_2$ verknüpft werden. Im Gegensatz dazu stellen die übrigen Matrizen Verknüpfungen zwischen den Größen $\underline{U}_1, \underline{U}_2, \underline{I}_1, \underline{I}_2$ her.

	Z	Y	H	G	A	B
Z	$\begin{bmatrix} z_{11} & z_{12} \\ z_{21} & z_{22} \end{bmatrix}$	$\dfrac{1}{\Delta Y}\begin{bmatrix} y_{22} & -y_{12} \\ -y_{21} & y_{11} \end{bmatrix}$	$\dfrac{1}{h_{22}}\begin{bmatrix} \Delta H & h_{12} \\ -h_{21} & 1 \end{bmatrix}$	$\dfrac{1}{g_{11}}\begin{bmatrix} 1 & -g_{12} \\ g_{21} & \Delta G \end{bmatrix}$	$\dfrac{1}{a_{21}}\begin{bmatrix} a_{11} & \Delta A \\ 1 & a_{22} \end{bmatrix}$	$\dfrac{1}{b_{21}}\begin{bmatrix} -b_{22} & -1 \\ -\Delta B & -b_{11} \end{bmatrix}$
Y	$\dfrac{1}{\Delta Z}\begin{bmatrix} z_{22} & -z_{12} \\ -z_{21} & z_{11} \end{bmatrix}$	$\begin{bmatrix} y_{11} & y_{12} \\ y_{21} & y_{22} \end{bmatrix}$	$\dfrac{1}{h_{11}}\begin{bmatrix} 1 & -h_{12} \\ h_{21} & \Delta H \end{bmatrix}$	$\dfrac{1}{g_{22}}\begin{bmatrix} \Delta G & g_{12} \\ -g_{21} & 1 \end{bmatrix}$	$\dfrac{1}{a_{12}}\begin{bmatrix} a_{22} & -\Delta A \\ -1 & a_{11} \end{bmatrix}$	$\dfrac{1}{b_{12}}\begin{bmatrix} -b_{11} & 1 \\ \Delta B & -b_{22} \end{bmatrix}$
H	$\dfrac{1}{z_{22}}\begin{bmatrix} \Delta Z & z_{12} \\ -z_{21} & 1 \end{bmatrix}$	$\dfrac{1}{y_{11}}\begin{bmatrix} 1 & -y_{12} \\ y_{21} & \Delta Y \end{bmatrix}$	$\begin{bmatrix} h_{11} & h_{12} \\ h_{21} & h_{22} \end{bmatrix}$	$\dfrac{1}{\Delta G}\begin{bmatrix} g_{22} & -g_{12} \\ -g_{21} & g_{11} \end{bmatrix}$	$\dfrac{1}{a_{22}}\begin{bmatrix} a_{12} & \Delta A \\ -1 & a_{21} \end{bmatrix}$	$\dfrac{1}{b_{11}}\begin{bmatrix} -b_{12} & 1 \\ -\Delta B & -b_{21} \end{bmatrix}$
G	$\dfrac{1}{z_{11}}\begin{bmatrix} 1 & -z_{12} \\ z_{21} & \Delta Z \end{bmatrix}$	$\dfrac{1}{y_{22}}\begin{bmatrix} \Delta Y & y_{12} \\ -y_{21} & 1 \end{bmatrix}$	$\dfrac{1}{\Delta H}\begin{bmatrix} h_{22} & -h_{12} \\ -h_{21} & h_{11} \end{bmatrix}$	$\begin{bmatrix} g_{11} & g_{12} \\ g_{21} & g_{22} \end{bmatrix}$	$\dfrac{1}{a_{11}}\begin{bmatrix} a_{21} & -\Delta A \\ 1 & a_{12} \end{bmatrix}$	$\dfrac{1}{b_{22}}\begin{bmatrix} -b_{21} & -1 \\ \Delta B & -b_{12} \end{bmatrix}$
A	$\dfrac{1}{z_{21}}\begin{bmatrix} z_{11} & \Delta Z \\ 1 & z_{22} \end{bmatrix}$	$\dfrac{1}{y_{21}}\begin{bmatrix} -y_{22} & -1 \\ -\Delta Y & -y_{11} \end{bmatrix}$	$\dfrac{1}{h_{21}}\begin{bmatrix} -\Delta H & -h_{11} \\ -h_{22} & -1 \end{bmatrix}$	$\dfrac{1}{g_{21}}\begin{bmatrix} 1 & g_{22} \\ g_{11} & \Delta G \end{bmatrix}$	$\begin{bmatrix} a_{11} & a_{12} \\ a_{21} & a_{22} \end{bmatrix}$	$\dfrac{1}{\Delta B}\begin{bmatrix} b_{22} & -b_{12} \\ -b_{21} & b_{11} \end{bmatrix}$
B	$\dfrac{1}{z_{12}}\begin{bmatrix} z_{22} & -\Delta Z \\ -1 & z_{11} \end{bmatrix}$	$\dfrac{1}{y_{12}}\begin{bmatrix} -y_{11} & 1 \\ \Delta Y & -y_{22} \end{bmatrix}$	$\dfrac{1}{h_{12}}\begin{bmatrix} 1 & -h_{11} \\ -h_{22} & \Delta H \end{bmatrix}$	$\dfrac{1}{g_{12}}\begin{bmatrix} -\Delta G & g_{22} \\ g_{11} & -1 \end{bmatrix}$	$\dfrac{1}{\Delta A}\begin{bmatrix} a_{22} & -a_{12} \\ -a_{21} & a_{11} \end{bmatrix}$	$\begin{bmatrix} b_{11} & b_{12} \\ b_{21} & b_{22} \end{bmatrix}$

Literaturverzeichnis

1. Balabanian, N.: Fundamentals of Circuit Theory, Boston: Allyn & Bacon 1961.
2. Balabanian, N.; Bickart, T. A.: Electrical Network Theory, New York: Wiley 1969.
3. Biorci, G.: Network and Switching Theory, S. 135ff., New York: Academic Press 1968.
4. Blaquière, A.: Nonlinear System Analysis, New York: Academic Press 1966.
5. Bose, A. G.; Stevens, K. N.: Introductory Network Theory, New York: Harper & Row 1965.
6. Bosse, G.: Grundlagen der Elektrotechnik I, II, III, Mannheim: Bibliograph. Inst. 1966, 1967, 1969.
7. Budak, A.: Circuit Theory Fundamentals and Applications, Englewood Cliffs: Prentice-Hall 1978.
8. Carlin, H. J.; Giordano, A. B.: Network Theory, Englewood Cliffs: Prentice-Hall 1964.
9. Carter, G. W.; Richardson, A.: Techniques of Circuit Analysis, Cambridge: University Press 1972.
10. Desoer, C. A.; Kuh, E. S.: Basic Circuit Theory, New York: McGraw-Hill 1969.
11. Dosse, J.: Der Transistor, 4. Aufl., München: Oldenbourg 1962.
12. Edelmann, H.: Berechnung elektrischer Verbundnetze, Berlin, Göttingen, Heidelberg: Springer 1963.
13. Feldtkeller, R.: Einführung in die Vierpoltheorie der elektrischen Nachrichtentechnik, 8. Aufl., Stuttgart: Hirzel 1962.
14. Feldtkeller, R.: Theorie der Spulen und Übertrager, 4. Aufl. Stuttgart: Hirzel 1963.
15. Guillemin, E. A.: Mathematische Methoden des Ingenieurs, München: Oldenbourg 1966.
16. Guillemin, E. A.: Introductory Circuit Theory, 7. Aufl. New York: Wiley 1965.
17. Hayashi, Ch.: Nonlinear Oscillations in Physical Systems, New York: McGraw-Hill 1964.
18. Hayt, W. H.; Kemmerly, J. E.: Engineering Circuit Analysis, New York: McGraw-Hill 1978.
19. Jensen, R. W.; Watkins, B. O.: Network Analysis, Theory and Computer Methods, Englewood Cliffs: Prentice-Hall 1974.
20. Johnson, D. E.; Hilburn, J. L.; Johnson, J. R.: Basic Electric Circuit Analysis, Englewood Cliffs: Prentice-Hall 1978.
21. Kamke, E.: Differentialgleichungen, Lösungsmethoden und Lösungen, 8. Aufl. Leipzig: Akad. Verlagsges. Geest & Portig 1967.

22 Kerr, R. B.: Electrical Network Science, Englewood Cliffs: Prentice-Hall 1977.
23 Kim, W. H.; Meadows, H. E.: Modern Network Analysis, New York: Wiley 1971.
24 Klein, W.: Grundlagen der Theorie elektrischer Schaltungen, Teil 1. Mehrtortheorie, 2. Aufl. Berlin: Akademie Verlag 1970.
25 Küpfmüller, K.: Einführung in die theoretische Elektrotechnik, 10. Aufl. Berlin, Heidelberg, New York: Springer 1973.
26 Kuo, F. F.: Network Analysis and Synthesis, 2. Aufl. New York: Wiley 1966.
27 Lago, G.; Benningfield, L. M.: Circuit and System Theory, New York: Wiley 1979.
28 Leonhard, W.: Wechselströme und Netzwerke, Braunschweig: Vieweg 1968.
29 Marko, H.: Theorie linearer Zweipole, Vierpole und Mehrtore, Stuttgart: Hirzel 1971.
30 McKenzie Smith, I.; Hosie, K. T.: Basic Electrical Engineering Science, London: Longman 1972.
31 Meadows, R. G.: Electric Network Analysis, Harmondsworth – Middlesex: Penguin Books 1972.
32 Meinke, H. H.: Die komplexe Berechnung von Wechselstromschaltungen, Berlin: de Gruyter 1971.
33 Murdoch, J. B.: Network Theory, New York: McGraw-Hill 1970.
34 Philippow, E.: Nichtlineare Elektrotechnik, 2. Aufl. Leipzig: Akad. Verlagsges. Geest & Portig 1971.
35 Ryder, J. D.: Introduction to Circuit Analysis, Englewood Cliffs: Prentice-Hall 1973.
36 Schüssler, H. W.: Netzwerke, Signale und Systeme, Band 1, Berlin: Springer-Verlag 1981.
37 Smith, R. J.: Circuits, Devices, and Systems, 3. Aufl. New York: Wiley 1976.
38 Spenke, E.: Elektronische Halbleiter. Eine Einführung in die Physik der Gleichrichter und Transistoren, 2. Aufl. Berlin, Heidelberg, New York: Springer 1965.
39 Trick, T. N.: Introduction to Circuit Analysis, New York: Wiley 1977.
40 Unbehauen, R.: Systemtheorie. Eine Darstellung für Ingenieure, 5. Aufl. München: Oldenbourg 1990.
41 Unbehauen, R.: Synthese elektrischer Netzwerke und Filter, 3. Aufl. München: Oldenbourg 1988.
42 Unbehauen, R.; Cichocki, A.: MOS Switched-Capacitor and Continuous-Time Integrated Circuits and Systems, Berlin, Heidelberg, New York: Springer 1989.
43 Unger, H.-G.: Elektromagnetische Wellen auf Leitungen, Heidelberg: Hüthig 1980.
44 Vlach, J.; Singhal, K.: Computer Methods for Circuit Analysis and Design, New York: Van Nostrand Reinhold Company 1983
45 Wunsch, G.: Systemanalyse, Band 1. Lineare Systeme, Heidelberg: Hüthig 1967.

Namen- und Sachverzeichnis

Abbildung, gebrochen lineare 221, 225
–, konforme 223
abgeleitete Einheit 23
Abgleichbedingung für eine Brücke 160
Abhängigkeit, lineare 91, 108, 341
Abschluß der Leitung 374
–, verlustloser 375
Achtpol 154
Addierer 382
additiv 148
Additivität 148
Adjunkte 325, 326
Admittanz 75, 304, 308
– -matrix 183, 185, 195
Ähnlichkeitssatz 322
äquivalentes Netzwerk 199
Äquivalenz 209
aktives Element 28
Akzeptor 13, 14
algebraisches Komplement 325
allgemeine Form des Netzwerkzweigs 125
– Lösung 303
– – einer Differentialgleichung 254, 256, 266
– periodische Funktion 216
Allpaß 231
Aluminium 13
Ampere 23

Amplitude 65, 66, 72
– -ndämpfung 371
– -nfaktor 306
– -nfunktion 241
– -ngang 380
– -nquantisierte Abtastwerte 382
Analognetzwerk 382
analytische Funktion 223, 323
Anfangsbedingung 115, 251, 256, 260, 263, 266-269, 274, 276, 284, 325, 378
– -en bei der Ermittlung des Einschwingverhaltens 248
Anfangswert 147, 247, 263, 273, 274, 276, 278, 279, 285, 324, 337
Anfangszustand 147, 336, 338, 339
Anker 29
– -spannung 29
– -wicklung 29, 33, 52
Anpassung 375
Anregungsenergie 11
Antimon 12
Anzahldichte 7
Approximation der Hysterese 359
– -sproblem 385
Arbeit 5
– -spunkt 57, 58
Argument der Übertragungsfunktion 309
Arithmetik komplexer Zahlen 65

Namen- und Sachverzeichnis

Arsen 12
Atom 6, 7, 10
− -kern 6, 7, 10
− -rumpf 12, 13
Augenblicksleistung 59, 77, 79, 80, 218, 245
Ausbreitung einer Welle 372
− -skonstante 370, 376
Außenelektron 7, 10
Auswahl unabhängiger Zweigströme 91
Avalanche-Durchbruch 16

Bader, W. 153
Bandpaßverhalten des Reihenschwingkreises 83
Bartlettsches Symmetrie-Theorem 197
Basis 55, 56
− -Emitterspannung 56
− -kontakt 56
− -schicht 56
− -zone 56
Bauelemente, netzwerktheoretische Beschreibung 50
Baum 91, 97, 108, 122, 131
−, fiktiver 109, 110, 122
−, realer 109, 110
− -komplement 93, 94, 96, 97, 122, 127
− -spannung 129, 131, 147
Begleitmodell 382
Betrag 68, 75, 219
− -sfunktion 311
Betriebs-verhalten des Zweitors 377
− -zustand 203
Beweglichkeit 7
bewegte Punktladung 19
bezifferte Ortskurve 384
Bezifferung der Ortskurve 222, 224
− −, Konstruktion 238

− -sgerade 226, 228, 230
Bezugs-knoten 109, 118, 120, 217
− -pfeil 4
− -punkt 4, 170, 177
− -richtung 1, 9, 24
Bildgerade 223
Bindung 12
− der Atome 10
− -smechanismus 7
− -spartner 10
bipolarer Transistor 59
Blind-leistung 78, 80, 218
− -widerstand 80
Block-Dreieck-Struktur 145
Bor 13
Brückennetzwerk 159
Bürsten 33
− -spannung 32

Charakteristik 354
charakteristische Gleichung 264, 289, 291, 297, 298
− -s Polynom 300, 313, 327, 339
− -s Polynom einer Matrix 339
chemische Bindung 7
Computer-Programme 380
Coulomb 24
Cramersche Regel 104, 120, 325, 337, 338

Dämpfung 313
− -sentzerrung 384
− -skonstante 371
Dauer einer Umdrehung 29
deduktiv 385
Defektelektron 11
degeneriertes Netzwerk 337, 340
Deltafunktion 277, 323
Determinante 96, 182, 287-289

Diagonalmatrix 126, 129, 130, 135
Dielektrikum 28, 51
Dielektrizitätskonstante 6, 28
Differentialgleichung 66, 70, 72, 131, 247, 250, 260, 261, 263, 275, 276, 345
–, homogene 295
–, inhomogene 295
– -en der homogenen verlustbehafteten Doppelleitung 369
– -ssystem 147, 289, 324
Differentiationsregel der Laplace-Transformation 324
Differentiator 119
Differenzen-gleichung 380, 382, 383
– -quotient 380
differenzierbare Funktion 324
Diffusion 13, 14, 56
– -skapazität 59
– -sspannung 14
– -sstrom 13
– -sstromdichte 14
Digital-netzwerk 382
– -rechner 379
Diode 54, 57
– -n-Ersatznetzwerk 55
Dirac-Impuls 323
– -sche Funktion 323
Distribution 277, 323
– -entheorie 323
Donator 12, 14
Doppelleitung 368
Dotierung 12, 13
Dreh-moment 17
– -spannungsquelle 210, 211
– -strom 33, 210
– -strom-Asynchronmotor 210
– -stromleiter 210
– -strom-Synchrongenerator 211
– -strom-System 210

Dreieck-Netzwerk 206
– -schaltung 210
– -Stern-Transformation 207
Dreiphasen-System 210
– -Wechselstrom 33
dreiphasiger Wechselstrom 210
Dreipol 180, 182, 206
Driftgeschwindigkeit 19
Duffingsche Differentialgleichung 348
Durchbruch-bereich 54
– -gebiet 55
Durchflutung 360
– -sgesetz 20, 22, 26, 35, 36, 104, 106, 347, 363
– -sgesetz im allgemeinen zeitveränderlichen Fall 360
Durchlaß- und Sperrverhalten der Diode 54
– -bereich 16, 85
– -richtung, Diode 57
– -verhalten der Diode 54
dynamische Bedingung 360

ebenes Netzwerk 44, 101
Effekt 148
effektive Permeabilität 27
Effektivwert 70, 72, 77, 81, 245, 246
– einer sinusförmigen Wechselspannung 81
– eines sinusförmigen Wechselstroms 81
– einer periodischen Spannung 246
– eines periodischen Stroms 246
Eigen-funktion 271, 274, 339
– -kapazität 54
– -leitfähigkeit 11-13
– -leitungskonzentration 14
– -schwingung 352
– -vektor 289
Eigenwert 264-266, 271, 289-291, 297,

299-301, 303, 307, 308, 311, 312, 327, 339
–, mehrfacher 266
eindimensionale Wellengleichung 378
Eingangsimpedanz 220
– aus der Abschlußimpedanz einer Leitung 376
Eingangswiderstand eines Verstärkers 119
eingeprägte Spannung 28, 115
– -r Strom 28, 121
Einheit 23
– für den magnetischen Fluß 24
– für den Strom 24
– für die elektrische Feldstärke 24
– für die Ladung 24
– für die magnetische Induktion 24
– für die Spannung 24
– -smatrix 97
– -svektor 8, 17, 21, 362
Einschaltzeitpunkt 250, 260
Einschwing-verhalten 247, 250
– -vorgänge in allgemeinen Netzwerken 283
Einschwingvorgang 65, 325, 327
– im Schwingkreis 263
– in einem RC-Zweipol 260
– in einem RL-Zweipol 250
elektrische Doppelschicht 14
– Energie 60, 142
– Energieversorgung 176
– Feldkonstante 5, 24
– Feldkraft 18
– Feldlinie 3
– Feldstärke 2, 3, 367
– Kraft 2, 7
– Ladung 2, 6, 147
– Leistung 59, 61
– Maschine 29
– Prüfladung 2

– Schaltung 1
– Strömung 22
– -r Strom 7, 13, 17
– -s Feld 2, 3, 5, 7, 11, 13, 15, 56, 64, 361, 364, 365
Elektrode 55
elektromagnetische Kraft 19
– Welle 361, 364
Elektromotor 20
Elektron 6, 7, 16
– -enbeweglichkeit 12, 13
– -enröhre 59
– -Loch-Paar 16
elementare Methode zur Ermittlung des Einschwingverhaltens 271
Elementarmaschen 44, 45, 102, 147
Elementarumformung 286
Emitter 55, 56
– -diode 55
– -diode in Durchlaßrichtung 55
– -doppelschicht 56
– -gebiet 56
– -schaltung 57
– -strom 56
– -zone 56
Empfindlichkeit von Netzwerkeigenschaften 379
Endwert 272-274, 279
Energie 77, 78, 344, 345
– speicherndes Element 63
– -austausch 78
– -erhaltung 62
– -satz 61
– -speicher 147, 250, 279
– -technik 210
– -verbrauch 78
Erfindung 384
Erregerstrom 33
Erregerwicklung 33

Erregung bei beliebigem Anfangszustand 278
–, beliebige 295
– durch die Eigenfunktion 256
– durch eine Gleichspannung 252
– durch eine harmonische Wechselspannung 252
– durch mehrere Quellen 275
–, exponentielle 251, 294
–, harmonische 293
– vom Ruhezustand 275, 338
–, zeitunabhängige 292
– -sfreie Lösung 338
– -svektor 141, 144
Ersatz-dreipol 209
– -induktivität 187
Ersatznetzwerk 51, 59, 156, 157, 186, 187, 194, 196
–, π- 186
– der verlustbehafteten Doppelleitung 369
– des Transistors 58, 59
Ersatzquellen-Sätze 155
Erstes Kirchhoffsches Gesetz 42
Eulersche Beziehung 66
– -s "Backward-Verfahren" 381
– -s "Forward-Verfahren" 381
– -s "Trapez-Verfahren" 381
Exponentialform der Fourier-Reihe 238
Exponentialfunktion 263, 265
exponentielle Erregung 251, 294

Faltungs-integral 332
– -satz der Laplace-Transformation 332
Farad 27
fehlerfreie Messung von Spannung und Strom 153
Feld, magnetisches 360

– -effekttransistor 59
– -kraft 5
– -linie 17, 105
– -strom 13
– -stromdichte 14
– -theoretische Form 360
ferromagnetisches Material 346
feste Kopplung 39, 145, 334
festgekoppelter Übertrager 38, 39, 104, 163, 248, 340
Festkörper 7
fiktive-r Baum 109
– -r Strom 94, 248
– Stromquelle 155
Flächen-element 6
– -normale 6
flüchtiger Anteil 255, 267, 271, 304
Fluß 26
–, magnetischer 354
– -gesteuerte Induktivität 354
Fourier, J. 236
– -Koeffizient 236
– -Reihe 216, 236, 237, 241-245, 283, 318
– -Reihenentwicklung 241
– -Transformation 318
Freiheitsgrad 385
Fremdatom 12, 13
Frequenz 1, 51
– -funktion 320
– -Verschiebungssatz 322
fundamental 97
– -e Masche 97
– -e Maschenmatrix 126
Fundamental-lösung 289, 290, 297, 299
– -masche 97, 131-133, 144, 145, 147
– -matrix 290, 295
– -schnittmenge 133

- -trennmenge 122, 129, 132-134, 145, 147
- -trennmengenmatrix 129, 130

Funktion, monotone 236
-, positive 385
-, rationale 385
-, reelle 385
-, stetige 236

Gallium 13
gebrochen lineare Abbildung 221, 225
- - Funktion 220, 231, 374
gedämpfte Welle 372, 373
Gegen-induktivität 34, 142
- -ladung 14
- -system 215
gekoppelte Spule 34
Generation 11
Generator 33, 52
- -spannung 33
geometrische Darstellung von Betrag und Phase 310
- Symmetrie 83
Geradenschar 223
gerichtete Strecke 67
- -r Graph 123, 124, 129, 131
- -r Zweig 124
Germanium 10, 12
Gesamt-energie 142
- -leistung 80
Geschwindigkeit einer Welle 371, 372
gespeicherte Energie 63, 80, 87, 142, 248
gesteuerte Größe 103
- Quelle 33, 103, 116, 141, 146, 149, 248
Gewichtsfunktion 331
gleichgerichtete Wechselspannung 29
Gleichgewicht von Diffusionsstrom und Feldstrom 14

- -sbeziehung 7
Gleich-richterwirkung 16
- -spannung 29, 33
- -strom 33
Graph 91, 124
-, gerichteter 129, 131
- eines ebenen Netzwerks 101
Grund-einheit 23
- -größe 23
- -kreisfrequenz 236
- -material 15
Güte 85, 87, 229, 264, 268, 270, 344
Gyrator 40, 64, 74, 248
- -Leitwert 41

Halbleiter 6, 10, 11, 13
- -bauelement 54, 55
- -diode 54, 356
- -technik 10
harmonische Balance 349
- Drehspannungsquelle 212
- Erregung 369
- Quelle 72
- Schwingung 65, 66, 72
- Spannung 66, 76
- Wechselspannung 29
- Welle 372
- Zeitgröße 128, 131
- -r Kurvenverlauf 67
- -r Strom 66, 355
Hauptfluß 35, 39, 40, 53
Heavisidesche Entwicklungsformel 331
Helmholtz-Theorem 155, 157
Henry 25
Hillsche Differentialgleichung 346
hinlaufende Spannung 374
- Spannungswelle 373
- Welle 373, 375, 378
Hochfrequenzleitung 359

höhere Ableitung 323
homogene Differentialgleichung 250, 264, 370
— Doppelleitung 359, 373
— Lösung 254
— und verlustfreie Doppelleitung 367
— und verlustlose Leitung 378
— -s elektrisches Feld 28
h-Parameter 59
— des Transistors 59
Hülle 121
Hüllfläche 5, 18
Hurwitz, A. 312
— -Determinante 313
— -Polynom 312
— -sche Stabilitätsbedingung 312
— -sches Stabilitätskriterium 311, 313
Hybrid-darstellung 59, 183, 196
— -matrix 195, 196
Hysterese-Erscheinung 51, 356
— -kennlinie 356
— -Kennlinie einer Induktivität 357

ideale Diode 54, 259
— -r Übertrager 40, 50, 52, 64, 74, 107, 117, 188, 189, 192, 193, 248, 333
Imaginärteil 75
— -funktion 219
Impedanz 69, 71, 75, 304, 308, 384
— -matrix 183, 195
Impulsantwort 331, 332
— durch Laplace-Rücktransformation der Übertragungsfunktion 331
Impuls-funktion 323
— -technik 235
Indium 13
Induktionsgesetz 20, 22, 26, 27, 35, 38, 105, 106, 347, 360, 365
induktiv 51

Induktivität 25, 63, 74, 75, 80, 187, 242, 247, 278, 279, 353, 354, 356
— einer Ringspule 26
— mit Anfangsstrom 278
— -sbelag 361, 364
inhomogene Differentialgleichung 264
— -s Gleichungssystem 292
Injektion 57
Innen-elektron 7, 10
— -widerstand 52, 154, 156
innere Knoten 102
instabil 345
— -e Schwingung 349
Instabilität 345
Integraldarstellung 331
Integrations-konstante 251
— -regel 324
— -regel der Laplace-Transformation 336
— -weg 3
Integrator 119
Integro-Differentialgleichung 99, 147, 336
inverse Kettenmatrix 195
Inzidenzmatrix 122-124
Isolator 6

Joulesche Wärme 5

Kapazität 27, 28, 63, 74, 75, 80, 243, 247, 278, 353, 354, 356, 361, 383
— eines Plattenkondensators 28
—, gespeicherte Energie 80
— mit Anfangsspannung 278
— -sbelag 363
— -sdiode 356
— -sladung 354
— -sspannung 284, 324
kapazitiv 51
— -e Spannungswandlung 163

Kehrmatrix 337
Kennlinie 56, 354-357
- -nfeld 56, 57, 58
Ketten-matrix 189-191, 195, 220, 239, 376
- -reaktion 16
- -schaltung von Zweitoren 190, 191, 368
Kilogramm 23
Kirchhoffsche Gesetze 1, 41, 45, 72, 108
Klassifizierung der Netzwerkelemente 353
Kleinsignal-analyse 357
- -verhalten 58
- -verhalten des Transistors in Emitterschaltung 58
Klemmen 24, 41, 177
- -paar 47, 182
- -spannung 354
Klirrfaktor 246
Knoten 41, 45, 46, 91
- -matrix 122
- -potential 111, 113-115, 120, 147, 170
- -potentialverfahren 108, 111, 115, 118, 122, 124, 131, 146, 147
- -regel 42, 43, 45, 72-74, 91, 94, 108, 111, 115-118, 121, 170
- -zahl 147
Koaxial-kabel 361
- -leitung 359, 360, 362
Koeffizienten-determinante 96
- -matrix 96, 99, 112, 124
- -vergleich 66
Kollektor 55
- -diode 55
- -diode in Sperrichtung 55
- -schaltung 56
- -sperrschicht 56

- -strom 56
Kommutator 29, 31
Kommutierung 29
Kompensation 168
- -stheorem 166, 168, 169
komplexe Baumspannung 131
- Ebene 70, 220, 319
- Frequenz 301, 307
- Funktion 221
- Funktion von zwei unabhängigen Variablen 232
- Leistung 78, 79, 86, 217
- p-Ebene 307
- Spannung 69, 74
- Wechselstromrechnung 65, 305, 325, 333
- Zahlenebene 67
- -r Fourier-Koeffizient 238
- -r Leitwert 75
- -r Maschenstrom 103
- -r Strom 69, 74
- -r Vektor 128, 131
- -r Widerstand 69, 74, 75
- -r Zweigstrom 128
- -s Knotenpotential 115, 117
Kondensator 51, 359-361
konforme Abbildung 223
konjugiert komplexe Zahl 67
Kontaktspannung 14
Kontinuität der Strömung 60
- -sgleichung 366
Konvergenz 240, 241
- -abszisse 320, 330
- -halbebene 307, 319, 321, 323
Konzentration 7, 11-14
- -sunterschied 13
konzentriertes Netzwerkelement 24
Kopplung 34
Kraft 23, 24

Kreis-frequenz 65, 66, 72, 74, 75, 236, 239, 242, 355
- -verwandtschaft 222
Kreuzglied 200
kritische Dämpfung 266
- Feldstärke 16
Kurvenschar 354
kurzgeschlossene Leitung 375
Kurzschluß 28, 166, 375
- -Ausgangsleitwert 58
- -Eingangsleitwert 58
- -impedanz einer Leitung 376
- -strom 157

labiler Pol 384
Ladungs-dichte 7
- -gesteuerte Kapazität 354
- -träger 55
Länge 23
Laplace-Rücktransformation 320, 321, 326, 330, 331
- -Transformation 317, 321, 322, 325, 327, 336, 384
- - mit dem Überlagerungsprinzip 321
- -Transformierte 320, 322, 323, 325, 326, 330
- - der Ableitung 324
- - des Vektors der Reaktionen 339
- - des Zustandsvektors 339
- - höherer Ableitung 323
- -Umkehrintegral 329
Lawinen-Durchbruch 16
LC-Netzwerk 368
Leerlauf 29, 375, 376
- -ende Leitung 375
- -impedanz der Leitung 376
- -spannung 156-158, 165
Leerstelle 11
Leistung 77, 245

- -sfaktor 78
Leiter 6
- -schleife 29
- -spannung 211, 212, 217
- -ströme 212, 213
Leitfähigkeit 8, 11-13, 56
Leitung, kurzgeschlossene 376
- , leerlaufende 376
- -selektron 7, 9-14
- -sgleichung 369
- -smechanismus in Halbleitern 11
- -sparameter 376, 378
- -sstrom 365
- -sverlust 377
Lichtbogen 257
lineare Abhängigkeit 91, 108, 341
- algebraische Gleichung 325
- Bezifferung 224
- Differentialgleichung mit einem zeitvarianten Koeffizienten 345
- Differentialgleichung mit konstanten Koeffizienten 66, 275, 343
- Netzwerkelemente 354
- Unabhängigkeit 91, 108, 121
- zeitvariante Kapazität 356, 357
- zeitvariante Kennlinie 357
- -r zeitvarianter ohmscher Widerstand 355
- -s zeitvariantes Netzwerk 343
- -s zeitvariantes Netzwerkelement 357
Linearisierung 57, 356, 357
Linien-integral 3, 359
- -ladungsdichte 363
linksseitiger Grenzwert 236
Loch 11, 12, 15, 56
Löcherbeweglichkeit 13
Lösung der homogenen Differentialgleichung 254, 266

- des homogenen Gleichungssystems 286
loop analysis 97
Lorentz-Kraft 19
lose gekoppelter Übertrager 144
lose Kopplung des Übertragers 341

mäanderförmige Spannung 282
Magnetfeld 63, 64
magnetisch gekoppelte Spulen 34
- -e Augenblicksleistung 142
- -e Energie 142
- -e Feldkonstante 17, 23
- -e Feldkraft 18
- -e Feldlinie 31
- -e Feldstärke 347
- -e Induktion 17, 20, 26, 105, 106, 347
- -e Kopplung 141, 142, 337
- -e Ladung 18
- -er Fluß 18, 20, 21, 104, 147, 346, 356, 364
- -er Ringkern 35
- -er Widerstand 37
- -es Feld 17, 26, 29, 33, 35, 105, 106, 363-365
Magnetisierungsstrom 40, 107, 248
Magnetnadel 17
mangelleitend 13
Masche 43, 46, 94, 97, 98
- -ngleichung 44
- -nmatrix 126, 127
- -norientierung 133
- -nregel 43, 44, 45, 69, 71-74, 91, 98, 108, 109, 129, 147, 170
- -nstrom 91, 94, 96, 97, 126, 128, 284, 324
- -nstromanalyse 91, 108, 126
- -nstromsystem 147
- -nstromverfahren 102, 103, 107, 108, 122, 124, 146, 147, 284, 336, 338, 340
- -nstromverfahren mit Hilfe der Laplace-Transformation 336
- -nzahl 147
Masse 23
- -nwirkungsgesetz 14
Mathieusche Differentialgleichung 346
Matrix 94, 126
Matrizendarstellung 124
Matrizenform des Maschenstromverfahrens 124
- des Trennmengenverfahrens 128
maximale Leistungsübertragung 175
Maxwell-Brücke 162, 233, 235
- -sche Gleichungen 1, 359
- -sche Hauptgleichungen 360, 361, 365
mehrfache Nullstelle 308
- -r Eigenwert 266, 303, 304
- -r Pol 308
Mehrphasensystem 216
mehrpoliges Netzwerk 177
mesh analysis 102
Meßtechnik 235
Metall 7
metallischer Leiter 6, 7
Meter 23
Methode der Superposition 275, 277
- der Variation der Konstanten 269
Mikrowellen-Übertragungstechnik 200
Mitsystem 215
Mittelwert der gespeicherten Energie 80
mittlere Feldlinie 26, 35, 36
MKS-Einheit 23
Modell 341
- eines Germaniumkristalls 11
modifiziertes Knotenpotentialverfahren 296

- Maschenstromverfahren 296
MOS-Integrationstechnik 383
Multiplizierer 382

Nachrichtentechnik 241, 333
Naturkonstante 5
n-Dotierung 12
n-Eck 209, 210
negative Reaktion 169
- -r ohmscher Widerstand 313
Netzwerk 1, 41, 74, 91
- mit verteilten Parametern 24, 359, 365, 368
- mit zeitabhängigen Elementen 131
-, stabiles 239, 312, 329
- zur Beschreibung des Kleinsignalverhaltens von Transistoren 58
- zur Umwandlung einer Urspannung in einen Urstrom 88
-, zusammenhängendes 121
- -analyse 1, 384
- -e mit konzentrierten Elementen 361
- -element 1, 24, 33
- -, nichtlineares 354
- -, zeitinvariantes 354
- -koordinaten 131, 341
- -reaktion 276
- -synthese 384
- -theorie 359, 361
- -Transformation 168
- -umwandlung 166
Neukurve 357
Newton 23
n-Gebiet 13, 14
nicht eingeschwungener Zustand 377
- -ebenes Netzwerk 44
- -harmonische periodische Erregung 235
Nichtleiter 6, 11, 28

nichtlineare Differentialgleichung 348
- Induktivität 347, 359
- Kennlinie 356, 357
- Relation 343
- zeitinvariante Kapazität 356
- -r ohmscher Widerstand 354
- -r Kondensator 357
- -s Bauelement 357
- -s Netzwerk 131, 343, 380
nichtsinguläre Matrix 135, 136
Niederspannungsnetz 211
n-leitend 13-15
n-Leitfähigkeit 12
n-Leitung 12
Normalbaum 131, 132, 134, 138, 142
- -komplement 131-134, 138, 142
Normalform der Differentialgleichung 341
normierte Frequenz 228
- Variable 225
Norton-Ersatznetzwerk 165
- -Theorem 157
notwendige Stabilitätsbedingung 312
npn-Transistor 55, 56
n-Pol 177, 209, 216
-, äquivalenter 209
-, ohmscher 210
2n-Pol 182
n-Stern 209
n-Tor 182
Null-leiter 214, 216
- -phase 65, 66, 72
- -raum 289
- -stelle 307
- -system 215

Oberflächenintegral 5, 18
Oberschwingung 242, 243, 246, 349
offene rechte Halbebene 308

Ohm 25
- -scher Leitungswiderstand pro Länge 369
- -scher Leitwert 25
- -scher Leitwert pro Länge 369
- -scher Widerstand 10, 24, 46, 63, 69, 74, 75, 122, 242, 246, 248, 353, 354
- -sches Gesetz 8, 10, 25, 69
- -sche Verluste 35

Operationsverstärker 383
Operator 74, 100, 114, 126, 128, 129, 131
- -Matrix 336

Optimierung von Netzwerkeigenschaften 379
Ordnung des Netzwerks 271, 288
orientierte Masche 124
- -r Zweig 123

Orientierung 121
Orthogonalität der Kreisscharen 234
Ortskurve 219, 224-229, 231, 232
- , Konstruktion 220, 223, 227, 228, 230

Oszilloskop 235

Paarerzeugung 11
Parallel-anordnung 76
- -anordnung der Widerstände 49
- -Reihen-Schaltung 196
- -schaltung 188, 189
- -schaltung von zweipoligen Elementen 47
- -schwingkreis 87, 88, 229, 315, 386

parametrischer Verstärker 357
parasitäre Einflüsse in Schaltungen 379
Partialbruch-entwicklung 326, 328, 330
- -netzwerk 386
partielle Differentialgleichung 368, 377
partikuläre Lösung 251, 253, 254, 256, 292, 296, 302

- Lösung einer inhomogenen Differentialgleichung 251
- -s Integral der Differentialgleichung 266

passiv 28
passives Zweitor 205
p-Dotierung 12
p-Ebene 307
Periode 236, 238, 241
- -ndauer 65, 245, 318

periodisch erregtes Netzwerk 281
- -e Erregung 281
- -e Funktion 236
- -e Sägezahnform 243
- -e Spannung 246

Periodizität 282
- -sintervall 236

Permeabilität 18, 26, 35, 40, 106
Perturbationsmethode 351
p-Gebiet 13, 14
p-Halbebene 319
Phase 75, 219
- -nfunktion 241, 310, 311
- -ngang 380
- -nkonstante 371
- -nschieber 230
- -nverschiebung 306
- -nwinkel 68, 242

Phosphor 12
Plattenkondensator 27, 28, 344, 356
p-leitend 13-15
p-Leitfähigkeit 13
p-Leitung, 13
pnp-Transistor 55
pn-Übergang 13-15
Pol 177, 327, 385
- -arisiertes Relais 263
- -bogen 33
- -stelle 307

Polynomgleichung 289
positiv semidefinite quadratische Form 142
Potential 4
Potentiometer 355
primäre Gesamtinduktivität 34
– Hauptinduktivität 53, 54
– Kurzschlußadmittanz 185
– Leerlaufimpedanz 184
– Streuinduktivität 54
– -r Leerlauf 34
Primär-spannung 34, 38
– -wicklung 35
Projektions-strahl 224
– -zentrum 224
Proportionalglied 119
punktförmige elektrische Ladung 2
Punktladung   5

quadratische Form 205
– -r Mittelwert 81
Qualität 87
quasistationär 361
Querschnittsfluß 356

Rand-Bedingung 378
Rang 289
rationale Funktion 304, 326, 337, 385
–, reelle und positive Funktion 385
Raumladung 14
– -sdichte 15
– -szone 16
räumliche Periode 371
RCL-Netzwerk 337
RC-Netzwerk 305
RC-Zweipol 243
Reaktanzzweipol 386
reale Diode 54
– Schaltelemente 50

– Schaltung 50
– -r Baum 122
Realteil 75
– -funktion 219
rechnerunterstützte Netzwerkanalyse 379
Rechner-Unterstützung 379
Rechteck-funktion 334
– -impuls 332, 335
rechtsseitiger Grenzwert 236
Rechtssystem 217
reelle Funktion 385
Reflexion 375
– -sfaktor 374
Regelungstechnik 241
Reibungskraft 7
Reihenanordnung 75
– der Widerstände 49
Reihen-Parallel-Schaltung 48, 196
– -schaltung 188
– – von zweipoligen Elementen 46
– -schwingkreis 81, 83, 228, 243, 263, 310, 344, 347
Rekombination 11, 56
– -sstrom 57
relative Änderung 161
Resistanz 25
Resonanz 82, 87
– -breite 83, 85, 86
– -kreisfrequenz 72, 82, 85, 86, 264
– -stelle 229
Restglied 329
reziprok 173, 196
Reziprozitäts-relation 191
– -theorem 173
Ringspule 26, 346
RL-Zweipol 282
Rückkopplung 315
rücklaufende Spannung 374

- Spannungswelle 373
Rücktransformation 331, 337
Rückwärtssteilheit 58
Ruhezustand 270, 275, 278, 338
- -s-Lösung 338

Satz von der Ersatzspannungsquelle 155, 157-159, 163
- von der Ersatzstromquelle 157
- von der maximalen Leistungsübertragung 175, 176
- von Tellegen 170
Schale 7
Schalter 249, 256, 257, 261, 272, 279, 363, 383
- -Kondensator-Netzwerk 382, 383
Schaltkapazität 59
Schaltung, elektrische 341
Schaltvorgang 377
Schar bezifferter Ortskurven 232
- -parameter 354
Scheinleistung 79, 80
Schleifring 29
Schnittmenge 121
- -nmatrix 337
- -nverfahren 336, 338, 340
- -nverfahren mit Hilfe der Laplace-Transformation 336
schwache Dämpfung 265, 269
Schwingkreis mit nichtlinearer Induktivität 346
- mit zeitvarianter Kapazität 344
- -güte 270, 310
Schwingung, angefachte 345
SC-Integrator 383
SC-Netzwerk 382
sekundäre Gesamtinduktivität 34
- Hauptinduktivität 54
- Kurzschlußadmittanz 185
- Leerlaufimpedanz 184

- Streuinduktivität 54
- -r Leerlauf 34
- -r Strom 34
- Seite 52
- Spannung 38
- Wicklung 35
Sekunde 23
Selbstinduktivität 142
separierbares Netzwerk 91
Siemens 25
Signal 333
Silizium 10
singuläre Matrix 145
sinusförmige Erregung 65
- -r Wechselstrom 81
Sinusgenerator 235
Skalarprodukt 3
Skin-Effekt 51
Spannung 1, 3, 5, 24, 28, 44, 359, 361
- durch Induktion 20
- -s-Beziehung 73
- -sgesteuerte Kapazität 354
- -sgesteuerte Spannungsquelle 33
- -sgesteuerte Stromquelle 33
- -sgesteuerter ohmscher Widerstand 354
- -sgleichgewicht in Maschen 98
- -sgleichung 76
- -smesser 153
- -squelle 15, 28, 33, 64, 74, 115
- -srückwirkung 59
- -steilungsgleichung 50
- -svektor 132, 139
- -swandlung 163
- -swelle 364, 373
- -swelle längs der Koaxialleitung 367
Sperr-bereich 16
- -kapazität 59
- -schicht 15

- -spannung 16
- -strom 16
- -verhalten der Diode 54

Sprünge von Strömen und Spannungen 248

Sprung 333
- -antwort 331, 332, 334, 335
- -erscheinung 349
- -funktion 277, 320, 324, 332, 334, 379

Spule 51, 359, 361

stabil 72, 239, 312, 326
- -e Schwingung 349
- -e Schwingung eines Netzwerks 72
- -es Netzwerk 304, 305, 326, 330

Stabilität 238, 240, 331
- -sbedingung 304, 311, 312
- -sprüfung 313

Ständer 210
- -nute 210
- -spule 211

starke Dämpfung 265

starre Quelle 28
- Spannung 28
- -r Strom 28

stationäre Lösung 66, 266
- Reaktion 241, 306, 307
- Reaktion auf periodische Erregung 238
- -r Anteil 267, 271, 304
- -r Zustand 65, 304
- -s Netzwerkverhalten 115, 235
- -s Netzwerkverhalten bei nichtharmonischen periodischen Erregungen 235
- -s Verhalten 65, 72, 74, 281, 282
- -s Verhalten eines Netzwerks 74

stehende Welle 376

Stern-Dreieck-Transformation 206, 207

- -leiterspannung 211, 214, 217
- -Netzwerk 206
- -schaltung 211
- -Vieleck-Umwandlung 210

stetige Funktion 247, 248

Stetigkeits-Eigenschaft 248, 260, 263
- -forderung 256

Stör-leitfähigkeit 13
- -stelle 13-15

Strangströme 212

Streu-faktor 39, 194
- -fluß 35, 37, 39, 53
- -matrix 195, 200, 201
- -parameter 201, 204
- -pfad 35

Streuung des Übertragers 333

Strömungsfeld 8, 9

Strom 23, 28, 29
- -dichte 8
- -führender pn-Übergang 15
- -gesteuerte Induktivität 354
- -gesteuerte Spannungsquelle 33
- -gesteuerte Stromquelle 33
- -gesteuerter ohmscher Widerstand 354
- -linie 8
- -loser pn-Übergang 13
- -messer 153
- -quelle 29, 64, 74, 102
- -Spannungs-Beziehung 72, 73, 91, 99, 108, 113, 126, 134, 284
- -Spannungs-Kennlinie 16
- -Spannungs-Kennlinie der Diode 54
- -Spannungs-Relation 45
- -stärke 1, 8, 9, 360, 361
- -teilungsgleichung 48, 76, 152
- -vektor 132, 139
- -verstärkung 59
- -welle 364, 373

Namen- und Sachverzeichnis

- -wellen längs der Koaxialleitung 367
strukturymmetrisch 197
- -es Zweitor 196, 197, 200
subharmonische Schwingung 349, 353
- Schwingung der Grundkreisfrequenz 353
Substitutionstheorem 168
Superposition 149, 275, 281, 318, 334, 335
- -seigenschaft der Laplace-Transformation 321, 327
- -smethode 277, 279
- -smethode zur Ermittlung des Einschwingvorgangs 275
symbolische Analyse 380
Symmetrie der Drehspannungsquelle 214
symmetrische Drehspannungsquelle 211, 215, 217
- Komponenten 215
- -r Verbraucher 217
- -s Kreuzglied 204
- -s Zweitor 196
Synthese von Netzwerken 153, 384
System linear unabhängiger Beziehungen 99
- linear unabhängiger Veränderlicher 91, 93
- unabhängiger Spannungen 109
- von gekoppelten linearen Differentialgleichungen 263, 284
- von linearen Gleichungen für Zweigströme 121
systematische Wahl von Maschenströmen 97
System-determinante 289, 292, 302, 312, 313, 325, 326, 338
- -theorie 131

technische Quelle 52
- -r Kondensator 356

- Spannungsquelle 52
- Spule 356
- Stromquelle 52
Teilchen 7
Teilschwingung 238
Tellegen-Theorem 170-172
TEM-Feld 362, 364
Temperatur 10
TEM-Welle 359, 364, 365, 369
T-Ersatznetzwerk 186
Tesla 24
T-Glied 194, 199
Theorie der Differentialgleichungen 72, 325
thermische Bewegung 7, 61
- Energie 63
- Generation 16
Thermospannung 14
Thevenin-Netzwerk 158, 165
- -Theorem 155, 157, 158, 163
Topologie eines Netzwerks 122
topologische Grundlage 131
- -r Begriff 91
Tor 182
- -spannung 182
Transformator 34, 35, 52, 164
- $\lambda/2$- 376
- $\lambda/4$- 376
Transistor 55, 58, 59, 196
-, netzwerktheoretische Beschreibung 57
-, Wirkungsweise 55
Transponierte 99
Trennmenge 121, 129
- -norientierung 134
- -nregel 121, 129, 133, 147
- -nverfahren 122, 124, 130, 131
Treppenfunktion 331
trigonometrische Reihe 236, 237

überbrücktes T-Glied 199
Übergangsfunktion 331
Überlagerung 149
- -sprinzip der Laplace-Transformation 327
- -ssatz 148-150, 152, 154, 156, 158, 169, 177, 180, 182, 189, 198, 239, 330, 335, 336
Überschuß-ladung 357
- -leitung 12
- -spannung 357
Übersetzungsverhältnis 194
Übertrager 34, 64, 74, 104, 105, 117, 141, 187, 191, 248, 285, 333
Übertragungsfunktion 241, 304, 305, 307, 308, 328-330, 332, 333, 338, 339, 384
- und Eigenwert 307
- und Einschwingvorgang 328
Umkehrungssatz 172, 173, 179, 180, 196
unabhängige Spannung 108
ungedämpfte Dauerschwingung 345
unitäre Matrix 205
unmagnetischer Leiter 360
Unstetigkeitsstelle 236
unsymmetrische Drehspannungsquelle 215
Ursache 148, 149
Urspannung 28, 89
Urstrom 29, 89

Vakuum 2
Valenzelektron 10, 11, 16
Vektor-Differentialgleichung 136
- -ielle Größe 2
- -ielles Wegelement 3
Verarmungszone 15
verbrauchte Leistung 78
Verfahren des Zustandsraumes 131, 296

Verluste des Transformators 54
verlustlos 205
- -e Leitung 372, 375, 376
- -er Abschluß 375
- -er Übertrager 193, 194
Verlustwiderstand 38
Verschiebungsstrom 360, 361, 365
Verstärker 118, 119, 315
- -schaltung 118
Verstärkung 118
verzerrungsfreie Übertragung 241, 242
verzögertes Relais 263
Verzögerungselement 382
Vierpol 183
- -iges Element 33
virtuelle Masse 383
vollständige Lösung der Differentialgleichung 250, 252, 254
Volt 24
Vorwärtssteilheit 58

Wattmeter 162
Weber 24
Wechsel-spannung 77
- -strom 77
- - -brücke 159
- - -rechnung 305, 325, 330
Weg 3
Welle, gedämpfte 378
-, ungedämpfte 372
- -nausbreitung 361
- -ncharakter 7
- -ngröße 200
- -nlänge 371-373
- -nwiderstand 370, 373, 375, 376
Wicklung 35
Widerstand 25, 51, 242
-, ohmscher 246
- -sgerade 355

Winkel-geschwindigkeit 29, 30, 67
- -treue 223, 225, 234
Wirbelstrom 51
Wirkleistung 77, 78, 80, 81, 87, 175, 180, 216, 218, 245
Wirkung 148, 149
- -squerschnitt 106
- -sweise des Transistors 57
Wirkwiderstand 25, 80

x-gesteuertes Netzwerkelement 354

y-Paramter 59

Zählpfeil 4
Zählrichtung 9, 41, 44
- des Stroms 41, 42
- der Spannung 43
Zeiger 70, 72, 128, 131
- des magnetischen Flusses 104
- -diagramm 70, 89
- -größe 72, 74
Zeit 1, 23
- -funktion 74
- -invariantes Netzwerkelement 354
- -invarianz 354
- -konstante 251, 258, 260, 261, 272, 273
- -liche Flußänderung 21

- -unabhängigkeit der Augenblicksleistung 218
- -variante Kapazität 344
- -Verschiebungssatz 322
Zener-diode 55
- -Durchbruch 17
Z-Transformation 384
Zustands-gleichung 137, 138, 339
- -matrizen 339
- -raumanalyse eines Netzwerks mit magnetischer Kopplung 144
- -raumdarstellung 136
- -raummethode 139
- -raumverfahren 131, 146, 147
- -variable 131, 339
- -vektor 136-138, 141, 147, 339
Zwangskraft 66
Zweig 91, 129
- -spannung 98, 99, 108, 109, 128
- -strom 91, 93, 94, 99, 124, 131
Zweipol 47, 48, 61, 75, 242, 243
- -iges Element 24
- -iges Netzwerk 47
Zweites Kirchhoffsches Gesetz 44
Zweitor 56, 183, 244
- -iges Element 33
- -Symmetrie 196
- -Übertragungsfunktion 304
Zylinder-kondensator 361
- -koordinaten 361-363

R. Unbehauen, W. Hohneker

Elektrische Netzwerke Aufgaben

Ausführlich durchgerechnete und illustrierte Aufgaben mit Lösungen zu Unbehauen, Elektrische Netzwerke, 3. Auflage

2., neubearbeitete und erweiterte Auflage. 1987. 100 Abbildungen in 230 Einzeldarstellungen. Etwa 380 Seiten. Broschiert DM 68,-. ISBN 3-540-17110-X

Inhaltsübersicht: Grundlagen. – Die komplexe Wechselstromrechnung. – Allgemeine Verfahren zur Analyse von Netzwerken. – Netzwerktheoreme. – Mehrpolige Netzwerke. – Einschwingvorgänge in Netzwerken. – Erweiterung und Ausblick. – Anhang.

Aus den Besprechungen: „... Mit der ergänzenden Aufgabensammlung werden insgesamt 88 Aufgaben vorgelegt, die sich auf die ersten sechs Kapitel des einführenden Lehrbuchs beziehen, also den Ausblick auf zeitvariante und nichtlineare Netzwerke aussparen. Die ausführlich erläuterten Aufgaben bieten auch Teilfragen, um den Leser in Einzelheiten einzuführen, und ausführlich begründete Lösungen. ..."

Messen und Prüfen

Springer-Verlag
Berlin Heidelberg New York
London Paris Tokyo